Therapeutischer Index der Biologischen Tiermedizin

Therapeutischer Index der Biologischen Tiermedizin

Dr. med. vet. Erich Reinhart
Christiane Greef-Karstens

Bibliografische Information Der Deutschen Bibliothek
Die Deutsche Bibliothek verzeichnet diese Publikation in der Deutschen Nationalbibliograpfie; detaillierte bibliografische Daten sind im Internet über
http://dnb.ddb.de abrufbar.

Bitte beachten:

Die Autoren haben sich größte Mühe gegeben, in diesem Werk sowohl in Bezug auf die Indikationen als auch hinsichtlich der aufgeführten Präparate den aktuellen Stand wiederzugeben. Jedoch ist der Stand der Erkenntnis in der Medizin einem ständigen Wandel unterworfen. Auch ist eine Anpassung einer Therapie an den Einzelfall immer sinnvoll. Daher erscheint den Autoren der Hinweis angebracht, dass der Anwender die Auswahl der Präparate, deren Dosierung und die Verfahren nach seinem Wissensstand überprüfen oder von einem erfahrenen Anwender überprüfen lassen sollte.

Geschützte Warenzeichen sind nicht immer besonders kenntlich gemacht. Die Wiedergabe von Gebrauchsnamen, Handelsnamen und Warenbezeichnungen berechtigt auch ohne besondere Kennzeichnung nicht zu der Annahme, dass solche Namen im Sinne der Warenzeichen- und Markenschutzgesetzgebung als frei zu betrachten sind und daher benutzt werden dürfen.

Copyrightangaben

ISBN 978-3-936676-45-7

Postfach 10 00 45, 76481 Baden-Baden
Bahnacker Straße 16, 76532 Baden-Baden
Satz und Druck: GREISERDRUCK Rastatt
Printed in Germany

VORWORT

In der Tiermedizin wird sowohl vonseiten der Tierbesitzer als auch der Tierärzte die Frage nach alternativen oder ergänzenden Therapiemöglichkeiten immer selbstverständlicher gestellt. Vor dem Hintergrund von Lebensmittelskandalen taucht zudem die Frage nach rückstandsfreien Lebensmitteln immer häufiger auf. Biologische Arzneimittel können einen Beitrag dazu leisten, wirksam, effektiv und nebenwirkungsarm sowie rückstandsfrei zu behandeln.

Reproduzierbare Erfahrungen und wissenschaftliche Erkenntnisse der letzten Jahre sichern zunehmend die Therapien der Biologischen Medizin bei Groß- und Kleintieren ab. Die gleichzeitige Anwendung anderer Therapien schließt die Biologische Medizin nicht aus, in einigen Fällen ist diese auch adjuvant sehr zu empfehlen.

Die oft wünschenswerte Anpassung der Therapie an den Einzelfall gelingt besonders gut, wenn man dazu neben der Wertung der spezifischen Symptome auch die wesentlichen Gedanken der Homotoxikologie berücksichtigt. Kenntnisse über die homöopathischen Arzneimittelbilder sowie der Konstitutionsmittel stellen eine weitere gute Ergänzung zu den Inhalten dieses Werkes dar.

Wie jede andere Therapie hat auch der Einsatz der Biologischen Medizin Grenzen. Überall dort, wo Erkrankungen einer chirurgischen Behandlung bedürfen, muss diese durchgeführt werden. Eine biologische Begleittherapie ist in diesen Fällen meist sinnvoll. Die Biologische Therapie kann keine Substitutionstherapie ersetzen. Ist z.B. bei Diabetes mellitus eine Insulingabe erforderlich, kann diese durch andere Therapieverfahren höchstens ergänzt werden. Darüber hinaus bedarf es zur Wirksamkeit aller regulationsmedizinischen Therapien eines reaktionsfähigen Organismus. Ist die Reaktionsfähigkeit nicht mehr vorhanden, die „Lebenskraft" stark geschwächt oder gar erloschen, ist der Einsatz alternativer Behandlungen nicht mehr sinnvoll.

Die Autoren haben die vorliegende Anleitung zusammengestellt, um den Einstieg in die Biologische Medizin zu erleichtern oder in schwierigen Fällen Anregungen zur Behandlung zu liefern. Die Vorschläge entstammen den eigenen Erfahrungen der Autoren oder sind den Ergebnissen von klinischen Untersuchungen entnommen. Darüber hinaus wurden viele Erfahrungen von Kollegen aus der Praxis und Anregungen aus der homöopathischen oder homotoxikologischen Literatur aufgenommen. Bei allen Beteiligten bedanken wir uns für die Anregungen und die Unterstützung.

Bei vielen, insbesondere komplexen Erkrankungen beginnen die Hinweise in dieser Anleitung mit den „Basismitteln", die für uns den Grundstein der Behandlung darstellen. Darüber hinaus sind unter „Ergänzungsmittel" weiterführende Präparate aufgeführt, die eine sinnvolle und im Einzelfall notwendige Ergänzung der Basistherapie darstellen (zur Reihenfolge der Mittel und der Systematik des Verzeichnisses → Abschnitt „Legende und Anwendungshinweise").

Die angegebenen Therapien erheben keinen Anspruch auf Vollständigkeit und können je nach eigenem Wissensstand durch weitere Präparate oder Therapieverfahren ergänzt werden. Es liegt in der Verantwortung jedes Anwenders, die jeweils gültigen rechtlichen Aspekte der Arzneimittelanwendung zu beachten (→ Abschnitt „Rechtliche Hinweise").

Wir hoffen, Ihnen mit der vorliegenden Sammlung hilfreiche Anregungen für die Therapie der von Ihnen betreuten Tiere zu geben und wünschen Ihnen viel Erfolg bei Ihrer Behandlung.

Erich Reinhart
Christiane Greef-Karstens

GRUNDZÜGE DER HOMOTOXIKOLOGIE IN DER TIERMEDIZIN

Krankheitslehre

Die Homotoxikologie ist eine von dem homöopathischen Arzt Dr. Hans-Heinrich Reckeweg (1905–1985) entwickelte Krankheitslehre, die in „Homotoxinen" (endogen oder exogen entstandene und auf den Menschen einwirkende Schadstoffe oder Belastungsfaktoren) die Ursache von Erkrankungen sieht, und die inzwischen ihre Gültigkeit auch in der Tiermedizin bewiesen hat. Die Homotoxikologie geht davon aus, dass alle Krankheiten als biologisch sinnvolle Abwehrvorgänge oder Kompensationsprozesse gegen Homotoxine zu interpretieren sind. Die Krankheitsstadien teilte Reckeweg in sechs Phasen der Homotoxinabwehr ein, daraus ergibt sich die Sechs-Phasen-Tabelle der Homotoxikosen (s. vordere Umschlaginnenseite). Erste Krankheitsanzeichen können sich danach durch vermehrte Ausscheidung, zum Beispiel durch Schweißausbrüche oder eine laufende Nase, äußern. Danach können bei weiter fortschreitenden Krankheiten weitere Phasen folgen: Hierzu gehören Entzündung und Ablagerung, Imprägnation und Degeneration, im äußersten Fall auch die Bildung eines Tumors.

Behandlungsprinzip

Die Behandlung („Antihomotoxische Therapie") soll über eine Aktivierung der Eigenregulation das Abwehrsystem stimulieren und die Homotoxine neutralisieren und entgiften. Zur Entgiftung und Abwehr von Krankheiten trägt das so genannte „System der Großen Abwehr" bei, zu dem Reckeweg das Monozyten-Makrophagen-System, die Hypophysen-Nebennierenrinden-Achse, die neurale Abwehr sowie die Entgiftungsfunktionen von Leber sowie Bindegewebe rechnete. Diese körpereigenen Abwehrmechanismen können durch geeignete homöopathische bzw. biologische Arzneimittel unterstützt werden. Die Homotoxikologie versteht sich als eine Weiterentwicklung der Homöopathie, in der vorwiegend Kombinationspräparate, aber auch Einzelmittel eingesetzt werden. Die Arzneimittelwahl kann deshalb in vielen Fällen indikationsbezogen erfolgen und erfordert so wesentlich weniger Aufwand als bei der Repertorisation eines Einzelmittels.

Arzneimittel

Die Antihomotoxische Medizin nutzt in vielen Fällen spezifische antihomotoxische Wirkstoffgruppen. Hierzu zählen vor allem potenzierte Suis-Organpräparate, intermediäre Katalysatoren sowie auch eine Reihe von Nosodenpräparaten. Während die Suis-Organpräparate zur Behandlung meist bei einer Dysfunktion des entsprechenden Organs des Patienten eingesetzt werden, dienen die so genannten intermediären Katalysatoren dazu, den intermediären Stoffwechsel in der Zelle und damit vor allem auch die Energieversorgung der Zelle zu verbessern. Nosoden, homöopathische Zubereitungen aus Mikroorganismen oder Krankheitsprodukten, werden als Präparate mit sicher nachgewiesener Sterilität bei chronischen Krankheitszuständen eingesetzt, die in Verbindung mit früher durchgemachten Infektionen stehen.

Vorteile der Antihomotoxischen Therapie

In akuten Fällen kann mit geeigneten Kombinationen homöopathischer Stoffe pflanzlicher, tierischer oder mineralischer Herkunft bei den meisten Patienten eine ausreichende Unterstützung der noch effektiven Selbstheilungskräfte erreicht werden. In chronischen Fällen, mit ihren vielfach nicht ausreichend oder fehlgeleitet wirkenden Selbstheilungsprozessen, kann durch eine sinnvolle Kombination der genannten spezifisch-antihomotoxischen Präparategruppen mit weiteren homöopathischen Mitteln die Eigenregulation des Organismus gestärkt oder neu in Gang gesetzt werden. Dadurch kann die Krankheitsentwicklung hin zur Heilung umgekehrt werden. Durch die Anwendung kleinster Substanzmengen, wie in der Homöopathie, die zudem aus der natürlichen Lebensumwelt von Mensch und Tier stammen, bilden die antihomotoxischen Arzneimittel beim Tier keine Rückstände und erfordern keine Wartezeit (→ „Rechtliche Hinweise"). Auch bei Kleintier, Hund und Katze ermöglichen sie ohne Belastung durch Fremdstoffe von außen eine wirksame Behandlung im Einklang mit den Selbstheilungsbemühungen des Organismus.

Bewährte Anwendungsgebiete für antihomotoxische Präparate

Aufgrund des umfassenden Therapieansatzes und der Vielfalt der zur Verfügung stehenden Präparate kann die Antihomotoxische Therapie in der Tiermedizin eine Reihe von wichtigen Krankheitsgebieten abdecken. Bei akuten Erkrankungen wie zum Beispiel Entzündungen oder Verletzungen, aber auch viral oder bakteriell bedingten Erkrankungen unterstützen Antihomotoxika eine schnelle und komplikationslose Genesung. Auch bei Stoffwechselerkrankungen und hormonellen Störungen bieten die antihomotoxischen Präparate Erfolg versprechende Ansatzmöglichkeiten. Zu den Domänen der Biologischen Medizin gehören auch Störungen der Abwehrreaktionen sowie chronische und degenerative Erkrankungen. Diese Erkrankungsformen bestimmen heute, da Akuterkrankungen auch mit konventionellen Therapeutika sehr gut beherrschbar sind, nicht nur beim älteren Tier zunehmend das Krankheitsgeschehen. Biologische Therapieansätze einschließlich der antihomotoxischen Präparate können sowohl bei Unter- als auch Überreaktionen des Abwehrsystems, bei chronischen Organerkrankungen sowie bei degenerativen Veränderungen, beispielsweise am Bewegungsapparat oder an inneren Organen, und schließlich auch bei Tumorerkrankungen eine weitgehende Regulation der Körperfunktionen bewirken und damit den Krankheitsverlauf und – häufig schon vorher augenfällig erkennbar – das Allgemeinbefinden entscheidend verbessern.

RECHTLICHE HINWEISE (Stand März 2008)

Alle hier genannten homöopathischen Präparate, einschließlich der Humanarzneimittel, dürfen bei **nicht Lebensmittel liefernden Tieren** (Hund, Katze, kleine Heimtiere, ggf. Pferd) ohne Einschränkungen eingesetzt werden (§ 56a Abs. 2 AMG).

Beim **Lebensmittel liefernden Tier** dürfen generell die Arzneimittel angewendet werden, bei denen die entsprechende Zieltierart angegeben ist. Dem Tierarzt vorbehalten ist gemäß AMG die Umwidmung weiterer homöopathischer Arzneimittel auf Lebensmittel liefernde Tierarten, d. h. die Anwendung eines Humanarzneimittels oder eines Tierarzneimittels für Kleintiere. Diese Umwidmung auf Lebensmitteltiere ist dann ohne Vorliegen eines Therapienotstandes und ohne Wartezeit möglich, wenn alle Wirkstoffe des Arzneimittels im Anhang II der Rückstands-Höchstmengenverordnung 2377/90/EG aufgenommen sind. Dies ist in der Regel ab der Verdünnungsstufe D4 (Endkonzentration im Fertigarzneimittel), für bestimmte Stoffe auch bereits in einer tieferen Verdünnungsstufe der Fall. Ein Rückstandsrisiko für Lebensmittel von Tieren, die mit diesen Stoffen behandelt wurden, ist gemäß VO 2377/90/EG ausgeschlossen.

Heel-Arzneimittel, soweit sie für die Injektion beim **Lebensmittel liefernden Tier** registriert sind, unterliegen nicht der generellen Verschreibungspflicht für Tierarzneimittel für Lebensmittel liefernden Tiere, da die Arzneimittel für Lebensmittel liefernde Tiere ausschließlich zur subkutanen Injektion registriert sind.

Genauere Informationen zur Anwendung und Dosierung der biologischen Arzneimittel sind dem „Veterinär-Vademecum" von Heel oder der „Ordinatio antihomotoxica et Materia Medica" des Aurelia Verlags zu entnehmen.

LEGENDE UND ANWENDUNGSHINWEISE

Basismittel

Die hier aufgeführten Präparate sind die am häufigsten verwendeten oder empfohlenen für die jeweilige Indikation.

Ergänzungsmittel

Die Reihenfolge der Ergänzungsmittel wird durch die Häufigkeit ihres Einsatzes bzw. der Empfehlung in der Indikation bestimmt. Die häufigsten stehen am Anfang der Auflistung. Klassische Einzelmittel-Homöopathika stehen zur Erhöhung der Übersichtlichkeit immer am Ende dieser Aufzählung. Bewährte Einzelpotenzen sind hinter den Mittelnamen aufgeführt; stehen die Potenzen in Klammern, dienen sie nur als Anhalt.

Stehen mehrere Präparate zur Auswahl, ist den Präparatenamen ein „•" vorangestellt.
Hat sich die Kombination verschiedener Präparate bei einer Indikation bewährt, steht nur vor dem ersten ein „•", vor allen anderen ein „+", d. h., diese Mittel sollten gemeinsam eingesetzt werden.

Zu den Präparaten findet sich jeweils eine knappe Charakteristik, die Hinweise zur Wirkung bei der entsprechenden Indikation gibt. Bei einzelnen Präparaten wurde ein Hinweis: „→ Konstitutionsmittel" aufgenommen. Zu diesen Mitteln finden sich unter dem Stichwort „Konstitutionsmittel" weitere Symptome, die die Auswahl des passenden Mittels erleichtern.

Hinweise zur **Verabreichungshäufigkeit** und **Applikationsart** finden sich meist unter den Präparaten. Allgemeine Hinweise zur **Dosierung** sind auf der Innenseite des hinteren Umschlags aufgeführt und gelten für alle Heel-Präparate.

Im Anschluss an dieses Vorwort findet sich eine Aufstellung spezieller Indikationen nach Tierarten sortiert.
Ist eine Indikation nicht im Hauptteil aufgelistet, empfiehlt sich ein Blick ins daran anschließende Stichwortregister. Dort sind zusätzliche Querverweise eingearbeitet.

Nach dem Stichwortregister ist ein Verzeichnis der von den Autoren verwendeten Literatur angefügt.

Spezielle Indikationen

Spezielle Indikationen für Pferde

Adenitis equorum → Druse
Adlerfarnvergiftung
COB
Cushing-Syndrom, equines
Druse
EMND / Equine Motorische Nervenzelldegeneration
EMS / Equines Metabolisches Syndrom
Fohlenlähme → Polyarthritis
Gelenkgallen
Headshaker
Hufe / Klauen
Hufrehe
Kehlkopfpfeifen
Kissing spines
Kolik
Kotwasser
Luftsackerkrankungen
Lumbago
Lungenbluten
Mastitis (Stute)
Mauke
Periodische Augenentzündung
Pododermatitis
Podotrochlose
Sarkoid, equines
Satteldruck
Schale
Schienbeinerkrankung
Sommerekzem
Spat
Strahlfäule
Tupferprobe positiv

Spezielle Indikationen für Wiederkäuer

Adlerfarnvergiftung
Aktinobazillose
Aktinomykose
Anaplasmose
Azetonämie
Brunst → Fertilitätsstörungen
Festliegen a.p

Festliegen p.p
IPV / Infektiöse Pustulöse Vulvovaginitis
Kälberlähme ➔ Polyarthritis
Klauenabszess
Klauensohlengeschwür ➔ Rusterholz-Geschwür
Kolibazillose ➔ Diarrhö, ➔ Infektionen
Krämpfigkeit
Kuhpocken
Labmagenverlagerung
Limax ➔ Zwischenklauenwulst
Lippengrind
Rindergrippe ➔ Bronchopneumonie
Rusterholz-Geschwür
Spastische Parese
Süßkleevergiftung
Toxoplasmose (Schaf)
Transitkuh-Mamagement
Transporttetanie
Weidetetanie
Wiesendermatitis ➔ Photosensibilität

Spezielle Indikationen für Schweine

Aktinomykose
Eklampsie
Femurkopfnekrose ➔ Perthes-Krankheit
Ferkelgrippe
Festliegen a.p.
Festliegen p.p
Klauenabszess
MMA-Komplex
Ödemkrankheit

Spezielle Indikationen für Hunde

Acanthosis nigricans
Analbeutel, Sekretkonsistenz
Analbeutelabszess
Analbeutelentzündung ➔ Analbeutelabszess
Analbeutelfisteln
Anaplasmose
Blutparasiten
Brechwürgen der Hunde
Cumarinvergiftung ➔ Süßkleevergiftung

Cushing-Syndrom, canines
Dackellähme → Diskopathien
Eklampsie
Epileptische Zustände
Epulis
Femurkopfnekrose → Perthes-Krankheit
Hot spot
Hüftgelenksdysplasie
IBD / Inflammatory Bowel Disease
Kraniomandibuläre Osteopathie
Läufigkeitsstörungen
Leckgranulom
Leishmaniose
Parvo-Virus-Enteritis
Scheinträchtigkeit
Staupe
Teckellähme → Diskopathien
Toxoplasmose
Wasserrute

Spezielle Indikationen für Katzen

Blutparasiten
Eosinophiles Granulom
Epileptische Zustände
Feline Infektiöse Peritonitis → FIP
Felines Immun-Defizienz-Virus → FeLV-positive Katzen
Felines Leukose-Virus → FeLV-positive Katzen
FeLV-positive Katzen
FIP / Feline Infektiöse Peritonitis
FLUTD → Zystitis
FORL
Katzenschnupfen
Katzenseuche → Parvo-Virus-Enteritis
Toxoplasmose

Spezielle Indikationen für Nagetiere

E.-cuniculi-Erkrankung
Myxomatose
Trommelsucht → Tympanie

Spezielle Indikationen für Vögel

Dauerleger
Dauermauser
Federrupfen
Femurkopfnekrose ➔ Perthes-Krankheit
Gicht Vogel
Kropfentzündung
Legenot
Luftsackerkrankungen
Schnabelhornschäden

ABMAGERUNG

Ursache abklären!

Basismittel	
• Coenzyme compositum	regt blockierte enzymatische Abläufe insbesondere der Energiegewinnung an (Zitronensäurezyklus), degenerative oder chronische Erkrankungen
+ Ubichinon compositum	verbessert die Energiebereitstellung in der Zelle, degenerative und tumoröse Erkrankungen
+ Hepar comp. Heel	akute und chronische Leber-Galle-Affektionen, regt die Leberfunktion an, Verdauungsstörungen
+ Solidago compositum	akute und chronische Erkrankungen der Nieren und Harnwege, Zystitis, Nephrolithiasis, Hydronephrose, funktionelle Unterstützung der Nieren

Verabreichung: zusammen 2-mal wöchentlich für 4–6 Wochen

• China-Homaccord	Erschöpfungs- und Schwächezustände, Leberfunktionsstörungen, nach Flüssigkeitsverlusten

Verabreichung: täglich oral

Ergänzungsmittel

• Arsenicum album-Injeel	akute und chronische Entzündungen an Augen, Atemwegen, Verdauungs- und Harnapparat, Organdegeneration, Abmagerung, mitternächtliche Unruhe, Gewebewucherungen → Konstitutionsmittel
• Carduus compositum	akute und chronische Leber- und Gallenerkrankungen, alle Folgeerkrankungen davon, Stoffwechselstörungen, Verdauungsprobleme
• Hepeel	akute und chronische Leber- und Gallenerkrankungen, alle Folgeerkrankungen davon, Stoffwechselstörungen, Verdauungsprobleme
• Engystol	aktiviert die unspezifische Abwehr, virale Erkrankungen, reduziert Stressfolgen, „Umstimmung" bei Allergien und Dermatosen
• Nux vomica-Homaccord	Funktionsstörungen von Magen, Darm und Leber, Spasmen, Meteorismus, Beschwerden nach Überreizung
• Calcium fluoratum-Injeel	Bindegewebsschwäche, „Knochenkaries", Knochenfisteln, Exostosen, steinharte Drüsenschwellungen, Abmagerung trotz großen Appetits und Heißhungers
• Hydrastis-Injeel	dicke, zähe, strähnige, gelb-weißliche Absonderungen aller Schleimhäute, Stomatitis aphthosa, Schwäche, Kachexie, kein Appetit, kein Durst
• Conium-Injeel	Altersmittel, Gedächtnisschwäche, fortschreitende Kachexie
• Natrium muriaticum-Injeel	nervöse Reizbarkeit, Trockenheit aller Schleimhäute, Abmagerung trotz guten Appetits, Heißhunger, Beschwerden schlechter im Sommer → Konstitutionsmittel
• Petroleum-Injeel	Haut- und Schleimhauterkrankungen, stinkende Diarrhö mit anschließender Schwäche, danach Heißhunger, Abmagerung
• Abrotanum (D3–D30)	Abmagerung besonders an den Beinen trotz guten Appetits, Entwicklungsstörungen und verzögerte Rekonvaleszenz

• Jodum (D3–D30)	Hyperthyreose, Struma, Abmagerung bei reichlicher Futteraufnahme, Drüsenschwellungen, chronische Entzündungen, verdrießlich, reizbar, ruhelos
• Acidum hydrofluoricum (D6, D12)	Abmagerung trotz guten Appetits, Kachexie, Unruhe, Hast und Eile

ABORT drohender

• Plumbum metallicum-Injeel	schleichende Krankheitsprozesse, Schwäche und Kraftlosigkeit, habitueller Abort
• Kalium carbonicum-Injeel	Verschlechterung nachts, große Schwäche, katarrhalische Affektionen, Abortneigung
• Erigeron canadensis (D0–D3)	Hämorrhagien mit reichlichem, hellrotem Blut, Zahnfleischbluten, Hämaturie, Verschlimmerung bei jeder Bewegung
• Crocus (D0–D30)	Metrorrhagien, Abort, dunkle Blutungen, Blutungen durch die geringste Bewegung verschlimmert
• Sabina (D3–D30)	Metrorrhagien p.p., Aborte in der Frühträchtigkeit, drohender Abort, Fluor albus, scharfer, eitriger Ausfluss, fördert die Uterusinvolution und -kontraktion
• Viburnum opulus D1, D4	Dysmenorrhö, drohender Abort in der fortgeschrittenen Gravidität, Ovarialschmerzen
• Secale cornutum (D1–D30)	zerebrale Erregungszustände, Parästhesien, drohender Abort, dunkle Lochien, Blutungen p.p.

ABSZESSE

Basismittel

parenteral:

• Echinacea compositum	bakterielle Infektionen verschiedener Organsysteme, Entzündungen, Fieber, auch prophylaktisch
• Traumeel	Entzündungen verschiedener Genese und Lokalisation, Verletzungen, Wundbehandlung, auch postoperativ

Verabreichung: 1-mal täglich

lokal:

• Traumeel (Salbe / Gel)	Entzündungen verschiedener Genese und Lokalisation, Verletzungen, Wundbehandlung, auch postoperativ

oral:

• Mercurius-Heel	entzündliche und eitrige Erkrankungen der Haut und anderer Organe

Verabreichung: 1- bis 2-mal täglich

Ergänzungsmittel

• Belladonna-Homaccord	lokalisierte, akute und heftige Entzündungen, auch mit hohem Fieber, arterielle Pulsationen
• Apis-Homaccord	ödematöse, schmerzhafte Schwellungen, pustulöse und bullöse Ekzeme, Entzündungen mit Flüssigkeitsansammlung in Geweben und Körperhöhlen

• Hepar sulfuris-Injeel	eiternde Prozesse unterschiedlicher Lokalisation, schmerzhaft, Abszesse vor Ausreifung, Überempfindlichkeit gegen Kälte und Luftzug
• Mercurius solubilis Hahnemanni-Injeel	beginnende Suppuration, Abszesse in Anbildung, akute, schmerzhafte Entzündungen im Bindegewebe und in verschiedenen Organen
• Myristica sebifera-Injeel	Gewebsentzündung, Lymphadenitis, Phlegmone, Panaritium, Abszesse nach Ausreifung, „homöopathisches Messer"
• Bryonia-Injeel	Entzündungen, beginnende Abszedierung, Bewegung verschlimmert, besser durch festen Druck auf die erkrankte Stelle

Nachbehandlung:

• Entzündungstropfen (Cosmochema)	Entzündungen verschiedener Art und Lokalisation, zu Entzündungen neigende Bagatellverletzungen
• Silicea-Injeel	chronische Eiterungen und Fistelbildungen, wirkt auf Bindegewebe, Bänder, Sehnen, Haut, Hautanhangsgebilde, schlechte Wundheilung ➔ Konstitutionsmittel
• Kieselsäuretabletten (Cosmochema)	Bindegewebsschwäche, chronische Entzündungen der Lymphknoten, Knochen und Gelenke, chronische Eiterungen, Fistelbildung
• Calcium fluoratum-Injeel	Bindegewebsschwäche, „Knochenkaries", Knochenfisteln, Exostosen, steinharte Drüsenschwellungen, wirkt auf Sehnen und Bänder
• Calcium sulfuricum-Injeel	chronische Eiterungen der Haut und Schleimhäute, Bindegewebseiterungen, Akne, fistelnde Abszesse
• Psorinum-Injeel	chronische Ekzeme und sonstige Hautausschläge, starker Juckreiz, Furunkel, chronische Entzündungen

Analdrüse ➔ Analbeutelabszess; **Klauen** ➔ Klauenabszess; **Zahnwurzel** ➔ Zahnwurzelvereiterung; **Zwischenzehen, Hund** ➔ Zwischenzehenekzem

ABWEHRSTEIGERUNG unspezifische

• Engystol	aktiviert die unspezifische Abwehr, virale Erkrankungen, reduziert Stressfolgen, „Umstimmung" bei Allergien und Dermatosen
• Echinacea compositum	bakterielle Infektionen verschiedener Organsysteme, Entzündungen, Fieber, auch prophylaktisch
• Lachesis compositum	septische Tendenz bei Entzündungen und Eiterungen, Phlegmone, Endometritis, Nachgeburtsverhaltung, trockenes Fieber
• Lachesis-Injeel	septische Prozesse, Hämolyse, blaurote Entzündungen ➔ Konstitutionsmittel
• Galium-Heel / Galium comp.-Heel	Immunmodulation bei chronischen Erkrankungen verschiedener Genese, Präkanzerosen, „Zellreinigung"
• Lymphomyosot	„Mesenchymentschlackung", Lymphatismus, Lymphödeme, Drüsenschwellungen, Tonsillarhypertrophie
• Traumeel	Entzündungen verschiedener Genese und Lokalisation, Verletzungen, Wundbehandlung, auch postoperativ
• Vincetoxicum-Injeel	akute fieberhafte Erkrankungen, grippale Infektionen

• Psorinum-Injeel	chronische Ekzeme und sonstige Hautausschläge, starker Juckreiz, auch wechselnd mit Asthma, Wärme verschlechtert, übler Geruch, Umstimmung bei chronischen Entzündungen
• Mercurius-Heel	entzündliche und eitrige Erkrankungen der Haut und anderer Organe
• Aconitum-Injeel	grippale und katarrhalische Infekte im Anfangsstadium
• Belladonna-Homaccord	lokalisierte, akute und heftige Entzündungen, auch mit hohem Fieber, arterielle Pulsationen
• Gripp-Heel	Grippe und grippale Infekte, Fieber, Gliederschmerzen, Entzündungen seröser Häute, Bronchitis, virale Erkrankungen
• China-Homaccord	Erschöpfungs- und Schwächezustände, allgemeine Entkräftung, Blutarmut, verminderte Leukozytenbildung
evtl. zusätzlich:	
• Ubichinon compositum	verbessert die Energiebereitstellung in der Zelle, degenerative und tumoröse Erkrankungen, ergänzend bei Virusinfektionen

ACANTHOSIS NIGRICANS

• Cutis compositum	Basismittel bei Dermatosen verschiedener Genese, Ekzeme, Allergien, Dermatomykosen, Haarausfall
+ Ubichinon compositum	verbessert die Energiebereitstellung in der Zelle, degenerative und tumoröse Erkrankungen, ergänzend bei Virusinfektionen

Verabreichung: zusammen 2-mal wöchentlich

• Cerebrum compositum	Entwicklungs- und Verhaltensstörungen, Hirnfunktionsstörungen, vegetative Dystonie, Geriatrie, zur Geweberegeneration

→ Auto-Sanguis-Stufentherapie

besonders mit:

1. Stufe: Conium-Injeel	Altersmittel, Gedächtnisschwäche, Ataxie, steinharte Knoten und Neoplasien
2. Stufe: Thuja-Injeel	Neigung zu proliferativen Prozessen an Haut und Schleimhäuten, Impffolgen → Konstitutionsmittel
3. Stufe: Antimonium crudum-Injeel	Hyperkeratose besonders der Ballen, Rhagaden und Warzen, Ausschläge mit honiggelben Krusten, Gastritis

→ Ekzeme

ADIPOSITAS

• Graphites-Homaccord	chronische Ekzeme, trocken oder seborrhoisch, honigartiges Sekret, Fissuren, Borken, Schwielen, Neigung zu Adipositas, Trägheit, Verstopfung → Konstitutionsmittel
• Strumeel	Struma parenchymatosa, regt die Schilddrüsenfunktion an, Übergewicht
• Fucus vesiculosus-Injeel	Adipositas, Drüsenschwellungen, Struma, Hypothyreose
• Glandula thyreoidea suis-Injeel	spezifischer Regulationseffekt auf Funktion und Struktur des entsprechenden Organs, Myxödem, Struma parenchymatosa, Adipositas

- Hormeel — funktionelle Störungen im weiblichen Zyklus, Sterilität, Brunstlosigkeit, Fluor albus, endokrine Dysfunktionen
- Lymphomyosot — „Mesenchymentschlackung", Lymphatismus, Lymphödeme, Drüsenschwellungen, Tonsillarhypertrophie
- Galium-Heel / Galium comp.-Heel — Immunmodulation bei chronischen Erkrankungen verschiedener Genese, Präkanzerosen, „Zellreinigung"
- Kalium carbonicum-Injeel — schleichender Verlauf aller Erkrankungen, Verschlechterung nachts, große Schwäche, Herzschwäche, Altersherz

ADLERFARNVERGIFTUNG adjuvant

- Lachesis-Injeel — septische Prozesse, Hämolyse, blaurote Entzündungen
  → Konstitutionsmittel
- Crotalus-Injeel — dunkle Blutungen in allen Organen und aus allen Körperöffnungen, Gangrän und Sepsis
- Ipecacuanha-Injeel — hellrote, gussweise Blutungen, Erbrechen, feuchte Bronchitis
- Phosphor-Homaccord — petechiale Blutungen und Blutungsneigung, Laryngitis, Pharyngitis, Degeneration parenchymatöser Organe
  → Konstitutionsmittel

AGGRESSIVITÄT

Basismittel

- Cerebrum compositum — Entwicklungs- und Verhaltensstörungen, Hirnfunktionsstörungen, vegetative Dystonie, Geriatrie, zur Geweberegeneration

Verabreichung: 2- bis 3-mal wöchentlich

Ergänzungsmittel

- Phosphor-Homaccord — Laryngitis, Pharyngitis, sehr lebhaft, leicht ärgerlich, furchtsam, besonders beim Alleinsein, Überempfindlichkeit gegen äußere Einflüsse, Angstaggression, Zerstörungswut
  → Konstitutionsmittel
- Nux vomica-Homaccord — nervös und reizbar, intolerant, vertragen keinen Widerspruch, hinterhältig, Überempfindlichkeit gegen alle Reize, Neigung zu Übersprungshandlungen
- Ignatia-Injeel — Hysterie, nervöse Erschöpfungszustände, melancholisch, weinerlich, vegetative Dystonie, Überempfindlichkeit gegen Schmerzen und Gerüche, widersprüchliche Symptome
  → Konstitutionsmittel
- Lycopodium-Injeel — selbstbewusst, drohen vor Aggression, intelligent aber zurückhaltend, eigensinnig und reizbar, können Widerspruch nicht ertragen
  → Konstitutionsmittel
- Belladonna-Homaccord — Überempfindlichkeit gegen alle Reize, plötzliche Gewalttätigkeit, dabei erweiterte Pupillen, Zerstörungswut (Lager, Möbel)

• Hepar sulfuris-Injeel	sehr reizbar und streitsüchtig, unangemessene Wut bei Kleinigkeiten, frostige und empfindliche Tiere
• Lachesis-Injeel	sehr eifersüchtig und misstrauisch, weniger aggressiv, nervös, reagieren auf Bedrohung bösartig, alle Beschwerden schlechter nach Schlaf ➔ Konstitutionsmittel
• Stramonium-Injeel	manische Zustände, Psychosen, Unruhe, Raserei, Streitsucht, Neigung zu Gewalttätigkeit, Trennungs- und Verlustangst, dabei auch gezielter Absatz von Harn und Kot
• Natrium muriaticum-Injeel	nervöse Reizbarkeit, subdominante Aggression gegen Artgenossen, vertragen keine Gesellschaft oder Zuspruch, empfindlich gegenüber äußeren Reizen, impulsive Aggression, übellaunig ➔ Konstitutionsmittel
• Plumbum metallicum-Injeel	Zuneigung nur zu einer Person, extreme Aggression gegen alle anderen Menschen und Tiere, depressive Phasen
• Sepia-Injeel	meist ältere weibliche Tiere, nervöse Erschöpfung, depressive Verstimmungen, gleichgültig bis reizbar und aggressiv, Tiere wollen gern allein sein ➔ Konstitutionsmittel
• Hyoscyamus (D6, D12, C30, C200)	Erregungszustände mit großer Unruhe, Eifersucht, Raserei mit Lautgeben, laufen bei mutigen Gegnern davon, Verlustangst (Personen, Umgebung) auch mit Harn- und Kotabsatz ➔ Konstitutionsmittel

➔ Angstbeißen; ➔ Angstzustände; ➔ Eifersucht; ➔ Scheinträchtigkeit

AGGRESSIVITÄT DURCH WIDERSTAND

• Aurum-Injeel	Hypertonie, Arteriosklerose, präapoplektisch, Arrhythmien mit Angst, leicht reizbar und sehr aggressiv, dominant, können bestimmte Individuen nicht ausstehen ➔ Konstitutionsmittel
• Chamomilla-Injeel	Überempfindlichkeit gegen Schmerzen, Krämpfe, Bauch aufgetrieben, Blähungskolik
• Lycopodium-Injeel	selbstbewusst, drohen vor Aggression, intelligent aber zurückhaltend, eigensinnig und reizbar, können Widerspruch nicht ertragen ➔ Konstitutionsmittel
• Sepia-Injeel	meist ältere weibliche Tiere, nervöse Erschöpfung, depressive Verstimmungen, gleichgültig bis reizbar und aggressiv, Tiere wollen gern allein sein ➔ Konstitutionsmittel
• Platinum metallicum (D3–D30)	depressiv und verschlossen oder hochmütig und zänkisch, dominant, Gemütsschwankungen, Hypersexualität ➔ Konstitutionsmittel

AKTINOBAZILLOSE Holzzunge

Therapieversuch	
• Hepar sulfuris-Injeel	eiternde Prozesse unterschiedlicher Lokalisation, schmerzhaft, Abszesse vor Ausreifung, Überempfindlichkeit gegen Kälte und Luftzug
• Calcium fluoratum-Injeel	Bindegewebsschwäche, „Knochenkaries", Knochenfisteln, Exostosen, steinharte Drüsenschwellungen, wirkt auf Sehnen und Bänder
• Silicea-Injeel	chronische Entzündungen, Eiterungen und Fistelbildungen, wirkt auf Bindegewebe, Bänder, Sehnen, Haut, Hautanhangsgebilde, schlechte Wundheilung, entwickeln sich schlecht ➔ Konstitutionsmittel
• Cistus canadensis (D1–D30)	Neigung zu Drüsenschwellungen, Veränderungen im Mund-Rachen-Bereich, Lymphknotenschwellung
• Acidum hydrofluoricum (D6, D12)	Abmagerung trotz guten Appetits, Kachexie, Unruhe, Hast und Eile, Bindegewebs- und Knocheninduration, chronische Periostitis
• Kalium jodatum (D1, D3)	Knochenschmerzen, Sinusitis, Periostitis, schleichend verlaufende Infektionen mit Verhärtungen im Gewebe

AKTINOMYKOSE

• Hepar sulfuris-Injeel	eiternde Prozesse unterschiedlicher Lokalisation, schmerzhaft, Abszesse vor Ausreifung, Überempfindlichkeit gegen Kälte und Luftzug
• Mercurius-Heel	entzündliche und eitrige Erkrankungen der Haut und anderer Organe
• Osteoheel	Ostitis, Periostitis, Exostosen, nächtliche Knochenschmerzen, neuralgische Schmerzen, Gelenkknacken, Osteochondrose
• Hekla Lava-Injeel	nutritive und infektiöse Störungen von Knochen und Knochenhaut, Exostosen an den Bandansätzen
• Os suis-Injeel	spezifischer Regulationseffekt auf Funktion und Struktur des entsprechenden Organs, Osteomalazie, Rachitis, Osteoporose, Exostosen, Periostitis
• Acidum hydrofluoricum (D6, D12)	Abmagerung trotz guten Appetits, Kachexie, Unruhe, Hast und Eile, Bindegewebs- und Knocheninduration, chronische Periostitis
• Kalium jodatum (D1, D3)	Knochenschmerzen, Sinusitis, Periostitis, schleichend verlaufende Infektionen mit Verhärtungen im Gewebe

ALBUMINURIE

• Reneel	akute und chronische Nieren- und Blasenleiden, Nephrolithiasis, Urethritis, Albuminurie
• Nierentropfen (Cosmochema)	Nieren- und Blasenleiden, Dysurie, Albuminurie, Nephrolithiasis, Harndrang mit Schmerzen
• Berberis-Homaccord	Reiz- und Entzündungszustände im Urogenitaltrakt und in den Gallenwegen, mit und ohne Konkremente, Gallen- und Nierenkoliken

ALLERGIEN

Basismittel

Exazerbation, symptomatische Phase:

Hautsymptomatik:

parenteral: • Histamin-Injeel	allergische Erkrankungen, Asthma, Ekzeme und Dermatosen, nach Trauma
+ Urtica-Injeel	urtikarielle, juckende Dermatosen, Nesselausschläge, Berührungsempfindlichkeit, harnsaure Diathese
+ Acidum formicicum-Injeel	allgemeines „Umstimmungsmittel" bei Asthma, Allergien und Ekzemen, bei allen zellulären Phasen

Verabreichung: zusammen 2-mal wöchentlich über 6–8 Wochen, 1-mal wöchentlich mit Eigenblut kombinieren

oral: • Galium-Heel / Galium comp.-Heel	Immunmodulation bei chronischen Erkrankungen verschiedener Genese, Präkanzerosen, „Zellreinigung"
+ Lymphomyosot	„Mesenchymentschlackung", Lymphatismus, Lymphödeme, Drüsenschwellungen, Tonsillarhypertrophie
+ Sulfur comp.-Heel	Dermatosen, Dermatitis, juckende und nässende Ekzeme, Pruritus, Urtikaria, „Reaktionsmittel" bei allen chronischen Krankheiten

Verabreichung: zusammen 1- bis 2-mal täglich

Respiratorische Symptomatik:

• Bronchalis-Heel	Bronchitis, Bellhusten, nächtlicher Kitzelhusten, Husten mit Brechwürgen, Asthma, Husten beim Eintritt in warme Räume
+ Acidum formicicum-Injeel	allgemeines „Umstimmungsmittel" bei Asthma, Allergien und Ekzemen, bei allen zellulären Phasen
+ Apis-Homaccord	ödematöse, schmerzhafte Schwellungen, pustulöse und bullöse Ekzeme, Entzündungen mit Flüssigkeitsansammlung in Geweben und Körperhöhlen, Bienen- und Insektenstiche
+ Histamin-Injeel	allergische Erkrankungen, Asthma, Ekzeme und Dermatosen, nach Trauma

Zwischenphase, schwächere Symptomatik:

parenteral: • Engystol	aktiviert die unspezifische Abwehr, virale Erkrankungen, reduziert Stressfolgen, „Umstimmung" bei Allergien und Dermatosen

Verabreichung: 2-mal wöchentlich, 1-mal wöchentlich mit Eigenblut kombinieren

oral: • Galium-Heel / Galium comp.-Heel	Immunmodulation bei chronischen Erkrankungen verschiedener Genese, Präkanzerosen, „Zellreinigung"
+ Lymphomyosot	„Mesenchymentschlackung", Lymphatismus, Lymphödeme, Drüsenschwellungen, Tonsillarhypertrophie

Verabreichung: zusammen 1-mal täglich

Ergänzungsmittel

• Traumeel	Entzündungen verschiedener Genese und Lokalisation, Verletzungen, Wundbehandlung, auch postoperativ

Verabreichung: 1-mal wöchentlich, über einen längeren Zeitraum

• Cutis compositum	Basismittel bei Dermatosen verschiedener Genese, Ekzeme, Allergien, Dermatomykosen, Haarausfall
• Calcium carbonicum-Injeel	Jungtiermittel, Drüsenschwellungen, Schleimhautkatarrhe, Polypenbildung und Ulzerationen, Milchschorf, Kalkstoffwechselstörungen, verzögerte Entwicklung ➔ Konstitutionsmittel
• Psorinum-Injeel	chronische Ekzeme und sonstige Hautausschläge, starker Juckreiz, auch wechselnd mit Asthma, Wärme verschlechtert, übler Geruch, chronische Entzündungen
• Penicillin-Injeel	chronische Haut- und Schleimhautentzündungen
• Rhus Tox-Injeel	Rheuma und Neuralgien, Sehnen- und Bänderaffektionen, schlechter bei nasskaltem Wetter, Anlaufschmerzen, Folgen von Überanstrengung, stark juckende Bläschen, Kontaktallergie
• FideSan Salbe (Cosmochema)	Entzündungen der Haut, Juckreiz, allergische Dermatosen
• Galphimia (D4–D12)	Allergien, Asthma, Heufieber
• Ephedra vulgaris (D4–D200)	Asthma bronchiale und asthmatoide Bronchitis, Dyspnoe, versuchsweise bei Emphysem

➔ Auto-Sanguis-Stufentherapie

besonders mit:

1. Stufe: Traumeel	Entzündungen verschiedener Genese und Lokalisation, Verletzungen, Wundbehandlung, auch postoperativ
2. Stufe: Engystol	aktiviert die unspezifische Abwehr, virale Erkrankungen, reduziert Stressfolgen, „Umstimmung" bei Allergien und Dermatosen
3. Stufe: Coenzyme compositum	regt blockierte enzymatische Abläufe insbesondere der Energiegewinnung an (Zitronensäurezyklus), degenerative oder chronische Erkrankungen
4. Stufe: Cutis compositum	Basismittel bei Dermatosen verschiedener Genese, Ekzeme, Allergien, Dermatomykosen, Haarausfall
5. Stufe: Histamin-Injeel	allergische Erkrankungen, Asthma, Ekzeme und Dermatosen, nach Traumen

oder:

• Galium-Heel	bei chronischen Erkrankungen verschiedener Genese, Präkanzerosen, „Zellreinigung"
+ Lymphomyosot	„Mesenchymentschlackung", Lymphatismus, Lymphödeme, Drüsenschwellungen, Tonsillarhypertrophie
+ Ephedra vulgaris (D4–D200)	Asthma bronchiale und asthmatoide Bronchitis, Dyspnoe, versuchsweise bei Emphysem
+ Galphimia (D4–D12)	Allergien, Asthma, Heufieber

➔ Futtermittelallergie; ➔ Pruritus; ➔ Urtikaria

ALTERSERSCHEINUNGEN

Anregung des Stoffwechsels und Revitalisierung:

Basismittel	
parenteral: • Coenzyme compositum	regt blockierte enzymatische Abläufe insbesondere der Energiegewinnung an (Zitronensäurezyklus), degenerative oder chronische Erkrankungen
+ Ubichinon compositum	verbessert die Energiebereitstellung in der Zelle, degenerative und tumoröse Erkrankungen
+ Hepar comp. Heel	akute und chronische Leber-Galle-Affektionen, regt die Leberfunktion an, Verdauungsstörungen
+ Solidago compositum	akute und chronische Erkrankungen der Nieren und Harnwege, Zystitis, Nephrolithiasis, Hydronephrose, funktionelle Unterstützung der Nieren

Verabreichung: zusammen kurmäßig 2-mal wöchentlich für 4–6 Wochen

oral: • Lymphomyosot	„Mesenchymentschlackung", Lymphatismus, Lymphödeme, Drüsenschwellungen, Tonsillarhypertrophie
+ Galium-Heel / Galium comp.-Heel	Immunmodulation bei chronischen Erkrankungen verschiedener Genese, Präkanzerosen, „Zellreinigung"

Verabreichung: zusammen 2–3 Wochen täglich

Ergänzungsmittel

• Cerebrum compositum	Entwicklungs- und Verhaltensstörungen, Hirnfunktionsstörungen, vegetative Dystonie, Geriatrie, zur Geweberegeneration
• Arteria-Heel	periphere Zirkulationsstörungen, Arteriosklerose, Hypertonie, Angina pectoris, Claudicatio intermittens
• Ginseng compositum	Erschöpfungszustände aller Art, geistige und körperliche Schwäche, mangelnder Muskeltonus
• Arsenicum album-Injeel	akute und chronische Entzündungen an Augen, Atemwegen, Verdauungs- und Harnapparat, Organdegeneration, Abmagerung, mitternächtliche Unruhe, Gewebewucherungen ➔ Konstitutionsmittel
• Barijodeel	Lymphatismus, Globusgefühl, Drüsenschwellung, Lymphknotenhypertrophie, Zerebralsklerose
• Calcium carbonicum-Injeel	Drüsenschwellungen, Schleimhautkatarrhe, Polypenbildung und Ulzerationen, Milchschorf, Kalkstoffwechselstörungen, verzögerte Entwicklung ➔ Konstitutionsmittel
• Ambra (D3–D30)	nervöse Symptomatiken, Demenz, Altersschwäche, Schwindel, Trockenheit der Schleimhäute
• Strychninum nitricum (D6, D12, C30–C1000)	Schlaflosigkeit, Reizbarkeit, Zuckungen, explosive Nervosität

Altersherz:

Basismittel	
• Cralonin	Altersherz, Koronarinsuffizienz, Rhythmusstörungen, Myokardschwäche

Verabreichung: mehrmals täglich nach Bedarf

Ergänzungsmittel

• Cor suis compositum	Myokardschwäche, dilatative und hypertrophe Kardiomyopathie, Arrhythmia cordis, Koronardurchblutungsstörungen, Gefäßtonisierung
• Cactus compositum	Myokardschwäche, auch infektiöser Genese, Peri- und Endokarditis, Herzrhythmusstörungen, Koronarinsuffizienz
• Herztropfen (Cosmochema)	Kreislaufstörungen, Altersherz, Herzmuskelschwäche und -schäden, Herzstärkung bei Infektionserkrankungen

Arthrose / muskuloskelettale Veränderungen:

Basismittel	
parenteral: • Traumeel	Entzündungen verschiedener Genese und Lokalisation, Verletzungen, Wundbehandlung, auch postoperativ
+ Zeel	degenerative und rheumatische Gelenkerkrankungen, Arthrose, Polyarthrose, Spondylarthrose, Prophylaxe von Langzeitschäden
+ Symphytum-Injeel	„Arnika der Knochen", beschleunigt die Kallusbildung, fördert den Knochenstoffwechsel, Periostitis

Verabreichung: zusammen für 1–2 Wochen täglich, danach nur noch Zeel täglich bis mehrmals wöchentlich nach Bedarf

• Discus compositum N mit Kalmia	Gelenk- und Bindegewebserkrankungen, z.B. Arthritis, Arthrose, Periarthritis, Erkrankungen der Sehnen, Bänder und der Knochenhaut, Knochenschmerzen, rheumatische Schmerzen
• Calcium carbonicum-Injeel	Drüsenschwellungen, Schleimhautkatarrhe, Polypenbildung und Ulzerationen, Milchschorf, Kalkstoffwechselstörungen, verzögerte Entwicklung, Rachitis, Osteomalazie ➔ Konstitutionsmittel
• Calcium fluoratum-Injeel	Bindegewebsschwäche, „Knochenkaries", Knochenfisteln, Exostosen, steinharte Drüsenschwellungen, wirkt auf Sehnen und Bänder, Knochenaktinomykose
• Phosphor-Homaccord	petechiale Blutungen und Blutungsneigung, Laryngitis, Pharyngitis, Degeneration parenchymatöser Organe, Knochenschwäche, Mineralisationsstörungen ➔ Konstitutionsmittel
• Osteoheel	Ostitis, Periostitis, Exostosen, Knochenschmerzen, neuralgische Schmerzen, Gelenkknacken, Osteochondrose
• Thallium metallicum (D6, D12)	Osteoporose, Dysästhesien der Fußsohle, Neuritiden mit Paresen
• Strontium carbonicum (D4–D30)	Osteoporose, Spondylarthrose, Zerebralsklerose

Erschöpfung / Schwäche:

• Tonico-Injeel	physische Erschöpfung, nervöse Erschöpfung und Überreizung
• Neuro-Injeel	psychosomatische Beschwerden, Hysterie, Unruhezustände
• Phosphor-Homaccord	petechiale Blutungen und Blutungsneigung, Laryngitis, Pharyngitis, Degeneration parenchymatöser Organe, als Roborans ➔ Konstitutionsmittel
• Nervoheel	psychosomatische Beschwerden, körperliche und geistige Erschöpfung, wechselnde Stimmungen, Schlafstörungen
• Zincum metallicum-Injeel	Nervenaffektionen mit Schwäche und Erschöpfung, nervöse Beschwerden, Unruhe in den Beinen, Zittern, Zuckungen, Schlafstörungen

Hirnleistungsstörungen:

• Cerebrum compositum	Entwicklungs- und Verhaltensstörungen, Hirnfunktionsstörungen, vegetative Dystonie, Geriatrie, zur Geweberegeneration
+ Coenzyme compositum	regt blockierte enzymatische Abläufe insbesondere der Energiegewinnung an (Zitronensäurezyklus), degenerative oder chronische Erkrankungen

Verabreichung: zusammen 1- bis 2-mal wöchentlich

• Circulo-Injeel	periphere Durchblutungsstörungen, Akroparästhesien, Gefäßspasmen, kalte Gliedmaßenenden
• Arteria-Heel	periphere Zirkulationsstörungen, Arteriosklerose, Hypertonie, Angina pectoris, Claudicatio intermittens
• Tonico-Injeel	physische Erschöpfung, nervöse Erschöpfung und Überreizung
• Vertigoheel	Schwindel verschiedener Genese, Kinetosen, Verbesserung der zentralen und peripheren Mikrozirkulation
• Placenta suis-Injeel	periphere Durchblutungsstörungen, fördert die Gewebeausreifung, Dekubitus, Ulcus cruris, Rhagaden, Ekzeme
• Psorinum-Injeel	chronische Entzündungen, Gedächtnisschwund, Angst und Furchtzustände

Linsentrübung:

➔ Katarakt

Niereninsuffizienz:

Basismittel	
parenteral: • Coenzyme compositum	regt blockierte enzymatische Abläufe insbesondere der Energiegewinnung an (Zitronensäurezyklus), degenerative oder chronische Erkrankungen
+ Ubichinon compositum	verbessert die Energiebereitstellung in der Zelle, degenerative und tumoröse Erkrankungen
+ Solidago compositum	akute und chronische Erkrankungen der Nieren und Harnwege, Zystitis, Nephrolithiasis, Hydronephrose, funktionelle Unterstützung der Nieren

Verabreichung: zusammen 1- bis 3-mal wöchentlich

oral: • Reneel	akute und chronische Nieren- und Blasenleiden, Nephrolithiasis, Urethritis, Albuminurie, Blutungsneigung

Verabreichung: an den Tagen ohne parenterale Medikation

ANÄMIE

• Ferrum-Homaccord	sekundäre Anämie, Verlangen nach Wärme, Eisenmangelkrankheiten
• China-Homaccord	Erschöpfungs- und Schwächezustände, Leberfunktionsstörungen, nach Flüssigkeitsverlusten, Blutarmut, allgemeine Entkräftung
• Medulla ossis suis-Injeel	spezifischer Regulationseffekt auf Funktion und Struktur des entsprechenden Organs, Anämie, Leukämie, Agranulozytose, Therapieschäden
• Arsenicum album-Injeel	akute und chronische Entzündungen an Augen, Atemwegen, Verdauungs- und Harnapparat, Organdegeneration, Abmagerung, mitternächtliche Unruhe, Anämie ➔ Konstitutionsmittel
• Galium-Heel / Galium comp.-Heel	Immunmodulation bei chronischen Erkrankungen verschiedener Genese, Präkanzerosen, „Zellreinigung"
• Natrium muriaticum-Injeel	Anämie, Schwäche, untergewichtige Tiere, Mangel an Lebenswärme ➔ Konstitutionsmittel
• Carcinosinum (D30, D200)	Anämie, Schwindel, viele Erkrankungen in der Jugend, heftige Reaktionen auf Impfungen, Entwicklungsstörungen und verzögerte Rekonvaleszenz
• Abrotanum (D3–D30)	Anämie mit hohläugigen, gealtertem Aussehen, Auszehrung durch Ernährungsstörungen

Eisenmangel, adjuvant:

• Ferrum-Homaccord	sekundäre Anämie, Verlangen nach Wärme, Eisenmangelkrankheiten
• Ferrum metallicum-Injeel	große Blässe der Schleimhäute, kalte Extremitäten, Blutungsneigung, postinfektiöse Anämie, Eisenmangelerscheinungen
• Arsenicum album-Injeel	akute und chronische Entzündungen an Augen, Atemwegen, Verdauungs- und Harnapparat, Organdegeneration, Abmagerung, mitternächtliche Unruhe, deutliche Anämie ➔ Konstitutionsmittel
• China-Homaccord	Erschöpfungs- und Schwächezustände, Leberfunktionsstörungen, nach Flüssigkeitsverlusten, verminderte Bildung von Blutzellen
• Cuprum-Injeel	Krämpfe der glatten und quergestreiften Muskulatur, Anämie, metallischer Mundgeruch
• Natrium muriaticum-Injeel	Anämie, Schwindel aus Schwäche, Abmagerung trotz guten Appetits, Heißhunger ➔ Konstitutionsmittel
• Carcinosinum (D30, D200)	Anämie, Schwindel, viele Erkrankungen in der Jugend, heftige Reaktionen auf Impfungen, Entwicklungsstörungen und verzögerte Rekonvaleszenz
• Abrotanum (D3–D30)	Anämie, Abmagerung besonders an den Beinen trotz guten Appetits, Entwicklungsstörungen und verzögerte Rekonvaleszenz
• Borax (D1–D3)	Stomatitis aphthosa, allgemeines Aphtenmittel, Speicheln, Futteraufnahme gestört, Anämie, Leberdegeneration

ANALBEUTEL Sekretkonsistenz

• Causticum-Injeel	Lähmung von Muskeln und Nerven, Trockenheit von Haut und Schleimhäuten, Drüsenverhärtungen, schmieriges, dickes Sekret von Drüsen, Analdrüsenentzündungen
• Silicea-Injeel	chronische Eiterungen und Fistelbildungen, wirkt auf Bindegewebe, Bänder, Sehnen, Haut, Hautanhangsgebilde, schlechte Wundheilung, kalte Abszesse mit dünnflüssigem Eiter ➔ Konstitutionsmittel
• Hepar sulfuris-Injeel	eiternde Prozesse unterschiedlicher Lokalisation, schmerzhaft, Abszesse vor Ausreifung, Überempfindlichkeit gegen Kälte und Luftzug, Gefahr der Abszedierung
• Pulsatilla-Injeel	Schleimhautkatarrh, alle Absonderungen sind dick, rahmig, gelblich-grün, mild, wechselnde Kotkonsistenz ➔ Konstitutionsmittel
• Traumeel	Entzündungen verschiedener Genese und Lokalisation, Verletzungen, Wundbehandlung, auch postoperativ, Ausführungsgänge durch Entzündung zugeschwollen
• Kalium bichromicum-Injeel	zähe, strähnige Absonderungen aller Schleimhäute, chronische Katarrhe, tief fressende Ulzera der Schleimhäute

ANALBEUTELABSZESS

• Belladonna-Homaccord	lokalisierte, akute und heftige Entzündungen, auch mit hohem Fieber, arterielle Pulsationen
• Traumeel	Entzündungen verschiedener Genese und Lokalisation, Verletzungen, Wundbehandlung, auch postoperativ
evtl. auch lokal instillieren	
• Lachesis compositum	septische Tendenz bei Entzündungen und Eiterungen, Phlegmone, Endometritis, Nachgeburtsverhaltung, trockenes Fieber
• Echinacea compositum	bakterielle Infektionen verschiedener Organsysteme, Entzündungen, Fieber, auch prophylaktisch
• Mercurius-Heel	entzündliche und eitrige Erkrankungen der Haut und anderer Organe
• Hepar sulfuris-Injeel	eiternde Prozesse unterschiedlicher Lokalisation, schmerzhaft, Abszesse vor Ausreifung, Überempfindlichkeit gegen Kälte und Luftzug, beginnender Analbeutelabszess
• Calcium sulfuricum-Injeel	chronische Eiterungen der Haut und Schleimhäute, Bindegewebseiterungen, Akne, fistelnde Abszesse, Analbeutelfisteln, wenn Hepar sulfuris nicht hilft
• Mercurius solubilis Hahnemanni-Injeel	beginnende Suppuration, Abszesse in Anbildung, akute, schmerzhafte Entzündungen im Bindegewebe und in verschiedenen Organen
• Myristica sebifera-Injeel	Gewebsentzündung, Lymphadenitis, Phlegmone, Panaritium, Abszesse nach Ausreifung, „homöopathisches Messer", bestehender Analbeutelabszess
• Silicea-Injeel	chronische Eiterungen und Fistelbildungen, wirkt auf Bindegewebe, Bänder, Sehnen, Haut, Hautanhangsgebilde, schlechte Wundheilung ➔ Konstitutionsmittel

• Paeonia comp.-Heel	Ekzema, Pruritus und Fissura ani, Hämorrhoiden, trockene, rissige Haut, Ekzeme mit honiggelben Krusten, juckende und nässende Hautausschläge, Analbeutelentzündungen
• Blutgefäßtropfen (Cosmochema)	periphere arterielle und venöse Durchblutungsstörungen, Varizen, Hämorrhoiden
• Causticum-Injeel	Afterfissuren, häufig After geschwollen, mit schmierigem Sekret, Analdrüsen entzündet und schmerzhaft, Analfisteln, klebriges Sekret, Kot wird meist im Stehen abgesetzt
• Pulsatilla-Injeel	alle Absonderungen sind dick und rahmig, grünlich-gelblich und mild ➔ Konstitutionsmittel
• Tarantula (D4–D12, C30, C200)	reizbar durch Berührung, Abszesse, bei denen Schmerz und Entzündung vorherrschen ➔ Konstitutionsmittel
• Pyrogenium (D6–D30)	heftige, überschießende Reaktionen, Eiterungen, Lymphadenitis, gangränöse Zustände, Sepsis, übel riechende Absonderungen

ANALBEUTELFISTELN

Basismittel	
oral / parenteral:	
• Traumeel	Entzündungen verschiedener Genese und Lokalisation, Verletzungen, Wundbehandlung, auch postoperativ
+ Kieselsäuretabletten (Cosmochema)	Bindegewebsschwäche, chronische Eiterungen, Fistelbildung
lokal:	
• Traumeel Salbe	Entzündungen verschiedener Genese und Lokalisation, Verletzungen, Wundbehandlung, auch postoperativ

Ergänzungsmittel

• Silicea-Injeel	chronische Eiterungen und Fistelbildungen, wirkt auf Bindegewebe, Bänder, Sehnen, Haut, Hautanhangsgebilde, schlechte Wundheilung ➔ Konstitutionsmittel
• Cruroheel	Fisteleiterungen, Knochenfisteln, Ulcus cruris, Bindegewebsschwäche, chronische Eiterungen, scharfe Sekrete
• Acidum nitricum-Injeel	Veränderungen an Haut und Schleimhäuten, besonders mukokutane Übergänge, Blutungen, Rhagaden
• Aurum-Injeel	Hypertonie, Arteriosklerose, präapoplektisch, Arrhythmien mit Angst, leicht reizbar und sehr aggressiv, dominant, Analfisteln ➔ Konstitutionsmittel
• Paeonia comp.-Heel	Ekzema, Pruritus und Fissura ani, Hämorrhoiden, trockene, rissige Haut, Ekzeme mit honiggelben Krusten, juckende und nässende Hautausschläge, Analbeutelentzündungen
• Pyrogenium (D6–D30)	heftige, überschießende Reaktionen, Eiterungen, Lymphadenitis, gangränöse Zustände, Sepsis, übel riechende Absonderungen

• Ratanhia (D3–D6)	brennende Afterschmerzen, harter Stuhl kannn nur unter Schmerzen abgesetzt werden

➔ Fisteleiterungen

ANAPLASMOSE adjuvant

• China-Homaccord	Erschöpfungs- und Schwächezustände, Leberfunktionsstörungen, nach Flüssigkeitsverlusten
• Crotalus-Injeel	dunkle Blutungen in allen Organen und aus allen Körperöffnungen, Gangrän und Sepsis
• Cinnamomum-Homaccord	kapilläre und präkapilläre Sickerblutungen, Hämorrhoiden, Blutungsneigung
• Phosphor-Homaccord	petechiale Blutungen und Blutungsneigung, Laryngitis, Pharyngitis, Degeneration parenchymatöser Organe ➔ Konstitutionsmittel
• Echinacea compositum	bakterielle Infektionen verschiedener Organsysteme, Entzündungen, Fieber, auch prophylaktisch
• Ferrum-Homaccord	sekundäre Anämie, Verlangen nach Wärme, Eisenmangelkrankheiten, Heißhungeranfälle
• Coenzyme compositum	regt blockierte enzymatische Abläufe insbesondere der Energiegewinnung an (Zitronensäurezyklus), degenerative oder chronische Erkrankungen
• Galium-Heel / Galium comp.-Heel	Immunmodulation bei chronischen Erkrankungen verschiedener Genese, Präkanzerosen, „Zellreinigung"
• Medulla ossis suis-Injeel	spezifischer Regulationseffekt auf Funktion und Struktur des entsprechenden Organs, Anämie, Leukämie, Agranulozytose, Therapieschäden
• Glonoin-Homaccord	Tachykardie, pektanginöse Beschwerden, Koronarinsuffizienz, Altersherz
• Nux vomica-Homaccord	Funktionsstörungen von Magen, Darm und Leber, Spasmen, Meteorismus, Beschwerden nach Überreizung

Gelenkbeschwerden:

• Traumeel	Entzündungen verschiedener Genese und Lokalisation, Verletzungen, Wundbehandlung, auch postoperativ
• Zeel	degenerative und rheumatische Gelenkerkrankungen, Arthrose, Polyarthrose, Spondylarthrose, Prophylaxe von Langzeitschäden

ANGSTBEISSEN

• Cerebrum compositum	Entwicklungs- und Verhaltensstörungen, Hirnfunktionsstörungen, vegetative Dystonie, Geriatrie, zur Geweberegeneration
• Belladonna-Homaccord	lokalisierte, akute und heftige Entzündungen, auch mit hohem Fieber, arterielle Pulsationen, große Erregung, Raserei
• Ignatia-Injeel	Hysterie, nervöse Erschöpfungszustände, vegetative Dystonie, Überempfindlichkeit gegen Schmerzen und Gerüche, absurde Symptome, unduldsam und streitsüchtig ➔ Konstitutionsmittel

• Nux vomica-Injeel	übersteigerter Ehrgeiz, nervös und reizbar, intolerant, vertragen keinen Widerspruch, Überempfindlichkeit gegen alle Reize, Neigung zu Übersprungshandlungen ➔ Konstitutionsmittel
• Stramonium-Injeel	manische Zustände, Psychosen, Unruhe, Raserei, Streitsucht, Neigung zu Gewalttätigkeit, epileptiforme Krämpfe, Angst vor Dunkelheit
• Phosphorus-Injeel	große Erregbarkeit und Nervenschwäche, Furchtsamkeit, Angst vor Dunkelheit, Alleinsein und Gewitter, Angstaggression ➔ Konstitutionsmittel
• Hyoscyamus (D6, D12, C30, C200)	Erregungszustände mit großer Unruhe, Eifersucht, Raserei, Wutanfälle wechselnd mit Melancholie und Gleichgültigkeit, unwillkürlicher Verlust von Harn und Kot ➔ Konstitutionsmittel
• Tarantula (D4–D12, C30, C200)	Hysterie, Hysteroepilepsie, Hyperästhesie, jähe Stimmungswechsel mit Streitlust, Aggression und plötzlichen Gewaltausbrüchen, reizbar durch Berührung ➔ Konstitutionsmittel

➔ Aggressivität

ANGSTZUSTÄNDE

Basismittel

• Cerebrum compositum	Entwicklungs- und Verhaltensstörungen, Hirnfunktionsstörungen, vegetative Dystonie, Geriatrie, zur Geweberegeneration

Ergänzungsmittel

• Arsenicum album-Injeel	akute und chronische Entzündungen an Augen, Atemwegen, Verdauungs- und Harnapparat, Organdegeneration, Abmagerung, mitternächtliche Unruhe, ordnen sich nicht gern unter ➔ Konstitutionsmittel
• Aconitum-Injeel	Unruhe, Angst und Folgen von Schreck, nach Nash größtes Angstmittel nach Arsenicum album
• Phosphorus-Injeel	große Erregbarkeit und Nervenschwäche, Furchtsamkeit, Angst vor Dunkelheit, Alleinsein und Gewitter ➔ Konstitutionsmittel
• Argentum nitricum-Injeel	Melancholie, Platzangst, nervöse Symptome, Unruhe, Angst vor allem Neuen
• Aurum-Injeel	Hypertonie, Arteriosklerose, präapoplektisch, Arrhythmien mit Angst, leicht reizbar und sehr aggressiv, dominant, können bestimmte Individuen nicht ausstehen ➔ Konstitutionsmittel

• Nux vomica-Injeel	übersteigerter Ehrgeiz, nervös und reizbar, intolerant, vertragen keinen Widerspruch, Überempfindlichkeit gegen alle Reize, Neigung zu Übersprungshandlungen ➔ Konstitutionsmittel
• Staphisagria-Injeel	brennende, juckende Hautausschläge, ärgerlich, reizbar, Angstaggression, nach Misshandlungen oder Demütigungen, sexuelle Erregung, Folgen von Schnittverletzungen (Operation)
• Baryum carbonicum-Injeel	Altersbeschwerden, Drüsenschwellungen, Kälteempfindlichkeit, Arteriosklerose, Schwerhörigkeit, Demenz, Verlust des Selbstbewusstseins, Abneigung gegen Fremde, Unentschlossenheit
• Ignatia-Injeel	Hysterie, nervöse Erschöpfungszustände, melancholisch, weinerlich, vegetative Dystonie, widersprüchliche Symptome, unduldsam und streitsüchtig ➔ Konstitutionsmittel
• Apis-Injeel	Überempfindlichkeit gegen Berührung und Erschütterung, Nervosität, Eifersucht, Wut, Angst, ärgerlich, allgemeine Schmerzhaftigkeit
• Stramonium-Injeel	manische Zustände, Psychosen, Unruhe, Raserei, Streitsucht, Neigung zu Gewalttätigkeit, epileptiforme Krämpfe, Angst vor Dunkelheit
• Psorinum-Injeel	chronische Entzündungen, Angst- und Furchtzustände
• Neurexan	nervöse Unruhezustände mit und ohne Schlafstörungen, geistige Überforderung
• Hyoscyamus (D6, D12, C30, C200)	Erregungszustände mit großer Unruhe, Eifersucht, Raserei, Wutanfälle wechselnd mit Melancholie und Gleichgültigkeit, unwillkürlicher Verlust von Harn und Kot ➔ Konstitutionsmittel
• Kalium phosphoricum D6	Berührungsängste, ängstlich, nervöse Furcht, Depression kann in Wutanfälle umschlagen
• Secale cornutum (D1–D30)	zerebrale Erregungszustände mit hysterischen Krämpfen, verwirrt, mistrauisch, ängstlich
• Tarantula (D4–D12, C30, C200)	Hysterie, Hysteroepilepsie, Hyperästhesie, jähe Stimmungswechsel mit Streitlust, Aggression und plötzlichen Gewaltausbrüchen, reizbar durch Berührung ➔ Konstitutionsmittel

Alleinsein:

• Phosphorus-Injeel	große Erregbarkeit und Nervenschwäche, Furchtsamkeit, Angst vor Dunkelheit, Alleinsein und Gewitter, vertragen das Alleinsein am schlechtesten von allen Arzneimitteltypen ➔ Konstitutionsmittel
• Acidum nitricum-Injeel	allgemeine Schwäche, geräuschempfindlich, reizbar, boshaft, ärgern sich über Kleinigkeiten, Tiere wollen nicht allein sein
• Arsenicum album-Injeel	Angst vor dem Alleinsein mit starkem Verlangen nach Gesellschaft, brauchen jemanden in der Nähe (nur nicht zu nah), insbesondere nachts, Trost macht aggressiv ➔ Konstitutionsmittel
• Causticum-Injeel	sehr eifersüchtig, verlangen ständig Zuneigung, große Angst vor Dunkelheit, Angst vor dem Alleinsein, Furcht vor Hunden und anderen Tieren

- Kalium carbonicum-Injeel — Verschlechterung nachts, vertragen keine Berührungen, wollen aber auch nicht allein sein
- Pulsatilla-Injeel — sanft, freundlich und nachgiebig, Angst in geschlossenen Räumen, können nicht allein sein, dankbar für Trost
  ➔ Konstitutionsmittel
- Lycopodium-Injeel — misstrauisch, argwöhnisch, intelligent aber scheu, wenig Selbstvertrauen, können nicht allein sein
  ➔ Konstitutionsmittel
- Stramonium-Injeel — manische Zustände, Psychosen, Unruhe, Raserei, Streitsucht, Neigung zu Gewalttätigkeit, epileptiforme Krämpfe, Angst vor Dunkelheit, können Alleinsein besonders nachts nicht ertragen
- Hyoscyamus (D6, D12, C30, C200) — Erregungszustände mit großer Unruhe, Eifersucht, Raserei, Wutanfälle wechselnd mit Melancholie und Gleichgültigkeit, unwillkürlicher Verlust von Harn und Kot, Angst allein zu sein
  ➔ Konstitutionsmittel
- Carcinosinum (D30, D200) — ängstlich und schüchtern, Angst vor dem Alleinsein, Angst vor Hunden, Folgen von Kummer, Furcht, Schreck oder Zurückweisung

Berührungsangst, organisch bedingt:

- Traumeel — Entzündungen verschiedener Genese und Lokalisation, Verletzungen, Wundbehandlung, auch postoperativ
- Discus compositum — Osteochondrose, Arthritis und Arthrose besonders des Hüftgelenks, neuralgisch-rheumatische Erkrankungen im Bereich der Wirbelsäule, Exostosen, nächtliche Knochenschmerzen
- Cerebrum compositum — Entwicklungs- und Verhaltensstörungen, Hirnfunktionsstörungen, vegetative Dystonie, Geriatrie, zur Geweberegeneration
- Neralgo-Rhem-Injeel — Neuralgien, Lumbago, Weichteilrheumatismus, arthritische und vertebragene Beschwerden, Muskel- und Gelenkbeschwerden
- Colocynthis-Injeel — stechende Schmerzen, Krämpfe des Magen-Darm-Trakts, Gallenkoliken, periodisch auftretende Symptome, alle Symptome bessern sich auf Druck und Wärme
- Nux vomica-Homaccord — Funktionsstörungen von Magen, Darm und Leber, Spasmen, Meteorismus, Beschwerden nach Überreizung, jault auf beim Hochheben
- Lachesis-Injeel — septische Prozesse, Hämolyse, blaurote Entzündungen, „Leinenzwang"
  ➔ Konstitutionsmittel
- Hepar sulfuris-Injeel — eiternde Prozesse unterschiedlicher Lokalisation, schmerzhaft, Abszesse vor Ausreifung, Überempfindlichkeit
- Zeel — degenerative und rheumatische Gelenkerkrankungen, Arthrose, Polyarthrose, Spondylarthrose

Berührungsangst, psychisch bedingt:

- Acidum nitricum-Injeel — Tiere wollen nicht allein sein, sind überempfindlich gegen Stoß, Berührung, Geräusche, lassen sich ungern bürsten oder kämmen, dann aggressiv
- Antimonium crudum-Injeel — Abneigung gegen Berührung, mürrisch, große Müdigkeit bei heißem Wetter, Tiere schlafen viel, Ruhe bessert nicht
- Arnica-Injeel — Angst und Unruhe, Berührungsangst, Haut ist sehr berührungsempfindlich

• Asa foetida-Injeel	Angst vor Berührung, Hysterie, Hypochondrie, Tiere sind auch gegenüber Besitzer aggressiv
• Cantharis-Injeel	nervös, reizbar, berührungsempfindlich insbesondere am Bauch, Zittern und Unruhe
• China-Homaccord	Erschöpfungs- und Schwächezustände, reizbar, nervös, berührungsempfindlich, geräusch- und geruchsempfindlich, Kälte der Haut
• Nux vomica-Injeel	berührungsempfindlich am ganzen Körper, übersteigerter Ehrgeiz, reizbar, leicht beleidigt, Tiere erdulden Untersuchung nicht, Überempfindlichkeit gegen Licht, Geräusche und Gerüche
• Lachesis-Injeel	berührungsempfindlich am Hals und am Gesäuge, phlegmatisch, depressiv, endokrine Hysterie, Tiere vertragen keine Einengung, empfindlich gegen Licht, Geräusche ➔ Konstitutionsmittel
• Lycopodium-Injeel	Leber- und Gallenstörungen, satt nach wenigen Bissen, hager, berührungsempfindlich an den Körperseiten ➔ Konstitutionsmittel
• Silicea-Injeel	chronische Eiterungen und Fistelbildungen, wirkt auf Bindegewebe, Bänder, Sehnen, Haut, Hautanhangsgebilde, schlechte Wundheilung, Angst vor Untersuchung ➔ Konstitutionsmittel
• Zincum metallicum-Injeel	Schwäche und Erschöpfung, nervöse Beschwerden, Berührungsempfindlichkeit

Platzangst:

• Phosphor-Homaccord	petechiale Blutungen und Blutungsneigung, Laryngitis, Pharyngitis, Degeneration parenchymatöser Organe, Platzangst, übernervös ➔ Konstitutionsmittel
• Nux vomica-Injeel	übersteigerter Ehrgeiz, nervös und reizbar, intolerant, vertragen keinen Widerspruch, Überempfindlichkeit gegen alle Reize, Neigung zu Übersprungshandlungen, Angst bei Einengung ➔ Konstitutionsmittel
• Stramonium-Injeel	manische Zustände, Psychosen, Unruhe, Raserei, Streitsucht, Neigung zu Gewalttätigkeit, epileptiforme Krämpfe, Angst vor Dunkelheit, Angst in geschlossenen Räumen
• Kalium phosphoricum D6	Berührungsängste, ängstlich, nervöse Furcht, Depression kann in Wutanfälle umschlagen

ANGSTZUSTÄNDE BEI GEWITTER / SILVESTER

• Engystol	aktiviert die unspezifische Abwehr, virale Erkrankungen, reduziert Stressfolgen

Verabreichung: am 5., 3. und 1. Tag vor dem Ereignis

• Phosphor-Homaccord	petechiale Blutungen und Blutungsneigung, Laryngitis, Pharyngitis, Degeneration parenchymatöser Organe, panisches Wegrennen bei Gewitter / Lärm, ohne sich zu verstecken ➔ Konstitutionsmittel

• Rhododendron-Injeel	Weichteilrheumatismus und (peri-)arthritische Beschwerden, Neuralgien, Verschlechterung aller Beschwerden bei feuchtem Wetter, verdrießlich
• Borax (D1–D3)	Überempfindlichkeit gegen Geräusche

Verabreichung: 1 Woche lang vor dem Ereignis

APATHIE

Ursache abklären!

• Cerebrum compositum	Entwicklungs- und Verhaltensstörungen, Hirnfunktionsstörungen, vegetative Dystonie, Geriatrie, zur Geweberegeneration
• Blutgefäßtropfen (Cosmochema)	periphere arterielle und venöse Durchblutungsstörungen, Varizen, Hämorrhoiden
• Arnica-Injeel	regt die Wundheilung an, Herzmuskelschwäche, Neuralgien, Myalgien, Zerschlagenheitsgefühl
• Carbo compositum	Kreislaufversagen, arterielle Blutfülle im Gehirn, Kollapszustände, kalte Haut, Dyspnoe
• Phosphor-Homaccord	petechiale Blutungen und Blutungsneigung, Laryngitis, Pharyngitis, Degeneration parenchymatöser Organe, als Roborans ➔ Konstitutionsmittel
• Arsenicum album-Injeel	akute und chronische Entzündungen an Augen, Atemwegen, Verdauungs- und Harnapparat, Organdegeneration, Abmagerung, mitternächtliche Unruhe ➔ Konstitutionsmittel
• Veratrum-Homaccord	Dysenterie, Gastroenteritis mit und ohne Kolik, Kollapszustände mit zyanotischer oder blasser, kühler Haut
• Hepar comp. Heel	akute und chronische Leber-Galle-Affektionen, regt die Leberfunktion an, Verdauungsstörungen, Stoffwechselstörungen
• Gelsemium-Homaccord	Neuralgie insbesondere des Kopf-Hals-Bereichs, Schwindel, zittrige Schwäche, Erschöpfung, Gliederschmerzen
• Acidum phosphoricum-Injeel	anfangs geistige, später auch körperliche Schwäche, nervliche Erschöpfung, Gedächtnisschwäche, Zustand nach akuten Erkrankungen, Kummer, Flüssigkeitsverlusten, schnell wachsende, überforderte Jungtiere

zusätzlich:

• Coenzyme compositum	regt blockierte enzymatische Abläufe insbesondere der Energiegewinnung an (Zitronensäurezyklus), degenerative oder chronische Erkrankungen
+ Ubichinon compositum	verbessert die Energiebereitstellung in der Zelle, degenerative und tumoröse Erkrankungen

APHTHEN

• Engystol	aktiviert die unspezifische Abwehr, virale Erkrankungen, reduziert Stressfolgen
• Traumeel	Entzündungen verschiedener Genese und Lokalisation, Verletzungen, Wundbehandlung, auch postoperativ
• Echinacea compositum	bakterielle Infektionen verschiedener Organsysteme, Entzündungen, Fieber, auch prophylaktisch

• Mucosa compositum	Schleimhauterkrankungen und -katarrhe verschiedener Art und Lokalisation, z.B. im Verdauungstrakt mit und ohne Ulkus, regenerationsfördernd für Schleimhäute
• Acidum nitricum-Injeel	Veränderungen an Haut und Schleimhäuten, besonders mukokutane Übergänge, Blutungen, Rhagaden, Ulzera
• Causticum-Injeel	entzündete Maulwinkel, Geschwüre der Schleimhaut mit Bläschen und Aphthen, Schluckbeschwerden
• Borax (D1–D3)	Stomatitis aphthosa, Ulzera bluten bei Berührung und bei Futteraufnahme, allgemeines Aphtenmittel
• Aethusa cynapium (D3–D30)	trockene Schleimhäute, Aphthen, herpetische Ausschläge
• Capsicum (D3–D6)	Stomatitis, Speichelfluss, Maulgestank
zusätzlich:	
• Coenzyme compositum	regt blockierte enzymatische Abläufe insbesondere der Energiegewinnung an (Zitronensäurezyklus), degenerative oder chronische Erkrankungen
+ Ubichinon compositum	verbessert die Energiebereitstellung in der Zelle, degenerative und tumoröse Erkrankungen

APOPLEXIA CEREBRI

Basismittel

parenteral:	
• Coenzyme compositum	regt blockierte enzymatische Abläufe insbesondere der Energiegewinnung an (Zitronensäurezyklus), degenerative oder chronische Erkrankungen
+ Ubichinon compositum	verbessert die Energiebereitstellung in der Zelle, degenerative und tumoröse Erkrankungen
+ Cerebrum compositum	Entwicklungs- und Verhaltensstörungen, Hirnfunktionsstörungen, vegetative Dystonie, Geriatrie, zur Geweberegeneration

Verabreichung: zusammen 2-mal wöchentlich

Ergänzungsmittel

• Arnica-Injeel	regt die Wundheilung an, Herzmuskelschwäche, Neuralgien, Myalgien, Zerschlagenheitsgefühl, Muskelverletzung, Blutungen
• Glonoin-Homaccord	Tachykardie, pektanginöse Beschwerden, Koronarinsuffizienz, Altersherz, drohender Apoplex, geistige Verwirrung
• Belladonna-Homaccord	lokalisierte, akute und heftige Entzündungen, auch mit hohem Fieber, arterielle Pulsationen
• Apis-Homaccord	ödematöse, schmerzhafte Schwellungen, pustulöse und bullöse Ekzeme, Entzündungen mit Flüssigkeitsansammlung in Geweben und Körperhöhlen, zerebrale Reizzustände
• Blutgefäßtropfen (Cosmochema)	periphere arterielle und venöse Durchblutungsstörungen, Varizen, Hämorrhoiden
• Melilotus-Homaccord	Blutandrang zum Kopf, arteriosklerotische und essenzielle Hypertonie, präapoplektische Zustände
• Cinnamomum-Homaccord	kapilläre und präkapilläre Sickerblutungen, Hämorrhoiden, Blutungsneigung

• Cralonin	Altersherz, Koronarinsuffizienz, Rhythmusstörungen, Myokardschwäche
• Strophanthus compositum	Herzschwäche, Durchblutungsstörungen des Herzens, nach Myokardinfarkt
• Carbo compositum	Kreislaufversagen, arterielle Blutfülle im Gehirn, Kollapszustände, kalte Haut, Dyspnoe, präterminale Zustände
• Gelsemium-Homaccord	Neuralgie insbesondere des Kopf-Hals-Bereichs, Schwindel, zittrige Schwäche, Erschöpfung, Gliederschmerzen, Zervikalsyndrom
• Phosphor-Homaccord	petechiale Blutungen und Blutungsneigung, Laryngitis, Pharyngitis, Degeneration parenchymatöser Organe, chronischer Blutandrang zum Kopf, Schwindel mit Schwäche ➔ Konstitutionsmittel
• Opium (D3–D30, D200)	große Benommenheit, Bewusstseinstrübung, Somnolenz, Stupor
• Helleborus (D1–D3)	Gehirn- und Nervenerkrankungen, Entzündungen und psychische Erscheinungen, Abstumpfung der geistigen Fähigkeiten, Demenz

➔ Vestibularsyndrom

APPETIT perverser

Kotfressen:

• Leptandra compositum	Oberbauchsyndrom, akute und chronische Leber- und Pankreaserkrankungen, Meteorismus, Cholezystopathien, Diarrhö
+ Momordica compositum	Regulation bei Pankreatitis, Störungen der Pankreasfunktion, kolikartige Schmerzen im Oberbauch, gastrokardialer Symptomenkomplex, Abmagerung bei gutem Appetit, Blähkoliken
• Carbo compositum	Kreislaufversagen, arterielle Blutfülle im Gehirn, Kollapszustände, kalte Haut, Dyspnoe, Meteorismus, Kotfressen

Verschiedene Fressaberrationen:

• Calcium carbonicum-Injeel	Jungtiermittel, Drüsenschwellungen, Schleimhautkatarrhe, Polypenbildung und Ulzerationen, Milchschorf, Kalkstoffwechselstörungen, verzögerte Entwicklung, Gier auf rohe Kartoffeln, Eier, Sand, Mörtel, Abneigung gegen Fleisch und Fett ➔ Konstitutionsmittel
• Calcium phosphoricum-Injeel	Kalkstoffwechselstörungen, Knochenbeschwerden, Wachstums- und Entwicklungsstörungen ➔ Konstitutionsmittel
• Nux vomica-Homaccord	Funktionsstörungen von Magen, Darm und Leber, Spasmen, Meteorismus, Beschwerden nach Überreizung
• Lycopodium-Injeel	Leber- und Gallenstörungen, satt nach wenigen Bissen, hager, fressen Steine ➔ Konstitutionsmittel
• Silicea-Injeel	chronische Eiterungen und Fistelbildungen, wirkt auf Bindegewebe, Bänder, Sehnen, Haut, Hautanhangsgebilde, schlechte Wundheilung, Grasfressen ohne Erbrechen ➔ Konstitutionsmittel
• Ferrum-Homaccord	sekundäre Anämie, Verlangen nach Wärme, Eisenmangelkrankheiten, Heißhungeranfälle

• Veratrum-Homaccord	Dysenterie, Gastroenteritis mit und ohne Kolik, Kollapszustände mit zyanotischer oder blasser, kühler Haut, Verlangen nach Obst, saftigen und kalten Speisen, Eis, Salz
• Alumina (D4–D30, C30–C1000)	verzögerte Reizleitung, Trockenheit aller Schleimhäute, atonische Obstipation, selbst weicher Stuhl ist schwer abzusetzen, kleinknollige Stühle, Appetit auf unverdauliche Dinge, verträgt keine Kartoffeln

ARTHRITIS

Basismittel

• Traumeel	Entzündungen verschiedener Genese und Lokalisation, Verletzungen, Wundbehandlung, auch postoperativ
+ Zeel	degenerative und rheumatische Gelenkerkrankungen, Arthrose, Polyarthrose, Spondylarthrose, Prophylaxe von Langzeitschäden

Ergänzungsmittel

• Coenzyme compositum	regt blockierte enzymatische Abläufe insbesondere der Energiegewinnung an (Zitronensäurezyklus), degenerative oder chronische Erkrankungen

Verabreichung: 2-mal wöchentlich

• Belladonna-Homaccord	lokalisierte, akute und heftige Entzündungen, auch mit hohem Fieber, arterielle Pulsationen
• Discus compositum N mit Kalmia	Gelenk- und Bindegewebserkrankungen, z.B. Arthritis, Arthrose, Periarthritis, Erkrankungen der Sehnen, Bänder und der Knochenhaut, besonders Kniegelenk
• Lithiumeel comp.	Gicht, harnsaure Diathese, rheumatische Erkrankungen, Schulter-Arm-Syndrom, Bänderschwäche, Krepitation, besonders Hüftgelenk
• Apis-Homaccord	ödematöse, schmerzhafte Schwellungen, pustulöse und bullöse Ekzeme, Entzündungen mit Flüssigkeitsansammlung in Geweben und Körperhöhlen, zerebrale Reizzustände
• Discus compositum	Osteochondrose, Arthritis und Arthrose besonders des Hüftgelenks, neuralgisch-rheumatische Erkrankungen im Bereich der Wirbelsäule, Exostosen, nächtliche Knochenschmerzen
• Neralgo-Rhem-Injeel	Neuralgien, Lumbago, Weichteilrheumatismus, arthritische und vertebragene Beschwerden, Muskel- und Gelenkbeschwerden
• Osteoheel	Ostitis, Periostitis, Exostosen, nächtliche Knochenschmerzen, neuralgische Schmerzen, Gelenkknacken, Osteochondrose
• Rheuma-Heel	(Peri-)arthritische Beschwerden, Neuralgien, Myalgien, Sehnen- und Bänderbeschwerden
• Colocynthis-Homaccord	Neuralgien verschiedener Genese und Lokalisation, Osteochondrose, Ischialgie, plötzlich einschießende Schmerzen, Parästhesien
• Ferrum-Homaccord	sekundäre Anämie, Verlangen nach Wärme, Eisenmangelkrankheiten, Schulter-Arm-Syndrom
• Bryaconeel	Neuralgien, akuter und chronischer Rheumatismus, Entzündungen seröser Häute, Parästhesien

• Bryonia-Injeel	Entzündungen aller serösen Häute, entzündlicher Rheumatismus, Bewegung verschlimmert, besser durch festen Druck auf die erkrankte Stelle
• Ruta-Injeel	Folgen stumpfer Verletzungen, Ganglion, Periostitis, venöse Stauungen, Folgen von körperlicher Überanstrengung, Steifheit der Gelenke, Tiere sind ruhelos
• Silicea-Injeel	chronische Eiterungen und Fistelbildungen, wirkt auf Bindegewebe, Bänder, Sehnen, Haut, Hautanhangsgebilde, schlechte Wundheilung, Gelenkbeschwerden als Folge von Impfungen oder Infektionen, Tiere sind schwach und träge ➔ Konstitutionsmittel
• Urtica-Injeel	urtikarielle, juckende Dermatosen, Nesselausschläge, Berührungsempfindlichkeit, harnsaure Diathese, rheumatische Beschwerden
• Ledum-Injeel	akuter und chronischer Gelenkrheumatismus, Muskelrheumatismus, Gicht, Besserung durch Kälte und Wasser, Stichverletzungen mit und ohne Eröffnung des Gelenks, hochgradige Schwellung, Stich- und Bissverletzungen
• Colchicum-Injeel	Erkrankungen mit wandernden Beschwerden, gichtischer Muskel- und Gelenkrheumatismus, Gelenke extrem schmerzhaft, gleichzeitig Magenbeschwerden, adjuvant bei Neoplasien
• Ledum-Injeel	akuter und chronischer Gelenkrheumatismus, Muskelrheumatismus, Gicht, Besserung durch Kälte und Wasser, Stichverletzungen mit und ohne Eröffnung des Gelenks, hochgradige Schwellung
• Rhus Tox-Injeel	Rheuma und Neuralgien, Sehnen- und Bänderaffektionen, schlechter bei nasskaltem Wetter, Anlaufschmerzen, Folgen von Überanstrengung
• Rhododendron-Injeel	Weichteilrheumatismus und (peri-)arthritische Beschwerden, Neuralgien, Verschlechterung aller Beschwerden bei feuchtem Wetter, verdrießlich
• Rhododendroneel	rheumatische Beschwerden, Polyarthritis insbesondere der kleinen Gelenke, Nervenschmerzen, Gicht, Verschlechterung bei und vor Nasswetter
• Dulcamara-Homaccord	„Nasswettermittel", rheumatische Erkrankungen, alle Beschwerden sind Folgen von oder schlechter bei Kälte und Nässe
• Ranunculus-Homaccord	rheumatische Muskel- und Gelenkbeschwerden, besonders im Brustbereich, Interkostalneuralgien, Herpes zoster, Bläschenausschläge der Haut
• Symphytum-Injeel	„Arnika der Knochen", beschleunigt die Kallusbildung, fördert den Knochenstoffwechsel, Periostitis
• Tonsillitis-Nosode-Injeel	chronische und chronisch-rezidivierende Anginen und Sinusitiden, Folgeerkrankungen chronischer Tonsillitiden wie Polyarthritis, Nephritis und Nephrose, Kardiopathie

ARTHROSEN

Basismittel (bei allen Gelenken)	
• Zeel	degenerative und rheumatische Gelenkerkrankungen, Arthrose, Polyarthrose, Spondylarthrose
+ Traumeel	Entzündungen verschiedener Genese und Lokalisation, Verletzungen, Wundbehandlung, auch postoperativ

Verabreichung: 1–2 Wochen gemeinsame Gabe, dann mit Zeel allein weitertherapieren

Ergänzungsmittel (bei allen Gelenken)

• Causticum-Injeel	Lähmung und Schwäche von Muskeln, Nerven und Gliedmaßen, Paresen, chronisch deformierende Gelenkerkrankungen, Erkrankungen alter Tiere, Gelenke oft gefüllt, Stolpern, Ataxie
• Psorinum-Injeel	chronische Entzündungen, chronisch-rheumatische Erkrankungen mit leichtem Umknicken der Gelenke
• Tonsillitis-Nosode-Injeel	chronische und chronisch-rezidivierende Anginen und Sinusitiden, Folgeerkrankungen chronischer Tonsillitiden wie Polyarthritis, Nephritis und Nephrose, Kardiopathie

Ergänzungsmittel (bei spezifischen Gelenken)

Schulter:

• Ferrum-Homaccord	sekundäre Anämie, Verlangen nach Wärme, Eisenmangelkrankheiten, Schulter-Arm-Syndrom, Rheumatismus

Ellenbogen:

• Neralgo-Rhem-Injeel	Neuralgien, Lumbago, Weichteilrheumatismus, arthritische und vertebragene Beschwerden, Muskel- und Gelenkbeschwerden
• Osteoheel	Ostitis, Periostitis, Exostosen, nächtliche Knochenschmerzen, neuralgische Schmerzen, Gelenkknacken, Osteochondrose
• Ferrum-Homaccord	sekundäre Anämie, Verlangen nach Wärme, Eisenmangelkrankheiten, Epikondylitis, Schulter-Arm-Syndrom, Rheumatismus
• Causticum-Injeel	Lähmung und Schwäche von Muskeln, Nerven und Gliedmaßen, Paresen, chronisch deformierende Gelenkerkrankungen, Erkrankungen alter Tiere, Gelenke oft gefüllt, Stolpern, Ataxie, insbesondere Erkrankungen des Ellenbogens

Hüfte:

• Graphites-Homaccord	chronische Ekzeme, trocken oder seborrhoisch, honigartiges Sekret, Fissuren, Borken, Schwielen, Neigung zu Adipositas, Trägheit, Verstopfung ➔ Konstitutionsmittel
• Calcium carbonicum-Injeel	Jungtiermittel, Drüsenschwellungen, Schleimhautkatarrhe, Polypenbildung und Ulzerationen, Milchschorf, Kalkstoffwechselstörungen, verzögerte Entwicklung ➔ Konstitutionsmittel
• Discus compositum	Osteochondrose, Arthritis und Arthrose besonders des Hüftgelenks, neuralgisch-rheumatische Erkrankungen im Bereich der Wirbelsäule, Exostosen, nächtliche Knochenschmerzen
• Lithiumeel comp.	Gicht, harnsaure Diathese, rheumatische Erkrankungen, Schulter-Arm-Syndrom, Bänderschwäche, Krepitation, besonders Hüftgelenk
• Osteoheel	Ostitis, Periostitis, Exostosen, nächtliche Knochenschmerzen, neuralgische Schmerzen, Gelenkknacken, Osteochondrose
• Circulo-Injeel	periphere Durchblutungsstörungen, Akroparästhesien, Gefäßspasmen, kalte Gliedmaßenenden

Knie, Meniskus:

• Discus compositum N mit Kalmia	Gelenk- und Bindegewebserkrankungen, z.B. Arthritis, Arthrose, Periarthritis, Erkrankungen der Sehnen, Bänder und der Knochenhaut, besonders Kniegelenk
• Calcium carbonicum-Injeel	Jungtiermittel, Drüsenschwellungen, Schleimhautkatarrhe, Polypenbildung und Ulzerationen, Milchschorf, Kalkstoffwechselstörungen, verzögerte Entwicklung ➔ Konstitutionsmittel
• Graphites-Homaccord	chronische Ekzeme, trocken oder seborrhoisch, honigartiges Sekret, Fissuren, Borken, Schwielen, Neigung zu Adipositas, Trägheit, Verstopfung ➔ Konstitutionsmittel
• Coenzyme compositum	regt blockierte enzymatische Abläufe insbesondere der Energiegewinnung an (Zitronensäurezyklus), degenerative oder chronische Erkrankungen

Wirbelsäule:

➔ Diskopathien; ➔ Spondylosen

ASPHYXIA NEONATORUM

• Veratrum-Homaccord	Dysenterie, Gastroenteritis mit und ohne Kolik, Kollapszustände mit zyanotischer oder blasser, kühler Haut

Verabreichung: Gabe in kurzen Abständen

• Tartephedreel	nach Fruchtwasseraspiration, zur Resorption, regt die Atmung an, absteigende Entzündungen der Atemwege, Schleimrasseln, Krampfhusten
• Cuprum-Injeel	Krämpfe der glatten und quergestreiften Muskulatur, spastischer Husten, unreifes Atemzentrum bei Neugeborenen
• Tartarus stibiatus-Injeel	Bronchitis, Pneumonie, Lungenemphysem, Schleimrasseln mit Unvermögen des Abhustens, Schleimrasseln in der Trachea, Kreislaufschwäche
• Camphora D0	Spasmen der peripheren Muskeln, Spasmen der Bronchialmuskulatur, bei Fruchtwasseraspiration oder Asphyxie der Neugeborenen

Verabreichung: auf die Zunge oder in die Nase tropfen

• Laurocerasus (D0–D3)	nächtlicher Kitzelhusten mit blutigem Auswurf, Dyspnoe mit Verschlimmerung durch jede Anstrengung, Asphyxie
• Opium (D6, D30, D200)	große Benommenheit, Bewusstseinstrübung, Somnolenz, Stupor, bläuliche Zunge, Schwäche

ASTHMA

Therapieversuch	
parenteral: • Traumeel	Entzündungen verschiedener Genese und Lokalisation, Verletzungen, Wundbehandlung, auch postoperativ
+ Engystol	aktiviert die unspezifische Abwehr, virale Erkrankungen, reduziert Stressfolgen, „Umstimmung" bei Allergien und Dermatosen

+ Acidum formicicum-Injeel	allgemeines „Umstimmungsmittel" bei Asthma, Allergien und Ekzemen, bei allen zellulären Phasen

Verabreichung: zusammen 1- bis 2-mal wöchentlich über mehrere Monate

oral:

• Tartephedreel	absteigende Entzündungen der Atemwege, Schleimrasseln, Krampfhusten, Bronchitis mit zähem Sekret, Asthma

Ergänzungsmittel

• Atropinum compositum	Krämpfe der glatten und quergestreiften Muskulatur, Gallen-, Nieren-, Darmkoliken, stechende, brennende Schmerzen, Diarrhö, Unruhe
• Spascupreel	Spasmen glattmuskulärer Hohlorgane, Spastizität der quergestreiften Muskulatur wie muskulärer Hartspann, Koliken, spastische und asthmatoide Bronchitis
• Bronchalis-Heel	Bronchitis, Bellhusten, nächtlicher Kitzelhusten, Husten mit Brechwürgen, Asthma, Husten beim Eintritt in warme Räume
• Droperteel	Bronchitis, Entzündungen der Atemwege, Heiserkeit, Krampfhusten mit zähem, Faden ziehendem Sekret
• Asthma-Nosode-Injeel	Asthma bronchiale, Emphysem, chronische Bronchitis, Zyanose
• Spongia-Injeel	akute Atemwegsinfekte, trockener, bellender Husten, legt sich hin nach Futter- und Wasseraufnahme, Atemholen erschwert, Bronchitis mit Giemen
• Ignatia-Homaccord	Hysterie, vegetative Dystonie, trockener, spastischer, anfallsweiser Husten, wenig Schleim, abends schlechter ➔ Konstitutionsmittel
• Drosera comp. Cosmoplex (Cosmochema)	Husten bei Erkältungskrankheiten, Reiz- und Raucherhusten, Bronchitis, krampfartige Hustenattacken
• Psorinum-Injeel	Asthma wechselnd mit chronischen Ekzemen und sonstigen Hautausschlägen, Wärme verschlechtert, übler Geruch, chronische Entzündungen
• Carbo vegetabilis-Injeel	Dyspnoe, Asthma, Emphysem, Kollaps und Kreislaufversagen, mit kalter Haut und kalten Akren
• Veratrum-Homaccord	Kollapszustände mit zyanotischer oder blasser, kühler Haut, Asthma cardiale
• Coxsackie-Virus-A9-Injeel	chronische Laryngitiden, sinubronchiales Syndrom, Asthma bronchiale
• Mucosa compositum	Schleimhauterkrankungen und -katarrhe verschiedener Art und Lokalisation, z.B. im Bereich der oberen und unteren Luftwege, regenerationsfördernd für Schleimhäute

Hustenmischung:

• Husteel	Husten verschiedener Genese, spastische Bronchitis, Pleuritis
+ Drosera-Homaccord	Husten auch mit Brechwürgen, Bronchiolitis, asthmatoide Bronchitis
+ Tartephedreel	absteigende Entzündungen der Atemwege, Schleimrasseln, Krampfhusten, Bronchitis mit zähem Sekret, Asthma

Verabreichung: zusammen 1- bis 3-mal täglich eingeben

evtl. zusätzlich „Ausleitungstherapie":

• Lymphomyosot	„Mesenchymentschlackung", Lymphatismus, Lymphödeme, Drüsenschwellungen, Tonsillarhypertrophie

+ Galium-Heel / Galium comp.-Heel	Immunmodulation bei chronischen Erkrankungen verschiedener Genese, Präkanzerosen, „Zellreinigung"

Verabreichung: zusammen 1- bis 3-mal täglich für 1–3 Wochen

Hartnäckige Fälle:

→ Auto-Sanguis-Stufentherapie

ATAXIE

• Traumeel	Entzündungen verschiedener Genese und Lokalisation, Verletzungen, Wundbehandlung, auch postoperativ
• Apis-Homaccord	ödematöse, schmerzhafte Schwellungen, pustulöse und bullöse Ekzeme, Entzündungen mit Flüssigkeitsansammlung in Geweben und Körperhöhlen
• Discus compositum	Osteochondrose, Arthritis und Arthrose besonders des Hüftgelenks, neuralgisch-rheumatische Erkrankungen im Bereich der Wirbelsäule, Exostosen, nächtliche Knochenschmerzen
• Cerebrum compositum	Entwicklungs- und Verhaltensstörungen, Hirnfunktionsstörungen, vegetative Dystonie, Geriatrie, zur Geweberegeneration
• Hypericum-Injeel	Nerven- und Gehirnverletzungen, Nervenschmerzen bei und nach Verletzungen, Tierbisse, Commotio cerebri, Zerebralsklerose
• Causticum-Injeel	Lähmung von Muskeln, Nerven und Gliedmaßen, Paresen, chronisch deformierende Gelenkerkrankungen, Erkrankungen alter Tiere
• Curare-Injeel	Lähmungen, Schwächezustände der Muskulatur, besonders nach Überanstrengung, Dyspnoe und Schwindel, Hautausschläge hinter den Ohren und im Gesicht
• Gelsemium-Homaccord	Neuralgie insbesondere des Kopf-Hals-Bereichs, Schwindel, zittrige Schwäche, Erschöpfung, Gliederschmerzen, Lähmigkeit, Lähmungen der Muskeln, Koordinationsstörungen
• Medulla spinalis suis-Injeel	spezifischer Regulationseffekt auf Funktion und Struktur des entsprechenden Organs, Myelitis, Lateralsklerose, Parese, Paraplegie
evtl. zusätzlich:	
• Coenzyme compositum	regt blockierte enzymatische Abläufe insbesondere der Energiegewinnung an (Zitronensäurezyklus), degenerative oder chronische Erkrankungen
+ Ubichinon compositum	verbessert die Energiebereitstellung in der Zelle, degenerative und tumoröse Erkrankungen

Verabreichung: zusammen 2-mal wöchentlich

ATEMWEGSERKRANKUNGEN

Initial, viral:

• Engystol	aktiviert die unspezifische Abwehr, virale Erkrankungen, reduziert Stressfolgen
• Gripp-Heel	Grippe und grippale Infekte, Fieber, Gliederschmerzen, Entzündungen seröser Häute, Bronchitis, virale Erkrankungen

Fortgeschritten, bakteriell:

• Echinacea compositum	bakterielle Infektionen verschiedener Organsysteme, Entzündungen, Fieber, auch prophylaktisch
• Euphorbium compositum	akute und chronische Rhinitiden und Sinusitiden, Ohrtubenkatarrh, Mittelohrhydrops, Katzenschnupfen

Akut:

• Aconitum-Homaccord	grippale und katarrhalische Infekte, besonders im Prodromalstadium, Beschwerden nach Schreck und kaltem Wind, Fieber mit heißer Haut und Unruhe
• Belladonna-Homaccord	lokalisierte, akute und heftige Entzündungen, auch mit hohem Fieber, arterielle Pulsationen
• Naso-Heel	akute und chronische Rhinitis, Sinusitis, Pharyngitis, Laryngitis, Tonsillitis, atrophische Rhinitis, trockene Schleimhäute mit Borken und Krusten
• Bryaconeel	Neuralgien, akuter und chronischer Rheumatismus, Entzündungen seröser Häute, Parästhesien, Entzündungen der Atemorgane und des Rippenfells
• Bryonia-Injeel	Entzündungen aller serösen Häute, entzündlicher Rheumatismus, Bewegung verschlimmert, besser durch festen Druck auf die erkrankte Stelle
• Phosphor-Homaccord	petechiale Blutungen und Blutungsneigung, Laryngitis, Pharyngitis, Degeneration parenchymatöser Organe, Bronchopneumonie ➔ Konstitutionsmittel
• Drosera-Homaccord	Husten auch mit Brechwürgen, Bronchiolitis, asthmatoide Bronchitis
• Dulcamara-Homaccord	„Nasswettermittel", rheumatische Erkrankungen, alle Beschwerden sind Folgen von oder schlechter bei Kälte und Nässe
• Sinusitis-Nosode-Injeel	akute und chronische Sinusitiden, chronisch rezidivierende Entzündungen oder Eiterungen der Nasennebenhöhlen, Allergien
• Coxsackie-Virus-A9-Injeel	chronische Laryngitiden, sinubronchiales Syndrom, Asthma bronchiale
• Gelsemium-Homaccord	Neuralgie insbesondere des Kopf-Hals-Bereichs, Schwindel, zittrige Schwäche, Erschöpfung, Gliederschmerzen
• Grippe-Nosode-Injeel	Folgen von Grippeerkrankungen, chronische Sinusitis, asthmatoide Beschwerden, anhaltende Heiserkeit, Erschöpfung, Müdigkeit
• Ferrum phosphoricum-Injeel	Fieber- und Entzündungszustände, wellenhafter Verlauf
• Bronchalis-Heel	Bronchitis, Bellhusten, nächtlicher Kitzelhusten, Husten mit Brechwürgen, Asthma, Husten beim Eintritt in warme Räume
• Husteel	Husten verschiedener Genese, spastische Bronchitis, Pleuritis
• Tartephedreel	absteigende Entzündungen der Atemwege, Schleimrasseln, Krampfhusten, Bronchitis mit zähem Sekret, Asthma
• Droperteel	Bronchitis, Entzündungen der Atemwege, Heiserkeit, Krampfhusten mit zähem, Faden ziehendem Sekret
• Cuprum-Injeel	Krämpfe der glatten und quergestreiften Muskulatur, spastischer Husten

Begleitbehandlung / Nachbehandlung:

• Cactus compositum	Myokardschwäche, auch infektiöser Genese, Peri- und Endokarditis, Herzrhythmusstörungen, Koronarinsuffizienz
• Cralonin	Altersherz, Koronarinsuffizienz, Rhythmusstörungen, Myokardschwäche

• Apis-Homaccord	ödematöse, schmerzhafte Schwellungen, pustulöse und bullöse Ekzeme, Entzündungen mit Flüssigkeitsansammlung in Geweben und Körperhöhlen, Ausschwemmung bei Lungenödem, Stauungsbronchitis
• Lymphomyosot	„Mesenchymentschlackung", Lymphatismus, Lymphödeme, Drüsenschwellungen, Tonsillarhypertrophie
• Mucosa compositum	Schleimhauterkrankungen und -katarrhe verschiedener Art und Lokalisation, z.B. im Bereich der oberen und unteren Luftwege, regenerationsfördernd für Schleimhäute
• Coenzyme compositum	regt blockierte enzymatische Abläufe insbesondere der Energiegewinnung an (Zitronensäurezyklus), degenerative oder chronische Erkrankungen

→ Bronchitis; → Bronchopneumonie; → Pneumonie

AUFBAUMITTEL

Basismittel	
• Coenzyme compositum	regt blockierte enzymatische Abläufe insbesondere der Energiegewinnung an (Zitronensäurezyklus), degenerative oder chronische Erkrankungen
+ Ubichinon compositum	verbessert die Energiebereitstellung in der Zelle, degenerative und tumoröse Erkrankungen

Verabreichung: zusammen 2-mal wöchentlich

Ergänzungsmittel

• Nux vomica-Homaccord	Funktionsstörungen von Magen, Darm und Leber, Spasmen, Meteorismus, Beschwerden nach Überreizung
• China-Homaccord	Erschöpfungs- und Schwächezustände, Leberfunktionsstörungen, nach Flüssigkeitsverlusten, Rekonvaleszenzmittel, Roborans
• Arsenicum album-Injeel	akute und chronische Entzündungen an Augen, Atemwegen, Verdauungs- und Harnapparat, Organdegeneration, Abmagerung, mitternächtliche Unruhe → Konstitutionsmittel
• Ginseng compositum	Erschöpfungszustände aller Art, geistige und körperliche Schwäche, mangelnder Muskeltonus
• Aletris comp.-Heel	Erschöpfungs- und Schwächezustände, Bindegewebszustände, Uterusprolaps
• Kalium phosphoricum D6	Berührungsängste, ängstlich, nervöse Furcht, Depression kann in Wutanfälle umschlagen, „Nervenschwäche"

Alte Tiere:

→ Alterserscheinungen; → Erschöpfungszustände; → Überanstrengung

AUGENERKRANKUNGEN

- Oculoheel Augentropfen — katarrhalische und eitrige Konjunktivitis und Keratitis, Lichtscheu, Tränenfluss
- Oculoheel — Konjunktivitis, Ödeme der Augenlider, scharfer Tränenfluss, Neigung zu Eiterungen am Auge, Gerstenkorn, Keratitis
- Euphorbium-Injeel — Schleimhautkatarrhe der oberen Luftwege, Rhinitiden, Sinusitiden, Ohrtubenkatarrhe, eitrig-schleimiges Sekret
- Engystol — aktiviert die unspezifische Abwehr, virale Erkrankungen, reduziert Stressfolgen, „Umstimmung" bei Allergien und Dermatosen
- Euphrasia-Injeel — Blepharokonjunktivitis, Fließschnupfen mit Tränenfluss, Lichtscheu, Dakryozystitis
- Mercurius-Heel — entzündliche und eitrige Erkrankungen der Haut und anderer Organe, akute bis subakute Konjunktivitis, schleimiges oder dünnes, wund machendes Sekret
- Echinacea compositum — bakterielle Infektionen verschiedener Organsysteme, Entzündungen, Fieber, auch prophylaktisch
- Coenzyme compositum — regt blockierte enzymatische Abläufe insbesondere der Energiegewinnung an (Zitronensäurezyklus), degenerative oder chronische Erkrankungen
- Oculus totalis suis-Injeel — spezifischer Regulationseffekt auf Funktion und Struktur des entsprechenden Organs, degenerative Augenerkrankungen, Glaukom, Katarakt, chronische Konjunktivitis
- Psorinum-Injeel — chronische Entzündungen, Blepharitis, Konjunktivitis mit Tränenfluss, Sandgefühl und Brennen in den Augen, Fotophobie

➔ Glaukom; ➔ Katarakt; ➔ Keratitis; ➔ Konjunktivitis

Beim Pferd:

➔ Periodische Augenentzündung

AUGENLIDERKRANKUNGEN

- Oculoheel Augentropfen — katarrhalische und eitrige Konjunktivitis und Keratitis, Lichtscheu, Tränenfluss
- Oculoheel — Konjunktivitis, Ödeme der Augenlider, scharfer Tränenfluss, Neigung zu Eiterungen am Auge, Gerstenkorn, Keratitis

Entropium:

- Colocynthis-Homaccord — Neuralgien verschiedener Genese und Lokalisation, Osteochondrose, Ischialgie, plötzlich einschießende Schmerzen, Parästhesien
- Borax (D1–D3) — Stomatitis aphthosa, allgemeines Aphthenmittel, Otitis externa, trockene, klebrige Exsudationen, Entropium, empirisch (nach Day und McLeod)

Verabreichung: Gabe über einen längeren Zeitraum

- Tellurium D6 — Entropium durch Entzündung der Lider entstanden

Ektropium:

- Borax (D1–D3) — Stomatitis aphthosa, allgemeines Aphtenmittel, Otitis externa, trockene, klebrige Exsudationen, Ektropium, empirisch (nach McLeod)

Verabreichung: Gabe über einen längeren Zeitraum

Zubildungen:

- Thuja-Injeel — proliferative Prozesse an Haut und Schleimhäuten, Konjunktivitis, Haarausfall in der Augenregion
- Conium-Injeel — Altersmittel, steinharte Knoten und Neoplasien der Augenlider, insbesondere bei älteren Hunden
- Staphisagria-Injeel — Gerstenkörner, Hagelkörner, harte Knoten in den Lidrändern, reizbare, schmerzempfindliche Tieren
- Kalium jodatum (D1, D3) — schleichend verlaufende Infektionen mit Verhärtungen und Infiltrationen im Gewebe

AUGENVERLETZUNG

- Traumeel — Entzündungen verschiedener Genese und Lokalisation, Verletzungen, Wundbehandlung, auch postoperativ
- Oculoheel — Konjunktivitis, Ödeme der Augenlider, scharfer Tränenfluss, Neigung zu Eiterungen am Auge, Gerstenkorn, Keratitis, Begleiterscheinungen von Verletzungen
- Oculoheel Augentropfen — katarrhalische und eitrige Konjunktivitis und Keratitis, Lichtscheu, Tränenfluss
- Symphytum-Injeel — „Arnika der Knochen", beschleunigt die Kallusbildung, fördert den Knochenstoffwechsel, Periostitis, Hämatom des Augapfels
- Ruta-Injeel — Folgen stumpfer Verletzungen, Ganglion, Periostitis, venöse Stauungen, Folgen von körperlicher Überanstrengung

Nickhautverletzung:

- Traumeel — Entzündungen verschiedener Genese und Lokalisation, Verletzungen, Wundbehandlung, auch postoperativ
- Oculoheel — Konjunktivitis, Ödeme der Augenlider, scharfer Tränenfluss, Neigung zu Eiterungen am Auge, Gerstenkorn, Keratitis
- Oculoheel Augentropfen — katarrhalische und eitrige Konjunktivitis und Keratitis, Lichtscheu, Tränenfluss

AUSFLUSS

Augen → Tränenfluss; **Fisteln** → Fisteleiterungen; **Gebärmutter** → Endometritis; → Pyometra;
Nase → Erkältungskrankheiten; **Ohren** → Otitis externa; **Scheide** → Vaginitis;
Wunden → Wundbehandlung; → Eiterungen

„AUSLEITUNG"

Basismittel	
parenteral:	
• Hepar comp. Heel	akute und chronische Leber-Galle-Affektionen, regt die Leberfunktion an, Verdauungsstörungen
+ Solidago compositum	akute und chronische Erkrankungen der Nieren und Harnwege, Zystitis, Nephrolithiasis, Hydronephrose, funktionelle Unterstützung der Nieren

Verabreichung: zusammen 2-mal wöchentlich über 4–6 Wochen

oral:	
• Lymphomyosot	„Mesenchymentschlackung", Lymphatismus, Lymphödeme, Drüsenschwellungen, Tonsillarhypertrophie
+ Galium-Heel / Galium comp.-Heel	Immunmodulation bei chronischen Erkrankungen verschiedener Genese, Präkanzerosen, „Zellreinigung"

Verabreichung: 1- bis 3-mal täglich für 2–6 Wochen

„Ausleitung" über den Verdauungstrakt:

- Nux vomica-Homaccord — Funktionsstörungen von Magen, Darm und Leber, Spasmen, Meteorismus, Beschwerden nach Überreizung, Entgiftung

Unterstützung des Energiestoffwechsels:

- Coenzyme compositum — regt blockierte enzymatische Abläufe insbesondere der Energiegewinnung an (Zitronensäurezyklus), degenerative oder chronische Erkrankungen

+ Ubichinon compositum — verbessert die Energiebereitstellung in der Zelle, degenerative und tumoröse Erkrankungen

Verabreichung: zusammen 2-mal wöchentlich für 2–6 Wochen

Kreislaufunterstützung:

- Cactus compositum — Myokardschwäche, auch infektiöser Genese, Peri- und Endokarditis, Herzrhythmusstörungen, Koronarinsuffizienz

AUTO-SANGUIS-STUFENTHERAPIE

Sonderform der Eigenblutbehandlung (insbesondere bewährt bei chronischen Erkrankungen)

Vorgehen

Benötigt wird Blut (mindestens ein Tropfen) in einer Spritze. Dazu wird das Ampullenpräparat oder werden die Ampullenpräparate der ersten Stufe entsprechend der Dosierung für die Tierart aufgezogen. Es wird ein Luftraum in der Spritze geschaffen und eine Kanülenkappe aufgesetzt. Blut und Medikament werden gut verschüttelt und s.c. injiziert.
Danach wird in die gleiche Spritze (d.h. es sind im Konus noch Spuren von Blut und den Mitteln der ersten Stufe vorhanden) das oder die Mittel der zweiten Stufe aufgezogen, es wird wieder ein Luftraum in der Spritze geschaffen, verschüttelt und s.c. injiziert.
Diesen Vorgang, immer mit der gleichen Spritze, kann man in einer Sitzung mit bis zu 5 Stufen durchführen.

Es ist zu beachten, dass nach dieser Behandlung das Tier für die nächsten 1–2 Tage etwas ruhiger als sonst sein kann.
Wiederholt wird die A-S-S, wenn die Reaktion auf die erste Behandlung abgeklungen ist. Die Mittel, die bei der A-S-S eingesetzt wurden, können aber, wenn nötig, parallel allein als Injektion ohne Eigenblut oder orale Therapie weitergegeben werden. Als Faustregel für die Mittelwahl in den verschiedenen Stufen der A-S-S gilt: vom Allgemeinen zum Besonderen (symptomatisches Mittel, Drainagemittel, Katalysatoren, Organpräparat, Nosode).

Beispiel bei einer chronischen entzündlichen, juckenden Hauterkrankung:

1. Stufe: Traumeel	Entzündungen verschiedener Genese und Lokalisation, Verletzungen
2. Stufe: Engystol	aktiviert die unspezifische Abwehr, virale Erkrankungen, reduziert Stressfolgen, „Umstimmung" bei Allergien und Dermatosen
3. Stufe: Coenzyme compositum	regt blockierte enzymatische Abläufe insbesondere der Energiegewinnung an (Zitronensäurezyklus), degenerative oder chronische Erkrankungen
4. Stufe: Cutis compositum	Basismittel bei Dermatosen verschiedener Genese, Ekzeme, Allergien, Dermatomykosen, Haarausfall
5. Stufe: Psorinum-Injeel	chronische Ekzeme und sonstige Hautausschläge, starker Juckreiz, auch wechselnd mit Asthma, Wärme verschlechtert, übler Geruch, chronische Entzündungen

AZETONÄMIE

Basismittel	
• Carduus compositum	akute und chronische Leber- und Gallenerkrankungen, alle Folgeerkrankungen davon, Stoffwechselstörungen, Verdauungsprobleme
+ Coenzyme compositum	regt blockierte enzymatische Abläufe insbesondere der Energiegewinnung an (Zitronensäurezyklus), degenerative oder chronische Erkrankungen
evtl. zusätzlich: • Ubichinon compositum	verbessert die Energiebereitstellung in der Zelle, degenerative und tumoröse Erkrankungen
+ Nux vomica-Homaccord	Funktionsstörungen von Magen, Darm und Leber, Spasmen, Meteorismus, Beschwerden nach Überreizung

Ergänzungsmittel

• Hepar comp. Heel	akute und chronische Leber-Galle-Affektionen, regt die Leberfunktion an, Verdauungsstörungen
• Hepar suis-Injeel	spezifischer Regulationseffekt auf Funktion und Struktur des entsprechenden Organs, Leberschäden und mangelnde Leberentgiftung, schwere Fälle
• Chelidonium-Homaccord	Leberstörungen mit Schwerpunkt Gallensystem, Cholangitis, Cholezystitis, Gallenkolik, akute und chronische Hepatitis, Stauungsikterus
• Lycopodium-Injeel	Leber- und Gallenstörungen, satt nach wenigen Bissen, hager, Stoffwechselkrankheiten → Konstitutionsmittel
• Phosphor-Homaccord	petechiale Blutungen und Blutungsneigung, Laryngitis, Pharyngitis, Degeneration parenchymatöser Organe, bei Phosphortyp → Konstitutionsmittel

• Opium (D6, D30, D200)	große Benommenheit, Bewusstseinstrübung, Somnolenz, Stupor
• Bufo (ab D6)	Konvulsionen, epileptiforme Anfälle, übel riechende Ausdünstungen und Absonderungen, Herzklopfen
• Flor de piedra D3, D6	Hypo- und Hyperthyreose, Hepatitis, Hepatose, venöse Durchblutungsstörungen, alle Funktionen verlangsamt
• Cicuta virosa (D6–D200)	krampfartige Zuckungen, epileptische Krämpfe, Opisthotonus

BÄNDERAFFEKTIONEN

Basismittel	
• Traumeel	Entzündungen verschiedener Genese und Lokalisation, Verletzungen, Wundbehandlung, auch postoperativ
+ Zeel	degenerative und rheumatische Gelenkerkrankungen, Arthrose, Polyarthrose, Spondylarthrose, chronische Tendovaginitis, Sehnen- und Knorpelregeneration

Ergänzungsmittel

• Discus compositum N mit Kalmia	Gelenk- und Bindegewebserkrankungen, z.B. Arthritis, Arthrose, Periarthritis, Erkrankungen der Sehnen, Bänder und der Knochenhaut, besonders Kniegelenk
• Rheuma-Heel	(Peri-)arthritische Beschwerden, Neuralgien, Myalgien, Sehnen- und Bänderbeschwerden
• Rhus Tox-Injeel	Rheuma und Neuralgien, Sehnen- und Bänderaffektionen, schlechter bei nasskaltem Wetter, Anlaufschmerzen, Folgen von Überanstrengung

BÄNDERSCHWÄCHE

Basismittel	
• Calcium fluoratum-Injeel	Bindegewebsschwäche, „Knochenkaries", Knochenfisteln, Exostosen, steinharte Drüsenschwellungen, wirkt auf Sehnen und Bänder
+ Silicea-Injeel	chronische Eiterungen und Fistelbildungen, wirkt auf Bindegewebe, Bänder, Sehnen, Haut, Hautanhangsgebilde, schlechte Wundheilung, Tiere sind schwächlich ➔ Konstitutionsmittel

Verabreichung: im täglichen Wechsel über 6 Wochen

Ergänzungsmittel

• Kieselsäuretabletten (Cosmochema)	Bindegewebsschwäche, chronische Entzündungen der Lymphknoten, Knochen und Gelenke, chronische Eiterungen, Fistelbildung

BINDEGEWEBSERKRANKUNGEN

• Lymphomyosot	„Mesenchymentschlackung", Lymphatismus, Lymphödeme, Drüsenschwellungen, Tonsillarhypertrophie
meist zusammen mit:	
• Galium-Heel / Galium comp.-Heel	Immunmodulation bei chronischen Erkrankungen verschiedener Genese, Präkanzerosen, „Zellreinigung"

Verabreichung: täglich für 2–3 Wochen

• Pulsatilla compositum	regt die Bindegewebsfunktion an, insbesondere in zellulären Phasen
zusätzlich:	
• Coenzyme compositum	regt blockierte enzymatische Abläufe insbesondere der Energiegewinnung an (Zitronensäurezyklus), degenerative oder chronische Erkrankungen
+ Ubichinon compositum	verbessert die Energiebereitstellung in der Zelle, degenerative und tumoröse Erkrankungen

➔ „Ausleitung"

BINDEGEWEBSSCHWÄCHE

• Silicea-Injeel	chronische Eiterungen und Fistelbildungen, wirkt auf Bindegewebe, Bänder, Sehnen, Haut, Hautanhangsgebilde, schlechte Wundheilung ➔ Konstitutionsmittel
• Kieselsäuretabletten (Cosmochema)	Bindegewebsschwäche, chronische Entzündungen der Lymphknoten, Knochen und Gelenke, chronische Eiterungen, Fistelbildung
• Calcium fluoratum-Injeel	Bindegewebsschwäche, „Knochenkaries", Knochenfisteln, Exostosen, steinharte Drüsenschwellungen, wirkt auf Sehnen und Bänder, Durchtrittigkeit
• Sepia-Injeel	Brunstschwäche, nervöse Erschöpfung, Reizbarkeit, meist älter, hager, Fertilitätsstörungen, Bindegewebe schlaff, lassen auch in der Brunst kein Belegen zu ➔ Konstitutionsmittel
• Rhus Tox-Injeel	Rheuma und Neuralgien, Sehnen- und Bänderaffektionen, schlechter bei nasskaltem Wetter, Anlaufschmerzen, Folgen von Überanstrengung, Nachbehandlung bei Patellaluxation ➔ Konstitutionsmittel

BLÄHUNGEN

• Nux vomica-Homaccord	Funktionsstörungen von Magen, Darm und Leber, auch nach Futterumstellung, Spasmen, Meteorismus, Beschwerden nach Überreizung
• Carduus compositum	akute und chronische Leber- und Gallenerkrankungen, alle Folgeerkrankungen davon, Stoffwechselstörungen, Verdauungsprobleme, Meteorismus, Appetitlosigkeit
• Lycopodium-Injeel	Leber- und Gallenstörungen, satt nach wenigen Bissen, hager, Entzündungen und Störungen des Leber-Galle-Systems ➔ Konstitutionsmittel

• Chamomilla-Injeel	Überempfindlichkeit gegen Schmerzen, Krämpfe, Bauch aufgetrieben, Blähungskolik
• Carbo vegetabilis-Injeel	Magen aufgebläht, Meteorismus, Abneigung gegen Fett und Milch, Kollaps und Kreislaufversagen, mit kalter Haut und kalten Akren
• Chelidonium-Homaccord	Leberstörungen mit Schwerpunkt Gallensystem, Cholangitis, Cholezystitis, Gallenkolik, akute und chronische Hepatitis, Stauungsikterus
• Spascupreel	Spasmen glattmuskulärer Hohlorgane, Spastizität der quergestreiften Muskulatur wie muskulärer Hartspann, Koliken
• Staphisagria-Injeel	brennende, juckende Hautausschläge, ärgerlich, reizbar, Angstaggression, nach Misshandlungen oder Demütigungen, sexuelle Erregung, Folgen von Schnittverletzungen (Operation), schmerzhafte Blähungen bei reizbaren, schmerzempfindlichen Tieren
• Arsenicum album-Injeel	akute und chronische Entzündungen an Augen, Atemwegen, Verdauungs- und Harnapparat, Organdegeneration, Abmagerung, mitternächtliche Unruhe, Diarrhö und übel riechende Blähungen → Konstitutionsmittel
• Aloe-Injeel	Morgendiarrhö, Incontinentia ani bei Blähungen und Urinabsatz, Stuhlgang sofort nach Futteraufnahme
• China-Homaccord	Erschöpfungs- und Schwächezustände, Leberfunktionsstörungen, nach Flüssigkeitsverlusten, Blähungen und Kolik
• Gastricumeel	akute und chronische Gastritis, Dyspepsie, Meteorismus, gastrokardialer Symptomenkomplex, Ulcus ventriculi
• Leptandra compositum	Oberbauchsyndrom, akute und chronische Leber- und Pankreaserkrankungen, Meteorismus, Cholezystopathien, Diarrhö
• Momordica compositum	Regulation bei Pankreatitis, Störungen der Pankreasfunktion, kolikartige Schmerzen im Oberbauch, gastrokardialer Symptomenkomplex, Abmagerung bei gutem Appetit, Blähkoliken
• Magnesium phosphoricum-Injeel	Krampf- und Neuralgiemittel, kolikartige Schmerzen in allen Hohlorganen, Blähkoliken, schaumige (unverdaute) Durchfälle, meist Jungtiere
• Magnesium carbonicum (D3–D30)	Spasmen der Hohlorgane, Milchunverträglichkeit beim Jungtier, saure Dyspepsie mit Flatulenz, wässrige Diarrhö

→ Tympanie

BLASENLÄHMUNG

Unfallfolge:

• Traumeel	Entzündungen verschiedener Genese und Lokalisation, Verletzungen, Wundbehandlung, auch postoperativ
• Hypericum-Injeel	Nerven- und Gehirnverletzungen, Nervenschmerzen bei und nach Verletzungen, Tierbisse, Commotio cerebri, Zerebralsklerose
• Arnica-Injeel	regt die Wundheilung an, Herzmuskelschwäche, Neuralgien, Myalgien, Zerschlagenheitsgefühl
• Petroselinum	plötzlicher heftiger Harndrang, Harninkontinenz, Reizblase, Urethritis, Zystitis (D2 bei paralytischer, D6 bei spastischer Lähmung)

Folge von Rückenmarkserkrankung:

• Plumbum metallicum-Injeel	schleichende Krankheitsprozesse, Schwäche und Kraftlosigkeit
• Discus compositum	Osteochondrose, Arthritis und Arthrose besonders des Hüftgelenks, neuralgisch-rheumatische Erkrankungen im Bereich der Wirbelsäule, Exostosen, nächtliche Knochenschmerzen

Ergänzungsmittel

• Nux vomica-Homaccord	Funktionsstörungen von Magen, Darm und Leber, Spasmen, Meteorismus, Beschwerden nach Überreizung, Tonisierung
• Gelsemium-Homaccord	Neuralgie insbesondere des Kopf-Hals-Bereichs, Schwindel, zittrige Schwäche, Erschöpfung, Gliederschmerzen, Nervenlähmungen, Harnträufeln bei Erregung, nach Staupe
• Causticum-Injeel	Lähmung von Muskeln und Nerven, Paresen der Blasenwand und des Blasenhalses, Inkontinenz beim Husten und im Schlaf, Harnträufeln bei älteren, weiblichen Tieren
• Sabal-Homaccord	Zystitis, Miktionsbeschwerden, Harnträufeln, Reizblase, spastische Lähmung mit viel Harndrang
• Hyoscyamus (D6, D12, C30, C200)	Blasenlähmung mit sexueller Erregung, auffälliges, heftiges Verhalten ➔ Konstitutionsmittel
• Aristolochia (D12, C30, C200)	Blasenlähmung durch hormonelle Imbalance, Restharnbildung
• Secale cornutum (D1–D30)	zerebrale Erregungszustände, drohender Abort, dunkle Lochien, Blutungen p.p., Parästhesien, Blasenlähmung

BLAUZUNGENKRANKHEIT

Prophylaxe:

• Engystol	aktiviert die unspezifische Abwehr, virale Erkrankungen

Therapie Basismittel	
• Engystol	aktiviert die unspezifische Abwehr, virale Erkrankungen
+ Traumeel	Entzündungen verschiedener Genese und Lokalisation, Verletzungen, Wundbehandlung, auch postoperativ

Verabreichung: zusammen 1-mal täglich

zusätzlich ab dem 2. Tag:

+ Lymphomyosot	„Mesenchymentschlackung", Lymphatismus, Lymphödeme, Drüsenschwellungen, Tonsillarhypertrophie

Ergänzungsmittel

• Cinnamomum-Homaccord	kapilläre und präkapilläre Sickerblutungen, Hämorrhoiden, Blutungsneigung
• Phosphor-Homaccord	petechiale Blutungen und Blutungsneigung, Laryngitis, Pharyngitis, Degeneration parenchymatöser Organe ➔ Konstitutionsmittel

• Mucosa compositum	Schleimhauterkrankungen und -katarrhe verschiedener Art und Lokalisation, z.B. im Verdauungstrakt mit und ohne Ulkus, regenerationsfördernd für Schleimhäute
• Lachesis compositum	septische Tendenz bei Entzündungen und Eiterungen, Phlegmone, Endometritis, Nachgeburtsverhaltung, trockenes Fieber, Infektionskrankheiten

BLUTERGUSS

• Traumeel	Entzündungen verschiedener Genese und Lokalisation, Verletzungen, Wundbehandlung, auch postoperativ, Blut- und Gelenkergüsse
• Arnica-Injeel	regt die Wundheilung an, Herzmuskelschwäche, Neuralgien, Myalgien, Zerschlagenheitsgefühl
• Hamamelis-Homaccord	venöse Stase, thrombophlebitische Zustände, dunkle Hämorrhagien, Zerschlagenheitsgefühl
• Bellis perennis (D0–D3)	fördert die Wundheilung, Verletzungen, Traumen oder Überanstrengung der Muskeln, allgemeine Blutungsneigung, rheumatische Beschwerden nach Überanstrengung

Auge:

• Ledum-Injeel	akuter und chronischer Gelenkrheumatismus, Muskelrheumatismus, Gicht, Besserung durch Kälte und Wasser, Stichverletzungen mit und ohne Eröffnung des Gelenks, hochgradige Schwellung, Hämatom am Auge
• Symphytum-Injeel	„Arnika der Knochen", beschleunigt die Kallusbildung, fördert den Knochenstoffwechsel, Periostitis, Hämatom des Augapfels

➔ Verletzungen

BLUTMELKEN p.p.

• Cinnamomum-Homaccord	kapilläre und präkapilläre Sickerblutungen, Hämorrhoiden, Blutungsneigung
• Ipecacuanha-Injeel	hellrote, gussweise Blutungen, Erbrechen, feuchte Bronchitis, Schwäche
• Phosphor-Homaccord	petechiale Blutungen und Blutungsneigung, Laryngitis, Pharyngitis, Degeneration parenchymatöser Organe ➔ Konstitutionsmittel
• Lachesis-Injeel	septische Prozesse, Hämolyse, blaurote Entzündungen ➔ Konstitutionsmittel
• Hamamelis-Homaccord	venöse Stase, thrombophlebitische Zustände, dunkle Hämorrhagien, Zerschlagenheitsgefühl
• Belladonna-Homaccord	lokalisierte, akute und heftige Entzündungen, septische Prozesse, Mastitis unmittelbar nach der Geburt, Besaugen wird nicht geduldet

BLUTPARASITEN adjuvant

Durch Vektoren übertragen, „Reisekrankheiten":

- Echinacea compositum — bakterielle Infektionen verschiedener Organsysteme, Entzündungen, Fieber, auch prophylaktisch
- China-Homaccord — Erschöpfungs- und Schwächezustände, Leberfunktionsstörungen, nach Flüssigkeitsverlusten, verminderte Bildung von Blutzellen
- Coenzyme compositum — regt blockierte enzymatische Abläufe insbesondere der Energiegewinnung an (Zitronensäurezyklus), degenerative oder chronische Erkrankungen
- Galium-Heel / Galium comp.-Heel — Immunmodulation bei chronischen Erkrankungen verschiedener Genese, Präkanzerosen, „Zellreinigung"
- Medulla ossis suis-Injeel — spezifischer Regulationseffekt auf Funktion und Struktur des entsprechenden Organs, Anämie, Leukämie, Agranulozytose, Therapieschäden

Gelenksymptomatik:

- Traumeel — Entzündungen verschiedener Genese und Lokalisation, Verletzungen, Wundbehandlung, auch postoperativ
- Zeel — degenerative und rheumatische Gelenkerkrankungen, Arthrose, Polyarthrose, Spondylarthrose

➔ Anaplasmose; ➔ Leishmaniose

BLUTUNGEN

- Cinnamomum-Homaccord — kapilläre und präkapilläre Sickerblutungen, Hämorrhoiden, Blutungsneigung, Blutungen profus, gussweise

Verabreichung: initial als Stoßtherapie möglich

- Traumeel — Entzündungen verschiedener Genese und Lokalisation, Verletzungen, Wundbehandlung, auch postoperativ
- Arnica-Injeel — regt die Wundheilung an, Herzmuskelschwäche, Neuralgien, Myalgien, Zerschlagenheitsgefühl, Erkrankungen des arteriellen und venösen Systems
- Phosphor-Homaccord — petechiale Blutungen und Blutungsneigung, Laryngitis, Pharyngitis, Degeneration parenchymatöser Organe, verzögerte Gerinnungsfähigkeit ➔ Konstitutionsmittel
- Ipecacuanha-Injeel — hellrote, gussweise Blutungen, Erbrechen, feuchte Bronchitis
- Chamomilla-Injeel — Überempfindlichkeit gegen Schmerzen, Krämpfe, Bauch aufgetrieben, Blähungskolik, Uterusblutung mit dunklem, geronnenem Blut
- Crocus (D0–D30) — Metrorrhagien, Abort, dunkle Blutungen wie ein Eiszapfen geronnen, Blutungen durch die geringste Bewegung verschlimmert

Arteriell:

- Cinnamomum-Homaccord — kapilläre und präkapilläre Sickerblutungen, Hämorrhoiden, Blutungsneigung
- Erigeron canadensis (D0–D3) — Hämorrhagien mit reichlichem, hellrotem Blut, Zahnfleischbluten, Hämaturie, Verschlimmerung bei jeder Bewegung

Venös:

• Hamamelis-Homaccord	venöse Stase, thrombophlebitische Zustände, dunkle Hämorrhagien, Zerschlagenheitsgefühl
• Lachesis-Injeel	septische Prozesse, Hämolyse, blaurote Entzündungen → Konstitutionsmittel
• Vipera berus-Injeel	Phlebitis, Gangrän, Blutungsneigung, Blutungen aus allen Körperöffnungen
• Crotalus-Injeel	dunkle Blutungen in allen Organen und aus allen Körperöffnungen, Gangrän und Sepsis
• Secale cornutum (D1–D30)	zerebrale Erregungszustände, drohender Abort, dunkle Lochien, Blutungen p.p., Parästhesien, Blasenlähmung

Kapillarschädigungen:

• Lachesis-Injeel	septische Prozesse, Hämolyse, blaurote Entzündungen, hämorrhagische Diathese → Konstitutionsmittel
• Cinnamomum-Homaccord	kapilläre und präkapilläre Sickerblutungen, Hämorrhoiden, Blutungsneigung
• Traumeel	Entzündungen verschiedener Genese und Lokalisation, Verletzungen, Wundbehandlung, auch postoperativ, Blutungen nach Traumen
• Hamamelis-Homaccord	venöse Stase, thrombophlebitische Zustände, dunkle Hämorrhagien, Zerschlagenheitsgefühl
• Ipecacuanha-Injeel	hellrote, gussweise Blutungen, Erbrechen, feuchte Bronchitis
• Phosphor-Homaccord	petechiale Blutungen und Blutungsneigung, Laryngitis, Pharyngitis, Degeneration parenchymatöser Organe → Konstitutionsmittel
• Millefolium (D2–D12)	hellrote, arterielle Blutungen jeglicher Genese, Verletzungen, Nasenbluten

Uterus, postpartal:

• Cinnamomum-Homaccord	kapilläre und präkapilläre Sickerblutungen, Hämorrhoiden, Blutungsneigung, Gebärmutterblutungen
• Traumeel	Entzündungen verschiedener Genese und Lokalisation, Verletzungen, Wundbehandlung, auch postoperativ, Blutungen nach Traumen
• Arnica-Injeel	regt die Wundheilung an, Herzmuskelschwäche, Neuralgien, Myalgien, Zerschlagenheitsgefühl, Erkrankungen des arteriellen und venösen Systems
• Lachesis compositum	septische Tendenz bei Entzündungen und Eiterungen, Phlegmone, Endometritis, Nachgeburtsverhaltung, trockenes Fieber, Stomatitis ulcerosa
• Bellis perennis (D0–D3)	fördert die Wundheilung, Verletzungen, Traumen oder Überanstrengung der Muskeln, allgemeine Blutungsneigung, rheumatische Beschwerden nach Überanstrengung
• Sabina (D3–D30)	Metrorrhagien p.p., Aborte in der Frühträchtigkeit, drohender Abort, Fluor albus, scharfer, eitriger Ausfluss, fördert die Uterusinvolution und -kontraktion

→ Nasenbluten

BORRELIOSE adjuvant

Akute Phase:

• Traumeel	Entzündungen verschiedener Genese und Lokalisation, Verletzungen, Wundbehandlung, auch postoperativ
• Echinacea compositum	bakterielle Infektionen verschiedener Organsysteme, Entzündungen, Fieber, auch prophylaktisch
• Apis-Homaccord	ödematöse, schmerzhafte Schwellungen, pustulöse und bullöse Ekzeme, Entzündungen mit Flüssigkeitsansammlung in Geweben und Körperhöhlen
• Belladonna-Homaccord	lokalisierte, akute und heftige Entzündungen, auch mit hohem Fieber, arterielle Pulsationen
• Engystol	aktiviert die unspezifische Abwehr, virale Erkrankungen
• Bryonia-Injeel	Entzündungen, beginnende Abszedierung, Bewegung verschlimmert, besser durch festen Druck auf die erkrankte Stelle
• Bryaconeel	Neuralgien, akuter und chronischer Rheumatismus, Entzündungen seröser Häute, Parästhesien, Entzündungen der Atemorgane und des Rippenfells
• Aconitum-Homaccord	grippale und katarrhalische Infekte, besonders im Prodromalstadium, Beschwerden nach Schreck und kaltem Wind, Fieber mit heißer Haut und Unruhe, hellrotes Nasenbluten
• Rheuma-Heel	(Peri-)arthritische Beschwerden, Neuralgien, Myalgien, Sehnen- und Bänderbeschwerden
• Rhododendron-Injeel	Weichteilrheumatismus und (peri-)arthritische Beschwerden, Neuralgien, Verschlechterung aller Beschwerden bei feuchtem Wetter, verdrießlich
• Rhododendroneel	rheumatische Beschwerden, Polyarthritis insbesondere der kleinen Gelenke, Nervenschmerzen, Gicht, Verschlechterung bei und vor Nasswetter

Chronische Phase:

• Zeel	degenerative und rheumatische Gelenkerkrankungen, Arthrose, Polyarthrose, Spondylarthrose
+ Bryonia-Injeel	Entzündungen, beginnende Abszedierung, Bewegung verschlimmert, besser durch festen Druck auf die erkrankte Stelle
+ Lymphomyosot	„Mesenchymentschlackung", Lymphatismus, Lymphödeme, Drüsenschwellungen, Tonsillarhypertrophie
+ Galium-Heel / Galium comp.-Heel	Immunmodulation bei chronischen Erkrankungen verschiedener Genese, Präkanzerosen, „Zellreinigung"

zusätzlich:

• Coenzyme compositum	regt blockierte enzymatische Abläufe insbesondere der Energiegewinnung an (Zitronensäurezyklus), degenerative oder chronische Erkrankungen
+ Ubichinon compositum	verbessert die Energiebereitstellung in der Zelle, degenerative und tumoröse Erkrankungen

Verabreichung: zusammen 2-mal wöchentlich

• Engystol	aktiviert die unspezifische Abwehr, virale Erkrankungen

Verabreichung: kurmäßig 1- bis 2-mal wöchentlich für 4–6 Wochen

→ Arthritis

BOTULISMUS

• Ubichinon compositum	verbessert die Energiebereitstellung in der Zelle, degenerative und tumoröse Erkrankungen
• Causticum-Injeel	Lähmung von Muskeln und Nerven, Trockenheit von Haut und Schleimhäuten, Drüsenverhärtungen, schmieriges, dickes Sekret von Drüsen, Schlundlähmung
• Gelsemium-Injeel	Diarrhö nach Aufregung, „Lampenfieber", Inkontinenz, Schlundlähmung

BRECHDURCHFALL

Basismittel	
• Veratrum-Homaccord	Dysenterie, Gastroenteritis mit und ohne Kolik, Kollapszustände mit zyanotischer oder blasser, kühler Haut
+ Nux vomica-Homaccord	Funktionsstörungen von Magen, Darm und Leber, Spasmen, Meteorismus, Beschwerden nach Überreizung, Folge von verdorbenem oder nicht artgerechtem Futter, Futterwechsel

Ergänzungsmittel

• Arsenicum album-Injeel	akute und chronische Entzündungen an Augen, Atemwegen, Verdauungs- und Harnapparat, Organdegeneration, Abmagerung, mitternächtliche Unruhe ➔ Konstitutionsmittel
• Ipecacuanha-Injeel	hellrote, gussweise Blutungen, feuchte Bronchitis, Erbrechen und Durchfall mit kolikartigen Schmerzen
• Pulsatilla-Injeel	Übelkeit und Brechdurchfall nach fetter Nahrung, nach Schneefressen und kalter Nahrung, warmes Wasser wird erbrochen, Erbrechen endet bei leerem Magen ➔ Konstitutionsmittel
• Spascupreel	Spasmen glattmuskulärer Hohlorgane, Spastizität der quergestreiften Muskulatur wie muskulärer Hartspann

➔ Diarrhö; ➔ Erbrechen

Hund, seuchenhafter:

➔ Parvo-Virus-Enteritis

BRECHWÜRGEN DER HUNDE

• Vomitusheel	Übelkeit, Erbrechen, Husten mit Brechreiz, Erbrechen mit nachfolgender Erschöpfung, morgendliches Erbrechen
• Drosera-Homaccord	Husten auch mit Brechwürgen, Bronchiolitis, asthmatoide Bronchitis
• Anacardium-Homaccord	Duodenalsyndrom, Ulcus duodeni, Vomitus, Hunger- und Nüchternschmerz, Heißhunger, Abmagern trotz Futteraufnahme, Brechwürgen

BRONCHITIS

Akut:

• Gripp-Heel	Grippe und grippale Infekte, Fieber, Gliederschmerzen, Entzündungen seröser Häute, Bronchitis, virale Erkrankungen
• Engystol	aktiviert die unspezifische Abwehr, virale Erkrankungen, reduziert Stressfolgen
• Echinacea compositum	bakterielle Infektionen verschiedener Organsysteme, Entzündungen, Fieber, auch prophylaktisch
• Belladonna-Homaccord	lokalisierte, akute und heftige Entzündungen, auch mit hohem Fieber, arterielle Pulsationen
• Bronchalis-Heel	Bronchitis, Bellhusten, nächtlicher Kitzelhusten, Husten mit Brechwürgen, Asthma, Husten beim Eintritt in warme Räume
• Dulcamara-Homaccord	„Nasswettermittel", rheumatische Erkrankungen, alle Beschwerden sind Folgen von oder schlechter bei Kälte und Nässe
• Tartephedreel	absteigende Entzündungen der Atemwege, Schleimrasseln, Krampfhusten, Bronchitis mit zähem Sekret, Asthma
• Bryonia-Injeel	Entzündungen, beginnende Abszedierung, Bewegung verschlimmert, besser durch festen Druck auf die erkrankte Stelle, harter trockener Husten

Chronisch:

• Acidum formicicum-Injeel	allgemeines „Umstimmungsmittel" bei Asthma, Allergien und Ekzemen, bei allen zellulären Phasen
• Mucosa compositum	Schleimhauterkrankungen und -katarrhe verschiedener Art und Lokalisation, z.B. im Bereich der oberen und unteren Luftwege, regenerationsfördernd für Schleimhäute
• Aloe-Injeel	Bronchitis sicca, Fließschnupfen, kalte Gliedmaßen
• Kalium bichromicum-Injeel	zähe, strähnige Absonderungen aller Schleimhäute, chronische Katarrhe der Nase und des Ohrs, tief fressende Ulzera der Schleimhäute

Hund, Katze:

• Aconitum-Homaccord	grippale und katarrhalische Infekte, besonders im Prodromalstadium, Beschwerden nach Schreck und kaltem Wind, Fieber mit heißer Haut und Unruhe
• Belladonna-Homaccord	lokalisierte, akute und heftige Entzündungen, auch mit hohem Fieber, arterielle Pulsationen
• Ipecacuanha-Injeel	hellrote, gussweise Blutungen, Erbrechen, feuchte Bronchitis, Krampfhusten mit grobblasigem Rasseln
• Phosphor-Homaccord	petechiale Blutungen und Blutungsneigung, Laryngitis, Pharyngitis, Degeneration parenchymatöser Organe, Bronchopneumonie → Konstitutionsmittel
• Tartarus stibiatus-Injeel	Bronchitis, Pneumonie, Lungenemphysem, Husten mit feinem Schleimrasseln, große Erschöpfung, Kreislaufschwäche

Feucht:

• Tartephedreel	absteigende Entzündungen der Atemwege, Schleimrasseln, Krampfhusten, Bronchitis mit zähem Sekret, Asthma
• Ipecacuanha-Injeel	hellrote, gussweise Blutungen, Erbrechen, feuchte Bronchitis, Krampfhusten mit grobblasigem Rasseln
• Tartarus stibiatus-Injeel	Bronchitis, Pneumonie, Lungenemphysem, Husten mit feinem Schleimrasseln, große Erschöpfung, Kreislaufschwäche
• Kalium jodatum (D1, D3)	Knochenschmerzen, Sinusitis, Periostitis, schleichend verlaufende Infektionen mit Verhärtungen im Gewebe

Spastisch:

• Husteel	Husten verschiedener Genese, spastische Bronchitis, Pleuritis
• Atropinum compositum	Krämpfe der glatten und quergestreiften Muskulatur, Gallen-, Nieren-, Darmkoliken, stechende, brennende Schmerzen, Diarrhö, Unruhe
• Drosera-Homaccord	Husten auch mit Brechwürgen, Bronchiolitis, asthmatoide Bronchitis
• Droperteel	Bronchitis, Entzündungen der Atemwege, Heiserkeit, Krampfhusten mit zähem, Faden ziehendem Sekret
• Drosera comp. Cosmoplex (Cosmochema)	Husten bei Erkältungskrankheiten, Reiz- und Raucherhusten, Bronchitis, krampfartige Hustenattacken
• Spascupreel	Spasmen glattmuskulärer Hohlorgane, Spastizität der quergestreiften Muskulatur wie muskulärer Hartspann, Koliken, spastische und asthmatoide Bronchitis
• Cuprum-Injeel	Krämpfe der glatten und quergestreiften Muskulatur, spastischer Husten

Starke Verschleimung:

• Ipecacuanha-Injeel	hellrote, gussweise Blutungen, Erbrechen, feuchte Bronchitis, Krampfhusten mit grobblasigem Rasseln
• Tartarus stibiatus-Injeel	Bronchitis, Pneumonie, Lungenemphysem, Husten mit feinem Schleimrasseln, große Erschöpfung, Kreislaufschwäche
• Lycopodium-Injeel	Leber- und Gallenstörungen, satt nach wenigen Bissen, hager, Bronchitis und Pneumonie mit zähem Schleim ➔ Konstitutionsmittel

Verschleppt:

• Hepar sulfuris-Injeel	eiternde Prozesse unterschiedlicher Lokalisation, schmerzhaft, Abszesse vor Ausreifung, Überempfindlichkeit gegen Kälte und Luftzug, verschleppte Pneumonie mit Gefahr der Abszedierung
• Sticta-Injeel	trockene Schleimhäute, Laryngo-Pharyngitis, Bronchitis, ältere Tiere
• Drosera comp. Cosmoplex (Cosmochema)	Husten bei Erkältungskrankheiten, Reiz- und Raucherhusten, Bronchitis, krampfartige Hustenattacken

➔ Atemwegserkrankungen; ➔ Bronchopneumonie

Pferd:

➔ COB

BRONCHOPNEUMONIE

Basismittel

Virale Phase:

• Engystol	aktiviert die unspezifische Abwehr, virale Erkrankungen, reduziert Stressfolgen
+ Belladonna-Homaccord	lokalisierte, akute und heftige Entzündungen, auch mit hohem Fieber, arterielle Pulsationen

Bakterielle Phase:

• Echinacea compositum	bakterielle Infektionen verschiedener Organsysteme, Entzündungen, Fieber, auch prophylaktisch
+ Belladonna-Homaccord	lokalisierte, akute und heftige Entzündungen, auch mit hohem Fieber, arterielle Pulsationen

Ergänzungsmittel

• Aconitum-Homaccord	grippale und katarrhalische Infekte, besonders im Prodromalstadium, Beschwerden nach Schreck und kaltem Wind, Fieber mit heißer Haut und Unruhe
• Gripp-Heel	Grippe und grippale Infekte, Fieber, Gliederschmerzen, Entzündungen seröser Häute, Bronchitis, virale Erkrankungen
• Coffea-Injeel	Herz-Kreislauf-Störungen, große nervöse Erregung und Ruhelosigkeit, extreme Kälte- und Windempfindlichkeit, virale Phase
• Bryonia-Injeel	Entzündungen, beginnende Abszedierung, Bewegung verschlimmert, besser durch festen Druck auf die erkrankte Stelle, trockener Husten, fibrinöse Entzündung
• Bryaconeel	Neuralgien, akuter und chronischer Rheumatismus, Entzündungen seröser Häute, Parästhesien, Entzündungen der Atemorgane und des Rippenfells
• Phosphor-Homaccord	petechiale Blutungen und Blutungsneigung, Laryngitis, Pharyngitis, Degeneration parenchymatöser Organe, Bronchopneumonie, Hepatisation des Lungengewebes ➔ Konstitutionsmittel
• Drosera-Homaccord	Husten auch mit Brechwürgen, Bronchiolitis, asthmatoide Bronchitis

Nachbehandlung:

• Mucosa compositum	Schleimhauterkrankungen und -katarrhe verschiedener Art und Lokalisation, z.B. im Bereich der oberen und unteren Luftwege, regenerationsfördernd für Schleimhäute
+ Coenzyme compositum	regt blockierte enzymatische Abläufe insbesondere der Energiegewinnung an (Zitronensäurezyklus), degenerative oder chronische Erkrankungen

Verabreichung: 2-mal wöchentlich über mehrere Wochen

➔ Atemwegserkrankungen; ➔ Bronchitis

BURSITIS

Basismittel

Mit Entzündung:

• Traumeel	Entzündungen verschiedener Genese und Lokalisation, Verletzungen, Wundbehandlung, auch postoperativ

Ohne Entzündung (Hydrops):

• Apis-Homaccord	ödematöse, schmerzhafte Schwellungen ohne Entzündung, pustulöse und bullöse Ekzeme, Flüssigkeitsansammlung in Geweben und Körperhöhlen
• Lymphomyosot	„Mesenchymentschlackung", Lymphatismus, Lymphödeme, Drüsenschwellungen

Ergänzungsmittel

• Silicea-Injeel	chronische Eiterungen und Fistelbildungen, wirkt auf Bindegewebe, Bänder, Sehnen, Haut, Hautanhangsgebilde, schlechte Wundheilung ➔ Konstitutionsmittel
• Bryaconeel	Neuralgien, akuter und chronischer Rheumatismus, Entzündungen seröser Häute, Parästhesien, akute, schmerzhafte Bursitis, jede Bewegung verschlimmert
• Bryonia-Injeel	Entzündungen, beginnende Abszedierung, Bewegung verschlimmert, besser durch festen Druck auf die erkrankte Stelle
• Echinacea compositum	bakterielle Infektionen verschiedener Organsysteme, Entzündungen, Fieber, auch prophylaktisch
• Mercurius solubilis Hahnemanni-Injeel	beginnende Suppuration, Abszesse in Anbildung, akute, schmerzhafte Entzündungen im Bindegewebe und in verschiedenen Organen, Schleimhautentzündungen, die rot, heiß, hart und schmerzhaft sind
• Phytolacca-Injeel	geschwollene Gelenke nach Mastitis, Schwellung oder Verhärtung von Drüsen oder drüsigen Organen
• Ruta-Injeel	Folgen stumpfer Verletzungen, Ganglion, Periostitis, venöse Stauungen, Folgen von körperlicher Überanstrengung
• Kalium jodatum (D1, D3)	Knochenschmerzen, Sinusitis, Periostitis, schleichend verlaufende Infektionen mit Verhärtungen im Gewebe

➔ Entzündungen

CARO LUXURIANS / Wildes Fleisch

Therapieversuch

• Myristica sebifera-Injeel	Gewebsentzündung, Lymphadenitis, Phlegmone, Panaritium, Abszesse nach Ausreifung, „homöopathisches Messer"
• Thuja-Injeel	Neigung zu proliferativen Prozessen an Haut und Schleimhäuten, weiches Gewebe ➔ Konstitutionsmittel

➔ Wundbehandlung

CHOLANGITIS, CHOLEZYSTITIS

• Chelidonium-Homaccord	Leberstörungen mit Schwerpunkt Gallensystem, Cholangitis, Cholezystitis, Gallenkolik, akute und chronische Hepatitis, Stauungsikterus
• Injeel-Chol	Cholangitis, Cholezystitis, Cholelithiasis, Gallenkoliken, Leberfunktionsstörungen, Hepatopathien, Schwäche, Meteorismus
• Atropinum compositum	Krämpfe der glatten und quergestreiften Muskulatur, Gallen-, Nieren-, Darmkoliken, stechende, brennende Schmerzen, Diarrhö, Unruhe
• Spascupreel	Spasmen glattmuskulärer Hohlorgane, Spastizität der quergestreiften Muskulatur wie muskulärer Hartspann, Koliken, spastische und asthmatoide Bronchitis
• Nux vomica-Homaccord	Funktionsstörungen von Magen, Darm und Leber, Spasmen, Meteorismus, Beschwerden nach Überreizung
• Carduus compositum	akute und chronische Leber- und Gallenerkrankungen, alle Folgeerkrankungen davon, Stoffwechselstörungen, Verdauungsprobleme
• Hepeel	akute und chronische Leber- und Gallenerkrankungen, alle Folgeerkrankungen davon, Stoffwechselstörungen, Verdauungsprobleme
• Hepar comp. Heel	akute und chronische Leber-Galle-Affektionen, regt die Leberfunktion an, Verdauungsstörungen
• Berberis-Homaccord	Reiz- und Entzündungszustände in den Gallenwegen, mit und ohne Konkremente, Gallenkoliken
• Sulfur-Injeel	„Reaktionsmittel" bei allen chronischen Erkrankungen, regt die Gallensekretion an, Gallenstauungen (Rind) ➔ Konstitutionsmittel
• Lycopodium-Injeel	Leber- und Gallenstörungen, satt nach wenigen Bissen, hager, Verdauungsschwäche, Leberfunktionsstörungen ➔ Konstitutionsmittel
• Taraxacum-Injeel	Cholezystopathien, Hepatopathie mit und ohne Ikterus, Meteorismus, Flatulenz, Gastritis

CHRONISCHE ERKRANKUNGEN

• Engystol	aktiviert die unspezifische Abwehr, virale Erkrankungen, reduziert Stressfolgen, „Umstimmung" bei Allergien und Dermatosen
• Sulfur comp.-Heel	Dermatosen, Dermatitis, juckende und nässende Ekzeme, Pruritus, Urtikaria, „Reaktionsmittel" bei allen chronischen Krankheiten
• Echinacea compositum	bakterielle Infektionen verschiedener Organsysteme, Entzündungen, Fieber, auch prophylaktisch

zusätzlich:

• Coenzyme compositum	regt blockierte enzymatische Abläufe insbesondere der Energiegewinnung an (Zitronensäurezyklus), degenerative oder chronische Erkrankungen
+ Ubichinon compositum	verbessert die Energiebereitstellung in der Zelle, degenerative und tumoröse Erkrankungen

Verabreichung: zusammen 2-mal wöchentlich für 4–6 Wochen

Ergänzungsmittel

• Acidum formicicum-Injeel	allgemeines „Umstimmungsmittel" bei Asthma, Allergien und Ekzemen, bei allen zellulären Phasen
• Psorinum-Injeel	chronische Ekzeme und sonstige Hautausschläge, starker Juckreiz, auch wechselnd mit Asthma, Wärme verschlechtert, übler Geruch, chronische Entzündungen
• Glyoxal compositum	regt blockierte Fermentsysteme an, degenerative Erkrankungen, gestörte Drüsenfunktionen, Tumorerkrankungen

Verabreichung: selten geben (alle 2–4 Wochen)

zusätzlich zur „Ausleitung" parallel:

• Galium-Heel / Galium comp.-Heel	Immunmodulation bei chronischen Erkrankungen verschiedener Genese, Präkanzerosen, „Zellreinigung"
+ Lymphomyosot	„Mesenchymentschlackung", Lymphatismus, Lymphödeme, Drüsenschwellungen, Tonsillarhypertrophie

Verabreichung: zusammen täglich für 2–3 Wochen

→ Therapieblockaden

CHRONISCHE GASTRITIS

Basismittel

oral:

• Gastricumeel	akute und chronische Gastritis, Dyspepsie, Meteorismus, gastrokardialer Symptomenkomplex, Ulcus ventriculi

Verabreichung: mehrmals täglich geben

+ Nux vomica-Homaccord	Funktionsstörungen von Magen, Darm und Leber, Spasmen, Meteorismus, Beschwerden nach Überreizung, Tonisierung des Darms, bei Obstipation
+ Lymphomyosot	„Mesenchymentschlackung", Lymphatismus, Lymphödeme, Drüsenschwellungen, Tonsillarhypertrophie

Verabreichung: zusammen täglich für 4 Wochen

zusätzlich:

• Ubichinon compositum	verbessert die Energiebereitstellung in der Zelle, degenerative und tumoröse Erkrankungen
+ Coenzyme compositum	regt blockierte enzymatische Abläufe insbesondere der Energiegewinnung an (Zitronensäurezyklus), degenerative oder chronische Erkrankungen

Verabreichung: zusammen 1-mal wöchentlich für 4 Wochen

Ergänzungsmittel

• Mucosa compositum	Schleimhauterkrankungen und -katarrhe verschiedener Art und Lokalisation, z.B. im Verdauungstrakt mit und ohne Ulkus, regenerationsfördernd für Schleimhäute

• Spascupreel	Spasmen glattmuskulärer Hohlorgane, Spastizität der quergestreiften Muskulatur wie muskulärer Hartspann, Koliken, spastische und asthmatoide Bronchitis
• Erigotheel	Ulcus ventriculi et duodeni, Magen-Darm-Katarrhe, Hyperazidität, Spasmen des Magens
• Antimonium crudum-Injeel	Hyperkeratose besonders der Ballen, Rhagaden und Warzen, Ausschläge mit honiggelben Krusten, Gastritis, Erbrechen, Appetitlosigkeit, Abneigung gegen alle Speisen
• Lymphomyosot	„Mesenchymentschlackung", Lymphatismus, Lymphödeme, Drüsenschwellungen, Tonsillarhypertrophie
• Duodenoheel	Duodenitis, Ulcus duodeni et ventriculi, Hyperazidität, Hunger- und Nüchternschmerz, Pylorussyndrom, Übelkeit, Erbrechen
• Lycopodium-Injeel	Leber- und Gallenstörungen, satt nach wenigen Bissen, hager, Verdauungsschwäche ➔ Konstitutionsmittel
• Graphites-Homaccord	chronische Ekzeme, trocken oder seborrhoisch, honigartiges Sekret, Fissuren, Borken, Schwielen, Neigung zu Adipositas, Trägheit, Verstopfung, kolikartige Magenschmerzen, die durch Futteraufnahme besser werden, Magendruck, Magen bretthart ➔ Konstitutionsmittel
• Calcium fluoratum-Injeel	Bindegewebsschwäche, „Knochenkaries", Knochenfisteln, Exostosen, steinharte Drüsenschwellungen, wirkt auf Sehnen und Bänder, Gastritis und Diarrhö
• Magnesium carbonicum (D3–D30)	Spasmen der Hohlorgane, saure Dyspepsie mit Flatulenz, wässrige Diarrhö

Akute Gastritis:

➔ Gastritis

CHRONISCHE GINGIVITIS / STOMATITIS

Basismittel	
• Engystol	aktiviert die unspezifische Abwehr, virale Erkrankungen, reduziert Stressfolgen, „Umstimmung" bei Allergien und Dermatosen
+ Ubichinon compositum	verbessert die Energiebereitstellung in der Zelle, degenerative und tumoröse Erkrankungen
+ Echinacea compositum	bakterielle Infektionen verschiedener Organsysteme, Entzündungen, Fieber, auch prophylaktisch
+ Lachesis compositum	septische Tendenz bei Entzündungen und Eiterungen, Phlegmone, Endometritis, Nachgeburtsverhaltung, trockenes Fieber, Stomatitis ulcerosa
+ Gingiva suis-Injeel	spezifischer Regulationseffekt auf Funktion und Struktur des entsprechenden Organs, Parodontose, Parodontitis, Gingivitis, chronische Aphthenbildung

Ergänzungsmittel

• Mercurius solubilis Hahnemanni-Injeel	beginnende Suppuration, Abszesse in Anbildung, akute, schmerzhafte Entzündungen im Bindegewebe und in verschiedenen Organen, Erosionen, Speichelfluss, unangenehmer Geruch
• Kreosotum-Injeel	Schleimhautkatarrhe mit ätzenden, übel riechenden Absonderungen, tief greifende Entzündungen der Schleimhäute, Ulzera
• Argentum nitricum-Injeel	Melancholie, Platzangst, nervöse Symptome, Unruhe, Angst vor allem Neuen, blutige Gingivitis, dunkle Rötung der Schleimhaut, klebriger Schleim
• Acidum nitricum-Injeel	Veränderungen an Haut und Schleimhäuten, besonders mukokutane Übergänge, Blutungen, Rhagaden, blutige, stinkende Gingivitis, scharfer, wund machender Speichelfluss, rote Zunge

Therapieplan:

Tag 1, 15 und 29: Auto-Sanguis-Stufentherapie:

Stufe 1: 1 ml Venenblut
+ 1 ml Engystol
+ 1 ml Ubichinon compositum
Stufe 2: 1 ml Lachesis compositum
+ 1 ml Echinacea compositum
Stufe 3: 1 ml Gingiva suis-Injeel
+ (je) 1 ml des / der o.g. Ergänzungsmittel/s

Tag 5, 8, 12, 19, 22, 26:

Verabreichung: Injektion der o.g. Präparate als Mischinjektion

An den injektionsfreien Tagen:

Verabreichung: Gabe der Mittel oral

Ab Tag 30:

Verabreichung: Gabe von Traumeel bis zur Abheilung

evtl. zusätzlich:

• Gingiva suis-Injeel	spezifischer Regulationseffekt auf Funktion und Struktur des entsprechenden Organs, Parodontose, Parodontitis, Gingivitis, chronische Aphtenbildung
+ Engystol	aktiviert die unspezifische Abwehr, virale Erkrankungen, reduziert Stressfolgen, „Umstimmung" bei Allergien und Dermatosen
+ Echinacea compositum	bakterielle Infektionen verschiedener Organsysteme, Entzündungen, Fieber, auch prophylaktisch

Verabreichung: zusammen als Dauertherapie 2- bis 3-mal wöchentlich oral

→ Auto-Sanguis-Stufentherapie

CHRONISCHE NIERENINSUFFIZIENZ

Basismittel	
• Solidago compositum	akute und chronische Erkrankungen der Nieren und Harnwege, Zystitis, Nephrolithiasis, Hydronephrose, funktionelle Unterstützung der Nieren
+ Ubichinon compositum	verbessert die Energiebereitstellung in der Zelle, degenerative und tumoröse Erkrankungen
+ Coenzyme compositum	regt blockierte enzymatische Abläufe insbesondere der Energiegewinnung an (Zitronensäurezyklus), degenerative oder chronische Erkrankungen
+ Hepar comp. Heel	akute und chronische Leber-Galle-Affektionen, regt die Leberfunktion an, Verdauungsstörungen

Therapieplan:

Tag 1 und 2:
Verabreichung: 2-mal täglich SUC-Mischung (Solidago compositum + Ubichinon compositum + Coenzyme compositum)

Tag 3 bis 7:
Verabreichung: 1-mal täglich SUC-Mischung

Ab der 2. Woche:
Verabreichung: jeden 2. Tag SUC-Mischung

Ab der 3. Woche:
Verabreichung: jeden 3. Tag SUCH-Mischung (Solidago compositum + Ubichinon compositum + Coenzyme compositum + Hepar comp. Heel)

Ab der 8. Woche:
Verabreichung: 1-mal wöchentlich SUCH-Mischung

Ergänzungsmittel

• Reneel	akute und chronische Nieren- und Blasenleiden, Nephrolithiasis, Urethritis, Albuminurie, Blutungsneigung
• Ren suis-Injeel	spezifischer Regulationseffekt auf Funktion und Struktur des entsprechenden Organs, Hydronephrose, Zystitis, Pyelitis, chronische Glomerulonephritis, Ödeme
• Solidago virgaurea-Injeel	chronische Nephritis, Nephrolithiasis, Niereninsuffizienz, Harnwegsinfekte mit Dysurie, Druckempfindlichkeit der Nierengegend, Hautausschläge als Folge von Nierenerkrankungen
• Arsenicum album-Injeel	akute und chronische Entzündungen an Augen, Atemwegen, Verdauungs- und Harnapparat, Organdegeneration, Abmagerung, mitternächtliche Unruhe, chronische Entzündungen verschiedener Organe ➔ Konstitutionsmittel
• Pyelon suis-Injeel	spezifischer Regulationseffekt auf Funktion und Struktur des entsprechenden Organs, Hydronephrose, chronische Pyelitis, Nephrolithiasis, Nephrose, Urämie
• Phosphorus-Injeel	Gewebsumbau parenchymatöser Organe (Leber, Niere, Lunge), Kehlkopferkrankungen, Blutungsneigung, Hochleistungstiere

- Formica rufa-Injeel — diuretische Wirkung, fördert die Ausscheidung von Harnstoff
- Acidum nitricum-Injeel — Urin spärlich, dunkelbraun, trüb, riecht nach Pferdeharn, häufiger Harndrang, Niereninsuffizienz
- Lespedeza sieboldi D2, D3 — regt die Diurese bei Nierenschwäche und chronischer Nephritis an

CHRONISCHER KATZENSCHNUPFEN

Basismittel

• Euphorbium compositum	akute und chronische Rhinitiden und Sinusitiden, Ohrtubenkatarrh, Mittelohrhydrops, Katzenschnupfen
+ Echinacea compositum	bakterielle Infektionen verschiedener Organsysteme, Entzündungen, Fieber, auch prophylaktisch

Verabreichung: zusammen täglich für 1–2 Wochen

+ Coenzyme compositum	regt blockierte enzymatische Abläufe insbesondere der Energiegewinnung an (Zitronensäurezyklus), degenerative oder chronische Erkrankungen

Verabreichung: 2-mal wöchentlich für 3 Wochen

Ergänzungsmittel

- Mucosa compositum — Schleimhauterkrankungen und -katarrhe verschiedener Art und Lokalisation, z.B. im Bereich der oberen und unteren Luftwege, sowie an Auge und Ohr, regenerationsfördernd für Schleimhäute

Verabreichung: 2-mal wöchentlich für 3 Wochen

+ Phosphor-Homaccord — petechiale Blutungen und Blutungsneigung, Laryngitis, Pharyngitis, Degeneration parenchymatöser Organe
➔ Konstitutionsmittel

Verabreichung: täglich

- Naso-Heel — akute und chronische Rhinitis, Sinusitis, Pharyngitis, Laryngitis, Tonsillitis, atrophische Rhinitis, trockene Schleimhäute mit Borken und Krusten
- Sinusitis-Nosode-Injeel — akute und chronische Sinusitiden, chronisch rezidivierende Entzündungen oder Eiterungen der Nasennebenhöhlen, Allergien

COB

Basismittel

• Engystol	aktiviert die unspezifische Abwehr, virale Erkrankungen, reduziert Stressfolgen, „Umstimmung" bei Allergien und Dermatosen, Sekretolyse

Verabreichung: jeden 2. Tag für 3 Wochen

+ Bronchalis-Heel	Bronchitis, Bellhusten, nächtlicher Kitzelhusten, Husten mit Brechwürgen, Asthma, Husten beim Eintritt in warme Räume

Verabreichung: 1-mal täglich für 4–6 Wochen

Alternative Therapieschemata:

• Engystol	aktiviert die unspezifische Abwehr, virale Erkrankungen, reduziert Stressfolgen, „Umstimmung" bei Allergien und Dermatosen, Sekretolyse
+ Drosera-Homaccord	Husten auch mit Brechwürgen, Bronchiolitis, asthmatoide Bronchitis

Verabreichung: Als A-S-S oder als Mischinjektion mit Eigenblut

Bei Bedarf ergänzen mit:

• Spascupreel	Spasmen glattmuskulärer Hohlorgane, Spastizität der quergestreiften Muskulatur wie muskulärer Hartspann, Koliken, spastische und asthmatoide Bronchitis
• Mucosa compositum	Schleimhauterkrankungen und -katarrhe verschiedener Art und Lokalisation, z.B. im Bereich der oberen und unteren Luftwege, regenerationsfördernd für Schleimhäute

Verabreichung: 2-mal im Abstand von 24 Stunden, dann 2-mal wöchentlich

oder:

• Echinacea compositum	bakterielle Infektionen verschiedener Organsysteme, Entzündungen, Fieber, auch prophylaktisch
+ Mucosa compositum	Schleimhauterkrankungen und -katarrhe verschiedener Art und Lokalisation, z.B. im Bereich der oberen und unteren Luftwege, regenerationsfördernd für Schleimhäute

Verabreichung: in Verbindung mit Sole-Inhalationen

Ergänzungsmittel

• Acidum formicicum-Injeel	allgemeines „Umstimmungsmittel" bei Asthma, Allergien und Ekzemen, bei allen zellulären Phasen

Verabreichung: Injektion am kaudodorsalen Schulterblattwinkel (Wolter)

• Drosera-Homaccord	Husten auch mit Brechwürgen, Bronchiolitis, asthmatoide Bronchitis
• Ipecacuanha-Injeel	hellrote, gussweise Blutungen, Erbrechen, feuchte Bronchitis, Atemnot mit großblasigem Rasseln
• Tartarus stibiatus-Injeel	große Erschöpfung mit schnellem Kräfteverfall, Bronchitis, Bronchiolitis, Bronchopneumonie, starke Dyspnoe
• Kalium bichromicum-Injeel	zähe, strähnige Absonderungen aller Schleimhäute, chronische Katarrhe der Nase und des Ohrs, tief fressende Ulzera der Schleimhäute
• Silicea-Injeel	chronische Eiterungen und Fistelbildungen, wirkt auf Bindegewebe, Bänder, Sehnen, Haut, Hautanhangsgebilde, schlechte Wundheilung, als Abschluss zur Regeneration der elastischen Fasern → Konstitutionsmittel

Verabreichung: Gabe über einige Wochen

• Phosphor-Homaccord	petechiale Blutungen und Blutungsneigung, Laryngitis, Pharyngitis, Degeneration parenchymatöser Organe, hustet bei Aufregung, Tracheitis → Konstitutionsmittel
• Natrium sulfuricum-Injeel	trockener Husten mit wenig oder keinem Schleim, Bronchiektasen, Bronchialasthma

• Bryaconeel	Trockenheit aller Schleimhäute, schmerzhafter Husten, Schleim ist zäh, löst sich schwer, Entzündungen seröser Häute
• Droperteel	Bronchitis, Entzündungen der Atemwege, Heiserkeit, Krampfhusten mit zähem, Faden ziehendem Sekret
• Asthma-Nosode-Injeel	Asthma bronchiale, Emphysem, chronische Bronchitis, Zyanose
• Galphimia (D4–D12)	Allergien, Asthma, Heufieber
• Kalium nitricum (D3–D30)	Entzündliche Schleimhautkatarrhe mit Blutungsneigung, Bronchitis, Asthma, schwere Dyspnoe, Herzschwäche mit Kollapsneigung, Ödeme am ganzen Körper
• Acidum hydrocyanicum (D4, D6)	schwerer Kreislaufkollaps mit eiskalter Haut, Zyanose, Atemnot, Asthma, Tachyarrhythmie, weicher Puls

COMMOTIO CEREBRI

• Traumeel	Entzündungen verschiedener Genese und Lokalisation, Verletzungen, Wundbehandlung, auch postoperativ
• Arnica-Injeel	regt die Wundheilung an, Herzmuskelschwäche, Neuralgien, Myalgien, Zerschlagenheitsgefühl
• Belladonna-Homaccord	lokalisierte, akute und heftige Entzündungen, auch mit hohem Fieber, arterielle Pulsationen, Benommenheit, Augen starr, weite Pupillen, Schleimhäute gerötet und trocken
• Cerebrum compositum	Entwicklungs- und Verhaltensstörungen, Hirnfunktionsstörungen, vegetative Dystonie, Geriatrie, zur Geweberegeneration
• Hypericum-Injeel	Nerven- und Gehirnverletzungen, Nervenschmerzen bei und nach Verletzungen, Tierbisse, Commotio cerebri, Zerebralsklerose
• Apis-Homaccord	ödematöse, schmerzhafte Schwellungen, Flüssigkeitsansammlung in Geweben und Körperhöhlen
• Gelsemium-Homaccord	Neuralgie insbesondere des Kopf-Hals-Bereichs, Schwindel, zittrige Schwäche, Erschöpfung, Gliederschmerzen, Nervenlähmungen
• Vertigoheel	Schwindel verschiedener Genese, Kinetosen, Verbesserung der zentralen und peripheren Mikrozirkulation
• Cerebrum suis-Injeel	spezifischer Regulationseffekt auf Funktion und Struktur des entsprechenden Organs, Funktionsschwäche, Durchblutungsstörungen des Gehirns, progressive Paralyse
• Cerebellum suis-Injeel	spezifischer Regulationseffekt auf Funktion und Struktur des entsprechenden Organs, Menière-Syndrom, Schwindel

Länger andauernd:

• Opium D30	große Benommenheit, Bewusstseinstrübung, Somnolenz, Stupor, Reizzustände des ZNS

Allgemeinstörungen als Spätfolge:

• Cuprum-Injeel	Krämpfe der glatten und quergestreiften Muskulatur, spastischer Husten, zerebrale Anfallsleiden
• Cerebrum compositum	Entwicklungs- und Verhaltensstörungen, Hirnfunktionsstörungen, vegetative Dystonie, Geriatrie, zur Geweberegeneration
• Arnica-Injeel	regt die Wundheilung an, Herzmuskelschwäche, Neuralgien, Myalgien, Zerschlagenheitsgefühl
• Helleborus D4	Gehirn- und Nervenerkrankungen, -entzündungen und psychische Erscheinungen, Abstumpfung der geistigen Fähigkeiten, Demenz

CORNEALÄSIONEN

Basismittel

• Oculus totalis suis-Injeel	spezifischer Regulationseffekt auf Funktion und Struktur des entsprechenden Organs, degenerative Augenerkrankungen, Glaukom, Katarakt, chronische Konjunktivitis

Verabreichung: 1-mal wöchentlich

• Oculoheel Augentropfen	katarrhalische und eitrige Konjunktivitis und Keratitis, Lichtscheu, Tränenfluss

Verabreichung: mehrmals täglich

Gabe zusammen mit einem der nachfolgenden Mittel

Ergänzungsmittel

• Coenzyme compositum	regt blockierte enzymatische Abläufe insbesondere der Energiegewinnung an (Zitronensäurezyklus), degenerative oder chronische Erkrankungen
+ Ubichinon compositum	verbessert die Energiebereitstellung in der Zelle, degenerative und tumoröse Erkrankungen

Verabreichung: zusammen 2-mal wöchentlich

Hornhautverletzungen:

• Staphisagria-Injeel	stark juckende, rezidivierende Gerstenkörner, Folgen von (Schnitt-)Verletzungen
• Oculoheel	Konjunktivitis, Ödeme der Augenlider, scharfer Tränenfluss, Neigung zu Eiterungen am Auge, Gerstenkorn, Keratitis
• Oculoheel Augentropfen	katarrhalische und eitrige Konjunktivitis und Keratitis, Lichtscheu, Tränenfluss

Ulzera:

• Euphrasia-Injeel	Blepharokonjunktivitis, Fließschnupfen mit Tränenfluss, Lichtscheu, Dakryozystitis, Anfangsmittel bei frischen Hornhautverletzungen
• Kalium bichromicum-Injeel	zähe, strähnige Absonderungen aller Schleimhäute, chronische Katarrhe der Nase und des Ohrs, tief fressende Ulzera der Schleimhäute, Hornhautgeschwüre wie ausgestanzt
• Mercurius sublimatus corrosivus-Injeel	Suppurationen, Abszesse, Gingivitis, Stomatitis, Iritis, Blepharokonjunktivitis, Keratitis profunda

Hornhauttrübung:

• Para-Benzochinon-Injeel	Regeneration der Zellatmung, Neoplasien, Stoffwechselentgleisungen, Hormonfehlsteuerungen, virale Erkrankungen, degenerative Erkrankungen der Augen
+ Lymphomyosot	„Mesenchymentschlackung", Lymphatismus, Lymphödeme, Drüsenschwellungen, Tonsillarhypertrophie
+ Galium-Heel / Galium comp.-Heel	Immunmodulation bei chronischen Erkrankungen verschiedener Genese, Präkanzerosen, „Zellreinigung"
• Calcium fluoratum-Injeel	Bindegewebsschwäche, steinharte Drüsenschwellungen, „Nutritionsstörungen" verschiedener Organe
• Conium-Injeel	Altersmittel, Gedächtnisschwäche, Ataxie, steinharte Knoten und Neoplasien, bei Flecken und Narben
• Calcium carbonicum-Injeel	Jungtiermittel, Drüsenschwellungen, Schleimhautkatarrhe, Polypenbildung und Ulzerationen, Milchschorf, Kalkstoffwechselstörungen, verzögerte Entwicklung ➔ Konstitutionsmittel
• Silicea-Injeel	chronische Eiterungen und Fistelbildungen, wirkt auf Bindegewebe, Bänder, Sehnen, Haut, Hautanhangsgebilde, schlechte Wundheilung, Gewebewucherungen, perforierende Hornhautgeschwüre ➔ Konstitutionsmittel
• Causticum-Injeel	Haut trocken und heiß, Ekzeme von Frösteln begleitet, mit klebrigem, zähem Sekret, Verbrennungen, Augenbrennen
• Cineraria maritima D4, D6	Cataracta senilis, Hornhauttrübung nach Verletzungen

➔ Auto-Sanguis-Stufentherapie; ➔ Ulcus corneae

CUSHING-SYNDROM canines, adjuvant

parenteral:

• Hypophysis suis-Injeel	spezifischer Regulationseffekt auf Funktion und Struktur des entsprechenden Organs, Störungen des Inkretoriums, hypophysäre Adipositas, ovarielle Ausfallserscheinungen, chronische Polyarthritis, Störungen der Bindegewebsfunktion
+ Glandula suprarenalis suis-Injeel	spezifischer Regulationseffekt auf Funktion und Struktur des entsprechenden Organs, Erschöpfungszustände, Morbus Addison, primär chronische Polyarthritis, Hypotonie, Vagotonie, Geriatrikum

+ Coenzyme compositum	regt blockierte enzymatische Abläufe insbesondere der Energiegewinnung an (Zitronensäurezyklus), degenerative oder chronische Erkrankungen
+ Ubichinon compositum	verbessert die Energiebereitstellung in der Zelle, degenerative und tumoröse Erkrankungen

Verabreichung: zusammen 2-mal wöchentlich

oral:

• Lymphomyosot	„Mesenchymentschlackung", Lymphatismus, Lymphödeme, Drüsenschwellungen, Tonsillarhypertrophie
+ Galium comp.-Heel	Immunmodulation bei chronischen Erkrankungen verschiedener Genese, Präkanzerosen, „Zellreinigung"

Verabreichung: zusammen 1- bis 3-mal täglich

Zwischenmittel

• Cortison-Injeel	Schädigungen der Nebennierenrinde, der Hypophyse und des Bindegewebes, Folgen von Cortisontherapie, Therapieschäden verschiedener Genese

Ergänzungsmittel

• Graphites-Homaccord	chronische Ekzeme, trocken oder seborrhoisch, honigartiges Sekret, Fissuren, Borken, Schwielen, Neigung zu Adipositas, Trägheit, Verstopfung, chronische Polyarthritis rheumatica mit Deformierungen, Haarausfall, Hautverdickung ➔ Konstitutionsmittel
• Hormeel	funktionelle Störungen im weiblichen Zyklus, Sterilität, Brunstlosigkeit, Fluor albus, reguliert die Geschlechtsfunktionen beim männlichen und weiblichen Tier
• Acidum phosphoricum-Injeel	anfangs geistige, später auch körperliche Schwäche, Zustand nach akuten Erkrankungen, starker Durst, große Harnmengen
• Syzygium jambolanum-Injeel	Diabetes mellitus, Polydipsie, Polyurie
• Cutis compositum	Basismittel bei Dermatosen verschiedener Genese, Ekzeme, Allergien, Dermatomykosen, Unterstützung der Hautfunktion, Haarwechsel
• Glandula thyreoidea suis-Injeel	spezifischer Regulationseffekt auf Funktion und Struktur des entsprechenden Organs, Myxödem, Struma parenchymatosa, Neoplasmaphasen, Adipositas, Stoffwechselstörungen, Regulation der Bindegewebs- und Drüsenfunktion
• Funiculus umbilicalis suis-Injeel	chronische Erkrankungen, Autoaggressionserkrankungen, Bindegewebsmittel, fördert die Gewebeausreifung und -regeneration
• Zitronensäurezyklus-Heel	Sammelpackung der Säuren bzw. Salze des Zitronensäurezyklus in physiologischer Abfolge, als Zwischenmittel bei Erkrankungen in den zellulären Phasen
• Plumbum metallicum-Injeel	schleichende Krankheitsprozesse, Schwäche und Kraftlosigkeit, Diskopathien, Muskelatrophie
• Musculus suis-Injeel	spezifischer Regulationseffekt auf Funktion und Struktur des entsprechenden Organs, Myotonie, muskuläre Insuffizienz, Muskelatrophie, Erschöpfungszustände

CUSHING-SYNDROM equines

Therapieversuch	
• Hypophysis suis-Injeel	spezifischer Regulationseffekt auf Funktion und Struktur des entsprechenden Organs, Störungen des Inkretoriums, hypophysäre Adipositas, ovarielle Ausfallserscheinungen, chronische Polyarthritis, Störungen der Bindegewebsfunktion, zur Regulation der Hypophysen-Nebennierenrinden-Achse

Therapieplan:

Tag 1, 3, 5 und 7:
Verabreichung: je 2 Ampullen Hypophysis suis-Injeel forte

Tag 9 und 11:
Verabreichung: je 1 Ampulle Hypophysis suis-Injeel forte

Tag 13, 15, 17, 19 und 21:
Verabreichung: je 2 Ampullen Hypophysis suis-Injeel

Ergänzungsmittel

➔ Cushing Syndrom, canines

DARMATONIE

• Nux vomica-Homaccord	Funktionsstörungen von Magen, Darm und Leber, Spasmen, Meteorismus, Beschwerden nach Überreizung, Tonisierung des Darms, bei Obstipation
• Natrium-Homaccord	chronische Schleimhautkatarrhe und -entzündungen, Obstipation, Beschwerden des Verdauungstrakts
• Lycopodium-Injeel	Leber- und Gallenstörungen, satt nach wenigen Bissen, hager, Entzündungen und Störungen des Leber-Galle-Systems, Darmatonie ➔ Konstitutionsmittel
• Staphisagria-Injeel	brennende, juckende Hautausschläge, ärgerlich, reizbar, Angstaggression, nach Misshandlungen oder Demütigungen, sexuelle Erregung, Folgen von Schnittverletzungen (Operation), postoperative Darmlähmung, auch prophylaktisch
• Graphites-Homaccord	chronische Ekzeme, trocken oder seborrhoisch, honigartiges Sekret, Fissuren, Borken, Schwielen, Neigung zu Adipositas, Trägheit, Verstopfung, Magen-Darm-Funktionen verlangsamt ➔ Konstitutionsmittel
• Hepar sulfuris-Injeel	eiternde Prozesse unterschiedlicher Lokalisation, schmerzhaft, Abszesse vor Ausreifung, Überempfindlichkeit gegen Kälte und Luftzug, Magenatonie, Darmatonie
• Colon suis-Injeel	spezifischer Regulationseffekt auf Funktion und Struktur des entsprechenden Organs, Störungen der Darmexkretion, chronische Obstipation, Darmatonie, Darmspasmen
• Plumbum aceticum (D6, D12, C30–C1000)	Darmatonie, Kolik- und Blähungsbeschwerden, Obstipation, wenig oder kein Kotdrang, schlaffe Paralyse

• Alumina (D4–D30, C30–C1000)	verzögerte Reizleitung, Trockenheit aller Schleimhäute, atonische Obstipation, selbst weicher Stuhl ist schwer abzusetzen, kleinknollige Stühle
• Opium (D6, D30, D200)	große Benommenheit, Bewusstseinstrübung, Somnolenz, Stupor, völlige Darmlähmung, keine Darmgeräusche

DAUERLEGER

• Ovarium compositum	Störungen der Ovarfunktion, unterstützend bei Endometritis, HVL-Insuffizienz bei weiblichen Tieren, Ovarialzysten, Harnträufeln bei kastrierten Hündinnen
+ Hormeel	funktionelle Störungen im weiblichen Zyklus, Sterilität, Brunstlosigkeit, Fluor albus, endokrine Dysfunktionen

Verabreichung: 1-mal täglich je 1 Tropfen des Ampulleninhalts oral

DAUERMAUSER

• Coenzyme compositum	regt blockierte enzymatische Abläufe insbesondere der Energiegewinnung an (Zitronensäurezyklus), degenerative oder chronische Erkrankungen
+ Ubichinon compositum	verbessert die Energiebereitstellung in der Zelle, degenerative und tumoröse Erkrankungen
+ Carduus compositum	akute und chronische Leber- und Gallenerkrankungen, alle Folgeerkrankungen davon, Stoffwechselstörungen, Verdauungsprobleme
+ Glandula thyreoidea suis-Injeel	spezifischer Regulationseffekt auf Funktion und Struktur des entsprechenden Organs, Myxödem, Struma parenchymatosa, Neoplasmaphasen, Adipositas, Stoffwechselstörungen
+ Cutis compositum	Basismittel bei Dermatosen verschiedener Genese, Ekzeme, Allergien, Dermatomykosen, Haarausfall

Verabreichung: 1-mal täglich je 1 Tropfen bis zur Besserung

→ Mauserstörungen

DECKUNLUST

• Testis compositum	regt die männlichen Organfunktionen an, Impotenz, Erschöpfungszustände aller Art, Regulation vegetativer Steuerungsfunktionen, Geriatrie
+ Coenzyme compositum	regt blockierte enzymatische Abläufe insbesondere der Energiegewinnung an (Zitronensäurezyklus), degenerative oder chronische Erkrankungen
• Agnus castus-Injeel	Sexualschwäche, Impotenz, Kälte der Genitalien, nach zu häufigem oder seltenem Deckeinsatz
• Acidum phosphoricum-Injeel	anfangs geistige, später auch körperliche Schwäche, nervliche Erschöpfung, Gedächtnisschwäche, Zustand nach akuten Erkrankungen, Kummer, Flüssigkeitsverlusten, schnell wachsende, überforderte Jungtiere
• Ginseng compositum	Erschöpfungszustände aller Art, geistige und körperliche Schwäche, mangelnder Muskeltonus
• Tonico-Injeel	physische Erschöpfung, nervöse Erschöpfung und Überreizung, Entwicklungsstörungen bei Jungtieren

• Staphisagria-Injeel	brennende, juckende Hautausschläge, ärgerlich, reizbar, Angstaggression, nach Misshandlungen oder Demütigungen, sexuelle Erregung, Folgen von Schnittverletzungen (Operation), Hypersexualität männlicher Tiere, evtl. gefolgt von Überreizung und Impotenz, Libidoverlust bei Testrüden ohne Deckeinsatz
• Psorinum-Injeel	chronische Entzündungen, Libido- und Potenzverlust
• Damiana (D2, D4, D6)	mangelnde Libido, Impotenz, Frigidität, Prostatahypertrophie

DEGENERATION fettige

• Phosphor-Homaccord	petechiale Blutungen und Blutungsneigung, Laryngitis, Pharyngitis, Degeneration parenchymatöser Organe ➔ Konstitutionsmittel
• Suis-Organpräparate	spezifischer Regulationseffekt auf Funktion und Struktur des entsprechenden Organs

DEKUBITUS

• Traumeel	Entzündungen verschiedener Genese und Lokalisation, Verletzungen, Wundbehandlung, auch postoperativ
• Calendula-Salbe-Heel	fördert die Wundheilung, Pyodermien, Hauterkrankungen durch chemische und physikalische Einflüsse
• Arteria-Heel	periphere Zirkulationsstörungen, Arteriosklerose, Hypertonie, Angina pectoris, Claudicatio intermittens
• Blutgefäßtropfen (Cosmochema)	periphere arterielle und venöse Durchblutungsstörungen, Varizen, Hämorrhoiden
• Arnica-Injeel	regt die Wundheilung an, Herzmuskelschwäche, Neuralgien, Myalgien, Zerschlagenheitsgefühl
• Silicea-Injeel	chronische Eiterungen und Fistelbildungen, wirkt auf Bindegewebe, Bänder, Sehnen, Haut, Hautanhangsgebilde, schlechte Wundheilung, Gewebewucherungen ➔ Konstitutionsmittel
• Graphites-Homaccord	chronische Ekzeme, trocken oder seborrhoisch, honigartiges Sekret, Fissuren, Borken, Schwielen, Neigung zu Adipositas, Trägheit, Verstopfung, Haarausfall, Hautverdickung ➔ Konstitutionsmittel
• Galium-Heel / Galium comp.-Heel	Immunmodulation bei chronischen Erkrankungen verschiedener Genese, Präkanzerosen, „Zellreinigung"
• Lymphomyosot	„Mesenchymentschlackung", Lymphatismus, Lymphödeme, Drüsenschwellungen, Tonsillarhypertrophie

➔ Wundbehandlung; ➔ Zwischenzehenekzem

DEMODIKOSE

Basismittel	
• Cutis compositum	Basismittel bei Dermatosen verschiedener Genese, Ekzeme, Allergien, Dermatomykosen, Haarausfall
• Coenzyme compositum	regt blockierte enzymatische Abläufe insbesondere der Energiegewinnung an (Zitronensäurezyklus), degenerative oder chronische Erkrankungen
+ Echinacea compositum	bakterielle Infektionen verschiedener Organsysteme, Entzündungen, Fieber, auch prophylaktisch

Verabreichung: zusammen 2-mal wöchentlich für 12 Wochen, dann zusammen 1-mal wöchentlich für 6 Wochen

Ergänzungsmittel

• Hautfunktionstropfen / Hautfunktionstabletten (Cosmochema)	Erkrankungen der Haut, Alopezie, chronische Ekzeme
• Traumeel	Entzündungen verschiedener Genese und Lokalisation, Verletzungen, Wundbehandlung, auch postoperativ

evtl. zusätzlich: Akarizide

DERMATITIS

• Engystol	aktiviert die unspezifische Abwehr, virale Erkrankungen, reduziert Stressfolgen, „Umstimmung" bei allergischen Hauterkrankungen
• Echinacea compositum	bakterielle Infektionen verschiedener Organsysteme, Entzündungen, Fieber, auch prophylaktisch
• Belladonna-Homaccord	lokalisierte, akute und heftige Entzündungen, Furunkel, Karbunkel, auch mit hohem Fieber, arterielle Pulsationen
• Traumeel	Entzündungen verschiedener Genese und Lokalisation, Verletzungen, Wundbehandlung, auch postoperativ
• Cutis compositum	Basismittel bei Dermatosen verschiedener Genese, Ekzeme, Allergien, Dermatomykosen, Haarausfall
• Graphites-Homaccord	chronische Ekzeme, trocken oder seborrhoisch, honigartiges Sekret, Fissuren, Borken, Schwielen, Neigung zu Adipositas, Trägheit, Verstopfung ➔ Konstitutionsmittel

„Umstimmung":

• Sulfur comp.-Heel	Dermatosen, Dermatitis, juckende und nässende Ekzeme, Pruritus, Urtikaria, „Reaktionsmittel" bei allen chronischen Krankheiten
• Schwef-Heel	Dermatosen, juckende Ekzeme, Pyodermie, Reaktions- und Resorptionsmittel ➔ Konstitutionsmittel (Sulfur)
• Psorinum-Injeel	chronische Ekzeme und sonstige Hautausschläge, starker Juckreiz, auch wechselnd mit Asthma, Wärme verschlechtert, übler Geruch, chronische Entzündungen

Regulation des Stoffwechsels:

• Carduus compositum	akute und chronische Leber- und Gallenerkrankungen, alle Folgeerkrankungen davon, Stoffwechselstörungen, Verdauungsprobleme
• Hepeel	akute und chronische Leber- und Gallenerkrankungen, alle Folgeerkrankungen davon, Stoffwechselstörungen, Verdauungsprobleme
• Hepar comp. Heel	akute und chronische Leber-Galle-Affektionen, regt die Leberfunktion an, Verdauungsstörungen

Durchblutungsförderung:

• Arteria-Heel	periphere Zirkulationsstörungen, Arteriosklerose, Hypertonie, Angina pectoris, Claudicatio intermittens
• Blutgefäßtropfen (Cosmochema)	periphere arterielle und venöse Durchblutungsstörungen, Varizen, Hämorrhoiden
• Cerebrum compositum	Entwicklungs- und Verhaltensstörungen, Hirnfunktionsstörungen, vegetative Dystonie, Geriatrie, zur Geweberegeneration, periphere Durchblutungsförderung, Haarausfall
• Circulo-Injeel	periphere Durchblutungsstörungen, Akroparästhesien, Gefäßspasmen, kalte Gliedmaßenenden

zusätzlich:

• Coenzyme compositum	regt blockierte enzymatische Abläufe insbesondere der Energiegewinnung an (Zitronensäurezyklus), degenerative oder chronische Erkrankungen
+ Ubichinon compositum	verbessert die Energiebereitstellung in der Zelle, degenerative und tumoröse Erkrankungen

Verabreichung: zusammen 2-mal wöchentlich für 4–6 Wochen

Hartnäckige Fälle:

➔ Auto-Sanguis-Stufentherapie; ➔ Ekzeme; ➔ Hot Spot; ➔ Pyodermie

DERMATOMYKOSEN adjuvant

Basismittel

Kleintier und Pferd:

• Cutis compositum	Basismittel bei Dermatosen verschiedener Genese, Ekzeme, Allergien, Dermatomykosen, Haarausfall
+ Coenzyme compositum	regt blockierte enzymatische Abläufe insbesondere der Energiegewinnung an (Zitronensäurezyklus), degenerative oder chronische Erkrankungen

Verabreichung: zusammen 2-mal wöchentlich für 3 Wochen

+ Bacillinum humanum-Injeel	Ekzeme, Furunkel, Skrofulose, Alopezie, Dermatomykosen

Verabreichung: 1-mal wöchentlich für 3 Wochen

Rind:

• Engystol	aktiviert die unspezifische Abwehr, virale Erkrankungen, „Umstimmung" bei Allergien und Dermatosen

+ Coenzyme compositum	regt blockierte enzymatische Abläufe insbesondere der Energiegewinnung an (Zitronensäurezyklus), degenerative oder chronische Erkrankungen

Verabreichung: zusammen 2-mal wöchentlich für 3 Wochen

+ Bacillinum humanum-Injeel	Ekzeme, Furunkel, Skrofulose, Alopezie, Dermatomykosen

Verabreichung: 1-mal wöchentlich für 3 Wochen

Ergänzungsmittel

• Echinacea compositum	bakterielle Infektionen verschiedener Organsysteme, Entzündungen, Fieber, auch prophylaktisch
• Trichinoyl-Injeel	Regeneration blockierter Fermentsysteme, Dermatomykosen besonders der Katze
• Sulfur comp.-Heel	Dermatosen, Dermatitis, juckende und nässende Ekzeme, Pruritus, Urtikaria, „Reaktionsmittel" bei allen chronischen Krankheiten
• Silicea-Injeel	chronische Eiterungen und Fistelbildungen, wirkt auf Bindegewebe, Bänder, Sehnen, Haut, Hautanhangsgebilde, schlechte Wundheilung, mykotische Dermatitis ➔ Konstitutionsmittel
• Hepar suis-Injeel	spezifischer Regulationseffekt auf Funktion und Struktur des entsprechenden Organs, Leberschäden und mangelnde Leberentgiftung, chronische Ekzeme, Mykosen
• Cutis suis-Injeel	spezifischer Regulationseffekt auf Funktion und Struktur des entsprechenden Organs, Sklerodermie, Dermatosen, Dermatomykosen, chronische Erkrankungen der Haut
+ Ubichinon compositum	verbessert die Energiebereitstellung in der Zelle, degenerative und tumoröse Erkrankungen
• Nagelmykose-Nosode-Injeel	Erkrankungen der Haut und Hautanhangsgebilde, Nagelmykose, Dermatomykose

➔ Mykosen

DERMATOSEN

• Cutis compositum	Basismittel bei Dermatosen verschiedener Genese, Ekzeme, Allergien, Dermatomykosen, Haarausfall
• Sulfur comp.-Heel	Dermatosen, Dermatitis, juckende und nässende Ekzeme, Pruritus, Urtikaria, „Reaktionsmittel" bei allen chronischen Krankheiten
• Carduus compositum	akute und chronische Leber- und Gallenerkrankungen, alle Folgeerkrankungen davon, Stoffwechselstörungen, Verdauungsprobleme
• Hepeel	akute und chronische Leber- und Gallenerkrankungen, alle Folgeerkrankungen davon, Stoffwechselstörungen, Verdauungsprobleme
• Hepar comp. Heel	akute und chronische Leber-Galle-Affektionen, regt die Leberfunktion an, Verdauungsstörungen
• Schwef-Heel	Dermatosen, juckende Ekzeme, Pyodermie, „Reaktions- und Resorptionsmittel" ➔ Konstitutionsmittel (Sulfur)

• Cerebrum compositum	Entwicklungs- und Verhaltensstörungen, Hirnfunktionsstörungen, vegetative Dystonie, Geriatrie, zur Geweberegeneration, periphere Durchblutungsförderung, Haarausfall

Begleitende „Ausleitung" von Giftstoffen:

• Galium-Heel / Galium comp.-Heel	Immunmodulation bei chronischen Erkrankungen verschiedener Genese, Präkanzerosen, „Zellreinigung"
+ Lymphomyosot	„Mesenchymentschlackung", Lymphatismus, Lymphödeme, Drüsenschwellungen, Tonsillarhypertrophie

Verabreichung: zusammen täglich für 2–3 Wochen

➔ Ekzeme; ➔ Pruritus

DIABETES INSIPIDUS

Therapieversuch

parenteral:

• Hypophysis suis-Injeel	spezifischer Regulationseffekt auf Funktion und Struktur des entsprechenden Organs, Störungen des Inkretoriums, hypophysäre Adipositas, ovarielle Ausfallserscheinungen, chronische Polyarthritis, Störungen der Bindegewebsfunktion
+ Arsenicum album-Injeel	akute und chronische Entzündungen an Augen, Atemwegen, Verdauungs- und Harnapparat, Organdegeneration, Abmagerung, mitternächtliche Unruhe, Durst ➔ Konstitutionsmittel
+ Bryonia-Injeel	Entzündungen, beginnende Abszedierung, Bewegung verschlimmert, besser durch festen Druck auf die erkrankte Stelle, akute fieberhafte Entzündungen, großer Durst
+ Galium-Heel / Galium comp.-Heel	Immunmodulation bei chronischen Erkrankungen verschiedener Genese, Präkanzerosen, „Zellreinigung"

Verabreichung: zusammen anfangs täglich, später seltener

zusätzlich:

• Coenzyme compositum	regt blockierte enzymatische Abläufe insbesondere der Energiegewinnung an (Zitronensäurezyklus), degenerative oder chronische Erkrankungen
+ Ubichinon compositum	verbessert die Energiebereitstellung in der Zelle, degenerative und tumoröse Erkrankungen

Verabreichung: zusammen 2-mal wöchentlich

Ergänzungsmittel

• Arteria-Heel	periphere Zirkulationsstörungen, Arteriosklerose, Hypertonie, Angina pectoris, Claudicatio intermittens

Verabreichung: 2-mal täglich

• Bryaconeel	Neuralgien, akuter und chronischer Rheumatismus, Entzündungen seröser Häute, Parästhesien, akute fieberhafte Entzündungen

Verabreichung: 2-mal täglich

• Testis compositum	regt die männlichen Organfunktionen an, Impotenz, Erschöpfungszustände aller Art, Regulation vegetativer Steuerungsfunktionen, Geriatrie
• Ovarium compositum	Störungen der Ovarfunktion, unterstützend bei Endometritis, HVL-Insuffizienz bei weiblichen Tieren, Ovarialzysten
• Acidum phosphoricum-Injeel	anfangs geistige, später auch körperliche Schwäche, nervliche Erschöpfung, Gedächtnisschwäche, Zustand nach akuten Erkrankungen, Kummer, Flüssigkeitsverlusten, häufiges Urinieren auch nachts, großer Durst

Verabreichung: 3- bis 6-mal täglich

• Curare-Injeel	Hautausschläge hinter den Ohren und im Gesicht, Lähmungen, Schwächezustände der Muskulatur, besonders nach Überanstrengung, Zucker im Harn, Diabetes mellitus
• Apocynum (D2–D12)	kardiale und renale Ödeme, Retention von Körperflüssigkeiten, Aszites, Heißhunger, Durst, Meteorismus mit Kollern

DIABETES MELLITUS adjuvant

Diabetes mellitus Typ I:

• Pankreas suis-Injeel	spezifischer Regulationseffekt auf Funktion und Struktur des entsprechenden Organs, Diabetes mellitus, Dysbakterie, Kachexie, chronische Enteritis, Duodenitis
+ Coenzyme compositum	regt blockierte enzymatische Abläufe insbesondere der Energiegewinnung an (Zitronensäurezyklus), degenerative oder chronische Erkrankungen
+ Ubichinon compositum	verbessert die Energiebereitstellung in der Zelle, degenerative und tumoröse Erkrankungen

Verabreichung: zusammen 2-mal wöchentlich für 4-6 Wochen

oral:

• Syzygium jambolanum-Injeel	Diabetes mellitus
+ Acidum L(+)-lacticum-Injeel	Störungen der Zellatmung, Säure-Basen-Regulierung im Bindegewebe, Morgenübelkeit, Diabetes mellitus

Verabreichung: zusammen 2-mal täglich jeweils ½ Ampulle

Diabetes mellitus Typ II:

Auto-Sanguis-Stufentherapie

1. Stufe: Circulo-Injeel	periphere Durchblutungsstörungen, Akroparästhesien, Gefäßspasmen, kalte Gliedmaßenenden
2. Stufe: Hepar comp. Heel	akute und chronische Leber-Galle-Affektionen, regt die Leberfunktion an, Verdauungsstörungen
3. Stufe: Syzygium jambolanum -Injeel	Diabetes mellitus
4. Stufe: Mucosa compositum	Schleimhauterkrankungen und -katarrhe verschiedener Art und Lokalisation, z.B. im Verdauungstrakt mit und ohne Ulkus, regenerationsfördernd für Schleimhäute
5. Stufe: Acidum L(+)-lacticum-Injeel	Störungen der Zellatmung, Säure-Basen-Regulierung im Bindegewebe, Morgenübelkeit, Diabetes mellitus

Verabreichung: 1-mal wöchentlich, insgesamt 3-mal

Ergänzungsmittel

• Cor suis compositum	Myokardschwäche, dilatative und hypertrophe Kardiomyopathie, Arrhythmia cordis, Koronardurchblutungsstörungen, Gefäßtonisierung
• Ferrum-Homaccord	sekundäre Anämie, Verlangen nach Wärme, Eisenmangelkrankheiten
• Coenzyme compositum	regt blockierte enzymatische Abläufe insbesondere der Energiegewinnung an (Zitronensäurezyklus), degenerative oder chronische Erkrankungen
Verabreichung: 2-mal täglich	
• Blutgefäßtropfen (Cosmochema)	periphere arterielle und venöse Durchblutungsstörungen, Varizen, Hämorrhoiden
Verabreichung: 2-mal täglich	
• Galium-Heel / Galium comp.-Heel	Immunmodulation bei chronischen Erkrankungen verschiedener Genese, Präkanzerosen, „Zellreinigung"
Verabreichung: 2-mal täglich	
• Natrium sulfuricum-Injeel	chronische Hepatopathie, chronische Gallenerkrankungen, chronische Diarrhö, Diabetes mellitus

DIARRHÖ

Basismittel	
• Nux vomica-Homaccord	Funktionsstörungen von Magen, Darm und Leber, Spasmen, Meteorismus, Beschwerden nach Überreizung
+ Veratrum-Homaccord	Dysenterie, Gastroenteritis mit und ohne Kolik, Kollapszustände mit zyanotischer oder blasser, kühler Haut

Ergänzungsmittel

• Diarrheel	akute und chronische Diarrhö, Erbrechen, Gastroenteritis, Ulcus ventriculi, Tympanie mit Besserung durch Aufstoßen, Magen-Darm-Spasmen, Toxinbindung im Darm
• Podophyllum compositum	Katarrhe des Dickdarms, Pankreopathien, Darmkoliken, wässriger, gelblicher oder grünlicher, unverdauter Kot, Colitis mucosa et ulcerosa, auch chronisch
• Chelidonium-Homaccord	Leberstörungen mit Schwerpunkt Gallensystem, Cholangitis, Cholezystitis, Gallenkolik, akute und chronische Hepatitis, Stauungsikterus
• Injeel-Chol	Cholangitis, Cholezystitis, Cholelithiasis, Gallenkoliken, Leberfunktionsstörungen, Hepatopathien, Schwäche, Meteorismus
• Colocynthis-Injeel	stechende Schmerzen, Krämpfe des Magen-Darm-Trakts, Gallenkoliken, periodisch auftretende Symptome, alle Symptome bessern sich auf Druck und Wärme
• Spascupreel	Spasmen glattmuskulärer Hohlorgane, Spastizität der quergestreiften Muskulatur wie muskulärer Hartspann, Koliken, spastische und asthmatoide Bronchitis

• Mercurius solubilis Hahnemanni-Injeel	beginnende Suppuration, Abszesse in Anbildung, akute, schmerzhafte Entzündungen im Bindegewebe und in verschiedenen Organen, wund machender Durchfall mit heftigem Drängen
• Mercurius sublimatus corrosivus-Injeel	Suppurationen, Abszesse, Gingivitis, Stomatitis, Iritis, Blepharokonjunktivitis, Keratitis profunda, hochakute Entzündungen des Dick- und Enddarms, heftige Symptomatik, blutiges Sekret, ruhrartige Durchfälle
• Aloe-Injeel	Morgendiarrhö, Incontinentia ani bei Blähungen und Urinabsatz, Stuhlgang sofort nach Futteraufnahme
• Arsenicum album-Injeel	akute und chronische Entzündungen an Augen, Atemwegen, Verdauungs- und Harnapparat, Organdegeneration, Abmagerung, mitternächtliche Unruhe ➔ Konstitutionsmittel
• Calcium carbonicum-Injeel	Jungtiermittel, Drüsenschwellungen, Schleimhautkatarrhe, Polypenbildung und Ulzerationen, Milchschorf, Kalkstoffwechselstörungen, verzögerte Entwicklung ➔ Konstitutionsmittel
• Carbo vegetabilis-Injeel	Magen aufgebläht, Meteorismus, übel riechende Diarrhö, Abneigung gegen Fett und Milch, Kollaps und Kreislaufversagen, mit kalter Haut und kalten Akren
• Ipecacuanha-Injeel	hellrote, gussweise Blutungen, Gastritis, Erbrechen von weißem Schaum und unverdautem Futter, danach matt, krampfartige Durchfälle, insbesondere bei Pferd und Rind, grünlich, gegoren, schaumig, auch blutig
• Petroleum-Injeel	stinkende Diarrhö mit nachfolgender Schwäche, am Ende des Durchfalls besteht Heißhunger
• Okoubaka D2, D3	Gastroenteritis, Lebensmittelunverträglichkeiten, Durchfälle als Folge von Intoxikation und verdorbenem Futter
• Magnesium carbonicum (D3–D30)	Spasmen der Hohlorgane, Milchunverträglichkeit beim Jungtier, saure Dyspepsie mit Flatulenz, wässrige Diarrhö
• Capsicum (D3–D6)	Stomatitis, Speichelfluss, Maulgestank, Koliken, Tenesmen, schleimige Diarrhö
• Petroselinum (D2–D12)	weiß-lehmige Durchfälle, Gallenstörungen
• Viola tricolor (D0–D6)	Durchfallneigung, Blähkoliken, exsudative Diathese

Chronisch:

• Mucosa compositum	Schleimhauterkrankungen und -katarrhe verschiedener Art und Lokalisation, z.B. im Verdauungstrakt mit und ohne Ulkus, regenerationsfördernd für Schleimhäute
• Colon suis-Injeel	spezifischer Regulationseffekt auf Funktion und Struktur des entsprechenden Organs, Störungen der Darmexkretion, Darmspasmen

➔ Brechdurchfall; ➔ Enteritis; ➔ IBD; ➔ Kotwasser

DIATHESEN

Exsudative (Anfälligkeit zu Exsudationen und Entzündungen):

• Lymphomyosot	„Mesenchymentschlackung", Lymphatismus, Lymphödeme, Drüsenschwellungen, Tonsillarhypertrophie
• Acidum formicicum-Injeel	allgemeines „Umstimmungsmittel" bei Asthma, Allergien und Ekzemen, bei allen zellulären Phasen
• Calcium carbonicum-Injeel	Jungtiermittel, Drüsenschwellungen, Schleimhautkatarrhe, Polypenbildung und Ulzerationen, Milchschorf, Kalkstoffwechselstörungen, verzögerte Entwicklung, exsudative Diathese ➔ Konstitutionsmittel

Harnsaure:

• Solidago compositum	akute und chronische Erkrankungen der Nieren und Harnwege, Zystitis, Nephrolithiasis, Hydronephrose, funktionelle Unterstützung der Nieren
• Berberis-Homaccord	Reiz- und Entzündungszustände im Urogenitaltrakt und in den Gallenwegen, mit und ohne Konkremente, Gallen- und Nierenkoliken
• Restructa (Fides)	rheumatische und arthritische Beschwerden, Gicht, harnsaure Diathese, Steindiathese

DISKOPATHIEN

Basismittel	
• Traumeel	Entzündungen verschiedener Genese und Lokalisation, Verletzungen, Wundbehandlung, auch postoperativ
• Discus compositum	Osteochondrose, Arthritis und Arthrose besonders des Hüftgelenks, neuralgisch-rheumatische Erkrankungen im Bereich der Wirbelsäule, Exostosen, nächtliche Knochenschmerzen
• Colocynthis-Homaccord	Neuralgien verschiedener Genese und Lokalisation, Osteochondrose, Ischialgie, plötzlich einschießende Schmerzen, Parästhesien
• Vitamin B12	

Ergänzungsmittel

• Nux vomica-Injeel	Steifigkeit der Gelenke, des Nackens und der Wirbelsäule, Fersenschmerzen, Schmerzen der Ballensohle, Zehenjucken
• Neralgo-Rhem-Injeel	Neuralgien, Lumbago, Weichteilrheumatismus, arthritische und vertebragene Beschwerden, Muskel- und Gelenkbeschwerden
• Spascupreel	Spasmen glattmuskulärer Hohlorgane, Spastizität der quergestreiften Muskulatur wie muskulärer Hartspann, Koliken
• Silicea-Injeel	chronischer Bandscheibenschaden im Halsbereich, insbesondere bei Dackeln und Pudeln, hoppelnder Gang, wirkt auf Bindegewebe, Bänder, Sehnen, Haut, Hautanhangsgebilde ➔ Konstitutionsmittel
• Gelsemium-Homaccord	Neuralgie insbesondere des Kopf-Hals-Bereichs, Schwindel, zittrige Schwäche, Erschöpfung, Gliederschmerzen, Diskopathien der Halswirbelsäule

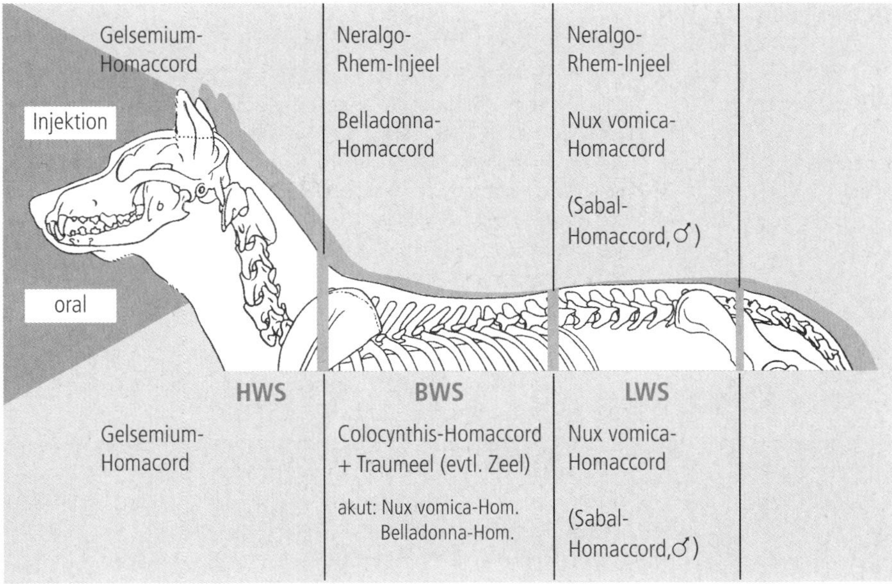

Wirbelsäulenerkrankungen beim Hund

• Coenzyme compositum	regt blockierte enzymatische Abläufe insbesondere der Energiegewinnung an (Zitronensäurezyklus), degenerative oder chronische Erkrankungen
• Ubichinon compositum	verbessert die Energiebereitstellung in der Zelle, degenerative und tumoröse Erkrankungen
• Graphites-Homaccord	chronische Ekzeme, trocken oder seborrhoisch, honigartiges Sekret, Fissuren, Borken, Schwielen, Neigung zu Adipositas, Trägheit, Verstopfung, chronische Polyarthritis rheumatica mit Deformierungen → Konstitutionsmittel
• Calcium fluoratum-Injeel	Bindegewebsschwäche, „Knochenkaries", Knochenfisteln, Exostosen, steinharte Drüsenschwellungen, Ischialgie, Lumbago
• Ranunculus-Homaccord	rheumatische Muskel- und Gelenkbeschwerden, besonders im Brustbereich, Interkostalneuralgien, Herpes zoster, Bläschenausschläge der Haut
zusätzlich bei älteren Tieren:	
• Ginseng compositum	Erschöpfungszustände aller Art, geistige und körperliche Schwäche, mangelnder Muskeltonus

Osteochondrose der Wirbelsäule:

• Colocynthis-Homaccord	Neuralgien verschiedener Genese und Lokalisation, Osteochondrose, Ischialgie, plötzlich einschießende Schmerzen, Parästhesien
• Discus compositum	Osteochondrose, Arthritis und Arthrose besonders des Hüftgelenks, neuralgisch-rheumatische Erkrankungen im Bereich der Wirbelsäule, Exostosen, nächtliche Knochenschmerzen
• Neralgo-Rhem-Injeel	Neuralgien, Lumbago, Weichteilrheumatismus, arthritische und vertebragene Beschwerden, Muskel- und Gelenkbeschwerden
• Traumeel	Entzündungen verschiedener Genese und Lokalisation, Verletzungen, Wundbehandlung, auch postoperativ
• Zeel	degenerative und rheumatische Gelenkerkrankungen, Arthrose, Polyarthrose, Spondylarthrose

DISKUSPROLAPS adjuvant

Basismittel

parenteral / lokal:

• Traumeel	Entzündungen verschiedener Genese und Lokalisation, Verletzungen, Wundbehandlung, auch postoperativ
+ Discus compositum	Osteochondrose, Arthritis und Arthrose besonders des Hüftgelenks, neuralgisch-rheumatische Erkrankungen im Bereich der Wirbelsäule, Exostosen, nächtliche Knochenschmerzen
+ Hypericum-Injeel	Nerven- und Gehirnverletzungen, Nervenschmerzen bei und nach Verletzungen, Tierbisse, Commotio cerebri, Zerebralsklerose

Verabreichung: zusammen 1-mal täglich als Injektion

oral:

• Traumeel	Entzündungen verschiedener Genese und Lokalisation, Verletzungen, Wundbehandlung, auch postoperativ
+ Nux vomica-Homaccord	Funktionsstörungen von Magen, Darm und Leber, Spasmen, Meteorismus, Beschwerden nach Überreizung, Nervenschmerzen, Lähmungen

Verabreichung: zusammen mehrmals täglich

Ergänzungsmittel

• Apis-Homaccord	ödematöse, schmerzhafte Schwellungen, Entzündungen mit Flüssigkeitsansammlung in Geweben und Körperhöhlen
• Gelsemium-Homaccord	Neuralgie insbesondere des Kopf-Hals-Bereichs, Schwindel, zittrige Schwäche, Erschöpfung, Gliederschmerzen, Nervenlähmungen, Diskopathien der Halswirbelsäule
• Colocynthis-Homaccord	Neuralgien verschiedener Genese und Lokalisation, Osteochondrose, Ischialgie, plötzlich einschießende Schmerzen, Parästhesien
• Neralgo-Rhem-Injeel	Neuralgien, Lumbago, Weichteilrheumatismus, arthritische und vertebragene Beschwerden, Muskel- und Gelenkbeschwerden

Spastische Form:

• Spascupreel	Spasmen glattmuskulärer Hohlorgane, Spastizität der quergestreiften Muskulatur wie muskulärer Hartspann, Koliken
• Nux vomica-Homaccord	Funktionsstörungen von Magen, Darm und Leber, Spasmen, Meteorismus, Beschwerden nach Überreizung, Nervenschmerzen, Lähmungen

Schlaffe Form:

• Plumbum metallicum-Injeel	schleichende Krankheitsprozesse, Schwäche und Kraftlosigkeit, Diskopathien

Nach Abklingen der akuten Symptome:

• Medulla spinalis suis-Injeel	spezifischer Regulationseffekt auf Funktion und Struktur des entsprechenden Organs, Myelitis, Lateralsklerose, Parese, Paraplegie, Folgezustände von Bandscheibenvorfällen
• Cerebrum compositum	Entwicklungs- und Verhaltensstörungen, Hirnfunktionsstörungen, vegetative Dystonie, Geriatrie, zur Geweberegeneration

→ Diskopathien

DISTORSION

Basismittel	
• Traumeel	Entzündungen verschiedener Genese und Lokalisation, Verletzungen, Wundbehandlung, auch postoperativ
+ Zeel	degenerative und rheumatische Gelenkerkrankungen, Arthrose, Polyarthrose, Spondylarthrose, protektive Wirkung auf Sehnen, Bänder und Gelenke

Ergänzungsmittel

• Rheuma-Heel	(Peri-)arthritische Beschwerden, Neuralgien, Myalgien, Sehnen- und Bänderbeschwerden
• Discus compositum N mit Kalmia	Gelenk- und Bindegewebserkrankungen, z.B. Arthritis, Arthrose, Periarthritis, Erkrankungen der Sehnen, Bänder und der Knochenhaut, besonders Kniegelenk
• Bryonia-Injeel	Entzündungen, beginnende Abszedierung, Bewegung verschlimmert, besser durch festen Druck auf die erkrankte Stelle, akute, schmerzhafte Distorsionen, Gelenke geschwollen
• Rhus Tox-Injeel	Rheuma und Neuralgien, Sehnen- und Bänderaffektionen, schlechter bei nasskaltem Wetter, Anlaufschmerzen, Folgen von Überanstrengung
• Osteoheel	Ostitis, Periostitis, Exostosen, nächtliche Knochenschmerzen, neuralgische Schmerzen, Gelenkknacken, Osteochondrose
• Symphytum-Injeel	„Arnika der Knochen", beschleunigt die Kallusbildung, fördert den Knochenstoffwechsel, Periostitis, kräftigt Sehnen und Bänder
• Ruta-Injeel	Folgen stumpfer Verletzungen, Ganglion, Periostitis, venöse Stauungen, Folgen von körperlicher Überanstrengung
• Bellis perennis (D0–D3)	fördert die Wundheilung, Verletzungen, Traumen oder Überanstrengung der Muskeln, allgemeine Blutungsneigung, rheumatische Beschwerden nach Überanstrengung

Nachbehandlung:

• Silicea-Injeel	chronische Eiterungen und Fistelbildungen, wirkt auf Bindegewebe, Bänder, Sehnen, Haut, Hautanhangsgebilde, schlechte Wundheilung ➔ Konstitutionsmittel
+ Calcium fluoratum-Injeel	Bindegewebsschwäche, „Knochenkaries", Knochenfisteln, Exostosen, steinharte Drüsenschwellungen, wirkt auf Sehnen und Bänder

DIURESEANREGUNG

• Solidago compositum	akute und chronische Erkrankungen der Nieren und Harnwege, Zystitis, Nephrolithiasis, Hydronephrose, funktionelle Unterstützung der Nieren
• Solidago virgaurea-Injeel	chronische Nephritis, Nephrolithiasis, Niereninsuffizienz, Harnwegsinfekte mit Dysurie, Druckempfindlichkeit der Nierengegend, Hautausschläge als Folge von Nierenerkrankungen
• Solidago comp. Cosmoplex (Cosmochema)	Reizungen und Entzündungen der Harnwege, regt die Harnbildung an
• Solidago comp. Heel	Entzündungen der Harnwege, Steinleiden, regt die Harnbildung an

Ödemausschwemmung:

• Apis-Homaccord	ödematöse, schmerzhafte Schwellungen, pustulöse und bullöse Ekzeme, Entzündungen mit Flüssigkeitsansammlung in Geweben und Körperhöhlen
• Lymphomyosot	„Mesenchymentschlackung", Lymphatismus, Lymphödeme, Drüsenschwellungen, Tonsillarhypertrophie

DRÜSENSCHWELLUNGEN

• Lymphomyosot	„Mesenchymentschlackung", Lymphatismus, Lymphödeme, Drüsenschwellungen, Tonsillarhypertrophie
• Mercurius-Heel	entzündliche und eitrige Erkrankungen der Haut und anderer Organe
• Angin-Heel	akute und chronische Angina tonsillaris, Tonsillarpfröpfe, Rachenring entzündlich, feurig rot
• Hepar sulfuris-Injeel	eiternde Prozesse unterschiedlicher Lokalisation, schmerzhaft, Abszesse vor Ausreifung, Überempfindlichkeit gegen Kälte und Luftzug
• Calcium fluoratum-Injeel	Bindegewebsschwäche, steinharte Drüsenschwellungen, wirkt auf Sehnen und Bänder

➔ Lymphknotenschwellung; ➔ Lymphom; ➔ Tonsillitis

DRUSE

Basismittel

• Nux vomica-Homaccord	Funktionsstörungen von Magen, Darm und Leber, Spasmen, Meteorismus, Beschwerden nach Überreizung, Schluckbeschwerden

Verabreichung: 2-mal täglich

• Lachesis compositum	septische Tendenz bei Entzündungen und Eiterungen, Phlegmone, Endometritis, Nachgeburtsverhaltung, trockenes Fieber, Infektionskrankheiten

Verabreichung: 1-mal täglich

• Mercurius-Heel	entzündliche und eitrige Erkrankungen der Haut und anderer Organe, zur Abschwellung oder zur Ausreifung

Verabreichung: 2-mal täglich

Ergänzungsmittel

• Echinacea compositum	bakterielle Infektionen verschiedener Organsysteme, Entzündungen, Fieber, auch prophylaktisch
• Streptococcus haemolyticus-Injeel	Angina, Neigung zu Tonsillarabszessen, Otitis media, Empyeme, Osteomyelitis, Autoaggressionserkrankungen mit Verdacht auf Streptokokkenbeteiligung
• Lymphomyosot	„Mesenchymentschlackung", Lymphatismus, Lymphödeme, Drüsenschwellungen, Tonsillarhypertrophie

➔ Auto-Sanguis-Stufentherapie

besonders mit:

1. Stufe: Echinacea compositum	bakterielle Infektionen verschiedener Organsysteme, Entzündungen, Fieber, auch prophylaktisch
2. Stufe: Lymphomyosot	„Mesenchymentschlackung", Lymphatismus, Lymphödeme, Drüsenschwellungen, Tonsillarhypertrophie
3. Stufe: Mucosa compositum	Schleimhauterkrankungen und -katarrhe verschiedener Art und Lokalisation, z.B. im Bereich der oberen und unteren Luftwege, regenerationsfördernd für Schleimhäute

DURCHBLUTUNGSSTÖRUNGEN

• Arteria-Heel	periphere Zirkulationsstörungen, Arteriosklerose, Hypertonie, Angina pectoris, Claudicatio intermittens
• Circulo-Injeel	periphere Durchblutungsstörungen, Gefäßspasmen, Akroparästhesien, kalte Gliedmaßenenden
• Blutgefäßtropfen (Cosmochema)	periphere arterielle und venöse Durchblutungsstörungen, Varizen, Hämorrhoiden
• Cerebrum compositum	Entwicklungs- und Verhaltensstörungen, Hirnfunktionsstörungen, vegetative Dystonie, Geriatrie, zur Geweberegeneration
• Aesculus-Heel	venöse Stase, periphere Durchblutungsstörungen, Varizen, variköses Ekzem, Hämorrhoiden

• Vertigoheel	Schwindel verschiedener Genese, Kinetosen, Verbesserung der zentralen und peripheren Mikrozirkulation
• Selenium-Homaccord	Konzentrationsschwäche, Erschöpfungszustände, zerebrale Leistungsschwäche, Durchblutungsstörungen
• Placenta suis-Injeel	periphere Durchblutungsstörungen, fördert die Gewebeausreifung, Dekubitus, Ulcus cruris, Rhagaden, Ekzeme
• Arteria suis-Injeel	spezifischer Regulationseffekt auf Funktion und Struktur des entsprechenden Organs, fördert die Gewebeausreifung, Durchblutungsstörungen
• Vena suis-Injeel	spezifischer Regulationseffekt auf Funktion und Struktur des entsprechenden Organs, fördert die Gewebeausreifung, Durchblutungsstörungen
• Ginkgo biloba D2, D3, D6	periphere Durchblutungsstörungen, schlimmer bei nervöser Erregung, eiskalte Extremitäten

DURCHNÄSSUNG

• Dulcamara-Homaccord	„Nasswettermittel", rheumatische Erkrankungen, alle Beschwerden sind Folgen von oder schlechter bei Kälte und Nässe
• Gripp-Heel	Grippe und grippale Infekte, Fieber, Gliederschmerzen, Entzündungen seröser Häute, Bronchitis, virale Erkrankungen
• Rhododendron-Injeel	Weichteilrheumatismus und (peri-)arthritische Beschwerden, Neuralgien, Verschlechterung aller Beschwerden bei feuchtem Wetter, verdrießlich, nur erste Schritte schmerzhaft
• Rhododendroneel	rheumatische Beschwerden, Polyarthritis insbesondere der kleinen Gelenke, Nervenschmerzen, Gicht, Verschlechterung bei und vor Nasswetter
• Rhus Tox-Injeel	Rheuma und Neuralgien, Sehnen- und Bänderaffektionen, schlechter bei nasskaltem Wetter, Anlaufschmerzen, Folgen von Überanstrengung

DYSPEPSIEN

• Gastricumeel	akute und chronische Gastritis, Dyspepsie, Meteorismus, gastrokardialer Symptomenkomplex, Ulcus ventriculi
• Nux vomica-Homaccord	Funktionsstörungen von Magen, Darm und Leber, Dyspepsie nach falscher Fütterung, Spasmen, Meteorismus, Beschwerden nach Reizüberflutung
• Chelidonium-Homaccord	Leberstörungen mit Schwerpunkt Gallensystem, Cholangitis, Cholezystitis, Gallenkolik, akute und chronische Hepatitis, Stauungsikterus
• Leptandra compositum	Oberbauchsyndrom, akute und chronische Leber- und Pankreaserkrankungen, Meteorismus, Cholezystopathien, Diarrhö
• Duodenoheel	Duodenitis, Ulcus duodeni et ventriculi, Hyperazidität, Hunger- und Nüchternschmerz, Pylorussyndrom, Übelkeit, Erbrechen
• Anacardium-Homaccord	Duodenalsyndrom, Ulcus duodeni, Vomitus, Hunger- und Nüchternschmerz, Heißhunger, Abmagern trotz Futteraufnahme, Brechwürgen
• Antimonium crudum-Injeel	Hyperkeratose besonders der Ballen, Rhagaden und Warzen, Ausschläge mit honiggelben Krusten, Gastritis
• Argentum nitricum-Injeel	Melancholie, Platzangst, nervöse Symptome, Unruhe, Angst vor allem Neuen, psychosomatische Erkrankungen der Verdauungswege

• Arsenicum album-Injeel	akute und chronische Entzündungen an Augen, Atemwegen, Verdauungs- und Harnapparat, Organdegeneration, Abmagerung, mitternächtliche Unruhe ➔ Konstitutionsmittel
• Mucosa compositum	Schleimhauterkrankungen und -katarrhe verschiedener Art und Lokalisation, z.B. im Verdauungstrakt mit und ohne Ulkus, regenerationsfördernd für Schleimhäute

➔ Enteritis; ➔ Gastritis

E.-CUNICULI-ERKRANKUNG adjuvant

Basismittel

parenteral:

Tag 0:

• Belladonna-Homaccord	lokalisierte, akute und heftige Entzündungen, auch mit hohem Fieber, arterielle Pulsationen, Schleimhäute dunkelrot, ZNS-Symptome
+ Apis-Homaccord	ödematöse, schmerzhafte Schwellungen, pustulöse und bullöse Ekzeme, Entzündungen mit Flüssigkeitsansammlung in Geweben und Körperhöhlen, zerebrale Reizzustände
+ Solidago compositum	akute und chronische Erkrankungen der Nieren und Harnwege, Zystitis, Nephrolithiasis, Hydronephrose, funktionelle Unterstützung der Nieren

Verabreichung: jeweils 0,5 ml

Tag 1:

• Apis-Homaccord	ödematöse, schmerzhafte Schwellungen, pustulöse und bullöse Ekzeme, Entzündungen mit Flüssigkeitsansammlung in Geweben und Körperhöhlen, zerebrale Reizzustände

Verabreichung: jeweils 0,5 ml

Tag 2:

• Cerebrum compositum	Entwicklungs- und Verhaltensstörungen, Hirnfunktionsstörungen, vegetative Dystonie, Geriatrie, zur Geweberegeneration, Versuch bei Epilepsie
+ Solidago compositum	akute und chronische Erkrankungen der Nieren und Harnwege, Zystitis, Nephrolithiasis, Hydronephrose, funktionelle Unterstützung der Nieren

Verabreichung: jeweils 0,5 ml

Danach jeden 2. Tag, in Woche 3 und 4 jeden 3. Tag:

• Cerebrum compositum	Entwicklungs- und Verhaltensstörungen, Hirnfunktionsstörungen, vegetative Dystonie, Geriatrie, zur Geweberegeneration, Versuch bei Epilepsie
+ Solidago compositum	akute und chronische Erkrankungen der Nieren und Harnwege, Zystitis, Nephrolithiasis, Hydronephrose, funktionelle Unterstützung der Nieren

Verabreichung: jeweils 0,5 ml

zusätzlich: Vollelektrolytlösung, tägliche Infusionen, 30 ml / kg KM

Ergänzungsmittel

• Echinacea compositum	bakterielle Infektionen verschiedener Organsysteme, Entzündungen, Fieber, auch prophylaktisch
• Lachesis-Injeel	septische Prozesse, Hämolyse, blaurote Entzündungen ➔ Konstitutionsmittel
• Engystol	aktiviert die unspezifische Abwehr, virale Erkrankungen, reduziert Stressfolgen, „Umstimmung" bei Allergien und Dermatosen
• Vertigoheel	Schwindel verschiedener Genese, Kinetosen, Verbesserung der zentralen und peripheren Mikrozirkulation
• Ginkgo biloba D6	periphere Durchblutungsstörungen, schlimmer bei nervöser Erregung, eiskalte Extremitäten

EIFERSUCHT

• Lachesis-Injeel	morgens und in der Sonne schlechter, Typmittel für Katze und Rind, Verhaltensstörungen, Eifersucht, Neid, demonstrative Unsauberkeit ➔ Konstitutionsmittel
• Causticum-Injeel	verlangen Zuwendung, Tiere sind sehr eifersüchtig, aggressiv bei Zwang
• Pulsatilla-Injeel	Tiere jammern viel, können nicht allein sein, eifersüchtig, launenhaft, Trost bessert und ist sehr willkommen ➔ Konstitutionsmittel
• Hyoscyamus (D6, D12, C30, C200)	Erregungszustände mit großer Unruhe, Eifersucht, Raserei, Wutanfälle wechselnd mit Melancholie und Gleichgültigkeit, Harn- und Kotabsatz in der Wohnung ➔ Konstitutionsmittel
• Platinum metallicum (D3–D30)	depressiv und verschlossen oder hochmütig und zänkisch, Gemütsschwankungen, demonstrativer Harn- und Kotabsatz in der Wohnung möglich ➔ Konstitutionsmittel

➔ Aggressivität

EITERUNGEN

• Traumeel	Entzündungen verschiedener Genese und Lokalisation, Verletzungen, Wundbehandlung, auch postoperativ
• Echinacea compositum	bakterielle Infektionen verschiedener Organsysteme, Entzündungen, Fieber, auch prophylaktisch
• Hepar sulfuris-Injeel	eiternde Prozesse unterschiedlicher Lokalisation, schmerzhaft, Abszesse vor Ausreifung, Überempfindlichkeit gegen Kälte und Luftzug
• Myristica sebifera-Injeel	Gewebsentzündung, Lymphadenitis, Phlegmone, Panaritium, Abszesse nach Ausreifung, „homöopathisches Messer"
• Silicea-Injeel	chronische Eiterungen und Fistelbildungen, wirkt auf Bindegewebe, Bänder, Sehnen, Haut, Hautanhangsgebilde, schlechte Wundheilung ➔ Konstitutionsmittel

• Mercurius solubilis Hahnemanni-Injeel	beginnende Suppuration, Abszesse in Anbildung, die rot, heiß, hart und schmerzhaft sind, akute, schmerzhafte Entzündungen im Bindegewebe und in verschiedenen Organen
• Calcium sulfuricum-Injeel	chronische Eiterungen der Haut und Schleimhäute, Bindegewebseiterungen, Akne, fistelnde Abszesse
• Calcium fluoratum-Injeel	Bindegewebsschwäche, „Knochenkaries", Knochenfisteln, Exostosen, steinharte Drüsenschwellungen, wirkt auf Sehnen und Bänder → Konstitutionsmittel
• Streptococcus haemolyticus-Injeel	Angina, Neigung zu Tonsillarabszessen, Erkrankungen mit Verdacht auf Streptokokkenbeteiligung
• Staphylococcus-Injeel	chronisch und chronisch-rezidivierende Erkrankungen, Pyodermie, Panaritium, Phlegmone, Erkrankungen mit Verdacht auf Staphylokokkenbeteiligung
• Pyrogenium (D6–D30)	heftige, überschießende Reaktionen, Eiterungen, Lymphadenitis, gangränöse Zustände, Sepsis, übel riechende Absonderungen
• Jodum (D3–D30)	akutes Wiederaufflammen chronischer Entzündungen, verdrießlich, reizbar, ruhelos

Fisteln:

→ Fisteleiterungen

EKLAMPSIE adjuvant

• Spascupreel	Spasmen glattmuskulärer Hohlorgane, Spastizität der quergestreiften Muskulatur wie muskulärer Hartspann, Koliken, spastische und asthmatoide Bronchitis
• Calcium phosphoricum-Injeel	Kalkstoffwechselstörungen, Knochenbeschwerden, Wachstums- und Entwicklungsstörungen, Rückfallprophylaxe → Konstitutionsmittel
• Magnesium phosphoricum-Injeel	Krampf- und Neuralgiemittel, kolikartige Schmerzen in allen Hohlorganen, Blähkoliken, schaumige (unverdaute) Durchfälle, meist Jungtiere, Milchunverträglichkeit, Mineralstoffregulation
• Ferrum phosphoricum-Injeel	Fieber- und Entzündungszustände, wellenhafter Verlauf, Schwäche
• Zincum metallicum-Injeel	Nervenaffektionen mit Schwäche und Erschöpfung, nervöse Beschwerden, Unruhe in den Beinen, Zittern, Zuckungen, epileptiforme Zustände
• Cerebrum compositum	Entwicklungs- und Verhaltensstörungen, Hirnfunktionsstörungen, vegetative Dystonie, Geriatrie, zur Geweberegeneration
• Arsenicum album-Injeel	akute und chronische Entzündungen an Augen, Atemwegen, Verdauungs- und Harnapparat, Organdegeneration, Abmagerung, mitternächtliche Unruhe → Konstitutionsmittel
• Apis-Homaccord	ödematöse, schmerzhafte Schwellungen, pustulöse und bullöse Ekzeme, Entzündungen mit Flüssigkeitsansammlung in Geweben und Körperhöhlen, zerebrale Reizzustände

• Ignatia-Injeel	Hysterie, nervöse Erschöpfungszustände, vegetative Dystonie, Überempfindlichkeit gegen Schmerzen und Gerüche, absurde Symptome, unduldsam und streitsüchtig ➔ Konstitutionsmittel
• Lilium compositum Heel	entzündliche Prozesse der weiblichen Geschlechtsorgane, Adnexitis, Para-, Myo- und Endometritis, Kolpitis, Ovariitis, Ovarialzysten, Fluor albus, Myombildung, Uterusprolaps
• Stramonium-Injeel	manische Zustände, Psychosen, Unruhe, Raserei, Streitsucht, Neigung zu Gewalttätigkeit, epileptiforme Krämpfe, Angst vor Dunkelheit
• China-Homaccord	Erschöpfungs- und Schwächezustände, Leberfunktionsstörungen, nach Flüssigkeitsverlusten, verminderte Bildung von Blutzellen
• Hyoscyamus (D6, D12, C30, C200)	Erregungszustände mit großer Unruhe, Eifersucht, Raserei, Wutanfälle wechselnd mit Melancholie und Gleichgültigkeit ➔ Konstitutionsmittel
• Zincum cyanatum D2	Epilepsie, Krämpfe, Lähmungserscheinungen

EKZEME

Basismittel

parenteral:

• Cutis compositum	Basismittel bei Dermatosen verschiedener Genese, Ekzeme, Allergien, Dermatomykosen, Haarausfall
+ Coenzyme compositum	regt blockierte enzymatische Abläufe insbesondere der Energiegewinnung an (Zitronensäurezyklus), degenerative oder chronische Erkrankungen

zusätzlich bei Stoffwechselstörungen:

• Hepar comp. Heel	akute und chronische Leber-Galle-Affektionen, regt die Leberfunktion an, Verdauungsstörungen
+ Solidago compositum	akute und chronische Erkrankungen der Nieren und Harnwege, Zystitis, Nephrolithiasis, Hydronephrose, funktionelle Unterstützung der Nieren, Hyperhidrosis, Ekzeme

zusätzlich:

• Hautfunktionstropfen / Hautfunktionstabletten (Cosmochema)	Erkrankungen der Haut, Alopezie, chronische Ekzeme
+ Sulfur comp.-Heel	Dermatosen, Dermatitis, juckende und nässende Ekzeme, Pruritus, Urtikaria, „Reaktionsmittel" bei allen chronischen Krankheiten

Begleit- und Nachbehandlung:

• Lymphomyosot	„Mesenchymentschlackung", Lymphatismus, Lymphödeme, Drüsenschwellungen, Tonsillarhypertrophie
+ Hepar comp. Heel	akute und chronische Leber-Galle-Affektionen, regt die Leberfunktion an, Verdauungsstörungen

+ Solidago compositum	akute und chronische Erkrankungen der Nieren und Harnwege, Zystitis, Nephrolithiasis, Hydronephrose, funktionelle Unterstützung der Nieren, Hyperhidrosis, Ekzeme

Ergänzungsmittel

• Traumeel	Entzündungen verschiedener Genese und Lokalisation, Verletzungen, Wundbehandlung, auch postoperativ
• Echinacea compositum	bakterielle Infektionen verschiedener Organsysteme, Entzündungen, Fieber, auch prophylaktisch
• Engystol	aktiviert die unspezifische Abwehr, virale Erkrankungen, reduziert Stressfolgen
• Apis-Homaccord	ödematöse, schmerzhafte Schwellungen, pustulöse und bullöse Ekzeme, Entzündungen mit Flüssigkeitsansammlung in Geweben und Körperhöhlen
• Arsenicum album-Injeel	akute und chronische Entzündungen an Augen, Atemwegen, Verdauungs- und Harnapparat, Organdegeneration, Abmagerung, mitternächtliche Unruhe, schuppende Hauterkrankungen ➔ Konstitutionsmittel
• Graphites-Homaccord	chronische Ekzeme, trocken oder seborrhoisch, honigartiges Sekret, Fissuren, Borken, Schwielen, Neigung zu Adipositas, Trägheit, Verstopfung ➔ Konstitutionsmittel
• Sulfur comp.-Heel	Dermatosen, Dermatitis, juckende und nässende Ekzeme, Pruritus, Urtikaria, „Reaktionsmittel" bei allen chronischen Krankheiten
• Schwef-Heel	Dermatosen, juckende Ekzeme, Pyodermie, Reaktions- und Resorptionsmittel ➔ Konstitutionsmittel (Sulfur)
• Mezereum-Homaccord	vesikulöse Ekzeme, Dermatosen, Herpes zoster, Neuralgien, Pruritus, ätzende Sekretionen, nächtliche Verschlimmerung
• Ranunculus-Homaccord	rheumatische Muskel- und Gelenkbeschwerden, besonders im Brustbereich, Interkostalneuralgien, Herpes zoster, Bläschenausschläge der Haut
• Cerebrum compositum	Entwicklungs- und Verhaltensstörungen, Hirnfunktionsstörungen, vegetative Dystonie, Geriatrie, zur Geweberegeneration, versuchsweise bei Haarausfall
• Psorinum-Injeel	chronische Ekzeme und sonstige Hautausschläge, starker Juckreiz, auch wechselnd mit Asthma, Wärme verschlechtert, übler Geruch, chronische Entzündungen, Gehörgangsekzeme
• Rhus Tox-Injeel	nässend, Bläschen, kleine, stark juckende Rötungen, Tiere sind sehr unruhig, Nässe verschlimmert auch die Hautbeschwerden
• Cantharis-Injeel	nervös, reizbar, berührungsempfindlich insbesondere am Bauch, Zittern und Unruhe, Juckreiz, Rötung, Erytheme, Pusteln, Papeln, Bläschen
• Antimonium crudum-Injeel	Hyperkeratose besonders der Ballen, Rhagaden und Warzen, Ausschläge mit honiggelben Krusten, Gastritis
• Cutis suis-Injeel	spezifischer Regulationseffekt auf Funktion und Struktur des entsprechenden Organs, Sklerodermie, Dermatosen, Rhagaden, chronische Erkrankungen der Haut
• Lycopodium-Injeel	Leber- und Gallenstörungen, satt nach wenigen Bissen, hager, chronische Ekzeme mit schlaffer, welker Haut, Haarbruch, Hautprobleme an der Schulter ➔ Konstitutionsmittel

• Streptococcus haemolyticus-Injeel	Angina, Neigung zu Tonsillarabszessen, Erkrankungen mit Verdacht auf Streptokokkenbeteiligung
• Staphylococcus-Injeel	chronisch und chronisch-rezidivierende Erkrankungen, Pyodermie, Panaritium, Phlegmone, Erkrankungen mit Verdacht auf Staphylokokkenbeteiligung
• Thuja-Injeel	Neigung zu proliferativen Prozessen an Haut und Schleimhäuten, hartnäckige Ekzeme mit Haarausfall und Verhornung, insbesondere an Körperöffnungen und Gliedmaßenenden, Impffolgen ➔ Konstitutionsmittel
• Staphisagria-Injeel	stark juckende, rezidivierende Ekzeme, schorfig, feucht, Bläschen
• FideSan Salbe (Cosmochema)	Entzündungen der Haut, Juckreiz, allergische Dermatosen
• Calendula-Salbe-Heel	fördert die Wundheilung, Pyodermien, Hauterkrankungen durch chemische und physikalische Einflüsse
• Calcium carbonicum-Injeel	Jungtiermittel, Drüsenschwellungen, schlecht heilende Haut mit Eiterneigung, Atherom, Milchschorf
• Curare-Injeel	Hautausschläge hinter den Ohren und im Gesicht, Lähmungen, Schwächezustände der Muskulatur, besonders nach Überanstrengung, Dyspnoe und Schwindel
• Hyoscyamus (D6, D12, C30, C200)	Eiterbläschen an den Lippen, Pusteln an Kinn und Wangen sowie Hüfte und Knie, auffälliges, heftiges Verhalten ➔ Konstitutionsmittel
• Bellis perennis (D0–D3)	fördert die Wundheilung, Verletzungen, Juckreiz an verschiedenen Stellen

Chronisch:

• Coenzyme compositum	regt blockierte enzymatische Abläufe insbesondere der Energiegewinnung an (Zitronensäurezyklus), degenerative oder chronische Erkrankungen
+ Ubichinon compositum	verbessert die Energiebereitstellung in der Zelle, degenerative und tumoröse Erkrankungen
• Psorinum-Injeel	chronische Ekzeme und sonstige Hautausschläge, starker Juckreiz, auch wechselnd mit Asthma, Wärme verschlechtert, übler Geruch, chronische Entzündungen
• Silicea-Injeel	chronische Eiterungen und Fistelbildungen, wirkt auf Bindegewebe, Bänder, Sehnen, Haut, Hautanhangsgebilde, schlechte Wundheilung, nässende Ekzeme, Zwischenzehenekzeme ➔ Konstitutionsmittel
• Glandula thyreoidea suis-Injeel	spezifischer Regulationseffekt auf Funktion und Struktur des entsprechenden Organs, Myxödem, Struma parenchymatosa, Neoplasmaphasen, Adipositas
• Graphites-Homaccord	chronische Ekzeme, trocken oder seborrhoisch, honigartiges Sekret, Fissuren, Borken, Schwielen, Neigung zu Adipositas, Trägheit, Verstopfung ➔ Konstitutionsmittel
• Lycopodium-Injeel	Leber- und Gallenstörungen, satt nach wenigen Bissen, hager, chronische Ekzeme mit schlaffer, welker Haut, Haarbruch, Hautprobleme an der Schulter ➔ Konstitutionsmittel

Nässend:

Auto-Sanguis-Stufentherapie

1. Stufe: Traumeel	Entzündungen verschiedener Genese und Lokalisation, Verletzungen, Wundbehandlung, auch postoperativ
2. Stufe: Lymphomyosot	„Mesenchymentschlackung", Lymphatismus, Lymphödeme, Drüsenschwellungen, Tonsillarhypertrophie
3. Stufe: Coenzyme compositum	regt blockierte enzymatische Abläufe insbesondere der Energiegewinnung an (Zitronensäurezyklus), degenerative oder chronische Erkrankungen
4. Stufe: Mezereum-Homaccord	vesikulöse Ekzeme, Dermatosen, Herpes zoster, Neuralgien, Pruritus, ätzende Sekretionen, nächtliche Verschlimmerung
5. Stufe: Cutis compositum	Basismittel bei Dermatosen verschiedener Genese, Ekzeme, Allergien, Dermatomykosen, Haarausfall

Ergänzungsmittel (nässend)

• Mercurius solubilis Hahnemanni-Injeel	beginnende Suppuration, Abszesse in Anbildung, akute, schmerzhafte Entzündungen im Bindegewebe und in verschiedenen Organen, nässende Ekzeme mit Rötung und Ulzera, Leckekzem
• Psorinum-Injeel	chronische Ekzeme und sonstige Hautausschläge, starker Juckreiz, auch wechselnd mit Asthma, Wärme verschlechtert, übler Geruch, chronische Entzündungen
• Petroleum-Injeel	nässende Ekzeme, Haut- und Schleimhauterkrankungen, empfindliche, trockene, rissige Haut, Rhagaden, blutende Fissuren, Alopezie
• Urtica-Injeel	urtikarielle, juckende Dermatosen, Nesselausschläge, Berührungsempfindlichkeit, harnsaure Diathese
• Kreosotum-Injeel	Schleimhautkatarrhe mit ätzenden, übel riechenden Absonderungen, tief greifende Entzündungen der Schleimhäute, übler Geruch, nässende Ekzeme, heftiger Juckreiz, Streckseiten
• Rhus Tox-Injeel	nässend, Bläschen, kleine, stark juckende Rötungen, Tiere sind sehr unruhig, Nässe verschlimmert auch die Hautbeschwerden

Trocken (schuppend, juckend):

Auto-Sanguis-Stufentherapie

1. Stufe: Engystol	aktiviert die unspezifische Abwehr, virale Erkrankungen, reduziert Stressfolgen, „Umstimmung" bei Allergien und Dermatosen
2. Stufe: Hepar comp. Heel	akute und chronische Leber-Galle-Affektionen, regt die Leberfunktion an, Verdauungsstörungen
3. Stufe: Coenzyme compositum	regt blockierte enzymatische Abläufe insbesondere der Energiegewinnung an (Zitronensäurezyklus), degenerative oder chronische Erkrankungen
4. Stufe: Arsenicum album-Injeel	akute und chronische Entzündungen an Augen, Atemwegen, Verdauungs- und Harnapparat, Organdegeneration, Abmagerung, mitternächtliche Unruhe, schuppendes Ekzem
5. Stufe: Cutis compositum	Basismittel bei Dermatosen verschiedener Genese, Ekzeme, Allergien, Dermatomykosen, Haarausfall

Ergänzungsmittel (trocken)

• Graphites-Homaccord	chronische Ekzeme, trocken oder seborrhoisch, honigartiges Sekret, Fissuren, Borken, Schwielen, Neigung zu Adipositas, Trägheit, Verstopfung ➔ Konstitutionsmittel
• Abropernol	Ekzeme, Erythem, Hyperhidrosis, Hyperkeratosen, Haut spröde und rissig, Rhagaden, Warzen
• Arsenicum album-Injeel	akute und chronische Entzündungen an Augen, Atemwegen, Verdauungs- und Harnapparat, Organdegeneration, Abmagerung, mitternächtliche Unruhe, trockene Haut, fettiges Fell, Haarausfall, Haarbruch, Schuppen ➔ Konstitutionsmittel
• Sulfur comp.-Heel	Dermatosen, Dermatitis, juckende und nässende Ekzeme, Pruritus, Urtikaria, „Reaktionsmittel" bei allen chronischen Krankheiten
• Antimonium crudum-Injeel	Ekzem mit Magenstörungen, Pickel, Bläschen, Pusteln, schlechter nachts und bei Wärme
• Natrium muriaticum-Injeel	Heufieber, Ekzeme insbesondere an den Beugeseiten, Flechten, Akne, Rhagaden an allen Körperöffnungen, nervöse Reizbarkeit, Trockenheit aller Schleimhäute, Mykosen, trockenes oder seborrhoisches Ekzem ➔ Konstitutionsmittel

Hormonell bedingt:

• Ovarium compositum	Störungen der Ovarfunktion, unterstützend bei Endometritis, HVL-Insuffizienz bei weiblichen Tieren, Ovarialzysten, Geriatrie, Stoffwechselstörungen
• Testis compositum	regt die Bildung männlicher Sexualhormone an, Impotenz, Erschöpfungszustände aller Art, Regulation vegetativer Steuerungsfunktionen, Geriatrie
• Pulsatilla-Injeel	alle Funktionen sind verzögert und verlangsamt, Erbrechen nach fetter oder kalter Nahrung, Ekzeme bei jungen, rundlichen Tieren ➔ Konstitutionsmittel
• Sepia-Injeel	Brunstschwäche, nervöse Erschöpfung, Reizbarkeit, meist älter, hager, Fertilitätsstörungen, Bindegewebe schlaff, lassen auch in der Brunst kein Belegen zu ➔ Konstitutionsmittel
• Aristolochia (D12, C30, C200)	hormonell bedingte Haut- und Fellveränderungen, Ekzeme

Im Winter schlimmer:

• Petroleum-Injeel	nässende Ekzeme, Haut- und Schleimhauterkrankungen, empfindliche, trockene, rissige Haut, Rhagaden, blutende Fissuren, Alopezie

Strahlenschäden (Sonne, Röntgen):

• Causticum-Injeel	Haut trocken und heiß, Ekzeme von Frösteln begleitet mit klebrigem, zähem Sekret, Verbrennungen
+ Coenzyme compositum	regt blockierte enzymatische Abläufe insbesondere der Energiegewinnung an (Zitronensäurezyklus), degenerative oder chronische Erkrankungen
• Fagopyrum (D2, D6, D12)	hartnäckiger Juckreiz, vor allem an behaarten Stellen, Ekzeme, Urtikaria, Erythem

Sommerräude:

➔ Sommerekzem

Allgemeine „Umstimmung“:

• Schwef-Heel	Dermatosen, juckende Ekzeme, Pyodermie, Haarbruch zwischen den Schulterblättern und entlang der Rückenlinie, Reaktions- und Resorptionsmittel ➔ Konstitutionsmittel (Sulfur)
• Engystol	aktiviert die unspezifische Abwehr, virale Erkrankungen, reduziert Stressfolgen
• Echinacea compositum	bakterielle Infektionen verschiedener Organsysteme, Entzündungen, Fieber, auch prophylaktisch

Nach Körperregion:

After:

• Paeonia comp.-Heel	Ekzema, Pruritus und Fissura ani, Hämorrhoiden, trockene, rissige Haut, Ekzeme mit honiggelben Krusten, juckende und nässende Hautausschläge
• Abropernol	Ekzeme, Erythem, Hyperhidrosis, Hyperkeratosen, Haut spröde und rissig, Rhagaden, Warzen
• Acidum nitricum-Injeel	Veränderungen an Haut und Schleimhäuten, besonders mukokutane Übergänge, Blutungen, Rhagaden
• Natrium-Homaccord	chronische Schleimhautkatarrhe und -entzündungen, Obstipation, Beschwerden des Verdauungstrakts, nervöse Reizbarkeit
• Natrium muriaticum-Injeel	Rhagaden an allen Körperöffnungen, nervöse Reizbarkeit, Trockenheit aller Schleimhäute, Reizung und Ulzera der Schleimhäute
• Hydrastis-Injeel	dicke, zähe, strähnige, gelb-weißliche Absonderungen, Geschwüre, Hautausschläge, Fissuren
• Alumina (D4–D30, C30–C1000)	Trockenheit aller Schleimhäute und der Haut, spröde, rissig, unerträglicher Pruritus, Fissuren

Ohrrand:

• Acidum hydrofluoricum (D6, D12) ➔ Ohrrandgeschwür	Abmagerung trotz guten Appetits, Kachexie, Unruhe, Hast und Eile, Erkrankungen der Haut und Hautanhangsgebilde

Geschlechtsteile:

• Rhus Tox-Injeel	Rheuma und Neuralgien, Sehnen- und Bänderaffektionen, schlechter bei nasskaltem Wetter, Anlaufschmerzen, Folgen von Überanstrengung, stark juckende Bläschen
• Petroleum-Injeel	nässende Ekzeme, Haut- und Schleimhauterkrankungen, empfindliche, trockene, rissige Haut, Rhagaden, blutende Fissuren, Alopezie, nässend, stinkend, im Winter
• Graphites-Homaccord	chronische Ekzeme, trocken oder seborrhoisch, honigartiges Sekret, Fissuren, Borken, Schwielen, Neigung zu Adipositas, Trägheit, Verstopfung, Entzündungen der Schleimhäute, Skrotalekzem ➔ Konstitutionsmittel
• Mercurius solubilis Hahnemanni-Injeel	beginnende Suppuration, Abszesse in Anbildung, akute, schmerzhafte Entzündungen im Bindegewebe und in verschiedenen Organen, Schleimhautentzündungen der (weiblichen) Geschlechtsorgane

• Hydrastis-Injeel	dicke, zähe, strähnige, gelb-weißliche Absonderungen, Geschwüre, Hautausschläge, Fissuren
• Alumina (D4–D30, C30–C1000)	Trockenheit aller Schleimhäute und der Haut, spröde, rissig, unerträglicher Pruritus, Fissuren
• Ammonium carbonicum D6	heftig juckende und brennende Blasen, scharlachrotes Exanthem, Ekzeme in den Gelenkbeugen und an den Genitalien
• Ambra (D3–D30)	nervöse Symptomatik, Demenz, Altersschwäche, Schwindel, Trockenheit der Schleimhäute, juckende Ekzeme an den Geschlechtsteilen
• Croton tiglium (D6–D30)	Hautausschläge abwechselnd mit Durchfall und Husten, Rhagaden der Zitzen, Bläschenausschläge mit heftigen Juckreiz, besonders am Skrotum

Gelenkbeugen:

• Natrium muriaticum-Injeel	Heufieber, Flechten, Akne, Rhagaden an allen Körperöffnungen, nervöse Reizbarkeit, Trockenheit aller Schleimhäute, Mykosen, seborrhoisches Ekzem
• Sepia-Injeel	Brunstschwäche, nervöse Erschöpfung, Reizbarkeit, meist älter, hager, Fertilitätsstörungen, Bindegewebe schlaff, lassen auch in der Brunst kein Belegen zu, starker Juckreiz und Ausschläge, besonders in den Gelenkbeugen, Wärme verschlimmert ➔ Konstitutionsmittel
• Graphites-Homaccord	chronische Ekzeme, trocken oder seborrhoisch, honigartiges Sekret, Fissuren, Borken, Schwielen, Neigung zu Adipositas, Trägheit, Verstopfung, Ekzeme in Hautfalten, an Körperöffnungen und Beugeseiten ➔ Konstitutionsmittel
• Antimonium crudum-Injeel	Ekzem mit Magenstörungen, Pickel, Bläschen, Pusteln, schlechter nachts und bei Wärme
• Lycopodium-Injeel	Leber- und Gallenstörungen, satt nach wenigen Bissen, hager, chronische Ekzeme mit schlaffer, welker Haut, Hautprobleme an der Schulter ➔ Konstitutionsmittel
• Kalium arsenicosum (D3–D30)	chronische Ekzeme, trockene, schlaffe Haut, Papeln mit weißen Schuppen, Risse in Gelenkbeugen, Pruritus in der Wärme
• Aethusa (D4, D6, D12, C30, C200)	juckender Ausschlag um die Gelenke, Haut kalt und feucht, Lymphknoten geschwollen
• Ammonium carbonicum D6	heftig juckende und brennende Blasen, scharlachrotes Exanthem, Ekzeme in den Gelenkbeugen

Hautfalten:

➔ Zwischenzehenekzem

EMND / EQUINE MOTORISCHE NERVENZELLDEGENERATION

Therapieversuch	
• Plumbum metallicum-Injeel	schleichende Krankheitsprozesse, Schwäche und Kraftlosigkeit, Entzündungen der Maulschleimhaut mit süßlichem Geruch, Bleisaum am Zahnfleisch
+ Medulla spinalis suis-Injeel	spezifischer Regulationseffekt auf Funktion und Struktur des entsprechenden Organs, Myelitis, Lateralsklerose, Parese, Paraplegie

+ Hepar comp. Heel	akute und chronische Leber-Galle-Affektionen, regt die Leberfunktion an, Verdauungsstörungen
+ Solidago compositum	akute und chronische Erkrankungen der Nieren und Harnwege, Zystitis, Nephrolithiasis, Hydronephrose, funktionelle Unterstützung der Nieren
+ Galium-Heel / Galium comp.-Heel	Immunmodulation bei chronischen Erkrankungen verschiedener Genese, Präkanzerosen, „Zellreinigung"
+ Coenzyme compositum	regt blockierte enzymatische Abläufe insbesondere der Energiegewinnung an (Zitronensäurezyklus), degenerative oder chronische Erkrankungen
+ Ubichinon compositum	verbessert die Energiebereitstellung in der Zelle, degenerative und tumoröse Erkrankungen

EMPHYSEM adjuvant

• Tartephedreel	absteigende Entzündungen der Atemwege, Schleimrasseln, Krampfhusten, Bronchitis mit zähem Sekret, Asthma
• Husteel	Husten verschiedener Genese, spastische Bronchitis, Pleuritis
• Drosera-Homaccord	Husten auch mit Brechwürgen, Bronchiolitis, asthmatoide Bronchitis
• Atropinum compositum	Krämpfe der glatten und quergestreiften Muskulatur, Gallen-, Nieren-, Darmkoliken, stechende, brennende Schmerzen, Diarrhö, Unruhe
• Spascupreel	Spasmen glattmuskulärer Hohlorgane, Spastizität der quergestreiften Muskulatur wie muskulärer Hartspann, Koliken, spastische und asthmatoide Bronchitis
• Droperteel	Bronchitis, Entzündungen der Atemwege, Heiserkeit, anfallsartiger Krampfhusten mit zähem, Faden ziehendem Sekret
• Cuprum-Injeel	Krämpfe der glatten und quergestreiften Muskulatur, spastischer Husten
• Cactus compositum	Myokardschwäche, auch infektiöser Genese, Peri- und Endokarditis, Herzrhythmusstörungen, Koronarinsuffizienz
• Phosphor-Homaccord	petechiale Blutungen und Blutungsneigung, Laryngitis, Pharyngitis, Degeneration parenchymatöser Organe, Lungenemphysem, akutes Lungenödem ➔ Konstitutionsmittel
• Pulmo suis-Injeel	spezifischer Regulationseffekt auf Funktion und Struktur des entsprechenden Organs, Asthma, Emphysem
• Acidum formicicum-Injeel	allgemeines „Umstimmungsmittel" bei Asthma, Allergien und Ekzemen, bei allen zellulären Phasen
• Arsenicum album-Injeel	akute und chronische Entzündungen an Augen, Atemwegen, Verdauungs- und Harnapparat, Organdegeneration, Abmagerung, mitternächtliche Unruhe ➔ Konstitutionsmittel
• Engystol	aktiviert die unspezifische Abwehr, virale Erkrankungen, reduziert Stressfolgen, „Umstimmung" bei Allergien und Dermatosen
• Gripp-Heel	Grippe und grippale Infekte, Fieber, Gliederschmerzen, Entzündungen seröser Häute, Bronchitis, virale Erkrankungen
• Lymphomyosot	„Mesenchymentschlackung", Lymphatismus, Lymphödeme, Drüsenschwellungen, Tonsillarhypertrophie

• Silicea-Injeel	chronische Eiterungen und Fistelbildungen, wirkt auf Bindegewebe, Bänder, Sehnen, Haut, Hautanhangsgebilde, schlechte Wundheilung, regeneriert die elastischen Fasern ➔ Konstitutionsmittel
• Sticta-Injeel	trockene Schleimhäute, trockener Husten nachts, Laryngo-Pharyngitis, Bronchitis, ältere Tiere
• Tartarus stibiatus-Injeel	große Erschöpfung mit schnellem Kräfteverfall, Bronchitis, Bronchiolitis, Bronchopneumonie, starke Dyspnoe
• Stannum (D3–D30)	schwache Atmung, hohl klingender Husten, Rasseln aus der Brust, Dyspnoe, reichlich gelb-grüner Auswurf
• Convallaria majalis D3	nervöse Herzbeschwerden, Herzinsuffizienz mit Ödemen und Atemnot
• Grindelia robusta (D0–D4)	kann nicht im Liegen atmen, Apnoe im Schlaf, Dyspnoe, Asthma cardiale et bronchiale, chronische Bronchitis, Emphysem
• Galphimia (D4–D12)	Allergien, Asthma, Heufieber, empirisch bei Emphysem bewährt
• Ammonium carbonicum D6	Herz-Kreislauf-Schwäche, Atemnot und Herzklopfen bei jeder Anstrengung, Emphysem, Resorptionsmittel
• Antimonium arsenicosum (D3)	Bronchiolitis, Asthma bronchiale mit Kreislaufschwäche und Ödemen, Lungenemphysem, Dyspnoe

Zwischenmittel

• Acidum formicicum-Injeel	allgemeines „Umstimmungsmittel" bei Asthma, Allergien und Ekzemen, bei allen zellulären Phasen
• Galium-Heel / Galium comp.-Heel	Immunmodulation bei chronischen Erkrankungen verschiedener Genese, Präkanzerosen, „Zellreinigung"
• Lymphomyosot	„Mesenchymentschlackung", Lymphatismus, Lymphödeme, Drüsenschwellungen, Tonsillarhypertrophie
• Coenzyme compositum	regt blockierte enzymatische Abläufe insbesondere der Energiegewinnung an (Zitronensäurezyklus), degenerative oder chronische Erkrankungen
+ Ubichinon compositum	verbessert die Energiebereitstellung in der Zelle, degenerative und tumoröse Erkrankungen
+ Mucosa compositum	Schleimhauterkrankungen und -katarrhe verschiedener Art und Lokalisation, z.B. im Bereich der oberen und unteren Luftwege, regenerationsfördernd für Schleimhäute

Verabreichung: zusammen jeweils 2-mal wöchentlich

EMS / EQUINES METABOLISCHES SYNDROM

Therapieversuch

Woche 1 bis 4: „Ausleitung"

• Carduus compositum	akute und chronische Leber- und Gallenerkrankungen, alle Folgeerkrankungen davon, Stoffwechselstörungen, Verdauungsprobleme
+ Coenzyme compositum	regt blockierte enzymatische Abläufe insbesondere der Energiegewinnung an (Zitronensäurezyklus), degenerative oder chronische Erkrankungen

Verabreichung: zusammen 2-mal wöchentlich

+ Lymphomyosot	„Mesenchymentschlackung", Lymphatismus, Lymphödeme, Drüsenschwellungen, Tonsillarhypertrophie
+ Traumeel	Entzündungen verschiedener Genese und Lokalisation, Verletzungen, Wundbehandlung, auch postoperativ

Verabreichung: zusammen 2-mal täglich für 4 Wochen

• Arteria-Heel	periphere Zirkulationsstörungen, Arteriosklerose, Hypertonie, Angina pectoris, Claudicatio intermittens
+ Circulo-Injeel	periphere Durchblutungsstörungen, Akroparästhesien, Gefäßspasmen, kalte Gliedmaßenenden

Verabreichung: zusammen 1-mal täglich für 4 Wochen

Woche 5 bis 8: „Zellaktivierung und Organregulation":

• Coenzyme compositum	regt blockierte enzymatische Abläufe insbesondere der Energiegewinnung an (Zitronensäurezyklus), degenerative oder chronische Erkrankungen
+ Ubichinon compositum	verbessert die Energiebereitstellung in der Zelle, degenerative und tumoröse Erkrankungen
+ Adeps suillus-Injeel	spezifischer Regulationseffekt auf Funktion und Struktur des entsprechenden Organs, fördert die Gewebeausreifung
+ Placenta suis-Injeel	periphere Durchblutungsstörungen, fördert die Gewebeausreifung, Dekubitus, Ulcus cruris, Rhagaden, Ekzeme
+ Syzygium jambolanum-Injeel	Diabetes mellitus, Pankreaserkrankungen

Verabreichung: zusammen 2-mal täglich für 4 Wochen

+ Lymphomyosot	„Mesenchymentschlackung", Lymphatismus, Lymphödeme, Drüsenschwellungen, Tonsillarhypertrophie
+ Traumeel	Entzündungen verschiedener Genese und Lokalisation, Verletzungen, Wundbehandlung, auch postoperativ

Verabreichung: zusammen 2-mal täglich für 4 Wochen

• Arteria-Heel	periphere Zirkulationsstörungen, Arteriosklerose, Hypertonie, Angina pectoris, Claudicatio intermittens
+ Circulo-Injeel	periphere Durchblutungsstörungen, Akroparästhesien, Gefäßspasmen, kalte Gliedmaßenenden

allgemein:

Gutes Heu und wenig leicht lösliche Kohlenhydrate füttern
Geeignetes Bewegungsprogramm
Mineralstoff- und Spurenelementversorgung sichern

Rehe:

➔ Hufrehe

ENDOKARDITIS

• Belladonna-Homaccord	lokalisierte, akute und heftige Entzündungen, auch mit hohem Fieber, arterielle Pulsationen
• Cactus compositum	Myokardschwäche, auch infektiöser Genese, Peri- und Endokarditis, Herzrhythmusstörungen, Koronarinsuffizienz
• Cor suis compositum	Myokardschwäche, dilatative und hypertrophe Kardiomyopathie, Arrhythmia cordis, Koronardurchblutungsstörungen, Gefäßtonisierung
• Crataegus-Injeel	Koronardurchblutungsstörungen, altersbedingte und infektiös-toxische Myokardschwäche
• Aurum-Injeel	Hypertonie, Arteriosklerose, präapoplektisch, Arrhythmien mit Angst, leicht reizbar und sehr aggressiv, dominant, Herzhypertrophie, Herzklopfen ➔ Konstitutionsmittel
• Lachesis compositum	septische Tendenz bei Entzündungen und Eiterungen, Phlegmone, Endometritis, Nachgeburtsverhaltung, trockenes Fieber, beugt toxischen Endo- und Myokardschäden vor
• Convallaria majalis D3	nervöse Herzbeschwerden, Herzinsuffizienz mit Ödemen und Atemnot

ENDOKRINE STÖRUNGEN

• Hormeel	funktionelle Störungen im weiblichen Zyklus, Sterilität, Brunstlosigkeit, Fluor albus, reguliert die Geschlechtsfunktionen beim männlichen und weiblichen Tier
• Ovarium compositum	Störungen der Ovarfunktion, unterstützend bei Endometritis, HVL-Insuffizienz bei weiblichen Tieren, Ovarialzysten, Stoffwechselstörungen, Geriatrie
• Metro-Adnex-Injeel	Adnexitis, Para-, Myo- und Endometritis, Vaginitis, Dysmenorrhö, Ovariitis, Uterussenkung, Fluor albus, Uteruskrämpfe
• Testis compositum	reguliert die männlichen Organfunktionen, Impotenz, Erschöpfungszustände aller Art, Regulation vegetativer Steuerungsfunktionen, Geriatrie
• Glandula thyreoidea suis-Injeel	spezifischer Regulationseffekt auf Funktion und Struktur des entsprechenden Organs, Myxödem, Struma parenchymatosa, Neoplasmaphasen, Adipositas

Bauchspeicheldrüse ➔ Diabetes mellitus; **Brunst** ➔ Fertilitätsstörungen; **Fortpflanzung** ➔ Fertilitätsstörungen; ➔ Hypersexualität; ➔ Läufigkeitsstörungen; ➔ Nymphomanie; ➔ Scheinträchtigkeit; **Hypophyse** ➔ Diabetes insipidus; **Nebenniere** ➔ Cushing-Syndrom, equines ➔ Cushing-Syndrom, canines; **Ovarien** ➔ Ovariendysfunktion ➔ Ovarienhypoplasie; **Pankreas** ➔ Diabetes mellitus; **Schilddrüse** ➔ Hyperthyreose ➔ Hypothyreose ➔ Struma

ENDOMETRITIS

Rind, Grad I und II:

• Mucosa compositum	Schleimhauterkrankungen und -katarrhe verschiedener Art und Lokalisation, z.B. in den Geschlechtsorganen, regenerationsfördernd für Schleimhäute

in Kombination mit Uterusspülung

Rind, Grad III und IV:

• Mucosa compositum	Schleimhauterkrankungen und -katarrhe verschiedener Art und Lokalisation, z.B. in den Geschlechtsorganen, regenerationsfördernd für Schleimhäute
+ Lachesis compositum	septische Tendenz bei Entzündungen und Eiterungen, Phlegmone, Endometritis, Nachgeburtsverhaltung, trockenes Fieber, puerperale Störungen

Alle Tierarten:

Akut:

• Lachesis compositum	septische Tendenz bei Entzündungen und Eiterungen, Phlegmone, Endometritis, Nachgeburtsverhaltung, trockenes Fieber, puerperale Störungen
• Mucosa compositum	Schleimhauterkrankungen und -katarrhe verschiedener Art und Lokalisation, z.B. in den Geschlechtsorganen, regenerationsfördernd für Schleimhäute
• Metro-Adnex-Injeel	Adnexitis, Para-, Myo- und Endometritis, Vaginitis, Dysmenorrhö, Ovariitis, Uterussenkung, Fluor albus, Uteruskrämpfe
• Lilium compositum Heel	entzündliche Prozesse der weiblichen Geschlechtsorgane, Adnexitis, Para-, Myo- und Endometritis, Kolpitis, Ovariitis, Ovarialzysten, Fluor albus, Myombildung, Uterusprolaps
• Ovarium compositum	Störungen der Ovarfunktion, unterstützend bei Endometritis, HVL-Insuffizienz bei weiblichen Tieren, Ovarialzysten, Geriatrie
• Pulsatilla-Injeel	alle Funktionen des Geschlechtsapparates sind verzögert und verlangsamt, Stillbrünstigkeit, Endometritis mit grünlich-gelblichem Sekret, dick und rahmig, mild ➔ Konstitutionsmittel
• Sepia-Injeel	ältere Tiere mit schon länger bestehender Endometritis, Sekret übel riechend, wund machend, Bindegewebe schlaff ➔ Konstitutionsmittel
• Calcium fluoratum-Injeel	Bindegewebsschwäche, „Knochenkaries", Knochenfisteln, Exostosen, steinharte Drüsenschwellungen, wirkt auf Sehnen und Bänder, starker Fluor mit gelblich-milchiger Konsistenz ➔ Konstitutionsmittel
• Sabina (D3, D6)	Metrorrhagien p.p., Retentio und Endometritis, scharfer, eitriger Ausfluss, fördert die Uterusinvolution und -kontraktion
• Pyrogenium (D6, D15, D30)	heftige, überschießende Reaktionen, Eiterungen, Lymphadenitis, gangränöse Zustände, Sepsis, übel riechende, aashaft stinkende Absonderungen
• Aristolochia (D12)	primäre und sekundäre Brunstlosigkeit, Sterilität, Lochialstau, Fluor, Zyklusstörungen, regt die Phagozytose an
• Secale cornutum D6	zerebrale Erregungszustände, Parästhesien, drohender Abort, dunkle Lochien, Blutungen p.p., Endometritis mit viel übel riechendem, blutigem Ausfluss, Uterusrückbildung verzögert

Chronisch:

• Mucosa compositum	Schleimhauterkrankungen und -katarrhe verschiedener Art und Lokalisation, z.B. in den Geschlechtsorganen, regenerationsfördernd für Schleimhäute
• Hormeel	funktionelle Störungen im weiblichen Zyklus, Sterilität, Brunstlosigkeit, Fluor albus, endokrine Dysfunktionen

• Metro-Adnex-Injeel	Adnexitis, Para-, Myo- und Endometritis, Vaginitis, Dysmenorrhö, Ovariitis, Uterussenkung, Fluor albus, Uteruskrämpfe
• Lilium compositum Heel	entzündliche Prozesse der weiblichen Geschlechtsorgane, Adnexitis, Para-, Myo- und Endometritis, Kolpitis, Ovariitis, Ovarialzysten, Fluor albus, Myombildung, Uterusprolaps
• Chamomilla-Injeel	Überempfindlichkeit gegen Schmerzen, Krämpfe, Bauch aufgetrieben, Blähungskolik, Entzündungen und Krämpfe der weiblichen Geschlechtsorgane
• Sepia-Injeel	Brunstschwäche, nervöse Erschöpfung, Reizbarkeit, meist älter, hager, Fertilitätsstörungen, Bindegewebe schlaff, lassen auch in der Brunst kein Belegen zu, schon länger bestehende Endometritis, Sekret übel riechend, wund machend ➔ Konstitutionsmittel
• Calcium sulfuricum-Injeel	chronische Eiterungen der Haut und Schleimhäute, Bindegewebseiterungen, Akne, fistelnde Abszesse
• Aristolochia (D12)	primäre und sekundäre Brunstlosigkeit, Sterilität, Lochialstau, Fluor, Zyklusstörungen

Blutend:

• Metro-Adnex-Injeel	Adnexitis, Para-, Myo- und Endometritis, Vaginitis, Dysmenorrhö, Ovariitis, Uterussenkung, Fluor albus, Uteruskrämpfe
• Phosphor-Homaccord	petechiale Blutungen und Blutungsneigung, Laryngitis, Pharyngitis, Degeneration parenchymatöser Organe ➔ Konstitutionsmittel
• Secale cornutum (D1–D30)	zerebrale Erregungszustände, Parästhesien, drohender Abort, dunkle Lochien, Blutungen p.p., Durchblutungsstörungen, Blutungsneigung
• Sabina (D6, D12)	Metrorrhagien p.p., Aborte in der Frühträchtigkeit, drohender Abort, Fluor albus, scharfer, eitriger Ausfluss, fördert die Uterusinvolution und -kontraktion

Septisch, gangränös:

• Lachesis compositum	septische Tendenz bei Entzündungen und Eiterungen, Phlegmone, Endometritis, Nachgeburtsverhaltung, trockenes Fieber, puerperale Störungen
• Echinacea compositum	bakterielle Infektionen verschiedener Organsysteme, Entzündungen, Fieber, auch prophylaktisch
• Kreosotum-Injeel	Schleimhautkatarrhe mit ätzenden, übel riechenden Absonderungen, tief greifende Entzündungen der Schleimhäute, Ulzera, Fluor, Pruritus vulvae
• Acidum carbolicum (D6, D12)	Schleimhautentzündungen mit scharfem, übel riechendem Sekret, scharfe, übel riechende Leukorrhö

Trocken, zäh:

• Hydrastis-Injeel	dicke, zähe, strähnige, gelb-weißliche Absonderungen aller Schleimhäute, Metrorrhagien, Stomatitis aphthosa, Schwäche, Kachexie

➔ Pyometra

ENTERITIS

Akut:

Basismittel	
• Nux vomica-Homaccord	Funktionsstörungen von Magen, Darm und Leber, Spasmen, Meteorismus, Beschwerden nach Überreizung, Diarrhö mit ständigem Kotdrang
+ Veratrum-Homaccord	Dysenterie, Gastroenteritis mit und ohne Kolik, Kollapszustände mit zyanotischer oder blasser, kühler Haut

Verabreichung: zusammen im akuten Stadium täglich

Ergänzungsmittel

• Arsenicum album-Injeel	akute und chronische Entzündungen an Augen, Atemwegen, Verdauungs- und Harnapparat, Organdegeneration, Abmagerung, mitternächtliche Unruhe, Enteritis nach verdorbenem Futter, faulig-übel riechender Durchfall ➔ Konstitutionsmittel
• Carbo vegetabilis-Injeel	Magen aufgebläht, Meteorismus, übel riechende Diarrhö, Abneigung gegen Fett und Milch, Kollaps und Kreislaufversagen, mit kalter Haut und kalten Akren
• Colocynthis-Injeel	stechende Schmerzen, Krämpfe des Magen-Darm-Trakts, Gallenkoliken, Nierenkoliken, periodisch auftretende Symptome, alle Symptome bessern sich auf Druck und Wärme
• Mercurius solubilis Hahnemanni-Injeel	beginnende Suppuration, Abszesse in Anbildung, akute, schmerzhafte Entzündungen im Bindegewebe und in verschiedenen Organen, wund machender, wässriger, schleimiger, blutiger oder grüngelblicher Durchfall mit heftigem Drängen
• Mercurius sublimatus corrosivus-Injeel	Suppurationen, Abszesse, Gingivitis, Stomatitis, Iritis, Blepharokonjunktivitis, Keratitis profunda, heftige Entzündungen des Dick- und Enddarms
• Podophyllum compositum	Katarrhe des Dickdarms, Pankreopathien, Darmkoliken, wässriger, gelblicher oder grünlicher, unverdauter Kot, Colitis mucosa et ulcerosa, auch chronisch
• Aloe-Injeel	Morgendiarrhö, Incontinentia ani bei Blähungen und Urinabsatz, Stuhlgang sofort nach Futteraufnahme, Lumbago
• Pulsatilla-Injeel	Übelkeit und Brechdurchfall nach fetter Nahrung, nach Schneefressen und kalter Nahrung, warmes Wasser wird erbrochen, Erbrechen endet bei leerem Magen ➔ Konstitutionsmittel
• Aconitum-Injeel	Unruhe, Angst und Folgen von Schreck, hochakute grippale und katarrhalische Infekte, Prodromalphase
• Croton tiglium (D6–D30)	Hautausschläge abwechselnd mit Durchfall und Husten, Rhagaden der Zitzen, Bläschenausschläge mit heftigem Juckreiz, besonders am Skrotum, gussartige Durchfälle

Chronisch:

• Mucosa compositum	Schleimhauterkrankungen und -katarrhe verschiedener Art und Lokalisation, z.B. im Verdauungstrakt mit und ohne Ulkus, regenerationsfördernd für Schleimhäute
• Nux vomica-Homaccord	Funktionsstörungen von Magen, Darm und Leber, Spasmen, Meteorismus, Beschwerden nach Überreizung und Fütterungsfehlern
• Silicea-Injeel	chronische Eiterungen und Fistelbildungen, wirkt auf Bindegewebe, Bänder, Sehnen, Haut, Hautanhangsgebilde, schlechte Wundheilung ➔ Konstitutionsmittel
• Schwef-Heel	Dermatosen, juckende Ekzeme, Pyodermie, Reaktions- und Resorptionsmittel, chronische Durchfälle, Wechsel von Verstopfung und Durchfall, übel riechender Kot ➔ Konstitutionsmittel (Sulfur)
• Podophyllum compositum	Katarrhe des Dickdarms, Pankreopathien, Darmkoliken, wässriger, gelblicher oder grünlicher, unverdauter Kot, Colitis mucosa et ulcerosa, auch chronisch
• China-Homaccord	Diarrhö alle 5 bis 7 Tage, Tiere abgemagert, Kolik, Nachbehandlung von Kokzidien
• Ferrum phosphoricum-Injeel	rezidivierende Durchfälle mit unverdauten Nahrungsresten, Fieber- und Entzündungszustände, wellenhafter Verlauf, Schleimhäute blass oder wechselnd rot und blass
• Coxsackie-Virus-A9-Injeel	chronische Magen-Darm-Erkrankungen, Gastritis, Duodenitis, Colitis mucosa et ulcerosa, Colon irritabile
• Aethiops antimonialis (D2)	Colitis mucosa, Entzündungen des Dickdarms

Verabreichung: 2-mal wöchentlich über 4–6 Wochen

➔ Kotwasser

Aus Angst:

• Argentum nitricum-Injeel	Melancholie, Platzangst, nervöse Symptome, Unruhe, Angst vor allem Neuen
• Phosphor-Homaccord	petechiale Blutungen und Blutungsneigung, Laryngitis, Pharyngitis, Degeneration parenchymatöser Organe, Erbrechen kurz nach Aufnahme von Futter / Wasser, Nervosität, Durchfälle ➔ Konstitutionsmittel
• Gelsemium-Injeel	Diarrhö nach Aufregung, „Lampenfieber", Inkontinenz
• Stramonium-Injeel	manische Zustände, Psychosen, Unruhe, Raserei, Streitsucht, Neigung zu Gewalttätigkeit, epileptiforme Krämpfe, Angst vor Dunkelheit, Beschwerden nach Schreck
• Hyoscyamus (D6, D12, C30, C200)	Hirnreizungen mit Konvulsionen, Muskelzucken, Katalepsie, epileptiforme Krämpfe, auffälliges, heftiges Verhalten ➔ Konstitutionsmittel

Jungtiere:

• Calcium carbonicum-Injeel	Jungtiermittel, Drüsenschwellungen, Schleimhautkatarrhe, Polypenbildung und Ulzerationen, Milchschorf, Kalkstoffwechselstörungen, verzögerte Entwicklung, Unverträglichkeit von Milch beim Kalb ➔ Konstitutionsmittel

- Magnesium carbonicum (D3–D30) — Spasmen der Hohlorgane, Milchunverträglichkeit beim Jungtier, saure Dyspepsie mit Flatulenz, wässrige Diarrhö

Blutig:

- Diarrheel — akute und chronische Diarrhö, Erbrechen, Gastroenteritis, Ulcus ventriculi, Tympanie mit Besserung durch Aufstoßen, Magen-Darm-Spasmen, Toxinbindung im Darm
- Veratrum-Homaccord — Dysenterie, Gastroenteritis mit und ohne Kolik, Kollapszustände mit zyanotischer oder blasser, kühler Haut
- Podophyllum compositum — Katarrhe des Dickdarms, Pankreopathien, Darmkoliken, wässriger, gelblicher oder grünlicher, unverdauter Kot, Colitis mucosa et ulcerosa, auch chronisch

Darmkrämpfe:

- Spascupreel — Spasmen glattmuskulärer Hohlorgane, Spastizität der quergestreiften Muskulatur wie muskulärer Hartspann, Koliken, spastische und asthmatoide Bronchitis
- Atropinum compositum — Krämpfe der glatten und quergestreiften Muskulatur, Gallen-, Nieren-, Darmkoliken, stechende, brennende Schmerzen, Diarrhö, Unruhe
- Nux vomica-Homaccord — Funktionsstörungen von Magen, Darm und Leber, Spasmen, Meteorismus, Beschwerden nach Überreizung

➔ Tenesmus ani et recti

Sofort nach Futteraufnahme:

- China-Homaccord — Erschöpfungs- und Schwächezustände, Leberfunktionsstörungen, nach Flüssigkeitsverlusten
- Pulsatilla-Injeel — Übelkeit und Brechdurchfall nach fetter Nahrung, nach Schneefressen und kalter Nahrung, warmes Wasser wird erbrochen, Erbrechen endet bei leerem Magen
  ➔ Konstitutionsmittel

Erosionen am After:

- Mercurius solubilis Hahnemanni-Injeel — beginnende Suppuration, Abszesse in Anbildung, akute, schmerzhafte Entzündungen im Bindegewebe und in verschiedenen Organen, eitrig-nässende Entzündungen mit wund machendem Sekret

Morgens:

- Schwef-Heel — Dermatosen, juckende Ekzeme, Pyodermie, Reaktions- und Resorptionsmittel
  ➔ Konstitutionsmittel (Sulfur)

Nachmittags:

- China-Homaccord — Erschöpfungs- und Schwächezustände, Leberfunktionsstörungen, nach Flüssigkeitsverlusten

Nachts:

- Arsenicum album-Injeel — akute und chronische Entzündungen an Augen, Atemwegen, Verdauungs- und Harnapparat, Organdegeneration, Abmagerung, mitternächtliche Unruhe
  ➔ Konstitutionsmittel

Nach Antibiotikagabe:

• Bacterium coli-Injeel	Durchfall durch Darmdysbiose, z.B. nach Antibiotikagabe, Furcht führt zu Meteorismus
+ Coenzyme compositum	regt blockierte enzymatische Abläufe insbesondere der Energiegewinnung an (Zitronensäurezyklus), degenerative oder chronische Erkrankungen, nach Schädigung durch Antibiotika

Nach Durchnässung, Erkältung:

• Dulcamara-Homaccord	„Nasswettermittel", rheumatische Erkrankungen, alle Beschwerden sind Folgen von oder schlechter bei Kälte und Nässe
• Rhus Tox-Injeel	Rheuma und Neuralgien, Sehnen- und Bänderaffektionen, schlechter bei nasskaltem Wetter, Anlaufschmerzen, Folgen von Überanstrengung

Nach längerem Fahren:

• Cocculus-Homaccord	Reisekrankheit, Übelkeit und Schwindel, Erschöpfung, Schwäche

Nach Milchaufnahme:

• Calcium carbonicum-Injeel	Jungtiermittel, Drüsenschwellungen, Schleimhautkatarrhe, Polypenbildung und Ulzerationen, Milchschorf, Kalkstoffwechselstörungen, verzögerte Entwicklung, Unverträglichkeit von Milch beim Kalb ➔ Konstitutionsmittel

Rekonvaleszenz nach starkem Durchfall:

• China-Homaccord	Erschöpfungs- und Schwächezustände, Leberfunktionsstörungen, nach Flüssigkeitsverlusten
• Ginseng compositum	Erschöpfungszustände aller Art, geistige und körperliche Schwäche, mangelnder Muskeltonus

Verdorbenes Futter, Vergiftung:

• Arsenicum album-Injeel	akute und chronische Entzündungen an Augen, Atemwegen, Verdauungs- und Harnapparat, Organdegeneration, Abmagerung, mitternächtliche Unruhe, Enteritis nach verdorbenem Futter, faulig-übel riechender Durchfall ➔ Konstitutionsmittel
• Nux vomica-Homaccord	Funktionsstörungen von Magen, Darm und Leber, Spasmen, Meteorismus, Beschwerden nach Überreizung
• Antimonium crudum-Injeel	Hyperkeratose besonders der Ballen, Rhagaden und Warzen, Ausschläge mit honiggelben Krusten, Gastritis, Folgen von Durcheinanderessen
• Bacterium coli-Injeel	Durchfall durch Darmdysbiose, z.B. nach Antibiotikagabe, Furcht führt zu Meteorismus
• Okoubaka D2, D3	Gastroenteritis, Lebensmittelunverträglichkeiten, Durchfälle als Folge von Intoxikation und verdorbenem Futter

ENTWICKLUNGSSTÖRUNGEN Jungtier

• Calcium carbonicum-Injeel	Jungtiermittel, Drüsenschwellungen, Schleimhautkatarrhe, Polypenbildung und Ulzerationen, Milchschorf, Kalkstoffwechselstörungen, verzögerte Entwicklung, Wachstumsstörungen und Störungen im Knochenstoffwechsel bei Jungtieren mit kräftigen Knochen → Konstitutionsmittel
• Cerebrum compositum	Entwicklungs- und Verhaltensstörungen, Hirnfunktionsstörungen, vegetative Dystonie, Geriatrie, zur Geweberegeneration
• Hypothalamus suis-Injeel	spezifischer Regulationseffekt auf Funktion und Struktur des entsprechenden Organs, Reifungs- und Entwicklungsstörungen auch geistiger Art
• Baryum carbonicum-Injeel	Jungtiere mit Tonsillarhypertrophie, geistige und körperliche Entwicklungsstörungen, geistige und körperliche Schwäche im Alter, Demenz
• Funiculus umbilicalis suis-Injeel	chronische Erkrankungen, Autoaggressionserkrankungen, Bindegewebsmittel, fördert die Gewebeausreifung und -regeneration
• Placenta suis-Injeel	periphere Durchblutungsstörungen, fördert die Gewebeausreifung, Dekubitus, Ulcus cruris, Rhagaden, Ekzeme
• Lymphomyosot	„Mesenchymentschlackung", Lymphatismus, Lymphödeme, Drüsenschwellungen, Tonsillarhypertrophie
• Calcium fluoratum-Injeel	persistierende Milchzähne, Folgen von gestörtem Knochenstoffwechsel

Kryptorchismus:

→ Hodenabstieg

ENTZÜNDUNGEN

Basismittel	
• Traumeel	Entzündungen verschiedener Genese und Lokalisation, Verletzungen, Wundbehandlung, auch postoperativ

Ergänzungsmittel

• Belladonna-Homaccord	lokalisierte, akute und heftige Entzündungen, auch mit hohem Fieber, arterielle Pulsationen, Schleimhäute dunkelrot, Tiere schwitzen
• Aconitum-Homaccord	grippale und katarrhalische Infekte, besonders im Prodromalstadium, Beschwerden nach Schreck und kaltem Wind, Fieber mit heißer Haut und Unruhe
• Aconitum-Injeel	Unruhe, Angst und Folgen von Schreck, hochakute grippale und katarrhalische Infekte
• Gripp-Heel	Grippe und grippale Infekte, Fieber, Gliederschmerzen, Entzündungen seröser Häute, Bronchitis, virale Erkrankungen
• Engystol	aktiviert die unspezifische Abwehr, virale Erkrankungen, reduziert Stressfolgen
• Belladonna-Injeel	lokalisierte, hochakute Entzündungen, zerebrale Reizzustände mit Krämpfen, Überempfindlichkeit gegen alle Sinneseindrücke

• Bryaconeel	Neuralgien, akuter und chronischer Rheumatismus, Entzündungen seröser Häute, Parästhesien, Stadium der Exsudation, Tiere liegen auf erkrankter Seite, großer Durst bei trockenen Schleimhäuten
• Bryonia-Injeel	Entzündungen, beginnende Abszedierung, Bewegung verschlimmert, besser durch festen Druck auf die erkrankte Stelle, großer Durst bei trockenen Schleimhäuten
• Echinacea compositum	bakterielle Infektionen verschiedener Organsysteme, Entzündungen, Fieber, auch prophylaktisch
• Euphorbium compositum	akute und chronische Rhinitiden und Sinusitiden, Ohrtubenkatarrh, Mittelohrhydrops, Katzenschnupfen
• Pulsatilla-Injeel	Übelkeit und Brechdurchfall nach fetter Nahrung, nach Schneefressen und kalter Nahrung, warmes Wasser wird erbrochen, Erbrechen endet bei leerem Magen, Schleimhautkatarrh ➔ Konstitutionsmittel
• Ferrum phosphoricum-Injeel	Fieber- und Entzündungszustände, wellenhafter Verlauf, Schleimhäute blass oder wechselnd rot und blass
• Lachesis compositum	septische Tendenz bei Entzündungen und Eiterungen, Phlegmone, Endometritis, Nachgeburtsverhaltung, trockenes Fieber
• Lachesis-Injeel	septische Prozesse, Hämolyse, blaurote Entzündungen ➔ Konstitutionsmittel
• Hepar sulfuris-Injeel	eiternde Prozesse unterschiedlicher Lokalisation, schmerzhaft, Abszesse vor Ausreifung, Überempfindlichkeit gegen Kälte und Luftzug
• Mercurius solubilis Hahnemanni-Injeel	beginnende Suppuration, Abszesse in Anbildung, akute, schmerzhafte Entzündungen im Bindegewebe und in verschiedenen Organen
• Myristica sebifera-Injeel	Gewebsentzündung, Lymphadenitis, Phlegmone, Panaritium, Abszesse nach Ausreifung, subakute Eiterungen oder Fisteln, „homöopathisches Messer"
• Phytolacca-Injeel	Mastitis, Milchstau, Hypo- und Hypergalaktie, Schwellung oder Verhärtung von Drüsen oder drüsigen Organen
• Mucosa compositum	Schleimhauterkrankungen und -katarrhe verschiedener Art und Lokalisation, z.B. im Verdauungstrakt mit und ohne Ulkus, im Bereich der oberen und unteren Luftwege, der ableitenden Harnwege sowie an Auge und Ohr, regenerationsfördernd
• Pyrogenium (D6–D30)	heftige, überschießende Reaktionen, Eiterungen, Lymphadenitis, gangränöse Zustände, Sepsis, übel riechende Absonderungen

Generalisierungsneigung:

• Echinacea compositum	bakterielle Infektionen verschiedener Organsysteme, Entzündungen, Fieber, auch prophylaktisch
• Traumeel	Entzündungen verschiedener Genese und Lokalisation, Verletzungen, Wundbehandlung, auch postoperativ
• Lachesis compositum	septische Tendenz bei Entzündungen und Eiterungen, Phlegmone, Endometritis, Nachgeburtsverhaltung, trockenes Fieber
• Bryonia-Injeel	Entzündungen, beginnende Abszedierung, Bewegung verschlimmert, besser durch festen Druck auf die erkrankte Stelle, großer Durst bei trockenen Schleimhäuten

Körperöffnungen:

• Graphites-Homaccord	chronische Ekzeme, trocken oder seborrhoisch, honigartiges Sekret, Fissuren, Borken, Schwielen, Neigung zu Adipositas, Trägheit, Verstopfung ➔ Konstitutionsmittel
• Traumeel	Entzündungen verschiedener Genese und Lokalisation, Verletzungen, Wundbehandlung, auch postoperativ
• Sulfur comp.-Heel	Dermatosen, Dermatitis, juckende und nässende Ekzeme, Pruritus, Urtikaria, „Reaktionsmittel" bei allen chronischen Krankheiten, gerötete Körperöffnungen
• Acidum nitricum-Injeel	Veränderungen an Haut und Schleimhäuten, besonders mukokutane Übergänge, Blutungen, Rhagaden

Serös:

• Engystol	aktiviert die unspezifische Abwehr, virale Erkrankungen, reduziert Stressfolgen, „Umstimmung" bei Allergien und Dermatosen
• Gripp-Heel	Grippe und grippale Infekte, Fieber, Gliederschmerzen, Entzündungen seröser Häute, Bronchitis, virale Erkrankungen
• Euphorbium compositum	akute und chronische Rhinitiden und Sinusitiden, Ohrtubenkatarrh, Mittelohrhydrops, Katzenschnupfen, Konjunktivitiden
• Traumeel	Entzündungen verschiedener Genese und Lokalisation, Verletzungen, Wundbehandlung, auch postoperativ

Entzündungen spezifischer Organe und Gewebe:

➔ Stichwortregister

ENZEPHALITIS adjuvant

• Cerebrum compositum	Entwicklungs- und Verhaltensstörungen, Hirnfunktionsstörungen, vegetative Dystonie, Geriatrie, zur Geweberegeneration, Versuch bei Epilepsie
• Belladonna-Homaccord	lokalisierte, akute und heftige Entzündungen, auch mit hohem Fieber, arterielle Pulsationen
• Apis-Homaccord	ödematöse, schmerzhafte Schwellungen, pustulöse und bullöse Ekzeme, Entzündungen mit Flüssigkeitsansammlung in Geweben und Körperhöhlen, zerebrale Reizzustände
• Aconitum-Injeel	Unruhe, Angst und Folgen von Schreck, hochakute grippale und katarrhalische Infekte
• Bryonia-Injeel	Entzündungen, beginnende Abszedierung, Bewegung verschlimmert, besser durch festen Druck auf die erkrankte Stelle, sich langsam entwickelndes Fieber mit ausgeprägtem Frösteln
• Gelsemium-Homaccord	Neuralgie insbesondere des Kopf-Hals-Bereichs, Schwindel, zittrige Schwäche, Erschöpfung, Gliederschmerzen, Nervenlähmungen
• Echinacea compositum	bakterielle Infektionen verschiedener Organsysteme, Entzündungen, Fieber, auch prophylaktisch
• Engystol	aktiviert die unspezifische Abwehr, virale Erkrankungen
• Pyrogenium (D6–D30)	heftige, überschießende Reaktionen, Eiterungen, Meningitis, Enzephalitis

• Helleborus D4	Gehirn- und Nervenerkrankungen, Entzündungen und psychische Erscheinungen, Abstumpfung der geistigen Fähigkeiten, Demenz

→ Meningitis / Enzephalitis

EOSINOPHILE MYOSITIS

Basismittel

parenteral:	
• Traumeel	Entzündungen verschiedener Genese und Lokalisation, Verletzungen, Wundbehandlung, auch postoperativ
+ Neralgo-Rhem-Injeel	Neuralgien, Lumbago, Weichteilrheumatismus, arthritische und vertebragene Beschwerden, Muskel- und Gelenkbeschwerden

Verabreichung: zusammen 2-mal wöchentlich

oral:	
• Gelsemium-Homaccord	Neuralgie insbesondere des Kopf-Hals-Bereichs, Schwindel, zittrige Schwäche, Erschöpfung, Gliederschmerzen
+ Nux vomica-Homaccord	Funktionsstörungen von Magen, Darm und Leber, Spasmen, Meteorismus, Beschwerden nach Überreizung

Verabreichung: zusammen 3-mal täglich

Ergänzungsmittel

• Aconitum-Homaccord	grippale und katarrhalische Infekte, besonders im Prodromalstadium, Beschwerden nach Schreck und kaltem Wind, Fieber mit heißer Haut und Unruhe
• Arnica-Injeel	regt die Wundheilung an, Herzmuskelschwäche, Neuralgien, Myalgien, Zerschlagenheitsgefühl
• Rhus Tox-Injeel	Rheuma und Neuralgien, Sehnen- und Bänderaffektionen, schlechter bei nasskaltem Wetter, Anlaufschmerzen, Folgen von Überanstrengung
• Hypericum-Injeel	Nerven- und Gehirnverletzungen, Nervenschmerzen bei und nach Verletzungen, Commotio cerebri, Zerebralsklerose
• Mercurius solubilis Hahnemanni-Injeel	beginnende Suppuration, Abszesse in Anbildung, akute, schmerzhafte Entzündungen im Bindegewebe und in verschiedenen Organen, Kontrakturen der Muskulatur
• Cedron D4	periodisch auftretende Krankheitszustände, periodisches Fieber, periodisch auftretende Neuralgien, Kiefersperre, schießende Schmerzen (Kopf und Kehle), Schmerzen machen Tiere bösartig

→ Entzündungen

EOSINOPHILES GRANULOM

Basismittel

• Coenzyme compositum	regt blockierte enzymatische Abläufe insbesondere der Energiegewinnung an (Zitronensäurezyklus), degenerative oder chronische Erkrankungen
+ Ubichinon compositum	verbessert die Energiebereitstellung in der Zelle, degenerative und tumoröse Erkrankungen

Verabreichung: zusammen 2-mal wöchentlich

+ Lymphomyosot	„Mesenchymentschlackung", Lymphatismus, Lymphödeme, Drüsenschwellungen, Tonsillarhypertrophie

Verabreichung: täglich über mindestens 1–3 Wochen

Ergänzungsmittel

• Glyoxal compositum	regt blockierte Fermentsysteme an, degenerative Erkrankungen, gestörte Drüsenfunktionen, Tumorerkrankungen, hochakuter Verlauf
• Myristica sebifera-Injeel	Gewebsentzündung, Lymphadenitis, Phlegmone, Panaritium, Abszesse nach Ausreifung, subakute Eiterungen oder Fisteln, „homöopathisches Messer", eiternde Stellen
• Cutis compositum	Basismittel bei Dermatosen verschiedener Genese, Ekzeme, Allergien, Dermatomykosen, Haarausfall, großflächige Ekzeme
+ Galium-Heel / Galium comp.-Heel	Immunmodulation bei chronischen Erkrankungen verschiedener Genese, Präkanzerosen, „Zellreinigung"

Therapieversuch alternativ

Auto-Sanguis-Stufentherapie

1. Stufe: Galium-Heel	Immunmodulation bei chronischen Erkrankungen verschiedener Genese, Präkanzerosen, „Zellreinigung"

Verabreichung: 0,5 ml Galium-Heel + 0,2–0,5 ml Eigenblut verschütteln, i.m. applizieren

2. Stufe: Coenzyme compositum	regt blockierte enzymatische Abläufe insbesondere der Energiegewinnung an (Zitronensäurezyklus), degenerative oder chronische Erkrankungen
+ Ubichinon compositum	verbessert die Energiebereitstellung in der Zelle, degenerative und tumoröse Erkrankungen
+ Glyoxal compositum	regt blockierte Fermentsysteme an, degenerative Erkrankungen, gestörte Drüsenfunktionen, Tumorerkrankungen

Verabreichung: In der gleichen Spritze wie Stufe 1 jeweils 0,5 ml aufziehen, kräftig verschütteln und injizieren, Wiederholung nach 2 bis 7 Tagen

evtl. zusätzlich orale Gabe von:

- • Coenzyme compositum
- + Ubichinon compositum und
- + Glyoxal compositum

oder:

Echinacea compositum	bakterielle Infektionen verschiedener Organsysteme, Entzündungen, Fieber, auch prophylaktisch
+ Engystol	aktiviert die unspezifische Abwehr, virale Erkrankungen, reduziert Stressfolgen, „Umstimmung" bei Allergien und Dermatosen
• Acidum formicicum-Injeel	allgemeines „Umstimmungsmittel" bei Asthma, Allergien und Ekzemen, bei allen zellulären Phasen
• Cutis compositum	Basismittel bei Dermatosen verschiedener Genese, Ekzeme, Allergien, Dermatomykosen, Haarausfall
• Histamin-Injeel	allergische Erkrankungen, Asthma, Ekzeme und Dermatosen, nach Traumen
• Lachesis-Injeel	septische Prozesse, Hämolyse, blaurote Entzündungen, Typmittel für Katzen ➔ Konstitutionsmittel
• Vaccininum-Injeel	bei schwerwiegenden Erkrankungen, Erysipel, Phlegmone, akute Ekzeme

EPILEPTISCHE ZUSTÄNDE

Basismittel	
• Cerebrum compositum	Entwicklungs- und Verhaltensstörungen, Hirnfunktionsstörungen, vegetative Dystonie, Geriatrie, zur Geweberegeneration, Versuch bei Epilepsie
+ Coenzyme compositum	regt blockierte enzymatische Abläufe insbesondere der Energiegewinnung an (Zitronensäurezyklus), degenerative oder chronische Erkrankungen
+ Ubichinon compositum	verbessert die Energiebereitstellung in der Zelle, degenerative und tumoröse Erkrankungen

Verabreichung: zusammen 2-mal wöchentlich

+ Lymphomyosot	„Mesenchymentschlackung", Lymphatismus, Lymphödeme, Drüsenschwellungen, Tonsillarhypertrophie
+ Galium-Heel / Galium comp.-Heel	Immunmodulation bei chronischen Erkrankungen verschiedener Genese, Präkanzerosen, „Zellreinigung"

Verabreichung: zusammen täglich über mindestens 2–3 Wochen

Ergänzungsmittel

• Spascupreel	Spasmen glattmuskulärer Hohlorgane, Spastizität der quergestreiften Muskulatur wie muskulärer Hartspann, Koliken, spastische und asthmatoide Bronchitis, bei starker Krampfneigung

Verabreichung: auch vor / beim Anfall

• Belladonna-Homaccord	lokalisierte, akute und heftige Entzündungen, auch mit hohem Fieber, arterielle Pulsationen, Wetterwechsel als Auslöser

Verabreichung: bei bevorstehendem Anfall, nach Anfall alle 15 bis 30 Minuten

• Hepar comp. Heel	akute und chronische Leber-Galle-Affektionen, regt die Leberfunktion an, Verdauungsstörungen
• Cuprum-Injeel	Krämpfe der glatten und quergestreiften Muskulatur, spastischer Husten, zerebrale Anfallsleiden mit Krampfneigung
• Thalamus compositum	Stimulierung zentraler Steuerungsfunktionen bei degenerativen Erkrankungen und Neubildungen
• Ignatia-Injeel	Hysterie, nervöse Erschöpfungszustände, vegetative Dystonie, Überempfindlichkeit gegen Schmerzen und Gerüche, widersprüchliche Symptome, unduldsam und streitsüchtig ➔ Konstitutionsmittel
• Nervoheel	psychosomatische Beschwerden, körperliche und geistige Erschöpfung, wechselnde Stimmungen, Schlafstörungen
• Serotonin-Injeel	Krämpfe der glatten Muskulatur, zerebrale Erregungszustände, akut einsetzende geistige Verwirrung, organische Nervenerkrankungen
• Stramonium-Injeel	manische Zustände, Psychosen, Unruhe, Raserei, Streitsucht, Neigung zu Gewalttätigkeit, epileptiforme Krämpfe, Angst vor Dunkelheit
• Cocculus-Homaccord	verlangsamte geistige Prozesse, nach geistiger Überanstrengung, Schwäche
• Psorinum-Injeel	Epilepsie nach Unterdrückung chronischer Ekzeme und sonstiger Hautausschläge
• Hyoscyamus (D6, D12, C30, C200)	Hirnreizungen mit Konvulsionen, Muskelzucken, Katalepsie, epileptiforme Krämpfe, auffälliges, heftiges Verhalten ➔ Konstitutionsmittel
• Cicuta virosa D4	krampfartige Zuckungen, epileptische Krämpfe, Opisthotonus
• Oenanthe crocata D30	krampfhaftes Zucken der Gesichtsmuskulatur, heftige Krämpfe mit Bewusstseinsverlust, Epilepsie
• Opium (D6, D30, D200)	große Benommenheit, Bewusstseinstrübung, Somnolenz, Stupor, Reizzustände des ZNS
• Zincum cyanatum D8	Epilepsie, Krämpfe, Lähmungserscheinungen
• Helleborus D4	Gehirn- und Nervenerkrankungen, Entzündungen und psychische Erscheinungen, Abstumpfung der geistigen Fähigkeiten, Demenz
• Bufo (ab D6)	Konvulsionen, epileptiforme Anfälle, übel riechende Ausdünstungen und Absonderungen, Herzklopfen, leichtere weibliche Tiere, Ovarialzysten
• Agaricus (D4–C1000)	epileptiforme Zustände, neurologische Erkrankungen mit Zuckungen und Spasmen, Nystagmus, Delirium, Chorea
• Heracleum sphondylium D3	Epilepsie mit Blähsucht, Konvulsionen, Zuckungen

allgemein:
Eiweiß verringern
Kohlenhydrate erhöhen
B-Vitamine erhöhen
Vitamin E zuführen

EPULIS

Therapieversuch

parenteral:	
• Para-Benzochinon-Injeel	Regeneration der Zellatmung, Neoplasien, Stoffwechselentgleisungen, Hormonfehlsteuerungen, virale Erkrankungen
+ Coenzyme compositum	regt blockierte enzymatische Abläufe insbesondere der Energiegewinnung an (Zitronensäurezyklus), degenerative oder chronische Erkrankungen
+ Ubichinon compositum	verbessert die Energiebereitstellung in der Zelle, degenerative und tumoröse Erkrankungen
+ Galium-Heel / Galium comp.-Heel	Immunmodulation bei chronischen Erkrankungen verschiedener Genese, Präkanzerosen, „Zellreinigung"

Verabreichung: zusammen s.c. injizieren, Wiederholung nach 1–2 Wochen

oral:	
• Lymphomyosot	„Mesenchymentschlackung", Lymphatismus, Lymphödeme, Drüsenschwellungen, Tonsillarhypertrophie

Verabreichung: 1-mal täglich 8–12 Tropfen (kleiner / großer Hund) für 4 Wochen

Ergänzungsmittel

• Thuja-Injeel	Neigung zu proliferativen Prozessen an Haut und Schleimhäuten, Impffolgen, weiches Gewebe ➔ Konstitutionsmittel
• Symphytum-Injeel	„Arnika der Knochen", beschleunigt die Kallusbildung, fördert den Knochenstoffwechsel, Periostitis, derbes Gewebe
• Calcium fluoratum-Injeel	Bindegewebsschwäche, „Knochenkaries", Knochenfisteln, Exostosen, steinharte Drüsenschwellungen, wirkt auf Sehnen und Bänder
• Lycopodium-Injeel	Leber- und Gallenstörungen, satt nach wenigen Bissen, hager, Zahnfleischgeschwulst ➔ Konstitutionsmittel

➔ Tumore

ERBRECHEN

• Vomitusheel	Übelkeit, Erbrechen, Husten mit Brechreiz, Erbrechen mit nachfolgender Erschöpfung, morgendliches Erbrechen
• Ipecacuanha-Injeel	hellrote, gussweise Blutungen, feuchte Bronchitis, Gastritis, Erbrechen von weißem Schaum und unverdautem Futter, danach matt
• Nux vomica-Homaccord	Funktionsstörungen von Magen, Darm und Leber, Spasmen, Meteorismus, Beschwerden nach Überreizung, „Nahrungs-Abusus"
• Gastricumeel	akute und chronische Gastritis, Dyspepsie, Meteorismus, gastrokardialer Symptomenkomplex, Ulcus ventriculi

• Phosphor-Homaccord	petechiale Blutungen und Blutungsneigung, Laryngitis, Pharyngitis, Degeneration parenchymatöser Organe, Erbrechen kurz nach Aufnahme von Futter / Wasser ➔ Konstitutionsmittel
• Pulsatilla-Injeel	Übelkeit und Brechdurchfall nach fetter Nahrung, nach Schneefressen und kalter Nahrung, warmes Wasser wird erbrochen, Erbrechen endet bei leerem Magen ➔ Konstitutionsmittel
• Tartarus stibiatus-Injeel	große Erschöpfung mit schnellem Kräfteverfall, Kreislaufschwäche, akute Magen-Darm-Erkrankungen mit ständiger Übelkeit, Würgereiz und Erbrechen, Diarrhö
• Tabacum-Injeel	Kollaps mit Blässe und kaltem Schweiß, Schwindel, Übelkeit mit Würgereiz und Speichelfluss, Reisekrankheit / Seekrankheit
• Magnesium phosphoricum-Injeel	Krampf- und Neuralgiemittel, kolikartige Schmerzen in allen Hohlorganen, Blähkoliken, schaumige (unverdaute) Durchfälle, meist Jungtiere, Milchunverträglichkeit
• Apomorphinum hydrochloricum	Übelkeit, heftiger Brechreiz, zerebrales Erbrechen, Kinetosen
• Aethusa D3	Brechdurchfall mit starker Entkräftung, Erbrechen kurz nach Futteraufnahme, danach sofort wieder hungrig, Pylorospasmus bei Jungtieren

Autofahren:

➔ Fahrkrankheit

Gehirnerschütterung:

• Cerebrum compositum	Entwicklungs- und Verhaltensstörungen, Hirnfunktionsstörungen, vegetative Dystonie, Geriatrie, zur Geweberegeneration
• Arnica-Injeel	regt die Wundheilung an, Herzmuskelschwäche, Neuralgien, Myalgien, Zerschlagenheitsgefühl, Folgen von Traumata
• Hypericum-Injeel	Nerven- und Gehirnverletzungen, Nervenschmerzen bei und nach Verletzungen, Tierbisse, Commotio cerebri, Zerebralsklerose

Gelbsucht:

• Natrium sulfuricum-Injeel	chronische Hepatopathie, chronische Gallenerkrankungen, chronische Diarrhö, Diabetes mellitus

Haarballen (Katze):

• Ipecacuanha-Injeel	hellrote, gussweise Blutungen, feuchte Bronchitis, ständige Übelkeit, Erbrechen, Elendigkeit

Milchunverträglichkeit (Jungtiere):

• Calcium carbonicum-Injeel	Jungtiermittel, Drüsenschwellungen, Schleimhautkatarrhe, Polypenbildung und Ulzerationen, Milchschorf, Kalkstoffwechselstörungen, verzögerte Entwicklung, Unverträglichkeit von Milch (Kalb) ➔ Konstitutionsmittel

• Calcium phosphoricum-Injeel	Kalkstoffwechselstörungen, Knochenbeschwerden, Wachstums- und Entwicklungsstörungen, Milchunverträglichkeit ➔ Konstitutionsmittel
• Magnesium phosphoricum-Injeel	Krampf- und Neuralgiemittel, kolikartige Schmerzen in allen Hohlorganen, Blähkoliken, schaumige (unverdaute) Durchfälle, meist Jungtiere, Milchunverträglichkeit
• Magnesium carbonicum (D3–D30)	Spasmen der Hohlorgane, Milchunverträglichkeit beim Jungtier, saure Dyspepsie mit Flatulenz, wässrige Diarrhö

Pylorospasmus (besonders Jungtiere):

• Aethusa (D4, D6, D12, C30, C200)	Brechdurchfall mit starker Entkräftung, Erbrechen kurz nach Futteraufnahme, danach sofort wieder hungrig, Pylorospasmus

Unverdautes Futter:

• Ipecacuanha-Injeel	hellrote, gussweise Blutungen, feuchte Bronchitis, Gastritis, Erbrechen von weißem Schaum und unverdautem Futter, Übelkeit

➔ Brechdurchfall; ➔ Brechreiz

ERKÄLTUNGSKRANKHEITEN

• Gripp-Heel	Grippe und grippale Infekte, Fieber, Gliederschmerzen, Entzündungen seröser Häute, Bronchitis, virale Erkrankungen
• Engystol	aktiviert die unspezifische Abwehr, virale Erkrankungen, reduziert Stressfolgen, „Umstimmung" bei Allergien und Dermatosen
• Echinacea compositum	bakterielle Infektionen verschiedener Organsysteme, Entzündungen, Fieber, auch prophylaktisch
• Aconitum-Homaccord	grippale und katarrhalische Infekte, besonders im Prodromalstadium, Beschwerden nach Schreck und kaltem Wind, Fieber mit heißer Haut und Unruhe
• Formica rufa-Injeel	allgemeine Schwäche, Erkrankungen der Schleimhäute, Erkältungsneigung, Tonsillitis, Drüsenschwellungen
• Belladonna-Homaccord	lokalisierte, akute und heftige Entzündungen, auch mit hohem Fieber, arterielle Pulsationen
• Dulcamara-Homaccord	„Nasswettermittel", rheumatische Erkrankungen, alle Beschwerden sind Folgen von oder schlechter bei Kälte und Nässe
• Cimicifuga-Injeel	rascher Wechsel der Symptome, Erkältungsneigung, Kollapsneigung
• Acidum nitricum-Injeel	Veränderungen an Haut und Schleimhäuten, Schnupfen mit übel riechendem Schleim, Stock- und Fließschnupfen, Blutungen
• Kalium bichromicum-Injeel	zähe, strähnige Absonderungen aller Schleimhäute, chronische Katarrhe der Nase und des Ohrs, tief fressende Ulzera der Schleimhäute
• Petroleum-Injeel	Haut- und Schleimhauterkrankungen, Erkältungsneigung, Mattigkeit mit Frösteln
• Chamomilla-Injeel	kalte Luft löst Beschwerden aus, Abneigung gegen Wind, Neigung zu Erkältungen, heftige Schmerzzustände
• Capsicum (D3–D6)	Erkältungsneigung, Kälteempfindlichkeit, Zugempfindlichkeit

Erbrechen und Durchfall:

➔ Gastritis; ➔ Enteritis

Harnwegserkrankungen:

• Cantharis compositum	Blasenentzündung, Nierenbeckenentzündung, Nierenentzündung, Blasentenesmen, Harnzwang, Brennen in der Urethra nach der Miktion, Hämaturie
• Berberis-Homaccord	Reiz- und Entzündungszustände im Urogenitaltrakt und in den Gallenwegen, mit und ohne Konkremente, Gallen- und Nierenkoliken
• Solidago compositum	akute und chronische Erkrankungen der Nieren und Harnwege, Zystitis, Nephrolithiasis, Hydronephrose, funktionelle Unterstützung der Nieren
• Equisetum arvense D4	Zystitis, Zystopyelitis, Schleimabsonderung im Urin, Erkrankungen der ableitenden Harnwege

Begleit- oder Nachbehandlung:

• Mucosa compositum	Schleimhauterkrankungen und -katarrhe verschiedener Art und Lokalisation, z.B. im Bereich der oberen und unteren Luftwege, der ableitenden Harnwege sowie an Auge und Ohr, regenerationsfördernd für Schleimhäute
+ Coenzyme compositum	regt blockierte enzymatische Abläufe insbesondere der Energiegewinnung an (Zitronensäurezyklus), degenerative oder chronische Erkrankungen

Verabreichung: zusammen 2-mal wöchentlich für 4–6 Wochen

➔ Atemwegserkrankungen; ➔ Rhinitis; ➔ Sinusitis

ERSCHÖPFUNGSZUSTÄNDE

• China-Homaccord	Erschöpfungs- und Schwächezustände, Leberfunktionsstörungen, nach Flüssigkeitsverlusten
• Ginseng compositum	Erschöpfungszustände aller Art, geistige und körperliche Schwäche, mangelnder Muskeltonus
• Tonico-Injeel	physische Erschöpfung, nervöse Erschöpfung und Überreizung, Entwicklungsstörungen bei Jungtieren
• Nervoheel	psychosomatische Beschwerden, körperliche und geistige Erschöpfung, wechselnde Stimmungen, Schlafstörungen
• Neuro-Injeel	psychosomatische Beschwerden, Hysterie, Unruhezustände
• Arnica-Injeel	regt die Wundheilung an, Herzmuskelschwäche, Neuralgien, Myalgien, Zerschlagenheitsgefühl
• Arsenicum album-Injeel	akute und chronische Entzündungen an Augen, Atemwegen, Verdauungs- und Harnapparat, Organdegeneration, Abmagerung, mitternächtliche Unruhe ➔ Konstitutionsmittel
• Ovarium compositum	Störungen der Ovarfunktion, unterstützend bei Endometritis, HVL-Insuffizienz bei weiblichen Tieren, Ovarialzysten, Geriatrie
• Testis compositum	regt die Organfunktionen bei männlichen Tieren an, Impotenz, Erschöpfungszustände aller Art, Regulation vegetativer Steuerungsfunktionen, Geriatrie

➔ Aufbaumittel; ➔ Überanstrengung

EXOSTOSEN

• Osteoheel	Ostitis, Periostitis, Exostosen, nächtliche Knochenschmerzen, neuralgische Schmerzen, Gelenkknacken, Osteochondrose

Verabreichung: täglich über Wochen

• Hekla Lava-Injeel	nutritive und infektiöse Störungen von Knochen und Knochenhaut, Exostosen an den Bandansätzen
• Os suis-Injeel	spezifischer Regulationseffekt auf Funktion und Struktur des entsprechenden Organs, Osteomalazie, Rachitis, Osteoporose, Exostosen, Periostitis
• Calcium fluoratum-Injeel	Bindegewebsschwäche, „Knochenkaries", Knochenfisteln, Exostosen, steinharte Drüsenschwellungen, wirkt auf Sehnen und Bänder, Fibrom
• Symphytum-Injeel	„Arnika der Knochen", beschleunigt die Kallusbildung, fördert den Knochenstoffwechsel, Periostitis
• Causticum-Injeel	Ankylosen, Exostosen und Arthrosen der großen Gelenke und der Wirbelsäule, große Rassen neigen zu Zubildungen und Deformationen an den Gelenken
• Zeel	degenerative und rheumatische Gelenkerkrankungen, Arthrose, Polyarthrose, Spondylarthrose, periartikuläre Beschwerden, auch prophylaktisch
• Harpagophytum (D2–D6)	Hüftgelenksdysplasie, chronische Prozesse mit Knochenwucherungen, Exostosen
• Strontium carbonicum (D4–D30)	Osteoporose, Spondylarthrose, Knochenfisteln, Exostosen

➔ Gelenkgallen

EXPEKTORATION mangelnde

• Tartephedreel	absteigende Entzündungen der Atemwege, Schleimrasseln, Krampfhusten, Bronchitis mit zähem Sekret, Asthma
+ Bronchalis-Heel	Bronchitis, Bellhusten, nächtlicher Kitzelhusten, Husten mit Brechwürgen, Asthma, Husten beim Eintritt in warme Räume
• Droperteel	Bronchitis, Entzündungen der Atemwege, Heiserkeit, Krampfhusten mit zähem, Faden ziehendem Sekret
• Mucosa compositum	Schleimhauterkrankungen und -katarrhe verschiedener Art und Lokalisation, z.B. im Bereich der oberen und unteren Luftwege, regenerationsfördernd für Schleimhäute
• Acidum formicicum-Injeel	allgemeines „Umstimmungsmittel" bei Asthma, Allergien und Ekzemen, bei allen zellulären Phasen
• Ipecacuanha-Injeel	hellrote, gussweise Blutungen, Erbrechen, feuchte Bronchitis, Krampfhusten mit grobblasigem Rasseln
• Tartarus stibiatus-Injeel	große Erschöpfung mit schnellem Kräfteverfall, Kreislaufschwäche, feuchtes Rasselgeräusch mit starker Dyspnoe, Bronchitis

➔ Atemwegserkrankungen; ➔ COB

FAHRKRANKHEIT

Basismittel

• Cocculus-Homaccord	Reisekrankheit, Übelkeit und Schwindel, Erschöpfung, Schwäche

Verabreichung: 2-mal täglich, beginnend einige Tage vor der Reise

• Vertigoheel	Schwindel verschiedener Genese, Kinetosen, Verbesserung der zentralen und peripheren Mikrozirkulation

Verabreichung: kurz vor bzw. während der Fahrt

Ergänzungsmittel

• Nux vomica-Homaccord	Funktionsstörungen von Magen, Darm und Leber, Spasmen, Meteorismus, Beschwerden nach Überreizung, Umherspringen im Wagen
• Engystol	aktiviert die unspezifische Abwehr, virale Erkrankungen, reduziert Stressfolgen

Verabreichung: 7., 5. und 3. Tag vor Fahrtantritt

• Petroleum-Injeel	nässende Ekzeme, Haut- und Schleimhauterkrankungen, empfindliche, trockene, rissige Haut, Rhagaden, blutende Fissuren, Alopezie, Reisekrankheit mit Übelkeit und Erbrechen

Verabreichung: vor Fahrtantritt

• Tabacum-Injeel	Kollaps mit Blässe und kaltem Schweiß, Schwindel, Übelkeit mit Würgereiz und Speichelfluss, Reisekrankheit / Seekrankheit
• Vomitusheel	Übelkeit, Erbrechen, Husten mit Brechreiz, Erbrechen mit nachfolgender Erschöpfung, morgendliches Erbrechen
• Ipecacuanha-Injeel	hellrote, gussweise Blutungen, feuchte Bronchitis, Gastritis, Erbrechen von weißem Schaum und unverdautem Futter, Übelkeit
• Magen-Darmtropfen (Cosmochema)	Reizmagen, Gastritis, Appetitlosigkeit, Magen-Darm-Katarrh
• Kreosotum-Injeel	Schleimhautkatarrhe mit ätzenden, übel riechenden Absonderungen, tief greifende Entzündungen der Schleimhäute, Ulzera, Fluor, Pruritus vulvae, Reisekrankheit / Seekrankheit mit Würgereiz
• Hyoscyamus (D6, D12, C30, C200)	Erregungszustände mit großer Unruhe, Eifersucht, Raserei, Wutanfälle wechselnd mit Melancholie und Gleichgültigkeit, Reisekrankheit tritt nach überstandener Krankheit auf ➔ Konstitutionsmittel

➔ Erbrechen; ➔ Stress

FEDERRUPFEN

Haltung überprüfen, evtl. Partner besorgen!

• Cerebrum compositum	Entwicklungs- und Verhaltensstörungen, Hirnfunktionsstörungen, vegetative Dystonie, Geriatrie, zur Geweberegeneration
+ Cutis compositum	Basismittel bei Dermatosen verschiedener Genese, Ekzeme, Allergien, Dermatomykosen, Haarausfall

+ Traumeel	Entzündungen verschiedener Genese und Lokalisation, Verletzungen, Wundbehandlung, auch postoperativ

Verabreichung: zusammen 1–3 Tropfen täglich oral

evtl. zusätzlich:

• Hypericum-Injeel	Nerven- und Gehirnverletzungen, Nervenschmerzen bei und nach Verletzungen, Tierbisse, Commotio cerebri, Zerebralsklerose, Melancholie und Depression, manische Zustände
• Sepia-Injeel	nervöse Erschöpfung, depressive Verstimmungen, gleichgültig, reizbar und aggressiv, Tiere wollen gern allein sein, eigensinnig, dominant ➔ Konstitutionsmittel
• Sulfur comp.-Heel	Dermatosen, Dermatitis, juckende und nässende Ekzeme, Pruritus, Urtikaria, „Reaktionsmittel" bei allen chronischen Krankheiten
• Thallium sulfuricum-Injeel	Parästhesien, Neuritiden mit Paresen, Haut meist trocken, schuppig, Alopecia areata et totalis

FeLV-POSITIVE KATZEN

palliativ:

• Coenzyme compositum	regt blockierte enzymatische Abläufe insbesondere der Energiegewinnung an (Zitronensäurezyklus), degenerative oder chronische Erkrankungen
+ Ubichinon compositum	verbessert die Energiebereitstellung in der Zelle, degenerative und tumoröse Erkrankungen
+ Para-Benzochinon-Injeel	Regeneration der Zellatmung, Neoplasien, Stoffwechselentgleisungen, virale Erkrankungen

Verabreichung: zusammen im Abstand von 1 Woche

oral:

• Traumeel	Entzündungen verschiedener Genese und Lokalisation, Verletzungen, Wundbehandlung, auch postoperativ
• Lymphomyosot	„Mesenchymentschlackung", Lymphatismus, Lymphödeme, Drüsenschwellungen, Tonsillarhypertrophie

Verabreichung: über mehrere Wochen 1- bis 3-mal 5 Tropfen oder 1- bis 3-mal 1 Tablette täglich

Zwischenbehandlung bei längerer Remission:

• Engystol	aktiviert die unspezifische Abwehr, virale Erkrankungen, reduziert Stressfolgen, „Umstimmung" bei Allergien und Dermatosen

Verabreichung: 1-mal wöchentlich

• Galium-Heel / Galium comp.-Heel	Immunmodulation bei chronischen Erkrankungen verschiedener Genese, Präkanzerosen, „Zellreinigung"

Verabreichung: 2-mal wöchentlich

Ergänzungsmittel

Diarrhö:

• Nux vomica-Homaccord	Funktionsstörungen von Magen, Darm und Leber, Spasmen, Meteorismus, Beschwerden nach Überreizung, spastische Lähmung, Sensorium ungestört
• Arsenicum album-Injeel	akute und chronische Entzündungen an Augen, Atemwegen, Verdauungs- und Harnapparat, Organdegeneration, Abmagerung, mitternächtliche Unruhe, Diarrhö ➔ Konstitutionsmittel

Gingivitis:

• Traumeel	Entzündungen verschiedener Genese und Lokalisation, Verletzungen, Wundbehandlung, auch postoperativ
• Apis-Homaccord	ödematöse, schmerzhafte Schwellungen, pustulöse und bullöse Ekzeme, Entzündungen mit Flüssigkeitsansammlung in Geweben und Körperhöhlen
• Gingiva suis-Injeel	spezifischer Regulationseffekt auf Funktion und Struktur des entsprechenden Organs, Parodontose, Parodontitis, Gingivitis, chronische Aphtenbildung

FERKELGRIPPE

• Engystol	aktiviert die unspezifische Abwehr, virale Erkrankungen, reduziert Stressfolgen
• Echinacea compositum	bakterielle Infektionen verschiedener Organsysteme, Entzündungen, Fieber, auch prophylaktisch

➔ Grippale Infekte

FERTILITÄTSSTÖRUNGEN

Stille Brunst:

Basismittel

Physiologischer Ovarbefund:

• Hormeel	funktionelle Störungen im weiblichen Zyklus, Sterilität, Brunstlosigkeit, Fluor albus, endokrine Dysfunktionen

Verabreichung: Gabe alle 4–8 Tage

Pathologischer Ovarbefund:

• Ovarium compositum	Störungen der Ovarfunktion, unterstützend bei Endometritis, HVL-Insuffizienz bei weiblichen Tieren, Ovarialzysten, Harnträufeln bei kastrierten Hündinnen
• Hormeel	funktionelle Störungen im weiblichen Zyklus, Sterilität, Brunstlosigkeit, Fluor albus, endokrine Dysfunktionen

Verabreichung: Gabe beider Mittel, eventuell abwechselnd, alle 4–8 Tage

Ergänzungsmittel

• Mucosa compositum	Schleimhauterkrankungen und -katarrhe verschiedener Art und Lokalisation, z.B. in den Geschlechtsorganen, regenerationsfördernd für Schleimhäute
• Lachesis-Injeel	septische Prozesse, Hämolyse, blaurote Entzündungen, Retentio secundinarum, Ovarialzyste links ➔ Konstitutionsmittel
• Pulsatilla-Injeel	alle Funktionen des Geschlechtsapparates sind verzögert und verlangsamt, Stillbrünstigkeit, Zyklusstörungen ➔ Konstitutionsmittel
• Sepia-Injeel	Brunstschwäche, nervöse Erschöpfung, Reizbarkeit, meist älter, hager, Fertilitätsstörungen, Bindegewebe schlaff, lassen auch in der Brunst kein Belegen zu ➔ Konstitutionsmittel
• Lachesis compositum	septische Tendenz bei Entzündungen und Eiterungen, Phlegmone, Endometritis, Nachgeburtsverhaltung, trockenes Fieber, puerperale Störungen
• Aurum-Injeel	Hypertonie, Arteriosklerose, präapoplektisch, Arrhythmien mit Angst, leicht reizbar und sehr aggressiv, dominant, kräftige Tiere mit Ovarialzysten ➔ Konstitutionsmittel
• Calcium phosphoricum-Injeel	zeigen deutliche Brunst, nehmen aber schlecht auf, lebhafte, feingliedrige Tiere, Fütterungsfehler ➔ Konstitutionsmittel
• Apis-Homaccord	ödematöse, schmerzhafte Schwellungen, Entzündungen mit Flüssigkeitsansammlung, Ovarialzysten
• Phosphor-Homaccord	petechiale Blutungen und Blutungsneigung, Laryngitis, Pharyngitis, Degeneration parenchymatöser Organe, Azyklie bei Phosphortyp ➔ Konstitutionsmittel
• Calcium carbonicum-Injeel	Jungtiermittel, Drüsenschwellungen, Schleimhautkatarrhe, Polypenbildung und Ulzerationen, Milchschorf, Kalkstoffwechselstörungen, verzögerte Entwicklung, wenig ausgeprägte Brunst, nehmen schlecht auf, großrahmig, umgänglich ➔ Konstitutionsmittel
• Agnus castus-Injeel	Fertilitätsstörungen, Kälte der Genitalien, Ovarialzysten, Corpus-luteum-Persistenz, fehlende Brunst oder Läufigkeit
• Kalium jodatum (D3)	Unterfunktion der Ovarien bei Jungtieren
• Aristolochia (D12, C30, C200)	primäre und sekundäre Brunstlosigkeit, Sterilität, Lochialstau, Fluor, Zyklusstörungen, nicht bei Lebensmittel-Tieren

Ovulationsauslösung:

• Ovarium compositum	Störungen der Ovarfunktion, unterstützend bei Endometritis, HVL-Insuffizienz bei weiblichen Tieren, Ovarialzysten, Harnträufeln bei kastrierten Hündinnen

Rind: Gabe zeitgleich mit der KB

➔ Läufigkeitsstörungen; ➔ Ovarialzysten; ➔ Ovarien

FESTLIEGEN a.p. Rind

• Nux vomica D6	spastische Lähmung bei ungestörtem Sensorium (Wolter, Tiefenthaler)

FESTLIEGEN p.p. Rind

Infusionstherapie!

Basismittel	
• Nux vomica-Homaccord	Funktionsstörungen von Magen, Darm und Leber, Spasmen, Meteorismus, Beschwerden nach Überreizung, spastische Lähmung, Sensorium ungestört
+ Carduus compositum	akute und chronische Leber- und Gallenerkrankungen, alle Folgeerkrankungen davon, Stoffwechselstörungen, Verdauungsprobleme, auch als Cofaktor bei Festliegen
+ Coenzyme compositum	regt blockierte enzymatische Abläufe insbesondere der Energiegewinnung an (Zitronensäurezyklus), degenerative oder chronische Erkrankungen, auch als Cofaktor bei Festliegen
+ Phosphor-Homaccord	petechiale Blutungen und Blutungsneigung, Laryngitis, Pharyngitis, Mineralstoffregulation, Degeneration parenchymatöser Organe, feingliedrige Hochleistungstiere ➔ Konstitutionsmittel

Verabreichung: zusammen 2-mal wöchentlich für 4–6 Wochen

Ergänzungsmittel

• Arnica-Injeel	regt die Wundheilung an, Herzmuskelschwäche, Neuralgien, Myalgien, Zerschlagenheitsgefühl, Folge von Überanstrengung, Geburtsverletzung, Aufstehversuche
• Calcium carbonicum-Injeel	Jungtiermittel, Drüsenschwellungen, Schleimhautkatarrhe, Polypenbildung und Ulzerationen, Milchschorf, Kalkstoffwechselstörungen, verzögerte Entwicklung, Krämpfe, Zuckungen, große, kräftige, schwere Tiere, Aufstehversuche ➔ Konstitutionsmittel
• Calcium phosphoricum-Injeel	Kalkstoffwechselstörungen, Knochenbeschwerden, Wachstums- und Entwicklungsstörungen, lebhafte Tiere, Fütterungsfehler ➔ Konstitutionsmittel
• China-Homaccord	Erschöpfungs- und Schwächezustände, Leberfunktionsstörungen, nach Flüssigkeitsverlusten, Überanstrengung, Eihautwassersucht, leicht erhöhte Körpertemperatur
• Veratrum-Homaccord	Dysenterie, Gastroenteritis mit und ohne Kolik, Kollapszustände mit zyanotischer oder blasser, kühler Haut, wässrige Durchfälle
• Magnesium phosphoricum-Injeel	Spasmen der Hohlorgane, Milchunverträglichkeit beim Jungtier, verzögerte Entwicklung, bei Magnesiummangel zur Mobilisierung, Resorptionsverbesserung

• Zincum metallicum-Injeel	Nervenaffektionen mit Schwäche und Erschöpfung, nervöse Beschwerden, Unruhe in den Beinen, Zittern, Zuckungen, epileptiforme Zustände
• Conium-Injeel	Ataxie, steinharte Knoten und Neoplasien, aufsteigende Lähmung der Hinterhand
• Cuprum-Injeel	Krämpfe der glatten und quergestreiften Muskulatur, spastische Paresen
• Carbo compositum	Kreislaufversagen, arterielle Blutfülle im Gehirn, Kollapszustände, kalte Haut, Dyspnoe
• Carbo vegetabilis-Injeel	Kollaps und Kreislaufversagen, mit kalter Haut und kalten Akren
• Flor de piedra D4, D6	Hypo- und Hyperthyreose, Hepatitis, Hepatose, venöse Durchblutungsstörungen, alle Funktionen verlangsamt
• Lathyrus sativus (D4, D6, C30)	fortschreitende Schwäche und Paralyse der Gliedmaßen, spastische Paralyse
• Cicuta virosa (D6–D200)	krampfartige Zuckungen, epileptische Krämpfe, Opisthotonus
• Opium (D6, D30, D200)	große Benommenheit, Bewusstseinstrübung, Somnolenz, Stupor

Prophylaxe, beginnend 14 Tage vor der Geburt:

• Phosphor-Homaccord	petechiale Blutungen und Blutungsneigung, Laryngitis, Pharyngitis, Degeneration parenchymatöser Organe, Hochleistungstiere, Mineralstoffregulation ➔ Konstitutionsmittel

Verabreichung: 1-mal täglich

• Calcium phosphoricum-Injeel	Kalkstoffwechselstörungen, Knochenbeschwerden, Wachstums- und Entwicklungsstörungen, lebhafte Tiere, groß, kräftig, schwer, Fütterungsfehler ➔ Konstitutionsmittel

Verabreichung: 1-mal täglich

• Sabina (D30)	Metrorrhagien p.p., Aborte in der Frühträchtigkeit, drohender Abort, Fluor albus, scharfer, eitriger Ausfluss

Verabreichung: 2 Wochen a.p.

FIBROM

• Galium-Heel / Galium comp.-Heel	Immunmodulation bei chronischen Erkrankungen verschiedener Genese, Präkanzerosen, „Zellreinigung"
+ Lymphomyosot	„Mesenchymentschlackung", Lymphatismus, Lymphödeme, Drüsenschwellungen, Tonsillarhypertrophie

Verabreichung: zusammen täglich über mehrere Wochen

• Calcium fluoratum-Injeel	Bindegewebsschwäche, „Knochenkaries", Knochenfisteln, Exostosen, steinharte Drüsenschwellungen, wirkt auf Sehnen und Bänder, Fibrom

➔ Tumore

FIEBER

Unterstützung der körpereigenen Abwehrkräfte:

• Aconitum-Homaccord	grippale und katarrhalische Infekte, besonders im Prodromalstadium, Beschwerden nach Schreck und kaltem Wind, Fieber mit heißer Haut und Unruhe
• Belladonna-Homaccord	lokalisierte, akute und heftige Entzündungen, auch mit hohem Fieber, arterielle Pulsationen
• Engystol	aktiviert die unspezifische Abwehr, virale Erkrankungen, reduziert Stressfolgen
• Gripp-Heel	Grippe und grippale Infekte, Fieber, Gliederschmerzen, Entzündungen seröser Häute, Bronchitis, virale Erkrankungen
• Echinacea compositum	bakterielle Infektionen verschiedener Organsysteme, Entzündungen, Fieber, auch prophylaktisch
• Lachesis compositum	septische Tendenz bei Entzündungen und Eiterungen, Phlegmone, Endometritis, Nachgeburtsverhaltung, fördert die Ablösung der Nachgeburt
• Entzündungstropfen (Cosmochema)	Entzündungen verschiedener Art und Lokalisation, zu Entzündungen neigende Bagatellverletzungen
• Traumeel	Entzündungen verschiedener Genese und Lokalisation, Verletzungen, Wundbehandlung, auch postoperativ
• Ferrum phosphoricum-Injeel	Fieber- und Entzündungszustände, wellenhafter Verlauf
• Bryonia-Injeel	Entzündungen, beginnende Abszedierung, Bewegung verschlimmert, besser durch festen Druck auf die erkrankte Stelle, sich langsam entwickelndes Fieber mit ausgeprägtem Frösteln
• Gelsemium-Homaccord	Neuralgie insbesondere des Kopf-Hals-Bereichs, Schwindel, zittrige Schwäche, Erschöpfung, Gliederschmerzen, Nervenlähmungen, Erschöpfung und Schwäche im frühen Fieberstadium
• Pyrogenium (D6–D30)	heftige, überschießende Reaktionen, Eiterungen, Lymphadenitis, gangränöse Zustände, Sepsis, übel riechende Absonderungen

Herz-Kreislauf-Unterstützung:

• Cactus compositum	Myokardschwäche, auch infektiöser Genese, Peri- und Endokarditis, Herzrhythmusstörungen, Koronarinsuffizienz
• Carbo vegetabilis-Injeel	Kollaps und Kreislaufversagen, mit kalter Haut und kalten Akren

➔ Entzündungen

FIP / FELINE INFEKTIÖSE PERITONITIS adjuvant

Basismittel

Vor allem bei trockener Form:

• Coenzyme compositum	regt blockierte enzymatische Abläufe insbesondere der Energiegewinnung an (Zitronensäurezyklus), degenerative oder chronische Erkrankungen
+ Ubichinon compositum	verbessert die Energiebereitstellung in der Zelle, degenerative und tumoröse Erkrankungen

+ Nux vomica-Homaccord	Funktionsstörungen von Magen, Darm und Leber, Spasmen, Meteorismus, Beschwerden nach Überreizung

Verabreichung: zusammen 2- bis 3-malige Injektion (jeweils 1–2 ml) im Abstand von 2–3 Tagen, dazwischen orale Gabe der Mittel durch den Besitzer

Vor allem bei feuchter Form:

• Apis-Homaccord	ödematöse, schmerzhafte Schwellungen, pustulöse und bullöse Ekzeme, Entzündungen mit Flüssigkeitsansammlung in Geweben und Körperhöhlen
+ Bryonia-Injeel	Entzündungen, beginnende Abszedierung, Bewegung verschlimmert, besser durch festen Druck auf die erkrankte Stelle
+ Colchicum-Injeel	Erkrankungen mit wandernden Beschwerden, Kollapsneigung mit kaltem Schweiß, Kolik, Gastroenteritis, Ergüsse in Körperhöhlen

Verabreichung: zusammen 2- bis 3-malige Injektion (jeweils 1–2 ml) im Abstand von 2–3 Tagen, dazwischen orale Gabe der Mittel durch den Besitzer

Ergänzungsmittel

• Spascupreel	Spasmen glattmuskulärer Hohlorgane, Spastizität der quergestreiften Muskulatur wie muskulärer Hartspann, Koliken, spastische und asthmatoide Bronchitis
• Solidago compositum	akute und chronische Erkrankungen der Nieren und Harnwege, Zystitis, Nephrolithiasis, Hydronephrose, funktionelle Unterstützung der Nieren
• Galium-Heel / Galium comp.-Heel	Immunmodulation bei chronischen Erkrankungen verschiedener Genese, Präkanzerosen, „Zellreinigung"
• Gripp-Heel	Grippe und grippale Infekte, Fieber, Gliederschmerzen, Entzündungen seröser Häute, Bronchitis, virale Erkrankungen
• Echinacea compositum	bakterielle Infektionen verschiedener Organsysteme, Entzündungen, Fieber, auch prophylaktisch
• Chelidonium-Homaccord	Leberstörungen mit Schwerpunkt Gallensystem, Cholangitis, Cholezystitis, Gallenkolik, akute und chronische Hepatitis, Stauungsikterus
• Nux vomica-Homaccord	Funktionsstörungen von Magen, Darm und Leber, Spasmen, Meteorismus, Beschwerden nach Überreizung
• Lycopodium-Injeel	Leber- und Gallenstörungen, satt nach wenigen Bissen, hager, schlechter Appetit, Abmagerung ➔ Konstitutionsmittel
• Bryaconeel	Neuralgien, akuter und chronischer Rheumatismus, Entzündungen seröser Häute, Parästhesien
• Arsenicum album-Injeel	akute und chronische Entzündungen an Augen, Atemwegen, Verdauungs- und Harnapparat, Organdegeneration, Abmagerung, mitternächtliche Unruhe, Anämie, Leber- und Nierenmittel ➔ Konstitutionsmittel
• Ferrum phosphoricum-Injeel	Fieber- und Entzündungszustände, wellenhafter Verlauf, Schwäche und Anämie nach Erkrankung
• China-Homaccord	Erschöpfungs- und Schwächezustände, rezidivierendes Fieber, Leberfunktionsstörungen, nach Flüssigkeitsverlusten, Rekonvaleszenzmittel

• Apocynum (D2–D12)	kardiale und renale Ödeme, Herzinsuffizienz, Retention von Körperflüssigkeiten, Aszites
• Abrotanum (D3–D30)	Abmagerung besonders an den Beinen trotz guten Appetits, verzögerte Rekonvaleszenz, exsudative und trockene Entzündungen der serösen Häute
• Flor de piedra D6, D12	Hypo- und Hyperthyreose, Hepatitis, Hepatose, venöse Durchblutungsstörungen, alle Funktionen verlangsamt, Leber- und Nierenmittel bei der Katze

FISSURA ANI

• Paeonia comp.-Heel	Ekzema, Pruritus und Fissura ani, Hämorrhoiden, trockene, rissige Haut, Ekzeme mit honiggelben Krusten, juckende und nässende Hautausschläge
• Abropernol	Ekzeme, Erythem, Hyperhidrosis, Hyperkeratosen, Haut spröde und rissig, Rhagaden, Warzen
• Cruroheel	Fisteleiterungen, Knochenfisteln, Ulcus cruris, Bindegewebsschwäche, chronische Eiterungen, scharfe Sekrete
• Acidum nitricum-Injeel	Veränderungen an Haut und Schleimhäuten, besonders mukokutane Übergänge, Blutungen, Rhagaden
• Petroleum-Injeel	nässende Ekzeme, Haut- und Schleimhauterkrankungen, empfindliche, trockene, rissige Haut, Rhagaden, blutende Fissuren, Alopezie, Hyperkeratose an den Körperöffnungen
• Causticum-Injeel	Haut trocken und heiß, Ekzeme von Frösteln begleitet, mit klebrigem, zähem Sekret, Haarausfall an Innenachseln, Innenschenkeln und Körperöffnungen, Verdickung der Haut
• Abropernol	Ekzeme, Erythem, Hyperhidrosis, Hyperkeratosen, Haut spröde und rissig, Rhagaden, Warzen
• Hydrastis-Injeel	dicke, zähe, strähnige, gelb-weißliche Absonderungen aller Schleimhäute, Analfissuren
• Antimonium crudum-Injeel	Hyperkeratose besonders der Ballen, Rhagaden an mukokutanen Übergängen, Hautrisse, Ausschläge mit honiggelben Krusten
• Silicea-Injeel	chronische Eiterungen und Fistelbildungen, wirkt auf Bindegewebe, Bänder, Sehnen, Haut, Hautanhangsgebilde, schlechte Wundheilung ➔ Konstitutionsmittel
• Alumina (D4–D30, C30–C1000)	verzögerte Reizleitung, Trockenheit aller Schleimhäute und der Haut, Afterfissuren

➔ Ekzeme

FISTELEITERUNGEN

• Cruroheel	Fisteleiterungen, Knochenfisteln, Ulcus cruris, Bindegewebsschwäche, chronische Eiterungen, scharfe Sekrete
• Silicea-Injeel	chronische Eiterungen und Fistelbildungen, wirkt auf Bindegewebe, Bänder, Sehnen, Haut, Hautanhangsgebilde, schlechte Wundheilung ➔ Konstitutionsmittel
• Echinacea compositum	bakterielle Infektionen verschiedener Organsysteme, Entzündungen, Fieber, auch prophylaktisch

• Traumeel	Entzündungen verschiedener Genese und Lokalisation, Verletzungen, Wundbehandlung, auch postoperativ
• Hepar sulfuris-Injeel	eiternde Prozesse unterschiedlicher Lokalisation, schmerzhaft, Abszesse vor Ausreifung, Überempfindlichkeit gegen Kälte und Luftzug
• Myristica sebifera-Injeel	Gewebsentzündung, Lymphadenitis, Phlegmone, Panaritium, Abszesse nach Ausreifung, subakute Eiterungen oder Fisteln, „homöopathisches Messer"
• Calcium carbonicum-Injeel	Jungtiermittel, Drüsenschwellungen, Schleimhautkatarrhe, Polypenbildung und Ulzerationen, Milchschorf, Kalkstoffwechselstörungen, verzögerte Entwicklung ➔ Konstitutionsmittel
• Calcium sulfuricum-Injeel	chronische Eiterungen der Haut und Schleimhäute, Bindegewebseiterungen, Akne, fistelnde Abszesse, chronische Fisteln mit Verhärtungen
• Acidum nitricum-Injeel	Veränderungen an Haut und Schleimhäuten, besonders mukokutane Übergänge, Blutungen, Rhagaden, chronische Fisteln mit mehreren Kanälen, dünnflüssiges Sekret
• Asa foetida-Injeel	nächtliche Knochenschmerzen, auch bei Fisteln, Überempfindlichkeit

➔ Analbeutelfisteln

FLUOR ALBUS

• Hormeel	funktionelle Störungen im weiblichen Zyklus, Sterilität, Brunstlosigkeit, Fluor albus, reguliert die Geschlechtsfunktionen beim männlichen und weiblichen Tier
• Mucosa compositum	Schleimhauterkrankungen und -katarrhe verschiedener Art und Lokalisation, z.B. im Verdauungstrakt mit und ohne Ulkus, regenerationsfördernd für Schleimhäute
• Lilium compositum Heel	entzündliche Prozesse der weiblichen Geschlechtsorgane, Adnexitis, Para-, Myo- und Endometritis, Kolpitis, Ovariitis, Ovarialzysten, Fluor albus, Myombildung, Uterusprolaps
• Metro-Adnex-Injeel	Adnexitis, Para-, Myo- und Endometritis, Vaginitis, Dysmenorrhö, Ovariitis, Uterussenkung, Fluor albus, Uteruskrämpfe
• Pulsatilla-Injeel	alle Funktionen des Geschlechtsapparates sind verzögert und verlangsamt, Stillbrünstigkeit, junge Tiere, gelblich-grünes Sekret ➔ Konstitutionsmittel
• Calcium carbonicum-Injeel	Jungtiermittel, Drüsenschwellungen, Schleimhautkatarrhe, Polypenbildung und Ulzerationen, Milchschorf, Kalkstoffwechselstörungen, verzögerte Entwicklung, milchiger Fluor ➔ Konstitutionsmittel
• Sepia-Injeel	Brunstschwäche, nervöse Erschöpfung, Reizbarkeit, meist älter, hager, Fertilitätsstörungen, Bindegewebe schlaff, lassen auch in der Brunst kein Belegen zu, wund machendes Sekret ➔ Konstitutionsmittel
• Mercurius solubilis Hahnemanni-Injeel	beginnende Suppuration, Abszesse in Anbildung, akute, schmerzhafte Entzündungen im Bindegewebe und in verschiedenen Organen, Vaginitis

• Kalium bichromicum-Injeel	zähe, strähnige Absonderungen aller Schleimhäute, chronische Katarrhe, tief fressende Ulzera der Schleimhäute
• Lilium tigrinum (D2–D12)	Fluor albus, übermäßiger Geschlechtstrieb (weibliche Tiere), hochgradige Reizbarkeit
• Sabina (D3–D30)	Metrorrhagien p.p., Aborte in der Frühträchtigkeit, drohender Abort, Fluor albus, scharfer, eitriger Ausfluss, fördert die Uterusinvolution und -kontraktion
• Aristolochia D12, D15	primäre und sekundäre Brunstlosigkeit, Sterilität, Lochialstau, milder Fluor, Zyklusstörungen

➔ Endometritis; ➔ Vaginitis

FOETOR EX ORE

Ursache abklären!

• Gastricumeel	akute und chronische Gastritis, Dyspepsie, Meteorismus, gastrokardialer Symptomenkomplex, Ulcus ventriculi
• Nux vomica-Homaccord	Funktionsstörungen von Magen, Darm und Leber, Spasmen, Meteorismus, Beschwerden nach Überreizung
• Acidum nitricum-Injeel	Veränderungen an Haut und Schleimhäuten, besonders mukokutane Übergänge, Blutungen, Rhagaden, Ulzera im Mundbereich
• Carbo vegetabilis-Injeel	Magen aufgebläht, Meteorismus, Abneigung gegen Fett und Milch, Kollaps und Kreislaufversagen, mit kalter Haut und kalten Akren, Zahnfleischerkrankungen, Foetor ex ore
• Mercurius solubilis Hahnemanni-Injeel	beginnende Suppuration, Abszesse in Anbildung, akute, schmerzhafte Entzündungen im Bindegewebe und in verschiedenen Organen, Erosionen, Speichelfluss, unangenehmer Geruch
• Petroleum-Injeel	nässende Ekzeme, Haut- und Schleimhauterkrankungen, Rhagaden, blutende Fissuren, Stomatitis ulcerosa mit üblem Geruch
• Kreosotum-Injeel	Schleimhautkatarrhe mit ätzenden, übel riechenden Absonderungen, tief greifende Entzündungen der Schleimhäute, Ulzera, Fluor, Pruritus vulvae
• Argentum nitricum-Injeel	Melancholie, Platzangst, nervöse Symptome, Unruhe, Angst vor allem Neuen, blutige Gingivitis, dunkle Rötung der Schleimhaut, klebriger Schleim
• Graphites-Homaccord	chronische Ekzeme, trocken oder seborrhoisch, honigartiges Sekret, Fissuren, Borken, Schwielen, Neigung zu Adipositas, Trägheit, Verstopfung, dünnes Haarkleid und Haarausfall, gutmütige Tiere, trockene, rissige Haut, Mundgeruch wie Urin ➔ Konstitutionsmittel
• Rhus Tox-Injeel	Rheuma und Neuralgien, Sehnen- und Bänderaffektionen, schlechter bei nasskaltem Wetter, Anlaufschmerzen, Folgen von Überanstrengung, Stomatitis mit blutigem Speichel
• Plumbum metallicum-Injeel	schleichende Krankheitsprozesse, Schwäche und Kraftlosigkeit, Entzündungen der Maulschleimhaut mit süßlichem Geruch, Bleisaum am Zahnfleisch

➔ Gingivitis

FOLLIKELSPRUNG verzögert

• Ovarium compositum	Störungen der Ovarfunktion, unterstützend bei Endometritis, HVL-Insuffizienz bei weiblichen Tieren, Ovarialzysten

Verabreichung: Applikation mit der KB

• Pulsatilla-Injeel	alle Funktionen des Geschlechtsapparates sind verzögert und verlangsamt, Stillbrünstigkeit ➔ Konstitutionsmittel
• Jodum (D3–D30)	verzögerter Follikelsprung bei dünnen Tieren

➔ Fertilitätsstörungen; ➔ Konzeptionsstörungen

FORL / FELINE ODONTOKLASTISCHE RESORPTIVE LÄSIONEN Neck lesions

• Calcium phosphoricum-Injeel	Kalkstoffwechselstörungen, Knochenbeschwerden, Wachstums- und Entwicklungsstörungen, unterstützt die Mineralisation, schlanke, feingliedrige Tiere
• Parodontose-Nosode-Injeel	Parodontopathien, Zahnfleischbluten, Zahnfleischatrophie, chronische Gingivitis
• Pulpa dentis suis-Injeel	spezifischer Regulationseffekt auf Funktion und Struktur des entsprechenden Organs, apikales Fokusgeschehen, Karies

➔ Gingivitis

FRAKTUREN

Basismittel

Heilungsförderung:

• Traumeel	Entzündungen verschiedener Genese und Lokalisation, Verletzungen, Wundbehandlung, auch postoperativ
+ Symphytum-Injeel	„Arnika der Knochen", beschleunigt die Kallusbildung, fördert den Knochenstoffwechsel, Periostitis

Verabreichung: zusammen jeweils 3-mal täglich

ggf. Laserbehandlung/Magnetfeld 2-mal wöchentlich

Ergänzungsmittel

• Arnica-Injeel	regt die Wundheilung an, Herzmuskelschwäche, Neuralgien, Myalgien, Zerschlagenheitsgefühl
• Calcium carbonicum-Injeel	Jungtiermittel, Drüsenschwellungen, Schleimhautkatarrhe, Polypenbildung und Ulzerationen, Milchschorf, Kalkstoffwechselstörungen, verzögerte Entwicklung ➔ Konstitutionsmittel

• Calcium phosphoricum-Injeel	Kalkstoffwechselstörungen, Knochenbeschwerden, Wachstums- und Entwicklungsstörungen, unterstützt Heilung von Frakturen, schlanke, feingliedrige Tiere ➔ Konstitutionsmittel
• Calcium fluoratum-Injeel	Bindegewebsschwäche, „Knochenkaries", Knochenfisteln, Exostosen, steinharte Drüsenschwellungen, wirkt auf Sehnen und Bänder, schlecht heilende Frakturen
• Ruta-Injeel	Folgen stumpfer Verletzungen, Ganglion, venöse Stauungen, Folgen von körperlicher Überanstrengung, Reizung und Entzündung des Periosts
• Cruroheel	Fisteleiterungen, Knochenfisteln, Ulcus cruris, Bindegewebsschwäche, chronische Eiterungen
• Silicea-Injeel	chronische Eiterungen und Fistelbildungen, wirkt auf Bindegewebe, Bänder, Sehnen, Haut, Hautanhangsgebilde, schlechte Wundheilung ➔ Konstitutionsmittel
• Calcoheel	Kalkstoffwechselstörungen, Milchschorf, erschwertes Zahnen, Lymphatismus
• Hypericum-Injeel	Nerven- und Gehirnverletzungen, Nervenschmerzen bei und nach Verletzungen, Schmerzen im distalen Gliedmaßenbereich

➔ Kallusbildung; ➔ Verletzungen

FREMDKÖRPER

ggf. Chirurgie!

• Traumeel	Entzündungen verschiedener Genese und Lokalisation, Verletzungen, Wundbehandlung, auch postoperativ
• Echinacea compositum	bakterielle Infektionen verschiedener Organsysteme, Entzündungen, Fieber, auch prophylaktisch
• Silicea-Injeel	chronische Eiterungen und Fistelbildungen, wirkt auf Bindegewebe, Bänder, Sehnen, Haut, Hautanhangsgebilde, schlechte Wundheilung, zur Demarkation von Fremdkörpern ➔ Konstitutionsmittel

Im Magen-Darm-Trakt:

• Ledum-Injeel	Anfangsstadium oder akuter Verlauf, fieberfrei, hochgradig schmerzhaft, Stichverletzungen
• Nux vomica-Homaccord	Funktionsstörungen von Magen, Darm und Leber, Spasmen, Meteorismus, Beschwerden nach Überreizung
• Veratrum-Homaccord	Dysenterie, Gastroenteritis mit und ohne Kolik, Kollapszustände mit zyanotischer oder blasser, kühler Haut
• Colchicum-Injeel	Erkrankungen mit wandernden Beschwerden, Kollapsneigung mit kaltem Schweiß, Kolik, Gastroenteritis
• Cina D4, D6	Verdauungsstörungen durch Fremdkörper

Rind:

• Bryonia-Injeel	Entzündungen, beginnende Abszedierung, Bewegung verschlimmert, besser durch festen Druck auf die erkrankte Stelle, Fremdkörperperitonitis (Rind)

• Lachesis-Injeel	septische Prozesse, Hämolyse, blaurote Entzündungen ➔ Konstitutionsmittel
• Nux vomica-Homaccord	Funktionsstörungen von Magen, Darm und Leber, Spasmen, Meteorismus, Beschwerden nach Überreizung

FRESSLUST mangelnde

Basismittel	
• Hepar comp. Heel	akute und chronische Leber-Galle-Affektionen, regt die Leberfunktion an, Verdauungsstörungen
+ Coenzyme compositum	regt blockierte enzymatische Abläufe insbesondere der Energiegewinnung an (Zitronensäurezyklus), degenerative oder chronische Erkrankungen
+ Ubichinon compositum	verbessert die Energiebereitstellung in der Zelle, degenerative und tumoröse Erkrankungen

Verabreichung: zusammen 2-mal wöchentlich für 4–6 Wochen

Ergänzungsmittel

• Carduus compositum	akute und chronische Leber- und Gallenerkrankungen, alle Folgeerkrankungen davon, Stoffwechselstörungen, Verdauungsprobleme
• Hepeel	akute und chronische Leber- und Gallenerkrankungen, alle Folgeerkrankungen davon, Stoffwechselstörungen, Verdauungsprobleme
• Nux vomica-Homaccord	Funktionsstörungen von Magen, Darm und Leber, Spasmen, Meteorismus, Beschwerden nach Überreizung
• Antimonium crudum-Injeel	Hyperkeratose besonders der Ballen, Rhagaden und Warzen, Ausschläge mit honiggelben Krusten, Gastritis, Enteritis, Erbrechen, Appetitlosigkeit und Widerwillen gegen alle Speisen
• Lycopodium-Injeel	Leber- und Gallenstörungen, satt nach wenigen Bissen, hager ➔ Konstitutionsmittel
• Ferrum metallicum-Injeel	große Blässe der Schleimhäute, kalte Extremitäten, Blutungsneigung, postinfektiöse Anämie, Eisenmangelerscheinungen, Magenschwäche
• China-Homaccord	Erschöpfungs- und Schwächezustände, Leberfunktionsstörungen, nach Flüssigkeitsverlusten, Rekonvaleszenzmittel
• Calcium phosphoricum-Injeel	Kalkstoffwechselstörungen, Knochenbeschwerden, Wachstums- und Entwicklungsstörungen, langwieriges Zahnen, Zähne werden früh kariös, Rachitis ➔ Konstitutionsmittel
• Arsenicum album-Injeel	akute und chronische Entzündungen an Augen, Atemwegen, Verdauungs- und Harnapparat, Organdegeneration, Abmagerung, mitternächtliche Unruhe, Magengeschwüre ➔ Konstitutionsmittel

➔ Inappetenz

FURUNKEL

• Belladonna-Homaccord	lokalisierte, akute und heftige Entzündungen, auch mit hohem Fieber, arterielle Pulsationen
• Echinacea compositum	bakterielle Infektionen verschiedener Organsysteme, Entzündungen, Fieber, auch prophylaktisch
• Traumeel	Entzündungen verschiedener Genese und Lokalisation, Verletzungen, Wundbehandlung, auch postoperativ
• Lachesis-Injeel	septische Prozesse, Hämolyse, blaurote Entzündungen ➔ Konstitutionsmittel
• Mercurius-Heel	entzündliche und eitrige Erkrankungen der Haut und anderer Organe
• Hepar sulfuris-Injeel	eiternde Prozesse unterschiedlicher Lokalisation, schmerzhaft, Abszesse vor Ausreifung, Überempfindlichkeit gegen Kälte und Luftzug
• Myristica sebifera-Injeel	Gewebsentzündung, Lymphadenitis, Phlegmone, Panaritium, Abszesse nach Ausreifung, „homöopathisches Messer"
• Sulfur-Injeel	„Reaktionsmittel" bei allen chronischen Erkrankungen, Furunkulose bei Stoffwechselstörungen ➔ Konstitutionsmittel
• Calcium sulfuricum-Injeel	chronische Eiterungen der Haut und Schleimhäute, Bindegewebseiterungen, Akne, fistelnde Abszesse, wenig schmerzhaft
• Mezereum-Homaccord	vesikulöse Ekzeme, Dermatosen, Herpes zoster, Neuralgien, Pruritus, ätzende Sekretionen, nächtliche Verschlimmerung
• Arnica-Injeel	regt die Wundheilung an, Herzmuskelschwäche, Neuralgien, Myalgien, Zerschlagenheitsgefühl, zahlreiche schmerzhafte Furunkel
• Phosphor-Homaccord	petechiale Blutungen und Blutungsneigung, Laryngitis, Pharyngitis, Degeneration parenchymatöser Organe, Pickel, Papeln, Bläschen, Furunkel ➔ Konstitutionsmittel
• Silicea-Injeel	chronische Eiterungen und Fistelbildungen, wirkt auf Bindegewebe, Bänder, Sehnen, Haut, Hautanhangsgebilde, schlechte Wundheilung ➔ Konstitutionsmittel
• Dulcamara-Homaccord	„Nasswettermittel", rezidivierende Furunkulose, juckende Ekzeme, struppiges Aussehen
• Streptococcus haemolyticus-Injeel	Mastitis, Angina, Neigung zu Tonsillarabszessen, Furunkel, Erkrankungen mit Verdacht auf Streptokokkenbeteiligung
• Staphylococcus-Injeel	chronisch und chronisch-rezidivierende Erkrankungen, Furunkel, Pyodermie, Panaritium, Phlegmone, Erkrankungen mit Verdacht auf Staphylokokkenbeteiligung
• Bellis perennis (D0–D3)	fördert die Wundheilung, Verletzungen, Traumen oder Überanstrengung der Muskeln, Akne, Furunkel
• Kalium bromatum D4, D6	Akne, seborrhoisches Ekzem, Psoriasis
• Jodum (D3–D30)	Hyperthyreose, Struma, Abmagerung bei reichlicher Futteraufnahme, Drüsenschwellungen, chronische Entzündungen, Furunkulose, verdrießlich, reizbar, ruhelos

• Tarantula D6	Hysterie, Hysteroepilepsie, Hyperästhesie, reizbar durch Berührung, sehr schmerzhafte, akute Furunkel ➔ Konstitutionsmittel
• Ustilago maydis (D0–D3)	Alopezie, kleine Furunkel, trockene Haut, Pruritus

FUTTERINTOXIKATION

• Nux vomica-Homaccord	Funktionsstörungen von Magen, Darm und Leber, auch nach Fütterungsfehlern, Spasmen, Meteorismus, Beschwerden nach Überreizung
• Veratrum-Homaccord	Dysenterie, Gastroenteritis mit und ohne Kolik, Kollapszustände mit zyanotischer oder blasser, kühler Haut
• Arsenicum album-Injeel	akute und chronische Entzündungen an Augen, Atemwegen, Verdauungs- und Harnapparat, Organdegeneration, Abmagerung, mitternächtliche Unruhe ➔ Konstitutionsmittel
• Antimonium crudum-Injeel	Hyperkeratose besonders der Ballen, Rhagaden und Warzen, Ausschläge mit honiggelben Krusten, Gastritis, Folgen von Durcheinanderessen
• Bacterium coli-Injeel	Durchfall durch Darmdysbiose, z.B. durch Antibiotikagabe, Furcht führt zu Meteorismus
• Carbo vegetabilis-Injeel	Kollaps und Kreislaufversagen, mit kalter Haut und kalten Akren, starke übel riechende Blähungen, trockenes Würgen
• Crotalus-Injeel	dunkle Blutungen in allen Organen und aus allen Körperöffnungen, heftiges Erbrechen
• Okoubaka D2, D3	Gastroenteritis, Lebensmittelunverträglichkeiten, Durchfälle als Folge von Intoxikation und verdorbenem Futter

➔ Vergiftungen

FUTTERMITTELALLERGIE / FUTTERMITTELINTOLERANZ

Begleitend zur Futterkorrektur!

Auto-Sanguis-Stufentherapie

1. Stufe: Engystol	aktiviert die unspezifische Abwehr, virale Erkrankungen, reduziert Stressfolgen, „Umstimmung" bei Allergien und Dermatosen
2. Stufe: Galium-Heel / Galium comp.-Heel	Immunmodulation bei chronischen Erkrankungen verschiedener Genese, Präkanzerosen, „Zellreinigung", Ausleitung bei Hormonüberschuss
+ Lymphomyosot	„Mesenchymentschlackung", Lymphatismus, Lymphödeme, Drüsenschwellungen, Tonsillarhypertrophie
3. Stufe: Coenzyme compositum	regt blockierte enzymatische Abläufe insbesondere der Energiegewinnung an (Zitronensäurezyklus), degenerative oder chronische Erkrankungen
+ Ubichinon compositum	verbessert die Energiebereitstellung in der Zelle, degenerative und tumoröse Erkrankungen
4. Stufe: Mucosa compositum	Schleimhauterkrankungen und -katarrhe verschiedener Art und Lokalisation, z.B. im Verdauungstrakt mit und ohne Ulkus, regenerationsfördernd für Schleimhäute

5. Stufe: Bacterium coli-Injeel	Durchfall durch Darmdysbiose, z.B. durch Antibiotikagabe, zur Metaphylaxe oder als Nachbehandlung
+ Colon suis-Injeel	spezifischer Regulationseffekt auf Funktion und Struktur des entsprechenden Organs, Störungen der Darmexkretion, chronische Obstipation, Darmatonie, Darmspasmen

Verabreichung: mehrmals in wöchentlichem Abstand

GALLESTAUUNGEN

• Chelidonium-Homaccord	Leberstörungen mit Schwerpunkt Gallensystem, Cholangitis, Cholezystitis, Gallenkolik, akute und chronische Hepatitis, Stauungsikterus
• Injeel-Chol	Cholangitis, Cholezystitis, Cholelithiasis, Gallenkoliken, Leberfunktionsstörungen, Hepatopathien, Schwäche, Meteorismus
• Berberis-Homaccord	Reiz- und Entzündungszustände im Urogenitaltrakt und in den Gallenwegen, mit und ohne Konkremente, Gallen- und Nierenkoliken
• Taraxacum-Injeel	Cholezystopathien, Hepatopathie mit und ohne Ikterus, Meteorismus, Flatulenz, Gastritis
• Spascupreel	Spasmen glattmuskulärer Hohlorgane, Spastizität der quergestreiften Muskulatur wie muskulärer Hartspann, Koliken, spastische und asthmatoide Bronchitis
• Atropinum compositum	Krämpfe der glatten und quergestreiften Muskulatur, Gallen-, Nieren-, Darmkoliken, stechende, brennende Schmerzen, Diarrhö, Unruhe
• Momordica compositum	Regulation bei Pankreatitis, Störungen der Pankreasfunktion, kolikartige Schmerzen im Oberbauch, gastrokardialer Symptomenkomplex, Abmagerung bei gutem Appetit, Blähkoliken
• Nux vomica-Homaccord	Funktionsstörungen von Magen, Darm und Leber, Spasmen, Meteorismus, Beschwerden nach Überreizung
• Lycopodium-Injeel	Leber- und Gallenstörungen, satt nach wenigen Bissen, hager ➔ Konstitutionsmittel
• Cholesterinum D4, D6	Hepatopathie, Cholelithiasis, Hypercholesterinämie

GASTRITIS akut

Basismittel

• Gastricumeel	akute und chronische Gastritis, Dyspepsie, Meteorismus, gastrokardialer Symptomenkomplex, Ulcus ventriculi

Verabreichung: initial alle 15–30 Minuten für 1–2 Stunden

• Nux vomica-Homaccord	Funktionsstörungen von Magen, Darm und Leber, Spasmen, Meteorismus, Beschwerden nach Überreizung
• Diarrheel	akute und chronische Diarrhö, Erbrechen, Gastroenteritis, Ulcus ventriculi, Tympanie mit Besserung durch Aufstoßen, Magen-Darm-Spasmen, Toxinbindung im Darm

Ergänzungsmittel

• Mucosa compositum	Schleimhauterkrankungen und -katarrhe verschiedener Art und Lokalisation, z.B. im Verdauungstrakt mit und ohne Ulkus, regenerationsfördernd für Schleimhäute
• Spascupreel	Spasmen glattmuskulärer Hohlorgane, Spastizität der quergestreiften Muskulatur wie muskulärer Hartspann, Koliken, spastische und asthmatoide Bronchitis
• Erigotheel	Ulcus ventriculi et duodeni, Magen-Darm-Katarrhe, Hyperazidität, Spasmen des Magens
• Arsenicum album-Injeel	akute und chronische Entzündungen an Augen, Atemwegen, Verdauungs- und Harnapparat, Organdegeneration, Abmagerung, mitternächtliche Unruhe, auch nach verdorbenem Futter ➔ Konstitutionsmittel
• Antimonium crudum-Injeel	Hyperkeratose besonders der Ballen, Rhagaden und Warzen, Ausschläge mit honiggelben Krusten, Gastritis, Erbrechen, Appetitlosigkeit, Abneigung gegen alle Speisen
• Duodenoheel	Duodenitis, Ulcus duodeni et ventriculi, Hyperazidität, Hunger- und Nüchternschmerz, Pylorussyndrom, Übelkeit, Erbrechen
• Calcium fluoratum-Injeel	Bindegewebsschwäche, „Knochenkaries", Knochenfisteln, Exostosen, steinharte Drüsenschwellungen, wirkt auf Sehnen und Bänder, Gastritis und Diarrhö
• Ipecacuanha-Injeel	hellrote, gussweise Blutungen, feuchte Bronchitis, profuse Durchfälle, Haarballengastritis der Katze, Erbrechen bessert nicht
• Phosphor-Homaccord	petechiale Blutungen und Blutungsneigung, Laryngitis, Pharyngitis, Degeneration parenchymatöser Organe, Erbrechen von Wasser, Verdauungsstörungen nach Aufregung ➔ Konstitutionsmittel
• Pulsatilla-Injeel	alle Funktionen sind verzögert und verlangsamt, Erbrechen nach fetter oder kalter Nahrung ➔ Konstitutionsmittel
• Carbo vegetabilis-Injeel	Kollaps und Kreislaufversagen, mit kalter Haut und kalten Akren, Erbrechen und Diarrhö mit großer Schwäche, subakut

Wechselnder Appetit:

• Ferrum metallicum-Injeel	große Blässe der Schleimhäute, kalte Extremitäten, Blutungsneigung, postinfektiöse Anämie, Eisenmangelerscheinungen, Magenschwäche

GASTROENTERITIS

Basismittel	
• Nux vomica-Homaccord	Funktionsstörungen von Magen, Darm und Leber, Spasmen, Meteorismus, Beschwerden nach Überreizung
+ Veratrum-Homaccord	Dysenterie, Gastroenteritis mit und ohne Kolik, Kollapszustände mit zyanotischer oder blasser, kühler Haut

Ergänzungsmittel

• Diarrheel	akute und chronische Diarrhö, Erbrechen, Gastroenteritis, Ulcus ventriculi, Tympanie mit Besserung durch Aufstoßen, Magen-Darm-Spasmen, Toxinbindung im Darm
• Gastricumeel	akute und chronische Gastritis, Dyspepsie, Meteorismus, gastrokardialer Symptomenkomplex, Ulcus ventriculi
• Duodenoheel	Duodenitis, Ulcus duodeni et ventriculi, Hyperazidität, Hunger- und Nüchternschmerz, Pylorussyndrom, Übelkeit, Erbrechen
• Mucosa compositum	Schleimhauterkrankungen und -katarrhe verschiedener Art und Lokalisation, z.B. im Verdauungstrakt mit und ohne Ulkus, regenerationsfördernd für Schleimhäute
• Arsenicum album-Injeel	akute und chronische Entzündungen an Augen, Atemwegen, Verdauungs- und Harnapparat, Organdegeneration, Abmagerung, mitternächtliche Unruhe, akute Gastroenteritis mit Erbrechen und faulig riechendem Durchfall ➔ Konstitutionsmittel
• Chelidonium-Homaccord	Leberstörungen mit Schwerpunkt Gallensystem, Cholangitis, Cholezystitis, Gallenkolik, akute und chronische Hepatitis, Stauungsikterus
• Colocynthis-Injeel	stechende Schmerzen, Krämpfe des Magen-Darm-Trakts, Gallenkoliken, periodisch auftretende Symptome, alle Symptome bessern sich auf Druck und Wärme
• Echinacea compositum	bakterielle Infektionen verschiedener Organsysteme, Entzündungen, Fieber, auch prophylaktisch
• Ipecacuanha-Injeel	hellrote, gussweise Blutungen, feuchte Bronchitis, profuse Durchfälle, Haarballengastritis der Katze, Erbrechen bessert nicht
• Phosphor-Homaccord	petechiale Blutungen und Blutungsneigung, Laryngitis, Pharyngitis, Degeneration parenchymatöser Organe, Erbrechen von Wasser, Verdauungsstörungen nach Aufregung ➔ Konstitutionsmittel
• Pulsatilla-Injeel	alle Funktionen sind verzögert und verlangsamt, Erbrechen nach fetter oder kalter Nahrung ➔ Konstitutionsmittel
• Carbo vegetabilis-Injeel	Kollaps und Kreislaufversagen, mit kalter Haut und kalten Akren, Erbrechen und Diarrhö mit großer Schwäche, subakut
• Okoubaka D2, D4	Gastroenteritis, Lebensmittelunverträglichkeiten, Durchfälle als Folge von Intoxikation und verdorbenem Futter

Spasmen:

• Spascupreel	Spasmen glattmuskulärer Hohlorgane, Spastizität der quergestreiften Muskulatur wie muskulärer Hartspann, Koliken, spastische und asthmatoide Bronchitis
• Atropinum compositum	Krämpfe der glatten und quergestreiften Muskulatur, Gallen-, Nieren-, Darmkoliken, stechende, brennende Schmerzen, Diarrhö, Unruhe

➔ Enteritis

GEBURTSERLEICHTERUNG

- Pulsatilla-Injeel — alle Funktionen des Geschlechtsapparates sind verzögert und verlangsamt, Stillbrünstigkeit, Lageanomalien des Fetus in der Hochgravidität, Wehenschwäche
➔ Konstitutionsmittel

Verabreichung: Gabe letzte Wochen a.p.

- Caulophyllum D3, D4 — rigide Zervix, Geburtserleichterung, Wehenschwäche

➔ Wehenschwäche

GEBURTSSTÖRUNGEN

- Pulsatilla-Injeel — alle Funktionen des Geschlechtsapparates sind verzögert und verlangsamt, Stillbrünstigkeit, Lageanomalien des Fetus in der Hochgravidität
➔ Konstitutionsmittel
- Cimicifuga-Injeel — blitzartige, schießende Schmerzen, rascher Wechsel der Symptome, Osteochondrose der Brust- und Halswirbelsäule, Ischiasneuralgie, Erregung des Nervensystems, endokrine Dysregulation
- Cuprum-Injeel — Krämpfe der glatten und quergestreiften Muskulatur, spastische Paresen
- Caulophyllum D3, D4 — rigide Zervix, Geburtserleichterung, Wehenschwäche
- Secale cornutum (D1–D30) — zerebrale Erregungszustände, Parästhesien, drohender Abort, dunkle Lochien, Blutungen p.p., fördert die Uteruskontraktion

➔ Geburtsverletzung; ➔ Retentio secundinarum; ➔ Wehenschwäche

GEBURTSVERLETZUNG

Minimierung postpartaler Komplikationen beim Rind:

Basismittel

- Traumeel — Entzündungen verschiedener Genese und Lokalisation, Verletzungen, Wundbehandlung, auch postoperativ

Verabreichung: 10 ml am Tag der Abkalbung, auch mehrmals täglich

- Lachesis compositum — septische Tendenz bei Entzündungen und Eiterungen, Phlegmone, Endometritis, Nachgeburtsverhaltung, trockenes Fieber, puerperale Störungen

Verabreichung: 10 ml am Tag 8 p.p.

- Carduus compositum — akute und chronische Leber- und Gallenerkrankungen, alle Folgeerkrankungen davon, Stoffwechselstörungen, Verdauungsprobleme

Verabreichung: 10 ml am Tag 15 p.p.

Ergänzungsmittel

Weicher Geburtsweg:

- Arnica-Injeel — regt die Wundheilung an bei Verletzungen, Verrenkungen, Quetschungen, Hämatomen, Blutungen, Zerschlagenheitsgefühl

- Hamamelis-Homaccord — offene, schmerzhafte Wunden, dunkle Hämorrhagien, Sickerblutungen, Zerschlagenheitsgefühl
- Hypericum-Injeel — Nervenverletzungen, Nervenquetschungen, Nervenschmerzen nach Verletzungen
- Bellis perennis D3, D4 — fördert die Wundheilung, Verletzungen, Traumen oder Überanstrengung der Muskeln, allgemeine Blutungsneigung, hellrote Blutungen

Knöcherner Geburtsweg:

- Symphytum-Injeel — „Arnika der Knochen", beschleunigt die Kallusbildung, fördert den Knochenstoffwechsel, Periostitis
- Rhus Tox-Injeel — Rheuma und Neuralgien, Sehnen- und Bänderaffektionen, schlechter bei nasskaltem Wetter, Anlaufschmerzen, Folgen von Überanstrengung

Harnabsatzstörungen p.p.:

- Apis-Homaccord — ödematöse, schmerzhafte Schwellungen, Harnabsatz durch Ödeme behindert

Psychische Folgen:

- Argentum nitricum-Injeel — Melancholie, Platzangst, nervöse Symptome, Unruhe, Angst vor allem Neuen (Erstlinge), lassen sich nicht melken und Jungtiere nicht saugen, Diarrhö
- Belladonna-Homaccord — lokalisierte, akute und heftige Entzündungen, auch mit hohem Fieber, arterielle Pulsationen, Hochziehen der Milch, schlagen um sich
- Lachesis-Injeel — septische Prozesse, Hämolyse, blaurote Entzündungen, Muttertiere nach Geburt aggressiv, unruhig und ängstlich, halten Milch während des Saugakts zurück
  ➔ Konstitutionsmittel
- Pulsatilla-Injeel — sanft, freundlich, unterwürfig, kann nicht allein sein, jammert und weint viel, Stimmungsschwankungen, nach Schwergeburt wird die Milch zurück gehalten
  ➔ Konstitutionsmittel
- Sepia-Injeel — Brunstschwäche, nervöse Erschöpfung, Reizbarkeit, meist älter, hager, Fertilitätsstörungen, Bindegewebe schlaff, lassen auch in der Brunst kein Belegen zu, schwere Geburt, Hochziehen der Milch
  ➔ Konstitutionsmittel
- Asa foetida-Injeel — Hündinnen sind auch gegenüber Besitzer aggressiv, hysterisch, überempfindlich, Agalaktie

Bösartigkeit gegenüber Jungtieren:

- Sepia-Injeel — Brunstschwäche, nervöse Erschöpfung, Reizbarkeit, meist älter, hager, Fertilitätsstörungen, Bindegewebe schlaff, lassen auch in der Brunst kein Belegen zu, gleichgültig gegenüber Nachwuchs
  ➔ Konstitutionsmittel
- Phosphor-Homaccord — petechiale Blutungen und Blutungsneigung, Laryngitis, Pharyngitis, Degeneration parenchymatöser Organe, subakutes Stadium oder zur Nachbehandlung, stoßen Jungtiere von sich
  ➔ Konstitutionsmittel

• Hyoscyamus (D6, D12, C30, C200)	Erregungszustände mit großer Unruhe, Eifersucht, Raserei, Wutanfälle wechselnd mit Melancholie und Gleichgültigkeit, Hypersexualität männlicher und weiblicher Tiere mit Eifersucht und Aggression, tötet und frisst Jungtiere ➔ Konstitutionsmittel

➔ Verletzungen

GELBSUCHT

Intrahepatisch:

Basismittel	
• Chelidonium-Homaccord	Leberstörungen mit Schwerpunkt Gallensystem, Cholangitis, Cholezystitis, Gallenkolik, akute und chronische Hepatitis, Stauungsikterus
+ Coenzyme compositum	regt blockierte enzymatische Abläufe insbesondere der Energiegewinnung an (Zitronensäurezyklus), degenerative oder chronische Erkrankungen
+ Ubichinon compositum	verbessert die Energiebereitstellung in der Zelle, degenerative und tumoröse Erkrankungen

Ergänzungsmittel

• Carduus compositum	akute und chronische Leber- und Gallenerkrankungen, alle Folgeerkrankungen davon, Stoffwechselstörungen, Verdauungsprobleme
• Hepar comp. Heel	akute und chronische Leber-Galle-Affektionen, regt die Leberfunktion an, Verdauungsstörungen
• Echinacea compositum	bakterielle Infektionen verschiedener Organsysteme, Entzündungen, Fieber, auch prophylaktisch
• Berberis-Homaccord	Reiz- und Entzündungszustände im Urogenitaltrakt und in den Gallenwegen, mit und ohne Konkremente, Gallen- und Nierenkoliken
• Natrium sulfuricum-Injeel	chronische Hepatopathie, chronische Gallenerkrankungen, chronische Diarrhö, Diabetes mellitus
• Hydrastis-Injeel	dicke, zähe, strähnige, gelb-weißliche Absonderungen aller Schleimhäute, Schwäche, Kachexie mit ausgeprägter Magen- und Leberfunktionsstörung, Cholezystopathien
• Taraxacum-Injeel	Cholezystopathien, Hepatopathie mit und ohne Ikterus, Meteorismus, Flatulenz, Gastritis
• Lycopodium-Injeel	Leber- und Gallenstörungen, satt nach wenigen Bissen, hager, chronische Ekzeme mit schlaffer, welker Haut, Cholelithiasis ➔ Konstitutionsmittel
• Engystol	aktiviert die unspezifische Abwehr, virale Erkrankungen, reduziert Stressfolgen, „Umstimmung" bei Allergien und Dermatosen
• Phosphor-Homaccord	petechiale Blutungen und Blutungsneigung, Laryngitis, Pharyngitis, Degeneration parenchymatöser Organe, Leberzirrhose, Lebererkrankungen mit Aszites ➔ Konstitutionsmittel
• Bryonia-Injeel	Entzündungen, beginnende Abszedierung, Bewegung verschlimmert, besser durch festen Druck auf die erkrankte Stelle, Hepatopathien

• Flor de piedra D3, D6	Hypo- und Hyperthyreose, Hepatitis, Hepatose, venöse Durchblutungsstörungen, alle Funktionen verlangsamt

Hämolytisch:

➔ Hämolytische Prozesse

Posthepatisch:

➔ Gallestauungen; ➔ Leberzirrhose

GELENKGALLEN

Basismittel	
• Apis-Homaccord	ödematöse, schmerzhafte Schwellungen, pustulöse und bullöse Ekzeme, Entzündungen mit Flüssigkeitsansammlung in Geweben und Körperhöhlen
+ Lymphomyosot	„Mesenchymentschlackung“, Lymphatismus, Lymphödeme, Drüsenschwellungen, Tonsillarhypertrophie

Ergänzungsmittel

• Traumeel	Entzündungen verschiedener Genese und Lokalisation, Verletzungen, Wundbehandlung, auch postoperativ
• Zeel	degenerative und rheumatische Gelenkerkrankungen, Arthrose, Polyarthrose, Spondylarthrose
• Osteoheel	Ostitis, Periostitis, Exostosen, nächtliche Knochenschmerzen, neuralgische Schmerzen, Gelenkknacken, Osteochondrose

Verabreichung: Gabe über mehrere Wochen

• Bryaconeel	Neuralgien, akuter und chronischer Rheumatismus, Entzündungen seröser Häute, Parästhesien
• Bryonia-Injeel	Entzündungen, beginnende Abszedierung, Bewegung verschlimmert, besser durch festen Druck auf die erkrankte Stelle
• Hekla Lava-Injeel	nutritive und infektiöse Störungen von Knochen und Knochenhaut, Exostosen an den Bandansätzen
• Os suis-Injeel	spezifischer Regulationseffekt auf Funktion und Struktur des entsprechenden Organs, Osteomalazie, Rachitis, Osteoporose, Exostosen, Periostitis
• Acidum hydrofluoricum (D6, D12)	Abmagerung trotz guten Appetits, Kachexie, Unruhe, Hast und Eile, Bindegewebs- und Knochenindurationen, chronische Periostitis
• Kalium jodatum (D1, D3)	Knochenschmerzen, Periostitis, schleichend verlaufende Infektionen mit Verhärtungen im Gewebe

lokal:

• Traumeel (Salbe / Gel)	Entzündungen verschiedener Genese und Lokalisation, Verletzungen, Wundbehandlung, auch postoperativ

➔ Exostosen

GERSTENKORN

• Oculoheel	Konjunktivitis, Ödeme der Augenlider, scharfer Tränenfluss, Neigung zu Eiterungen am Auge, Gerstenkorn, Keratitis
• Oculoheel Augentropfen	katarrhalische und eitrige Konjunktivitis und Keratitis, Lichtscheu, Tränenfluss
• Traumeel	Entzündungen verschiedener Genese und Lokalisation, Verletzungen, Wundbehandlung, auch postoperativ
• Hepar sulfuris-Injeel	eiternde Prozesse unterschiedlicher Lokalisation, schmerzhaft, Abszesse vor Ausreifung, Überempfindlichkeit gegen Kälte und Luftzug, akutes Gerstenkorn
• Staphisagria-Injeel	stark juckende, rezidivierende Gerstenkörner
• Calcium fluoratum-Injeel	Bindegewebsschwäche, „Knochenkaries", Knochenfisteln, Exostosen, steinharte Drüsenschwellungen, wirkt auf Sehnen und Bänder, Hordeolum
• Lycopodium-Injeel	Leber- und Gallenstörungen, satt nach wenigen Bissen, hager, Gerstenkorn am Lidwinkel ➔ Konstitutionsmittel

GICHT Vogel

Therapieversuch	
• Mucosa compositum	Schleimhauterkrankungen und -katarrhe verschiedener Art und Lokalisation, z.B. im Bereich der ableitenden Harnwege, regenerationsfördernd für Schleimhäute
+ Colchicum-Injeel	Nephritis, Gichtniere, Gicht, gichtische Erkrankungen mit wandernden Beschwerden
+ Traumeel	Entzündungen verschiedener Genese und Lokalisation, Verletzungen, Wundbehandlung, auch postoperativ
+ Nierentropfen (Cosmochema)	Nieren- und Blasenleiden, Dysurie, Albuminurie, Nephrolithiasis, Harndrang mit Schmerzen
+ Lithiumeel comp.	Gicht, harnsaure Diathese, rheumatische Erkrankungen, Schulter-Arm-Syndrom, Bänderschwäche, Krepitation, besonders Hüftgelenk

Verabreichung: von der Mischung 1-mal täglich 3 Tropfen im Wechsel mit

• Solidago compositum	akute und chronische Erkrankungen der Nieren und Harnwege, Zystitis, Nephrolithiasis, Hydronephrose, funktionelle Unterstützung der Nieren
• Berberis-Homaccord	Reiz- und Entzündungszustände im Urogenitaltrakt und in den Gallenwegen, mit und ohne Konkremente, Gallen- und Nierenkoliken

evtl. zusätzlich:

• Restructa (Fides)	rheumatische und arthritische Beschwerden, Gicht, harnsaure Diathese, Steindiathese

Verabreichung: 1 Tablette in 1 ml Wasser lösen, davon mehrmals täglich 5 Tropfen eingeben

• Abropernol	Ekzeme, Erythem, Hyperhidrosis, Hyperkeratosen, Haut spröde und rissig, Rhagaden, Warzen

Gichtprophylaxe Herbstmonate:

• Berberis-Homaccord	Reiz- und Entzündungszustände im Urogenitaltrakt und in den Gallenwegen, mit und ohne Konkremente, Gallen- und Nierenkoliken
+ Carduus compositum	akute und chronische Leber- und Gallenerkrankungen, alle Folgeerkrankungen davon, Stoffwechselstörungen, Verdauungsprobleme
+ Coenzyme compositum	regt blockierte enzymatische Abläufe insbesondere der Energiegewinnung an (Zitronensäurezyklus), degenerative oder chronische Erkrankungen

Verabreichung: 1-mal wöchentlich von der Mischung 5 Tropfen auf 10 ml Trinkwasser geben

Ausreichende Vitamin-A- und B12-Versorgung sichern

GINGIVITIS

Akut:

• Belladonna-Homaccord	lokalisierte, akute und heftige Entzündungen, auch mit hohem Fieber, arterielle Pulsationen
• Traumeel	Entzündungen verschiedener Genese und Lokalisation, Verletzungen, Wundbehandlung, auch postoperativ
• Kreosotum-Injeel	Schleimhautkatarrhe mit ätzenden, übel riechenden Absonderungen, tief greifende Entzündungen der Schleimhäute, Ulzera, Fluor, Pruritus vulvae
• Mercurius solubilis Hahnemanni-Injeel	beginnende Suppuration, Abszesse in Anbildung, akute, schmerzhafte Entzündungen im Bindegewebe und in verschiedenen Organen, Erosionen, Aphthen, Speichelfluss, unangenehmer Geruch
• Mercurius sublimatus corrosivus-Injeel	Suppurationen, Abszesse, Gingivitis, Stomatitis, Iritis, Blepharokonjunktivitis, Keratitis profunda, hochakute Schleimhautentzündungen der Augen, der Mundhöhle, des Dick- und Enddarms, der Nieren, der ableitenden Harnwege
• Echinacea compositum	bakterielle Infektionen verschiedener Organsysteme, Entzündungen, Fieber, auch prophylaktisch
• Mucosa compositum	Schleimhauterkrankungen und -katarrhe verschiedener Art und Lokalisation, z.B. im Verdauungstrakt mit und ohne Ulkus, regenerationsfördernd für Schleimhäute
• Chamomilla-Injeel	Überempfindlichkeit gegen Schmerzen, Krämpfe, Bauch aufgetrieben, Blähungskolik
• Calcium carbonicum-Injeel	Jungtiermittel, Drüsenschwellungen, Schleimhautkatarrhe, Polypenbildung und Ulzerationen, Milchschorf, Kalkstoffwechselstörungen, verzögerte Entwicklung, Hautallergien → Konstitutionsmittel
• Arnica-Injeel	regt die Wundheilung an, Herzmuskelschwäche, Neuralgien, Myalgien, Zerschlagenheitsgefühl
• Argentum nitricum-Injeel	Melancholie, Platzangst, nervöse Symptome, Unruhe, Angst vor allem Neuen, blutige Gingivitis, dunkle Rötung der Schleimhaut, klebriger Schleim

• Acidum nitricum-Injeel	Veränderungen an Haut und Schleimhäuten, besonders mukokutane Übergänge, Blutungen, Rhagaden, sehr schmerzhafte Ulzera an Gaumen und Wangen, Tiere sehr reizbar
• Apis-Homaccord	ödematöse, hellrote schmerzhafte Schwellungen, pustulöse und bullöse Ekzeme, Entzündungen mit Flüssigkeitsansammlung in Geweben und Körperhöhlen
• Arsenicum album-Injeel	akute und chronische Entzündungen an Augen, Atemwegen, Verdauungs- und Harnapparat, Organdegeneration, Abmagerung, mitternächtliche Unruhe, Zahnfleisch schmerzhaft, strenger Maulgeruch, Ulzera ➔ Konstitutionsmittel
• Carbo vegetabilis-Injeel	Kollaps und Kreislaufversagen, mit kalter Haut und kalten Akren, Zahnfleisch geschwollen, Parodontose, eitrige Absonderungen
• Natrium muriaticum-Injeel	Rhagaden an allen Körperöffnungen, nervöse Reizbarkeit, Trockenheit aller Schleimhäute, Reizung und Ulzera der Schleimhäute, Zahnfleisch schwammig, blutet leicht
• Borax D3	Stomatitis aphthosa, allgemeines Aphtenmittel, Speicheln, Futteraufnahme gestört
• Acidum hydrofluoricum (D6, D12)	Abmagerung trotz guten Appetits, Kachexie, Unruhe, Hast und Eile, Erkrankungen der Haut und Schleimhaut, tiefe Ulzera und Entzündungen, Zunge trocken und ledrig
• Arum triphyllum (D2, D3)	Risse in den Maulwinkeln, Maul sehr schmerzhaft, Ulzera, Zunge dunkelrot
• Kalium chloratum D4, D6	weiße Ulzera, Aphthen, fibrinöse, weißgraue Exsudate, urämische Geschwüre
• Kalium phosphoricum D6	Berührungsängste, Zahnfleisch schwammig, Blutungsneigung, Zunge mit senffarbenem Belag, aashafter Geruch

Chronisch:

➔ Chronische Gingivitis / Stomatitis; ➔ Stomatitis

GLAUKOM adjuvant

• Belladonna-Homaccord	lokalisierte, akute und heftige Entzündungen, auch mit hohem Fieber, arterielle Pulsationen, hochakuter Glaukomanfall, heftige Schmerzen
• Gelsemium-Homaccord	Neuralgie insbesondere des Kopf-Hals-Bereichs, Schwindel, zittrige Schwäche, Erschöpfung, Gliederschmerzen, akutes und subakutes Glaukom, Pupille erweitert, Schmerzen
• Phosphor-Homaccord	petechiale Blutungen und Blutungsneigung, Laryngitis, Pharyngitis, Degeneration parenchymatöser Organe, subakutes Stadium oder zur Nachbehandlung ➔ Konstitutionsmittel
• Euphrasia-Injeel	Blepharokonjunktivitis, Fließschnupfen mit Tränenfluss, Lichtscheu, Dakryozystitis
• Oculoheel	Konjunktivitis, Ödeme der Augenlider, scharfer Tränenfluss, Neigung zu Eiterungen am Auge, Gerstenkorn, Keratitis
• Oculoheel Augentropfen	katarrhalische und eitrige Konjunktivitis und Keratitis, Lichtscheu, Tränenfluss

• Calcium fluoratum-Injeel	Bindegewebsschwäche, „Knochenkaries", Knochenfisteln, Exostosen, steinharte Drüsenschwellungen, wirkt auf Sehnen und Bänder, Augen sind überempfindlich gegen Licht
• Oculus totalis suis-Injeel	spezifischer Regulationseffekt auf Funktion und Struktur des entsprechenden Organs, degenerative Augenerkrankungen, Glaukom, Katarakt, chronische Konjunktivitis
• Cerebrum compositum	Entwicklungs- und Verhaltensstörungen, Hirnfunktionsstörungen, vegetative Dystonie, Geriatrie, zur Geweberegeneration
• Magnesium carbonicum (D3–D30)	Spasmen der Hohlorgane, Milchunverträglichkeit beim Jungtier, saure Dyspepsie mit Flatulenz, wässrige Diarrhö, vorübergehende Störungen der Sehkraft

→ Augenerkrankungen

GLOMERULONEPHRITIS

Basismittel

• Solidago compositum	akute und chronische Erkrankungen der Nieren und Harnwege, Zystitis, Nephrolithiasis, Hydronephrose, funktionelle Unterstützung der Nieren

Ergänzungsmittel

• Apis-Homaccord	ödematöse, schmerzhafte Schwellungen, pustulöse und bullöse Ekzeme, Entzündungen mit Flüssigkeitsansammlung in Geweben und Körperhöhlen
• Belladonna-Homaccord	lokalisierte, akute und heftige Entzündungen, auch mit hohem Fieber, arterielle Pulsationen
• Berberis-Homaccord	Reiz- und Entzündungszustände im Urogenitaltrakt und in den Gallenwegen, mit und ohne Konkremente, Gallen- und Nierenkoliken
• Reneel	akute und chronische Nieren- und Blasenleiden, Nephrolithiasis, Urethritis, Albuminurie, Blutungsneigung
• Echinacea compositum	bakterielle Infektionen verschiedener Organsysteme, Entzündungen, Fieber, auch prophylaktisch, Nephritis nach Streptokokkeninfektionen
• Ren suis-Injeel	spezifischer Regulationseffekt auf Funktion und Struktur des entsprechenden Organs, Hydronephrose, Zystitis, Pyelitis, chronische Glomerulonephritis, Ödeme
• Coenzyme compositum	regt blockierte enzymatische Abläufe insbesondere der Energiegewinnung an (Zitronensäurezyklus), degenerative oder chronische Erkrankungen
+ Ubichinon compositum	verbessert die Energiebereitstellung in der Zelle, degenerative und tumoröse Erkrankungen

→ Nephritis

GRIPPALE INFEKTE

Basismittel	
• Gripp-Heel	Grippe und grippale Infekte, Fieber, Gliederschmerzen, Entzündungen seröser Häute, Bronchitis, virale Erkrankungen
• Engystol	aktiviert die unspezifische Abwehr, virale Erkrankungen, reduziert Stressfolgen, „Umstimmung" bei Allergien und Dermatosen

Ergänzungsmittel

• Echinacea compositum	bakterielle Infektionen verschiedener Organsysteme, Entzündungen, Fieber, auch prophylaktisch
• Euphorbium compositum	akute und chronische Rhinitiden und Sinusitiden, Ohrtubenkatarrh, Mittelohrhydrops, Katzenschnupfen
• Eupatorium perfoliatum-Injeel	Fieber mit starkem Zerschlagenheitsgefühl, Gliederschmerzen, grippaler Infekt, trockener Husten
• Lachesis compositum	septische Tendenz bei Entzündungen und Eiterungen, Phlegmone, Endometritis, Nachgeburtsverhaltung, trockenes Fieber
• Ubichinon compositum	verbessert die Energiebereitstellung in der Zelle, degenerative und tumoröse Erkrankungen
• Grippe-Nosode-Injeel	Folgen von Grippeerkrankungen, chronische Sinusitis, asthmatoide Beschwerden, anhaltende Heiserkeit, Erschöpfung, Müdigkeit

➔ Erkältungskrankheiten; ➔ Rhinitis; ➔ Sinusitis

HAARAUSFALL

Ursache abklären!

Basismittel	
• Coenzyme compositum	regt blockierte enzymatische Abläufe insbesondere der Energiegewinnung an (Zitronensäurezyklus), degenerative oder chronische Erkrankungen
+ Ubichinon compositum	verbessert die Energiebereitstellung in der Zelle, degenerative und tumoröse Erkrankungen
+ Cerebrum compositum	Entwicklungs- und Verhaltensstörungen, Hirnfunktionsstörungen, vegetative Dystonie, Geriatrie, zur Geweberegeneration, fördert die Durchblutung
+ Hautfunktionstropfen / Hautfunktionstabletten (Cosmochema)	Erkrankungen der Haut, Alopezie, chronische Ekzeme
zusätzlich bei weiblichen Tieren:	
• Ovarium compositum	Störungen der Ovarfunktion, unterstützend bei Endometritis, HVL-Insuffizienz bei weiblichen Tieren, Ovarialzysten
zusätzlich bei männlichen Tieren:	
• Testis compositum	regt die männlichen Organfunktionen an, Impotenz, Erschöpfungszustände aller Art, Regulation vegetativer Steuerungsfunktionen, Geriatrie

evtl. zusätzlich zur Stoffwechsel-Unterstützung:

• Hepar comp. Heel	akute und chronische Leber-Galle-Affektionen, regt die Leberfunktion an, Verdauungsstörungen
• Solidago compositum	akute und chronische Erkrankungen der Nieren und Harnwege, Zystitis, Nephrolithiasis, Hydronephrose, funktionelle Unterstützung der Nieren

Verabreichung: Ampullen zusammen 2-mal wöchentlich, Tabletten / Tropfen täglich

Ergänzungsmittel

• Cutis compositum	Basismittel bei Dermatosen verschiedener Genese, Ekzeme, Allergien, Dermatomykosen, Haarausfall
• Graphites-Homaccord	chronische Ekzeme, trocken oder seborrhoisch, honigartiges Sekret, Fissuren, Borken, Schwielen, Neigung zu Adipositas, Trägheit, Verstopfung, dünnes Haarkleid und Haarausfall, gutmütige Tiere, trockene, rissige Haut ➔ Konstitutionsmittel
• Pulsatilla-Injeel	alle Funktionen sind verzögert und verlangsamt, Erbrechen nach fetter oder kalter Nahrung, Ekzeme bei jungen, rundlichen Tieren, wenn Graphites nicht wirkt ➔ Konstitutionsmittel
• Lycopodium-Injeel	Leber- und Gallenstörungen, satt nach wenigen Bissen, hager, chronische Ekzeme mit schlaffer, welker Haut, Haarbruch, Hautprobleme an der Schulter ➔ Konstitutionsmittel
• Sulfur comp.-Heel	Dermatosen, Dermatitis, juckende und nässende Ekzeme, Pruritus, Urtikaria, „Reaktionsmittel" bei allen chronischen Krankheiten
• Plumbum metallicum-Injeel	schleichende Krankheitsprozesse, Schwäche und Kraftlosigkeit, Haut welk und unelastisch, Neigung zu Seborrhö und Haarausfall
• Selenium-Homaccord	Akne, seborrhoisches Ekzem, Alopezie, nervöse Schwäche
• Arsenicum album-Injeel	akute und chronische Entzündungen an Augen, Atemwegen, Verdauungs- und Harnapparat, Organdegeneration, Abmagerung, mitternächtliche Unruhe, schuppende Hauterkrankungen ➔ Konstitutionsmittel
• Thallium sulfuricum-Injeel	Osteoporose, Dysästhesien der Fußsohle, Neuritiden mit Paresen, Haut meist trocken, schuppig, Alopecia areata und totalis
• Natrium muriaticum-Injeel	Heuschnupfen, Akne, Rhagaden an allen Körperöffnungen, nervöse Reizbarkeit, Trockenheit aller Schleimhäute, Mykosen, seborrhoisches Ekzem, Haarausfall besonders in Gelenkbeugen und am Unterbauch
• Causticum-Injeel	Haut trocken und heiß, Ekzeme von Frösteln begleitet mit klebrigem, zähem Sekret, Haarausfall an Innenachseln, Innenschenkeln und Körperöffnungen, Verdickung der Haut
• Psorinum-Injeel	chronische Ekzeme und sonstige Hautausschläge, starker Juckreiz, Furunkel, chronische Entzündungen
• Thuja-Injeel	Neigung zu proliferativen Prozessen an Haut und Schleimhäuten, Impffolgen, Haarausfall mit dunkler Haut um die Augen, an Ohrrändern, Schwanzspitze und Präputium ➔ Konstitutionsmittel

• Kalium arsenicosum (D3–D30)	chronische Ekzeme, trockene, schlaffe Haut, Papeln mit weißen Schuppen, Risse in Gelenkbeugen, Pruritus in der Wärme, Haarausfall
• Jodum D12, D30	Hyperthyreose, Struma, Abmagerung bei reichlicher Futteraufnahme, Drüsenschwellungen, chronische Entzündungen, Haarausfall bei Schilddrüsenerkrankungen
• Magnesium carbonicum D8	Spasmen der Hohlorgane, Milchunverträglichkeit beim Jungtier, Alopezie beim Kalb
• Alumina (D4–D30, C30–C1000)	verzögerte Reizleitung, Trockenheit der Haut und aller Schleimhäute, trockene, flechtenartige Hautausschläge, starker Juckreiz, Wärme verschlechtert den Juckreiz, alle Hautsymptome schlechter im Winter
• Pix liquida (D1–D6)	rissige Haut, Ausschläge, unerträglicher Juckreiz, Haarausfall
• Ustilago maydis (D0–D3)	Alopezie, kleine Furunkel, trockene Haut, Pruritus

Durchblutungsförderung:

• Blutgefäßtropfen (Cosmochema)	periphere arterielle und venöse Durchblutungsstörungen, Varizen, Hämorrhoiden
• Circulo-Injeel	periphere Durchblutungsstörungen, Akroparästhesien, Gefäßspasmen, kalte Gliedmaßenenden
• Placenta suis-Injeel	periphere Durchblutungsstörungen, fördert die Gewebeausreifung, Dekubitus, Ulcus cruris, Rhagaden, Ekzeme

Hormonell bedingt (beim weiblichen Tier, auch nach der Geburt, ältere Tiere):

• Hormeel	funktionelle Störungen im weiblichen Zyklus, Sterilität, Brunstlosigkeit, Fluor albus, endokrine Dysfunktionen
• Lilium compositum Heel	entzündliche Prozesse der weiblichen Geschlechtsorgane, Adnexitis, Para-, Myo- und Endometritis, Kolpitis, Ovariitis, Ovarialzysten, Fluor albus, Myombildung, Uterusprolaps
• Ovarium compositum	Störungen der Ovarfunktion, unterstützend bei Endometritis, HVL-Insuffizienz bei weiblichen Tieren, Ovarialzysten, Geriatrie
• Lachesis-Injeel	septische Prozesse, Hämolyse, blaurote Entzündungen, Haarausfall nach der Läufigkeit, in der Trächtigkeit ➔ Konstitutionsmittel
• Sepia-Injeel	Brunstschwäche, nervöse Erschöpfung, Reizbarkeit, meist älter, hager, Fertilitätsstörungen, Bindegewebe schlaff, lassen auch in der Brunst kein Belegen zu, Haarausfall symmetrisch am Rücken, meist dunkel pigmentiert ➔ Konstitutionsmittel

Hormonell bedingt (beim männlichen Tier, auch ältere Tiere):

• Testis compositum	regt die männlichen Organfunktionen an, Impotenz, Erschöpfungszustände aller Art, reguliert vegetative Steuerungsfunktionen, Geriatrie

Immunologische Genese:

➔ Auto-Sanguis-Stufentherapie

Juckend:

• Psorinum-Injeel	chronische Ekzeme und sonstige Hautausschläge, starker Juckreiz, auch wechselnd mit Asthma, Wärme verschlechtert, übler Geruch, chronische Entzündungen
• Sulfur comp.-Heel	Dermatosen, Dermatitis, juckende und nässende Ekzeme, Pruritus, Urtikaria, „Reaktionsmittel" bei allen chronischen Krankheiten
• Alumina (D4–D30, C30–C1000)	verzögerte Reizleitung, Trockenheit der Haut und aller Schleimhäute, trockene, flechtenartige Hautausschläge, starker Juckreiz, Wärme verschlechtert den Juckreiz, alle Hautsymptome schlechter im Winter
• Pix liquida (D1–D6)	rissige Haut, Ausschläge, unerträglicher Juckreiz, Haarausfall
• Ustilago maydis (D0–D3)	Alopezie, kleine Furunkel, trockene Haut, Pruritus
• Kalium arsenicosum (D3–D30)	chronische Ekzeme, trockene, schlaffe Haut, Papeln mit weißen Schuppen, Risse in Gelenkbeugen, Pruritus in der Wärme; Haarausfall

Kleine Heimtiere:

• Cutis compositum	Basismittel bei Dermatosen verschiedener Genese, Ekzeme, Allergien, Dermatomykosen, Haarausfall
oral:	
• Hautfunktionstropfen / Hautfunktionstabletten (Cosmochema)	Erkrankungen der Haut, Alopezie, chronische Ekzeme

Nach besonders betroffenen Körperregionen:

Barthaare:

• Kalium phosphoricum D6	Berührungsängste, ängstlich, nervöse Furcht, Depression kann in Wutanfälle umschlagen, mit geistiger Erschöpfung, Haarausfall der Barthaare

Widerrist:

• Lycopodium-Injeel	Leber- und Gallenstörungen, satt nach wenigen Bissen, hager, Haarbruch und Haarausfall zwischen den Schulterblättern bei Leber- und / oder Nierenstörungen ➔ Konstitutionsmittel

Unterwolle:

• Silicea-Injeel	chronische Eiterungen und Fistelbildungen, wirkt auf Bindegewebe, Bänder, Sehnen, Haut, Hautanhangsgebilde, schlechte Wundheilung, Ausfall insbesondere der Unterwolle ➔ Konstitutionsmittel

Nach schwerer Krankheit:

• China-Homaccord	Erschöpfungs- und Schwächezustände, Leberfunktionsstörungen, nach Flüssigkeitsverlusten, Rekonvaleszenzmittel
• Ferrum phosphoricum-Injeel	Fieber- und Entzündungszustände, wellenhafter Verlauf, Schwäche und Anämie nach Erkrankung

Einseitige Ernährung:

• Natrium muriaticum-Injeel	Heufieber, Flechten, Akne, Rhagaden an allen Körperöffnungen, nervöse Reizbarkeit, Trockenheit aller Schleimhäute, Mykosen, seborrhoisches Ekzem

Psychogen:

- Cerebrum compositum — Entwicklungs- und Verhaltensstörungen, Hirnfunktionsstörungen, vegetative Dystonie, Geriatrie, zur Geweberegeneration

Verabreichung: 2-mal wöchentlich

- Phosphor-Homaccord — petechiale Blutungen und Blutungsneigung, Laryngitis, Pharyngitis, Degeneration parenchymatöser Organe, nervöse Tiere
  ➔ Konstitutionsmittel

Verabreichung: täglich bis jeden 2. Tag

➔ Fellwechsel; ➔ Leckgranulom

HAARBRUCH

Basismittel

- Cerebrum compositum — Entwicklungs- und Verhaltensstörungen, Hirnfunktionsstörungen, vegetative Dystonie, Geriatrie, zur Geweberegeneration

Verabreichung: 2-mal wöchentlich für 4–6 Wochen

Ergänzungsmittel

- Hautfunktionstropfen / Hautfunktionstabletten (Cosmochema) — Erkrankungen der Haut, Alopezie, chronische Ekzeme
- Hepar comp. Heel — akute und chronische Leber-Galle-Affektionen, regt die Leberfunktion an, Verdauungsstörungen, Haarbruch in der Folge von Leber- und / oder Nierenstörungen
- Lycopodium-Injeel — Leber- und Gallenstörungen, satt nach wenigen Bissen, hager, Haarbruch und Haarausfall zwischen den Schulterblättern bei Leber- und / oder Nierenstörungen
  ➔ Konstitutionsmittel
- Schwef-Heel — Dermatosen, juckende Ekzeme, Pyodermie, Haarbruch zwischen den Schulterblättern und entlang der Rückenlinie, Reaktions- und Resorptionsmittel
  ➔ Konstitutionsmittel (Sulfur)
- Natrium muriaticum-Injeel — Heufieber, Flechten, Akne, Rhagaden an allen Körperöffnungen, nervöse Reizbarkeit, Trockenheit aller Schleimhäute, Mykosen, seborrhoisches Ekzem, Haarbruch bei einseitiger Ernährung

HAARFARBE Abweichungen

- Cerebrum compositum — Entwicklungs- und Verhaltensstörungen, Hirnfunktionsstörungen, vegetative Dystonie, Geriatrie, zur Geweberegeneration
- Cutis compositum — Basismittel bei Dermatosen verschiedener Genese, Ekzeme, Allergien, Dermatomykosen, Haarausfall

HAARVERFILZUNG

• Psorinum-Injeel	chronische Ekzeme und sonstige Hautausschläge, starker Juckreiz, auch wechselnd mit Asthma, Wärme verschlechtert, übler Geruch, chronische Entzündungen
• Schwef-Heel	Dermatosen, juckende Ekzeme, Pyodermie, Reaktions- und Resorptionsmittel ➔ Konstitutionsmittel (Sulfur)
• Calcium fluoratum-Injeel	Bindegewebsschwäche, „Knochenkaries", Knochenfisteln, Exostosen, steinharte Drüsenschwellungen, wirkt auf Sehnen und Bänder, Pruritus
• Acidum hydrofluoricum (D6, D12)	Abmagerung trotz guten Appetits, Kachexie, Unruhe, Hast und Eile, Erkrankungen der Haut und Hautanhangsgebilde, brüchige und verwachsene Nägel

HAARWECHSELSTÖRUNGEN

Basismittel

• Cutis compositum	Basismittel bei Dermatosen verschiedener Genese, Ekzeme, Allergien, Dermatomykosen, Haarausfall
+ Coenzyme compositum	regt blockierte enzymatische Abläufe insbesondere der Energiegewinnung an (Zitronensäurezyklus), degenerative oder chronische Erkrankungen
• Hautfunktionstropfen / Hautfunktionstabletten (Cosmochema)	Erkrankungen der Haut, Alopezie, chronische Ekzeme

Ergänzungsmittel

• Sulfur comp.-Heel	Dermatosen, Dermatitis, juckende und nässende Ekzeme, Pruritus, Urtikaria, „Reaktionsmittel" bei allen chronischen Krankheiten, Unterwolle wird nicht gewechselt
• Cerebrum compositum	Entwicklungs- und Verhaltensstörungen, Hirnfunktionsstörungen, vegetative Dystonie, Geriatrie, zur Geweberegeneration

➔ Fellwechsel; ➔ Haarausfall

HÄMATURIE

• Cantharis compositum	Blasenentzündung, Nierenbeckenentzündung, Nierenentzündung, Blasentenesmen, Harnzwang, Brennen in der Urethra nach der Miktion, Hämaturie
• Solidago compositum	akute und chronische Erkrankungen der Nieren und Harnwege, Zystitis, Nephrolithiasis, Hydronephrose, funktionelle Unterstützung der Nieren
• Reneel	akute und chronische Nieren- und Blasenleiden, Nephrolithiasis, Urethritis, Albuminurie, Blutungsneigung
• Cinnamomum-Homaccord	kapilläre und präkapilläre Sickerblutungen, Hämorrhoiden, Blutungsneigung
• Phosphor-Homaccord	petechiale Blutungen und Blutungsneigung, Laryngitis, Pharyngitis, Degeneration parenchymatöser Organe, Blutharnen nach Verkühlung ➔ Konstitutionsmittel

• Mucosa compositum	Schleimhauterkrankungen und -katarrhe verschiedener Art und Lokalisation, z.B. im Bereich der ableitenden Harnwege, regenerationsfördernd für Schleimhäute, Schleimhautblutungen
• Hamamelis-Homaccord	venöse Stase, thrombophlebitische Zustände, dunkle Hämorrhagien, Hämaturie, Zystitis mit Blasenblutung
• Mercurius sublimatus corrosivus-Injeel	Suppurationen, Abszesse, Gingivitis, hochakute Schleimhautentzündungen der Nieren und der ableitenden Harnwege, Hämaturie
• Ipecacuanha-Injeel	hellrote, gussweise Blutungen, Erbrechen, feuchte Bronchitis
• Crotalus-Injeel	dunkle Blutungen in allen Organen und aus allen Körperöffnungen, Gangrän und Sepsis
• Lachesis-Injeel	septische Prozesse, Hämolyse, blaurote Entzündungen ➔ Konstitutionsmittel
• China-Homaccord	Erschöpfungs- und Schwächezustände, Leberfunktionsstörungen, nach Flüssigkeitsverlusten, profuse Schleimhautblutungen
• Colchicum-Injeel	kolikartige Blähungen, Gastroenteritis, Tenesmen der Urethra, Polyurie und Hämaturie
• Thuja-Injeel	Neigung zu proliferativen Prozessen an Haut und Schleimhäuten, ständiger Harndrang mit langem Nachtröpfeln, Blutbeimengungen ➔ Konstitutionsmittel
• Millefolium (D2–D12)	hellrote, arterielle Blutungen jeglicher Genese, Verletzungen, Nasenbluten
• Erigeron canadensis (D0–D3)	Hämorrhagien mit reichlichem, hellrotem Blut, Zahnfleischbluten, Hämaturie, Verschlimmerung bei jeder Bewegung
• Ficus religiosa D6, D12	verschiedenartige Blutungen, arterielle Blutungen nach Verletzungen, Blutungen aus der Niere, Harn enthält reichlich Blut
• Sabina (D3–D30)	Metrorrhagien p.p., Blutbeimengungen im Harn, Abgang reinen Blutes

➔ Blutungen; ➔ Zystitis

HÄMOLYTISCHE PROZESSE adjuvant

• Lachesis-Injeel	septische Prozesse, Hämolyse, blaurote Entzündungen ➔ Konstitutionsmittel
• Crotalus-Injeel	dunkle Blutungen in allen Organen und aus allen Körperöffnungen, Gangrän und Sepsis
• Vipera berus-Injeel	Phlebitis, Gangrän, Blutungsneigung, Blutungen aus allen Körperöffnungen
• Ferrum phosphoricum-Injeel	Fieber- und Entzündungszustände, wellenhafter Verlauf, Infektionskrankheiten, Hämorrhagien

Nachbehandlung:

• Medulla ossis suis-Injeel	spezifischer Regulationseffekt auf Funktion und Struktur des entsprechenden Organs, Anämie, Leukämie, Agranulozytose, Therapieschäden
• Splen suis-Injeel	spezifischer Regulationseffekt auf Funktion und Struktur des entsprechenden Organs, Anämie, Leukämie, Agranulozytose
• Ren suis-Injeel	spezifischer Regulationseffekt auf Funktion und Struktur des entsprechenden Organs, Hydronephrose, Zystitis, Pyelitis, chronische Glomerulonephritis, Ödeme

- Strontium carbonicum (D4–D30) — Osteoporose, Spondylarthrose, Zerebralsklerose, Folgen chronischer Blutungen

➔ Blutungen

HARNABSATZSTÖRUNGEN

• Nierentropfen (Cosmochema)	Nieren- und Blasenleiden, Dysurie, Albuminurie, Nephrolithiasis, Harndrang mit Schmerzen
• Sabal-Homaccord	Prostataadenom, Zystitis, Miktionsbeschwerden, Harnträufeln, Reizblase (Sabal serrulatum = „homöopathischer Katheter")
• Solidago compositum	akute und chronische Erkrankungen der Nieren und Harnwege, Zystitis, Nephrolithiasis, Hydronephrose, funktionelle Unterstützung der Nieren
• Reneel	akute und chronische Nieren- und Blasenleiden, Nephrolithiasis, Urethritis, Albuminurie, Blutungsneigung
• Berberis-Homaccord	Reiz- und Entzündungszustände im Urogenitaltrakt und in den Gallenwegen, mit und ohne Konkremente, Gallen- und Nierenkoliken
• Lycopodium-Injeel	Leber- und Gallenstörungen, satt nach wenigen Bissen, hager, Entzündungen der Harnorgane, insbesondere mit Harngrieß, Stoffwechselstörungen ➔ Konstitutionsmittel
• Thuja-Injeel	Neigung zu proliferativen Prozessen an Haut und Schleimhäuten, ständiger Harndrang mit langem Nachtröpfeln, verzögerter Harnfluss bei Prostataadenom, Blutbeimengungen ➔ Konstitutionsmittel
• Stramonium-Injeel	manische Zustände, Psychosen, Unruhe, Raserei, Streitsucht, Neigung zu Gewalttätigkeit, epileptiforme Krämpfe, ständiger Harndrang, Harnfluss verzögert
• Ruta-Injeel	Folgen stumpfer Verletzungen, Harndrang nach Entleerung, Inkontinenz
• Phosphor-Homaccord	petechiale Blutungen und Blutungsneigung, Laryngitis, Pharyngitis, Degeneration parenchymatöser Organe, Incontinentia urinae nachts, häufiger, übel riechender Harnabsatz ➔ Konstitutionsmittel
• Petroleum-Injeel	nässende Ekzeme, Haut- und Schleimhauterkrankungen, empfindliche, trockene, rissige Haut, Rhagaden, blutende Fissuren, Alopezie, Harnverlust nach dem Aufstehen
• Tarantula (D4–D12, C30, C200)	Harn riecht faulig und enthält sandige Ablagerungen, Brennen und Stechen beim Harnabsatz, Harndrang, Inkontinenz beim Husten und Bellen, reizbar durch Berührung
• Petroselinum (D2–D12)	plötzlicher heftiger Harndrang, Harninkontinenz, Reizblase, Urethritis, Zystitis

➔ Harnverhaltung; ➔ Incontinentia urinae; ➔ Nephritis; ➔ Tenesmus vesicae; ➔ Zystitis

HARNSTEINE adjuvant

Akuter Anfall:

• Sabal-Homaccord	Prostataadenom, Zystitis, Miktionsbeschwerden, Harnträufeln, Reizblase (Sabal serrulatum = „homöopathischer Katheter")
• Berberis-Homaccord	Reiz- und Entzündungszustände im Urogenitaltrakt und in den Gallenwegen, mit und ohne Konkremente, Gallen- und Nierenkoliken, Neigung zu Steinbildung, längerfristige Nachbehandlung
• Solidago compositum	akute und chronische Erkrankungen der Nieren und Harnwege, Zystitis, Nephrolithiasis, Hydronephrose, funktionelle Unterstützung der Nieren
• Cantharis compositum	Blasenentzündung, Nierenbeckenentzündung, Nierenentzündung, Blasentenesmen, Harnzwang, Brennen in der Urethra nach der Miktion, Hämaturie
• Lycopodium-Injeel	Leber- und Gallenstörungen, satt nach wenigen Bissen, hager, Neigung zur Steinbildung, Harngrieß beim Kater ➔ Konstitutionsmittel
• Phosphor-Homaccord	petechiale Blutungen und Blutungsneigung, Laryngitis, Pharyngitis, Degeneration parenchymatöser Organe, Incontinentia urinae nachts, häufiger, übel riechender Harnabsatz, Harnzylinder ➔ Konstitutionsmittel
• Acidum benzoicum D4, D6	Tendovaginitis, Polyarthritis, Urin dunkel mit unangenehmen Geruch, chronische Zystitis mit Grieß
• Pareira brava D4	ständiger Harndrang, heftige Schmerzen beim Urinieren, schleimiger, dicker, dunkler Urin, Harnretention bei Prostatahypertrophie
• Terebinthina D4	chronische Pyelonephritis, Grieß möglich, ständiger Harndrang

HARNVERHALTUNG

• Solidago compositum	akute und chronische Erkrankungen der Nieren und Harnwege, Zystitis, Nephrolithiasis, Hydronephrose, funktionelle Unterstützung der Nieren, regt die Harnausscheidung an
• Nierentropfen (Cosmochema)	Nieren- und Blasenleiden, Dysurie, Albuminurie, Nephrolithiasis, Harndrang mit Schmerzen
• Sabal-Homaccord	Prostataadenom, Zystitis, Miktionsbeschwerden, Harnsperre, Harnträufeln, Reizblase (Sabal serrulatum = „homöopathischer Katheter")
• Plumbum metallicum-Injeel	schleichende Krankheitsprozesse, Schwäche und Kraftlosigkeit, Harnverhaltung, Blasenlähmung bei Diskopathie, schlaffe Lähmung
• Nux vomica-Homaccord	Funktionsstörungen von Magen, Darm und Leber, Spasmen, Meteorismus, Beschwerden nach Überreizung, Harnverhaltung, Blasenlähmung bei Diskopathie, spastische Lähmung
• Calcium carbonicum-Injeel	Jungtiermittel, Drüsenschwellungen, Schleimhautkatarrhe, Polypenbildung und Ulzerationen, Milchschorf, Kalkstoffwechselstörungen, verzögerte Entwicklung, sehr häufiger Harndrang, unwillkürlicher Harnabsatz im Schlaf, Schleimhautpolypen in der Blase ➔ Konstitutionsmittel

• Stramonium-Injeel	manische Zustände, Psychosen, Unruhe, Raserei, Streitsucht, Neigung zu Gewalttätigkeit, epileptiforme Krämpfe, ständiger Harndrang, Harnfluss verzögert
• Thuja-Injeel	Neigung zu proliferativen Prozessen an Haut und Schleimhäuten, ständiger Harndrang mit langem Nachtröpfeln, verzögerter Harnfluss bei Prostataadenom, Blutbeimengungen ➔ Konstitutionsmittel
• Psorinum-Injeel	chronische Ekzeme und sonstige Hautausschläge, starker Juckreiz, auch wechselnd mit Asthma, Wärme verschlechtert, übler Geruch, chronische Entzündungen, Restharnbildung
• Helonias dioica (D6–C1000)	Uterussenkung, Fluor dunkel und übel riechend, Vaginitis, Uterusprolaps, Subinvolution nach Geburt
• Agaricus (D4–C1000)	ekstatische Zustände, Blasenkrämpfe gehen in Blasenlähmung über, tröpfelnder Harnabsatz trotz Harndrang

HARNWEGSERKRANKUNGEN

Basismittel

parenteral:

• Solidago compositum	akute und chronische Erkrankungen der Nieren und Harnwege, Zystitis, Nephrolithiasis, Hydronephrose, funktionelle Unterstützung der Nieren

oral:

• Reneel	akute und chronische Nieren- und Blasenleiden, Nephrolithiasis, Urethritis, Albuminurie, Blutungsneigung

Ergänzungsmittel

• Mucosa compositum	Schleimhauterkrankungen und -katarrhe verschiedener Art und Lokalisation, z.B. im Bereich der ableitenden Harnwege, regenerationsfördernd für Schleimhäute
• Cantharis compositum	Blasenentzündung, Nierenbeckenentzündung, Nierenentzündung, Blasentenesmen, Harnzwang, Brennen in der Urethra nach der Miktion, Hämaturie
• Berberis-Homaccord	Reiz- und Entzündungszustände im Urogenitaltrakt und in den Gallenwegen, mit und ohne Konkremente, Gallen- und Nierenkoliken
• Nierentropfen (Cosmochema)	Nieren- und Blasenleiden, Dysurie, Albuminurie, Nephrolithiasis, Harndrang mit Schmerzen
• Lycopodium-Injeel	Leber- und Gallenstörungen, satt nach wenigen Bissen, hager, Sediment im Harn ➔ Konstitutionsmittel

zusätzlich bei chronischer Erkrankung:

• Coenzyme compositum	regt blockierte enzymatische Abläufe insbesondere der Energiegewinnung an (Zitronensäurezyklus), degenerative oder chronische Erkrankungen
+ Ubichinon compositum	verbessert die Energiebereitstellung in der Zelle, degenerative und tumoröse Erkrankungen

Verabreichung: zusammen 2-mal wöchentlich für 4–6 Wochen

➔ Glomerulonephritis; ➔ Incontinentia urinae; ➔ Nephritis; ➔ Nephrose; ➔ Pyelonephritis; ➔ Zystitis

HAUTEFFLORESZENZEN

• Cutis compositum	Basismittel bei Dermatosen verschiedener Genese, Ekzeme, Allergien, Dermatomykosen, Haarausfall
oral:	
• Hautfunktionstropfen / Hautfunktionstabletten (Cosmochema)	Erkrankungen der Haut, Alopezie, chronische Ekzeme
• Dermatofides (Fides)	Entzündungen der Haut, juckende Ekzeme, Hauteiterungen

➔ Ekzeme

HAUTERKRANKUNGEN

➔ Allergien; ➔ Dermatitis; ➔ Dermatosen; ➔ Ekzeme; ➔ Hot Spot; ➔ Pruritus; ➔ Pyodermie; ➔ Schuppenbildung; ➔ Seborrhö

HEADSHAKER

Ursache abklären!

Basismittel

Neuralgische Genese:

• Colocynthis Homaccord	Neuralgien verschiedener Genese und Lokalisation, Osteochondrose, Ischialgie, plötzlich einschießende Schmerzen, Parästhesien, nervöse Reizbarkeit, plötzliches starkes Schütteln
+ Cerebrum compositum	Entwicklungs- und Verhaltensstörungen, Hirnfunktionsstörungen, vegetative Dystonie, Geriatrie, zur Geweberegeneration

Virale Genese:

• Engystol	aktiviert die unspezifische Abwehr, virale Erkrankungen, reduziert Stressfolgen, „Umstimmung" bei Allergien und Dermatosen

Verabreichung: 1- bis 2-mal wöchentlich

+ Cerebrum compositum	Entwicklungs- und Verhaltensstörungen, Hirnfunktionsstörungen, vegetative Dystonie, Geriatrie, zur Geweberegeneration
+ Coenzyme compositum	regt blockierte enzymatische Abläufe insbesondere der Energiegewinnung an (Zitronensäurezyklus), degenerative oder chronische Erkrankungen
+ Ubichinon compositum	verbessert die Energiebereitstellung in der Zelle, degenerative und tumoröse Erkrankungen

Verabreichung: zusammen 2-mal wöchentlich

• Galium-Heel / Galium comp.-Heel	Immunmodulation bei chronischen Erkrankungen verschiedener Genese, Präkanzerosen, „Zellreinigung"

Verabreichung: täglich

Ergänzungsmittel

• Gelsemium-Homaccord	Neuralgie insbesondere des Kopf-Hals-Bereichs, Schwindel, zittrige Schwäche, Erschöpfung, Gliederschmerzen
• Spigelon	Neuralgien, akuter und chronischer Rheumatismus, insbesondere der Schultern und Vordergliedmaßen, Kopfschmerz, Kopf berührungsempfindlich
• Spascupreel	Spasmen glattmuskulärer Hohlorgane, Spastizität der quergestreiften Muskulatur wie muskulärer Hartspann, Koliken, spastische und asthmatoide Bronchitis
• Hypericum-Injeel	Nerven- und Gehirnverletzungen, Nervenschmerzen bei und nach Verletzungen, Tierbisse, Commotio cerebri, Zerebralsklerose
• Arsenicum album-Injeel	akute und chronische Entzündungen an Augen, Atemwegen, Verdauungs- und Harnapparat, Organdegeneration, Abmagerung, mitternächtliche Unruhe, Ruhelosigkeit, Zittern ➔ Konstitutionsmittel
• Cuprum-Injeel	Krämpfe der glatten und quergestreiften Muskulatur, spastischer Husten, Muskelzuckungen an den Gliedmaßenenden beginnend
• Zincum metallicum-Injeel	Nervenaffektionen mit Schwäche und Erschöpfung, nervöse Beschwerden, Unruhe in den Beinen, Zittern, Zuckungen, Schlafstörungen
• Magnesium phosphoricum-Injeel	Spasmen der Hohlorgane, Milchunverträglichkeit beim Jungtier, saure Dyspepsie mit Flatulenz, wässrige Diarrhö, verzögerte Entwicklung, Muskelzuckungen
• Kalium carbonicum-Injeel	Verschlechterung nachts, vertragen keine Berührungen, wollen aber auch nicht allein sein, geräuschempfindlich
• Histamin-Injeel	allergische Erkrankungen, Asthma, Ekzeme und Dermatosen, nach Trauma
• Apis-Homaccord	ödematöse, schmerzhafte Schwellungen, pustulöse und bullöse Ekzeme, Entzündungen mit Flüssigkeitsansammlung in Geweben und Körperhöhlen, zerebrale Reizzustände, Kühle bessert
• Arsenum jodatum-Injeel	extreme Ruhelosigkeit und Angst, Hyperaktivität bei Jungtieren, chronische Rhinitis mit scharfem Sekret, Sinusitis, Pollinosis, nachts schlechter
• Urtica-Injeel	urtikarielle, juckende Dermatosen, Nesselausschläge, Berührungsempfindlichkeit, harnsaure Diathese, periodisch auftretende Beschwerden
• Causticum-Injeel	Lähmung und Schwäche von Muskeln, Nerven und Gliedmaßen, Paresen, chronisch deformierende Gelenkerkrankungen, Erkrankungen alter Tiere, Gelenke oft gefüllt, Stolpern, Ataxie
• Tarantula (D4–D12, C30, C200)	Hysterie, Hysteroepilepsie, Hyperästhesie, jähe Stimmungswechsel mit Streitlust, Aggression und plötzlichen Gewaltausbrüchen, reizbar durch Berührung ➔ Konstitutionsmittel
• Heracleum sphondylium D3	Epilepsie mit Blähsucht, Konvulsionen, Zuckungen

HEIMWEH

• Ignatia-Injeel	Hysterie, nervöse Erschöpfungszustände, vegetative Dystonie, Überempfindlichkeit gegen Schmerzen und Gerüche, absurde Symptome, unduldsam und streitsüchtig → Konstitutionsmittel
• Pulsatilla-Injeel	sanft, freundlich, unterwürfig, kann nicht allein sein, jammert und weint viel, Stimmungsschwankungen, Trost bessert → Konstitutionsmittel
• Capsicum (D3–D6)	Heimweh, Schlafstörungen, wechselhafte Stimmung, Routineänderungen werden schlecht verkraftet

HERPESINFEKTION adjuvant

• Herpes simplex-Nosode-Injeel	chronisch rezidivierende Herpesinfektionen verschiedener Lokalisation und Genese, als Zwischenmittel, Nachbehandlung akuter Infektionen, chronische Belastungen beim Tier
• Engystol	aktiviert die unspezifische Abwehr, virale Erkrankungen, reduziert Stressfolgen, „Umstimmung" bei Allergien und Dermatosen
• Euphorbium compositum	akute und chronische Rhinitiden und Sinusitiden, Ohrtubenkatarrh, Mittelohrhydrops, Katzenschnupfen, auch Anwendung auf Hautbläschen
• Ranunculus-Homaccord	rheumatische Muskel- und Gelenkbeschwerden, besonders im Brustbereich, Interkostalneuralgien, Herpes zoster, Bläschenausschläge der Haut
• Mezereum-Homaccord	vesikulöse Ekzeme, Dermatosen, Herpes zoster, Neuralgien, Pruritus, ätzende Sekretionen, nächtliche Verschlimmerung
• Vaccininum-Injeel	bei schwerwiegenden Erkrankungen, Erysipel, Phlegmone, akute Ekzeme, Hautpocken
• Luffa operculata-Injeel	akute, chronische und allergische Rhinitis, Sinusitis, Asthma bronchiale, Trägheit und Müdigkeit, Herpes zoster
• Herpes zoster-Nosode-Injeel	chronisch rezidivierende Herpesinfektionen verschiedener Lokalisation und Genese, als Zwischenmittel, Nachbehandlung akuter Infektionen und postherpetischer Neuralgien
• Cistus canadensis (D1–D30)	Herpes zoster und vesikulöse Ekzeme
• Capsicum (D3–D6)	Otitis media, Mastoiditis, Felsenbein druckempfindlich, Eiterbildung, Herpes labialis

HERZARRHYTHMIEN

• Cactus compositum	Myokardschwäche, auch infektiöser Genese, Peri- und Endokarditis, Herzrhythmusstörungen, Koronarinsuffizienz
• Cralonin	Altersherz, Koronarinsuffizienz, Rhythmusstörungen, Myokardschwäche
• Cor suis-Injeel	spezifischer Regulationseffekt auf Funktion und Struktur des entsprechenden Organs, Herzinsuffizienz, paroxysmale Tachykardie

- Cor suis compositum — Myokardschwäche, dilatative und hypertrophe Kardiomyopathie, Arrhythmia cordis, Koronardurchblutungsstörungen, Gefäßtonisierung
- Aurumheel — vegetativ-funktionelle Herz- und Kreislaufstörungen, Hypotonie, Herzrhythmusstörungen
- Glonoin-Homaccord — Tachykardie, pektanginöse Beschwerden, Koronarinsuffizienz, Altersherz
- Carbo compositum — Kreislaufversagen, arterielle Blutfülle im Gehirn, Kollapszustände, kalte Haut, Dyspnoe
- Aconitum-Homaccord — grippale und katarrhalische Infekte, besonders im Prodromalstadium, Beschwerden nach Schreck und kaltem Wind, akute Arrhythmie
- Arsenicum album-Injeel — akute und chronische Entzündungen an Augen, Atemwegen, Verdauungs- und Harnapparat, Organdegeneration, Abmagerung, mitternächtliche Unruhe, Arrhythmien, Kollaps durch Herzschwäche, Myodegeneration
  ➔ Konstitutionsmittel
- Aurum-Injeel — Hypertonie, Arteriosklerose, präapoplektisch, Arrhythmien mit Angst, leicht reizbar und sehr aggressiv, dominant, alte Hochleistungskühe, großrahmig
  ➔ Konstitutionsmittel
- Apocynum (D2–D12) — kardiale und renale Ödeme, Herzinsuffizienz, Retention von Körperflüssigkeiten, Aszites
- Convallaria majalis D3 — nervöse Herzbeschwerden, Herzinsuffizienz mit Ödemen und Atemnot

HERZINSUFFIZIENZ

Gabe nach Schwere der Erkrankung, bei Bedarf häufige Gaben möglich.

- Cactus compositum — Myokardschwäche, auch infektiöser Genese, Peri- und Endokarditis, Herzrhythmusstörungen, Koronarinsuffizienz

Verabreichung: auch als Stoßtherapie

- Cralonin — Altersherz, Koronarinsuffizienz, Rhythmusstörungen, Myokardschwäche

Verabreichung: auch als Stoßtherapie, mehrmals über einige Stunden geben

- Strophanthus compositum — Herzschwäche, Durchblutungsstörungen des Herzens, nach Myokardinfarkt
- Cor suis compositum — Myokardschwäche, dilatative und hypertrophe Kardiomyopathie, Arrhythmia cordis, Koronardurchblutungsstörungen, Gefäßtonisierung
- Herztropfen (Cosmochema) — Kreislaufstörungen, Altersherz, Herzmuskelschwäche und -schäden, Herzstärkung bei Infektionserkrankungen
- Strophanthus-Injeel — Herzinsuffizienz, Herz-Kreislauf-Dekompensation, Tachykardie
- Crotalus-Injeel — dunkle Blutungen in allen Organen und aus allen Körperöffnungen, Gangrän und Sepsis, Herzschwäche mit Kollapsneigung
- Arsenicum album-Injeel — akute und chronische Entzündungen an Augen, Atemwegen, Verdauungs- und Harnapparat, Organdegeneration, Abmagerung, mitternächtliche Unruhe, Arrhythmien, Kollaps durch Herzschwäche, Myodegeneration
  ➔ Konstitutionsmittel
- Kalium carbonicum-Injeel — Verschlechterung nachts, große Schwäche, katarrhalische Affektionen, Abortneigung, Metrorrhagien, Herzschwäche, Altersherz

• Veratrum-Homaccord	Dysenterie, Gastroenteritis mit und ohne Kolik, Kollapszustände mit zyanotischer oder blasser, kühler Haut
• Strophanthus comp.-Herztabletten (Cosmochema)	nervöse Herzbeschwerden, Herzstiche, Angina pectoris
• Laurocerasus D3, D4	nächtlicher Kitzelhusten mit blutigem Auswurf, Dyspnoe mit Verschlimmerung durch jede Anstrengung, Herzmuskelschwäche
• Kalmia D4	stechende Herzschmerzen, Endo-, Myo- und Perikarditis, Neuralgien

Regeneration des Herzmuskels:

zusätzlich:

• Cor suis compositum	Myokardschwäche, dilatative und hypertrophe Kardiomyopathie, Arrhythmia cordis, Koronardurchblutungsstörungen, Gefäßtonisierung
• Cor suis-Injeel	spezifischer Regulationseffekt auf Funktion und Struktur des entsprechenden Organs, Herzinsuffizienz, paroxysmale Tachykardie

Verabreichung: 2-mal wöchentlich

evtl. zusätzlich:

• Coenzyme compositum	regt blockierte enzymatische Abläufe insbesondere der Energiegewinnung an (Zitronensäurezyklus), degenerative oder chronische Erkrankungen

Ödemausschwemmung:

• Apis-Homaccord	ödematöse, schmerzhafte Schwellungen, pustulöse und bullöse Ekzeme, Entzündungen mit Flüssigkeitsansammlung in Geweben und Körperhöhlen
• Lymphomyosot	„Mesenchymentschlackung", Lymphatismus, Lymphödeme, Drüsenschwellungen, Tonsillarhypertrophie
• Apocynum (D2–D12)	kardiale und renale Ödeme, Herzinsuffizienz, Retention von Körperflüssigkeiten, Aszites

➔ Alterserscheinungen; ➔ Durchblutungsstörungen

HERZ-KREISLAUF-UNTERSTÜTZUNG bei Operationen

• Cactus compositum	Myokardschwäche, auch infektiöser Genese, Peri- und Endokarditis, Herzrhythmusstörungen, Koronarinsuffizienz
• Cralonin	Altersherz, Koronarinsuffizienz, Rhythmusstörungen, Myokardschwäche, in der Rekonvaleszenz

➔ Kollapszustände

HINTERHANDSCHWÄCHE

• Conium-Injeel	Altersmittel, Gedächtnisschwäche, Ataxie, steinharte Knoten und Neoplasien, aufsteigende Lähmung der Hinterhand
• Causticum-Injeel	Lähmung und Schwäche von Muskeln, Nerven und Gliedmaßen, Paresen, chronisch deformierende Gelenkerkrankungen, Erkrankungen alter Tiere, Gelenke oft gefüllt, Stolpern, Ataxie

• Natrium muriaticum-Injeel	nervöse Reizbarkeit, Trockenheit aller Schleimhäute, Abmagerung trotz guten Appetits, Beschwerden im Kreuzbein und in den Gliedmaßen, Hinterhandschwäche ohne röntgenologische Veränderungen → Konstitutionsmittel
• Colocynthis-Homaccord	Neuralgien verschiedener Genese und Lokalisation, Osteochondrose, Ischialgie, plötzlich einschießende Schmerzen, Parästhesien
• Plumbum metallicum-Injeel	schleichende Krankheitsprozesse, Schwäche und Kraftlosigkeit, schlaffe Lähmung
• Calcium carbonicum-Injeel	Jungtiermittel, Drüsenschwellungen, Schleimhautkatarrhe, Polypenbildung und Ulzerationen, Milchschorf, Kalkstoffwechselstörungen, verzögerte Entwicklung, Hinterhandschwäche bei Jungtieren → Konstitutionsmittel

→ Diskopathien; → Verletzungen

HITZSCHLAG

Elektrolytsubstitution!

Danach:

Basismittel	
• Veratrum-Homaccord	Dysenterie, Gastroenteritis mit und ohne Kolik, Kollapszustände mit zyanotischer oder blasser, kühler Haut
+ Cactus compositum	Myokardschwäche, auch infektiöser Genese, Peri- und Endokarditis, Herzrhythmusstörungen, Koronarinsuffizienz
+ Carbo compositum	Kreislaufversagen, arterielle Blutfülle im Gehirn, Kollapszustände, kalte Haut, Dyspnoe

Ergänzungsmittel

• Aconitum-Homaccord	grippale und katarrhalische Infekte, besonders im Prodromalstadium, Beschwerden nach Schreck und kaltem Wind, Fieber mit heißer Haut und Unruhe
• Apis-Homaccord	ödematöse, schmerzhafte Schwellungen, pustulöse und bullöse Ekzeme, Entzündungen mit Flüssigkeitsansammlung in Geweben und Körperhöhlen, zerebrale Reizzustände
• Gelsemium-Homaccord	Neuralgie insbesondere des Kopf-Hals-Bereichs, Schwindel, zittrige Schwäche, Erschöpfung, Gliederschmerzen, Nervenlähmungen
• Belladonna-Homaccord	lokalisierte, akute und heftige Entzündungen, auch mit hohem Fieber, arterielle Pulsationen, Sonnenstich
• Hypericum-Injeel	Nerven- und Gehirnverletzungen, Nervenschmerzen bei und nach Verletzungen, Haut heiß und trocken, Papeln und Pickel an unpigmentierten Stellen
• Vertigoheel	Schwindel verschiedener Genese, Kinetosen, Verbesserung der zentralen und peripheren Mikrozirkulation

HODENABSTIEG verzögert

Massage, wenn Hoden in Leiste erreichbar.

Therapieversuch	
• Hypophysis suis-Injeel	spezifischer Regulationseffekt auf Funktion und Struktur des entsprechenden Organs, Störungen des Inkretoriums, hypophysäre Adipositas, ovarielle Ausfallserscheinungen, chronische Polyarthritis, Störungen der Bindegewebsfunktion
+ Funiculus umbilicalis suis-Injeel	chronische Erkrankungen, Autoaggressionserkrankungen, Bindegewebsmittel, fördert die Gewebeausreifung und -regeneration, Osteochondrose, Koxitis, Fibrom, Sarkom, Karzinom, Durchblutungsstörungen

Verabreichung: zusammen 2-mal wöchentlich

alternativ:

• Cerebrum compositum	Entwicklungs- und Verhaltensstörungen, Hirnfunktionsstörungen, vegetative Dystonie, Geriatrie, zur Geweberegeneration
• Cimicifuga-Injeel	blitzartige, schießende Schmerzen, rascher Wechsel der Symptome, Osteochondrose an Brust- und Halswirbelsäule, Ischiasneuralgie, Erregung des Nervensystems, endokrine Dysregulation
+ Pulsatilla-Injeel	alle Funktionen des Geschlechtsapparates sind verzögert und verlangsamt ➔ Konstitutionsmittel

Verabreichung: zusammen 2-mal wöchentlich über 6 Wochen (3.–6. Monat)

Ergänzungsmittel

• Baryum carbonicum-Injeel	Altersbeschwerden, Drüsenschwellungen, Kälteempfindlichkeit, Arteriosklerose, Schwerhörigkeit, Demenz, körperliche Entwicklungsstörungen bei Jungtieren

Verabreichung: 2-mal wöchentlich

• Magnesium phosphoricum-Injeel	Spasmen der Hohlorgane, Milchunverträglichkeit beim Jungtier, saure Dyspepsie mit Flatulenz, wässrige Diarrhö, verzögerte Entwicklung

Verabreichung: alle 2 Tage

• Calcium carbonicum-Injeel	Jungtiermittel, Drüsenschwellungen, Schleimhautkatarrhe, Polypenbildung und Ulzerationen, Milchschorf, Kalkstoffwechselstörungen, verzögerte Entwicklung, grobknochige Tiere
• Aurum-Injeel	Hypertonie, Arteriosklerose, präapoplektisch, Arrhythmien mit Angst, leicht reizbar und sehr aggressiv, dominant, alte Hochleistungskühe, großrahmig, Hodenhochstand ➔ Konstitutionsmittel
• Glandula thyreoidea suis-Injeel	spezifischer Regulationseffekt auf Funktion und Struktur des entsprechenden Organs, Myxödem, Struma parenchymatosa, Neoplasmaphasen, Adipositas
• Psorinum-Injeel	chronische Ekzeme und sonstige Hautausschläge, starker Juckreiz, auch wechselnd mit Asthma, Wärme verschlechtert, übler Geruch, chronische Entzündungen, bei Welpen mit schmutzigem, öligem Fell
• Clematis D3	regt männliche Geschlechtsorgane an

Verabreichung: täglich über 4 Wochen

➔ Entwicklungsstörungen

HODENENTZÜNDUNG

• Traumeel	Entzündungen verschiedener Genese und Lokalisation, Verletzungen, Wundbehandlung, auch postoperativ
• Belladonna-Homaccord	lokalisierte, akute und heftige Entzündungen, auch mit hohem Fieber, arterielle Pulsationen
• Aconitum-Homaccord	grippale und katarrhalische Infekte, besonders im Prodromalstadium, Fieber mit heißer Haut und Unruhe, akute Entzündung
• Rhododendroneel	rheumatische Beschwerden, Polyarthritis insbesondere der kleinen Gelenke, Nervenschmerzen, Gicht, Verschlechterung bei und vor Nasswetter, Hodenentzündung
• Pulsatilla-Injeel	alle Funktionen des Geschlechtsapparates sind verzögert und verlangsamt, Entzündungen mit Rötung und Hitze ➔ Konstitutionsmittel
• Spongia-Injeel	Drüsenschwellungen, Orchitis, Epididymitis, legt sich hin nach Futter- und Wasseraufnahme
• Aurum-Injeel	Hypertonie, Arteriosklerose, präapoplektisch, Arrhythmien mit Angst, leicht reizbar und sehr aggressiv, dominant, alte Hochleistungskühe, großrahmig, Hodenatrophie, Hodenverhärtungen ➔ Konstitutionsmittel
• Baptisia-Injeel	septische, adynamische Infektionen, Tiere sind schwer krank, teilnahmslos, auch begleitet von Übelkeit und Diarrhö
• Hamamelis-Homaccord	venöse Stase, thrombophlebitische Zustände, dunkle Hämorrhagien, Zerschlagenheitsgefühl, Hoden geschwollen, heiß und sehr schmerzhaft
• Mercurius solubilis Hahnemanni-Injeel	beginnende Suppuration, Abszesse in Anbildung, akute, schmerzhafte Entzündungen im Bindegewebe und in verschiedenen Organen, eitrig-nässende Sekrete
• Rhus Tox-Injeel	Rheuma und Neuralgien, Sehnen- und Bänderaffektionen, schlechter bei nasskaltem Wetter, Anlaufschmerzen, Skrotum geschwollen aber weich, teilweise entzündet
• Bellis perennis (D0–D3)	fördert die Wundheilung, allgemeine Blutungsneigung, Hodenentzündung

Nach Wolff:

• Rhododendron-Injeel	Weichteilrheumatismus und (peri-)arthritische Beschwerden, Neuralgien, Verschlechterung aller Beschwerden bei feuchtem Wetter, verdrießlich, Orchitis links
• Clematis (D4–D12, C30)	eitrige Orchitis, Prostatitis, Epididymitis, Hoden schmerzhaft und steinhart, meist rechts

Chronisch:

• Lymphomyosot	„Mesenchymentschlackung", Lymphatismus, Lymphödeme, Drüsenschwellungen, Tonsillarhypertrophie
• Conium-Injeel	Altersmittel, Gedächtnisschwäche, Ataxie, steinharte Knoten und Neoplasien, Verhärtungen drüsiger Gewebe
• Thuja-Injeel	Neigung zu proliferativen Prozessen an Haut und Schleimhäuten, Impffolgen ➔ Konstitutionsmittel

HORMONELLE STÖRUNGEN

Bauchspeicheldrüse → Diabetes mellitus; **Brunst** → Fertilitätsstörungen;
Fortpflanzung → Fertilitätsstörungen; → Hypersexualität; → Läufigkeitsstörungen; → Nymphomanie; → Scheinträchtigkeit;
Hypophyse → Diabetes insipidus;
Nebenniere → Cushing-Syndrom, equines → Cushing-Syndrom, canines;
Ovarien → Ovariendysfunktion → Ovarienhypoplasie;
Pankreas → Diabetes mellitus;
Schilddrüse → Hyperthyreose → Hypothyreose → Struma

HOT SPOT

Basismittel

• Cutis compositum	Basismittel bei Dermatosen verschiedener Genese, Ekzeme, Allergien, Dermatomykosen, Haarausfall
+ Coenzyme compositum	regt blockierte enzymatische Abläufe insbesondere der Energiegewinnung an (Zitronensäurezyklus), degenerative oder chronische Erkrankungen

Verabreichung: zusammen 2-mal wöchentlich

• Sulfur comp.-Heel	Dermatosen, Dermatitis, juckende und nässende Ekzeme, Pruritus, Urtikaria, „Reaktionsmittel" bei allen chronischen Krankheiten

Verabreichung: täglich

lokal:

• Traumeel (Salbe / Gel)	Entzündungen verschiedener Genese und Lokalisation, Verletzungen, Wundbehandlung, auch postoperativ

Ergänzungsmittel

• Hepar sulfuris-Injeel	eiternde Prozesse unterschiedlicher Lokalisation, schmerzhaft, Abszesse vor Ausreifung, Überempfindlichkeit gegen Kälte und Luftzug, Pyodermie, Furunkel, Karbunkel
• Silicea-Injeel	chronische Eiterungen und Fistelbildungen, wirkt auf Bindegewebe, Bänder, Sehnen, Haut, Hautanhangsgebilde, schlecht heilende Wunden, ständig eiternde Hautstellen → Konstitutionsmittel
• Causticum-Injeel	Haut trocken und heiß, Ekzeme von Frösteln begleitet, vesikuläre und pustulöse Ekzeme mit klebrigem, zähem Sekret, Hauteiterungen
• Mezereum-Homaccord	vesikulöse Ekzeme, Dermatosen, Herpes zoster, Neuralgien, Pruritus, ätzende Sekretionen, nächtliche Verschlimmerung
• Sanguinaria-Injeel	sehr heiße Haut, Aknepusteln, umschriebene rote Flecken
• Acidum nitricum-Injeel	Veränderungen an Haut und Schleimhäuten, besonders mukokutane Übergänge, Blutungen, Hot Spots sehr schmerzhaft, wie rohes Fleisch
• Apis-Homaccord	ödematöse, schmerzhafte Schwellungen, pustulöse und bullöse Ekzeme, Entzündungen mit Flüssigkeitsansammlung in Geweben und Körperhöhlen, Hot Spot geschwollen, rot-weiß, berührungsempfindlich

• Belladonna-Homaccord	lokalisierte, akute und heftige Entzündungen, auch mit hohem Fieber, arterielle Pulsationen, Hot Spots entstehen über Nacht
• Graphites-Homaccord	chronische Ekzeme, trocken oder seborrhoisch, honigartiges Sekret, Fissuren, Borken, Schwielen, Neigung zu Adipositas, Trägheit, Verstopfung, Hot Spots in Gelenkbeugen oder Hautfalten ➔ Konstitutionsmittel
• Mercurius solubilis Hahnemanni-Injeel	beginnende Suppuration, Abszesse in Anbildung, akute, schmerzhafte Entzündungen im Bindegewebe und in verschiedenen Organen, eitrig-nässende Stellen, akut, ulzerös
• Rhus Tox-Injeel	Rheuma und Neuralgien, Sehnen- und Bänderaffektionen, schlechter bei nasskaltem Wetter, Anlaufschmerzen, Hot Spots wenig schmerzhaft, Pruritus

➔ Dermatitis; ➔ Pyodermie

HÜFTGELENKSDYSPLASIE

Prophylaxeversuch bei Risikotieren im Jugendalter

• Placenta suis-Injeel	periphere Durchblutungsstörungen, fördert die Gewebeausreifung, Dekubitus, Ulcus cruris, Rhagaden, Ekzeme
+ Calcium carbonicum-Injeel	Jungtiermittel, Drüsenschwellungen, Schleimhautkatarrhe, Polypenbildung und Ulzerationen, Milchschorf, Kalkstoffwechselstörungen, verzögerte Entwicklung ➔ Konstitutionsmittel

+ das entsprechende Konstitutionsmittel, wenn bekannt

Verabreichung: zusammen 2-mal wöchentlich

Erwachsenes Tier:

➔ Arthrosen

HUFE / KLAUEN

Verbesserung der Hornqualität:

Basismittel	
• Kieselsäuretabletten (Cosmochema)	Bindegewebsschwäche, chronische Entzündungen der Lymphknoten, Knochen und Gelenke, chronische Eiterungen, Fistelbildung

Verabreichung: 1-mal täglich

+ Silicea-Injeel	chronische Eiterungen und Fistelbildungen, wirkt auf Bindegewebe, Bänder, Sehnen, Haut, Hautanhangsgebilde, schlechte Wundheilung ➔ Konstitutionsmittel

Verabreichung: 2-mal wöchentlich

Verabreichungsdauer: zusammen für 4–6 Wochen

Ergänzungsmittel

• Graphites-Homaccord	chronische Ekzeme, trocken oder seborrhoisch, honigartiges Sekret, Fissuren, Borken, Schwielen, Neigung zu Adipositas, Trägheit, Verstopfung, sprödes, verformtes Horn ➔ Konstitutionsmittel
• Natrium muriaticum-Injeel	nervöse Reizbarkeit, Trockenheit aller Schleimhäute, Abmagerung trotz guten Appetits, Heißhunger, Beschwerden schlechter im Sommer, brüchiges, sprödes Horn ➔ Konstitutionsmittel
• Thuja-Injeel	Neigung zu proliferativen Prozessen an Haut und Schleimhäuten, Impffolgen, Hornwachstumsstörungen ➔ Konstitutionsmittel

HUFREHE

Initial: Entfernen der Hufeisen, Hufkühlung, evtl. Aderlass!

Anfangsphase, starke Pulsation:

Basismittel

• Belladonna-Homaccord	lokalisierte, akute und heftige Entzündungen, auch mit hohem Fieber, arterielle Pulsationen, Stauungshyperämie

Verabreichung: 5–10 ml mehrmals täglich

Weiterbehandlung, abklingende Pulsation:

• Arteria-Heel	periphere Zirkulationsstörungen, Arteriosklerose, Hypertonie, Angina pectoris, Claudicatio intermittens

Verabreichung: mehrmals täglich

zusätzlich je nach Ursache:

Chemisch-toxische Rehe (Überfütterungsrehe):

• Nux vomica-Homaccord	Funktionsstörungen von Magen, Darm und Leber, Spasmen, Meteorismus, Beschwerden nach Überreizung, Futterintoxikationen

Verabreichung: 5–10 ml 1-mal täglich

+ Nux vomica-Homaccord	Funktionsstörungen von Magen, Darm und Leber, Spasmen, Meteorismus, Beschwerden nach Überreizung, Futterintoxikationen

Verabreichung: 20–30 Tropfen mehrmals täglich per os

Überlastungsrehe:

• Traumeel	Entzündungen verschiedener Genese und Lokalisation, Verletzungen, Wundbehandlung, auch postoperativ

Verabreichung: 20–30 Tropfen mehrmals täglich per os

Geburtsrehe:

Evtl. Antibiotika

- • Traumeel — Entzündungen verschiedener Genese und Lokalisation, Verletzungen, Wundbehandlung, auch postoperativ
- + Lachesis compositum — septische Tendenz bei Entzündungen und Eiterungen, Phlegmone, Endometritis, Nachgeburtsverhaltung, trockenes Fieber

Verabreichung: 5–10 ml

- + Entzündungstropfen (Cosmochema) — Entzündungen verschiedener Art und Lokalisation, zu Entzündungen neigende Bagatellverletzungen

Verabreichung: 1- bis 3-mal täglich 30 Tropfen

- • Mucosa compositum — Schleimhauterkrankungen und -katarrhe verschiedener Art und Lokalisation, z.B. im Verdauungstrakt mit und ohne Ulkus, regenerationsfördernd für Schleimhäute

Verabreichung: 1-mal wöchentlich 5–10 ml

Chronische Rehe:

- • Traumeel — Entzündungen verschiedener Genese und Lokalisation, Verletzungen, Wundbehandlung, auch postoperativ
- + Circulo-Injeel — periphere Durchblutungsstörungen, Akroparästhesien, Gefäßspasmen, kalte Gliedmaßenenden

Vorbeugend (Risikotiere, Eiweißüberversorgung, junges Gras):

- • Nux vomica-Homaccord — Funktionsstörungen von Magen, Darm und Leber, Spasmen, Meteorismus, Beschwerden nach Überreizung

Verabreichung: 1- bis 2-mal täglich

Fütterungsmanagement prüfen

Nachbehandlung bei chronischen Fällen, Vermeidung einer Hufbeinsenkung:

- • Silicea-Injeel — chronische Eiterungen und Fistelbildungen, wirkt auf Bindegewebe, Bänder, Sehnen, Haut, Hautanhangsgebilde, schlechte Wundheilung → Konstitutionsmittel
- + Calcium fluoratum-Injeel — Bindegewebsschwäche, „Knochenkaries", Knochenfisteln, Exostosen, steinharte Drüsenschwellungen, wirkt auf Sehnen und Bänder
- • Ginkgo biloba D2 — periphere Durchblutungsstörungen, schlimmer bei nervöser Erregung, eiskalte Extremitäten

zusätzlich je nach Symptomatik:

- • Apis-Homaccord — ödematöse, schmerzhafte Schwellungen, pustulöse und bullöse Ekzeme, Entzündungen mit Flüssigkeitsansammlung in Geweben und Körperhöhlen
- • Cactus compositum — Myokardschwäche, auch infektiöser Genese, Peri- und Endokarditis, Herzrhythmusstörungen, Koronarinsuffizienz

HUSTEN

Basismittel

Unspezifischer Husten:

• Husteel	Husten verschiedener Genese, spastische Bronchitis, Pleuritis
+ Drosera-Homaccord	Husten auch mit Brechwürgen, Bronchiolitis, asthmatoide Bronchitis
+ Tartephedreel	absteigende Entzündungen der Atemwege, Schleimrasseln, Krampfhusten, Bronchitis mit zähem Sekret, Asthma

Verabreichung: zusammen als „Hustenmischung" mehrmals täglich, insbesondere beim unspezifischen Husten beim Pferd

Allergischer Husten:

• Engystol	aktiviert die unspezifische Abwehr, virale Erkrankungen, „Umstimmung" bei Allergien und Dermatosen
+ Bronchalis-Heel	Bronchitis, Bellhusten, nächtlicher Kitzelhusten, Husten mit Brechwürgen, Asthma, Husten beim Eintritt in warme Räume

Ergänzungsmittel

• Cuprum-Injeel	Krämpfe der glatten und quergestreiften Muskulatur, spastischer Husten
• Ipecacuanha-Injeel	hellrote, gussweise Blutungen, feuchte Bronchitis, anfallsartiger Husten, meist nachts, Hustenreiz führt zum Würgen oder Erbrechen
• Arsenum jodatum-Injeel	extreme Ruhelosigkeit und Angst, Hyperaktivität bei Jungtieren, chronische Rhinitis mit scharfem Sekret, Sinusitis, Pollinosis, nachts schlechter, trockener Husten, Pleuritis
• Bryonia-Injeel	Entzündungen, beginnende Abszedierung, Bewegung verschlimmert, besser durch festen Druck auf die erkrankte Stelle, krampfhafter Husten, Atmung schmerzhaft, Pleuraschmerzen
• Droperteel	Bronchitis, Entzündungen der Atemwege, Heiserkeit, krampfartige Hustenattacken
• Phosphor-Homaccord	petechiale Blutungen und Blutungsneigung, Laryngitis, Pharyngitis, Degeneration parenchymatöser Organe, trockener schmerzhafter Husten mit wenig, evtl. blutigem Sekret ➔ Konstitutionsmittel
• Arsenicum album-Injeel	akute und chronische Entzündungen an Augen, Atemwegen, Verdauungs- und Harnapparat, Organdegeneration, Abmagerung, mitternächtliche Unruhe, Asthma, trockener Husten ➔ Konstitutionsmittel
• Spongia-Injeel	Drüsenschwellungen, Entzündungen und Krampfzustände der Atemorgane, „Hüsteln" bei kleinen Hunderassen, Husten nach Schlaf, legt sich hin nach Futter- und Wasseraufnahme
• Kalium jodatum (D1, D3)	Knochenschmerzen, Sinusitis, Periostitis, schleichend verlaufende Infektionen mit Verhärtungen im Gewebe, trockener Husten, nach Virusgrippe, fördert die Ausheilung, bewährt bei Zwingerhusten

- Laurocerasus (D0–D3) nächtlicher Kitzelhusten mit blutigem Auswurf, Dyspnoe mit Verschlimmerung durch jede Anstrengung, Herzmuskelschwäche
- Lobelia inflata (D4, D6, C30) Asthma bronchiale, Krampf- und Keuchhusten, Pollinosis
- Ambra (D3–D30) nervöse Symptomatiken, Demenz, Altersschwäche, Schwindel, Trockenheit der Schleimhäute, nächtlicher Krampfhusten mit Dyspnoe

➔ Atemwegserkrankungen; ➔ Bronchitis; ➔ COB

HYPERKERATOSE

• Cutis compositum	Basismittel bei Dermatosen verschiedener Genese, Ekzeme, Allergien, Dermatomykosen, Haarausfall
• Hautfunktionstropfen / Hautfunktionstabletten (Cosmochema)	Erkrankungen der Haut, Alopezie, chronische Ekzeme
• Antimonium crudum-Injeel	Hyperkeratose von Haut und Ballen, Rhagaden und Warzen, Ausschläge mit honiggelben Krusten, Gastritis
• Acidum nitricum-Injeel	Veränderungen an Haut und Schleimhäuten, besonders mukokutane Übergänge, Blutungen, Rhagaden, gut- und bösartige Gewebewucherungen
• Graphites-Homaccord	chronische Ekzeme, trocken oder seborrhoisch, honigartiges Sekret, Fissuren, Borken, Schwielen, Neigung zu Adipositas, Trägheit, Verstopfung ➔ Konstitutionsmittel
• Psorinum-Injeel	chronische Ekzeme und sonstige Hautausschläge, starker Juckreiz, auch wechselnd mit Asthma, Wärme verschlechtert, übler Geruch, chronische Entzündungen
• Petroleum-Injeel	nässende Ekzeme, Haut- und Schleimhauterkrankungen, empfindliche, trockene, rissige Haut, Rhagaden, blutende Fissuren, Alopezie, Hyperkeratose an den Körperöffnungen, Ohrrandekzem
• Thuja-Injeel	Neigung zu proliferativen Prozessen an Haut und Schleimhäuten, Impffolgen, Bakterien- und Tiergifte, Schlangenbisse ➔ Konstitutionsmittel
• Arsenicum album-Injeel	akute und chronische Entzündungen an Augen, Atemwegen, Verdauungs- und Harnapparat, Organdegeneration, Abmagerung, mitternächtliche Unruhe ➔ Konstitutionsmittel
• FideSan Salbe (Cosmochema)	Entzündungen der Haut, Juckreiz, allergische Dermatosen
• Kalium arsenicosum (D3–D30)	chronische Ekzeme, trockene, schlaffe Haut, Papeln mit weißen Schuppen, Risse in Gelenkbeugen, Pruritus in der Wärme
• Hydrocotyle asiatica (D0, D4, D6)	Ekzeme mit Pruritus und starker Schuppenbildung, starke Verdickung der Epidermis, Erysipel
• Kalium jodatum (D1, D3)	Knochenschmerzen, Sinusitis, Periostitis, schleichend verlaufende Infektionen mit Verhärtungen im Gewebe
• Cistus canadensis (D1–D30)	Neigung zu Drüsenschwellungen, Lymphknotenschwellung, harte Verdickungen an den Ballen, rissige Haut, Rhagaden

➔ Tyloma

HYPERSEXUALITÄT

Basismittel	
• Cerebrum compositum	Entwicklungs- und Verhaltensstörungen, Hirnfunktionsstörungen, vegetative Dystonie, Geriatrie

Ergänzungsmittel

Beide Geschlechter:

• Hormeel	funktionelle Störungen im weiblichen Zyklus, Sterilität, Brunstlosigkeit, Fluor albus, reguliert die Geschlechtsfunktionen beim männlichen und weiblichen Tier
• Cantharis compositum	Blasenentzündung, Nierenbeckenentzündung, Nierenentzündung, Blasentenesmen, Harnzwang, Brennen in der Urethra nach der Miktion, Hämaturie, übermäßig gesteigerter Geschlechtstrieb
• Phosphor-Homaccord	petechiale Blutungen und Blutungsneigung, Laryngitis, Pharyngitis, Degeneration parenchymatöser Organe, stark erhöhter Sexualtrieb ➔ Konstitutionsmittel
• Hyoscyamus (D6, D12, C30, C200)	Erregungszustände mit großer Unruhe, Eifersucht, Raserei, Wutanfälle wechselnd mit Melancholie und Gleichgültigkeit, Hypersexualität männlicher und weiblicher Tiere mit Eifersucht und Aggression ➔ Konstitutionsmittel
• Stramonium-Injeel	manische Zustände, Psychosen, Unruhe, Raserei, Streitsucht, Neigung zu Gewalttätigkeit, epileptiforme Krämpfe, übersteigerter Geschlechtstrieb bei beiden Geschlechtern

Männliche Tiere:

• Agnus castus-Injeel	Hyper- und Hyposexualität, Impotenz, Kälte der Genitalien, nach zu häufigem oder seltenem Deckeinsatz
• Staphisagria-Injeel	brennende, juckende Hautausschläge, ärgerlich, reizbar, Angstaggression, nach Misshandlungen oder Demütigungen, sexuelle Erregung, Hypersexualität männlicher Tiere, evtl. gefolgt von Überreizung und Impotenz
• Gelsemium-Homaccord	Neuralgie insbesondere des Kopf-Hals-Bereichs, Schwindel, zittrige Schwäche, Erschöpfung, Gliederschmerzen, Heulen und Jammern der Rüden bei läufiger Hündin in der Nähe
• Aurum-Injeel	Hypertonie, Arteriosklerose, präapoplektisch, Arrhythmien mit Angst, leicht reizbar und sehr aggressiv, dominant, Hypersexualität bei Rüden ➔ Konstitutionsmittel
• Yohimbinum D3	sexuelle Übererregbarkeit bei männlichen Tieren
• Origanum D6, D30	übermäßiger Geschlechtstrieb, Onanie, beim Rüden mit großer Erregung, Aufreiten

Weibliche Tiere:

• Ovarium compositum	Störungen der Ovarfunktion, unterstützend bei Endometritis, HVL-Insuffizienz bei weiblichen Tieren, Ovarialzysten, Stoffwechselstörungen, Geriatrie, Nymphomanie

• Lilium compositum Heel	entzündliche Prozesse der weiblichen Geschlechtsorgane, Adnexitis, Para-, Myo- und Endometritis, Kolpitis, Ovariitis, Ovarialzysten, Fluor albus, Myombildung, Uterusprolaps, übersteigerter Geschlechtstrieb
• Metro-Adnex-Injeel	Adnexitis, Para-, Myo- und Endometritis, Vaginitis, Dysmenorrhö, Ovariitis, Uterussenkung, Fluor albus, Uteruskrämpfe
• Lilium tigrinum (D2–D12)	Fluor albus, übermäßiger Geschlechtstrieb (weibliche Tiere), hochgradige Reizbarkeit, ständiger Kot- und Harndrang, Ruhelosigkeit
• Tarantula (D4–D12, C30, C200)	Hysterie, Hysteroepilepsie, Hyperästhesie, jähe Stimmungswechsel mit Aggression, sexuelle Übererregbarkeit, übermäßig gesteigerter Geschlechtstrieb ➔ Konstitutionsmittel
• Agaricus (D4–C1000)	ekstatische Zustände, sexuelle Erregung mit geringer Potenz, Erschöpfung nach Deckakt, Onanie
• Platinum metallicum (D3–D30)	depressiv oder dominant, auch sexuell basiert ➔ Konstitutionsmittel
• Bufo (ab D6)	Konvulsionen, epileptiforme Anfälle, übel riechende Ausdünstungen und Absonderungen, Herzklopfen, leichtere weibliche Tiere, Ovarialzysten

➔ Nymphomanie

HYPERTHYREOSE

Basismittel

• Glandula thyreoidea suis-Injeel	spezifischer Regulationseffekt auf Funktion und Struktur des entsprechenden Organs, Myxödem, Struma parenchymatosa, Neoplasmaphasen, Adipositas
+ Coenzyme compositum	regt blockierte enzymatische Abläufe insbesondere der Energiegewinnung an (Zitronensäurezyklus), degenerative oder chronische Erkrankungen
• Galium-Heel / Galium comp.-Heel	Immunmodulation bei chronischen Erkrankungen verschiedener Genese, Präkanzerosen, „Zellreinigung", Ausleitung bei hormonellen Hyperfunktionen

Verabreichung: zusammen 2-mal wöchentlich

• Glonoin-Homaccord	Tachykardie, pektanginöse Beschwerden, Koronarinsuffizienz, Altersherz, Schilddrüsenregulation
• Jodum (D3–D30)	Hyperthyreose, Struma, Abmagerung bei reichlicher Futteraufnahme, Drüsenschwellungen, chronische Entzündungen, verdrießlich, reizbar, ruhelos

Verabreichung: beide Präparate im täglichen Wechsel

Ergänzungsmittel

• Spongia-Injeel	Drüsenschwellungen, ähnlich wie Jodum, druckempfindliche, vergrößerte Schilddrüse, legt sich hin nach Futter- und Wasseraufnahme
• Fucus vesiculosus-Injeel	Adipositas, Drüsenschwellungen, Struma
• Calcium fluoratum-Injeel	Bindegewebsschwäche, „Knochenkaries", Knochenfisteln, Exostosen, steinharte Drüsenschwellungen, wirkt auf Sehnen und Bänder, Hyperthyreose, Schilddrüsenerkrankungen

- Jodum (D3–D30) — Hyperthyreose, Struma, Abmagerung bei reichlicher Futteraufnahme, Drüsenschwellungen, chronische Entzündungen, verdrießlich, reizbar, ruhelos
- Hedera helix (D4–C30) — Hyperthyreose, Struma, Abmagerung bei reichlicher Futteraufnahme oder völlige Appetitlosigkeit, Übelkeit und Erbrechen, Ruhelosigkeit, ständiger Durst
- Lycopus virginicus D4 — Hyperthyreose, heftiges Herzklopfen, TSH wird in seiner Wirkung gemindert

Bei hyperthyreoter Struma oder nach Struma-Operation:

- Strumeel — Struma parenchymatosa, regt die Schilddrüsenfunktion an, Übergewicht

HYPOTHYREOSE

Basismittel

oral:

- Strumeel — Struma parenchymatosa, regt die Schilddrüsenfunktion an, Übergewicht

Verabreichung: 2- bis 3-mal täglich

+ Graphites-Homaccord — chronische Ekzeme, trocken oder seborrhoisch, honigartiges Sekret, Fissuren, Borken, Schwielen, Neigung zu Adipositas, Trägheit, Verdauungsschwäche, atonische Obstipation
  → Konstitutionsmittel

Verabreichung: 1- bis 2-mal täglich

parenteral:

- Apis-Homaccord — ödematöse, schmerzhafte Schwellungen, pustulöse und bullöse Ekzeme, Entzündungen mit Flüssigkeitsansammlung in Geweben und Körperhöhlen

+ Glandula thyreoidea suis-Injeel — spezifischer Regulationseffekt auf Funktion und Struktur des entsprechenden Organs, Myxödem, Struma parenchymatosa, Neoplasmaphasen, Adipositas

Verabreichung: zusammen anfangs jeden 2. Tag, später seltener

Ergänzungsmittel

- Blutgefäßtropfen (Cosmochema) — periphere arterielle und venöse Durchblutungsstörungen, Varizen, Hämorrhoiden
- Coenzyme compositum — regt blockierte enzymatische Abläufe insbesondere der Energiegewinnung an (Zitronensäurezyklus), degenerative oder chronische Erkrankungen
- Circulo-Injeel — periphere Durchblutungsstörungen, Akroparästhesien, Gefäßspasmen, kalte Gliedmaßenenden
- Solidago compositum — akute und chronische Erkrankungen der Nieren und Harnwege, Zystitis, Nephrolithiasis, Hydronephrose, funktionelle Unterstützung der Nieren
- Ubichinon compositum — verbessert die Energiebereitstellung in der Zelle, degenerative und tumoröse Erkrankungen

zusätzlich als „Ausleitungsbehandlung":

- Lymphomyosot — „Mesenchymentschlackung", Lymphatismus, Lymphödeme, Drüsenschwellungen, Tonsillarhypertrophie

+ Galium-Heel / Galium comp.-Heel	Immunmodulation bei chronischen Erkrankungen verschiedener Genese, Präkanzerosen, „Zellreinigung"

Verabreichung: tägliche Gabe

IBD / INFLAMMATORY BOWEL DISEASE

Basismittel	
• Nux vomica-Homaccord	Funktionsstörungen von Magen, Darm und Leber, Spasmen, Meteorismus, Beschwerden nach Überreizung, Diarrhö mit ständigem Kotdrang
+ Mucosa compositum	Schleimhauterkrankungen und -katarrhe verschiedener Art und Lokalisation, z.B. im Verdauungstrakt mit und ohne Ulkus, regenerationsfördernd für Schleimhäute

Verabreichung: zusammen im akuten Stadium tägliche Gabe

Ergänzungsmittel

• Duodenoheel	Duodenitis, Ulcus duodeni et ventriculi, Hyperazidität, Hunger- und Nüchternschmerz, Pylorussyndrom, Übelkeit, Erbrechen
• Gastricumeel	akute und chronische Gastritis, Dyspepsie, Meteorismus, gastrokardialer Symptomenkomplex, Ulcus ventriculi
• Ipecacuanha-Injeel	hellrote, gussweise Blutungen, feuchte Bronchitis, profuse Durchfälle, Haarballengastritis der Katze, Erbrechen bessert nicht
• Traumeel	Entzündungen verschiedener Genese und Lokalisation, Verletzungen, Wundbehandlung, auch postoperativ
• Lachesis-Injeel	septische Prozesse, Hämolyse, blaurote Entzündungen ➔ Konstitutionsmittel
• Hepar comp. Heel	akute und chronische Leber-Galle-Affektionen, regt die Leberfunktion an, Verdauungsstörungen
• Carduus compositum	akute und chronische Leber- und Gallenerkrankungen, alle Folgeerkrankungen davon, Stoffwechselstörungen, Verdauungsprobleme, Großtier
• Hepeel	akute und chronische Leber- und Gallenerkrankungen, alle Folgeerkrankungen davon, Stoffwechselstörungen, Verdauungsprobleme, Kleintier
• Engystol	aktiviert die unspezifische Abwehr, virale Erkrankungen, „Umstimmung" bei Allergien und Dermatosen, reduziert Stressfolgen
• Arsenicum album-Injeel	akute und chronische Entzündungen an Augen, Atemwegen, Verdauungs- und Harnapparat, Organdegeneration, Abmagerung, mitternächtliche Unruhe, Enteritis nach verdorbenem Futter, faulig-übel riechender Durchfall ➔ Konstitutionsmittel
• Carbo vegetabilis-Injeel	Magen aufgebläht, Meteorismus, übel riechende Diarrhö, Abneigung gegen Fett und Milch, Kollaps und Kreislaufversagen, mit kalter Haut und kalten Akren
• Colocynthis-Injeel	stechende Schmerzen, Krämpfe des Magen-Darm-Trakts, Gallenkoliken, Nierenkoliken, periodisch auftretende Symptome, alle Symptome bessern sich auf Druck und Wärme

• Mercurius solubilis Hahnemanni-Injeel	beginnende Suppuration, Abszesse in Anbildung, akute, schmerzhafte Entzündungen im Bindegewebe und in verschiedenen Organen, wund machender, wässriger, schleimiger, blutiger oder grüngelblicher Durchfall mit heftigem Drängen
• Mercurius sublimatus corrosivus-Injeel	Suppurationen, Abszesse, Gingivitis, Stomatitis, Iritis, Blepharokonjunktivitis, Keratitis profunda, hochakute Entzündungen des Dick- und Enddarms
• Podophyllum compositum	Katarrhe des Dickdarms, Pankreopathien, Darmkoliken, wässriger, gelblicher oder grünlicher, unverdauter Kot, Colitis mucosa et ulcerosa, auch chronisch
• Pulsatilla-Injeel	Übelkeit und Brechdurchfall nach fetter Nahrung, nach Schneefressen und kalter Nahrung, warmes Wasser wird erbrochen, Erbrechen endet bei leerem Magen ➔ Konstitutionsmittel

➔ Diarrhö; ➔ Enteritis; ➔ Erbrechen

IMPFREAKTIONEN

Vorbeugend:

• Engystol	aktiviert die unspezifische Abwehr, virale Erkrankungen, Prophylaxe gegen Impfreaktionen, vor oder mit der Impfung

Therapeutisch:

Generalisierte Reaktion:

• Engystol	aktiviert die unspezifische Abwehr, virale Erkrankungen, Impfreaktionen
• Thuja-Injeel	Neigung zu proliferativen Prozessen an Haut und Schleimhäuten, Impffolgen, Wirkung von Bakterien- und Tiergiften, Schlangenbisse ➔ Konstitutionsmittel
• Silicea-Injeel	chronische Eiterungen und Fistelbildungen, wirkt auf Bindegewebe, Bänder, Sehnen, Haut, Hautanhangsgebilde, schlechte Wundheilung, Folgen von Impfungen ➔ Konstitutionsmittel
• Sulfur comp.-Heel	Dermatosen, Dermatitis, juckende und nässende Ekzeme, Pruritus, Urtikaria, „Reaktionsmittel" bei allen chronischen Krankheiten

Lokale Reaktion:

• Traumeel	Entzündungen verschiedener Genese und Lokalisation, Verletzungen, Wundbehandlung, auch postoperativ
• Echinacea compositum	bakterielle Infektionen verschiedener Organsysteme, Entzündungen, Fieber, auch prophylaktisch, Entzündungen an der Impfstelle
• Apis-Injeel	Überempfindlichkeit gegen Berührung und Erschütterung, allgemeine Schmerzhaftigkeit, umschriebene oder generalisierte ödematöse Schwellung
• Vaccininum-Injeel	bei schwerwiegenden Erkrankungen, Erysipel, Phlegmone, akute Ekzeme, Impffolgen

• Zincum metallicum-Injeel	Nervenaffektionen mit Schwäche und Erschöpfung, nervöse Beschwerden, Unruhe in den Beinen, Zittern, Zuckungen, bläschenförmige Hauteruptionen, Pruritus
• Mezereum-Homaccord	vesikulöse Ekzeme, Dermatosen, Herpes zoster, Neuralgien, Pruritus, ätzende Sekretionen
• Carcinosinum (D30, D200)	Anämie, Schwindel, viele Erkrankungen in der Jugend, heftige Reaktionen auf Impfungen, Entwicklungsstörungen und verzögerte Rekonvaleszenz

INAPPETENZ

Ursache beseitigen!

Therapieversuch

• Hepar comp. Heel	akute und chronische Leber-Galle-Affektionen, regt die Leberfunktion an, Verdauungsstörungen
+ Coenzyme compositum	regt blockierte enzymatische Abläufe insbesondere der Energiegewinnung an (Zitronensäurezyklus), degenerative oder chronische Erkrankungen

Verabreichung: zusammen jeden 2. Tag

• China-Homaccord	Erschöpfungs- und Schwächezustände, Leberfunktionsstörungen, nach Flüssigkeitsverlusten

Verabreichung: 3-mal täglich

Ergänzungsmittel

• Nux vomica-Homaccord	Funktionsstörungen von Magen, Darm und Leber, Spasmen, Meteorismus, Beschwerden nach Überreizung
• Carduus compositum	akute und chronische Leber- und Gallenerkrankungen, alle Folgeerkrankungen davon, Stoffwechselstörungen, Verdauungsprobleme, Großtier
• Hepeel	akute und chronische Leber- und Gallenerkrankungen, alle Folgeerkrankungen davon, Stoffwechselstörungen, Verdauungsprobleme, Kleintier
• Ubichinon compositum	verbessert die Energiebereitstellung in der Zelle, degenerative und tumoröse Erkrankungen
• Magen-Darmtropfen (Cosmochema)	Reizmagen, Gastritis, Appetitlosigkeit, Magen-Darm-Katarrh
• Engystol	aktiviert die unspezifische Abwehr, virale Erkrankungen, „Umstimmungsmittel" bei Futtermittelallergie
• Gastricumeel	akute und chronische Gastritis, Dyspepsie, Meteorismus, gastrokardialer Symptomenkomplex, Ulcus ventriculi
• Duodenoheel	Duodenitis, Ulcus duodeni et ventriculi, Hyperazidität, Hunger- und Nüchternschmerz, Pylorussyndrom, Übelkeit, Erbrechen
• Lycopodium-Injeel	Leber- und Gallenstörungen, satt nach wenigen Bissen, hager, Kot hart und klumpig, Kotdrang z.T. vergeblich ➔ Konstitutionsmittel

• Tartarus stibiatus-Injeel	große Erschöpfung mit schnellem Kräfteverfall, Kreislaufschwäche, akute Magen-Darm-Erkrankungen mit ständiger Übelkeit, Würgereiz und Erbrechen, Diarrhö
• Cocculus-Homaccord	Reisekrankheit, Übelkeit und Schwindel, Erschöpfung, Schwäche, Übelkeit bereits beim Geruch von Futter
• Tabacum-Injeel	Kollaps mit Blässe und kaltem Schweiß, Schwindel, Übelkeit mit Würgereiz und Speichelfluss, Reisekrankheit / Seekrankheit
• Antimonium crudum-Injeel	Hyperkeratose besonders der Ballen, Rhagaden und Warzen, Ausschläge mit honiggelben Krusten, Gastritis, Enteritis, Erbrechen, Appetitlosigkeit und Widerwillen gegen alle Speisen
• Ipecacuanha-Injeel	hellrote, gussweise Blutungen, feuchte Bronchitis, Übelkeit als Begleiterscheinung bei allen Krankheiten
• Abrotanum (D3–D30)	Abmagerung besonders an den Beinen trotz guten Appetits, Entwicklungsstörungen und verzögerte Rekonvaleszenz

➔ Fresslust

INCONTINENTIA ALVI

• Veratrum-Homaccord	Dysenterie, Gastroenteritis mit und ohne Kolik, Kollapszustände mit zyanotischer oder blasser, kühler Haut, unbemerkter Kotabgang
• Aloe-Injeel	Morgendiarrhö, Incontinentia ani bei Blähungen und Urinabsatz, Stuhlgang sofort nach Futteraufnahme
• Plumbum metallicum-Injeel	schleichende Krankheitsprozesse, Schwäche und Kraftlosigkeit, Harnverhaltung, Blasenlähmung bei Diskopathie, schlaffe Lähmung, Harn- und Kotverlust bei Diskopathie
• Colon suis-Injeel	spezifischer Regulationseffekt auf Funktion und Struktur des entsprechenden Organs, Störungen der Darmexkretion, chronische Obstipation, Darmatonie, Darmspasmen

INCONTINENTIA URINAE

Hormonell / nach Kastration:

• Ovarium compositum	Störungen der Ovarfunktion, unterstützend bei Endometritis, HVL-Insuffizienz bei weiblichen Tieren, Ovarialzysten, Geriatrie
• Hormeel	funktionelle Störungen im weiblichen Zyklus, Sterilität, Brunstlosigkeit, Fluor albus, endokrine Dysfunktionen
• Sepia-Injeel	Brunstschwäche, nervöse Erschöpfung, Reizbarkeit, hager, Fertilitätsstörungen, Bindegewebe schlaff, lassen auch in der Brunst kein Belegen zu, Harnträufeln bei älteren kastrierten Hündinnen, Stressinkontinenz ➔ Konstitutionsmittel

Harnwegserkrankungen:

• Reneel	akute und chronische Nieren- und Blasenleiden, Nephrolithiasis, Urethritis, Albuminurie, Blutungsneigung

• Cantharis compositum	Blasenentzündung, Nierenbeckenentzündung, Nierenentzündung, Blasentenesmen, Harnzwang, Brennen in der Urethra nach der Miktion, Hämaturie
• Solidago compositum	akute und chronische Erkrankungen der Nieren und Harnwege, Zystitis, Nephrolithiasis, Hydronephrose, funktionelle Unterstützung der Nieren

Allgemein:

• Causticum-Injeel	Lähmung von Muskeln und Nerven, Paresen der Blasenwand und des Blasenhalses, Inkontinenz beim Husten und im Schlaf, Harnträufeln bei älteren, weiblichen Tieren
• Calcium carbonicum-Injeel	Jungtiermittel, Drüsenschwellungen, Schleimhautkatarrhe, Polypenbildung und Ulzerationen, Milchschorf, Kalkstoffwechselstörungen, verzögerte Entwicklung, sehr häufiger Harndrang, unwillkürlicher Harnabsatz im Schlaf ➔ Konstitutionsmittel
• Sabal-Homaccord	Prostataadenom, Zystitis, Miktionsbeschwerden, Harnträufeln, Reizblase (Sabal serrulatum = „homöopathischer Katheter")
• Plumbum metallicum-Injeel	schleichende Krankheitsprozesse, Schwäche und Kraftlosigkeit, Harnverhaltung, Blasenlähmung bei Diskopathie, schlaffe Lähmung, Kontrollverlust über Harn- und Kotabsatz
• Gelsemium-Homaccord	Neuralgie insbesondere des Kopf-Hals-Bereichs, Schwindel, zittrige Schwäche, Erschöpfung, Gliederschmerzen
• Hepar sulfuris-Injeel	eiternde Prozesse unterschiedlicher Lokalisation, schmerzhaft, Abszesse vor Ausreifung, Überempfindlichkeit gegen Kälte und Luftzug, Blasenschwäche, Harnverlust
• Ruta-Injeel	Folgen stumpfer Verletzungen, Harndrang nach Entleerung, Inkontinenz
• Phosphor-Homaccord	petechiale Blutungen und Blutungsneigung, Laryngitis, Pharyngitis, Degeneration parenchymatöser Organe, Incontinentia urinae nachts ➔ Konstitutionsmittel
• Asthma-Nosode-Injeel	empirisch bewährt bei Harnträufeln
• Plantago-Homaccord	Reizblase, Zystitis, Incontinentia urinae, Inkontinenz als Folge von Aufregung, Enuresis nocturna
• Barijodeel	Paresen des Blasenschließmuskels, Schwäche, Inkontinenz besonders bei älteren Tieren
• Selenium-Homaccord	Prostataadenom mit Urin-Nachträufeln, Erschöpfungszustände
• Petroleum-Injeel	nässende Ekzeme, Haut- und Schleimhauterkrankungen, empfindliche, trockene, rissige Haut, Rhagaden, blutende Fissuren, Alopezie, Harnverlust nach dem Aufstehen
• Petroselinum (D2–D12)	plötzlicher heftiger Harndrang, Harninkontinenz, Reizblase, Urethritis, Zystitis, Spondylose mit Blasenwandlähmung
• Tarantula (D4–D12, C30, C200)	Harn riecht faulig und enthält sandige Ablagerungen, Brennen und Stechen beim Harnabsatz, Harndrang, Inkontinenz beim Husten und Bellen, reizbar durch Berührung

INFEKTIONEN

• Engystol	aktiviert die unspezifische Abwehr, virale Erkrankungen, reduziert Stressfolgen
• Echinacea compositum	bakterielle Infektionen verschiedener Organsysteme, Entzündungen, Fieber, auch prophylaktisch
• Lachesis-Injeel	septische Prozesse, Hämolyse, blaurote Entzündungen → Konstitutionsmittel
• Gripp-Heel	Grippe und grippale Infekte, Fieber, Gliederschmerzen, Entzündungen seröser Häute, Bronchitis, virale Erkrankungen
• Belladonna-Homaccord	lokalisierte, akute und heftige Entzündungen, auch mit hohem Fieber, arterielle Pulsationen
• Veratrum-Homaccord	Dysenterie, Gastroenteritis mit und ohne Kolik, Kollapszustände mit zyanotischer oder blasser, kühler Haut
• Stramonium-Injeel	manische Zustände, Psychosen, Unruhe, Raserei, Streitsucht, Neigung zu Gewalttätigkeit, epileptiforme Krämpfe, Infektionen mit ZNS-Beteiligung
• Pyrogenium D8, D15, D30	heftige, überschießende Reaktionen, Eiterungen, Lymphadenitis, gangränöse Zustände, Sepsis, übel riechende Absonderungen

→ Enteritis; → Entzündungen; → Erkältungskrankheiten

INSEKTENSTICHE

• Apis-Homaccord	ödematöse, schmerzhafte Schwellungen, pustulöse und bullöse Ekzeme, Entzündungen mit Flüssigkeitsansammlung in Geweben und Körperhöhlen
• Traumeel	Entzündungen verschiedener Genese und Lokalisation, Verletzungen, Wundbehandlung, auch postoperativ
• Ledum-Injeel	akuter und chronischer Gelenkrheumatismus, Muskelrheumatismus, Gicht, Besserung durch Kälte und Wasser, Stichverletzungen mit und ohne Eröffnung des Gelenks, hochgradige Schwellung, Stich- und Bissverletzungen
• Histamin-Injeel	allergische Erkrankungen, Asthma, Ekzeme und Dermatosen, Juckreiz
• Urtica-Injeel	urtikarielle, juckende Dermatosen, Nesselausschläge, Berührungsempfindlichkeit, harnsaure Diathese, periodisch auftretende Beschwerden
• Lymphomyosot	„Mesenchymentschlackung", Lymphatismus, Lymphödeme, Drüsenschwellungen, Tonsillarhypertrophie
• Arsenicum album-Injeel	akute und chronische Entzündungen an Augen, Atemwegen, Verdauungs- und Harnapparat, Organdegeneration, Abmagerung, mitternächtliche Unruhe, Angst, Kollaps, heftiges Jucken und Brennen der Haut, Ekzeme → Konstitutionsmittel
• Thuja-Injeel	Neigung zu proliferativen Prozessen an Haut und Schleimhäuten, Impffolgen, Wirkung von Bakterien- und Tiergiften, Schlangenbisse → Konstitutionsmittel
• Lachesis-Injeel	septische Prozesse, Hämolyse, blaurote Entzündungen, hämorrhagische Diathese, Insektenstiche mit blauroter Marmorierung → Konstitutionsmittel

IPV / INFEKTIÖSE PUSTULÖSE VULVOVAGINITIS adjuvant

• Engystol	aktiviert die unspezifische Abwehr, virale Erkrankungen, reduziert Stressfolgen, „Umstimmung" bei Allergien und Dermatosen
• Mucosa compositum	Schleimhauterkrankungen und -katarrhe verschiedener Art und Lokalisation, z.B. in den Geschlechtsorganen, regenerationsfördernd für Schleimhäute
• Acidum nitricum-Injeel	Veränderungen an Haut und Schleimhäuten, besonders mukokutane Übergänge, Blutungen, Rhagaden, Ulzera, gut- und bösartige Gewebewucherungen
• Cantharis compositum	Blasenentzündung, Nierenbeckenentzündung, Nierenentzündung, Blasentenesmen, Harnzwang, Brennen in der Urethra nach der Miktion, Hämaturie
• Hydrastis-Injeel	dicke, zähe, strähnige, gelb-weißliche Absonderungen aller Schleimhäute, Metrorrhagien, Stomatitis aphthosa, Schwäche, Kachexie
• Mercurius sublimatus corrosivus-Injeel	Suppurationen, Abszesse, Gingivitis, Stomatitis, Iritis, Blepharokonjunktivitis, Keratitis profunda, hochakute Schleimhautentzündungen, z.B. der Scheide
• Causticum-Injeel	Haut trocken und heiß, Ekzeme von Frösteln begleitet, mit klebrigem, zähem Sekret, verhornende Warzen, entzündet, nässend oder vereitert

➔ Vaginitis

KALKSTOFFWECHSELSTÖRUNGEN

• Calcoheel	Kalkstoffwechselstörungen, Milchschorf, erschwertes Zahnen, Lymphatismus
• Hekla Lava-Injeel	nutritive und infektiöse Störungen von Knochen und Knochenhaut, Exostosen an den Bandansätzen
• Calcium carbonicum-Injeel	Jungtiermittel, Drüsenschwellungen, Schleimhautkatarrhe, Polypenbildung und Ulzerationen, Milchschorf, Kalkstoffwechselstörungen, verzögerte Entwicklung ➔ Konstitutionsmittel
• Calcium phosphoricum-Injeel	Kalkstoffwechselstörungen, Knochenbeschwerden, Wachstums- und Entwicklungsstörungen, fressen Salziges, Holz und Papier ➔ Konstitutionsmittel
• Silicea-Injeel	chronische Eiterungen und Fistelbildungen, wirkt auf Bindegewebe, Bänder, Sehnen, Haut, Hautanhangsgebilde, schlechte Wundheilung, Knochendemineralisation ➔ Konstitutionsmittel
• Calcium fluoratum-Injeel	Bindegewebsschwäche, „Knochenkaries", Knochenfisteln, Exostosen, steinharte Drüsenschwellungen, wirkt auf Sehnen und Bänder, unterstützt die Knochenmineralisierung

➔ Osteomalazie

KALLUSBILDUNG mangelnde

• Traumeel	Entzündungen verschiedener Genese und Lokalisation, Verletzungen, Wundbehandlung, auch postoperativ

+ Arnica-Injeel	regt die Wundheilung an, Herzmuskelschwäche, Neuralgien, Myalgien, Zerschlagenheitsgefühl
+ Symphytum-Injeel	„Arnika der Knochen", beschleunigt die Kallusbildung, fördert den Knochenstoffwechsel, Periostitis

Verabreichung: täglich für 1 Woche, dann 2-mal wöchentlich für 3 Wochen

Ergänzungsmittel

• Calcium carbonicum-Injeel	Jungtiermittel, Drüsenschwellungen, Schleimhautkatarrhe, Polypenbildung und Ulzerationen, Milchschorf, Kalkstoffwechselstörungen, verzögerte Entwicklung ➔ Konstitutionsmittel
• Calcium fluoratum-Injeel	Bindegewebsschwäche, „Knochenkaries", Knochenfisteln, Exostosen, steinharte Drüsenschwellungen, unterstützt die Knochenmineralisierung
• Calcium phosphoricum-Injeel	Kalkstoffwechselstörungen, Knochenbeschwerden, Wachstums- und Entwicklungsstörungen ➔ Konstitutionsmittel
• Ruta-Injeel	Folgen stumpfer Verletzungen, Ganglion, Periostitis, venöse Stauungen, Folgen von körperlicher Überanstrengung
• Strontium carbonicum D4, D6	Osteoporose, Spondylarthrose, Zerebralsklerose

➔ Frakturen; ➔ Verletzungen

KALLUSBILDUNG überschießende

• Hekla Lava-Injeel	nutritive und infektiöse Störungen von Knochen und Knochenhaut, Exostosen an den Bandansätzen
• Traumeel	Entzündungen verschiedener Genese und Lokalisation, Verletzungen, Wundbehandlung, auch postoperativ
• Calcium carbonicum-Injeel	Jungtiermittel, Drüsenschwellungen, Schleimhautkatarrhe, Polypenbildung und Ulzerationen, Milchschorf, Kalkstoffwechselstörungen, verzögerte Entwicklung ➔ Konstitutionsmittel
• Calcium fluoratum-Injeel	Bindegewebsschwäche, „Knochenkaries", Knochenfisteln, Exostosen, steinharte Drüsenschwellungen, unterstützt die Knochenmineralisierung
• Strontium carbonicum D4, D6	Osteoporose, Spondylarthrose, Zerebralsklerose

➔ Frakturen; ➔ Verletzungen

KARIES

• Calcium fluoratum-Injeel	Bindegewebsschwäche, „Knochenkaries", Knochenfisteln, Exostosen, steinharte Drüsenschwellungen, wirkt auf Sehnen und Bänder, Zahnkaries

Verabreichung: Mittel über mehrere Wochen geben

• Calcium phosphoricum-Injeel	Kalkstoffwechselstörungen, Knochenbeschwerden, Wachstums- und Entwicklungsstörungen, Zähne werden früh kariös ➔ Konstitutionsmittel

Verabreichung: Mittel über mehrere Wochen geben

Ergänzungsmittel

• Kreosotum-Injeel	Schleimhautkatarrhe mit ätzenden, übel riechenden Absonderungen, tief greifende Entzündungen der Schleimhäute, Ulzera, Fluor, Pruritus vulvae, Karies der Zähne
• Calcium carbonicum-Injeel	Jungtiermittel, Drüsenschwellungen, Schleimhautkatarrhe, Polypenbildung und Ulzerationen, Milchschorf, Kalkstoffwechselstörungen, verzögerte Entwicklung, brüchige Zähne ➔ Konstitutionsmittel
• Staphisagria-Injeel	brennende, juckende Hautausschläge, ärgerlich, reizbar, Angstaggression, nach Misshandlungen oder Demütigungen, Folgen von Schnittverletzungen (Operation), Zähne schwarz und zerfressen
• Mezereum-Homaccord	vesikulöse Ekzeme, Dermatosen, Herpes zoster, Neuralgien, Pruritus, ätzende Sekretionen, Zahnhalskaries
• Thuja-Injeel	Neigung zu proliferativen Prozessen an Haut und Schleimhäuten, Impffolgen, Zahnhalskaries ➔ Konstitutionsmittel
• Silicea-Injeel	chronische Eiterungen und Fistelbildungen, wirkt auf Bindegewebe, Bänder, Sehnen, Haut, Hautanhangsgebilde, schlechte Wundheilung, Zahnkaries, empfindliche Zahnhälse ➔ Konstitutionsmittel
• Acidum hydrofluoricum (D6, D12)	Abmagerung trotz guten Appetits, Kachexie, Unruhe, Hast und Eile, Bindegewebs- und Knochenindurationen, Zähne verfallen früh

KATARAKT

Basismittel

• Oculus totalis suis-Injeel	spezifischer Regulationseffekt auf Funktion und Struktur des entsprechenden Organs, degenerative Augenerkrankungen, Glaukom, Katarakt
• Coenzyme compositum	regt blockierte enzymatische Abläufe insbesondere der Energiegewinnung an (Zitronensäurezyklus), degenerative oder chronische Erkrankungen
+ Ubichinon compositum	verbessert die Energiebereitstellung in der Zelle, degenerative und tumoröse Erkrankungen

Verabreichung: zusammen 2-mal wöchentlich über mehrere Wochen

• Lymphomyosot	„Mesenchymentschlackung", Lymphatismus, Lymphödeme, Drüsenschwellungen, Tonsillarhypertrophie
+ Galium-Heel / Galium comp.-Heel	Immunmodulation bei chronischen Erkrankungen verschiedener Genese, Präkanzerosen, „Zellreinigung"

Verabreichung: zusammen täglich über mehrere Wochen

Ergänzungsmittel

• Causticum-Injeel	Haut trocken und heiß, Ekzeme von Frösteln begleitet, mit klebrigem, zähem Sekret, Augenlider verquollen und entzündet, Keratitis sicca, beginnender Katarakt

• Calcium fluoratum-Injeel	Bindegewebsschwäche, „Knochenkaries", Knochenfisteln, Exostosen, steinharte Drüsenschwellungen, wirkt auf Sehnen und Bänder, Alterskatarakt, Hornhautflecken
• Oculoheel	Konjunktivitis, Ödeme der Augenlider, scharfer Tränenfluss, Neigung zu Eiterungen am Auge, Gerstenkorn, Keratitis
• Oculoheel Augentropfen	katarrhalische und eitrige Konjunktivitis und Keratitis, Lichtscheu, Tränenfluss
• Cerebrum compositum	Entwicklungs- und Verhaltensstörungen, Hirnfunktionsstörungen, vegetative Dystonie, Geriatrie, zur Geweberegeneration
• Engystol	aktiviert die unspezifische Abwehr, virale Erkrankungen, reduziert Stressfolgen, „Umstimmung" bei Allergien und Dermatosen
• Sulfur-Injeel	„Reaktionsmittel" bei allen chronischen Erkrankungen ➔ Konstitutionsmittel
• Cineraria maritima D1	Cataracta senilis, Hornhauttrübung nach Verletzungen

Verabreichung: verdünnt lokal anwenden

Juvenile Form:

• Oculus totalis suis-Injeel	spezifischer Regulationseffekt auf Funktion und Struktur des entsprechenden Organs, degenerative Augenerkrankungen, Glaukom, Katarakt, chronische Konjunktivitis
• Nervus opticus suis-Injeel	spezifischer Regulationseffekt auf Funktion und Struktur des entsprechenden Organs, Atrophia nervi optici, Sehstörungen
• Retina suis-Injeel	spezifischer Regulationseffekt auf Funktion und Struktur des entsprechenden Organs, degenerative Erkrankungen der Netzhaut und des Auges, Sehstörungen

evtl. zusätzlich:

• Coenzyme compositum	regt blockierte enzymatische Abläufe insbesondere der Energiegewinnung an (Zitronensäurezyklus), degenerative oder chronische Erkrankungen
+ Ubichinon compositum	verbessert die Energiebereitstellung in der Zelle, degenerative und tumoröse Erkrankungen

Verabreichung: zusammen 2-mal wöchentlich

KATZENSCHNUPFEN

Initial:

Basismittel

Viral:

• Euphorbium compositum	akute und chronische Rhinitiden und Sinusitiden, Ohrtubenkatarrh, Mittelohrhydrops, Katzenschnupfen
+ Engystol	aktiviert die unspezifische Abwehr, virale Erkrankungen, reduziert Stressfolgen, „Umstimmung" bei Allergien und Dermatosen

Verabreichung: zusammen 1- bis 2-mal täglich

Bakteriell:

• Euphorbium compositum	akute und chronische Rhinitiden und Sinusitiden, Ohrtubenkatarrh, Mittelohrhydrops, Katzenschnupfen
+ Echinacea compositum	bakterielle Infektionen verschiedener Organsysteme, Entzündungen, Fieber, auch prophylaktisch

Verabreichung: zusammen 1- bis 2-mal täglich

zusätzlich:

• Euphorbium comp. Nasentropfen SN	akute und chronische Rhinitiden und Sinusitiden, Ohrtubenkatarrh, Mittelohrhydrops, Katzenschnupfen

Verabreichung: auf oder vor die Nase sprühen

Ergänzungsmittel

• Lachesis compositum	septische Tendenz bei Entzündungen und Eiterungen, Phlegmone, Endometritis, Nachgeburtsverhaltung, trockenes Fieber
• Naso-Heel	akute und chronische Rhinitis, Sinusitis, Pharyngitis, Laryngitis, Tonsillitis, atrophische Rhinitis, trockene Schleimhäute mit Borken und Krusten
• Gripp-Heel	Grippe und grippale Infekte, Fieber, Gliederschmerzen, Entzündungen seröser Häute, Bronchitis, virale Erkrankungen
• Hepar sulfuris-Injeel	eiternde Prozesse unterschiedlicher Lokalisation, schmerzhaft, Abszesse vor Ausreifung, Überempfindlichkeit gegen Kälte und Luftzug, festsitzendes Sekret, Atmung dadurch behindert
• Acidum nitricum-Injeel	Veränderungen an Haut und Schleimhäuten, besonders mukokutane Übergänge, Blutungen, Rhagaden, Nasenflügel wund
• Hydrastis-Injeel	dicke, zähe, strähnige, gelb-weißliche Absonderungen aller Schleimhäute, Metrorrhagien, Stomatitis aphthosa, Schwäche, Kachexie
• Lachesis-Injeel	septische Prozesse, Hämolyse, blaurote Entzündungen, Drüsenerkrankungen ➔ Konstitutionsmittel
• Luffa operculata-Injeel	akute, chronische und allergische Rhinitis, Sinusitis, Asthma bronchiale, Trägheit und Müdigkeit

• Arsenicum album-Injeel	akute und chronische Entzündungen an Augen, Atemwegen, Verdauungs- und Harnapparat, Organdegeneration, Abmagerung, mitternächtliche Unruhe, Rhinitis mit grünlichem Sekret, vor allem struppige Tiere ➔ Konstitutionsmittel
• Kalium bichromicum-Injeel	zähe, strähnige Absonderungen aller Schleimhäute, chronische Katarrhe der Nase und des Ohrs, tief fressende Ulzera der Schleimhäute
• Baptisia-Injeel	septische, adynamische Infektionen, schmerzlose Halsentzündung, Erkrankungen im Kopfbereich, stinkender Mundgeruch
• China-Homaccord	Erschöpfungs- und Schwächezustände, Leberfunktionsstörungen, nach Flüssigkeitsverlusten, Rekonvaleszenz
• Carbo vegetabilis-Injeel	Kollaps und Kreislaufversagen, mit kalter Haut und kalten Akren, Nasenausfluss dicklich, gelblich
• Cinnabaris D4, D6	Sinusitis mit übel riechenden Sekreten, Tonsillitis, Laryngitis, rezidivierend

Mit Sinusitis:

Basismittel	
• Euphorbium compositum	akute und chronische Rhinitiden und Sinusitiden, Ohrtubenkatarrh, Mittelohrhydrops, Katzenschnupfen
+ Sinusitis-Nosode-Injeel	akute und chronische Sinusitiden, chronisch rezidivierende Entzündungen oder Eiterungen der Nasennebenhöhlen, Allergien
+ Mucosa compositum	Schleimhauterkrankungen und -katarrhe verschiedener Art und Lokalisation, z.B. im Bereich der oberen und unteren Luftwege, regenerationsfördernd für Schleimhäute

Verabreichung: Euphorbium compositum + Sinusitis-Nosode-Injeel im täglichen Wechsel mit Euphorbium compositum + Mucosa compositum

Mit Augenmanifestation:

• Oculoheel	Konjunktivitis, Ödeme der Augenlider, scharfer Tränenfluss, Neigung zu Eiterungen am Auge, Gerstenkorn, Keratitis
• Oculoheel Augentropfen	katarrhalische und eitrige Konjunktivitis und Keratitis, Lichtscheu, Tränenfluss
• Euphorbium compositum	akute und chronische Rhinitiden und Sinusitiden, Ohrtubenkatarrh, Mittelohrhydrops, Katzenschnupfen, Konjunktivitiden
• Herpes simplex-Nosode-Injeel	chronisch rezidivierende Herpesinfektionen verschiedener Lokalisation und Genese, als Zwischenmittel, zur Nachbehandlung akuter Infektionen
• Oculus totalis suis-Injeel	spezifischer Regulationseffekt auf Funktion und Struktur des entsprechenden Organs, degenerative Augenerkrankungen, Glaukom, Katarakt, chronische Konjunktivitis
• Euphrasia-Injeel	Blepharokonjunktivitis, Fließschnupfen mit Tränenfluss, Lichtscheu, Dakryozystitis
• Argentum nitricum-Injeel	nervöse Symptome, Unruhe, Angst vor allem Neuen, chronische Schleimhautreizungen, Hüsteln, Verschlechterung bei Wärme, Verklebungen der Augen

➔ Atemwegserkrankungen; ➔ Chronischer Katzenschnupfen; ➔ Rhinitis

KEHLKOPFPFEIFEN

• Gelsemium-Homaccord	Neuralgie insbesondere des Kopf-Hals-Bereichs, Schwindel, zittrige Schwäche, Erschöpfung, Gliederschmerzen
• Causticum-Injeel	Lähmung von Muskeln und Nerven, insbesondere Gesichts- und Kehlkopfnerven, Paresen
• Funiculus umbilicalis suis-Injeel	chronische Erkrankungen, Autoaggressionserkrankungen, Bindegewebsmittel, fördert die Gewebeausreifung und -regeneration, Osteochondrose, Koxitis, Fibrom, Sarkom, Karzinom, Durchblutungsstörungen
• Traumeel	Entzündungen verschiedener Genese und Lokalisation, Verletzungen, Wundbehandlung, auch postoperativ
• Hypericum-Injeel	Nerven- und Gehirnverletzungen, Nervenschmerzen bei und nach Verletzungen, Tierbisse, Commotio cerebri, Zerebralsklerose
• Plumbum metallicum-Injeel	schleichende Krankheitsprozesse, Schwäche und Kraftlosigkeit, Paralysen, Muskelatrophie durch Nervenerkrankungen
• Zincum metallicum-Injeel	Nervenaffektionen mit Schwäche und Erschöpfung, nervöse Beschwerden, Zittern, Zuckungen
• Lathyrus sativus (D4, D6, C30)	Schwäche und Paralyse der Kehlkopfmuskulatur

KELOID

Basismittel

• Graphites-Homaccord	chronische Ekzeme, trocken oder seborrhoisch, honigartiges Sekret, Fissuren, Borken, Schwielen, Neigung zu Adipositas, Trägheit, Verstopfung ➔ Konstitutionsmittel
+ Galium-Heel / Galium comp.-Heel	Immunmodulation bei chronischen Erkrankungen verschiedener Genese, Präkanzerosen, „Zellreinigung“, Narben, Keloide

Verabreichung: oral zur Langzeittherapie

Ergänzungsmittel

• Cutis compositum	Basismittel bei Dermatosen verschiedener Genese, Ekzeme, Allergien, Dermatomykosen, Haarausfall
• Silicea-Injeel	chronische Eiterungen und Fistelbildungen, wirkt auf Bindegewebe, Bänder, Sehnen, Haut, Hautanhangsgebilde, schlechte Wundheilung, Gewebewucherungen ➔ Konstitutionsmittel
• Staphisagria-Injeel	brennende, juckende Hautausschläge, ärgerlich, reizbar, Angstaggression, nach Misshandlungen oder Demütigungen, Folgen von Schnittverletzungen (Operation)
• Acidum nitricum-Injeel	Veränderungen an Haut und Schleimhäuten, besonders mukokutane Übergänge, Blutungen, Rhagaden, Lefzenekzeme, überschießende Granulation
• Carcinosinum (D30, D200)	Anämie, Schwindel, viele Erkrankungen in der Jugend, heftige Reaktionen auf Impfungen, schlecht heilende Wunden, Keloidbildung

lokal:

- Traumeel — Entzündungen verschiedener Genese und Lokalisation, Verletzungen, Wundbehandlung, auch postoperativ

Verabreichung: mehrmals täglich einmassieren

- Calendula-Salbe-Heel — fördert die Wundheilung, Pyodermien, Hauterkrankungen durch chemische und physikalische Einflüsse

→ Wundbehandlung

KERATITIS

Akut:

- Oculoheel — Konjunktivitis, Ödeme der Augenlider, scharfer Tränenfluss, Neigung zu Eiterungen am Auge, Gerstenkorn, Keratitis
- Oculoheel Augentropfen — katarrhalische und eitrige Konjunktivitis und Keratitis, Lichtscheu, Tränenfluss
- Traumeel — Entzündungen verschiedener Genese und Lokalisation, Verletzungen, Wundbehandlung, auch postoperativ
- Apis-Homaccord — ödematöse, schmerzhafte Schwellungen, pustulöse und bullöse Ekzeme, Entzündungen mit Flüssigkeitsansammlung in Geweben und Körperhöhlen, geschwollene Augenlider
- Mercurius-Heel — entzündliche und eitrige Erkrankungen der Haut und anderer Organe
- Mercurius sublimatus corrosivus-Injeel — Suppurationen, Abszesse, Gingivitis, Stomatitis, Iritis, Blepharokonjunktivitis, Keratitis profunda
- Engystol — aktiviert die unspezifische Abwehr, virale Erkrankungen, „Umstimmung" bei Allergien und Dermatosen
- Mucosa compositum — Schleimhauterkrankungen und -katarrhe verschiedener Art und Lokalisation, z.B. am Auge, regenerationsfördernd für Schleimhäute
- Argentum nitricum-Injeel — Melancholie, Platzangst, nervöse Symptome, Unruhe, Angst vor allem Neuen, Bindehaut- und Hornhautentzündung
- Euphrasia-Injeel — Blepharokonjunktivitis, Fließschnupfen mit Tränenfluss, Lichtscheu, Dakryozystitis
- Kreosotum-Injeel — Schleimhautkatarrhe mit ätzenden, übel riechenden Absonderungen, tief greifende Entzündungen der Schleimhäute, Ulzera, Keratitis
- Kalium bichromicum-Injeel — zähe, strähnige Absonderungen aller Schleimhäute, chronische Katarrhe der Nase und des Ohrs, tief fressende Ulzera der Schleimhäute
- Hepar sulfuris-Injeel — eiternde Prozesse unterschiedlicher Lokalisation, schmerzhaft, Abszesse vor Ausreifung, Überempfindlichkeit gegen Kälte und Luftzug
- Conium-Injeel — Altersmittel, Gedächtnisschwäche, Ataxie, steinharte Knoten und Neoplasien, Keratitis mit Lichtscheu
- Allium cepa D3, D4 — milder, starker Tränenfluss, Photophobie, häufig mit Nasenausfluss

Chronisch:

• Silicea-Injeel	chronische Eiterungen und Fistelbildungen, wirkt auf Bindegewebe, Bänder, Sehnen, Haut, Hautanhangsgebilde, schlechte Wundheilung, Entzündung der Lider, der Bindehaut und der Hornhaut mit schleimig-eitriger Absonderung ➔ Konstitutionsmittel
• Echinacea compositum	bakterielle Infektionen verschiedener Organsysteme, Entzündungen, Fieber, auch prophylaktisch
• Herpes simplex-Nosode-Injeel	chronisch rezidivierende Herpesinfektionen verschiedener Lokalisation und Genese, als Zwischenmittel, zur Nachbehandlung akuter Infektionen
• Oculus totalis suis-Injeel	spezifischer Regulationseffekt auf Funktion und Struktur des entsprechenden Organs, degenerative Augenerkrankungen, Glaukom, Katarakt, chronische Konjunktivitis und Keratitis
• Calcium fluoratum-Injeel	Bindegewebsschwäche, „Knochenkaries", Knochenfisteln, Exostosen, steinharte Drüsenschwellungen, wirkt auf Sehnen und Bänder, Hornhautflecken
• Calcium sulfuricum-Injeel	chronische Eiterungen der Haut und Schleimhäute, Bindegewebseiterungen, Akne, fistelnde Abszesse, chronische Entzündung der Augen
• Aurum-Injeel	Hypertonie, Arteriosklerose, präapoplektisch, Arrhythmien mit Angst, leicht reizbar und sehr aggressiv, dominant, Lichtscheu, Hornhautgeschwüre mit Vaskulation ➔ Konstitutionsmittel
• Antimonium crudum-Injeel	Hyperkeratose besonders der Ballen, Rhagaden und Warzen, Ausschläge mit honiggelben Krusten, Hornhautulzera, Keratokonjunktivitis

➔ Auto-Sanguis-Stufentherapie

Hornhauttrübung:

➔ Cornealäsionen

KERATITIS SICCA

• Oculoheel	Konjunktivitis, Ödeme der Augenlider, scharfer Tränenfluss, Neigung zu Eiterungen am Auge, Gerstenkorn, Keratitis
• Oculoheel Augentropfen	katarrhalische und eitrige Konjunktivitis und Keratitis, Lichtscheu, Tränenfluss
• Mucosa compositum	Schleimhauterkrankungen und -katarrhe verschiedener Art und Lokalisation, z.B. am Auge, regenerationsfördernd für Schleimhäute
• Oculus totalis suis-Injeel	spezifischer Regulationseffekt auf Funktion und Struktur des entsprechenden Organs, degenerative Augenerkrankungen, Glaukom, Katarakt, chronische Konjunktivitis
• Traumeel	Entzündungen verschiedener Genese und Lokalisation, Verletzungen, Wundbehandlung, auch postoperativ
• Kalium bichromicum-Injeel	zähe, strähnige Absonderungen aller Schleimhäute, Papeln und Bläschen

Verabreichung: 2-mal wöchentlich

➔ Auto-Sanguis-Stufentherapie

KERATITIS SUPERFICIALIS CHRONICA (Überreiter)

Basismittel	
• Coenzyme compositum	regt blockierte enzymatische Abläufe insbesondere der Energiegewinnung an (Zitronensäurezyklus), degenerative oder chronische Erkrankungen
+ Echinacea compositum	bakterielle Infektionen verschiedener Organsysteme, Entzündungen, Fieber, auch prophylaktisch
+ Oculus totalis suis-Injeel	spezifischer Regulationseffekt auf Funktion und Struktur des entsprechenden Organs, degenerative Augenerkrankungen, Glaukom, Katarakt, chronische Konjunktivitis

Verabreichung: zusammen 1-mal wöchentlich

Ergänzungsmittel

• Mercurius-Heel — entzündliche und eitrige Erkrankungen der Haut und anderer Organe

Verabreichung: 3-mal täglich

• Oculoheel — Konjunktivitis, Ödeme der Augenlider, scharfer Tränenfluss, Neigung zu Eiterungen am Auge, Gerstenkorn, Keratitis

lokal:

• Oculoheel Augentropfen — katarrhalische und eitrige Konjunktivitis und Keratitis, Lichtscheu, Tränenfluss

Hartnäckige Fälle:

➔ Auto-Sanguis-Stufentherapie

KISSING SPINES

Basismittel	
• Neralgo-Rhem-Injeel	Neuralgien, Lumbago, Weichteilrheumatismus, arthritische und vertebragene Beschwerden, Muskel- und Gelenkbeschwerden, „kissing spines"
+ Traumeel	Entzündungen verschiedener Genese und Lokalisation, Verletzungen, Wundbehandlung, auch postoperativ
+ Discus compositum	Osteochondrose, Arthritis und Arthrose besonders des Hüftgelenks, neuralgisch-rheumatische Erkrankungen im Bereich der Wirbelsäule, Exostosen, nächtliche Knochenschmerzen

Verabreichung: zusammen jeden 2. Tag

+ Osteoheel	Ostitis, Periostitis, Exostosen, nächtliche Knochenschmerzen, neuralgische Schmerzen, Gelenkknacken, Osteochondrose, Knochenschmerzen

Verabreichung: täglich oral

Ergänzungsmittel

• Hekla Lava-Injeel — nutritive und infektiöse Störungen von Knochen und Knochenhaut, Exostosen an den Bandansätzen

• Os suis-Injeel	spezifischer Regulationseffekt auf Funktion und Struktur des entsprechenden Organs, Osteomalazie, Rachitis, Osteoporose, Exostosen, Periostitis
• Discus compositum N mit Kalmia	Gelenk- und Bindegewebserkrankungen, z.B. Arthritis, Arthrose, Periarthritis, Erkrankungen der Sehnen, Bänder und der Knochenhaut, besonders Kniegelenk
• Ranunculus-Homaccord	rheumatische Muskel- und Gelenkbeschwerden, besonders im Brustbereich, Interkostalneuralgien, Herpes zoster
• Arnica-Injeel	regt die Wundheilung an, Herzmuskelschwäche, Neuralgien, Myalgien, Zerschlagenheitsgefühl
• Rhododendron-Injeel	Weichteilrheumatismus und (peri-)arthritische Beschwerden, Neuralgien, Verschlechterung aller Beschwerden bei feuchtem Wetter, verdrießlich, nur erste Schritte schmerzhaft
• Rhus Tox-Injeel	Rheuma und Neuralgien, Sehnen- und Bänderaffektionen, schlechter bei nasskaltem Wetter, Anlaufschmerzen, Folgen von Überanstrengung
• Rheuma-Heel	(Peri-)arthritische Beschwerden, Neuralgien, Myalgien, Sehnen- und Bänderbeschwerden
• Acidum hydrofluoricum (D6, D12)	Abmagerung trotz guten Appetits, Kachexie, Unruhe, Hast und Eile, Bindegewebs- und Knochenindurationen, chronische Periostitis
• Kalium jodatum (D1, D3)	Knochenschmerzen, Periostitis, schleichend verlaufende Infektionen mit Verhärtungen im Gewebe

KLAUENABSZESS

Basismittel	
• Traumeel	Entzündungen verschiedener Genese und Lokalisation, Verletzungen, Wundbehandlung, auch postoperativ
+ Lachesis compositum	septische Tendenz bei Entzündungen und Eiterungen, Phlegmone, Endometritis, Nachgeburtsverhaltung, trockenes Fieber

Verabreichung: zusammen täglich

Ergänzungsmittel

• Echinacea compositum	bakterielle Infektionen verschiedener Organsysteme, Entzündungen, Fieber, auch prophylaktisch
• Belladonna-Homaccord	lokalisierte, akute und heftige Entzündungen, auch mit hohem Fieber, arterielle Pulsationen
• Hepar sulfuris-Injeel	eiternde Prozesse unterschiedlicher Lokalisation, schmerzhaft, Abszesse vor Ausreifung, Überempfindlichkeit gegen Kälte und Luftzug
• Myristica sebifera-Injeel	Gewebsentzündung, Lymphadenitis, Phlegmone, Panaritium, Abszesse nach Ausreifung, subakute Eiterungen oder Fisteln, „homöopathisches Messer"
• Silicea-Injeel	wirkt auf Bindegewebe, Bänder, Sehnen, Haut, Hautanhangsgebilde, schlechte Wundheilung, zur Nachbehandlung ➔ Konstitutionsmittel

• Apis-Homaccord	ödematöse, schmerzhafte Schwellungen, pustulöse und bullöse Ekzeme, Entzündungen mit Flüssigkeitsansammlung in Geweben und Körperhöhlen, ödematöse Schwellung, heiß
• Tarantula (D4–D12, C30, C200)	Hysterie, Hysteroepilepsie, Hyperästhesie, jähe Stimmungswechsel mit Streitlust, Aggression und plötzlichen Gewaltausbrüchen, reizbar durch Berührung, Demarkation nekrotischen Gewebes ➔ Konstitutionsmittel
• Pyrogenium D8, D15	heftige, überschießende Reaktionen, Eiterungen, Lymphadenitis, gangränöse Zustände, Sepsis, übel riechende Absonderungen

➔ Abszesse

KNOCHENFISTELN

• Cruroheel	Fisteleiterungen, Knochenfisteln, Ulcus cruris, Bindegewebsschwäche, chronische Eiterungen, scharfe Sekrete
• Osteoheel	Ostitis, Periostitis, Exostosen, nächtliche Knochenschmerzen, neuralgische Schmerzen, Gelenkknacken, Osteochondrose
• Silicea-Injeel	chronische Eiterungen und Fistelbildungen, wirkt auf Bindegewebe, Bänder, Sehnen, Haut, Hautanhangsgebilde, schlechte Wundheilung ➔ Konstitutionsmittel
• Echinacea compositum	bakterielle Infektionen verschiedener Organsysteme, Entzündungen, Fieber, auch prophylaktisch
• Traumeel	Entzündungen verschiedener Genese und Lokalisation, Verletzungen, Wundbehandlung, auch postoperativ
• Hepar sulfuris-Injeel	eiternde Prozesse unterschiedlicher Lokalisation, schmerzhaft, Abszesse vor Ausreifung, Überempfindlichkeit gegen Kälte und Luftzug
• Myristica sebifera-Injeel	Gewebsentzündung, Lymphadenitis, Phlegmone, Panaritium, Abszesse nach Ausreifung, subakute Eiterungen oder Fisteln, „homöopathisches Messer"
• Calcium sulfuricum-Injeel	chronische Eiterungen der Haut und Schleimhäute, Bindegewebseiterungen, fistelnde Abszesse
• Asa foetida-Injeel	nächtliche Knochenschmerzen, auch bei Fisteln, Überempfindlichkeit
• Strontium carbonicum (D4–D30)	Osteoporose, Spondylarthrose, Knochenfisteln

KNOCHENSCHMERZEN

• Symphytum-Injeel	„Arnika der Knochen", beschleunigt die Kallusbildung, fördert den Knochenstoffwechsel, Periostitis, Bänder- und Sehnenläsionen
• Osteoheel	Ostitis, Periostitis, Exostosen, nächtliche Knochenschmerzen, neuralgische Schmerzen, Gelenkknacken, Osteochondrose
• Discus compositum N mit Kalmia	Gelenk- und Bindegewebserkrankungen, z.B. Arthritis, Arthrose, Periarthritis, Erkrankungen der Sehnen, Bänder und der Knochenhaut, besonders Kniegelenk

- Discus compositum — Osteochondrose, Arthritis und Arthrose besonders des Hüftgelenks, neuralgisch-rheumatische Erkrankungen im Bereich der Wirbelsäule, Exostosen, nächtliche Knochenschmerzen
- Zeel — degenerative und rheumatische Gelenkerkrankungen, Arthrose, Polyarthrose, Spondylarthrose, periartikuläre Beschwerden, auch prophylaktisch
- Traumeel — Entzündungen verschiedener Genese und Lokalisation, Verletzungen, Wundbehandlung, auch postoperativ, Wachstumsschmerzen

➔ Periostitis; ➔ Schmerzzustände

KOKZIDIOSE adjuvant

- Nux vomica-Homaccord — Funktionsstörungen von Magen, Darm und Leber, Spasmen, Meteorismus, Beschwerden nach Überreizung
- Veratrum-Homaccord — Dysenterie, Gastroenteritis mit und ohne Kolik, Kollapszustände mit zyanotischer oder blasser, kühler Haut
- Ipecacuanha-Injeel — hellrote, gussweise Blutungen, Erbrechen, profuse Diarrhö, auch blutig
- Mercurius sublimatus corrosivus-Injeel — Suppurationen, Abszesse, Gingivitis, blutiger Durchfall
- Arsenicum album-Injeel — akute und chronische Entzündungen an Augen, Atemwegen, Verdauungs- und Harnapparat, Organdegeneration, Abmagerung, mitternächtliche Unruhe ➔ Konstitutionsmittel
- China-Homaccord — Erschöpfungs- und Schwächezustände, Leberfunktionsstörungen, nach Flüssigkeitsverlusten, Rekonvaleszenz nach starker Diarrhö
- Mucosa compositum — Schleimhauterkrankungen und -katarrhe verschiedener Art und Lokalisation, z.B. im Verdauungstrakt mit und ohne Ulkus, regenerationsfördernd für Schleimhäute
- Colon suis-Injeel — spezifischer Regulationseffekt auf Funktion und Struktur des entsprechenden Organs, Störungen der Darmexkretion, chronische Obstipation, Darmatonie, Darmspasmen
- Bacterium coli-Injeel — Durchfall durch Darmdysbiose, z.B. durch Antibiotikagabe, zur Metaphylaxe oder als Nachbehandlung
- Acalypha indica D3 — sprudelnde Diarrhö mit aufgeblähtem Bauch, Blutungen, adjuvant bei Kokzidiose

KOLIK Kleintiere

Chirurgische Indikation abklären!

- Spascupreel — Spasmen glattmuskulärer Hohlorgane, Spastizität der quergestreiften Muskulatur wie muskulärer Hartspann, Koliken, spastische und asthmatoide Bronchitis
- Atropinum compositum — Krämpfe der glatten und quergestreiften Muskulatur, Gallen-, Nieren-, Darmkoliken, stechende, brennende Schmerzen, Diarrhö, Unruhe
- Nux vomica-Homaccord — Funktionsstörungen von Magen, Darm und Leber, Spasmen, Meteorismus, Beschwerden nach Überreizung und Fütterungsfehlern

• Veratrum-Homaccord	Dysenterie, Gastroenteritis mit und ohne Kolik, Kollapszustände mit zyanotischer oder blasser, kühler Haut
• Colocynthis-Injeel	stechende Schmerzen, Krämpfe des Magen-Darm-Trakts, Gallenkoliken, Nierenkoliken, periodisch auftretende Symptome, müssen sich zusammenkrümmen, Wärme bessert
• Chelidonium-Homaccord	Leberstörungen mit Schwerpunkt Gallensystem, Cholangitis, Cholezystitis, Gallenkolik, akute und chronische Hepatitis, Stauungsikterus
• Berberis-Homaccord	Reiz- und Entzündungszustände im Urogenitaltrakt und in den Gallenwegen, mit und ohne Konkremente, Gallen- und Nierenkoliken

Ergänzungsmittel

➔ Kolik (Pferd und Wiederkäuer)

KOLIK Pferd und Wiederkäuer

Basismittel	
• Nux vomica-Homaccord	Funktionsstörungen von Magen, Darm und Leber, Spasmen, Meteorismus, Beschwerden nach Überreizung und Fütterungsfehlern
+ Atropinum compositum	Krämpfe der glatten und quergestreiften Muskulatur, Gallen-, Nieren-, Darmkoliken, stechende, brennende Schmerzen, Diarrhö, Unruhe

Verabreichung: zusammen stündlich

Ergänzungsmittel

• Belladonna-Homaccord	lokalisierte, akute und heftige Entzündungen, auch mit hohem Fieber, arterielle Pulsationen, heftige Kolik, wellenhafter Verlauf, Schwitzen, besonders Jungtiere und Vollblüter
• Aconitum-Homaccord	grippale und katarrhalische Infekte, besonders im Prodromalstadium, Beschwerden nach Schreck und kaltem Wind, Fieber mit heißer Haut und Unruhe, Kolik bei beginnenden Infekten
• Chelidonium-Homaccord	Leberstörungen mit Schwerpunkt Gallensystem, Cholangitis, Cholezystitis, Gallenkolik, akute und chronische Hepatitis, Stauungsikterus
• Spascupreel	Spasmen glattmuskulärer Hohlorgane, muskulärer Hartspann, Koliken, spastische und asthmatoide Bronchitis
• Cuprum-Injeel	Krämpfe der glatten und quergestreiften Muskulatur, kontrahierte Bauchdecke, heftige Koliken
• Bryonia-Injeel	Entzündungen, beginnende Abszedierung, Bewegung verschlimmert, besser durch festen Druck auf die erkrankte Stelle, trockener, harter Kot, Schmerzen im vorderen Abdomen
• Dulcamara-Homaccord	„Nasswettermittel", rheumatische Erkrankungen, alle Beschwerden sind Folgen von oder schlechter bei Kälte und Nässe, schneidender Schmerz um den Nabel
• Colocynthis-Injeel	stechende Schmerzen, Krämpfe des Magen-Darm-Trakts, Gallenkoliken, Nierenkoliken, periodisch auftretende Symptome, müssen sich zusammenkrümmen, Wärme bessert

• Veratrum-Homaccord	Dysenterie, Gastroenteritis mit und ohne Kolik, Kollapszustände mit zyanotischer oder blasser, kühler Haut
• Gelsemium-Homaccord	Neuralgie insbesondere des Kopf-Hals-Bereichs, Schwindel, zittrige Schwäche, Erschöpfung, Gliederschmerzen, Kolik mit lauten Geräuschen
• Graphites-Homaccord	chronische Ekzeme, trocken oder seborrhoisch, honigartiges Sekret, Fissuren, Borken, Schwielen, Neigung zu Adipositas, Trägheit, Verstopfung, Darmatonie, eher subakuter Verlauf, Kolik wird durch Futteraufnahme besser ➔ Konstitutionsmittel
• Lachesis-Injeel	Koliken entwickeln sich in der Nacht, nach der Brunst, nach unterdrückter Sekretion ➔ Konstitutionsmittel
• Lycopodium-Injeel	Leber- und Gallenstörungen, satt nach wenigen Bissen, hager ➔ Konstitutionsmittel
• Erigotheel	Ulcus ventriculi et duodeni, Magen-Darm-Katarrhe, Hyperazidität, Spasmen des Magens
• Staphisagria-Injeel	brennende, juckende Hautausschläge, ärgerlich, reizbar, Angstaggression, nach Misshandlungen oder Demütigungen, sexuelle Erregung, Folgen von Schnittverletzungen (Operation), Kolik nach Ärger oder Aufregung
• Capsicum (D3–D6)	Stomatitis, Speichelfluss, Maulgestank, Kolik, Tenesmen

Gaskolik:

• Nux vomica-Homaccord	Funktionsstörungen von Magen, Darm und Leber, Spasmen, Meteorismus, Beschwerden nach Überreizung und Fütterungsfehlern
• Colocynthis-Injeel	stechende Schmerzen, Krämpfe des Magen-Darm-Trakts, Gallenkoliken, periodisch auftretende Symptome, alle Symptome bessern sich auf Druck und Wärme
• Chamomilla-Injeel	Überempfindlichkeit gegen Schmerzen, Krämpfe, Bauch aufgetrieben, Blähungskolik
• Colchicum-Injeel	kolikartige Blähungen, Gastroenteritis, Auftreibungen des Bauches

Obstipationskolik:

• Nux vomica-Homaccord	Funktionsstörungen von Magen, Darm und Leber, Spasmen, Meteorismus, Beschwerden nach Überreizung
• Plumbum metallicum-Injeel	schleichende Krankheitsprozesse, Schwäche und Kraftlosigkeit, Obstipation nach Spasmen, harte Bauchdecke
• Graphites-Homaccord	chronische Ekzeme, trocken oder seborrhoisch, honigartiges Sekret, Fissuren, Borken, Schwielen, Neigung zu Adipositas, Trägheit, Verstopfung, Darmatonie, eher subakuter Verlauf, besonders trächtige Stuten und Graphitestyp (Kaltblüter) ➔ Konstitutionsmittel
• Coenzyme compositum	regt blockierte enzymatische Abläufe insbesondere der Energiegewinnung an (Zitronensäurezyklus), degenerative oder chronische Erkrankungen
• Alumina (D4–D30, C30–C1000)	verzögerte Reizleitung, Trockenheit aller Schleimhäute, atonische Obstipation, selbst weicher Stuhl ist schwer abzusetzen, kleinknollige Stühle
• Opium (D6, D30, D200)	große Benommenheit, Bewusstseinstrübung, Somnolenz, Stupor, völlige Darmlähmung, keine Darmgeräusche

Nachbehandlung:

- Nux vomica-Homaccord — Funktionsstörungen von Magen, Darm und Leber, Spasmen, Meteorismus, Beschwerden nach Überreizung, Regulation von Peristaltik und Verdauung

Verabreichung: täglich über 1–2 Wochen

- Coenzyme compositum — regt blockierte enzymatische Abläufe insbesondere der Energiegewinnung an (Zitronensäurezyklus), degenerative oder chronische Erkrankungen

Verabreichung: 2-mal wöchentlich

KOLLAPSZUSTÄNDE

- Cactus compositum — Myokardschwäche, auch infektiöser Genese, Peri- und Endokarditis, Herzrhythmusstörungen, Koronarinsuffizienz
- Veratrum-Homaccord — Dysenterie, Gastroenteritis mit und ohne Kolik, Kollapszustände mit zyanotischer oder blasser, kühler Haut
- Carbo compositum — Kreislaufversagen, arterielle Blutfülle im Gehirn, Kollapszustände, kalte Haut
- Arsenicum album-Injeel — akute und chronische Entzündungen an Augen, Atemwegen, Verdauungs- und Harnapparat, Organdegeneration, Abmagerung, mitternächtliche Unruhe ➔ Konstitutionsmittel
- Crotalus-Injeel — dunkle Blutungen in allen Organen und aus allen Körperöffnungen, Gangrän und Sepsis, Kollapsneigung bei Infektionskrankheiten
- Camphora (D0, D2, D3) — Spasmen der peripheren Muskeln, Spasmen der Bronchialmuskulatur, bei Fruchtwasseraspiration oder Asphyxie der Neugeborenen auf die Zunge oder in die Nase tropfen, Kollapszustände, Krämpfe
- Laurocerasus D0 — nächtlicher Kitzelhusten mit blutigem Auswurf, Dyspnoe mit Verschlimmerung durch jede Anstrengung, Herzmuskelschwäche
- Opium D30, D200 — große Benommenheit, Bewusstseinstrübung, Somnolenz, Stupor, Teilnahmslosigkeit, Folgen von Unfall oder Schreck, Zyanose

Porciner Stress:

Kollapsmischung aus:

- Belladonna-Homaccord — lokalisierte, akute und heftige Entzündungen, auch mit hohem Fieber, arterielle Pulsationen, voller, starker Puls, Blutandrang zum Kopf

\+ Nux vomica-Homaccord — Funktionsstörungen von Magen, Darm und Leber, Spasmen, Meteorismus, Beschwerden nach Überreizung

\+ Glonoin-Homaccord — Tachykardie, pektanginöse Beschwerden, Koronarinsuffizienz, Altersherz

Kreislauf ➔ Kreislaufstörungen; ➔ Schockerscheinungen; **Trachea** ➔ Trachealkollaps

KONJUNKTIVITIS

Akut:

- Oculoheel — Konjunktivitis, Ödeme der Augenlider, scharfer Tränenfluss, Neigung zu Eiterungen am Auge, Gerstenkorn, Keratitis
- Oculoheel Augentropfen — katarrhalische und eitrige Konjunktivitis und Keratitis, Lichtscheu, Tränenfluss

• Belladonna-Homaccord	lokalisierte, akute und heftige Entzündungen, auch mit hohem Fieber, arterielle Pulsationen, Bindehaut hochrot, Pupille weit
• Traumeel	Entzündungen verschiedener Genese und Lokalisation, Verletzungen, Wundbehandlung, auch postoperativ

Verabreichung: auch sterile Gabe von Ampulleninhalt lokal

• Aconitum-Injeel	Unruhe, Angst und Folgen von Schreck, hochakute grippale und katarrhalische Infekte, Augenentzündungen nach Zugluft oder kaltem Wind, Folgen eingewachsener Wimpern
• Apis-Homaccord	ödematöse, schmerzhafte Schwellungen, pustulöse und bullöse Ekzeme, Entzündungen mit Flüssigkeitsansammlung in Geweben und Körperhöhlen, ödematöse Schwellung
• Euphrasia-Injeel	Blepharokonjunktivitis, Fließschnupfen mit Tränenfluss, Lichtscheu, Dakryozystitis
• Hyoscyamus (D6, D12, C30, C200)	Bindehautkatarrhe mit schleimigen Absonderungen und Sehschwäche, auffälliges, heftiges Verhalten ➔ Konstitutionsmittel
• Arsenicum album-Injeel	akute und chronische Entzündungen an Augen, Atemwegen, Verdauungs- und Harnapparat, Organdegeneration, Abmagerung, mitternächtliche Unruhe, wund machender Tränenfluss, Lichtscheu ➔ Konstitutionsmittel
• Rhus Tox-Injeel	Neuralgien, schlechter bei nasskaltem Wetter, heftige, schmerzhafte Entzündung der Augen, zähes Sekret, Ulzera
• Allium cepa D3, D4	milder, starker Tränenfluss, Photophobie, häufig mit Nasenausfluss

Chronisch:

• Oculoheel	Konjunktivitis, Ödeme der Augenlider, scharfer Tränenfluss, Neigung zu Eiterungen am Auge, Gerstenkorn, Keratitis
• Oculus totalis suis-Injeel	spezifischer Regulationseffekt auf Funktion und Struktur des entsprechenden Organs, degenerative Augenerkrankungen, Glaukom, Katarakt, chronische Konjunktivitis
• Mucosa compositum	Schleimhauterkrankungen und -katarrhe verschiedener Art und Lokalisation, z.B. an Auge und Ohr, regenerationsfördernd für Schleimhäute
• Euphrasia-Injeel	Blepharokonjunktivitis, Fließschnupfen mit Tränenfluss, Lichtscheu, Dakryozystitis
• Mercurius solubilis Hahnemanni-Injeel	beginnende Suppuration, Abszesse in Anbildung, akute, schmerzhafte Entzündungen im Bindegewebe und in verschiedenen Organen, eitrig-nässende Stellen, akut, ulzerös
• Kreosotum-Injeel	Schleimhautkatarrhe mit ätzenden, übel riechenden Absonderungen, tief greifende Entzündungen der Schleimhäute, Ulzera, Konjunktivitis mit wunden Lidrändern
• Argentum nitricum-Injeel	Melancholie, Platzangst, nervöse Symptome, Unruhe, Angst vor allem Neuen, chronische Schleimhautreizungen, Absonderungen reichlich, eitrig, gelbgrünlich, Konjunktivitis bei Neugeborenen

• Pulsatilla-Injeel	alle Funktionen sind verzögert und verlangsamt, milde, chronische Entzündungen, Augen jucken ➔ Konstitutionsmittel
• Sulfur-Injeel	„Reaktionsmittel" bei allen chronischen Erkrankungen, z.B. chronische oder rezidivierende Konjunktivitis, Lidränder entzündet, Ulzera ➔ Konstitutionsmittel

Conjunctivitis follicularis:

Basismittel	
• Oculoheel Augentropfen	katarrhalische und eitrige Konjunktivitis und Keratitis, Lichtscheu, Tränenfluss

Verabreichung: mehrmals täglich im Wechsel mit

+ Lymphomyosot	„Mesenchymentschlackung", Lymphatismus, Lymphödeme, Tonsillarhypertrophie, reaktive Schwellung von Lymphfollikeln

Verabreichung: sterile Gabe von Ampulleninhalt lokal

Ergänzungsmittel

• Oculoheel	Konjunktivitis, Ödeme der Augenlider, scharfer Tränenfluss, Neigung zu Eiterungen am Auge, Gerstenkorn, Keratitis
• Apis-Homaccord	ödematöse, schmerzhafte Schwellungen, pustulöse und bullöse Ekzeme, Entzündungen mit Flüssigkeitsansammlung in Geweben und Körperhöhlen, ödematöse Schwellung
• Mucosa compositum	Schleimhauterkrankungen und -katarrhe verschiedener Art und Lokalisation, z.B. an Auge und Ohr, regenerationsfördernd für Schleimhäute
• Engystol	aktiviert die unspezifische Abwehr, virale Erkrankungen, reduziert Stressfolgen, „Umstimmung" bei Allergien und Dermatosen

KONSTITUTIONSMITTEL

Arsenicum album

- Verzagtheit, Unruhe trotz großer Erschöpfung
- magere, nervöse, kraftlose Tiere
- große Angst mit Ruhelosigkeit
- bevorzugen Wärme und warme Getränke
- nächtliche Unruhe (erste Stunden nach Mitternacht)
- häufiger Durst auf kleine Mengen
- bei Futter wählerisch, „satt nach wenigen Bissen"
- Ekzeme mit Juckreiz, der sich bei Wärmeanwendung bessert, schuppende Ekzeme
- Ekzeme abwechselnd mit Asthma bronchiale
- dünnes, fettiges Fell, wachs- und erdfarbene Haut
- halten sich penibel sauber, trotzdem muffiger Geruch, stinkende Absonderungen
- chronische Entzündungen, Organdegeneration, z.B. der Nieren
- (Brech-)Durchfall, besonders nach verdorbenem Futter

Aurum metallicum
- selbstbewusste, hartnäckige Tiere, häufig weiblich und älter
- Aggression gegen bestimme Tiere oder bestimmte Menschen, lassen sich nicht umstimmen
- zänkisch bis bösartig, behalten „Feinde" (z.B. Tierarzt) genau im Auge
- machen alles schnell, sind unter Leistungsdruck hektisch
- nehmen eigenen Zustand hin, sind sehr schmerzempfindlich
- Trost bessert, Widerspruch führt zu Wutanfällen
- Katzen (schwere Rassen): Besitzerwechsel wird sehr schwer verkraftet

Calcium carbonicum
- Drüsenschwellungen
- Erkrankungen der Haut und der Schleimhäute
- kalte und feuchte Extremitäten, Tiere schwitzen bei der kleinsten Anstrengung
- kälteempfindlich
- grobknochiger Typus mit großem Kopf, Hängebauch / Senkrücken, dicker Haut
- Milch wird nicht vertragen (besonders Kalb)
- durchtrittig, Knochenepiphysen verdickt
- Jungtiere sind Spätentwickler
- erwachsene Tiere: gutmütig, zuverlässige mittlere Leistung
- ermüden geistig und körperlich schnell
- schüchterne Tiere, wehren sich häufig nicht gegen Angriffe, selbst wenn sie körperlich überlegen sind
- Tiere sind sehr nachtragend und wegen Sturheit schwer auszubilden

Calcium fluoratum
- unruhiger, ängstlicher Typ, große Hast
- leichter Körperbau
- Bindegewebs- und Bänderschwäche
- Wachstums- und Entwicklungsstörungen
- Fell stumpf, brüchig, Haut rissig
- schmerzlose (Lymph-)Drüsenschwellungen
- antriebslos, ermüden rasch geistig und körperlich
- Überempfindlichkeit gegen Licht, Lärm und Gerüche

Calcium phosphoricum
- schlank, hochbeinig, feingliedrig
- rasches Wachstum führt zu Wachstumsschmerzen
- dünne Haut, schwache Gelenke
- schmaler, schlanker Kopf
- körperlich und geistig rasch erschöpft
- Angst vor Dunkelheit und Gewittern
- eifersüchtig und nervös
- sehr empfindlich gegen Kälte, Nässe und Zugluft
- Mittelstellung zwischen Calcium carbonicum und Phosphor
- fressen Salziges, Geräuchertes, Holz, Papier, Papiertaschentücher

Graphites

- großer, schwerfälliger Typus, antriebsschwach und faul
- „weibliches Sulfur"
- gutmütig, aber reizbar
- Tiere sind ungeduldig gegenüber Störungen ihrer Ruhe
- heiseres Bellen, wenn überhaupt
- Obstipationsneigung
- Ekzeme mit typischem gelblich-honigartigem Sekret und Haarlosigkeit (Beine, Flanken und Ohren)
- schlechte Heiltendenz
- neigen zu Erkältung, kälteempfindlich
- insuffizientes Verdauungs- und Hormonsystem
- Wärme verschlechtert, nachts besser

Hyoscyamus

- Verschlimmerung aller Beschwerden in den Abendstunden
- Zähneknirschen im Schlaf
- heftige Emotionen abwechselnd mit Gleichgültigkeit
- Gedächtnisschwäche, Delirien, epileptiforme Anfälle
- unterwürfig bei latenter Aggression, unruhig, argwöhnisch, eifersüchtig
- stürzen kläffend auf Menschen / Tiere zu, um dann bei der kleinsten Annäherung zu flüchten
- beißen, wenn sie sich bedrängt fühlen
- meist kleine Hunde, die schlecht allein bleiben können

Ignatia

- meist Hündinnen, freundlich, schüchtern und introvertiert
- widersprüchliche Symptome: z.B. Verlangen nach Einsamkeit, aber durch Alleinsein werden Beschwerden verstärkt
- Überempfindlich gegen alle Sinneseindrücke
- Beschwerden als Folge von Kummer, Trauer, Strafe oder Schreck
- „Heimwehmittel", auch nach dem Absetzen
- Symptome treten plötzlich, unerwartet und massiv auf oder wechseln sich ab
- Trost führt zu Rückzug, aber nicht zu Aggression
- Symptome treten periodisch auf

Lachesis

- Eifersucht als Leitsymptom, Aggression, Unverträglichkeit, Neid, Argwohn
- phlegmatisch
- Symptome vermehrt linksseitig
- Krankheiten häufig Folge von seelischer oder medikamentöser Unterdrückung
- Druck an Hals und Bauch wird nur schlecht vertragen
- neigen zu heftigen Entzündungen mit blauroten Verfärbungen und blauroten Geschwürrändern
- Beschwerden durch und beim weiblichen Zyklus
- beim Rind: Milchrückgang als erstes Symptom
- beginnender Sekretfluss verbessert das Allgemeinbefinden
- Symptome verschlechtern sich im Schlaf

Lycopodium
- altern frühzeitig, kälteempfindlich
- Krankheiten entstehen langsam
- mager mit aufgetriebenen Abdomen (Meteorismus)
- Heißhunger, satt nach wenigen Bissen
- trinken sehr wenig
- intelligent aber scheu
- können nicht allein sein
- neigen zu Lebererkrankungen, Harnsediment (FLUTD)
- Fell trocken und stumpf, Hauterkrankungen häufig im Schulterbereich
- scheinbar selbstbewusst und dominant, können Zudringlichkeiten nicht ausstehen
- eigensinnig und sehr leicht reizbar
- nachtragend und rachsüchtig, können Widerspruch nicht ertragen
- „Morgenmuffel", schlafen nachts schlecht

Natrium muriaticum
- Rechtsseitenmittel, Periodizität aller Symptome
- neigen zu Hauterkrankungen, besonders in Gelenkbeugen
- trockene Haut, stumpfes Fell, trockene Nase, Rhagaden an Nase, Mund und After
- Verlangen nach Salzigem und Scharfem
- Abmagerung trotz Heißhunger
- eigenwillige Tiere, aggressiv gegen Artgenossen (meist aus Angst), nachtragend, perfektionistisch
- morgendlicher Durchfall
- kein Harn- / Kotabsatz, wenn sie sich beobachtet fühlen
- neigen zur Hinterhandschwäche
- wollen nicht von Fremden angefasst werden
- Kummermittel, tiefe Trauer, Trost verschlechtert
- Abneigung gegen Deckakt

Nux vomica
- Typmittel für Rind, vor allem bei Stallhaltung
- neigen zu Indigestion (Rind) bzw. Kolik (Pferd)
- Muskelspasmen (Diskopathie Hund)
- Futterumstellungen führen zu Verdauungsstörungen
- schreckhaft bei Fremden und fremden Dingen
- Morgenverschlimmerung aller Beschwerden, Schlaflosigkeit zwischen 3 und 7 Uhr morgens
- Überempfindlichkeit gegen alle äußeren Einflüsse und Reizüberflutung
- reizbar, ärgerlich und zornig
- leicht beleidigt und intolerant, vertragen keinen Widerspruch
- berührungsempfindlich am ganzen Körper
- können auch alles über sich ergehen lassen, sind dabei sehr verspannt, zeigen danach Übersprungshandlungen

Phosphorus
- allgemeine Ängstlichkeit und Unsicherheit
- schlank, feinknochig, hellhaarig, dünnhäutig
- Höchstleistungen, aber nur kurz, schnell wieder erholt
- Hochleistungskühe, Vollblutpferde, Hunde jagen eigenen Schwanz
- Rachitis, Festliegeprophylaxe, Lebensschwäche
- Parenchymmittel
- neigen zu Blutungen, Hämatome ohne Trauma
- Knochenerkrankungen, besonders Wirbelsäule und Unterkiefer
- Laryngitis mit Heiserkeit
- Schwindel bei Lagewechsel und schnellem Aufstehen

Platinum metallicum
- tief greifende Wirkung auf das Gemüt
- nervös-überreizter Geschlechtstrieb
- himmelhoch jauchzend und zu Tode betrübt
- arrogant, hochmütig, herablassend
- Tiere sind schnell tief beleidigt
- zänkisch und streitsüchtig
- neigen zu Lähmung, Parästhesien, Kälte
- physische Symptome treten nicht gemeinsam mit psychischen Beschwerden auf, sondern abwechselnd
- hysterische Spasmen

Pulsatilla
- in der Regel weibliche, rundliche Tiere
- sanft, freundlich, nachgiebig, unterwürfig, arbeitswillig
- auch nachtragend und eifersüchtig, launenhaft
- können nicht allein sein (jaulen oder zerstören)
- verlangen immer besonders viel Beachtung und Aufmerksamkeit
- Trost bessert, Sehnsucht nach Sympathie
- hellhäutig, Fell weich und fein
- venöse Stase führt zu Sekretionsstörungen an den Schleimhäuten: Sekret dick, rahmig, grünlich-gelblich und mild
- Symptome wechseln dauernd in Ausprägung und Lokalisation
- alle Funktionen sind verlangsamt und verzögert

Sepia
- große, schlanke, dunkelhäutige Tiere
- vor allem ältere weibliche Tiere, die älter aussehen, als sie sind
- unharmonischer Körperbau, schmales Becken
- Bindegewebe schlaff, Hängegesäuge, schlaffe Zitzen, schlaffer Uterus
- dulden Saugen der Jungen nicht, beißen männliches Tier auch in der Brunst weg
- Tiere sehen ungepflegt aus, weil sie sich selbst nicht belecken
- Tiere sind gern allein, sonst reizbar und aggressiv
- rasche Ermüdung, keine Ausdauer, Leistungsunlust
- vertragen keinen Widerspruch
- berührungsempfindlich
- Rangordnungsprobleme, Tiere sind dominant
- Harninkontinenz besonders unter Stress
- Wärme verschlechtert, Kälte und Bewegung bessert

Silicea
- eher schlecht ernährt, schlaffer Habitus
- ängstliches Wesen, wenig Selbstvertrauen, nervös, verzagt, rasch erschöpft
- Hunde brauchen einen starken Halter, vertragen aber keinen Tadel oder Widerspruch
- stressanfällig, neigen zur Selbstverstümmelung (Leckekzeme)
- „Morgenmuffel", unruhiger Schlaf
- Bänderschwäche
- missgebildete, häufig unterentwickelte Hufe / Klauen / Krallen, Ekzeme
- wund machende Absonderungen aus allen Körperöffnungen
- akute und chronische Entzündungen mit Eiter und Fistelneigung

Sulfur
- häufig schwierig im Umgang, zänkisch, nervös-reizbar, großes Selbstbewusstsein
- machen faulen und trägen Eindruck, sind jedoch cholerisch und jähzornig
- sehr geräuschempfindlich
- fressen alles, sind aber nach wenigen Bissen satt
- Tiere neigen zu Ekzemen mit Juckreiz und trockener, schuppiger Haut sowie deutlichem artspezifischem Geruch
- wirken ungepflegt trotz Pflege durch Besitzer
- alle Körperöffnungen sind gerötet
- suchen kühle Orte
- Initialmittel bei chronischen Erkrankungen

Tarantula
- häufig kleine Tiere
- können nicht stillliegen, wälzen sich herum
- sehr reizbar und berührungsempfindlich, wollen von Fremden nicht angefasst werden
- Wechsel zwischen Heiterkeit, Zerstörungswut und Gewalttätigkeit
- hyperaktiv, überreizt, stimmungslabil, ängstlich
- motorische Unruhe, ständiges Zucken und Zittern der Gliedmaßen
- Brennen und Stechen beim Wasserlassen, Urin riecht faulig, enthält Sand

Thuja
- häufig dunkles Fell
- gutmütig, leicht zu erziehen
- Veränderungen in der Routine führen zu Angst und Reizbarkeit
- bei Krankheit unverträglich und unzufrieden, apathisch
- großer Durst, nur mäßiger Appetit
- Erkrankungen der Haut und Schleimhäute sowie des Bewegungsapparats
- Verschlechterungen bei Nässe und Kälte
- chronisch rezidivierende, nässend-eitrige Ekzeme mit Haarausfall, Rhagaden, Hautverdickung und Juckreiz
- Krallen brüchig, rissig, können ausfallen
- Warzen in allen Formen, Farben, Größen, Konsistenzen, Lokalisationen
- Schwarzfärbung von erkrankten Stellen
- chronisch rezidivierende Infekte der Schleimhäute
- Obstipation, harte, bräunliche Kotballen
- Erkrankungen treten häufig im zeitlichen Zusammenhang mit Impfungen auf

KONZEPTIONSSTÖRUNGEN

Basismittel

• Ovarium compositum	Störungen der Ovarfunktion, unterstützend bei Endometritis, HVL-Insuffizienz bei weiblichen Tieren, Ovarialzysten, verzögerte Ovulation, Konzeptionsschwäche

Verabreichung: Tag 0 oder 1 post inseminationem

oder:

• Hormeel	funktionelle Störungen im weiblichen Zyklus, Sterilität, Brunstlosigkeit, Fluor albus, endokrine Dysfunktionen

Verabreichung: für einige Tage nach der Besamung

evtl. zusätzlich:

• Coenzyme compositum	regt blockierte enzymatische Abläufe insbesondere der Energiegewinnung an (Zitronensäurezyklus), degenerative oder chronische Erkrankungen

Verabreichung: 2-mal wöchentlich

Ergänzungsmittel

• Mucosa compositum	Schleimhauterkrankungen und -katarrhe verschiedener Art und Lokalisation, z.B. der Geschlechtsorgane, regenerationsfördernd für Schleimhäute, Schleimhautschwäche, embryonaler Frühtod

Verabreichung: 2-mal wöchentlich für 4 Wochen nach Belegung

• Metro-Adnex-Injeel	Adnexitis, Para-, Myo- und Endometritis, Vaginitis, Dysmenorrhö, Ovariitis, Uterussenkung
• Pulsatilla-Injeel	alle Funktionen des Geschlechtsapparates sind verzögert und verlangsamt, Stillbrünstigkeit → Konstitutionsmittel
• Sepia-Injeel	Brunstschwäche, nervöse Erschöpfung, Reizbarkeit, meist älter, hager, Fertilitätsstörungen → Konstitutionsmittel
• Lilium compositum Heel	entzündliche Prozesse der weiblichen Geschlechtsorgane, Adnexitis, Para-, Myo- und Endometritis, Kolpitis, Ovariitis, Ovarialzysten, Fluor albus, Myombildung, Uterusprolaps
• China-Homaccord	Erschöpfungs- und Schwächezustände, Leberfunktionsstörungen, nach Flüssigkeitsverlusten, Roborans
• Ovarium suis-Injeel	spezifischer Regulationseffekt auf Funktion und Struktur des entsprechenden Organs, Störungen der Ovarfunktion, weibliche Sterilität
• Uterus suis-Injeel	spezifischer Regulationseffekt auf Funktion und Struktur des entsprechenden Organs, weibliche Sterilität, degenerative Erkrankungen des Uterus
• Aristolochia (D12, C30, C200)	primäre und sekundäre Brunstlosigkeit, Sterilität, Lochialstau, Fluor, Zyklusstörungen
• Platinum metallicum (D3–D30)	depressiv und verschlossen oder hochmütig und zänkisch, Gemütsschwankungen, Umrindern

KORONARINSUFFIZIENZ

• Cactus compositum	Myokardschwäche, auch infektiöser Genese, Peri- und Endokarditis, Herzrhythmusstörungen, Koronarinsuffizienz
• Cralonin	Altersherz, Koronarinsuffizienz, Rhythmusstörungen, Myokardschwäche
• Cor suis compositum	Myokardschwäche, dilatative und hypertrophe Kardiomyopathie, Arrhythmia cordis, Koronardurchblutungsstörungen, Gefäßtonisierung
• An-io-Injeel	Koronardurchblutungsstörungen, pektanginöse Beschwerden, Endo-, Perikarditis, Gefäßspasmen
• Strophanthus compositum	Durchblutungsstörungen des Herzens, Prophylaxe und Therapie des Myokardinfarkts
• Cardiacum-Heel	Angina pectoris, Herz-Kreislauf-Beschwerden, organische Herzkrankheiten, Gefäßverkalkung
• Herztropfen (Cosmochema)	Kreislaufstörungen, Altersherz, Herzmuskelschwäche und -schäden, Herzstärkung bei Infektionserkrankungen
• Strophanthus comp.-Herztabletten (Cosmochema)	nervöse Herzbeschwerden, Herzstiche, Angina pectoris
• Cor suis-Injeel	spezifischer Regulationseffekt auf Funktion und Struktur des entsprechenden Organs, Herzinsuffizienz, Angina pectoris, Koronardurchblutungsstörungen

➔ Alterserscheinungen; ➔ Herzinsuffizienz

KOTWASSER Pferd

Therapieversuch	
• Carduus compositum	akute und chronische Leber- und Gallenerkrankungen, alle Folgeerkrankungen davon, Stoffwechselstörungen, Verdauungsprobleme
+ Coenzyme compositum	regt blockierte enzymatische Abläufe insbesondere der Energiegewinnung an (Zitronensäurezyklus), degenerative oder chronische Erkrankungen
+ Berberis-Homaccord	Reiz- und Entzündungszustände im Urogenitaltrakt und in den Gallenwegen, mit und ohne Konkremente, Gallen- und Nierenkoliken
+ Mucosa compositum	Schleimhauterkrankungen und -katarrhe verschiedener Art und Lokalisation, z.B. im Verdauungstrakt mit und ohne Ulkus, regenerationsfördernd für Schleimhäute

Verabreichung: je 5 ml 2-mal wöchentlich

+ Lymphomyosot	„Mesenchymentschlackung", Lymphatismus, Lymphödeme, Drüsenschwellungen, Tonsillarhypertrophie

Verabreichung: täglich 1-mal 30 Tropfen für 3–4 Wochen

KRÄMPFIGKEIT

• Nux vomica-Homaccord	Funktionsstörungen von Magen, Darm und Leber, Spasmen, Meteorismus, Beschwerden nach Überreizung
• Arteria-Heel	periphere Zirkulationsstörungen, Arteriosklerose, Hypertonie, Angina pectoris, Claudicatio intermittens
• Phosphor-Homaccord	petechiale Blutungen und Blutungsneigung, Laryngitis, Pharyngitis, Degeneration parenchymatöser Organe, Hochleistungstiere → Konstitutionsmittel
• Spascupreel	Spasmen glattmuskulärer Hohlorgane, Spastizität der quergestreiften Muskulatur wie muskulärer Hartspann
• Calcium phosphoricum-Injeel	Kalkstoffwechselstörungen, Knochenbeschwerden, Wachstums- und Entwicklungsstörungen → Konstitutionsmittel
• China-Homaccord	Erschöpfungs- und Schwächezustände, Leberfunktionsstörungen, nach Flüssigkeitsverlusten
• Rhus Tox-Injeel	Rheuma und Neuralgien, Sehnen- und Bänderaffektionen, schlechter bei nasskaltem Wetter, Anlaufschmerzen, Folgen von Überanstrengung
• Ginkgo biloba D2	periphere Durchblutungsstörungen, schlimmer bei nervöser Erregung, eiskalte Extremitäten

→ Weidetetanie

KRANIOMANDIBULÄRE OSTEOPATHIE

• Zeel	degenerative und rheumatische Gelenkerkrankungen, Arthrose, Polyarthrose, Spondylarthrose, gestörte Gewebereifung

Verabreichung: tägliche Gabe über längere Zeit

→ Arthrosen

KREISLAUFSTÖRUNGEN

Basismittel

• Cralonin	Altersherz, Koronarinsuffizienz, Rhythmusstörungen, Myokardschwäche (Hund)

oder:

• Cactus compositum	Myokardschwäche, auch infektiöser Genese, Peri- und Endokarditis, Herzrhythmusstörungen, Koronarinsuffizienz (Katze)

Verabreichung: 1- bis 2-mal (maximal 6-mal) täglich

Ergänzungsmittel

• Herztropfen (Cosmochema)	Kreislaufstörungen, Altersherz, Herzmuskelschwäche und -schäden, Herzstärkung bei Infektionserkrankungen
• Arteria-Heel	periphere Zirkulationsstörungen, Arteriosklerose, Hypertonie, Angina pectoris, Claudicatio intermittens

• Circulo-Injeel	periphere Durchblutungsstörungen, Akroparästhesien, Gefäßspasmen, kalte Gliedmaßenenden
• Baryum carbonicum-Injeel	Altersbeschwerden, Drüsenschwellungen, Kälteempfindlichkeit, Arteriosklerose, Schwerhörigkeit, Demenz
• Traumeel	Entzündungen verschiedener Genese und Lokalisation, Verletzungen, Wundbehandlung, auch postoperativ, Stabilisierung bei Schockgefahr (nach Unfällen)
• Strophanthus compositum	Herzschwäche, Durchblutungsstörungen des Herzens, nach Myokardinfarkt, besonders nach Infekten
• Veratrum-Homaccord	Dysenterie, Gastroenteritis mit und ohne Kolik, Kollapszustände mit zyanotischer oder blasser, kühler Haut
• Glonoin-Homaccord	Tachykardie, pektanginöse Beschwerden, Koronarinsuffizienz, Altersherz, klopfendes Herz und Karotiden
• Tartarus stibiatus-Injeel	Bronchitis, Pneumonie, Lungenemphysem, Husten mit Schleimrasseln, große Erschöpfung mit schnellem Kräfteverfall, Kreislaufschwäche
• Coffea-Injeel	Herz-Kreislauf-Störungen, große nervöse Erregung und Ruhelosigkeit, extreme Kälte- und Windempfindlichkeit, Folgen geistiger Überanstrengung
• Apocynum D2	kardiale und renale Ödeme, Herzinsuffizienz, Retention von Körperflüssigkeiten, Aszites, Euterödem
• Convallaria majalis D3	nervöse Herzbeschwerden, Herzinsuffizienz mit Ödemen und Atemnot

➔ Kollapszustände; ➔ Schockerscheinungen

KREUZBANDLÄSION adjuvant

• Traumeel	Entzündungen verschiedener Genese und Lokalisation, Verletzungen, Wundbehandlung, auch postoperativ
• Zeel	degenerative und rheumatische Gelenkerkrankungen, Arthrose, Polyarthrose, Spondylarthrose, prophylaktisch bei instabilem Gelenk

➔ Arthritis; ➔ Arthrosen

KROPFENTZÜNDUNG

• Mucosa compositum	Schleimhauterkrankungen und -katarrhe verschiedener Art und Lokalisation, z.B. im Verdauungstrakt mit und ohne Ulkus, regenerationsfördernd für Schleimhäute
+ Nux vomica-Homaccord	Funktionsstörungen von Magen, Darm und Leber, Spasmen, Meteorismus, Beschwerden nach Überreizung
+ Coenzyme compositum	regt blockierte enzymatische Abläufe insbesondere der Energiegewinnung an (Zitronensäurezyklus), degenerative oder chronische Erkrankungen

Verabreichung: zusammen 1–3 Tropfen täglich

KUHPOCKEN

• Engystol	aktiviert die unspezifische Abwehr, virale Erkrankungen, reduziert Stressfolgen, „Umstimmung" bei Allergien und Dermatosen
• Antimonium crudum-Injeel	Hyperkeratose, Rhagaden und Warzen, Ausschläge mit honiggelben Krusten, Gastritis
• Ranunculus-Homaccord	rheumatische Muskel- und Gelenkbeschwerden, besonders im Brustbereich, Interkostalneuralgien, Herpes zoster, Bläschenausschläge der Haut
• Vaccininum-Injeel	bei schwerwiegenden Erkrankungen, Erysipel, Phlegmone, akute Ekzeme, Hautpocken
• Rhus Tox-Injeel	Rheuma und Neuralgien, Sehnen- und Bänderaffektionen, schlechter bei nasskaltem Wetter, Anlaufschmerzen, Folgen von Überanstrengung, Ekzeme mit Bläschenbildung
• Kalium bichromicum-Injeel	zähe, strähnige Absonderungen aller Schleimhäute, Papeln und Bläschen

Euterpocken:

• Engystol	aktiviert die unspezifische Abwehr, virale Erkrankungen, reduziert Stressfolgen, „Umstimmung" bei Allergien
• Vaccininum-Injeel	bei schwerwiegenden Erkrankungen, Erysipel, Phlegmone, akute Ekzeme, Pockenerkrankungen, auch vorbeugend

➔ Papillome; ➔ Warzen

KUPFERMANGEL adjuvant

• Cuprum-Injeel	Krämpfe der glatten und quergestreiften Muskulatur, spastischer Husten, verbessert die Resorption

LABMAGENVERLAGERUNG

Linksseitig (ggf. mit Reposition), rechtsseitig nur adjuvant

• Nux vomica-Homaccord	Funktionsstörungen von Magen, Darm und Leber, Spasmen, Meteorismus, Beschwerden nach Überreizung
+ Veratrum-Homaccord	Dysenterie, Gastroenteritis mit und ohne Kolik, Kollapszustände mit zyanotischer oder blasser, kühler Haut
+ Carduus compositum	akute und chronische Leber- und Gallenerkrankungen, alle Folgeerkrankungen davon, Stoffwechselstörungen, Verdauungsprobleme
+ Coenzyme compositum	regt blockierte enzymatische Abläufe insbesondere der Energiegewinnung an (Zitronensäurezyklus), degenerative oder chronische Erkrankungen

Verabreichung: zusammen täglich je 5 ml für 2–3 Tage

Ergänzungsmittel

• Traumeel	Entzündungen verschiedener Genese und Lokalisation, Verletzungen, Wundbehandlung, auch postoperativ
• Lachesis compositum	septische Tendenz bei Entzündungen und Eiterungen, Phlegmone, Endometritis, Puerperalintoxikation

• Carbo vegetabilis-Injeel	Magen aufgebläht, Meteorismus, Kollaps und Kreislaufversagen, mit kalter Haut und kalten Akren
• Opium D8, D30	große Benommenheit, Bewusstseinstrübung, Somnolenz, Stupor, Pansenstillstand, Nachbehandlung

Prophylaxe:

→ Transitkuh-Management

LÄHMUNGEN

Spastisch:

• Nux vomica-Homaccord	Funktionsstörungen von Magen, Darm und Leber, Spasmen, Meteorismus, Beschwerden nach Überreizung
• Spascupreel	Spasmen glattmuskulärer Hohlorgane, Spastizität der quergestreiften Muskulatur wie muskulärer Hartspann, Koliken, spastische und asthmatoide Bronchitis
• Strychninum nitricum (D6, D12, C30–C1000)	Schlaflosigkeit, Reizbarkeit, Zuckungen, explosive Nervosität, Paresen
• Agaricus (D4–C1000)	ekstatische Zustände, Zittern des Körpers und der Beine, ataktische Bewegungen, nicht im Schlaf

Schlaff:

• Plumbum metallicum-Injeel	schleichende Krankheitsprozesse, Schwäche und Kraftlosigkeit, schlaffe Lähmung, passiver Kot- und Harnabgang
• Rhus Tox-Injeel	Rheuma und Neuralgien, Sehnen- und Bänderaffektionen, schlechter bei nasskaltem Wetter, Anlaufschmerzen, Folgen von Überanstrengung, Nachbehandlung von Lähmigkeiten, Lähmungen, Gliedmaßen noch unsicher
• Conium-Injeel	Altersmittel, Gedächtnisschwäche, Ataxie, steinharte Knoten und Neoplasien, Zungen- und Schlucklähmungen, Lähmung der Hinterbeine
• Opium (D6, D30, D200)	große Benommenheit, Bewusstseinstrübung, Somnolenz, Stupor, Ileum-Obstipation beim Pferd, Lähmung von Schließmuskeln

Nervenlähmungen:

• Causticum-Injeel	Lähmung von Muskeln und Nerven, örtliche Paresen insbesondere an Kopf, Hals und Gliedmaßen, Fazialislähmung, Schwäche, Unsicherheit beim Gehen
• Gelsemium-Homaccord	Neuralgie insbesondere des Kopf-Hals-Bereichs, Schwindel, zittrige Schwäche, Erschöpfung, Gliederschmerzen, Zervikalsyndrom
• Secale cornutum (D1–D30)	zerebrale Erregungszustände, Parästhesien, Lähmungen der Augenmuskeln

Ergänzungsmittel

• Traumeel	Entzündungen verschiedener Genese und Lokalisation, Verletzungen, Wundbehandlung, auch postoperativ
• Hypericum-Injeel	Nerven- und Gehirnverletzungen, Nervenschmerzen bei und nach Verletzungen, Tierbisse, Commotio cerebri, Zerebralsklerose

- Cerebrum compositum — Entwicklungs- und Verhaltensstörungen, Hirnfunktionsstörungen, vegetative Dystonie, Geriatrie, zur Geweberegeneration, Zustand nach Staupe, Meningitis, epileptische Zustände
- Gelsemium-Homaccord — Neuralgie insbesondere des Kopf-Hals-Bereichs, Schwindel, zittrige Schwäche, Erschöpfung, Gliederschmerzen, motorische Lähmung
- Curare-Injeel — Lähmungen, Schwächezustände der Muskulatur, besonders nach Überanstrengung, Dyspnoe und Schwindel, Hautausschläge hinter den Ohren und im Gesicht
- Dulcamara-Homaccord — „Nasswettermittel", rheumatische Erkrankungen, alle Beschwerden sind Folgen von oder schlechter bei Kälte und Nässe
- Lathyrus sativus (D4, D6, C30) — fortschreitende Schwäche und Paralyse der Gliedmaßen, Rückenmarksdegeneration, spastische Paralyse

Blase ➔ Blasenlähmung; ➔ Incontinentia urinae; **Hinterhand** ➔ Hinterhandschwäche

LÄUFIGKEITSSTÖRUNGEN

- Hormeel — funktionelle Störungen im weiblichen Zyklus, Sterilität, Brunstlosigkeit, Fluor albus, endokrine Dysfunktionen, Läufigkeit ausbleibend oder zu schwach
- Lilium compositum Heel — entzündliche Prozesse der weiblichen Geschlechtsorgane, Adnexitis, Para-, Myo- und Endometritis, Kolpitis, Ovariitis, Ovarialzysten, Fluor albus, Myombildung, Uterusprolaps
- Ovarium compositum — Störungen der Ovarfunktion, unterstützend bei Endometritis, HVL-Insuffizienz bei weiblichen Tieren, Ovarialzysten, Geriatrie
- Apis-Homaccord — ödematöse, schmerzhafte Schwellungen, pustulöse und bullöse Ekzeme, Entzündungen mit Flüssigkeitsansammlung in Geweben und Körperhöhlen, Zyklus verkürzt, Deckakt wird nicht geduldet, Ovulation verzögert, Zysten
- Pulsatilla-Injeel — alle Funktionen des Geschlechtsapparates sind verzögert und verlangsamt, Stillbrünstigkeit, Zyklusstörungen
  ➔ Konstitutionsmittel
- Ovarium suis-Injeel — spezifischer Regulationseffekt auf Funktion und Struktur des entsprechenden Organs, Störungen der Ovarfunktion, weibliche Sterilität
- Uterus suis-Injeel — spezifischer Regulationseffekt auf Funktion und Struktur des entsprechenden Organs, weibliche Sterilität, degenerative Erkrankungen des Uterus
- Sepia-Injeel — Brunstschwäche, nervöse Erschöpfung, Reizbarkeit, meist älter, hager, Fertilitätsstörungen, Bindegewebe schlaff, lassen auch in der Brunst kein Belegen zu
  ➔ Konstitutionsmittel
- Agnus castus-Injeel — Sexualschwäche, Impotenz, Kälte der Genitalien, Fertilitätsstörungen

Läufigkeit schwach:

- Hormeel — funktionelle Störungen im weiblichen Zyklus, Sterilität, Brunstlosigkeit, Fluor albus, endokrine Dysfunktionen

\+ Ovarium compositum — Störungen der Ovarfunktion, unterstützend bei Endometritis, HVL-Insuffizienz bei weiblichen Tieren, Ovarialzysten

➔ Fertilitätsstörungen; ➔ Ovarien

LAHMHEIT

Basismittel

• Traumeel	Entzündungen verschiedener Genese und Lokalisation, Verletzungen, Wundbehandlung, auch postoperativ

Verabreichung: frische Fälle: alle 30 Minuten für ca. 2 Stunden; akuter Zustand: 3- bis 4-mal täglich, später 1- bis 2-mal täglich

• Zeel	degenerative und rheumatische Gelenkerkrankungen, Arthrose, Polyarthrose, Spondylarthrose

Verabreichung: 1- bis 2-mal täglich, bei starker Schmerzhaftigkeit mit Traumeel kombinieren

Ergänzungsmittel

• Symphytum-Injeel	„Arnika der Knochen", beschleunigt die Kallusbildung, fördert den Knochenstoffwechsel, Periostitis
• Ruta-Injeel	Periostitis, Folgen stumpfer Verletzungen, Ganglion, Schmerzen nach Schlag oder Sturz
• Conium-Injeel	Ataxie, steinharte Knoten und Neoplasien, aufsteigende Lähmung der Hinterhand
• Rhododendron-Injeel	rheumatische Beschwerden, beginnend in den kleinen Gelenken, Neuralgien, Beschwerden schlechter vor Gewitter, Bewegung bessert sofort
• Rhododendroneel	rheumatische Beschwerden, Polyarthritis insbesondere der kleinen Gelenke, Nervenschmerzen, Gicht, Verschlechterung bei und vor Nasswetter
• Rhus Tox-Injeel	Rheuma und Neuralgien, Sehnen- und Bänderaffektionen, schlechter bei nasskaltem Wetter, Anlaufschmerzen, Folgen von Überanstrengung
• Rheuma-Heel	(Peri-)arthritische Beschwerden, Neuralgien, Myalgien, Sehnen- und Bänderbeschwerden
• Ferrum-Homaccord	sekundäre Anämie, Verlangen nach Wärme, Eisenmangelkrankheiten, Gelenkbeschwerden, besonders am Schultergelenk
• Discus compositum N mit Kalmia	Gelenk- und Bindegewebserkrankungen, z.B. Arthritis, Arthrose, Periarthritis, Erkrankungen der Sehnen, Bänder und der Knochenhaut, besonders Kniegelenk
• Discus compositum	Osteochondrose, Arthritis und Arthrose besonders des Hüftgelenks, neuralgisch-rheumatische Erkrankungen im Bereich der Wirbelsäule, Exostosen, nächtliche Knochenschmerzen
• Arteria-Heel	periphere Zirkulationsstörungen, Arteriosklerose, Hypertonie, Angina pectoris, Claudicatio intermittens
• Nux vomica-Homaccord	Funktionsstörungen von Magen, Darm und Leber, Spasmen, Meteorismus, Beschwerden nach Überreizung, Bandscheibenbeschwerden, wechselnde Lahmheiten
• Sepia-Injeel	Brunstschwäche, nervöse Erschöpfung, Reizbarkeit, meist älter, hager, Fertilitätsstörungen, Bindegewebe schlaff, wechselnde Lahmheiten, lumbo-sakrale Beschwerden → Konstitutionsmittel

Ellenbogen (inklusive OCD):

Zusätzliche Basismittel

- Calcium carbonicum-Injeel — Jungtiermittel, Drüsenschwellungen, Schleimhautkatarrhe, Polypenbildung und Ulzerationen, Milchschorf, Kalkstoffwechselstörungen, verzögerte Entwicklung, ausgeprägte Lymphadenitis
  ➔ Konstitutionsmittel
- Calcium phosphoricum-Injeel — Kalkstoffwechselstörungen, Knochenbeschwerden, Wachstums- und Entwicklungsstörungen, Knochenschwäche bei passendem Typ, Muskelzittern bei älteren Tieren
  ➔ Konstitutionsmittel
- Causticum-Injeel — Lähmung und Schwäche von Muskeln, Nerven und Gliedmaßen, Paresen, chronisch deformierende Gelenkerkrankungen, Erkrankungen alter Tiere, Gelenke oft gefüllt, Stolpern, Ataxie
- Funiculus umbilicalis suis-Injeel — chronische Erkrankungen, Autoaggressionserkrankungen, Bindegewebsmittel, fördert die Gewebeausreifung und -regeneration, Osteochondrose, Koxitis, Fibrom, Sarkom, Karzinom, Durchblutungsstörungen

Schulter, Hüfte, Knie:

- Ferrum-Homaccord — sekundäre Anämie, Verlangen nach Wärme, Eisenmangelkrankheiten, Affektionen des Schultergelenks
- Gelsemium-Homaccord — Neuralgie insbesondere des Kopf-Hals-Bereichs, Schwindel, zittrige Schwäche, Erschöpfung, Gliederschmerzen
- Bryaconeel — Neuralgien, akuter und chronischer Rheumatismus, Entzündungen seröser Häute, Parästhesien
- Spigelon — Neuralgien, akuter und chronischer Rheumatismus insbesondere der Schultern und Vordergliedmaßen
- Rhododendroneel — rheumatische Beschwerden, Polyarthritis insbesondere der kleinen Gelenke, Nervenschmerzen, Gicht, Verschlechterung bei und vor Nasswetter
- Dulcamara-Homaccord — „Nasswettermittel", rheumatische Erkrankungen, alle Beschwerden sind Folgen von oder schlechter bei Kälte und Nässe
- Ranunculus-Homaccord — rheumatische Muskel- und Gelenkbeschwerden besonders im Brustbereich, Interkostalneuralgien, Herpes zoster, Bläschenausschläge der Haut
- Neralgo-Rhem-Injeel — Neuralgien, Lumbago, Weichteilrheumatismus, arthritische und vertebragene Beschwerden, Muskel- und Gelenkbeschwerden
- Chelidonium-Homaccord — Leberstörungen mit Schwerpunkt Gallensystem, Cholangitis, Cholezystitis, Gallenkolik, akute und chronische Hepatitis, Stauungsikterus, Schulterschmerz rechts
- Carduus marianus-Injeel — akute und chronische Leber- und Gallenerkrankungen, Schulterschmerzen
- Magnesium carbonicum (D3–D30) — Spasmen der Hohlorgane, Schulterschmerz

➔ Arthrose; ➔ Podotrochlose; ➔ Schale; ➔ Spat; ➔ Verletzungen

LARYNGITIS

Basismittel	
• Phosphor-Homaccord	petechiale Blutungen und Blutungsneigung, Laryngitis, Pharyngitis, Degeneration parenchymatöser Organe ➔ Konstitutionsmittel
+ Engystol	aktiviert die unspezifische Abwehr, virale Erkrankungen, reduziert Stressfolgen, „Umstimmung" bei Allergien und Dermatosen
+ Belladonna-Homaccord	lokalisierte, akute und heftige Entzündungen, auch mit hohem Fieber, arterielle Pulsationen

Verabreichung: 1- bis 2-mal täglich

Ergänzungsmittel

• Aconitum-Injeel	Unruhe, Angst und Folgen von Schreck, hochakute grippale und katarrhalische Infekte
• Euphorbium compositum	akute und chronische Rhinitiden und Sinusitiden, Ohrtubenkatarrh, Mittelohrhydrops, Katzenschnupfen, Kehlkopf sehr schmerzhaft
• Tartephedreel	absteigende Entzündungen der Atemwege, Schleimrasseln, Krampfhusten, Bronchitis mit zähem Sekret, Asthma
• Spongia-Injeel	Drüsenschwellungen, Entzündungen und Krampfzustände der Atemorgane, „Hüsteln" bei kleinen Hunderassen, legt sich hin nach Futter- und Wasseraufnahme
• Naso-Heel	akute und chronische Rhinitis, Sinusitis, Pharyngitis, Laryngitis, Tonsillitis, atrophische Rhinitis, trockene Schleimhäute mit Borken und Krusten, Nasenpolypen, absteigender Verlauf
• Lachesis compositum	septische Tendenz bei Entzündungen und Eiterungen, Phlegmone, Endometritis, Nachgeburtsverhaltung, trockenes Fieber, schlechter nach Schlaf, Kehlkopf druckempfindlich, akute Laryngitis mit Heiserkeit
• Argentum nitricum-Injeel	Melancholie, Platzangst, nervöse Symptome, Unruhe, Angst vor allem Neuen, chronische Schleimhautreizungen, Hüsteln, schlechter bei Wärme
• Ignatia-Injeel	Hysterie, nervöse Erschöpfungszustände, vegetative Dystonie, Überempfindlichkeit gegen Schmerzen und Gerüche, absurde Symptome, unduldsam und streitsüchtig, hysterische Aphonie ➔ Konstitutionsmittel
• Causticum-Injeel	Haut trocken und heiß, Ekzeme von Frösteln begleitet, mit klebrigem, zähem Sekret, Husten trocken, krampfhaft, anfallsweise
• Bryonia-Injeel	Entzündungen, beginnende Abszedierung, Bewegung verschlimmert, besser durch festen Druck auf die erkrankte Stelle, trockene Bronchitis mit Laryngitis
• Jodum D12	Induration drüsiger Gewebe, Atrophie drüsiger Organe, Hyperthyreose, Struma, Heiserkeit und Schleimrasseln, Hüsteln trocken, krampfhaft
• Allium cepa D3, D4	milder bis starker Tränenfluss, Photophobie, häufig mit Nasenausfluss, Laryngitis

➔ Entzündungen; ➔ Pharyngitis; ➔ Tonsillitis

LEBENSSCHWÄCHE

• Phosphor-Homaccord	petechiale Blutungen und Blutungsneigung, Laryngitis, Pharyngitis, Degeneration parenchymatöser Organe, Lebensschwäche, Kümmern, als Roborans ➔ Konstitutionsmittel
• Tartephedreel	absteigende Entzündungen der Atemwege, Schleimrasseln, Krampfhusten, Bronchitis mit zähem Sekret, Asthma, nach Fruchtwasseraspiration zur Resorption, regt die Atmung an

➔ Asphyxia neonatorum

LEBERFUNKTIONSSTÖRUNGEN

Basismittel

Großtier:

• Carduus compositum	akute und chronische Leber- und Gallenerkrankungen, alle Folgeerkrankungen davon, Stoffwechselstörungen, Verdauungsprobleme
+ Coenzyme compositum	regt blockierte enzymatische Abläufe insbesondere der Energiegewinnung an (Zitronensäurezyklus), degenerative oder chronische Erkrankungen

Verabreichung: zusammen 2-mal wöchentlich

zusätzlich:

• Hepeel	akute und chronische Leber- und Gallenerkrankungen, alle Folgeerkrankungen davon, Stoffwechselstörungen, Verdauungsprobleme

Verabreichung: täglich

Kleintier:

• Diät	
parenteral:	
• Coenzyme compositum	regt blockierte enzymatische Abläufe insbesondere der Energiegewinnung an (Zitronensäurezyklus), degenerative oder chronische Erkrankungen
+ Ubichinon compositum	verbessert die Energiebereitstellung in der Zelle, degenerative und tumoröse Erkrankungen
+ Hepar comp. Heel	akute und chronische Leber-Galle-Affektionen, regt die Leberfunktion an, Verdauungsstörungen

Verabreichung: zusammen 2-mal wöchentlich

oral:

• Hepeel	akute und chronische Leber- und Gallenerkrankungen, alle Folgeerkrankungen davon, Stoffwechselstörungen, Verdauungsprobleme

Verabreichung: 3-mal täglich 1 Tablette; Behandlungsdauer nach Verlauf

Ergänzungsmittel

• Chelidonium-Homaccord	Leberstörungen mit Schwerpunkt Gallensystem, Cholangitis, Cholezystitis, Gallenkolik, akute und chronische Hepatitis, Stauungsikterus

• Berberis-Homaccord	Reiz- und Entzündungszustände im Urogenitaltrakt und in den Gallenwegen, mit und ohne Konkremente, Gallen- und Nierenkoliken
• Nux vomica-Homaccord	Funktionsstörungen von Magen, Darm und Leber, Spasmen, Meteorismus, Beschwerden nach Überreizung
• Carduus marianus-Injeel	Erkrankungen der Leber mit und ohne Fieber, Diarrhö oder Obstipation, Ikterus, Gallensteinkoliken
• Natrium sulfuricum-Injeel	chronische Hepatopathie, chronische Gallenerkrankungen, chronische Diarrhö, Diabetes mellitus
• Taraxacum-Injeel	Cholezystopathien, Hepatopathie mit und ohne Ikterus, Meteorismus, Flatulenz, Gastritis
• Aesculus-Heel	venöse Stase, periphere Durchblutungsstörungen, Varizen, Pfortaderstauungen
• Cynara scolymus-Injeel	Tonikum, anregend auf die Entgiftung durch die Leber, erhöhte Blutfettwerte
• Flor de piedra D3, D6	Hypo- und Hyperthyreose, Hepatitis, Hepatose, venöse Durchblutungsstörungen, alle Funktionen verlangsamt

Chronisch:

• Hepar comp. Heel	akute und chronische Leber-Galle-Affektionen, regt die Leberfunktion an, Verdauungsstörungen
• Lycopodium-Injeel	Leber- und Gallenstörungen, satt nach wenigen Bissen, hager ➔ Konstitutionsmittel
• Phosphor-Homaccord	petechiale Blutungen und Blutungsneigung, Laryngitis, Pharyngitis, Degeneration parenchymatöser Organe ➔ Konstitutionsmittel
• Hepar suis-Injeel	spezifischer Regulationseffekt auf Funktion und Struktur des entsprechenden Organs, Leberschäden und mangelnde Leberentgiftung, chronische Ekzeme

zusätzlich:

• Coenzyme compositum	regt blockierte enzymatische Abläufe insbesondere der Energiegewinnung an (Zitronensäurezyklus), degenerative oder chronische Erkrankungen
+ Ubichinon compositum	verbessert die Energiebereitstellung in der Zelle, degenerative und tumoröse Erkrankungen

Verabreichung: zusammen 2-mal wöchentlich für 3–4 Wochen

LEBER-GALLE-STÖRUNGEN

• Chelidonium-Homaccord	Leberstörungen mit Schwerpunkt Gallensystem, Cholangitis, Cholezystitis, Gallenkolik, akute und chronische Hepatitis, Stauungsikterus
• Hepar comp. Heel	akute und chronische Leber-Galle-Affektionen, regt die Leberfunktion an, Verdauungsstörungen
• Carduus compositum	akute und chronische Leber- und Gallenerkrankungen, alle Folgeerkrankungen davon, Stoffwechselstörungen, Verdauungsprobleme
• Hepeel	akute und chronische Leber- und Gallenerkrankungen, alle Folgeerkrankungen davon, Stoffwechselstörungen, Verdauungsprobleme
• Injeel-Chol	Cholangitis, Cholezystitis, Cholelithiasis, Gallenkoliken, Leberfunktionsstörungen, Hepatopathien, Schwäche, Meteorismus

• Nux vomica-Homaccord	Funktionsstörungen von Magen, Darm und Leber, Spasmen, Meteorismus, Beschwerden nach Überreizung
• Vesica fellea suis-Injeel	spezifischer Regulationseffekt auf Funktion und Struktur des entsprechenden Organs, chronische Cholangitis und Cholezystitis, Leberzirrhose
• Taraxacum-Injeel	Cholezystopathien, Hepatopathie mit und ohne Ikterus, Meteorismus, Flatulenz, Gastritis

LEBERZIRRHOSE

Therapieversuch

parenteral:

• Hepar comp. Heel	akute und chronische Leber-Galle-Affektionen, regt die Leberfunktion an, Verdauungsstörungen
+ Coenzyme compositum	regt blockierte enzymatische Abläufe insbesondere der Energiegewinnung an (Zitronensäurezyklus), degenerative oder chronische Erkrankungen
+ Ubichinon compositum	verbessert die Energiebereitstellung in der Zelle, degenerative und tumoröse Erkrankungen
+ Phosphor-Homaccord	petechiale Blutungen und Blutungsneigung, Laryngitis, Pharyngitis, Degeneration parenchymatöser Organe ➔ Konstitutionsmittel

Verabreichung: 2-mal wöchentlich

oral:

• Galium-Heel / Galium comp.-Heel	Immunmodulation bei chronischen Erkrankungen verschiedener Genese, Präkanzerosen, „Zellreinigung"
+ Lymphomyosot	„Mesenchymentschlackung", Lymphatismus, Lymphödeme, Drüsenschwellungen, Tonsillarhypertrophie

Verabreichung: zusammen täglich für 3–4 Wochen

Ergänzungsmittel

• Hepeel	akute und chronische Leber- und Gallenerkrankungen, alle Folgeerkrankungen davon, Stoffwechselstörungen, Verdauungsprobleme

Verabreichung: an den injektionsfreien Tagen

• Hepar suis-Injeel	spezifischer Regulationseffekt auf Funktion und Struktur des entsprechenden Organs, Leberschäden und mangelnde Leberentgiftung, chronische Ekzeme

Verabreichung: 1 bis 2-mal wöchentlich

• Vesica fellea suis-Injeel	spezifischer Regulationseffekt auf Funktion und Struktur des entsprechenden Organs, chronische Cholangitis und Cholezystitis, Leberzirrhose

Verabreichung: 1 bis 2-mal wöchentlich

• Cynara scolymus-Injeel	Tonikum, regt die Entgiftung durch die Leber an, erhöhte Blutfettwerte

➔ Gelbsucht

LECKGRANULOM

Ursache abklären (inkl. Organstörungen, Allergien, Ektoparasiten, Fütterungsüberprüfung)

Basismittel

Akut:

• Staphisagria-Injeel	brennende, juckende Hautausschläge, ärgerlich, reizbar, Angstaggression, nach Misshandlungen oder Demütigungen, sexuelle Erregung, Folgen von Schnittverletzungen (Operation), Insektenbisse, Flohstiche
• Mezereum-Homaccord	vesikulöse Ekzeme, Dermatosen, Herpes zoster, Neuralgien, Pruritus, Krusten, ätzende Sekretionen, nächtliche Verschlimmerung
• Traumeel	Entzündungen verschiedener Genese und Lokalisation, Verletzungen, Wundbehandlung, auch postoperativ

Verabreichung: Tropfen 1:10 verdünnt oder Ampulleninhalt zur Spülung

Ergänzungsmittel

• Apis-Homaccord	ödematöse, schmerzhafte Schwellungen, pustulöse und bullöse Ekzeme, Entzündungen mit Flüssigkeitsansammlung in Geweben und Körperhöhlen, Frühstadium des Leckekzems
• Hepar comp. Heel	akute und chronische Leber-Galle-Affektionen, regt die Leberfunktion an, Verdauungsstörungen
• Solidago compositum	akute und chronische Erkrankungen der Nieren und Harnwege, Zystitis, Nephrolithiasis, Hydronephrose, funktionelle Unterstützung der Nieren
• Lycopodium-Injeel	Leber- und Gallenstörungen, satt nach wenigen Bissen, hager, chronische Hauterkrankungen ➔ Konstitutionsmittel
• Sulfur comp.-Heel	Dermatosen, Dermatitis, juckende und nässende Ekzeme, Pruritus, Urtikaria, „Reaktionsmittel" bei allen chronischen Krankheiten
• Neurexan	nervöse Unruhezustände mit und ohne Schlafstörungen, geistige Überforderung
• Arsenicum album-Injeel	akute und chronische Entzündungen an Augen, Atemwegen, Verdauungs- und Harnapparat, Organdegeneration, Abmagerung, mitternächtliche Unruhe ➔ Konstitutionsmittel
• Mercurius-Heel	entzündliche und eitrige Erkrankungen der Haut und anderer Organe
• Mercurius solubilis Hahnemanni-Injeel	beginnende Suppuration, Abszesse in Anbildung, akute, schmerzhafte Entzündungen in Bindegewebe und verschiedenen Organen, eitrig-nässende Stellen, ulzerös
• Hepar sulfuris-Injeel	eiternde Prozesse unterschiedlicher Lokalisation, schmerzhaft, Abszesse vor Ausreifung, Überempfindlichkeit gegen Kälte und Luftzug
• Ignatia-Injeel	Hysterie, nervöse Erschöpfungszustände, vegetative Dystonie, Überempfindlichkeit gegen Schmerzen und Gerüche, widersprüchliche Symptome, unduldsam und streitsüchtig, ausgedehnte Hautläsionen durch Lecken und Kratzen, Leckgranulome ➔ Konstitutionsmittel

• Cantharis-Injeel	Blasenentzündung, Nierenbeckenentzündung, Nierenentzündung, akute Dermatitis mit Schmerzen und Bläschen, Rötung
• Calendula-Salbe-Heel	fördert die Wundheilung, Pyodermien, Hauterkrankungen durch chemische und physikalische Einflüsse
• FideSan Salbe (Cosmochema)	Entzündungen der Haut, Juckreiz, allergische Dermatosen
• Hyoscyamus (D6, D12, C30, C200)	Erregungszustände mit großer Unruhe, Eifersucht, Raserei, Wutanfälle wechselnd mit Melancholie und Gleichgültigkeit, Leckgranulome bei Überforderung ➔ Konstitutionsmittel

➔ Ekzeme; ➔ Hot Spot

LEFZENEKZEM

Basismittel

Auto-Sanguis-Stufentherapie

1. Stufe: Mercurius solubilis Hahnemanni-Injeel	beginnende Suppuration, Abszesse in Anbildung, akute, schmerzhafte Entzündungen im Bindegewebe und in verschiedenen Organen, Urtikaria, Erythem, nässendes Ekzem
2. Stufe: Petroleum-Injeel	nässende Ekzeme, Haut- und Schleimhauterkrankungen, empfindliche, trockene, rissige Haut, Rhagaden, blutende Fissuren, Alopezie
3. Stufe: Coenzyme compositum	regt blockierte enzymatische Abläufe insbesondere der Energiegewinnung an (Zitronensäurezyklus), degenerative oder chronische Erkrankungen
4. Stufe: Sulfur-Injeel	„Reaktionsmittel" bei allen chronischen Erkrankungen, z.B. bei juckenden, nässenden Hautausschlägen ➔ Konstitutionsmittel

Verabreichung: mehrmals in wöchentlichem Abstand

• Traumeel	Entzündungen verschiedener Genese und Lokalisation, Verletzungen, Wundbehandlung, auch postoperativ

Verabreichung: Tropfen 1:10 verdünnt oder Ampulleninhalt, tägliche Waschungen

oder:

• Calendula-Salbe-Heel	fördert die Wundheilung, Pyodermien, Hauterkrankungen durch chemische und physikalische Einflüsse

• ggf. Laserbehandlung täglich lokal

Ergänzungsmittel

• Kreosotum-Injeel	Schleimhautkatarrhe mit ätzenden, übel riechenden Absonderungen, tief greifende Entzündungen der Schleimhäute, Ulzera
• Hepar sulfuris-Injeel	eiternde Prozesse unterschiedlicher Lokalisation, schmerzhaft, Abszesse vor Ausreifung, Überempfindlichkeit gegen Kälte und Luftzug
• Silicea-Injeel	chronische Eiterungen und Fistelbildungen, wirkt auf Bindegewebe, Bänder, Sehnen, Haut, Hautanhangsgebilde, schlechte Wundheilung ➔ Konstitutionsmittel

• Lycopodium-Injeel	Leber- und Gallenstörungen, satt nach wenigen Bissen, hager, chronische Hauterkrankungen → Konstitutionsmittel
• Natrium muriaticum-Injeel	nervöse Reizbarkeit, Trockenheit aller Schleimhäute, aufgesprungene Lippen, trockenes oder seborrhoisches Ekzem → Konstitutionsmittel
• Acidum nitricum-Injeel	Veränderungen an Haut und Schleimhäuten, besonders mukokutane Übergänge, Blutungen, Rhagaden, Lefzenekzeme alternativ in der 4. Stufe der Auto-Sanguis-Stufentherapie

→ Ekzeme

LEGENOT

Prophylaxe bei Jungvögeln:

• Pulsatilla-Injeel	alle Funktionen des Geschlechtsapparates sind verzögert und verlangsamt, Stillbrünstigkeit, Ovardysfunktionen → Konstitutionsmittel
+ Mucosa compositum	Schleimhauterkrankungen und -katarrhe verschiedener Art und Lokalisation, z.B. der Geschlechtsorgane, regenerationsfördernd für Schleimhäute

Verabreichung: zusammen 1-mal täglich je ein Tropfen

Verdacht auf Legenot (zusätzlich zu den Notfallmaßnahmen):

• Pulsatilla-Injeel	alle Funktionen des Geschlechtsapparates sind verzögert und verlangsamt, Stillbrünstigkeit, Ovardysfunktionen → Konstitutionsmittel
+ Gelsemium-Homaccord	Neuralgie insbesondere des Kopf-Hals-Bereichs, Schwindel, zittrige Schwäche, Erschöpfung, Gliederschmerzen, Krämpfe der weiblichen Geschlechtsorgane
+ Chamomilla-Injeel	Überempfindlichkeit gegen Schmerzen, Krämpfe, Bauch aufgetrieben, Blähungskolik, Krämpfe weiblicher Geschlechtsorgane

Verabreichung: alle 30 Minuten je 1 Tropfen

• Sepia-Injeel	Brunstschwäche, nervöse Erschöpfung, Reizbarkeit, meist älter, hager, Fertilitätsstörungen, Bindegewebe schlaff, lassen auch in der Brunst kein Belegen zu → Konstitutionsmittel
• Caulophyllum D3, D4	rigide Zervix, Geburtserleichterung, Wehenschwäche

Unterstützende Kreislauftherapie:

• Cactus compositum	Myokardschwäche, auch infektiöser Genese, Peri- und Endokarditis, Herzrhythmusstörungen, Koronarinsuffizienz
+ Carduus compositum	akute und chronische Leber- und Gallenerkrankungen, alle Folgeerkrankungen davon, Stoffwechselstörungen, Verdauungsprobleme
+ Coenzyme compositum	regt blockierte enzymatische Abläufe insbesondere der Energiegewinnung an (Zitronensäurezyklus), degenerative oder chronische Erkrankungen

Bei Schockgefahr:

• Carbo vegetabilis-Injeel	Kollaps und Kreislaufversagen, mit kalter Haut und kalten Akren
+ Aconitum-Injeel	Unruhe, Angst und Folgen von Schreck, hochakute grippale und katarrhalische Infekte
+ Arnica-Injeel	regt die Wundheilung an, Herzmuskelschwäche, Neuralgien, Myalgien, Zerschlagenheitsgefühl

Verabreichung: jeweils 1 Tropfen, evtl. nach 30 Minuten wiederholen

LEISHMANIOSE adjuvant

Basismittel

• Coenzyme compositum	regt blockierte enzymatische Abläufe insbesondere der Energiegewinnung an (Zitronensäurezyklus), degenerative oder chronische Erkrankungen
+ Galium-Heel / Galium comp.-Heel	Immunmodulation bei chronischen Erkrankungen verschiedener Genese, Präkanzerosen, „Zellreinigung"

Verabreichung: im täglichen Wechsel mit:

• Echinacea compositum	bakterielle Infektionen verschiedener Organsysteme, Entzündungen, Fieber, auch prophylaktisch
+ Lymphomyosot	„Mesenchymentschlackung", Lymphatismus, Lymphödeme, Drüsenschwellungen, Tonsillarhypertrophie

zusätzlich:

• Arsenicum album-Injeel	akute und chronische Entzündungen an Augen, Atemwegen, Verdauungs- und Harnapparat, Organdegeneration, Abmagerung, mitternächtliche Unruhe, Ekzeme ➔ Konstitutionsmittel

Verabreichung: 2-mal wöchentlich

Ergänzungsmittel

• China-Homaccord	Erschöpfungs- und Schwächezustände, Leberfunktionsstörungen, nach Flüssigkeitsverlusten, postoperative Inappetenz
• Medulla ossis suis-Injeel	spezifischer Regulationseffekt auf Funktion und Struktur des entsprechenden Organs, Anämie, Leukämie, Agranulozytose, Therapieschäden, regt die Blutbildung an
• Hepar comp. Heel	akute und chronische Leber-Galle-Affektionen, regt die Leberfunktion an, Verdauungsstörungen, Lebervergrößerung

LEPTOSPIROSE adjuvant

Allgemein:

• Aconitum-Homaccord	grippale und katarrhalische Infekte, besonders im Prodromalstadium, Beschwerden nach Schreck und kaltem Wind, Fieber mit heißer Haut und Unruhe
• Ipecacuanha-Injeel	hellrote, gussweise Blutungen, Erbrechen, Durchfall, auch mit Blut

• Traumeel	Entzündungen verschiedener Genese und Lokalisation, Verletzungen, Wundbehandlung, auch postoperativ
• Lachesis compositum	septische Tendenz bei Entzündungen und Eiterungen, Phlegmone, Endometritis, Nachgeburtsverhaltung, trockenes Fieber
• Echinacea compositum	bakterielle Infektionen verschiedener Organsysteme, Entzündungen, Fieber, auch prophylaktisch
• Crotalus-Injeel	dunkle Blutungen in allen Organen und aus allen Körperöffnungen, Gangrän und Sepsis
• Mucosa compositum	Schleimhauterkrankungen und -katarrhe verschiedener Art und Lokalisation, z.B. im Verdauungstrakt mit und ohne Ulkus, regenerationsfördernd für Schleimhäute
• Mercurius solubilis Hahnemanni-Injeel	beginnende Suppuration, Abszesse in Anbildung, akute, schmerzhafte Entzündungen im Bindegewebe und in verschiedenen Organen, entzündete, geschwollene Lymphknoten, übel riechendes Sekret
• China-Homaccord	Erschöpfungs- und Schwächezustände, Leberfunktionsstörungen, nach Flüssigkeitsverlusten, Nachbehandlung

Leberbeteiligung:

• Phosphor-Homaccord	petechiale Blutungen und Blutungsneigung, Laryngitis, Pharyngitis, Degeneration parenchymatöser Organe ➔ Konstitutionsmittel
• Chelidonium-Homaccord	Leberstörungen mit Schwerpunkt Gallensystem, Cholangitis, Cholezystitis, Gallenkolik, akute und chronische Hepatitis, Ikterus
• Arsenicum album-Injeel	akute und chronische Entzündungen an Augen, Atemwegen, Verdauungs- und Harnapparat, Organdegeneration, Abmagerung, mitternächtliche Unruhe ➔ Konstitutionsmittel
• Natrium sulfuricum-Injeel	chronische Hepatopathie, chronische Gallenerkrankungen, chronische Diarrhö
• Hepar comp. Heel	akute und chronische Leber-Galle-Affektionen, regt die Leberfunktion an, Verdauungsstörungen
• Hepeel	akute und chronische Leber- und Gallenerkrankungen, alle Folgeerkrankungen davon, Stoffwechselstörungen, Verdauungsprobleme
• Hepar suis-Injeel	spezifischer Regulationseffekt auf Funktion und Struktur des entsprechenden Organs, Leberschäden und mangelnde Leberentgiftung, chronische Ekzeme, Mykosen

Nierenbeteiligung:

• Berberis vulgaris-Injeel	Nieren- und Blasenleiden, Nephrolithiasis, Gallensteine, harnsaure Diathese
• Arsenicum album-Injeel	akute und chronische Entzündungen an Augen, Atemwegen, Verdauungs- und Harnapparat, Organdegeneration, Abmagerung, mitternächtliche Unruhe ➔ Konstitutionsmittel
• Solidago compositum	akute und chronische Erkrankungen der Nieren und Harnwege, Zystitis, Nephrolithiasis, Hydronephrose, funktionelle Unterstützung der Nieren
• Reneel	akute und chronische Nieren- und Blasenleiden, Nephrolithiasis, Urethritis, Albuminurie, Blutungsneigung

• Ren suis-Injeel	spezifischer Regulationseffekt auf Funktion und Struktur des entsprechenden Organs, Hydronephrose, Zystitis, Pyelitis, chronische Glomerulonephritis, Ödeme

LIPOM

• Baryum carbonicum-Injeel	Jungtiere mit Tonsillarhypertrophie, geistige und körperliche Entwicklungsstörungen, geistige und körperliche Schwäche im Alter, Arteriosklerose, Demenz, Atherome, rundlicher Habitus
• Silicea-Injeel	chronische Eiterungen und Fistelbildungen, wirkt auf Bindegewebe, Bänder, Sehnen, Haut, Hautanhangsgebilde, schlechte Wundheilung, verbessert die Hautfunktion, schlanker Habitus → Konstitutionsmittel
• Cutis compositum	Basismittel bei Dermatosen verschiedener Genese, Ekzeme, Allergien, Dermatomykosen, Haarausfall
+ Coenzyme compositum	regt blockierte enzymatische Abläufe insbesondere der Energiegewinnung an (Zitronensäurezyklus), degenerative oder chronische Erkrankungen
• Galium-Heel / Galium comp.-Heel	Immunmodulation bei chronischen Erkrankungen verschiedener Genese, Präkanzerosen, „Zellreinigung"

LIPPENGRIND

• Engystol	aktiviert die unspezifische Abwehr, virale Erkrankungen, reduziert Stressfolgen, „Umstimmung" bei Allergien und Dermatosen
• Traumeel	Entzündungen verschiedener Genese und Lokalisation, Verletzungen, Wundbehandlung, auch postoperativ
• Acidum nitricum-Injeel	Veränderungen an Haut und Schleimhäuten, besonders mukokutane Übergänge, Blutungen, Rhagaden, Lefzenekzeme
• Hyoscyamus (D6, D12, C30, C200)	Eiterbläschen an den Lippen, Pusteln an Kinn und Wangen, auffälliges, heftiges Verhalten

LUFTSACKERKRANKUNGEN Pferd, Vogel

Basismittel

Viral:

• Euphorbium compositum	akute und chronische Rhinitiden und Sinusitiden, Ohrtubenkatarrh, Mittelohrhydrops, Katzenschnupfen
+ Mucosa compositum	Schleimhauterkrankungen und -katarrhe verschiedener Art und Lokalisation, z.B. im Bereich der oberen und unteren Luftwege, regenerationsfördernd für Schleimhäute
+ Engystol	aktiviert die unspezifische Abwehr, virale Erkrankungen, reduziert Stressfolgen, „Umstimmung" bei Allergien und Dermatosen

Bakteriell:

• Euphorbium compositum	akute und chronische Rhinitiden und Sinusitiden, Ohrtubenkatarrh, Mittelohrhydrops, Katzenschnupfen
+ Mucosa compositum	Schleimhauterkrankungen und -katarrhe verschiedener Art und Lokalisation, z.B. im Bereich der oberen und unteren Luftwege, regenerationsfördernd für Schleimhäute
+ Echinacea compositum	bakterielle Infektionen verschiedener Organsysteme, Entzündungen, Fieber, auch prophylaktisch

Ergänzungsmittel

• Naso-Heel	akute und chronische Rhinitis, Sinusitis, Pharyngitis, Laryngitis, Tonsillitis, atrophische Rhinitis, trockene Schleimhäute mit Borken und Krusten, Nasenpolypen
• Kalium bichromicum-Injeel	zähe, strähnige Absonderungen aller Schleimhäute, chronische Katarrhe der Nase und des Ohrs, tief fressende Ulzera der Schleimhäute
• Luffa operculata-Injeel	akute, chronische und allergische Rhinitis, Sinusitis, Asthma bronchiale, Trägheit und Müdigkeit, Sekretfluss wechselnd mit Sekretstau
• Bryonia-Injeel	Entzündungen, beginnende Abszedierung, Bewegung verschlimmert, besser durch festen Druck auf die erkrankte Stelle, akute Luftsackentzündung, prophylaktisch gegen Verklebungen
• Silicea-Injeel	chronische Eiterungen und Fistelbildungen, wirkt auf Bindegewebe, Bänder, Sehnen, Haut, Hautanhangsgebilde, schlechte Wundheilung, nach Luftsackentzündungen ➔ Konstitutionsmittel
• Ammonium jodatum (D3–C30)	hartnäckige Katarrhe der oberen Luftwege, kruppöse Bronchitis, eitriges Sekret
• Cinnabaris D6, D12	Sinusitis mit übel riechenden Sekreten, Tonsillitis, Laryngitis, rezidivierende Erkrankungen

Chronisch:

Auto-Sanguis-Stufentherapie

1. Stufe: Engystol	aktiviert die unspezifische Abwehr, virale Erkrankungen, reduziert Stressfolgen, „Umstimmung" bei Allergien und Dermatosen
+ Hepar sulfuris-Injeel	eiternde Prozesse unterschiedlicher Lokalisation, schmerzhaft, Abszesse vor Ausreifung, Überempfindlichkeit gegen Kälte und Luftzug
2. Stufe: Traumeel	Entzündungen verschiedener Genese und Lokalisation, Verletzungen, Wundbehandlung, auch postoperativ
3. Stufe: Echinacea compositum	bakterielle Infektionen verschiedener Organsysteme, Entzündungen, Fieber, auch prophylaktisch
+ Euphorbium compositum	akute und chronische Rhinitiden und Sinusitiden, Ohrtubenkatarrh, Mittelohrhydrops, Katzenschnupfen
4. Stufe: Mucosa compositum	Schleimhauterkrankungen und -katarrhe verschiedener Art und Lokalisation, z.B. im Bereich der oberen und unteren Luftwege, regenerationsfördernd für Schleimhäute

+ Kalium bichromicum-Injeel	zähe, strähnige Absonderungen aller Schleimhäute, chronische Katarrhe der Nase und des Ohrs, tief fressende Ulzera der Schleimhäute
oder:	
+ Cinnabaris D6, D12	Sinusitis mit übel riechenden Sekreten, Tonsillitis, Laryngitis, rezidivierende Erkrankungen

LUMBAGO

Basismittel

initial:	
• Belladonna-Homaccord	lokalisierte, akute und heftige Entzündungen, auch mit hohem Fieber, arterielle Pulsationen
+ Berberis-Homaccord	Reiz- und Entzündungszustände im Urogenitaltrakt und in den Gallenwegen, mit und ohne Konkremente, Gallen- und Nierenkoliken
anschließend stündlich:	
• Traumeel	Entzündungen verschiedener Genese und Lokalisation, Verletzungen, Wundbehandlung, auch postoperativ
+ Berberis-Homaccord	Reiz- und Entzündungszustände im Urogenitaltrakt und in den Gallenwegen, mit und ohne Konkremente, Gallen- und Nierenkoliken

Ergänzungsmittel

• Arnica-Injeel	regt die Wundheilung an, Herzmuskelschwäche, Neuralgien, Myalgien, Zerschlagenheitsgefühl
• Bryonia-Injeel	Entzündungen, beginnende Abszedierung, Bewegung verschlimmert, besser durch festen Druck auf die erkrankte Stelle
• Acidum formicicum-Injeel	allgemeines „Umstimmungsmittel" bei Asthma, Allergien und Ekzemen, rheumatische Erkrankungen, bei allen zellulären Phasen
• Dulcamara-Homaccord	„Nasswettermittel", rheumatische Erkrankungen, alle Beschwerden sind Folgen von oder schlechter bei Kälte und Nässe
• Rhus Tox-Injeel	Rheuma und Neuralgien, Sehnen- und Bänderaffektionen, schlechter bei nasskaltem Wetter, Anlaufschmerzen, Folgen von Überanstrengung
• Nux vomica-Homaccord	Funktionsstörungen von Magen, Darm und Leber, Spasmen, Meteorismus, Beschwerden nach Überreizung, Folgen von Bewegungsmangel, Fehlfütterung
• Spascupreel	Spasmen glattmuskulärer Hohlorgane, Spastizität der quergestreiften Muskulatur wie muskulärer Hartspann, Koliken, spastische und asthmatoide Bronchitis
• Discus compositum	Osteochondrose, Arthritis und Arthrose besonders des Hüftgelenks, neuralgisch-rheumatische Erkrankungen im Bereich der Wirbelsäule, Exostosen, nächtliche Knochenschmerzen, vertebragene Neuralgien
• Colocynthis-Homaccord	Neuralgien verschiedener Genese und Lokalisation, Osteochondrose, Ischialgie, plötzlich einschießende Schmerzen, Parästhesien
• Arteria-Heel	periphere Zirkulationsstörungen, Arteriosklerose, Hypertonie, Angina pectoris, Claudicatio intermittens

• Aesculus-Heel	venöse Stase, periphere Durchblutungsstörungen, Varizen, variköses Ekzem, Hämorrhoiden
• Solidago compositum	akute und chronische Erkrankungen der Nieren und Harnwege, Zystitis, Nephrolithiasis, Hydronephrose, funktionelle Unterstützung der Nieren
• Lymphomyosot	„Mesenchymentschlackung", Lymphatismus, Lymphödeme, Drüsenschwellungen, Tonsillarhypertrophie
• Calcium fluoratum-Injeel	Bindegewebsschwäche, „Knochenkaries", Knochenfisteln, Exostosen, steinharte Drüsenschwellungen, wirkt auf Sehnen und Bänder
• Acidum L(+)-lacticum-Injeel	Atmungsstörungen von Zellen, Säure-Basen-Regulierung im Bindegewebe, Muskelkater nach Belastung
• Ginkgo biloba D2, D3, D6	periphere Durchblutungsstörungen, schlimmer bei nervöser Erregung, eiskalte Extremitäten

LUNGENBLUTEN belastungsbedingt

Basismittel	
• Traumeel	Entzündungen verschiedener Genese und Lokalisation, Verletzungen, Wundbehandlung, auch postoperativ
+ Arnica-Injeel	regt die Wundheilung an, Herzmuskelschwäche, Neuralgien, Myalgien, Zerschlagenheitsgefühl
+ Crotalus-Injeel	dunkle Blutungen in allen Organen und aus allen Körperöffnungen, Gangrän und Sepsis, Myokarditis mit Kollapsneigung, Blutungen aus Nase und Ohr

Prophylaxe (Versuch):

• Phosphor-Homaccord	petechiale Blutungen und Blutungsneigung, Laryngitis, Pharyngitis, Degeneration parenchymatöser Organe ➔ Konstitutionsmittel
• Melilotus-Homaccord	Blutandrang zum Kopf, arteriosklerotische und essenzielle Hypertonie, präapoplektische Zustände, Nasenbluten
• Cinnamomum-Homaccord	kapilläre und präkapilläre Sickerblutungen, Hämorrhoiden, Blutungsneigung
• Hamamelis-Homaccord	venöse Stase, thrombophlebitische Zustände, dunkle Hämorrhagien, Zerschlagenheitsgefühl
• Millefolium (D2–D12)	hellrote, arterielle Blutungen jeglicher Genese, Verletzungen, Nasenbluten

➔ Blutungen; ➔ Nasenbluten

LUNGENÖDEM adjuvant, zu eventueller Herztherapie

Basismittel	
• Apis-Homaccord	ödematöse, schmerzhafte Schwellungen, pustulöse und bullöse Ekzeme, Entzündungen mit Flüssigkeitsansammlung in Geweben und Körperhöhlen, Lungenödem
+ Lymphomyosot	„Mesenchymentschlackung", Lymphatismus, Lymphödeme, Drüsenschwellungen, Tonsillarhypertrophie

Verabreichung: zusammen 1- bis 2-mal täglich

- Veratrum-Homaccord — Dysenterie, Gastroenteritis mit und ohne Kolik, Kollapszustände mit zyanotischer oder blasser, kühler Haut
- Cactus compositum — Myokardschwäche, auch infektiöser Genese, Peri- und Endokarditis, Herzrhythmusstörungen, Koronarinsuffizienz
- Pulmo suis-Injeel — spezifischer Regulationseffekt auf Funktion und Struktur des entsprechenden Organs, Asthma, Emphysem
- Laurocerasus D3 — nächtlicher Kitzelhusten mit blutigem Auswurf, Dyspnoe mit Verschlimmerung durch jede Anstrengung, Herzmuskelschwäche, Asphyxie
- Ammonium jodatum D4 — hartnäckige Katarrhe der oberen Luftwege, kruppöse Bronchitis, eitriges Sekret
- Apocynum D2 — kardiale und renale Ödeme, Herzinsuffizienz, Retention von Körperflüssigkeiten, Aszites

LUPUS ERYTHEMATODES

Therapieversuch	
• Coenzyme compositum	regt blockierte enzymatische Abläufe insbesondere der Energiegewinnung an (Zitronensäurezyklus), degenerative oder chronische Erkrankungen
+ Ubichinon compositum	verbessert die Energiebereitstellung in der Zelle, degenerative und tumoröse Erkrankungen
+ Galium-Heel / Galium comp.-Heel	Immunmodulation bei chronischen Erkrankungen verschiedener Genese, Präkanzerosen, „Zellreinigung"

Ergänzungsmittel

- Lymphomyosot — „Mesenchymentschlackung", Lymphatismus, Lymphödeme, Drüsenschwellungen, Tonsillarhypertrophie

Hautsymptomatik:

- Psorinum-Injeel — chronische Ekzeme und sonstige Hautausschläge, starker Juckreiz, auch wechselnd mit Asthma, Wärme verschlechtert, übler Geruch, chronische Entzündungen

+ Abropernol — Ekzeme, Erythem, Hyperhidrosis, Hyperkeratosen, Haut spröde und rissig, Rhagaden, Warzen

- Cutis compositum — Basismittel bei Dermatosen verschiedener Genese, Ekzeme, Allergien, Dermatomykosen, Haarausfall

➔ Anämie; ➔ Blutungen; ➔ Muskelrheumatismus; ➔ Nephritis

LUXATIONEN

Nach Reposition:

• Traumeel	Entzündungen verschiedener Genese und Lokalisation, Verletzungen, Wundbehandlung, auch postoperativ
• Arnica-Injeel	regt die Wundheilung an, Neuralgien, Myalgien, Zerschlagenheitsgefühl
• Ruta-Injeel	Folgen stumpfer Verletzungen, Ganglion, Periostitis, venöse Stauungen, Folgen von körperlicher Überanstrengung, Reizung der Bänderansätze und der Knochenhaut
• Lymphomyosot	„Mesenchymentschlackung", Lymphatismus, Lymphödeme, Drüsenschwellungen, Tonsillarhypertrophie, posttraumatische Schwellung
• Psorinum-Injeel	chronische Entzündungen, chronisch-rheumatische Erkrankungen mit leichtem Umknicken der Gelenke, habituelle Luxationen

Nachbehandlung:

• Rhus Tox-Injeel	Rheuma und Neuralgien, Sehnen- und Bänderaffektionen, schlechter bei nasskaltem Wetter, Anlaufschmerzen, Folgen von Überanstrengung
• Silicea-Injeel	chronische Eiterungen und Fistelbildungen, wirkt auf Bindegewebe, Bänder, Sehnen, Haut, Hautanhangsgebilde, schlechte Wundheilung, fördert die Ausheilung ➔ Konstitutionsmittel
• Calcium fluoratum-Injeel	Bindegewebsschwäche, „Knochenkaries", Knochenfisteln, Exostosen, wirkt auf Sehnen und Bänder

LYMPHKOTENSCHWELLUNG

• Lymphomyosot	„Mesenchymentschlackung", Lymphatismus, Lymphödeme, Drüsenschwellungen, Tonsillarhypertrophie
• Belladonna-Homaccord	lokalisierte, akute und heftige Entzündungen, auch mit hohem Fieber, arterielle Pulsationen
• Lachesis compositum	septische Tendenz bei Entzündungen und Eiterungen, Phlegmone, Endometritis, Nachgeburtsverhaltung, trockenes Fieber, Lymphknoten weich aber schmerzhaft
• Mercurius solubilis Hahnemanni-Injeel	beginnende Suppuration, Abszesse in Anbildung, akute, schmerzhafte Entzündungen im Bindegewebe und in verschiedenen Organen, entzündete, geschwollene Lymphknoten, übel riechendes Sekret
• Phytolacca-Injeel	Mastitis, Milchstau, Hypo- und Hypergalaktie, Schwellung oder Verhärtung von Drüsen oder drüsigen Organen, Lymphknoten groß, fest, schmerzhaft
• Silicea-Injeel	chronische Eiterungen und Fistelbildungen, wirkt auf Bindegewebe, Bänder, Sehnen, Haut, Hautanhangsgebilde, schlechte Wundheilung, chronische oder rezidivierende Lymphadenitis ➔ Konstitutionsmittel

• Calcium carbonicum-Injeel	Jungtiermittel, Drüsenschwellungen, Schleimhautkatarrhe, Polypenbildung und Ulzerationen, Milchschorf, Kalkstoffwechselstörungen, verzögerte Entwicklung, ausgeprägte Lymphadenitis ➔ Konstitutionsmittel
• Gripp-Heel	Grippe und grippale Infekte, Fieber, Gliederschmerzen, Entzündungen seröser Häute, Bronchitis, virale Erkrankungen
• Sulfur-Injeel	„Reaktionsmittel" bei allen chronischen Erkrankungen, z.B. bei chronischer oder rezidivierender Lymphadenitis ➔ Konstitutionsmittel
• Vincetoxicum-Injeel	akute fieberhafte Erkrankungen, grippale Infektionen, Lymphadenitis
• Bufo (ab D6)	Konvulsionen, epileptiforme Anfälle, übel riechende Ausdünstungen und Absonderungen, Herzklopfen, Lymphknoten vergrößert

➔ Entzündungen; ➔ Tonsillitis

LYMPHOM

Therapieversuch

parenteral:

• Coenzyme compositum	regt blockierte enzymatische Abläufe insbesondere der Energiegewinnung an (Zitronensäurezyklus), degenerative oder chronische Erkrankungen
+ Ubichinon compositum	verbessert die Energiebereitstellung in der Zelle, degenerative und tumoröse Erkrankungen
+ Para-Benzochinon-Injeel	Regeneration der Zellatmung, Neoplasien, Stoffwechselentgleisungen, Hormonfehlsteuerungen, virale Erkrankungen, „Reaktionsmittel"
+ Galium-Heel / Galium comp.-Heel	Immunmodulation bei chronischen Erkrankungen verschiedener Genese, Präkanzerosen, „Zellreinigung"

Verabreichung: zusammen 1-mal wöchentlich

oral:

• Lymphomyosot	„Mesenchymentschlackung", Lymphatismus, Lymphödeme, Drüsenschwellungen, Tonsillarhypertrophie

Verabreichung: 2- bis 3-mal täglich

Ergänzungsmittel

• Ferrum-Homaccord	sekundäre Anämie, Verlangen nach Wärme, Eisenmangelkrankheiten, Blässe
• Medulla ossis suis-Injeel	spezifischer Regulationseffekt auf Funktion und Struktur des entsprechenden Organs, Anämie, Leukämie, Agranulozytose, bei Blässe
• Cor suis compositum	Myokardschwäche, dilatative und hypertrophe Kardiomyopathie, Arrhythmia cordis, Koronardurchblutungsstörungen, Gefäßtonisierung

➔ Tumore

MASTITIS

Basismittel Rind

Prophylaxe:

• Carduus compositum	akute und chronische Leber- und Gallenerkrankungen, alle Folgeerkrankungen davon, Stoffwechselstörungen, Verdauungsprobleme
+ Coenzyme compositum	regt blockierte enzymatische Abläufe insbesondere der Energiegewinnung an (Zitronensäurezyklus), degenerative oder chronische Erkrankungen

Verabreichung: 1- bis 2-mal wöchentlich, 4 Wochen a.p. bis 4 Wochen p.p.

➔ Transitkuh-Management

Akut katarrhalisch:

• Lachesis compositum	septische Tendenz bei Entzündungen und Eiterungen, Phlegmone, Endometritis, Nachgeburtsverhaltung, trockenes Fieber
+ Traumeel	Entzündungen verschiedener Genese und Lokalisation, Verletzungen, Wundbehandlung, auch postoperativ

Bei starker Euterschwellung:

• Lachesis compositum	septische Tendenz bei Entzündungen und Eiterungen, Phlegmone, Endometritis, Nachgeburtsverhaltung, trockenes Fieber
+ Belladonna-Homaccord	lokalisierte, akute und heftige Entzündungen, auch mit hohem Fieber, arterielle Pulsationen
+ Phytolacca-Injeel	Gesäuge hart und empfindlich, Schwellung der Milchdrüse, schmerzhaft, kaum Sekret ermelkbar, Mastitisgefahr, auch unterstützend zum Trockenstellen (D4 nach Steingassner)

Verabreichung: Wiederholung nach 12 Stunden, dann 1-mal täglich

Ergänzungsmittel

Erhöhte Zellzahl, Einzeltierbehandlung:

• Traumeel	Entzündungen verschiedener Genese und Lokalisation, Verletzungen, Wundbehandlung, auch postoperativ
+ Echinacea compositum	bakterielle Infektionen verschiedener Organsysteme, Entzündungen, Fieber, auch prophylaktisch

Verabreichung: an den Tagen 1, 3, 5, 7

Erhöhte Zellzahl bei Hochleistungstieren und Stress:

• Engystol	aktiviert die unspezifische Abwehr, virale Erkrankungen, reduziert Stressfolgen
+ Phosphor-Homaccord	petechiale Blutungen und Blutungsneigung, Laryngitis, Pharyngitis, Degeneration parenchymatöser Organe, Hochleistungstiere ➔ Konstitutionsmittel

Verabreichung: jeweils an den Tagen 1, 3, 5, 7

Erhöhte Zellzahl, Bestandsbehandlung:

Nosoden über das Trinkwasser:

• Streptococcus haemolyticus-Injeel	Mastitis, Angina, Neigung zu Tonsillarabszessen, Empyeme, Osteomyelitis, Erkrankungen mit Streptokokkenbeteiligung
• Staphylococcus-Injeel	chronisch und chronisch-rezidivierende Erkrankungen, Mastitis, Pyodermie, Panaritium, Phlegmone, Osteomyelitis, Erkrankungen mit Staphylokokkenbeteiligung
• Bacterium coli-Injeel	chronische und chronisch-rezidivierende Erkrankungen, Zystitis mit trübem, übel riechendem Urin, Adnexitis, Erkrankungen mit E. coli-Beteiligung

Verabreichung: 1-mal monatlich zusammen mit:

+ Engystol	aktiviert die unspezifische Abwehr, virale Erkrankungen, reduziert Stressfolgen, längerfristige „Umstimmung" der Abwehrfunktionen
+ Belladonna-Homaccord	lokalisierte, akute und heftige Entzündungen, auch mit hohem Fieber, arterielle Pulsationen, hochakute Mastitiden

Mastitis mit gestörtem Allgemeinbefinden:

• Lachesis compositum	septische Tendenz bei Entzündungen und Eiterungen, Phlegmone, Endometritis, Nachgeburtsverhaltung, trockenes Fieber
+ Belladonna-Homaccord	lokalisierte, akute und heftige Entzündungen, auch mit hohem Fieber, arterielle Pulsationen
+ ggf. Antibiotika	

Chronisch:

• Coenzyme compositum	regt blockierte enzymatische Abläufe insbesondere der Energiegewinnung an (Zitronensäurezyklus), degenerative oder chronische Erkrankungen
oder:	
• Sulfur-Injeel	„Reaktionsmittel" bei allen chronischen Erkrankungen

Verabreichung: an Tag 1

• Echinacea compositum	bakterielle Infektionen verschiedener Organsysteme, Entzündungen, Fieber, auch prophylaktisch
+ Hepar sulfuris-Injeel	eiternde Prozesse unterschiedlicher Lokalisation, schmerzhaft, Abszesse vor Ausreifung, Überempfindlichkeit gegen Kälte und Luftzug, Euter insgesamt verhärtet
oder:	
• Ubichinon compositum	verbessert die Energiebereitstellung in der Zelle, degenerative und tumoröse Erkrankungen
+ Silicea-Injeel	chronische Eiterungen und Fistelbildungen, wirkt auf Bindegewebe, Bänder, Sehnen, Haut, Hautanhangsgebilde, schlechte Wundheilung, bindegewebige Stränge im Euter ➔ Konstitutionsmittel

Verabreichung: ab Tag 3 zusammen jeden 2. Tag

zusätzlich möglich:

➔ Konstitutionsmittel (z.B. Phosphor)

Basismittel Stute	
• Lachesis compositum	septische Tendenz bei Entzündungen und Eiterungen, Phlegmone, Endometritis, Nachgeburtsverhaltung, trockenes Fieber, Entzündungen mit Milchrückgang
+ Traumeel	Entzündungen verschiedener Genese und Lokalisation, Verletzungen, Wundbehandlung, auch postoperativ
oder:	
+ Belladonna-Homaccord	lokalisierte, akute und heftige Entzündungen, auch mit hohem Fieber, arterielle Pulsationen, starke Euterschwellung
+ Phytolacca-Injeel	Gesäuge hart und empfindlich, Schwellung der Milchdrüse, schmerzhaft, kaum Sekret ermelkbar, Mastitisgefahr, zum Trockenstellen (D4 nach Steingassner)

Basismittel Hund, Katze	
• Belladonna-Homaccord	lokalisierte, akute und heftige Entzündungen, auch mit hohem Fieber, arterielle Pulsationen
• Apis-Homaccord	ödematöse, schmerzhafte Schwellungen, pustulöse und bullöse Ekzeme, Entzündungen mit Flüssigkeitsansammlung in Geweben und Körperhöhlen, ödematöse Gesäugeschwellung
• Traumeel	Entzündungen verschiedener Genese und Lokalisation, Verletzungen, Wundbehandlung, auch postoperativ, zur Nachbehandlung

Ergänzungsmittel

• Aconitum-Injeel	hochakute grippale Infekte, katarrhalische Entzündungen, insbesondere in der Prodromalphase, Folgen von Zugluft, Angst und Schreck
• Hepar sulfuris-Injeel	eiternde Prozesse unterschiedlicher Lokalisation, schmerzhaft, Abszesse vor Ausreifung, akute und chronische eitrige Mastitis, generalisierte Schwellung, gut kombinierbar mit Phytolacca
• Phytolacca-Injeel	Mastitis, Milchstau, Hypo- und Hypergalaktie, Schwellung oder Verhärtung von Drüsen oder drüsigen Organen
• Apis-Injeel	Überempfindlichkeit gegen Berührung und Erschütterung, Nervosität, Eifersucht, Wut, Angst, ärgerlich, allgemeine Schmerzhaftigkeit, ödematöse Schwellung, Sekret serös bis flockig
• Bryonia-Injeel	Entzündungen, beginnende Abszedierung, Bewegung verschlimmert, besser durch festen Druck auf die erkrankte Stelle, Viertel sehr hart, Berührung schmerzhaft, wenig Sekret
• Calcium fluoratum-Injeel	Bindegewebsschwäche, „Knochenkaries", Knochenfisteln, Exostosen, steinharte Drüsenschwellungen, wirkt auf Sehnen und Bänder
• Mercurius solubilis Hahnemanni-Injeel	beginnende Suppuration, Abszesse in Anbildung, akute, schmerzhafte Entzündungen im Bindegewebe und in verschiedenen Organen, verschleppte Mastitis, Übergang zur Chronizität, unscharf begrenzte Knoten, wenig Sekret
• Conium-Injeel	Altersmittel, Gedächtnisschwäche, Ataxie, steinharte Knoten und Neoplasien, Verhärtungen drüsiger Gewebe, abgegrenzte Knoten

• Carbo vegetabilis-Injeel	Magen aufgebläht, Meteorismus, Abneigung gegen Fett und Milch, Kollaps und Kreislaufversagen, mit kalter Haut und kalten Akren
• Chamomilla-Injeel	Überempfindlichkeit gegen Schmerzen, Krämpfe, Bauch aufgetrieben, Blähungskolik, entkrampfend, verhärtetes, schmerzhaftes Euter
• Baptisia-Injeel	septische, adynamische Infektionen, hohes Fieber, stinkende Absonderungen
• Arnica-Injeel	regt die Wundheilung an, Herzmuskelschwäche, Neuralgien, Myalgien, Zerschlagenheitsgefühl, Mastitis nach Verletzung
• Bellis perennis (D0–D3)	fördert die Wundheilung, allgemeine Blutungsneigung, Mastitis nach stumpfem Trauma
• Tarantula (D4–D12, C30, C200)	Hysterie, Hysteroepilepsie, Hyperästhesie, reizbar durch Berührung, dunkelblaue Verfärbungen, höchste Schmerzhaftigkeit ➔ Konstitutionsmittel
• Cistus canadensis (D1–D30)	Neigung zu Drüsenschwellungen, Lymphknotenschwellung

MAUKE

• Galium-Heel / Galium comp.-Heel	Immunmodulation bei chronischen Erkrankungen verschiedener Genese, Präkanzerosen, „Zellreinigung", zur Abtrocknung

Verabreichung: 1- bis 2-mal täglich

• Graphites-Homaccord	chronische Ekzeme, trocken oder seborrhoisch, honigartiges Sekret, Fissuren, Borken, Schwielen, Neigung zu Adipositas, Trägheit, Verstopfung ➔ Konstitutionsmittel
• Antimonium crudum-Injeel	Hyperkeratose besonders der Ballen, Rhagaden und Warzen, Ausschläge mit honiggelben Krusten, Gastritis
• Abropernol	Ekzeme, Erythem, Hyperhidrosis, Hyperkeratosen, Haut spröde und rissig, Rhagaden, Warzen, auch tiefe Geschwüre, Hyperkeratosen, Intertrigo
• Cutis compositum	Basismittel bei Dermatosen verschiedener Genese, Ekzeme, Allergien, Dermatomykosen, Haarausfall
• Sulfur comp.-Heel	Dermatosen, Dermatitis, juckende und nässende Ekzeme, Pruritus, Urtikaria, „Reaktionsmittel" bei allen chronischen Krankheiten
• Petroleum-Injeel	nässende Ekzeme, Haut- und Schleimhauterkrankungen, empfindliche, trockene, rissige Haut, Rhagaden, blutende Fissuren, Alopezie
• Thuja-Injeel	Neigung zu proliferativen Prozessen an Haut und Schleimhäuten, Impffolgen ➔ Konstitutionsmittel
• Carduus compositum	akute und chronische Leber- und Gallenerkrankungen, alle Folgeerkrankungen davon, Stoffwechselstörungen, Verdauungsprobleme
• Calcium carbonicum-Injeel	Jungtiermittel, Drüsenschwellungen, Schleimhautkatarrhe, Polypenbildung und Ulzerationen, Milchschorf, Kalkstoffwechselstörungen, verzögerte Entwicklung ➔ Konstitutionsmittel
• FideSan Salbe (Cosmochema)	Entzündungen der Haut, Juckreiz, allergische Dermatosen

• Arsenicum album-Injeel	akute und chronische Entzündungen an Augen, Atemwegen, Verdauungs- und Harnapparat, Organdegeneration, Abmagerung, mitternächtliche Unruhe, juckende, periodisch auftretende Ekzeme, verklebtes Fell, Entzündungen an den Zehen, schuppende oder nässende Absonderungen → Konstitutionsmittel
• Tarantula (D4–D12, C30, C200)	Hysterie, Hysteroepilepsie, Hyperästhesie, jähe Stimmungswechsel mit Streitlust, Aggression und plötzlichen Gewaltausbrüchen, reizbar durch Berührung, dunkelblaue Verfärbungen, höchste Schmerzhaftigkeit → Konstitutionsmittel

Hartnäckige, chronische Fälle:

Auto-Sanguis-Stufentherapie

1. Stufe: Coenzyme compositum	regt blockierte enzymatische Abläufe insbesondere der Energiegewinnung an (Zitronensäurezyklus), degenerative oder chronische Erkrankungen
+ Ubichinon compositum	verbessert die Energiebereitstellung in der Zelle, degenerative und tumoröse Erkrankungen
2. Stufe: Lymphomyosot	„Mesenchymentschlackung", Lymphatismus, Lymphödeme, Drüsenschwellungen, Tonsillarhypertrophie
+ Galium-Heel / Galium comp.-Heel	Immunmodulation bei chronischen Erkrankungen verschiedener Genese, Präkanzerosen, „Zellreinigung"
3. Stufe: Cutis compositum	Basismittel bei Dermatosen verschiedener Genese, Ekzeme, Allergien, Dermatomykosen, Haarausfall, Stärkung der Hautfunktion

zusätzlich:

oral:

• Lymphomyosot	„Mesenchymentschlackung", Lymphatismus, Lymphödeme, Drüsenschwellungen, Tonsillarhypertrophie
+ Galium-Heel / Galium comp.-Heel	Immunmodulation bei chronischen Erkrankungen verschiedener Genese, Präkanzerosen, „Zellreinigung"

lokal:

• Traumeel (Salbe / Gel)	Entzündungen verschiedener Genese und Lokalisation, Verletzungen, Wundbehandlung, auch postoperativ

MAUSERSTÖRUNGEN

Basismittel	
• Coenzyme compositum	regt blockierte enzymatische Abläufe insbesondere der Energiegewinnung an (Zitronensäurezyklus), degenerative oder chronische Erkrankungen
+ Ubichinon compositum	verbessert die Energiebereitstellung in der Zelle, degenerative und tumoröse Erkrankungen
• Carduus compositum	akute und chronische Leber- und Gallenerkrankungen, alle Folgeerkrankungen davon, Stoffwechselstörungen, Verdauungsprobleme

• Glandula thyreoidea suis-Injeel	spezifischer Regulationseffekt auf Funktion und Struktur des entsprechenden Organs, Myxödem, Struma parenchymatosa, Neoplasmaphasen, Adipositas
• Cutis compositum	Basismittel bei Dermatosen verschiedener Genese, Ekzeme, Allergien, Dermatomykosen, Haarausfall, Stärkung der Hautfunktion

Verabreichung: 1-mal täglich je 1 Tropfen bis zur Besserung

- Erhöhte Dosis Vitamin-Mineral-Mischung für 10–14 Tage

Ergänzungsmittel

• Thuja-Injeel	Neigung zu proliferativen Prozessen an Haut und Schleimhäuten, Impffolgen, Gefiederwachstumsstörungen ➔ Konstitutionsmittel
• Silicea-Injeel	chronische Eiterungen und Fistelbildungen, wirkt auf Bindegewebe, Bänder, Sehnen, Haut, Hautanhangsgebilde, schlechte Wundheilung, mangelhafte Ausbildung der Federn ➔ Konstitutionsmittel

➔ Dauermauser

MEGAÖSOPHAGUS

Therapieversuch

• Plumbum metallicum-Injeel	schleichende Krankheitsprozesse, Schwäche und Kraftlosigkeit, Lähmungen, Muskelatrophie
• Nux vomica-Homaccord	Funktionsstörungen von Magen, Darm und Leber, Spasmen, Meteorismus, Beschwerden nach Überreizung

Ergänzungsmittel

• Veratrum-Homaccord	Dysenterie, Gastroenteritis mit und ohne Kolik, Kollapszustände mit zyanotischer oder blasser, kühler Haut
• Alumina D6	verzögerte Reizleitung, Trockenheit aller Schleimhäute, atonische Obstipation, Abmagerung, Tiere suchen Wärme, Muskelschwäche

Bei Kardiaspasmus:

• Atropinum compositum	Krämpfe der glatten und quergestreiften Muskulatur, Gallen-, Nieren-, Darmkoliken, stechende, brennende Schmerzen, Diarrhö, Unruhe
• Spascupreel	Spasmen glattmuskulärer Hohlorgane, Spastizität der quergestreiften Muskulatur wie muskulärer Hartspann, Koliken, spastische und asthmatoide Bronchitis

MENINGITIS / ENZEPHALITIS adjuvant

• Aconitum-Injeel	Unruhe, Angst und Folgen von Schreck, hochakute grippale und katarrhalische Infekte
• Apis-Homaccord	ödematöse, schmerzhafte Schwellungen, pustulöse und bullöse Ekzeme, Entzündungen mit Flüssigkeitsansammlung in Geweben und Körperhöhlen, zerebrale Reizzustände
• Belladonna-Homaccord	lokalisierte, akute und heftige Entzündungen, auch mit hohem Fieber, arterielle Pulsationen, Blutandrang im Gehirn
• Cerebrum compositum	Entwicklungs- und Verhaltensstörungen, Hirnfunktionsstörungen, vegetative Dystonie, Geriatrie, zur Geweberegeneration
• Gelsemium-Homaccord	Neuralgie insbesondere des Kopf-Hals-Bereichs, Schwindel, zittrige Schwäche, Erschöpfung, Gliederschmerzen
• Zincum metallicum-Injeel	Nervenaffektionen mit Schwäche und Erschöpfung, nervöse Beschwerden, Unruhe in den Beinen, Zittern, Zuckungen, Schlafstörungen, epileptiforme Zustände
• Bryonia-Injeel	Entzündungen, beginnende Abszedierung, Bewegung verschlimmert, besser durch festen Druck, Meningitis
• Cuprum-Injeel	Krämpfe der glatten und quergestreiften Muskulatur, spastischer Husten, Muskelzuckungen an den Gliedmaßenenden beginnend
• Stramonium-Injeel	manische Zustände, Psychosen, Unruhe, Raserei, Streitsucht, Neigung zu Gewalttätigkeit, epileptiforme Krämpfe, Angst vor Dunkelheit
• Hyoscyamus (D6, D12, C30, C200)	Erregungszustände mit großer Unruhe, Eifersucht, Raserei, Wutanfälle wechselnd mit Melancholie und Gleichgültigkeit ➔ Konstitutionsmittel
• Agaricus D6	ekstatische Zustände, Zittern des Körpers und der Beine, ataktische Bewegungen, nicht im Schlaf
• Cicuta virosa (D6–D200)	krampfartige Zuckungen, epileptische Krämpfe, Opisthotonus
• Helleborus D4	Gehirn- und Nervenerkrankungen, Entzündungen und psychische Erscheinungen, Abstumpfung der geistigen Fähigkeiten, Demenz
• Strychninum nitricum D6, D30, D200	Schlaflosigkeit, Reizbarkeit, Zuckungen, explosive Nervosität, Neuritiden

➔ Enzephalitis

MILCHDRÜSE

Mangelhafte Entwicklung:

• Hormeel	funktionelle Störungen im weiblichen Zyklus, Sterilität, Brunstlosigkeit, Fluor albus, endokrine Dysfunktionen
• Phytolacca-Injeel	Mastitis, Milchstau, Hypo- und Hypergalaktie, Schwellung oder Verhärtung von Drüsen oder drüsigen Organen

• Phosphor-Homaccord	petechiale Blutungen und Blutungsneigung, Laryngitis, Pharyngitis, Degeneration parenchymatöser Organe, Mineralisationsstörungen, bei passendem Typ ➔ Konstitutionsmittel
• Conium-Injeel	steinharte Knoten und Neoplasien, Drüsenschwellungen mit nachfolgender Atrophie
• Sabal-Homaccord	unterentwickelte Mammae, Atrophie der Mammae, Hypogalaktie
• Jodum (D3–D30)	Induration drüsiger Gewebe, Atrophie drüsiger Organe, Hyperthyreose, Struma, Abmagerung bei reichlicher Futteraufnahme, Drüsenschwellungen

Mangelhafte Laktation:

• Asa foetida-Injeel	Überempfindlichkeit, Agalaktie, schmerzhaftes Gesäuge bzw. Euter
• Phytolacca-Injeel	Mastitis, Milchstau, Hypo- und Hypergalaktie, Schwellung oder Verhärtung von Drüsen oder drüsigen Organen
• Sabal-Homaccord	unterentwickelte Mammae, Atrophie der Mammae, Hypogalaktie
• Pulsatilla-Injeel	alle Funktionen des Geschlechtsapparates sind verzögert und verlangsamt, fördert die Milchproduktion ➔ Konstitutionsmittel

Tröpfeln der Milch, Milchfluss:

• Chamomilla-Injeel	Überempfindlichkeit gegen Schmerzen, Krämpfe, Bauch aufgetrieben, Blähungskolik, entkrampfend
• Belladonna-Injeel	Überempfindlichkeit gegen alle Reize, entkrampfend

Hochziehen der Milch:

• Konstitutionsmittel	➔ Konstitutionsmittel
• Belladonna-Injeel	Überempfindlichkeit gegen alle Reize, Milchmangel aus Angst, bei überschießenden Reaktionen
• Asa foetida-Injeel	Überempfindlichkeit, Spasmen der Schließmuskel, schlaffe Tiere
• Argentum nitricum-Injeel	Melancholie, Platzangst, nervöse Symptome, Unruhe, Angst vor allem Neuen, feingliedrige Tiere
• Ignatia-Injeel	Hysterie, nervöse Erschöpfungszustände, vegetative Dystonie, Überempfindlichkeit gegen Schmerzen und Gerüche, „Heimweh" ➔ Konstitutionsmittel
• Natrium-Homaccord	chronische Schleimhautkatarrhe und -entzündungen, Obstipation, Beschwerden des Verdauungstrakts, nervöse Reizbarkeit
• Phytolacca-Injeel	Mastitis, Milchstau, Hypo- und Hypergalaktie, Schwellung oder Verhärtung von Drüsen oder drüsigen Organen
• Chamomilla-Injeel	Überempfindlichkeit gegen Schmerzen, Krämpfe, Bauch aufgetrieben, Blähungskolik, Neuralgien aller Art, Hochziehen der Milch bei Melkbeginn
• Gelsemium-Homaccord	Neuralgie insbesondere des Kopf-Hals-Bereichs, Schwindel, zittrige Schwäche, Erschöpfung, Gliederschmerzen, Milchversiegen nach Aufregung

Widersetzlichkeit beim Melken:

• Belladonna-Injeel	Überempfindlichkeit gegen alle Reize, Milchmangel aus Angst, bei überschießenden Reaktionen, heftiges Treten, dann wieder apathisch
• Stramonium-Injeel	manische Zustände, Psychosen, Unruhe, Raserei, Streitsucht, Neigung zu Gewalttätigkeit, epileptiforme Krämpfe, heftigste Reaktionen
• Phosphor-Homaccord	petechiale Blutungen und Blutungsneigung, Laryngitis, Pharyngitis, Degeneration parenchymatöser Organe, Überempfindlichkeit gegen äußere Einflüsse, Übernervosität, schlagen aus Angst ➔ Konstitutionsmittel
• Hyoscyamus (D6, D12, C30, C200)	Erregungszustände mit großer Unruhe, Eifersucht, Raserei, Wutanfälle wechselnd mit Melancholie und Gleichgültigkeit, Zittern vor Erregung, Aggression, weniger heftig aber andauernd ➔ Konstitutionsmittel

Erhöhte Zellzahl ➔ Mastitis; ➔ Blutmelken

MILCHMANGEL

Basismittel	
• Urtica urens D4	fördert die Milchbildung
• Phytolacca D12	Gesäuge hart und empfindlich, Schwellung der Milchdrüse, schmerzhaft, kaum Sekret ermelkbar, Mastitisgefahr

Verabreichung: mehrmals täglich

Ergänzungsmittel

• Asa foetida-Injeel	Überempfindlichkeit, Agalaktie, schmerzhaftes Gesäuge bzw. Euter
• Phytolacca-Injeel	Mastitis, Milchstau, Hypo- und Hypergalaktie, Schwellung oder Verhärtung von Drüsen oder drüsigen Organen
• Sabal-Homaccord	unterentwickelte Mammae, Atrophie der Mammae, Hypogalaktie
• Belladonna-Injeel	Überempfindlichkeit gegen alle Reize, Milchmangel aus Angst, bei überschießenden Reaktionen
• Pulsatilla-Injeel	alle Funktionen des Geschlechtsapparates sind verzögert und verlangsamt, fördert die Milchproduktion, Milchmangel nach der ersten Geburt ➔ Konstitutionsmittel
• Calcium carbonicum-Injeel	Jungtiermittel, Drüsenschwellungen, Schleimhautkatarrhe, Polypenbildung und Ulzerationen, Milchschorf, Kalkstoffwechselstörungen, verzögerte Entwicklung, großrahmige Tiere ➔ Konstitutionsmittel

MILCHÜBERSCHUSS

Zum Abmelken:

• Phytolacca D1	Gesäuge hart und empfindlich, Schwellung der Milchdrüse, schmerzhaft, kaum Sekret ermelkbar, Mastitisgefahr, zum Trockenstellen (D4 nach Steingassner)
+ Urtica-Injeel	reduziert die Milchbildung
• Conium-Injeel	Altersmittel, Gedächtnisschwäche, Ataxie, steinharte Knoten und Neoplasien, Muskelverhärtungen, gesteigerter Milchfluss

MMA-KOMPLEX

Basismittel	
• Lachesis compositum	septische Tendenz bei Entzündungen und Eiterungen, Phlegmone, Endometritis, Nachgeburtsverhaltung, trockenes Fieber, puerperale Störungen, MMA-Komplex
+ Traumeel	Entzündungen verschiedener Genese und Lokalisation, Verletzungen, Wundbehandlung, auch postoperativ, Muskelschmerzen

Verabreichung: 1- bis 2-mal täglich

Ergänzungsmittel

• Bryonia-Injeel	Entzündungen, beginnende Abszedierung, Bewegung verschlimmert, besser durch festen Druck auf die erkrankte Stelle, Mastitis
• Echinacea compositum	bakterielle Infektionen verschiedener Organsysteme, Entzündungen, Fieber, auch prophylaktisch
• Belladonna-Homaccord	lokalisierte, akute und heftige Entzündungen, auch mit hohem Fieber, arterielle Pulsationen
• Apis-Homaccord	ödematöse, schmerzhafte Schwellungen, pustulöse und bullöse Ekzeme, Entzündungen mit Flüssigkeitsansammlung in Geweben und Körperhöhlen, ödematöse Gesäugeschwellung
• Pulsatilla-Injeel	alle Funktionen des Geschlechtsapparates sind verzögert, Hyperämie der Beckenorgane, weißer Ausfluss, fördert die Milchproduktion ➔ Konstitutionsmittel
• Phytolacca-Injeel	Gesäuge hart und empfindlich, Schwellung der Milchdrüse, schmerzhaft, kaum Sekret ermelkbar, Mastitis
• Sabina D6	Metrorrhagien p.p., Retentio und Endometritis, scharfer, eitriger Ausfluss, fördert die Uterusinvolution und -kontraktion
• Pyrogenium D15, D30	heftige, überschießende Reaktionen, Eiterungen, Lymphadenitis, gangränöse Zustände, Sepsis, übel riechende, aashaft stinkende Absonderungen

Prophylaxe:

• Lachesis compositum	septische Tendenz bei Entzündungen und Eiterungen, Phlegmone, Endometritis, Nachgeburtsverhaltung, trockenes Fieber, Infektionen mit Milchrückgang kurz nach der Geburt

• Pulsatilla-Injeel	weißer Ausfluss, alle Funktionen des Geschlechtsapparates sind verzögert, Hyperämie der Beckenorgane, fördert die Milchproduktion, Geburtsvorbereitung ➔ Konstitutionsmittel
• Caulophyllum D3, D4	rigide Zervix, Geburtserleichterung, Wehenschwäche

Verabreichung: ab Wehenbeginn zur Geburtsbeschleunigung

MORTELLARO-KRANKHEIT

Therapieversuch	
• Traumeel	Entzündungen verschiedener Genese und Lokalisation, Verletzungen, Wundbehandlung, auch postoperativ, Muskelschmerzen
+ Lachesis compositum	septische Tendenz bei Entzündungen und Eiterungen, Phlegmone, Endometritis, Nachgeburtsverhaltung, trockenes Fieber, Infektionen mit Milchrückgang
+ Carduus compositum	akute und chronische Leber- und Gallenerkrankungen, alle Folgeerkrankungen davon, Stoffwechselstörungen, Verdauungsprobleme
+ Coenzyme compositum	regt blockierte enzymatische Abläufe insbesondere der Energiegewinnung an (Zitronensäurezyklus), degenerative oder chronische Erkrankungen

Verabreichung: zusammen 3-mal im Abstand von 24 Stunden (nach Dorenkamp)

Ergänzungsmittel

• Kalium bichromicum-Injeel	zähe, strähnige Absonderungen, tief fressende Ulzera, wie ausgestanzt
• Hepar sulfuris-Injeel	eiternde Prozesse unterschiedlicher Lokalisation, Abszesse vor Ausreifung, Überempfindlichkeit gegen Kälte und Luftzug, hoch schmerzhafte Veränderungen
• Kreosotum-Injeel	Schleimhautkatarrhe mit ätzenden, übel riechenden Absonderungen, tief greifende Entzündungen der Schleimhäute, Ulzera, Fluor, Pruritus vulvae
• Echinacea compositum	bakterielle Infektionen verschiedener Organsysteme, Entzündungen, Fieber, auch prophylaktisch

Verabreichung: Tag 1, 3 und 5, Bestandsbehandlung über das Trinkwasser

• Silicea-Injeel	chronische Eiterungen und Fistelbildungen, wirkt auf Bindegewebe, Bänder, Sehnen, Haut, Hautanhangsgebilde, schlechte Wundheilung ➔ Konstitutionsmittel
• Tarantula (D4–D12, C30, C200)	Nekrosen, Abszesse mit vielen Ausgängen, blaurote Verfärbungen, reizbar durch Berührung, periodisch auftretende Beschwerden ➔ Konstitutionsmittel

MUSKELATROPHIE

• Konstitutionsmittel	➔ Konstitutionsmittel
• Plumbum metallicum-Injeel	schleichende Krankheitsprozesse, Schwäche und Kraftlosigkeit, Lähmungen, Muskelatrophie
• Musculus suis-Injeel	spezifischer Regulationseffekt auf Funktion und Struktur des entsprechenden Organs, Myotonie, muskuläre Insuffizienz, Muskelatrophie, Erschöpfungszustände
• China-Homaccord	Erschöpfungs- und Schwächezustände, Leberfunktionsstörungen, nach Flüssigkeitsverlusten, postoperative Inappetenz
• Coenzyme compositum	regt blockierte enzymatische Abläufe insbesondere der Energiegewinnung an (Zitronensäurezyklus), degenerative oder chronische Erkrankungen
• Ubichinon compositum	verbessert die Energiebereitstellung in der Zelle, degenerative und tumoröse Erkrankungen
• Guajacum (D0–C30)	Neuralgien, Gelenkrheumatismus, rheumatoide Schmerzen, Inaktivitätsatrophie

Nach Trauma ➔ Verletzungen

MUSKELKATER

• Traumeel	Entzündungen verschiedener Genese und Lokalisation, Verletzungen, Wundbehandlung, auch postoperativ, Muskelschmerzen
• Arnica-Injeel	regt die Wundheilung an, Herzmuskelschwäche, Neuralgien, Myalgien, Zerschlagenheitsgefühl
+ Acidum L(+)-lacticum-Injeel	Atmungsstörungen von Zellen, Säure-Basen-Regulierung im Bindegewebe, Morgenübelkeit, Diabetes mellitus
• Rhus Tox-Injeel	Rheuma und Neuralgien, Sehnen- und Bänderaffektionen, schlechter bei nasskaltem Wetter, Anlaufschmerzen, Folgen von Überanstrengung
• Cimicifuga-Injeel	blitzartige, schießende Schmerzen, rascher Wechsel der Symptome, Osteochondrose an BWS und HWS, Ischiasneuralgie, Erregung des Nervensystems, Myalgie
• Magnesium phosphoricum-Injeel	spastische Paralyse, Muskelkater mit Erschöpfung
• Bellis perennis (D0–D3)	fördert die Wundheilung, allgemeine Blutungsneigung, Muskelschmerzen nach Überanstrengung

MUSKELRHEUMATISMUS

Basismittel	
• Traumeel	Entzündungen verschiedener Genese und Lokalisation, Verletzungen, Wundbehandlung, auch postoperativ, Muskelschmerzen
• Rheuma-Heel	(Peri-)arthritische Beschwerden, Neuralgien, Myalgien, Sehnen- und Bänderbeschwerden

Verabreichung: zusammen 1-mal täglich

Ergänzungsmittel

• Dulcamara-Homaccord	„Nasswettermittel", rheumatische Erkrankungen, alle Beschwerden sind Folgen von oder schlechter bei Kälte und Nässe
• Neralgo-Rhem-Injeel	Neuralgien, Lumbago, Weichteilrheumatismus, arthritische und vertebragene Beschwerden, Muskel- und Gelenkbeschwerden
• Gelsemium-Homaccord	Neuralgie insbesondere des Kopf-Hals-Bereichs, Schwindel, zittrige Schwäche, Erschöpfung, Gliederschmerzen
• Discus compositum N mit Kalmia	Gelenk- und Bindegewebserkrankungen, z.B. Arthritis, Arthrose, Periarthritis, Erkrankungen der Sehnen, Bänder und der Knochenhaut, besonders Kniegelenk
• Colocynthis-Homaccord	Neuralgien verschiedener Genese und Lokalisation, Osteochondrose, Ischialgie, plötzlich einschießende Schmerzen, Parästhesien
• Ferrum-Homaccord	sekundäre Anämie, Verlangen nach Wärme, Eisenmangelkrankheiten, Schulter-Arm-Syndrom
• Spascupreel	Spasmen glattmuskulärer Hohlorgane, Spastizität der quergestreiften Muskulatur wie muskulärer Hartspann, Koliken, spastische und asthmatoide Bronchitis
• Rhododendron-Injeel	Weichteilrheumatismus und (peri-)arthritische Beschwerden, Neuralgien, Verschlechterung aller Beschwerden bei feuchtem Wetter, verdrießlich, Angstzustände
• Rhododendroneel	rheumatische Beschwerden, Polyarthritis insbesondere der kleinen Gelenke, Nervenschmerzen, Gicht, Verschlechterung bei und vor Nasswetter
• Rhus Tox-Injeel	Rheuma und Neuralgien, Sehnen- und Bänderaffektionen, schlechter bei nasskaltem Wetter, Anlaufschmerzen, Folgen von Überanstrengung
• Bryaconeel	Neuralgien, akuter und chronischer Rheumatismus, Entzündungen seröser Häute, Parästhesien, akute, schmerzhafte Bursitis, jede Bewegung verschlimmert
• Bryonia-Injeel	Entzündungen, beginnende Abszedierung, Bewegung verschlimmert, besser durch festen Druck auf die erkrankte Stelle
• Acidum formicicum-Injeel	allgemeines „Umstimmungsmittel" bei Asthma, Allergien und Ekzemen, rheumatische Erkrankungen, bei allen zellulären Phasen
• Aesculus-Heel	venöse Stase, periphere Durchblutungsstörungen, Varizen, variköses Ekzem, Muskelschmerzen
• Curare-Injeel	Lähmungen, Schwächezustände der Muskulatur, besonders nach Überanstrengung, Dyspnoe und Schwindel, Hautausschläge hinter den Ohren und im Gesicht
• Guajacum (D0–C30)	Neuralgien, Gelenkrheumatismus, rheumatoide Schmerzen, erhöhte Muskelspannung

MUSKELSCHWÄCHE

• Musculus suis-Injeel	spezifischer Regulationseffekt auf Funktion und Struktur des entsprechenden Organs, Myotonie, muskuläre Insuffizienz, Muskelatrophie, Erschöpfungszustände
• Plumbum metallicum-Injeel	schleichende Krankheitsprozesse, Schwäche und Kraftlosigkeit, Lähmungen, Muskelatrophie
• Gelsemium-Homaccord	Neuralgie insbesondere des Kopf-Hals-Bereichs, Schwindel, zittrige Schwäche, Erschöpfung, Gliederschmerzen, Zittern, ängstliche Tiere
• Aesculus-Heel	venöse Stase, periphere Durchblutungsstörungen, Varizen, variköses Ekzem
• Curare-Injeel	Lähmungen, Schwächezustände der Muskulatur, besonders nach Überanstrengung, Dyspnoe und Schwindel
• China-Homaccord	Erschöpfungs- und Schwächezustände, Leberfunktionsstörungen, nach Flüssigkeitsverlusten, postoperative Inappetenz
• Kalium phosphoricum D6	Berührungsängste, ängstlich, nervöse Furcht, Depression kann in Wutanfälle umschlagen, Nervenschwäche steht neben Muskelschwäche im Vordergrund
• Alumina D6	verzögerte Reizleitung, Trockenheit aller Schleimhäute, atonische Obstipation, Abmagerung, Tiere suchen Wärme, Muskelschwäche

→ Hinterhandschwäche

MYKOSEN innerlich

Basismittel	
• Mucosa compositum	Schleimhauterkrankungen und -katarrhe verschiedener Art und Lokalisation, z.B. im Bereich der oberen und unteren Luftwege, an Auge und Ohr, regenerationsfördernd für Schleimhäute, Abwehrschwäche der Schleimhäute, Luftsackmykose, Aspergillose
+ Carduus compositum	akute und chronische Leber- und Gallenerkrankungen, alle Folgeerkrankungen davon, Stoffwechselstörungen, Verdauungsprobleme, hepatogener Juckreiz
• Hepeel	akute und chronische Leber- und Gallenerkrankungen, alle Folgeerkrankungen davon, Stoffwechselstörungen, Verdauungsprobleme, hepatogener Juckreiz
+ Coenzyme compositum	regt blockierte enzymatische Abläufe insbesondere der Energiegewinnung an (Zitronensäurezyklus), degenerative oder chronische Erkrankungen

Verabreichung: 2-mal wöchentlich

• Lymphomyosot	„Mesenchymentschlackung", Lymphatismus, Lymphödeme, Drüsenschwellungen, Tonsillarhypertrophie

Verabreichung: 1- bis 2-mal täglich

Ergänzungsmittel

• Sulfur comp.-Heel	Dermatosen, Dermatitis, juckende und nässende Ekzeme, Pruritus, Urtikaria, „Reaktionsmittel" bei allen chronischen Krankheiten

• Psorinum-Injeel	chronische Ekzeme und Hautausschläge, starker Juckreiz, auch wechselnd mit Asthma, Wärme verschlechtert, übler Geruch, chronische Entzündungen
• Trichinoyl-Injeel	Regeneration blockierter Fermentsysteme, Dermatomykosen besonders der Katze
• Hepar suis-Injeel	spezifischer Regulationseffekt auf Funktion und Struktur des entsprechenden Organs, Leberschäden und mangelnde Leberentgiftung, chronische Ekzeme, Mykosen
• Arsenicum album-Injeel	akute und chronische Entzündungen an Augen, Atemwegen, Verdauungs- und Harnapparat, Organdegeneration, Abmagerung, mitternächtliche Unruhe, chronische Krankheiten ➔ Konstitutionsmittel
• Calcium carbonicum-Injeel	Jungtiermittel, chronische Hautveränderungen mit schlechter Heiltendenz, Schleimhautschwäche ➔ Konstitutionsmittel
• Lycopodium-Injeel	Leber- und Gallenstörungen, satt nach wenigen Bissen, hager, chronische Hauterkrankungen ➔ Konstitutionsmittel

Atemwege, Luftsäcke:

• Naso-Heel	akute und chronische Rhinitis, Sinusitis, Pharyngitis, Laryngitis, Tonsillitis, atrophische Rhinitis, trockene Schleimhäute mit Borken und Krusten, Nasenpolypen
• Euphorbium compositum	akute und chronische Rhinitiden und Sinusitiden, Ohrtubenkatarrh, Mittelohrhydrops, Katzenschnupfen
• Hydrastis-Injeel	dicke, zähe, strähnige, gelb-weißliche Absonderungen aller Schleimhäute, Metrorrhagien, Stomatitis aphthosa, Schwäche, Kachexie
• Sinusitis-Nosode-Injeel	akute, chronische und chronisch-rezidivierende Entzündungen und Eiterungen der Nasennebenhöhlen, „adenoide Vegetationen", Lymphatismus, vasomotorische Rhinitiden und Sinusitiden

Darm:

• Nux vomica-Homaccord	Funktionsstörungen von Magen, Darm und Leber, Spasmen, Meteorismus, Beschwerden nach Überreizung, Nervenschmerzen, bei Diskopathie mit tonisch-klonischer Lähmung
• Leber-Galletropfen (Cosmochema)	Leber-Galle-Erkrankungen
• Colon suis-Injeel	spezifischer Regulationseffekt auf Funktion und Struktur des entsprechenden Organs, Störungen der Darmexkretion, chronische Obstipation, Darmatonie, Darmspasmen
• Mercurius sublimatus corrosivus-Injeel	Suppurationen, Abszesse, Gingivitis, Stomatitis, Iritis, Blepharokonjunktivitis, Keratitis profunda, blutiger Durchfall, Colitis

MYOKARDITIS

Basismittel

• Cactus compositum	Myokardschwäche, auch infektiöser Genese, Peri- und Endokarditis, Herzrhythmusstörungen, Koronarinsuffizienz
• Traumeel	Entzündungen verschiedener Genese und Lokalisation, Verletzungen, Wundbehandlung, auch postoperativ
• Cardiacum-Heel	Angina pectoris, Herz-Kreislauf-Beschwerden, organische Herzkrankheiten, Gefäßverkalkung
• Bryaconeel	Neuralgien, akuter und chronischer Rheumatismus, Entzündungen seröser Häute, Endokarditis

Ergänzungsmittel

• Cralonin	Altersherz, Koronarinsuffizienz, Rhythmusstörungen, Myokardschwäche
• Cor suis compositum	Myokardschwäche, dilatative und hypertrophe Kardiomyopathie, Arrhythmia cordis, Koronardurchblutungsstörungen, Gefäßtonisierung
• Strophanthus compositum	Herzschwäche, Durchblutungsstörungen des Herzens, nach Myokardinfarkt, akute Myokarderkrankungen
• Herztropfen (Cosmochema)	Kreislaufstörungen, Altersherz, Herzmuskelschwäche und -schäden, Herzstärkung bei Infektionserkrankungen
• Crotalus-Injeel	dunkle Blutungen in allen Organen und aus allen Körperöffnungen, Gangrän und Sepsis, Myokarditis mit Kollapsneigung
• Echinacea compositum	bakterielle Infektionen verschiedener Organsysteme, Entzündungen, Fieber, auch prophylaktisch
• Lachesis compositum	septische Tendenz bei Entzündungen und Eiterungen, Phlegmone, Endometritis, Nachgeburtsverhaltung, trockenes Fieber
• Cor suis-Injeel	spezifischer Regulationseffekt auf Funktion und Struktur des entsprechenden Organs, Herzinsuffizienz, paroxysmale Tachykardie
• Aurumheel	vegetativ-funktionelle Herz- und Kreislaufstörungen, Hypotonie, Herzrhythmusstörungen
• Placenta suis-Injeel	periphere Durchblutungsstörungen, Dekubitus, Ulcus cruris, Rhagaden, Ekzeme, fördert die Gewebeausreifung und -regeneration, Nachbehandlung

➔ Entzündungen

MYOKLONIE

• Spascupreel	Spasmen glattmuskulärer Hohlorgane, Spastizität der quergestreiften Muskulatur wie muskulärer Hartspann, Koliken, spastische und asthmatoide Bronchitis
• Gelsemium-Homaccord	Neuralgie insbesondere des Kopf-Hals-Bereichs, Schwindel, zittrige Schwäche, Erschöpfung, Gliederschmerzen, Zittern, ängstliche Tiere
• Nux vomica-Homaccord	Funktionsstörungen von Magen, Darm und Leber, Spasmen, Meteorismus, Beschwerden nach Überreizung, Nervenschmerzen, bei Diskopathie mit tonisch-klonischer Lähmung

• Phosphor-Homaccord	petechiale Blutungen und Blutungsneigung, Laryngitis, Pharyngitis, Degeneration parenchymatöser Organe, Zittern und Schwäche der Beine nach jeder Anstrengung, Zittern bei Erregung ➔ Konstitutionsmittel
• Arsenicum album-Injeel	akute und chronische Entzündungen an Augen, Atemwegen, Verdauungs- und Harnapparat, Organdegeneration, Abmagerung, mitternächtliche Unruhe, Ruhelosigkeit, Zittern der Beine ➔ Konstitutionsmittel
• Causticum-Injeel	Lähmung von Muskeln und Nerven, Paresen, Zittern und Schwäche
• Cuprum-Injeel	Krämpfe der glatten und quergestreiften Muskulatur, spastischer Husten, Muskelzuckungen, an den Gliedmaßenenden beginnend
• Zincum metallicum-Injeel	Nervenaffektionen mit Schwäche und Erschöpfung, nervöse Beschwerden, Unruhe in den Beinen, Zittern, Zuckungen, Schlafstörungen
• Psorinum-Injeel	chronische Entzündungen, Zittern der Gliedmaßenenden
• Conium-Injeel	Altersmittel, Gedächtnisschwäche, Ataxie, steinharte Knoten und Neoplasien
• Cocculus-Homaccord	Reisekrankheit, Übelkeit und Schwindel, Erschöpfung, Schwäche, Muskelzittern
• Rhus Tox-Injeel	Rheuma und Neuralgien, Sehnen- und Bänderaffektionen, schlechter bei nasskaltem Wetter, Anlaufschmerzen, Folgen von Überanstrengung, Zittern bei und nach Anstrengung
• Calcium phosphoricum-Injeel	Kalkstoffwechselstörungen, Knochenbeschwerden, Wachstums- und Entwicklungsstörungen, Knochenschwäche bei passendem Typ, Muskelzittern bei älteren Tieren ➔ Konstitutionsmittel
• Mercurius solubilis Hahnemanni-Injeel	beginnende Suppuration, Abszesse in Anbildung, akute, schmerzhafte Entzündungen im Bindegewebe und in verschiedenen Organen, Muskelzittern bei Erregung
• Tarantula D6, C30	Hysterie, Hysteroepilepsie, Hyperästhesie, jähe Stimmungswechsel mit Streitlust, Aggression und plötzlichen Gewaltausbrüchen, reizbar durch Berührung ➔ Konstitutionsmittel
• Kalium phosphoricum D6	Berührungsängste, ängstlich, nervöse Furcht, Depression kann in Wutanfälle umschlagen, Nervenschwäche steht neben Muskelschwäche im Vordergrund
• Agaricus (D4–C1000)	ekstatische Zustände, Zittern des Körpers und der Beine, ataktische Bewegungen, nicht im Schlaf
• Kalium bromatum (D4–C1000)	manisch-depressive Verstimmungen, nächtliche Angstzustände, nervöse Unruhe mit unruhigen Extremitäten, Zittern bei Vorfreude
• Strychninum nitricum (D6, D12, C30–C1000)	Schlaflosigkeit, Reizbarkeit, Zuckungen, explosive Nervosität, Neuritiden, Muskelzuckungen, Hahnentritt beim Pferd

➔ Schwäche

MYXOMATOSE

Basismittel	
• Echinacea-Injeel	Infektionen verschiedener Organsysteme, Entzündungen, Fieber, septische Prozesse
+ Lachesis-Injeel	septische Prozesse, Hämolyse, blaurote Entzündungen, Zysten links ➔ Konstitutionsmittel

Verabreichung: zusammen alle 2 Tage bis zur Genesung

Ergänzungsmittel

• Mucosa compositum	Schleimhauterkrankungen und -katarrhe verschiedener Art und Lokalisation, z.B. im Bereich der oberen und unteren Luftwege, an Auge und Ohr, regenerationsfördernd für Schleimhäute

Verabreichung: 2-mal wöchentlich bis zur Genesung

• Cutis compositum	Basismittel bei Dermatosen verschiedener Genese, Ekzeme, Allergien, Dermatomykosen, Haarausfall

Verabreichung: 2-mal wöchentlich bis zur Genesung

Weitere Mittel nach Symptomatik

NABELENTZÜNDUNG

Basismittel	
• Traumeel	Entzündungen verschiedener Genese und Lokalisation, Verletzungen, Wundbehandlung, auch postoperativ
+ Echinacea compositum	bakterielle Infektionen verschiedener Organsysteme, Entzündungen, Fieber, auch prophylaktisch
+ Hepar sulfuris-Injeel	eiternde Prozesse unterschiedlicher Lokalisation, schmerzhaft, Abszesse vor Ausreifung, Überempfindlichkeit gegen Kälte und Luftzug

Ergänzungsmittel

• Lachesis compositum	septische Tendenz bei Entzündungen und Eiterungen, Phlegmone, Endometritis, Nachgeburtsverhaltung, trockenes Fieber, harter Nabelstrang
• Myristica sebifera-Injeel	Gewebsentzündung, Lymphadenitis, Phlegmone, Panaritium, Abszesse nach Ausreifung, „homöopathisches Messer"
• Acidum benzoicum D4, D6	Tendovaginitis, Polyarthritis

➔ Entzündungen

NASENBLUTEN

• Cinnamomum-Homaccord	kapilläre und präkapilläre Sickerblutungen, Hämorrhoiden, Blutungsneigung
• Hamamelis-Homaccord	venöse Stase, thrombophlebitische Zustände, dunkle Hämorrhagien, Zerschlagenheitsgefühl
• Phosphor-Homaccord	petechiale Blutungen und Blutungsneigung, Laryngitis, Pharyngitis, Degeneration parenchymatöser Organe ➔ Konstitutionsmittel

Verabreichung: akut als i.v.-Gabe

• Melilotus-Homaccord	Blutandrang zum Kopf, arteriosklerotische und essenzielle Hypertonie, präapoplektische Zustände, hellrote Blutungen
• Arnica-Injeel	regt die Wundheilung an, Herzmuskelschwäche, Neuralgien, Myalgien, Zerschlagenheitsgefühl
• Belladonna-Homaccord	lokalisierte, akute und heftige Entzündungen auch mit hohem Fieber, arterielle Pulsationen, Niesen mit hellrotem Nasenbluten
• Natrium-Homaccord	chronische Schleimhautkatarrhe und -entzündungen, Obstipation, Beschwerden des Verdauungstrakts, Nasenbluten aufgrund veränderter Blutzusammensetzung
• Ferrum metallicum-Injeel	große Blässe der Schleimhäute, kalte Extremitäten, Blutungsneigung, postinfektiöse Anämie, Eisenmangelerscheinungen, Nasenbluten bei Jungtieren
• Stannum (D3–D30)	Schnupfen am Morgen, Nasenbluten beim Kotabsatz
• Bellis perennis (D0–D3)	fördert die Wundheilung, allgemeine Blutungsneigung
• Erigeron canadensis D2, D3	Hämorrhagien mit reichlichem, hellrotem Blut, Zahnfleischbluten, Hämaturie, Verschlimmerung bei jeder Bewegung
• Millefolium D3, D4	hellrote, arterielle Blutungen jeglicher Genese, Verletzungen, Nasenbluten
• Aranea diadema (D4–C1000)	periodisch auftretendes Nasenbluten

➔ Blutungen; ➔ Lungenbluten

NASENSPIEGEL

• Graphites-Homaccord	chronische Ekzeme, trocken oder seborrhoisch, honigartiges Sekret, Fissuren, Borken, Schwielen, Neigung zu Adipositas, Trägheit, Verstopfung ➔ Konstitutionsmittel
• Silicea-Injeel	chronische Eiterungen und Fistelbildungen, wirkt auf Bindegewebe, Bänder, Sehnen, Haut, Hautanhangsgebilde, schlechte Wundheilung, Nasenspiegel borkig und trocken ➔ Konstitutionsmittel
• Antimonium crudum-Injeel	Hyperkeratose, Rhagaden und Warzen, Ausschläge mit honiggelben Krusten, Nasenspiegel schwielig, aufgesprungen
• Acidum nitricum-Injeel	Veränderungen an Haut und Schleimhäuten, besonders mukokutane Übergänge, Blutungen, Rhagaden, Ulzera
• Causticum-Injeel	Haut trocken und heiß, Ekzeme mit klebrigem, zähem Sekret, trockener Nasenspiegel (ältere Tiere)

• Sepia-Injeel	nervöse Erschöpfung, Reizbarkeit, meist älter, hager, Fertilitätsstörungen, Bindegewebe schlaff, lassen auch in der Brunst kein Belegen zu, Haut trocken, rissig, wechselnde Pigmentierung ➔ Konstitutionsmittel
• Petroleum-Injeel	nässende Ekzeme, Haut- und Schleimhauterkrankungen, empfindliche, trockene, rissige Haut, Rhagaden, blutende Fissuren, Alopezie, schlechter im Winter
• Kalium carbonicum-Injeel	Verschlechterung nachts, große Schwäche, katarrhalische Affektionen, Nasenöffnung borkig
• Natrium muriaticum-Injeel	nervöse Reizbarkeit, Trockenheit aller Schleimhäute, Abmagerung trotz guten Appetits, trockener, rissiger Nasenspiegel infolge Stoffwechselstörung ➔ Konstitutionsmittel
• Thuja-Injeel	Neigung zu proliferativen Prozessen an Haut und Schleimhäuten, Impffolgen, blumenkohlartige, leicht blutende Warzen, rissiger Nasenspiegel, auch nach Staupe ➔ Konstitutionsmittel

NEKROSEN

• Traumeel	Entzündungen verschiedener Genese und Lokalisation, Verletzungen, Wundbehandlung, auch postoperativ
• Lachesis compositum	septische Tendenz bei Entzündungen und Eiterungen, Phlegmone, Endometritis, Nachgeburtsverhaltung, trockenes Fieber, starke schmerzhafte Schwellung, Übergang zur Nekrose
• Galium-Heel / Galium comp.-Heel	Immunmodulation bei chronischen Erkrankungen verschiedener Genese, Präkanzerosen, „Zellreinigung", steigert Bindegewebsfunktion, Gewebszersetzung, Strahlfäule, Mauke
• Acidum nitricum-Injeel	Veränderungen an Haut und Schleimhäuten, besonders mukokutane Übergänge, Blutungen, Rhagaden, Ulzera
• Kreosotum-Injeel	Schleimhautkatarrhe mit ätzenden, übel riechenden Absonderungen, tief greifende Entzündungen der Schleimhäute, Ulzera, Fluor, Pruritus vulvae
• Mercurius solubilis Hahnemanni-Injeel	beginnende Suppuration, Abszesse in Anbildung, akute, schmerzhafte Entzündungen im Bindegewebe und in verschiedenen Organen, urämische Geschwüre mit blutendem Zahnfleisch
• Calcium carbonicum-Injeel	Jungtiermittel, Drüsenschwellungen, Schleimhautkatarrhe, Polypenbildung und Ulzerationen, Milchschorf, Kalkstoffwechselstörungen, verzögerte Entwicklung, Neigung zu Strahlfäule ➔ Konstitutionsmittel
• Hydrastis-Injeel	dicke, zähe, strähnige, gelb-weißliche Absonderungen aller Schleimhäute, Metrorrhagien, Stomatitis aphthosa, Schwäche, Kachexie
• Sempervivum tectorum	bösartige Geschwüre mit lang anhaltenden Schmerzen, Strahlfäule
• Tarantula (D4–D12, C30, C200)	Nekrosen, Abszesse mit vielen Ausgängen, blaurote Verfärbungen, reizbar durch Berührung, periodisch auftretende Beschwerden ➔ Konstitutionsmittel
• Kalium chloratum D4, D6	weiße Ulzera, Aphthen, fibrinöse, weißgraue Exsudate, urämische Geschwüre

• Borax (D1–D3)	Stomatitis aphthosa, allgemeines Aphtenmittel, gut umschriebene Geschwüre
• Acidum hydrofluoricum (D6, D12)	Abmagerung trotz guten Appetits, Kachexie, Unruhe, Hast und Eile, tiefe Geschwüre
• Bellis perennis (D0–D3)	fördert die Wundheilung, Verletzungen, Traumen oder Überanstrengung der Muskeln, allgemeine Blutungsneigung, Nekrosen nach Druck

NEPHRITIS

Basismittel

• Solidago compositum	akute und chronische Erkrankungen der Nieren und Harnwege, Zystitis, Nephrolithiasis, Hydronephrose, funktionelle Unterstützung der Nieren
+ Belladonna-Homaccord	lokalisierte, akute und heftige Entzündungen, auch mit hohem Fieber, arterielle Pulsationen

Verabreichung: zusammen 1- bis 2-mal täglich

• Reneel	akute und chronische Nieren- und Blasenleiden, Nephrolithiasis, Urethritis, Albuminurie, Blutungsneigung

Verabreichung: 2- bis 3-mal täglich

Ergänzungsmittel

• Aconitum-Homaccord	grippale und katarrhalische Infekte, besonders im Prodromalstadium, Beschwerden nach Schreck und kaltem Wind, Fieber mit heißer Haut und Unruhe
• Apis-Homaccord	ödematöse, schmerzhafte Schwellungen, pustulöse und bullöse Ekzeme, Entzündungen mit Flüssigkeitsansammlung in Geweben und Körperhöhlen, erste Phase der Nephritis
• Berberis-Homaccord	Reiz- und Entzündungszustände im Urogenitaltrakt und in den Gallenwegen, mit und ohne Konkremente, Gallen- und Nierenkoliken
• Cantharis compositum	Blasenentzündung, Nierenbeckenentzündung, Nierenentzündung, Blasentenesmen, Harnzwang, Brennen in der Urethra nach der Miktion, Hämaturie
• Echinacea compositum	bakterielle Infektionen verschiedener Organsysteme, Entzündungen, Fieber, auch prophylaktisch
• Lachesis compositum	septische Tendenz bei Entzündungen und Eiterungen, Phlegmone, Endometritis, Nachgeburtsverhaltung, trockenes Fieber
• Mercurius solubilis Hahnemanni-Injeel	beginnende Suppuration, Abszesse in Anbildung, akute, schmerzhafte Entzündungen im Bindegewebe und in verschiedenen Organen
• Arsenicum album-Injeel	akute und chronische Entzündungen an Augen, Atemwegen, Verdauungs- und Harnapparat, Organdegeneration, Abmagerung, mitternächtliche Unruhe → Konstitutionsmittel
• Cinnamomum-Homaccord	kapilläre und präkapilläre Sickerblutungen, Hämorrhoiden, Blutungsneigung, Nephritis mit blutigem Urin
• Solidago virgaurea-Injeel	chronische Nephritis, Nephrolithiasis, Niereninsuffizienz, Harnwegsinfekte mit Dysurie, Druckempfindlichkeit der Nierengegend, Hautausschläge als Folge von Nierenerkrankungen

• Phosphor-Homaccord	petechiale Blutungen und Blutungsneigung, Laryngitis, Pharyngitis, Degeneration parenchymatöser Organe, akute und subakute Nephritis, schmerzhaft ➔ Konstitutionsmittel
• Ren suis-Injeel	spezifischer Regulationseffekt auf Funktion und Struktur des entsprechenden Organs, Hydronephrose, Zystitis, Pyelitis, chronische Glomerulonephritis, Ödeme
• Tonsillitis-Nosode-Injeel	chronische und chronisch-rezidivierende Anginen und Sinusitiden, Folgeerkrankungen chronischer Tonsillitiden wie Polyarthritis, Nephritis und Nephrose, Kardiopathie
• Lespedeza Sieboldii D2, D3	regt die Diurese bei Nierenschwäche und chronischer Nephritis an
• Flor de piedra D3, D6	Hypo- und Hyperthyreose, Hepatitis, Hepatose, venöse Durchblutungsstörungen, alle Funktionen verlangsamt

Zur Unterstützung:

• Coenzyme compositum	regt blockierte enzymatische Abläufe insbesondere der Energiegewinnung an (Zitronensäurezyklus), degenerative oder chronische Erkrankungen
+ Ubichinon compositum	verbessert die Energiebereitstellung in der Zelle, degenerative und tumoröse Erkrankungen

➔ Harnwegserkrankungen; ➔ Pyelonephritis; ➔ Zystitis

NEPHROSE

Basismittel	
• Solidago compositum	akute und chronische Erkrankungen der Nieren und Harnwege, Zystitis, Nephrolithiasis, Hydronephrose, funktionelle Unterstützung der Nieren
+ Coenzyme compositum	regt blockierte enzymatische Abläufe insbesondere der Energiegewinnung an (Zitronensäurezyklus), degenerative oder chronische Erkrankungen
+ Ubichinon compositum	verbessert die Energiebereitstellung in der Zelle, degenerative und tumoröse Erkrankungen

Verabreichung: initial alle 1–2 Tage, später in längeren Intervallen, dazu initial Infusionstherapie

Ergänzungsmittel

• Ren suis-Injeel	spezifischer Regulationseffekt auf Funktion und Struktur des entsprechenden Organs, Hydronephrose, Zystitis, Pyelitis, chronische Glomerulonephritis, Ödeme
• Berberis-Homaccord	Reiz- und Entzündungszustände im Urogenitaltrakt und in den Gallenwegen, mit und ohne Konkremente, Gallen- und Nierenkoliken
• Arsenicum album-Injeel	akute und chronische Entzündungen an Augen, Atemwegen, Verdauungs- und Harnapparat, Organdegeneration, Abmagerung, mitternächtliche Unruhe ➔ Konstitutionsmittel
• Apis-Homaccord	ödematöse, schmerzhafte Schwellungen, pustulöse und bullöse Ekzeme, Entzündungen mit Flüssigkeitsansammlung in Geweben und Körperhöhlen

- Phosphor-Homaccord — petechiale Blutungen und Blutungsneigung, Laryngitis, Pharyngitis, Degeneration parenchymatöser Organe, Überempfindlichkeit gegen äußere Einflüsse, Übernervosität
  ➔ Konstitutionsmittel
- Tonsillitis-Nosode-Injeel — chronische und chronisch-rezidivierende Anginen und Sinusitiden, Folgeerkrankungen chronischer Tonsillitiden wie Polyarthritis, Nephritis und Nephrose, Kardiopathie
- Acidum nitricum-Injeel — Urin spärlich, dunkelbraun, trüb, riecht nach Pferdeharn, häufiger Harndrang, Niereninsuffizienz
- Acidum formicicum-Injeel — allgemeines „Umstimmungsmittel" bei Asthma, Allergien und Ekzemen, Neuralgien, bei allen zellulären Phasen, fördert die Diurese
- Mercurius solubilis Hahnemanni-Injeel — beginnende Suppuration, Abszesse in Anbildung, akute, schmerzhafte Entzündungen im Bindegewebe und in verschiedenen Organen, Nierenstörungen führen zu Stomatitis
- Natrium muriaticum-Injeel — nervöse Reizbarkeit, Trockenheit aller Schleimhäute, Abmagerung trotz guten Appetits, Heißhunger, großer Durst
  ➔ Konstitutionsmittel
- Lespedeza Sieboldii D2, D3 — regt die Diurese bei Nierenschwäche und chronischer Nephritis an
- Kalium chloratum D4, D6 — weiße Ulzera, Aphthen, fibrinöse, weißgraue Exsudate, urämische Geschwüre, destruktive, chronische Nierenerkrankungen mit Foetor ex ore

➔ Chronische Niereninsuffizienz; ➔ Harnwegserkrankungen; ➔ Pyelonephritis; ➔ Zystitis

NERVOSITÄT

- Phosphor-Homaccord — petechiale Blutungen und Blutungsneigung, Laryngitis, Pharyngitis, Degeneration parenchymatöser Organe, Überempfindlichkeit gegen äußere Einflüsse, Übernervosität
  ➔ Konstitutionsmittel
- Engystol — aktiviert die unspezifische Abwehr, virale Erkrankungen, reduziert Stressfolgen, erhöht die Stresstoleranz
- Valerianaheel — Unruhe- und Erregungszustände, Insomnie, nervöse Erschöpfung, gesteigerte Reflexe
- Neurexan — nervöse Unruhezustände mit und ohne Schlafstörungen, geistige Überforderung
- Nervoheel — psychosomatische Beschwerden, körperliche und geistige Erschöpfung, wechselnde Stimmungen, Schlafstörungen
- Arsenicum album-Injeel — akute und chronische Entzündungen an Augen, Atemwegen, Verdauungs- und Harnapparat, Organdegeneration, Abmagerung, mitternächtliche Unruhe
  ➔ Konstitutionsmittel
- Neuro-Injeel — psychosomatische Beschwerden, Hysterie, Unruhezustände
- Cerebrum compositum — Entwicklungs- und Verhaltensstörungen, Hirnfunktionsstörungen, vegetative Dystonie, Geriatrie, zur Geweberegeneration
- Stramonium-Injeel — manische Zustände, Psychosen, Unruhe, Raserei, Streitsucht, Neigung zu Gewalttätigkeit, epileptiforme Krämpfe, Angst vor Dunkelheit

• Aconitum-Injeel	Unruhe, Angst und Folgen von Schreck, hochakute grippale und katarrhalische Infekte
• Arnica-Injeel	regt die Wundheilung an, Herzmuskelschwäche, Neuralgien, Myalgien, Zerschlagenheitsgefühl, Unruhe nach Traumen, Unfällen
• Zincum metallicum-Injeel	Nervenaffektionen mit Schwäche und Erschöpfung, nervöse Beschwerden, Unruhe in den Beinen, Zittern, Zuckungen, Schlafstörungen
• Calcium fluoratum-Injeel	Bindegewebsschwäche, „Knochenkaries", Knochenfisteln, Exostosen, steinharte Drüsenschwellungen, wirkt auf Sehnen und Bänder
• Hyoscyamus (D6, D12, C30, C200)	Erregungszustände mit großer Unruhe, Eifersucht, Raserei, Wutanfälle wechselnd mit Melancholie und Gleichgültigkeit, Zittern vor Erregung, Aggression, auch vor Beschlagen oder Verladen ➔ Konstitutionsmittel
• Agaricus D30	ekstatische Zustände, Unruhe nicht im Schlaf

NEURALGIEN

• Colocynthis-Homaccord	Neuralgien verschiedener Genese und Lokalisation, Osteochondrose, Ischialgie, plötzlich einschießende Schmerzen, Parästhesien
• Aconitum-Homaccord	grippale und katarrhalische Infekte, besonders im Prodromalstadium, Beschwerden nach Schreck und kaltem Wind, Fieber mit heißer Haut und Unruhe, Neuralgien
• Neralgo-Rhem-Injeel	Neuralgien, Lumbago, Weichteilrheumatismus, arthritische und vertebragene Beschwerden, Muskel- und Gelenkbeschwerden
• Discus compositum	Osteochondrose, Arthritis und Arthrose besonders des Hüftgelenks, neuralgisch-rheumatische Erkrankungen im Bereich der Wirbelsäule, Exostosen, nächtliche Knochenschmerzen
• Gelsemium-Homaccord	Neuralgie insbesondere des Kopf-Hals-Bereichs, Schwindel, zittrige Schwäche, Erschöpfung, Gliederschmerzen, Nervenlähmungen, Schluckbeschwerden
• Cimicifuga-Injeel	blitzartige, schießende Schmerzen, rascher Wechsel der Symptome, Osteochondrose an BWS und HWS, Ischiasneuralgie, Erregung des Nervensystems, endokrine Dysregulation
• Rhus Tox-Injeel	Rheuma und Neuralgien, Sehnen- und Bänderaffektionen, schlechter bei nasskaltem Wetter, Anlaufschmerzen, Folgen von Überanstrengung
• Ranunculus-Homaccord	rheumatische Muskel- und Gelenkbeschwerden, besonders im Brustbereich, Interkostalneuralgien, Herpes zoster, Bläschenausschläge der Haut
• Hypericum-Injeel	Nerven- und Gehirnverletzungen, Nervenschmerzen bei und nach Verletzungen, Tierbisse, Commotio cerebri, Zerebralsklerose
• Mezereum-Homaccord	vesikulöse Ekzeme, Dermatosen, Herpes zoster, Neuralgien verschiedener Lokalisationen, Pruritus, ätzende Sekretionen, nächtliche Verschlimmerung
• Dulcamara-Homaccord	„Nasswettermittel", rheumatische Erkrankungen, alle Beschwerden sind Folgen von oder schlechter bei Kälte und Nässe, Neuralgien
• Psorinum-Injeel	chronische Entzündungen, hartnäckige Neuralgien
• Chamomilla-Injeel	Überempfindlichkeit gegen Schmerzen, Krämpfe, Bauch aufgetrieben, Blähungskolik, Neuralgien aller Art

• Acidum formicicum-Injeel	allgemeines „Umstimmungsmittel" bei Asthma, Allergien und Ekzemen, Neuralgien, bei allen zellulären Phasen
• Causticum-Injeel	Lähmung von Muskeln und Nerven, Paresen, Zittern und Schwäche, Neuralgie
• Aranea diadema (D4–C1000)	periodisch auftretende Neuralgien, Interkostalneuralgie

NIERENKOLIK

• Atropinum compositum	Krämpfe der glatten und quergestreiften Muskulatur, Gallen-, Nieren-, Darmkoliken, stechende, brennende Schmerzen, Diarrhö, Unruhe
• Spascupreel	Spasmen glattmuskulärer Hohlorgane, Spastizität der quergestreiften Muskulatur wie muskulärer Hartspann, Koliken, spastische und asthmatoide Bronchitis
• Berberis-Homaccord	Reiz- und Entzündungszustände im Urogenitaltrakt und in den Gallenwegen, mit und ohne Konkremente, Gallen- und Nierenkoliken
• Reneel	akute und chronische Nieren- und Blasenleiden, Nephrolithiasis, Urethritis, Albuminurie, Blutungsneigung
• Sabal-Homaccord	Prostataadenom, Zystitis, Miktionsbeschwerden, Harnträufeln, Reizblase (Sabal serrulatum = „homöopathischer Katheter"), bei Harnverhaltung

NYMPHOMANIE

• Ovarium compositum	Störungen der Ovarfunktion, unterstützend bei Endometritis, HVL-Insuffizienz bei weiblichen Tieren, Ovarialzysten
• Hormeel	funktionelle Störungen im weiblichen Zyklus, Sterilität, Brunstlosigkeit, Fluor albus, endokrine Dysfunktionen
• Cerebrum compositum	Entwicklungs- und Verhaltensstörungen, Hirnfunktionsstörungen, vegetative Dystonie, Geriatrie, zur Geweberegeneration
• Aurum-Injeel	Hypertonie, Arteriosklerose, präapoplektisch, Arrhythmien mit Angst, leicht reizbar und sehr aggressiv, dominant, kräftige Tiere mit Ovarialzysten insbesondere rechts, wühlen am Boden ➔ Konstitutionsmittel
• Lilium compositum Heel	entzündliche Prozesse der weiblichen Geschlechtsorgane, Adnexitis, Para-, Myo- und Endometritis, Kolpitis, Ovariitis, Ovarialzysten, Fluor albus, Myombildung, Uterusprolaps, übermäßiger Geschlechtstrieb
• Apis-Homaccord	ödematöse, schmerzhafte Schwellungen, pustulöse und bullöse Ekzeme, Entzündungen mit Flüssigkeitsansammlung in Geweben und Körperhöhlen, Ovarialzysten insbesondere rechts, Nymphomanie
• Lachesis-Injeel	septische Prozesse, Hämolyse, blaurote Entzündungen, Zysten links ➔ Konstitutionsmittel

➔ Hypersexualität

OBSTIPATION

Basismittel

• Nux vomica-Homaccord	Funktionsstörungen von Magen, Darm und Leber, Spasmen, Meteorismus, Beschwerden nach Überreizung, Obstipation mit Kotdrang

Verabreichung: 2- bis 3-mal täglich

Ergänzungsmittel

• Atropinum compositum	Krämpfe der glatten und quergestreiften Muskulatur, Gallen-, Nieren-, Darmkoliken, stechende, brennende Schmerzen, Diarrhö, Unruhe, spastische Obstipation
• Spascupreel	Spasmen glattmuskulärer Hohlorgane, Spastizität der quergestreiften Muskulatur wie muskulärer Hartspann, Koliken, spastische und asthmatoide Bronchitis, spastische Obstipation
• Plumbum metallicum-Injeel	schleichende Krankheitsprozesse, Schwäche und Kraftlosigkeit, Darmatonie
• Graphites-Homaccord	chronische Ekzeme, trocken oder seborrhoisch, honigartiges Sekret, Fissuren, Borken, Schwielen, Neigung zu Adipositas, Trägheit, Verdauungsschwäche, atonische Obstipation → Konstitutionsmittel
• Staphisagria-Injeel	brennende, juckende Hautausschläge, ärgerlich, reizbar, Angstaggression, nach Misshandlungen oder Demütigungen, sexuelle Erregung, Folgen von Schnittverletzungen (Operation), atonische Obstipation
• Calcium carbonicum-Injeel	Jungtiermittel, Drüsenschwellungen, Schleimhautkatarrhe, Polypenbildung und Ulzerationen, Milchschorf, Kalkstoffwechselstörungen, verzögerte Entwicklung, schlaff, Verstopfung ohne Beschwerden → Konstitutionsmittel
• Acidum nitricum-Injeel	Veränderungen an Haut und Schleimhäuten, besonders mukokutane Übergänge, Blutungen, Rhagaden, besonders an Körperöffnungen, Obstipation mit schmerzhaftem Anus
• Bryonia-Injeel	Entzündungen, beginnende Abszedierung, Bewegung verschlimmert, besser durch festen Druck auf die erkrankte Stelle, Kot hart, trocken und dick, Kotabsatz nur mit Anstrengung
• Lycopodium-Injeel	Leber- und Gallenstörungen, satt nach wenigen Bissen, hager, Kot hart und klumpig, Kotdrang z.T. vergeblich → Konstitutionsmittel
• Chelidonium-Homaccord	Leberstörungen mit Schwerpunkt Gallensystem, Cholangitis, Cholezystitis, Gallenkolik, akute und chronische Hepatitis, Stauungsikterus, Obstipation infolge gestörter Gallensekretion
• Silicea-Injeel	chronische Eiterungen und Fistelbildungen, wirkt auf Bindegewebe, Bänder, Sehnen, Haut, Hautanhangsgebilde, schlechte Wundheilung, Obstipation, Zurückgleiten des Kots → Konstitutionsmittel
• Colchicum-Injeel	kolikartige Blähungen, Gastroenteritis, Auftreibungen des Bauches, Stuhldrang mit Obstipation oder galligen Durchfällen

- Natrium muriaticum-Injeel — nervöse Reizbarkeit, Trockenheit aller Schleimhäute, Abmagerung trotz guten Appetits, Heißhunger, Obstipation durch Inaktivität
  ➔ Konstitutionsmittel
- Sepia-Injeel — Brunstschwäche, nervöse Erschöpfung, Reizbarkeit, meist älter, hager, Fertilitätsstörungen, Bindegewebe schlaff, lassen auch in der Brunst kein Belegen zu, Obstipation in der Trächtigkeit, Kot mit viel Schleim überzogen
  ➔ Konstitutionsmittel
- Platinum metallicum (D3–D30) — depressiv und verschlossen oder hochmütig und zänkisch, Gemütsschwankungen, Obstipation mit kittartigem Stuhl
  ➔ Konstitutionsmittel
- Opium (D6, D30, D200) — große Benommenheit, Bewusstseinstrübung, Somnolenz, Stupor, Ileum-Obstipation beim Pferd, Darmlähmung
- Lilium tigrinum (D2–D12) — Fluor albus, übermäßiger Geschlechtstrieb (weibliche Tiere), hochgradige Reizbarkeit, spastische Obstipation mit vergeblichem Stuhldrang
- Alumina D6 — verzögerte Reizleitung, Trockenheit aller Schleimhäute, atonische Obstipation, selbst weicher Stuhl ist schwer abzusetzen, kleinknollige Stühle, Abmagerung, Tiere suchen Wärme
- Ambra D2, D3 — Trockenheit aller Schleimhäute, Obstipation, Darmgeräusche, kein Kotabsatz unter Beobachtung

➔ Darmatonie

ÖDEM

- Apis-Homaccord — ödematöse, schmerzhafte Schwellungen, pustulöse und bullöse Ekzeme, Entzündungen mit Flüssigkeitsansammlung in Geweben und Körperhöhlen, Lungenödem
- Lymphomyosot — „Mesenchymentschlackung", Lymphatismus, Lymphödeme, Drüsenschwellungen, Tonsillarhypertrophie
- Traumeel — Entzündungen verschiedener Genese und Lokalisation, Verletzungen, Wundbehandlung, auch postoperativ
- Cactus compositum — Myokardschwäche, auch infektiöser Genese, Peri- und Endokarditis, Herzrhythmusstörungen, Koronarinsuffizienz, Lungenödem
- Cralonin — Altersherz, Koronarinsuffizienz, Herzrhythmusstörungen, Myokardschwäche
- Aesculus-Heel — venöse Stase, periphere Durchblutungsstörungen, Varizen, variköses Ekzem
- Herztropfen (Cosmochema) — Kreislaufstörungen, Altersherz, Herzmuskelschwäche und -schäden, Herzstärkung bei Infektionserkrankungen
- Arsenicum album-Injeel — akute und chronische Entzündungen an Augen, Atemwegen, Verdauungs- und Harnapparat, Organdegeneration, Abmagerung, mitternächtliche Unruhe, Skrotalödem
  ➔ Konstitutionsmittel
- Apocynum (D2–D12) — kardiale und renale Ödeme, Herzinsuffizienz, Retention von Körperflüssigkeiten, Aszites, Euterödem
- Convallaria majalis D3 — nervöse Herzbeschwerden, Herzinsuffizienz mit Ödemen und Atemnot, Aszites

• Kalium nitricum (D3–D30)	entzündliche Schleimhautkatarrhe mit Blutungsneigung, Bronchitis, Asthma, schwere Dyspnoe, Herzschwäche mit Kollapsneigung, Ödeme am ganzen Körper

➔ Lungenödem

ÖDEMKRANKHEIT Ferkel

Basismittel

• Nux vomica-Homaccord	Funktionsstörungen von Magen, Darm und Leber, Spasmen, Meteorismus, Beschwerden nach Überreizung, prophylaktisch bei Intoxikation, Umstallung, Transporten
+ Veratrum-Homaccord	Dysenterie, Gastroenteritis mit und ohne Kolik, Kollapszustände mit zyanotischer oder blasser, kühler Haut
oder:	
• Bacterium coli-Injeel	Durchfall durch Darmdysbiose, z.B. durch Antibiotikagabe, bei Coli-bedingten Erkrankungen, metaphylaktisch
+ Nux vomica-Homaccord	Funktionsstörungen von Magen, Darm und Leber, Spasmen, Meteorismus, Beschwerden nach Überreizung, Intoxikationen

Metaphylaktische Behandlung von Tiergruppen:

• Nux vomica-Homaccord	Funktionsstörungen von Magen, Darm und Leber, Spasmen, Meteorismus, Beschwerden nach Überreizung

Verabreichung: Tag 8–14 nach dem Absetzen über das Trinkwasser

+ Veratrum-Homaccord	Dysenterie, Gastroenteritis mit und ohne Kolik, Kollapszustände mit zyanotischer oder blasser, kühler Haut

Verabreichung: Tag 10–15 nach dem Absetzen über das Trinkwasser

+ Atropinum compositum	Krämpfe der glatten und quergestreiften Muskulatur, Gallen-, Nieren-, Darmkoliken, stechende, brennende Schmerzen, Diarrhö, Unruhe

Verabreichung: Tag 10–15 nach dem Absetzen über das Trinkwasser

Ergänzungsmittel

• Apis-Homaccord	ödematöse, schmerzhafte Schwellungen, pustulöse und bullöse Ekzeme, Entzündungen mit Flüssigkeitsansammlung in Geweben und Körperhöhlen
• Cactus compositum	Myokardschwäche, auch infektiöser Genese, Peri- und Endokarditis, Herzrhythmusstörungen, Koronarinsuffizienz
• Chelidonium-Homaccord	Leberstörungen mit Schwerpunkt Gallensystem, Cholangitis, Cholezystitis, Gallenkolik, akute und chronische Hepatitis, Stauungsikterus, entgiftend
• China-Homaccord	Erschöpfungs- und Schwächezustände, Leberfunktionsstörungen, nach Flüssigkeitsverlusten, postoperative Inappetenz
• Magnesium carbonicum D4, D6	Spasmen der Hohlorgane, Milchunverträglichkeit beim Jungtier, saure Dyspepsie mit Flatulenz, wässrige Diarrhö
• Okoubaka D3	Gastroenteritis, Lebensmittelunverträglichkeiten, Durchfälle als Folge von Intoxikation und verdorbenem Futter

- Agaricus D6, D12, D30 — ekstatische Zustände, Zittern des Körpers und der Beine, ataktische Bewegungen, Krämpfe gehen in Lähmung über

OHRRANDGESCHWÜR

- Traumeel — Entzündungen verschiedener Genese und Lokalisation, Verletzungen, Wundbehandlung, auch postoperativ
- Abropernol — Ekzeme, Erythem, Hyperhidrosis, Hyperkeratosen, Haut spröde und rissig, Rhagaden, Warzen, auch tiefe Geschwüre
- Causticum-Injeel — Haut trocken und heiß, Ekzeme mit klebrigem, zähem Sekret, enger, wunder Gehörgang durch Knorpelwulstbildung, Hautverdickungen im Gehörgang und am Ohrrand
- Hypericum-Injeel — Nerven- und Gehirnverletzungen, Nervenschmerzen bei und nach Verletzungen, Tierbisse, Commotio cerebri, Zerebralsklerose
- Silicea-Injeel — chronische Eiterungen und Fistelbildungen, wirkt auf Bindegewebe, Bänder, Sehnen, Haut, Hautanhangsgebilde, schlechte Wundheilung
  → Konstitutionsmittel
- Petroleum-Injeel — nässende Ekzeme, Haut- und Schleimhauterkrankungen, empfindliche, trockene, rissige Haut, Rhagaden, blutende Fissuren, Alopezie

→ Ekzeme

OPERATION Nachbehandlung

- Traumeel — Entzündungen verschiedener Genese und Lokalisation, Verletzungen, Wundbehandlung, auch postoperativ
- Staphisagria-Injeel — brennende, juckende Hautausschläge, ärgerlich, reizbar, Angstaggression, nach Misshandlungen oder Demütigungen, sexuelle Erregung, Folgen von Schnittverletzungen (Operation), Darmlähmung
- Hypericum-Injeel — Nerven- und Gehirnverletzungen, Nervenschmerzen bei und nach Verletzungen, Tierbisse, Commotio cerebri, Zerebralsklerose
- Lachesis compositum — septische Tendenz bei Entzündungen und Eiterungen, Phlegmone, Endometritis, Nachgeburtsverhaltung, trockenes Fieber
- Carbo vegetabilis-Injeel — Magen aufgebläht, Meteorismus, Abneigung gegen Fett und Milch, Kollaps und Kreislaufversagen, mit kalter Haut und kalten Akren
- Silicea-Injeel — chronische Eiterungen und Fistelbildungen, wirkt auf Bindegewebe, Bänder, Sehnen, Haut, Hautanhangsgebilde, schlechte Wundheilung
  → Konstitutionsmittel
- Ferrum-Homaccord — sekundäre Anämie, Verlangen nach Wärme, Eisenmangelkrankheiten
- China-Homaccord — Erschöpfungs- und Schwächezustände, Leberfunktionsstörungen, nach Flüssigkeitsverlusten, postoperative Inappetenz
- Graphites-Homaccord — chronische Ekzeme, trocken oder seborrhoisch, honigartiges Sekret, Fissuren, Borken, Schwielen, Neigung zu Adipositas, Trägheit, Verstopfung
  → Konstitutionsmittel
- Coenzyme compositum — regt blockierte enzymatische Abläufe insbesondere der Energiegewinnung an (Zitronensäurezyklus), degenerative oder chronische Erkrankungen

→ Wundbehandlung

OSTEOCHONDROSE / OSTEODYSTROPHIE

• Discus compositum	Osteochondrose, Arthritis und Arthrose besonders des Hüftgelenks, neuralgisch-rheumatische Erkrankungen im Bereich der Wirbelsäule, Exostosen, nächtliche Knochenschmerzen
• Zeel	degenerative und rheumatische Gelenkerkrankungen, Arthrose, Polyarthrose, Spondylarthrose
• Traumeel	Entzündungen verschiedener Genese und Lokalisation, Verletzungen, Wundbehandlung, auch postoperativ
• Symphytum-Injeel	„Arnika der Knochen", beschleunigt die Kallusbildung, fördert den Knochenstoffwechsel, Periostitis, Bänder- und Sehnenläsionen
• Gelsemium-Homaccord	Neuralgie insbesondere des Kopf-Hals-Bereichs, Schwindel, zittrige Schwäche, Erschöpfung, Gliederschmerzen
• Cimicifuga-Injeel	blitzartige, schießende Schmerzen, rascher Wechsel der Symptome, Osteochondrose an BWS und HWS, Ischiasneuralgie, Erregung des Nervensystems, endokrine Dysregulation
• Colocynthis-Homaccord	Neuralgien verschiedener Genese und Lokalisation, Osteochondrose, Ischialgie, plötzlich einschießende Schmerzen, Parästhesien
• Calcoheel	Kalkstoffwechselstörungen, Milchschorf, erschwertes Zahnen, Lymphatismus
• Osteoheel	Ostitis, Periostitis, Exostosen, nächtliche Knochenschmerzen, neuralgische Schmerzen, Gelenkknacken, Osteochondrose, Kalkstoffwechselstörungen
• Hekla Lava-Injeel	nutritive und infektiöse Störungen von Knochen und Knochenhaut, Exostosen an den Bandansätzen
• Calcium carbonicum-Injeel	Jungtiermittel, Drüsenschwellungen, Schleimhautkatarrhe, Polypenbildung und Ulzerationen, Milchschorf, Kalkstoffwechselstörungen, verzögerte Entwicklung ➔ Konstitutionsmittel
• Calcium fluoratum-Injeel	Bindegewebsschwäche, „Knochenkaries", Knochenfisteln, Exostosen, steinharte Drüsenschwellungen, wirkt auf Sehnen und Bänder
• Calcium phosphoricum-Injeel	Kalkstoffwechselstörungen, Knochenbeschwerden, Wachstums- und Entwicklungsstörungen, fressen Salziges, Holz und Papier ➔ Konstitutionsmittel
• Silicea-Injeel	chronische Eiterungen und Fistelbildungen, wirkt auf Bindegewebe, Bänder, Sehnen, Haut, Hautanhangsgebilde, schlechte Wundheilung, Knochendemineralisation ➔ Konstitutionsmittel

➔ Diskopathien

OSTEOCHONDROSIS DISSECANS adjuvant

• Traumeel	Entzündungen verschiedener Genese und Lokalisation, Verletzungen, Wundbehandlung, auch postoperativ
• Zeel	degenerative und rheumatische Gelenkerkrankungen, Arthrose, Polyarthrose, Spondylarthrose, Arthroseprophylaxe

• Calcium phosphoricum-Injeel	Kalkstoffwechselstörungen, Knochenbeschwerden, Wachstums- und Entwicklungsstörungen, Knochenschwäche bei passendem Typ, organotrop ➔ Konstitutionsmittel
• Symphytum-Injeel	„Arnika der Knochen", beschleunigt die Kallusbildung, fördert den Knochenstoffwechsel, Periostitis, Bänder- und Sehnenläsionen
• Ruta-Injeel	Folgen stumpfer Verletzungen, Ganglion, Periostitis, venöse Stauungen, Folgen von körperlicher Überanstrengung
• Osteoheel	Ostitis, Periostitis, Exostosen, nächtliche Knochenschmerzen, neuralgische Schmerzen, Gelenkknacken, Osteochondrose, Kalkstoffwechselstörungen
• Rhus Tox-Injeel	Rheuma und Neuralgien, Sehnen- und Bänderaffektionen, schlechter bei nasskaltem Wetter, Anlaufschmerzen, Folgen von Überanstrengung
• Calcium fluoratum-Injeel	Bindegewebsschwäche, „Knochenkaries", Knochenfisteln, Exostosen, steinharte Drüsenschwellungen, wirkt auf Sehnen und Bänder ➔ Konstitutionsmittel
• Calcium carbonicum-Injeel	Jungtiermittel, Drüsenschwellungen, Schleimhautkatarrhe, Polypenbildung und Ulzerationen, Milchschorf, Kalkstoffwechselstörungen, verzögerte Entwicklung ➔ Konstitutionsmittel
• Coenzyme compositum	regt blockierte enzymatische Abläufe insbesondere der Energiegewinnung an (Zitronensäurezyklus), degenerative oder chronische Erkrankungen
+ Ubichinon compositum	verbessert die Energiebereitstellung in der Zelle, degenerative und tumoröse Erkrankungen

OSTEOMALAZIE

• Calcoheel	Kalkstoffwechselstörungen, Milchschorf, erschwertes Zahnen, Lymphatismus
• Osteoheel	Ostitis, Periostitis, Exostosen, nächtliche Knochenschmerzen, neuralgische Schmerzen, Gelenkknacken, Osteochondrose, Kalkstoffwechselstörungen
• Cruroheel	Fisteleiterungen, Knochenfisteln, Ulcus cruris, Bindegewebsschwäche, chronische Eiterungen, scharfe Sekrete

Verabreichung: im Wechsel mit Osteoheel

• Galium-Heel / Galium comp.-Heel	Immunmodulation bei chronischen Erkrankungen verschiedener Genese, Präkanzerosen, „Zellreinigung"
• Ranunculus-Homaccord	rheumatische Muskel- und Gelenkbeschwerden, besonders im Brustbereich, Interkostalneuralgien, Herpes zoster, Bläschenausschläge der Haut
• Os suis-Injeel	spezifischer Regulationseffekt auf Funktion und Struktur des entsprechenden Organs, Osteomalazie, Rachitis, Osteoporose, Exostosen, Periostitis
• Phosphor-Homaccord	petechiale Blutungen und Blutungsneigung, Laryngitis, Pharyngitis, Degeneration parenchymatöser Organe, Mineralisationsstörungen, Knochenschwäche ➔ Konstitutionsmittel
• Calcium carbonicum-Injeel	Jungtiermittel, Drüsenschwellungen, Schleimhautkatarrhe, Polypenbildung und Ulzerationen, Milchschorf, Kalkstoffwechselstörungen, verzögerte Entwicklung ➔ Konstitutionsmittel

• Calcium phosphoricum-Injeel	Kalkstoffwechselstörungen, Knochenbeschwerden, Wachstums- und Entwicklungsstörungen, rasche geistige und körperliche Erschöpfung ➔ Konstitutionsmittel
• Calcium fluoratum-Injeel	Bindegewebsschwäche, „Knochenkaries", Knochenfisteln, Exostosen, steinharte Drüsenschwellungen, wirkt auf Sehnen und Bänder
• Coenzyme compositum	regt blockierte enzymatische Abläufe insbesondere der Energiegewinnung an (Zitronensäurezyklus), degenerative oder chronische Erkrankungen
• Ubichinon compositum	verbessert die Energiebereitstellung in der Zelle, degenerative und tumoröse Erkrankungen
• Magnesium-Manganum phosphoricum-Injeel	katalytische Wirkung der Spurenelemente, regt die Energiegewinnung der Zellen an
• Symphytum-Injeel	„Arnika der Knochen", beschleunigt die Kallusbildung, fördert den Knochenstoffwechsel, Periostitis, Bänder- und Sehnenläsionen
• Traumeel	Entzündungen verschiedener Genese und Lokalisation, Verletzungen, Wundbehandlung, auch postoperativ, zur Knochenheilung bzw. -bildung, bei Knochenschmerzen
• Lycopodium-Injeel	Leber- und Gallenstörungen, satt nach wenigen Bissen, hager, Knochenkaries ➔ Konstitutionsmittel
• Discus compositum	Osteochondrose, Arthritis und Arthrose besonders des Hüftgelenks, neuralgisch-rheumatische Erkrankungen im Bereich der Wirbelsäule, Exostosen, nächtliche Knochenschmerzen
• Circulo-Injeel	periphere Durchblutungsstörungen, Akroparästhesien, Gefäßspasmen, kalte Gliedmaßenenden
• Placenta suis-Injeel	periphere Durchblutungsstörungen, fördert die Gewebeausreifung, Dekubitus, Ulcus cruris, Rhagaden, Ekzeme

OSTEOMYELITIS adjuvant

• Traumeel	Entzündungen verschiedener Genese und Lokalisation, Verletzungen, Wundbehandlung, auch postoperativ
• Mercurius-Heel	entzündliche und eitrige Erkrankungen der Haut und anderer Organe
• Lachesis compositum	septische Tendenz bei Entzündungen und Eiterungen, Phlegmone, trockenes Fieber
• Echinacea compositum	bakterielle Infektionen verschiedener Organsysteme, Entzündungen, Fieber, auch prophylaktisch
• Discus compositum	Osteochondrose, Arthritis und Arthrose besonders des Hüftgelenks, neuralgisch-rheumatische Erkrankungen im Bereich der Wirbelsäule, Exostosen, nächtliche Knochenschmerzen
• Asa foetida-Injeel	nächtliche Knochenschmerzen, auch bei Fisteln, Überempfindlichkeit
• Calcium fluoratum-Injeel	Bindegewebsschwäche, „Knochenkaries", Knochenfisteln, Exostosen, steinharte Drüsenschwellungen, wirkt auf Sehnen und Bänder
• Symphytum-Injeel	„Arnika der Knochen", beschleunigt die Kallusbildung, fördert den Knochenstoffwechsel, Periostitis, Nachbehandlung bei Osteomyelitis
• Calcium sulfuricum-Injeel	chronische Eiterungen der Haut und Schleimhäute, Bindegewebseiterungen, Akne, fistelnde Abszesse, wenn Hepar sulfuris nicht hilft

- Ruta-Injeel — Folgen stumpfer Verletzungen, Ganglion, Periostitis, venöse Stauungen, Folgen von körperlicher Überanstrengung
- Aurum-Injeel — Hypertonie, Arteriosklerose, präapoplektisch, Arrhythmien mit Angst, leicht reizbar und sehr aggressiv, dominant, chronische Knochenerkrankungen, Ruhe verschlechtert
  ➔ Konstitutionsmittel
- Eupatorium perfoliatum-Injeel — Fieber mit starkem Zerschlagenheitsgefühl, Gliederschmerzen, Schienbeinerkrankungen
- Medulla ossis suis-Injeel — spezifischer Regulationseffekt auf Funktion und Struktur des entsprechenden Organs, zur Begleit- oder Nachbehandlung
- Os suis-Injeel — spezifischer Regulationseffekt auf Funktion und Struktur des entsprechenden Organs, Osteomalazie, Rachitis, Osteoporose, Exostosen, Periostitis
- Placenta suis-Injeel — periphere Durchblutungsstörungen, fördert die Gewebeausreifung, Dekubitus, Ulcus cruris, Rhagaden, Ekzeme, zur Nachbehandlung
- Kalium jodatum D4 — Knochenschmerzen, Sinusitis, Periostitis, schleichend verlaufende Infektionen mit Verhärtungen im Gewebe, Erkrankungen mit schlechter Heiltendenz

➔ Entzündungen

OTHÄMATOM

- Traumeel — Entzündungen verschiedener Genese und Lokalisation, Verletzungen, Wundbehandlung, auch postoperativ

Verabreichung: bei kleineren Othämatomen als Instillation nach der Punktion

- Belladonna-Homaccord — lokalisierte, akute und heftige Entzündungen, Ohr füllt sich sehr schnell mit Blut, Ohr ist heiß und rot
- Arnica-Injeel — regt die Wundheilung an, Herzmuskelschwäche, Neuralgien, Myalgien, Zerschlagenheitsgefühl
- Silicea-Injeel — chronische Eiterungen und Fistelbildungen, wirkt auf Bindegewebe, Bänder, Sehnen, Haut, Hautanhangsgebilde, schlechte Wundheilung, gegen Deformation des Ohrknorpels
  ➔ Konstitutionsmittel
- Cinnamomum-Homaccord — kapilläre und präkapilläre Sickerblutungen, Hämorrhoiden, Blutungsneigung
- Hamamelis-Homaccord — venöse Stase, thrombophlebitische Zustände, dunkle Hämorrhagien, Zerschlagenheitsgefühl
- Crotalus-Injeel — dunkle Blutungen in allen Organen und aus allen Körperöffnungen, Othämatom bei schwachen, trägen (älteren)Tieren
- Lachesis-Injeel — septische Prozesse, Hämolyse, blaurote Entzündungen, Hämatom kann über Nacht auftreten
  ➔ Konstitutionsmittel
- Phosphor-Homaccord — petechiale Blutungen und Blutungsneigung, Laryngitis, Pharyngitis, Degeneration parenchymatöser Organe, schlanke, lebhafte Tiere
  ➔ Konstitutionsmittel
- Millefolium (D2–D12) — hellrote, arterielle Blutungen jeglicher Genese, Verletzungen

lokal:

- Traumeel (Salbe / Gel) — Entzündungen verschiedener Genese und Lokalisation, Verletzungen, Wundbehandlung, auch postoperativ

Verabreichung: mehrmals täglich einmassieren

OTITIS EXTERNA

Akut / subakut, adjuvant

Basismittel

- Engystol — aktiviert die unspezifische Abwehr, virale Erkrankungen, reduziert Stressfolgen, „Umstimmung" bei Allergien und Dermatosen, Gehörgang rot
- Mercurius-Heel — entzündliche und eitrige Erkrankungen der Haut und anderer Organe, bei akuten Fällen, Sekret klar bis eitrig, schmerzhaft
- Traumeel — Entzündungen verschiedener Genese und Lokalisation, Verletzungen, Wundbehandlung, auch postoperativ, nässende Entzündungen auch mit eitrigem Sekret

Verabreichung: auch lokal (Injektionslösung; Tropfen 1:10 verdünnt; Salbe)

- Lachesis compositum — septische Tendenz bei Entzündungen und Eiterungen, Phlegmone, trockenes Fieber

Ergänzungsmittel

- Sulfur comp.-Heel — Dermatosen, Dermatitis, juckende und nässende Ekzeme, Pruritus, Urtikaria, „Reaktionsmittel" bei allen chronischen Krankheiten, Gehörgang gerötet, schuppig, trocken, subakuter Verlauf
- Mercurius solubilis Hahnemanni-Injeel — beginnende Suppuration, Abszesse in Anbildung, akute, schmerzhafte Entzündungen im Bindegewebe und in verschiedenen Organen, Gehörgang hochrot, Sekret wund machend bis eitrig, sehr schmerzhaft, scharfer Geruch
- Hepar sulfuris-Injeel — eiternde Prozesse unterschiedlicher Lokalisation, schmerzhaft, Abszesse vor Ausreifung, Überempfindlichkeit gegen Kälte und Luftzug, gelb-grünes, eitriges Sekret, häufig im akuten Stadium
- Acidum nitricum-Injeel — Veränderungen an Haut und Schleimhäuten, besonders mukokutane Übergänge, Blutungen, Rhagaden, gestielte Warzen, besonders an Körperöffnungen, wund machend, schmerzhaft
- Belladonna-Homaccord — lokalisierte, akute und heftige Entzündungen, auch mit hohem Fieber, arterielle Pulsationen, hochrot
- Graphites-Homaccord — chronische Ekzeme, trocken oder seborrhoisch, honigartiges Sekret, Fissuren, Borken, Schwielen, Neigung zu Adipositas, Trägheit, Verstopfung, Entzündungen des äußeren Gehörgangs und des Ohrgrunds
  ➔ Konstitutionsmittel
- Calendula-Salbe-Heel — fördert die Wundheilung, Pyodermien, Hauterkrankungen durch chemische und physikalische Einflüsse
- Borax (D1–D3) — Stomatitis aphthosa, allgemeines Aphtenmittel, Otitis externa, trockene, klebrige Exsudationen
- Tellurium D6 — stinkende, scharfe Otorrhö, Gehörgangsekzem

Chronisch:

• Graphites-Homaccord	chronische Ekzeme, trocken oder seborrhoisch, honigartiges Sekret, Fissuren, Borken, Schwielen, Neigung zu Adipositas, Trägheit, Verstopfung ➔ Konstitutionsmittel
• Abropernol	Ekzeme, Erythem, Hyperhidrosis, Hyperkeratosen, Haut spröde und rissig, Rhagaden, Warzen, stinkende Sekrete
• Pulsatilla-Injeel	alle Absonderungen sind dick und rahmig, grünlich-gelblich und mild ➔ Konstitutionsmittel
• Petroleum-Injeel	nässende Ekzeme, Haut- und Schleimhauterkrankungen, empfindliche, trockene, rissige Haut, Rhagaden, blutende Fissuren, Alopezie
• Psorinum-Injeel	chronische Ekzeme und sonstige Hautausschläge, starker Juckreiz, auch wechselnd mit Asthma, Wärme verschlechtert, übler Geruch, chronische Otitis externa et media mit chronischer stinkender Otorrhö
• Hydrastis-Injeel	dicke, zähe, strähnige, gelb-weißliche Absonderungen aller Schleimhäute, Stomatitis aphthosa, Schwäche, Kachexie, Polypen
• Kalium bichromicum-Injeel	zähe, strähnige Absonderungen aller Schleimhäute, chronische Katarrhe der Nase und des Ohrs, dicke, gelbe, übel riechende Absonderungen
• Causticum-Injeel	Haut trocken und heiß, Ekzeme mit klebrigem, zähem Sekret, enger, wunder Gehörgang durch Knorpelwulstbildung, Sekretmenge erhöht
• Thuja-Injeel	Neigung zu proliferativen Prozessen an Haut und Schleimhäuten, Impffolgen, blumenkohlartige, leicht blutende Wucherungen ➔ Konstitutionsmittel
• Kreosotum-Injeel	Schleimhautkatarrhe mit ätzenden, übel riechenden Absonderungen, tief greifende Entzündungen der Schleimhäute, Ulzera
• Solidago compositum	akute und chronische Erkrankungen der Nieren und Harnwege, Zystitis, Nephrolithiasis, Hydronephrose, funktionelle Unterstützung der Nieren, chronische Ohrenerkrankungen bei Nierenschwäche
• Berberis-Homaccord	Reiz- und Entzündungszustände im Urogenitaltrakt und in den Gallenwegen, mit und ohne Konkremente, Gallen- und Nierenkoliken, hartnäckige Otitis bei Nierenschwäche
• Carcinosinum (D30, D200)	Anämie, Schwindel, viele Erkrankungen in der Jugend, heftige Reaktionen auf Impfungen, verzögerte Rekonvaleszenz, chronische Otitis

➔ Entzündungen; ➔ Futtermittelallergie

OTITIS MEDIA adjuvant

• Belladonna-Homaccord	lokalisierte, akute und heftige Entzündungen, auch mit hohem Fieber, arterielle Pulsationen
• Traumeel	Entzündungen verschiedener Genese und Lokalisation, Verletzungen, Wundbehandlung, auch postoperativ

Verabreichung: lokal: Injektionslösung, Tropfen 1:10 verdünnt, Salbe

• Euphorbium compositum	akute und chronische Rhinitiden und Sinusitiden, Ohrtubenkatarrh, Mittelohrhydrops, Katzenschnupfen

• Lymphomyosot	„Mesenchymentschlackung", Lymphatismus, Lymphödeme, Drüsenschwellungen, Tonsillarhypertrophie
• Hepar sulfuris-Injeel	eiternde Prozesse unterschiedlicher Lokalisation, schmerzhaft, Abszesse vor Ausreifung, Überempfindlichkeit gegen Kälte und Luftzug
• Ferrum phosphoricum-Injeel	Fieber- und Entzündungszustände, akuter bis subakuter wellenhafter Verlauf der Otitis mit Schmerzen, wenig Sekret
• Calcium fluoratum-Injeel	Bindegewebsschwäche, „Knochenkaries", Knochenfisteln, Exostosen, steinharte Drüsenschwellungen, wirkt auf Sehnen und Bänder, chronische Otitis media
• Dulcamara-Homaccord	„Nasswettermittel", rheumatische Erkrankungen, alle Beschwerden sind Folgen von oder schlechter bei Kälte und Nässe
• Hydrastis-Injeel	dicke, zähe, strähnige, gelb-weißliche Absonderungen aller Schleimhäute, Stomatitis aphthosa, Schwäche, Kachexie, Polypen
• Pulsatilla-Injeel	alle Absonderungen sind dick und rahmig, grünlich-gelblich und mild, wenig schmerzhaft ➔ Konstitutionsmittel
• Myristica sebifera-Injeel	Gewebsentzündung, Lymphadenitis, Phlegmone, Panaritium, Abszesse nach Ausreifung, „homöopathisches Messer
• Otitis media-Nosode-Injeel	chronische oder chronisch-rezidivierende Otitis media, chronisch laufende, nässende Ohren, Otitis externa, Ohrtubenkatarrh
• Psorinum-Injeel	chronische Ekzeme und sonstige Hautausschläge, starker Juckreiz, auch wechselnd mit Asthma, Wärme verschlechtert, übler Geruch, chronische Otitis externa et media mit stinkender Otorrhö
• Kalium chloratum D4, D6	weiße Ulzera, Aphthen, fibrinöse, weißgraue Exsudate, urämische Geschwüre, Sekretolyse
• Capsicum (D3–D6)	Otitis media, Mastoiditis, Felsenbein druckempfindlich, Eiterbildung, Perforation des Trommelfells
• Tellurium D6	stinkende, scharfe Otorrhö, Gehörgangsekzem, Otitis media

➔ Entzündungen

OVARIALZYSTEN

Basismittel

• Ovarium compositum	Störungen der Ovarfunktion, unterstützend bei Endometritis, HVL-Insuffizienz bei weiblichen Tieren, Ovarialzysten, Nymphomanie, kleinzystische Degeneration

Verabreichung: an Tag 1 und an Tag 10

Ergänzungsmittel

• Hormeel	funktionelle Störungen im weiblichen Zyklus, Sterilität, Brunstlosigkeit, Fluor albus, endokrine Dysfunktionen
• Apis-Homaccord	ödematöse, schmerzhafte Schwellungen, pustulöse und bullöse Ekzeme, Entzündungen mit Flüssigkeitsansammlung in Geweben und Körperhöhlen, Ödeme auch der Labien, Zysten rechts

• Apis-Injeel	Überempfindlichkeit gegen Berührung und Erschütterung, Nervosität, Eifersucht, Wut, Angst, ärgerlich, allgemeine Schmerzhaftigkeit, Ovarialzysten
• Lachesis-Injeel	septische Prozesse, Hämolyse, blaurote Entzündungen, Zysten links ➔ Konstitutionsmittel
• Lilium compositum Heel	entzündliche Prozesse der weiblichen Geschlechtsorgane, Adnexitis, Para-, Myo- und Endometritis, Kolpitis, Ovariitis, Ovarialzysten, Fluor albus, Myombildung, Uterusprolaps, Nymphomanie
• Metro-Adnex-Injeel	Adnexitis, Para-, Myo- und Endometritis, Vaginitis, Dysmenorrhö, Ovariitis, Uterussenkung, Fluor albus, Uteruskrämpfe, Zystenverdacht, bewährt bei Nagern
• Aurum-Injeel	Hypertonie, Arteriosklerose, präapoplektisch, Arrhythmien mit Angst, leicht reizbar und sehr aggressiv, dominant, Ovarialzysten rezidivieren oder führen zu Dauerrosse (Stute) ➔ Konstitutionsmittel
• Platinum metallicum D30	depressiv und verschlossen oder hochmütig und zänkisch, dominant, Gemütsschwankungen, Hypersexualität, Ovarialzysten ➔ Konstitutionsmittel
• Bufo D8	leichtere weibliche Tiere, Ovarialzysten, Dauerbrunst, verlängerte Läufigkeit

OVARIEN Dysfunktion

• Ovarium compositum	Störungen der Ovarfunktion, unterstützend bei Endometritis, HVL-Insuffizienz bei weiblichen Tieren, Ovarialzysten, Geriatrie
• Hormeel	funktionelle Störungen im weiblichen Zyklus, Sterilität, Brunstlosigkeit, Fluor albus, endokrine Dysfunktionen

Verabreichung: auch in Kombination mit Ovarium compositum

• Pulsatilla-Injeel	alle Funktionen des Geschlechtsapparates sind verzögert und verlangsamt, Stillbrünstigkeit ➔ Konstitutionsmittel
• Acidum phosphoricum-Injeel	anfangs geistige, später auch körperliche Schwäche, nervliche Erschöpfung, Gedächtnisschwäche, Zustand nach akuten Erkrankungen, Kummer, Flüssigkeitsverlusten, schnell wachsende, überforderte Jungtiere
• Sepia-Injeel	Brunstschwäche, nervöse Erschöpfung, Reizbarkeit, meist älter, hager, Fertilitätsstörungen, Bindegewebe schlaff, lassen auch in der Brunst kein Belegen zu ➔ Konstitutionsmittel
• Aristolochia (D12, C30, C200)	primäre und sekundäre Brunstlosigkeit, Sterilität, Lochialstau, Fluor, Zyklusstörungen
• Viburnum opulus D1, D4	Dysmenorrhö, drohender Abort, in der fortgeschrittenen Gravidität, Ovarialschmerzen

➔ Fertilitätsstörungen; ➔ Läufigkeitsstörungen

OVARIEN Hypoplasie

• Ovarium compositum	Störungen der Ovarfunktion, unterstützend bei Endometritis, HVL-Insuffizienz bei weiblichen Tieren, Ovarialzysten, Geriatrie
+ Hormeel	funktionelle Störungen im weiblichen Zyklus, Sterilität, Brunstlosigkeit, Fluor albus, endokrine Dysfunktionen
• Ovarium suis-Injeel	spezifischer Regulationseffekt auf Funktion und Struktur des entsprechenden Organs, Störungen der Ovarfunktion, weibliche Sterilität, Nymphomanie
• Pulsatilla-Injeel	alle Funktionen des Geschlechtsapparates sind verzögert und verlangsamt, Stillbrünstigkeit, Ovaratresie ➔ Konstitutionsmittel
• Sepia-Injeel	Brunstschwäche, nervöse Erschöpfung, Reizbarkeit, meist älter, hager, Fertilitätsstörungen, Bindegewebe schlaff, lassen auch in der Brunst kein Belegen zu, Ovaratresie ➔ Konstitutionsmittel
• Funiculus umbilicalis suis-Injeel	chronische Erkrankungen, Autoaggressionserkrankungen, Bindegewebsmittel, fördert die Gewebeausreifung und -regeneration, Osteochondrose, Koxitis, Fibrom, Sarkom, Karzinom, Durchblutungsstörungen

➔ Fertilitätsstörungen; ➔ Läufigkeitsstörungen

PANARITIUM

Basismittel	
• Traumeel	Entzündungen verschiedener Genese und Lokalisation, Verletzungen, Wundbehandlung, auch postoperativ
+ Lachesis compositum	septische Tendenz bei Entzündungen und Eiterungen, Phlegmone, Endometritis, Nachgeburtsverhaltung, trockenes Fieber

Verabreichung: 5 ml pro Präparat, Wiederholung nach 12 Stunden, dann täglich

Ergänzungsmittel

• Belladonna-Homaccord	lokalisierte, akute und heftige Entzündungen, auch mit hohem Fieber, arterielle Pulsationen
• Echinacea compositum	bakterielle Infektionen verschiedener Organsysteme, Entzündungen, Fieber, auch prophylaktisch
• Mercurius-Heel	entzündliche und eitrige Erkrankungen der Haut und anderer Organe
• Hepar sulfuris-Injeel	eiternde Prozesse unterschiedlicher Lokalisation, schmerzhaft, Abszesse vor Ausreifung, Überempfindlichkeit gegen Kälte und Luftzug
• Myristica sebifera-Injeel	Gewebsentzündung, Lymphadenitis, Phlegmone, Panaritium, Abszesse nach Ausreifung, „homöopathisches Messer"
• Cruroheel	Fisteleiterungen, Knochenfisteln, Ulcus cruris, Bindegewebsschwäche, chronische Eiterungen, scharfe Sekrete
• Silicea-Injeel	chronische Eiterungen und Fistelbildungen, wirkt auf Bindegewebe, Bänder, Sehnen, Haut, Hautanhangsgebilde, schlechte Wundheilung ➔ Konstitutionsmittel

- Kreosotum-Injeel — Schleimhautkatarrhe mit ätzenden, übel riechenden Absonderungen, tief greifende Entzündungen der Haut und der Schleimhäute, Ulzera
- Streptococcus haemolyticus-Injeel — Angina, Neigung zu Tonsillarabszessen, Erkrankungen mit Verdacht auf Streptokokkenbeteiligung
- Staphylococcus-Injeel — chronische und chronisch-rezidivierende Erkrankungen, Pyodermie, Panaritium, Phlegmone, Erkrankungen mit Verdacht auf Staphylokokkenbeteiligung
- Pyrogenium D8 — heftige, überschießende Reaktionen, Eiterungen, Lymphadenitis, gangränöse Zustände, Sepsis, übel riechende Absonderungen
- Tarantula D4, D6 — Hysterie, Hysteroepilepsie, Hyperästhesie, nekrotisierende, sehr schmerzhafte Entzündungen, unterstützt die Demarkation
  ➔ Konstitutionsmittel
- Acidum benzoicum D3–D6 — Tendovaginitis, Polyarthritis, Panaritium

➔ Entzündungen

PANKREASINSUFFIZIENZ chronisch-exokrine, adjuvant

Therapieversuch

- Momordica compositum — Regulation bei Pankreatitis, Störungen der Pankreasfunktion, kolikartige Schmerzen im Oberbauch, gastrokardialer Symptomenkomplex, Abmagerung bei gutem Appetit, Blähkoliken

\+ Leptandra compositum — Oberbauchsyndrom, akute und chronische Leber- und Pankreaserkrankungen, Meteorismus, Cholezystopathien, Diarrhö

Verabreichung: zusammen täglich für 4 Wochen, danach im täglichen Wechsel, auch als Dauertherapie

- Enzym- und Vitaminsubstitution

Ergänzungsmittel

- Mucosa compositum — Schleimhauterkrankungen und -katarrhe verschiedener Art und Lokalisation, z.B. im Verdauungstrakt mit und ohne Ulkus, regenerationsfördernd für Schleimhäute

Verabreichung: anfangs jeden 2. Tag, später seltener

- Injeel-Chol — Cholangitis, Cholezystitis, Cholelithiasis, Gallenkoliken, Leberfunktionsstörungen, Hepatopathien, Schwäche, Meteorismus

Verabreichung: anfangs jeden 2. Tag, später seltener

- Chelidonium-Homaccord — Leberstörungen mit Schwerpunkt Gallensystem, Cholangitis, Cholezystitis, Gallenkolik, akute und chronische Hepatitis, Stauungsikterus

Verabreichung: anfangs jeden 2. Tag, später seltener

- Duodenoheel — Duodenitis, Ulcus duodeni et ventriculi, Hyperazidität, Hunger- und Nüchternschmerz, Pylorussyndrom, Übelkeit, Erbrechen

Verabreichung: 1-mal täglich

- Diarrheel — akute und chronische Diarrhö, Erbrechen, Gastroenteritis, Ulcus ventriculi, Tympanie mit Besserung durch Aufstoßen, Magen-Darm-Spasmen, Toxinbindung im Darm

Verabreichung: 1-mal täglich

• Bryaconeel	Neuralgien, akuter und chronischer Rheumatismus, Entzündungen seröser Häute, Parästhesien, Pankreasbeschwerden

Verabreichung: 1-mal täglich

• Hepar comp. Heel	akute und chronische Leber-Galle-Affektionen, regt die Leberfunktion an, Verdauungsstörungen
• Pankreas suis-Injeel	spezifischer Regulationseffekt auf Funktion und Struktur des entsprechenden Organs, Diabetes mellitus, Dysbakterie, Kachexie, chronische Enteritis, Duodenitis
• Podophyllum compositum	Katarrhe des Dickdarms, Pankreopathien, Darmkoliken, wässriger, gelblicher oder grünlicher, unverdauter Kot, Colitis mucosa et ulcerosa, auch chronisch, Hydrantenstuhl
• Carbo vegetabilis-Injeel	Magen aufgebläht, Meteorismus, Abneigung gegen Fett und Milch, Kollaps und Kreislaufversagen, mit kalter Haut und kalten Akren
• Arsenicum album-Injeel	akute und chronische Entzündungen an Augen, Atemwegen, Verdauungs- und Harnapparat, Organdegeneration, Abmagerung, mitternächtliche Unruhe ➔ Konstitutionsmittel
• Phosphor-Homaccord	petechiale Blutungen und Blutungsneigung, Laryngitis, Pharyngitis, Degeneration parenchymatöser Organe ➔ Konstitutionsmittel
• Acidum phosphoricum-Injeel	anfangs geistige, später auch körperliche Schwäche, nervliche Erschöpfung, Gedächtnisschwäche, Zustand nach akuten Erkrankungen, Kummer, Flüssigkeitsverlusten, schnell wachsende, überforderte Jungtiere
• Calcium fluoratum-Injeel	Bindegewebsschwäche, „Knochenkaries", Knochenfisteln, Exostosen, steinharte Drüsenschwellungen, wirkt auf Sehnen und Bänder, Pankreasinsuffizienz
• Lycopodium-Injeel	Leber- und Gallenstörungen, satt nach wenigen Bissen, hager, Kot gelb und pastös ➔ Konstitutionsmittel
• Duodenum suis-Injeel	spezifischer Regulationseffekt auf Funktion und Struktur des entsprechenden Organs, Pylorospasmus, Duodenitis, Pankreatitis
• Coenzyme compositum	regt blockierte enzymatische Abläufe insbesondere der Energiegewinnung an (Zitronensäurezyklus), degenerative oder chronische Erkrankungen

Verabreichung: 1- bis 2-mal wöchentlich

+ Ubichinon compositum	verbessert die Energiebereitstellung in der Zelle, degenerative und tumoröse Erkrankungen

Verabreichung: 1- bis 2-mal wöchentlich

• Jodum D12, D30	Hyperthyreose, Struma, Abmagerung bei reichlicher Futteraufnahme, Drüsenschwellungen, Induration drüsiger Gewebe, chronische Entzündungen, verdrießlich, reizbar, ruhelos
• Haronga D3	exokrine Pankreasinsuffizienz, Kot hell, grau, glänzend

PANKREATITIS adjuvant

Akut (neben / nach der Intensivtherapie):

Therapieversuch	
• Momordica compositum	Regulation bei Pankreatitis, Störungen der Pankreasfunktion, kolikartige Schmerzen im Oberbauch, gastrokardialer Symptomenkomplex, Abmagerung bei gutem Appetit, Blähkoliken
+ Mucosa compositum	Schleimhauterkrankungen und -katarrhe verschiedener Art und Lokalisation, z.B. im Verdauungstrakt mit und ohne Ulkus, regenerationsfördernd für Schleimhäute, duodenale Mitbeteiligung
+ Injeel-Chol	Cholangitis, Cholezystitis, Cholelithiasis, Gallenkoliken, Leberfunktionsstörungen, Hepatopathien, Schwäche, Meteorismus
+ Chelidonium-Homaccord	Leberstörungen mit Schwerpunkt Gallensystem, Cholangitis, Cholezystitis, Gallenkolik, akute und chronische Hepatitis, Stauungsikterus

Verabreichung: zusammen anfangs jeden 2. Tag, später seltener

+ Duodenoheel	Duodenitis, Ulcus duodeni et ventriculi, Hyperazidität, Hunger- und Nüchternschmerz, Pylorussyndrom, Übelkeit, Erbrechen
+ Diarrheel	akute und chronische Diarrhö, Erbrechen, Gastroenteritis, Ulcus ventriculi, Tympanie mit Besserung durch Aufstoßen, Magen-Darm-Spasmen, Toxinbindung im Darm
+ Bryaconeel	Neuralgien, akuter und chronischer Rheumatismus, Entzündungen seröser Häute, Parästhesien, Entzündungsregulation

Verabreichung: zusammen 1-mal täglich

Ergänzungsmittel

• Spascupreel	Spasmen glattmuskulärer Hohlorgane, Spastizität der quergestreiften Muskulatur wie muskulärer Hartspann, Koliken, Krämpfe, Schmerzen
• Podophyllum compositum	Katarrhe des Dickdarms, Pankreopathien, Darmkoliken, wässriger, gelblicher oder grünlicher, unverdauter Kot, Colitis mucosa et ulcerosa, auch chronisch, Hydrantenstuhl
• Carbo vegetabilis-Injeel	Magen aufgebläht, Meteorismus, Abneigung gegen Fett und Milch, Kollaps und Kreislaufversagen, mit kalter Haut und kalten Akren
• Lycopodium-Injeel	Leber- und Gallenstörungen, satt nach wenigen Bissen, hager, Kot gelb und pastös ➔ Konstitutionsmittel
• Pankreas suis-Injeel	spezifischer Regulationseffekt auf Funktion und Struktur des entsprechenden Organs, Diabetes mellitus, Dysbakterie, Kachexie, chronische Enteritis, Duodenitis

Chronisch ➔ Pankreasinsuffizienz

PANOSTITIS

• Traumeel	Entzündungen verschiedener Genese und Lokalisation, Verletzungen, Wundbehandlung, auch postoperativ
• Echinacea compositum	bakterielle Infektionen verschiedener Organsysteme, Entzündungen, Fieber, auch prophylaktisch
• Lachesis compositum	septische Tendenz bei Entzündungen und Eiterungen, Phlegmone, Endometritis, Nachgeburtsverhaltung, trockenes Fieber
• Osteoheel	Ostitis, Periostitis, Exostosen, nächtliche Knochenschmerzen, neuralgische Schmerzen, Gelenkknacken, Osteochondrose
• Discus compositum N mit Kalmia	Gelenk- und Bindegewebserkrankungen, z.B. Arthritis, Arthrose, Periarthritis, Erkrankungen der Sehnen, Bänder und der Knochenhaut, besonders Kniegelenk
• Cruroheel	Fisteleiterungen, Knochenfisteln, Ulcus cruris, Bindegewebsschwäche, chronische Eiterungen, scharfe Sekrete
• Symphytum-Injeel	„Arnika der Knochen", beschleunigt die Kallusbildung, fördert den Knochenstoffwechsel, Periostitis
• Lymphomyosot	„Mesenchymentschlackung", Lymphatismus, Lymphödeme, Drüsenschwellungen, Tonsillarhypertrophie
• Mezereum-Homaccord	vesikulöse Ekzeme, Dermatosen, Herpes zoster, Neuralgien, Pruritus, ätzende Sekretionen, nächtliche Verschlimmerung, Schmerzen der Röhrenknochen
• Ruta-Injeel	Folgen stumpfer Verletzungen, Ganglion, Periostitis, venöse Stauungen, Folgen von körperlicher Überanstrengung, Schmerzen am Knochen
• Coenzyme compositum	regt blockierte enzymatische Abläufe insbesondere der Energiegewinnung an (Zitronensäurezyklus), degenerative oder chronische Erkrankungen
• Placenta suis-Injeel	periphere Durchblutungsstörungen, fördert die Gewebeausreifung, Dekubitus, Ulcus cruris, Rhagaden, Ekzeme
• Funiculus umbilicalis suis-Injeel	chronische Erkrankungen, Autoaggressionserkrankungen, Bindegewebsmittel, fördert die Gewebeausreifung und -regeneration, Osteochondrose, Koxitis, Fibrom, Sarkom, Karzinom, Durchblutungsstörungen
• Tonsilla suis-Injeel	spezifischer Regulationseffekt auf Funktion und Struktur des entsprechenden Organs, Tonsillarhypertrophie, chronische Tonsillitis, Lymphatismus

→ Entzündungen

PANOSTITIS EOSINOPHILICA

Therapieversuch

parenteral:

• Echinacea compositum	bakterielle Infektionen verschiedener Organsysteme, Entzündungen, Fieber, auch prophylaktisch
+ Placenta suis-Injeel	periphere Durchblutungsstörungen, fördert die Gewebeausreifung, Dekubitus, Ulcus cruris, Rhagaden, Ekzeme

im Wechsel mit:

• Coenzyme compositum	regt blockierte enzymatische Abläufe insbesondere der Energiegewinnung an (Zitronensäurezyklus), degenerative oder chronische Erkrankungen

+ Funiculus umbilicalis suis-Injeel	chronische Erkrankungen, Autoaggressionserkrankungen, Bindegewebsmittel, fördert die Gewebeausreifung und -regeneration, Osteochondrose, Koxitis, Fibrom, Sarkom, Karzinom, Durchblutungsstörungen

Verabreichung: zusammen 2-mal wöchentlich

oral:

• Cruroheel	Fisteleiterungen, Knochenfisteln, Ulcus cruris, Bindegewebsschwäche, chronische Eiterungen, scharfe Sekrete

Verabreichung: 5-mal täglich

+ Osteoheel	Ostitis, Periostitis, Exostosen, nächtliche Knochenschmerzen, neuralgische Schmerzen, Gelenkknacken, Osteochondrose

Verabreichung: 3-mal täglich

Ergänzungsmittel

• Zeel	degenerative und rheumatische Gelenkerkrankungen, Arthrose, Polyarthrose, Spondylarthrose, Verbesserung der Gelenkfunktion
• Discus compositum N mit Kalmia	Gelenk- und Bindegewebserkrankungen, z.B. Arthritis, Arthrose, Periarthritis, Erkrankungen der Sehnen, Bänder und der Knochenhaut, besonders Kniegelenk
• Rhus Tox-Injeel	Rheuma und Neuralgien, Sehnen- und Bänderaffektionen, schlechter bei nasskaltem Wetter, Anlaufschmerzen, Folgen von Überanstrengung
• Ruta-Injeel	Folgen stumpfer Verletzungen, Ganglion, Periostitis, venöse Stauungen, Folgen von körperlicher Überanstrengung, Schmerzen am Knochen
• Symphytum-Injeel	„Arnika der Knochen", beschleunigt die Kallusbildung, fördert den Knochenstoffwechsel, Periostitis
• Calcium fluoratum-Injeel	Bindegewebsschwäche, „Knochenkaries", Knochenfisteln, Exostosen, steinharte Drüsenschwellungen, wirkt auf Sehnen und Bänder
• Calcium carbonicum-Injeel	Jungtiermittel, Drüsenschwellungen, Schleimhautkatarrhe, Polypenbildung und Ulzerationen, Milchschorf, Kalkstoffwechselstörungen, verzögerte Entwicklung → Konstitutionsmittel
• Acidum hydrofluoricum D6	Abmagerung trotz guten Appetits, Kachexie, Unruhe, Hast und Eile, Panostitis sehr schmerzhaft, hartnäckig oder rezidivierend
• Strontium carbonicum D3, D8	Osteoporose, Spondylarthrose, Zerebralsklerose, chronische Panostitis

PANSENSTÖRUNGEN

Basismittel

• Nux vomica-Homaccord	Funktionsstörungen von Magen, Darm und Leber, Spasmen, Meteorismus, Beschwerden nach Überreizung

Ergänzungsmittel

• Chelidonium-Homaccord	Leberstörungen mit Schwerpunkt Gallensystem, Cholangitis, Cholezystitis, Gallenkolik, akute und chronische Hepatitis, Stauungsikterus

• Coenzyme compositum	regt blockierte enzymatische Abläufe insbesondere der Energiegewinnung an (Zitronensäurezyklus), degenerative oder chronische Erkrankungen, Stoffwechselstabilisierung
• Arsenicum album-Injeel	akute und chronische Entzündungen an Augen, Atemwegen, Verdauungs- und Harnapparat, Organdegeneration, Abmagerung, mitternächtliche Unruhe, Pansenstörungen mit Durchfall und Schwäche ➔ Konstitutionsmittel
• Lachesis compositum	septische Tendenz bei Entzündungen und Eiterungen, Phlegmone, Endometritis, Nachgeburtsverhaltung, trockenes Fieber, Pansenstörung mit Milchrückgang
• Plumbum metallicum-Injeel	schleichende Krankheitsprozesse, Schwäche und Kraftlosigkeit, Tympanie, schaumige Gärung, Pansenatonie
• Ignatia-Injeel	Hysterie, nervöse Erschöpfungszustände, vegetative Dystonie, Überempfindlichkeit gegen Schmerzen und Gerüche, absurde Symptome, Beschwerden nach Stallwechsel ➔ Konstitutionsmittel
• Opium D8, D30	große Benommenheit, Bewusstseinstrübung, Somnolenz, Stupor, Pansenstillstand
• Okoubaka D2, D4	Gastroenteritis, Lebensmittelunverträglichkeiten, Durchfälle als Folge von Intoxikation und verdorbenem Futter

PANSENTYMPANIE

• Nux vomica-Homaccord	Funktionsstörungen von Magen, Darm und Leber, Spasmen, Meteorismus, Beschwerden nach Überreizung
• Plumbum metallicum-Injeel	schleichende Krankheitsprozesse, Schwäche und Kraftlosigkeit, Tympanie, schaumige Gärung
• Chelidonium-Homaccord	Leberstörungen mit Schwerpunkt Gallensystem, Cholangitis, Cholezystitis, Gallenkolik, akute und chronische Hepatitis, Stauungsikterus
• Ignatia-Injeel	Hysterie, nervöse Erschöpfungszustände, vegetative Dystonie, Überempfindlichkeit gegen Schmerzen und Gerüche, absurde Symptome, Beschwerden nach Stallwechsel ➔ Konstitutionsmittel

➔ Tympanie

PAPILLOME (Pendelwarzen)

Basismittel	
• Engystol	aktiviert die unspezifische Abwehr, virale Erkrankungen, „Umstimmung" bei Allergien und Dermatosen
+ Ubichinon compositum	verbessert die Energiebereitstellung in der Zelle, degenerative und tumoröse Erkrankungen

Verabreichung: Wiederholung nach 10–12 Tagen

Falls nach weiteren 2 Wochen noch vorhanden:

- Engystol — aktiviert die unspezifische Abwehr, virale Erkrankungen, reduziert Stressfolgen, „Umstimmung" bei Allergien und Dermatosen
+ Ubichinon compositum — verbessert die Energiebereitstellung in der Zelle, degenerative und tumoröse Erkrankungen
+ Dulcamara-Homaccord — „Nasswettermittel", rheumatische Erkrankungen, alle Beschwerden sind Folgen von oder schlechter bei Kälte und Nässe, glatte, breit aufsitzende Warzen

Verabreichung: 2-mal täglich über 14 Tage

Ergänzungsmittel

- Psorinum-Injeel — chronische Ekzeme und sonstige Hautausschläge, starker Juckreiz, auch wechselnd mit Asthma, Wärme verschlechtert, übler Geruch, chronische Entzündungen
- Acidum nitricum-Injeel — Veränderungen an Haut und Schleimhäuten, besonders mukokutane Übergänge, Blutungen, Rhagaden, gestielte Warzen, besonders an Körperöffnungen
- Causticum-Injeel — Haut trocken und heiß, Ekzeme von Frösteln begleitet, mit klebrigem, zähem Sekret, verhornende Warzen, entzündet, nässend oder vereitert
- Thuja-Injeel — Neigung zu proliferativen Prozessen an Haut und Schleimhäuten, Impffolgen, blumenkohlartige, leicht blutende Warzen

➔ Konstitutionsmittel

PARAMUNITÄTSINDUCER

- Engystol — aktiviert die unspezifische Abwehr, virale Erkrankungen, reduziert Stressfolgen, „Umstimmung" bei Allergien und Dermatosen

Verabreichung: vor der erwarteten Belastungssituation am 7., 5. und 3. Tag je 1 Dosis

- Lachesis compositum — septische Tendenz bei Entzündungen und Eiterungen, Phlegmone, Endometritis, Nachgeburtsverhaltung, trockenes Fieber
- Echinacea compositum — bakterielle Infektionen verschiedener Organsysteme, Entzündungen, Fieber, auch prophylaktisch

➔ Abwehrsteigerung

PARASITOSEN adjuvant

- Nux vomica-Homaccord — Funktionsstörungen von Magen, Darm und Leber, Spasmen, Meteorismus, Beschwerden nach Überreizung, Milieuverbesserung
- Mucosa compositum — Schleimhauterkrankungen und -katarrhe verschiedener Art und Lokalisation, z.B. im Verdauungstrakt mit und ohne Ulkus, regenerationsfördernd für Schleimhäute, nach Entwurmung

• Calcium carbonicum-Injeel	Jungtiermittel, Drüsenschwellungen, Schleimhautkatarrhe, Polypenbildung und Ulzerationen, Milchschorf, Kalkstoffwechselstörungen, verzögerte Entwicklung, Stärkung des Darmmilieus ➔ Konstitutionsmittel
• Abrotanum (D3–D30)	Abmagerung besonders an den Beinen trotz guten Appetits, Entwicklungsstörungen und verzögerte Rekonvaleszenz, Sanierung des Darmmilieus

PARENCHYMSCHÄDEN DER ORGANE

Hepatisation, fettige Degeneration:

• Phosphor-Homaccord	petechiale Blutungen und Blutungsneigung, Laryngitis, Pharyngitis, Degeneration parenchymatöser Organe ➔ Konstitutionsmittel
+ Coenzyme compositum	regt blockierte enzymatische Abläufe insbesondere der Energiegewinnung an (Zitronensäurezyklus), degenerative oder chronische Erkrankungen
+ Ubichinon compositum	verbessert die Energiebereitstellung in der Zelle, degenerative und tumoröse Erkrankungen

+ Suis-Organpräparat-Injeel des jeweiligen Organs zur Stärkung der Organstruktur und -funktion

PARODONTOSE

Therapieversuch

• Traumeel	Entzündungen verschiedener Genese und Lokalisation, Verletzungen, Wundbehandlung, auch postoperativ
+ Natrium phosphoricum (D3–D12)	gelb belegte Zunge, Zahnfleischschwund

Ergänzungsmittel

• Echinacea compositum	bakterielle Infektionen verschiedener Organsysteme, Entzündungen, Fieber, auch prophylaktisch
• Calcoheel	Kalkstoffwechselstörungen, Milchschorf, erschwertes Zahnen, Lymphatismus, bei exsudativer Diathese
• Osteoheel	Ostitis, Periostitis, Exostosen, nächtliche Knochenschmerzen, neuralgische Schmerzen, Gelenkknacken, Osteochondrose, Kalkmangelzustände
• Silicea-Injeel	chronische Eiterungen und Fistelbildungen, wirkt auf Bindegewebe, Bänder, Sehnen, Haut, Hautanhangsgebilde, schlechte Wundheilung, Festigung des Halteapparates ➔ Konstitutionsmittel
• Cinnamomum-Homaccord	kapilläre und präkapilläre Sickerblutungen, Hämorrhoiden, Blutungsneigung
• Placenta suis-Injeel	periphere Durchblutungsstörungen, fördert die Gewebeausreifung und -regeneration, Dekubitus, Ulcus cruris, Rhagaden, Ekzeme
• Granuloma dentis-Injeel	Fokalerkrankungen, chronische Neuralgien und Neuritiden, Parodontopathien
• Parodontose-Nosode-Injeel	Parodontopathien, Zahnfleischbluten, Zahnfleischatrophie

• Gingiva suis-Injeel	spezifischer Regulationseffekt auf Funktion und Struktur des entsprechenden Organs, Parodontose, Parodontitis, Gingivitis, chronische Aphthenbildung
• Mucosa compositum	Schleimhauterkrankungen und -katarrhe verschiedener Art und Lokalisation, z.B. im Verdauungstrakt mit und ohne Ulkus, regenerationsfördernd für Schleimhäute

➔ Gingivitis; ➔ Stomatitis

PAROTITIS

• Traumeel	Entzündungen verschiedener Genese und Lokalisation, Verletzungen, Wundbehandlung, auch postoperativ
+ Mercurius-Heel	entzündliche und eitrige Erkrankungen der Haut und anderer Organe
• Phytolacca-Injeel	Mastitis, Milchstau, Hypo- und Hypergalaktie, Schwellung oder Verhärtung von Drüsen oder drüsigen Organen
• Belladonna-Homaccord	lokalisierte, akute und heftige Entzündungen, auch mit hohem Fieber, arterielle Pulsationen
• Engystol	aktiviert die unspezifische Abwehr, virale Erkrankungen, „Umstimmung" bei Allergien und Dermatosen
• Bryaconeel	Neuralgien, akuter und chronischer Rheumatismus, Entzündungen seröser Häute, Parästhesien, fieberhafte Infektionen
• Mercurius solubilis Hahnemanni-Injeel	beginnende Suppuration, Abszesse in Anbildung, akute, schmerzhafte Entzündungen im Bindegewebe und in verschiedenen Organen, Schleimhautentzündung, rot, heiß, hart und schmerzhaft
• Conium-Injeel	Altersmittel, Gedächtnisschwäche, Ataxie, steinharte Knoten und Neoplasien
• Kalium bichromicum-Injeel	zähe, strähnige Absonderungen aller Schleimhäute, chronische Katarrhe der Nase und des Ohrs, tief fressende Ulzera der Schleimhäute
• Hyoscyamus (D6, D12, C30, C200)	entzündliche Parotitis, auffälliges und heftiges Verhalten
• Mercurius bijodatus D6, D12	geschwürige Halsentzündung, Verhärtungen von Drüsen, chronische Tonsillitis, akute, subakute und chronische Parotitis mit Lymphknotenvergrößerung
• Plumbum aceticum (D6, D12, C30–C1000)	Darmatonie, Kolik- und Blähungsbeschwerden, Obstipation, wenig oder kein Kotdrang, schlaffe Paralyse, chronische Parotitis mit Schwellung und Verhärtung der ganzen Drüse

➔ Entzündungen

PARVO-VIRUS-ENTERITIS

Zusätzlich konventionelle Initialbehandlung

Basismittel	
parenteral:	
• Traumeel	Entzündungen verschiedener Genese und Lokalisation, Verletzungen, Wundbehandlung, auch postoperativ
+ Engystol	aktiviert die unspezifische Abwehr, virale Erkrankungen, „Umstimmung" bei Allergien und Dermatosen

+ Mucosa compositum	Schleimhauterkrankungen und -katarrhe verschiedener Art und Lokalisation, z.B. im Verdauungstrakt mit und ohne Ulkus, regenerationsfördernd für Schleimhäute

Verabreichung: 2-mal innerhalb 12 Stunden, dann 1-mal täglich

• Belladonna-Homaccord	lokalisierte, akute und heftige Entzündungen, auch mit hohem Fieber, arterielle Pulsationen

Verabreichung: mehrmals täglich oral

Ergänzungsmittel

• Veratrum-Homaccord	Dysenterie, Gastroenteritis mit und ohne Kolik, Kollapszustände mit zyanotischer oder blasser, kühler Haut
+ Nux vomica-Homaccord	Funktionsstörungen von Magen, Darm und Leber, Spasmen, Meteorismus, Beschwerden nach Überreizung
• Ipecacuanha-Injeel	hellrote, gussweise Blutungen, feuchte Bronchitis, Brechdurchfall
• Podophyllum compositum	Katarrhe des Dickdarms, Pankreopathien, Darmkoliken, wässriger, gelblicher oder grünlicher, unverdauter Kot, Colitis mucosa et ulcerosa, auch chronisch, Hydrantenstuhl
• Mercurius sublimatus corrosivus-Injeel	Suppurationen, Abszesse, Gingivitis, Stomatitis, Iritis, Blepharokonjunktivitis, Keratitis profunda, blutiger Durchfall
• Vomitusheel	Übelkeit, Erbrechen, Husten mit Brechreiz, Erbrechen mit nachfolgender Erschöpfung, morgendliches Erbrechen
• Arsenicum album-Injeel	akute und chronische Entzündungen an Augen, Atemwegen, Verdauungs- und Harnapparat, Organdegeneration, Abmagerung, mitternächtliche Unruhe, heftiges Erbrechen ➔ Konstitutionsmittel
• Baptisia-Injeel	septische, adynamische Infektionen, Tiere sind schwer krank, teilnahmslos, auch begleitet von Übelkeit und Diarrhö
• Lachesis compositum	septische Tendenz bei Entzündungen und Eiterungen, Phlegmone, Endometritis, Nachgeburtsverhaltung, trockenes Fieber
• Carbo vegetabilis-Injeel	Magen aufgebläht, Meteorismus, Abneigung gegen Fett und Milch, Kollaps und Kreislaufversagen, mit kalter Haut und kalten Akren
• Carbo compositum	Kreislaufversagen, arterielle Blutfülle im Gehirn, Kollapszustände, kalte Haut, Dyspnoe
• Crataegus-Injeel	Koronardurchblutungsstörungen, altersbedingte und infektiös-toxische Myokardschwäche
• Cactus compositum	Myokardschwäche, auch infektiöser Genese, Peri- und Endokarditis, Herzrhythmusstörungen, Koronarinsuffizienz
• China-Homaccord	Erschöpfungs- und Schwächezustände, Leberfunktionsstörungen, nach Flüssigkeitsverlusten, Dehydratation

PATELLALUXATION habituelle

Basismittel	
• Zeel	degenerative und rheumatische Gelenkerkrankungen, Arthrose, Polyarthrose, Spondylarthrose, Verbesserung der Gelenkfunktion, Patelladislokation beim Pferd

Ergänzungsmittel

• Calcium fluoratum-Injeel	Bindegewebsschwäche, „Knochenkaries", Knochenfisteln, Exostosen, steinharte Drüsenschwellungen, wirkt auf Sehnen und Bänder
• Rhus Tox-Injeel	Rheuma und Neuralgien, Sehnen- und Bänderaffektionen, schlechter bei nasskaltem Wetter, Anlaufschmerzen, Folgen von Überanstrengung, habituelle Luxation bei kleinen Hunderassen
• Silicea-Injeel	chronische Eiterungen und Fistelbildungen, wirkt auf Bindegewebe, Bänder, Sehnen, Haut, Hautanhangsgebilde, schlechte Wundheilung, Kräftigung des Bandapparates ➔ Konstitutionsmittel
• Colocynthis-Homaccord	Neuralgien verschiedener Genese und Lokalisation, Osteochondrose, Ischialgie, plötzlich einschießende Schmerzen, Parästhesien
• Gelsemium-Homaccord	Neuralgie insbesondere des Kopf-Hals-Bereichs, Schwindel, zittrige Schwäche, Erschöpfung, Gliederschmerzen, Lähmigkeit, Lähmungen der Muskeln, Muskelkoordinationsstörungen
• Calcium carbonicum-Injeel	Jungtiermittel, Drüsenschwellungen, Schleimhautkatarrhe, Polypenbildung und Ulzerationen, Milchschorf, Kalkstoffwechselstörungen, verzögerte Entwicklung, Knochenfestigung ➔ Konstitutionsmittel
• Calcium phosphoricum-Injeel	Kalkstoffwechselstörungen, Knochenbeschwerden, Wachstums- und Entwicklungsstörungen, rasche geistige und körperliche Erschöpfung ➔ Konstitutionsmittel

PERIANALTUMOR

• Acidum nitricum-Injeel	Veränderungen an Haut und Schleimhäuten, besonders mukokutane Übergänge, Blutungen, Rhagaden, Adenome
• Acidum hydrofluoricum (D6, D12)	Abmagerung trotz guten Appetits, Kachexie, Unruhe, Hast und Eile, Varizen-Tumore, Venenknoten

➔ Tumore

PERIKARDITIS

• Cactus compositum	Myokardschwäche, auch infektiöser Genese, Peri- und Endokarditis, Herzrhythmusstörungen, Koronarinsuffizienz
• Apis-Homaccord	ödematöse, schmerzhafte Schwellungen, pustulöse und bullöse Ekzeme, Entzündungen mit Flüssigkeitsansammlung in Geweben und Körperhöhlen

- Colchicum-Injeel — Erkrankungen mit wandernden Beschwerden, Kollapsneigung mit kaltem Schweiß, Kolik, Gastroenteritis, Ergüsse in Körperhöhlen
- Arnica-Injeel — regt die Wundheilung an, Herzmuskelschwäche, Neuralgien, Myalgien, Zerschlagenheitsgefühl
- An-io-Injeel — Koronardurchblutungsstörungen, pektanginöse Beschwerden, Endo- und Perikarditis, Gefäßspasmen
- Bryonia-Injeel — Entzündungen, beginnende Abszedierung, Bewegung verschlimmert, besser durch festen Druck auf die erkrankte Stelle

➔ Endokarditis; ➔ Myokarditis

PERIODISCHE AUGENENTZÜNDUNG Mondblindheit

Basismittel

Im akuten Schub:

Injektion von:

- Vitamin-B-Komplex

\+ 25 ml Ca-Lösung

- Oculus totalis suis-Injeel — spezifischer Regulationseffekt auf Funktion und Struktur des entsprechenden Organs, degenerative Augenerkrankungen, Glaukom, Katarakt, chronische Konjunktivitis

\+ 5 ml Eigenblut

Verabreichung: Wiederholung dieser Behandlung im 3-tägigen Abstand bis zum Abklingen der Symptome

- Atropin-Augensalbe 1%

Verabreichung: lokal 1- bis 2-mal täglich während des Anfalls

Ergänzungsmittel

- Belladonna-Homaccord — lokalisierte, akute und heftige Entzündungen auch mit hohem Fieber, arterielle Pulsationen
- Oculoheel — Konjunktivitis, Ödeme der Augenlider, scharfer Tränenfluss, Neigung zu Eiterungen am Auge, Gerstenkorn, Keratitis
- Oculoheel Augentropfen — katarrhalische und eitrige Konjunktivitis und Keratitis, Lichtscheu, Tränenfluss
- Aconitum-Homaccord — grippale und katarrhalische Infekte besonders im Prodromalstadium, Beschwerden nach Schreck und kaltem Wind, Fieber mit heißer Haut und Unruhe
- Conium-Injeel — Altersmittel, Gedächtnisschwäche, Ataxie, steinharte Knoten und Neoplasien, bei Flecken und Narben der Hornhaut
- Euphrasia-Injeel — Blepharokonjunktivitis, Fließschnupfen mit Tränenfluss, Lichtscheu, Dakryozystitis
- Mucosa compositum — Schleimhauterkrankungen und -katarrhe verschiedener Art und Lokalisation, z.B. an Auge und Ohr, regenerationsfördernd für Schleimhäute
- Kalium bichromicum-Injeel — zähe, strähnige Absonderungen aller Schleimhäute, chronische Katarrhe der Nase und des Ohrs, tief fressende Ulzera der Schleimhäute

• Mercurius sublimatus corrosivus-Injeel	Suppurationen, Abszesse, Gingivitis, Stomatitis, Iritis, Blepharokonjunktivitis, Keratitis profunda
• Silicea-Injeel	chronische Eiterungen und Fistelbildungen, wirkt auf Bindegewebe, Bänder, Sehnen, Haut, Hautanhangsgebilde, schlechte Wundheilung, fördert die Ausheilung ➔ Konstitutionsmittel
• Lymphomyosot	„Mesenchymentschlackung", Lymphatismus, Lymphödeme, Drüsenschwellungen, Tonsillarhypertrophie
+ Galium-Heel / Galium comp.-Heel	Immunmodulation bei chronischen Erkrankungen verschiedener Genese, Präkanzerosen, „Zellreinigung"
• Arsenicum album-Injeel	periodische Beschwerden, juckende Absonderungen, wund machende Sekrete, schlechte Heiltendenz ➔ Konstitutionsmittel
• Colocynthis-Homaccord	Neuralgien verschiedener Genese und Lokalisation, Osteochondrose, Ischialgie, plötzlich einschießende Schmerzen, Parästhesien
• Natrium muriaticum-Injeel	Rhagaden an allen Körperöffnungen, nervöse Reizbarkeit, Trockenheit aller Schleimhäute, Reizung und Ulzera der Schleimhäute

In den symptomfreien Intervallen:

Auto-Sanguis-Stufentherapie

1. Stufe: Traumeel	Entzündungen verschiedener Genese und Lokalisation, Verletzungen, Wundbehandlung, auch postoperativ
2. Stufe: Engystol	aktiviert die unspezifische Abwehr, virale Erkrankungen, „Umstimmung" bei Allergien und Dermatosen
3. Stufe: Coenzyme compositum	regt blockierte enzymatische Abläufe insbesondere der Energiegewinnung an (Zitronensäurezyklus), degenerative oder chronische Erkrankungen
4. Stufe: Oculus totalis suis-Injeel	spezifischer Regulationseffekt auf Funktion und Struktur des entsprechenden Organs, degenerative Augenerkrankungen, Glaukom, Katarakt, chronische Konjunktivitis

➔ Augenerkrankungen

PERIOSTITIS

• Traumeel	Entzündungen verschiedener Genese und Lokalisation, Verletzungen, Wundbehandlung, auch postoperativ, Knochen- und Gelenkschmerzen, frische Fälle
• Ruta-Injeel	Folgen stumpfer Verletzungen, Ganglion, Periostitis, venöse Stauungen, Folgen von körperlicher Überanstrengung
• Discus compositum N mit Kalmia	Gelenk- und Bindegewebserkrankungen, z.B. Arthritis, Arthrose, Periarthritis, Erkrankungen der Sehnen, Bänder und der Knochenhaut, besonders Kniegelenk
• Osteoheel	Ostitis, Periostitis, Exostosen, nächtliche Knochenschmerzen, neuralgische Schmerzen, Gelenkknacken, Osteochondrose

• Zeel	degenerative und rheumatische Gelenkerkrankungen, Arthrose, Polyarthrose, Spondylarthrose, Lähmigkeiten, Lähmungen, Knochen- und Gelenkschmerzen, Folgen von Überanstrengung
• Symphytum-Injeel	„Arnika der Knochen", beschleunigt die Kallusbildung, fördert den Knochenstoffwechsel, Periostitis, Bänder- und Sehnenläsionen
• Calcium fluoratum-Injeel	Bindegewebsschwäche, „Knochenkaries", Knochenfisteln, Exostosen, steinharte Drüsenschwellungen, wirkt auf Sehnen und Bänder
• Cruroheel	Fisteleiterungen, Knochenfisteln, Ulcus cruris, Bindegewebsschwäche, chronische Eiterungen, scharfe Sekrete
• Hekla Lava-Injeel	nutritive und infektiöse Störungen von Knochen und Knochenhaut, Exostosen an den Bandansätzen
• Mezereum-Homaccord	vesikulöse Ekzeme, Dermatosen, Herpes zoster, Neuralgien, Pruritus, ätzende Sekretionen, Entzündungen von Faszien und Periost
• Neralgo-Rhem-Injeel	Neuralgien, Lumbago, Weichteilrheumatismus, arthritische und vertebragene Beschwerden, Muskel- und Gelenkbeschwerden
• Coenzyme compositum	regt blockierte enzymatische Abläufe insbesondere der Energiegewinnung an (Zitronensäurezyklus), degenerative oder chronische Erkrankungen
• Os suis-Injeel	spezifischer Regulationseffekt auf Funktion und Struktur des entsprechenden Organs, Osteomalazie, Rachitis, Osteoporose, Exostosen, Periostitis

➔ Entzündungen

PERTHES-KRANKHEIT Femurkopfnekrose, adjuvant

Therapieversuch	
• Zeel	degenerative und rheumatische Gelenkerkrankungen, Arthrose, Polyarthrose, Spondylarthrose, Unterstützung des Knorpelstoffwechsels, Schutz der Epiphyse

Verabreichung: mehrmals täglich

• Osteoheel	Ostitis, Periostitis, Exostosen, nächtliche Knochenschmerzen, neuralgische Schmerzen, Gelenkknacken, Osteochondrose
• Calcium carbonicum-Injeel	Jungtiermittel, Drüsenschwellungen, Schleimhautkatarrhe, Polypenbildung und Ulzerationen, Milchschorf, Kalkstoffwechselstörungen, verzögerte Entwicklung, Knochenfestigung ➔ Konstitutionsmittel
• Calcium fluoratum-Injeel	Bindegewebsschwäche, „Knochenkaries", Knochenfisteln, Exostosen, steinharte Drüsenschwellungen, wirkt auf Sehnen und Bänder
• Calcium phosphoricum-Injeel	Kalkstoffwechselstörungen, Knochenbeschwerden, Wachstums- und Entwicklungsstörungen, rasche geistige und körperliche Erschöpfung ➔ Konstitutionsmittel
• Symphytum-Injeel	„Arnika der Knochen", beschleunigt die Kallusbildung, fördert den Knochenstoffwechsel, Periostitis, als Ergänzung der Kalziumsalze
• Blutgefäßtropfen (Cosmochema)	periphere arterielle und venöse Durchblutungsstörungen, Varizen, Hämorrhoiden

• Circulo-Injeel	periphere Durchblutungsstörungen, Akroparästhesien, Gefäßspasmen, kalte Gliedmaßenenden
• Funiculus umbilicalis suis-Injeel	chronische Erkrankungen, Autoaggressionserkrankungen, Bindegewebsmittel, fördert die Gewebeausreifung und -regeneration, Osteochondrose, Koxitis, Fibrom, Sarkom, Karzinom, Durchblutungsstörungen
• Placenta suis-Injeel	periphere Durchblutungsstörungen, fördert die Gewebeausreifung, Dekubitus, Ulcus cruris, Rhagaden, Ekzeme
• Silicea-Injeel	chronische Eiterungen und Fistelbildungen, wirkt auf Bindegewebe, Bänder, Sehnen, Haut, Hautanhangsgebilde, schlechte Wundheilung ➔ Konstitutionsmittel
• Hekla Lava-Injeel	nutritive und infektiöse Störungen von Knochen und Knochenhaut, Exostosen an den Bandansätzen
• Coenzyme compositum	regt blockierte enzymatische Abläufe insbesondere der Energiegewinnung an (Zitronensäurezyklus), degenerative oder chronische Erkrankungen
+ Ubichinon compositum	verbessert die Energiebereitstellung in der Zelle, degenerative und tumoröse Erkrankungen
• Harpagophytum (D2–D6)	Hüftgelenksdysplasie, chronische Prozesse mit Knochenwucherungen, Exostosen, Podotrochlose
• Strontium carbonicum D4, D6	Osteoporose, Spondylarthrose, Zerebralsklerose
• Kalium jodatum D12	Knochenschmerzen, Sinusitis, Periostitis, schleichend verlaufende Infektionen mit Verhärtungen im Gewebe, zur Resorption, nach Fieberphase

PHARYNGITIS

Basismittel

Akut:

• Phosphor-Homaccord	petechiale Blutungen und Blutungsneigung, Laryngitis, Pharyngitis, Degeneration parenchymatöser Organe ➔ Konstitutionsmittel
+ Engystol	aktiviert die unspezifische Abwehr, virale Erkrankungen, „Umstimmung" bei Allergien und Dermatosen

oder:

• Phosphor-Homaccord	petechiale Blutungen und Blutungsneigung, Laryngitis, Pharyngitis, Degeneration parenchymatöser Organe ➔ Konstitutionsmittel
+ Echinacea compositum	bakterielle Infektionen verschiedener Organsysteme, Entzündungen, Fieber, auch prophylaktisch

Ergänzungsmittel

• Apis-Homaccord	ödematöse, schmerzhafte Schwellungen, pustulöse und bullöse Ekzeme, Entzündungen mit Flüssigkeitsansammlung in Geweben und Körperhöhlen
• Belladonna-Homaccord	lokalisierte, akute und heftige Entzündungen, auch mit hohem Fieber, arterielle Pulsationen

• Gripp-Heel	Grippe und grippale Infekte, Fieber, Gliederschmerzen, Entzündungen seröser Häute, Bronchitis, virale Erkrankungen
• Angin-Heel	akute und chronische Angina tonsillaris, Tonsillarpfröpfe, Rachenring entzündlich, feurig rot
• Baptisia-Injeel	septische, adynamische Infektionen, schmerzlose Halsentzündung, stinkender Mundgeruch
• Mercurius solubilis Hahnemanni-Injeel	beginnende Suppuration, Abszesse in Anbildung, akute, schmerzhafte Entzündungen im Bindegewebe und in verschiedenen Organen, schleimig-eitrige Beläge
• Lachesis-Injeel	septische Prozesse, Hämolyse, blaurote Entzündungen, Drüsenerkrankungen ➔ Konstitutionsmittel
• Causticum-Injeel	Trockenheit von Haut und Schleimhäuten, Katarrhe der oberen Luftwege, Stimmbandlähmung, Schleim wird abgeschluckt
• Calcium fluoratum-Injeel	Bindegewebsschwäche, „Knochenkaries", Knochenfisteln, Exostosen, steinharte Drüsenschwellungen, wirkt auf Sehnen und Bänder
• Phytolacca-Injeel	Mastitis, Milchstau, Hypo- und Hypergalaktie, Schwellung oder Verhärtung von Drüsen oder drüsigen Organen, Schluckbeschwerden, feurige Rötung

Chronisch:

• Tartephedreel	absteigende Entzündungen der Atemwege, Schleimrasseln, Krampfhusten, Bronchitis mit zähem Sekret, Asthma
• Mucosa compositum	Schleimhauterkrankungen und -katarrhe verschiedener Art und Lokalisation, z.B. im Bereich der oberen und unteren Luftwege, regenerationsfördernd für Schleimhäute
• Grippe-Nosode-Injeel	Folgen von Grippeerkrankungen, chronische Sinusitis, asthmatoide Beschwerden, anhaltende Heiserkeit, Erschöpfung, Müdigkeit
• Calcium carbonicum-Injeel	Jungtiermittel, Drüsenschwellungen, Schleimhautkatarrhe, Polypenbildung und Ulzerationen, Milchschorf, Kalkstoffwechselstörungen, verzögerte Entwicklung, rezidivierende Pharyngitis bei Jungtieren ➔ Konstitutionsmittel
• Sulfur comp.-Heel	Dermatosen, Dermatitis, juckende und nässende Ekzeme, Pruritus, Urtikaria, „Reaktionsmittel" bei allen chronischen Krankheiten, rezidivierende Pharyngitis bei erwachsenen Tieren
• Argentum nitricum-Injeel	Melancholie, Platzangst, nervöse Symptome, Unruhe, Angst vor allem Neuen, blutige Pharyngitis, dunkle Rötung der Schleimhaut, klebriger Schleim
• Psorinum-Injeel	chronische Ekzeme und sonstige Hautausschläge, starker Juckreiz, Wärme verschlechtert, übler Geruch, chronische Entzündungen
• Spongia-Injeel	Drüsenschwellungen, Hüsteln, schon durch leichten Kehlkopfdruck, besonders bei kleinen Hunderassen (Leinenzwang), legt sich hin nach Futter- und Wasseraufnahme

➔ Entzündungen; ➔ Laryngitis; ➔ Tonsillitis

PHLEGMONE

Basismittel

Akut:

parenteral:	
• Traumeel	Entzündungen verschiedener Genese und Lokalisation, Verletzungen, Wundbehandlung, auch postoperativ
+ Echinacea compositum	bakterielle Infektionen verschiedener Organsysteme, Entzündungen, Fieber, auch prophylaktisch
oral:	
• Mercurius-Heel	entzündliche und eitrige Erkrankungen der Haut und anderer Organe, Stomatitis mit Rötung, Aphthen, Speichelfluss, Schmerz, Geruch

Verabreichung: 3- bis 4-mal täglich

Ergänzungsmittel

• Lachesis compositum	septische Tendenz bei Entzündungen und Eiterungen, Phlegmone, Endometritis, Nachgeburtsverhaltung, trockenes Fieber, Drüsenerkrankungen
• Hepar sulfuris-Injeel	eiternde Prozesse unterschiedlicher Lokalisation, schmerzhaft, Abszesse vor Ausreifung, Überempfindlichkeit gegen Kälte und Luftzug
• Myristica sebifera-Injeel	Gewebsentzündung, Lymphadenitis, Phlegmone, Panaritium, Abszesse nach Ausreifung, „homöopathisches Messer"
• Mercurius solubilis Hahnemanni-Injeel	beginnende Suppuration, Abszesse in Anbildung, akute, schmerzhafte Entzündungen im Bindegewebe und in verschiedenen Organen, beginnende Eiterung in Bindegewebe und Haut
• Apis-Homaccord	ödematöse, schmerzhafte Schwellungen, pustulöse und bullöse Ekzeme, Entzündungen mit Flüssigkeitsansammlung in Geweben und Körperhöhlen, Hitze, Rötung, Berührungsempfindlichkeit
• Lymphomyosot	„Mesenchymentschlackung", Lymphatismus, Lymphödeme, Drüsenschwellungen, Tonsillarhypertrophie, kanalisierend
• Arnica-Injeel	regt die Wundheilung an, Herzmuskelschwäche, Neuralgien, Myalgien, Zerschlagenheitsgefühl
• Arsenicum album-Injeel	akute und chronische Entzündungen an Augen, Atemwegen, Verdauungs- und Harnapparat, Organdegeneration, Abmagerung, mitternächtliche Unruhe, Phlegmone mit malignem Verlauf ➔ Konstitutionsmittel
• Baptisia-Injeel	septische, adynamische Infektionen, Tiere sind schwer krank, teilnahmslos, auch begleitet von Übelkeit und Diarrhö
• Natrium sulfuricum-Injeel	unterstützt die Leberfunktion bei septischen Erkrankungen
• Pyrogenium (D6–D30)	heftige, überschießende Reaktionen, Eiterungen, Lymphadenitis, gangränöse Zustände, Sepsis, übel riechende Absonderungen

Chronisch:

• Lymphomyosot	„Mesenchymentschlackung", Lymphatismus, Lymphödeme, Drüsenschwellungen, Tonsillarhypertrophie
• Galium-Heel / Galium comp.-Heel	Immunmodulation bei chronischen Erkrankungen verschiedener Genese, Präkanzerosen, „Zellreinigung"
• Calcium fluoratum-Injeel	Bindegewebsschwäche, „Knochenkaries", Knochenfisteln, Exostosen, steinharte Drüsenschwellungen, wirkt auf Sehnen und Bänder, Induration nach akuter Phase
• Cruroheel	Fisteleiterungen, Knochenfisteln, Ulcus cruris, Bindegewebsschwäche, chronische Eiterungen, scharfe Sekrete, Phlegmone der unteren Extremitäten
• Silicea-Injeel	chronische Eiterungen und Fistelbildungen, wirkt auf Bindegewebe, Bänder, Sehnen, Haut, Hautanhangsgebilde, schlechte Wundheilung ➔ Konstitutionsmittel
• Streptococcus haemolyticus-Injeel	Angina, Neigung zu Tonsillarabszessen, Erkrankungen mit Verdacht auf Streptokokkenbeteiligung
• Staphylococcus-Injeel	chronische und chronisch-rezidivierende Erkrankungen, Pyodermie, Panaritium, Phlegmone, Erkrankungen mit Verdacht auf Staphylokokkenbeteiligung
• Secale cornutum (D1–D30)	zerebrale Erregungszustände, Parästhesien, Durchblutungsstörungen an den distalen Extremitäten, Phlegmone mit schlechter Heiltendenz

PHOTOSENSIBILITÄT

Basismittel	
• Traumeel	Entzündungen verschiedener Genese und Lokalisation, Verletzungen, Wundbehandlung, auch postoperativ
+ Hepeel	akute und chronische Leber- und Gallenerkrankungen, alle Folgeerkrankungen davon, Stoffwechselstörungen, Verdauungsprobleme
oder: + Carduus compositum	akute und chronische Leber- und Gallenerkrankungen, alle Folgeerkrankungen davon, Stoffwechselstörungen, Verdauungsprobleme

Ergänzungsmittel

• Hypericum-Injeel	Nerven- und Gehirnverletzungen, Nervenschmerzen bei und nach Verletzungen, Tierbisse, Commotio cerebri, Zerebralsklerose, Photosensibilität, Schmerzen an den Nervenenden
• Urtica-Injeel	urtikarielle, juckende Dermatosen, Nesselausschläge, Berührungsempfindlichkeit, Verbrennungen
• Cantharis-Injeel	nervös, reizbar, berührungsempfindlich insbesondere am Bauch, Zittern und Unruhe, Verbrennungen, Blasenbildung
• Rhus Tox-Injeel	Rheuma und Neuralgien, Sehnen- und Bänderaffektionen, schlechter bei nasskaltem Wetter, Anlaufschmerzen, Folgen von Überanstrengung, Ekzeme mit Bläschenbildung
• Histamin-Injeel	allergische Erkrankungen, Asthma, Ekzeme und Dermatosen, nach Trauma

• Sulfur comp.-Heel	Dermatosen, Dermatitis, juckende und nässende Ekzeme, Pruritus, Urtikaria, „Reaktionsmittel" bei allen chronischen Krankheiten
• Cutis compositum	Basismittel bei Dermatosen verschiedener Genese, Ekzeme, Allergien, Dermatomykosen, Haarausfall
• Fagopyrum (D2, D6, D12)	hartnäckiger Juckreiz, vor allem an behaarten Stellen, Ekzeme, Urtikaria, Erythem, Lichtdermatosen
• Secale cornutum (D1–D30)	zerebrale Erregungszustände, Parästhesien, Durchblutungsstörungen an den distalen Extremitäten, schlecht heilende Geschwüre, trockenes Gangrän

PLEURITIS

Basismittel

• Bryaconeel	Neuralgien, akuter und chronischer Rheumatismus, Entzündungen seröser Häute, Parästhesien, fieberhafte Infektionen, Atemwegserkrankungen
• Apis-Homaccord	ödematöse, schmerzhafte Schwellungen, pustulöse und bullöse Ekzeme, Entzündungen mit Flüssigkeitsansammlung in Geweben und Körperhöhlen, Pleuraerguss
• Ranunculus-Homaccord	rheumatische Muskel- und Gelenkbeschwerden, besonders im Brustbereich, Interkostalneuralgien

Ergänzungsmittel

• Gripp-Heel	Grippe und grippale Infekte, Fieber, Gliederschmerzen, Entzündungen seröser Häute, Bronchitis, virale Erkrankungen
• Aconitum-Homaccord	grippale und katarrhalische Infekte, besonders im Prodromalstadium, Fieber mit heißer Haut und Unruhe, akute Entzündung
• Bryonia-Injeel	Entzündungen, beginnende Abszedierung, Bewegung verschlimmert, besser durch festen Druck auf die erkrankte Stelle, fibrinöse Pleuritis
• Belladonna-Homaccord	lokalisierte, akute und heftige Entzündungen, auch mit hohem Fieber, arterielle Pulsationen
• Husteel	Husten verschiedener Genese, spastische Bronchitis, Pleuritis
• Engystol	aktiviert die unspezifische Abwehr, virale Erkrankungen, reduziert Stressfolgen, „Umstimmung" bei Allergien und Dermatosen
• Echinacea compositum	bakterielle Infektionen verschiedener Organsysteme, Entzündungen, Fieber, auch prophylaktisch
• Lachesis compositum	septische Tendenz bei Entzündungen und Eiterungen, Phlegmone, Endometritis, Nachgeburtsverhaltung, trockenes Fieber
• Tartarus stibiatus-Injeel	Bronchitis, Pneumonie, Lungenemphysem, Husten mit Schleimrasseln, große Erschöpfung mit schnellem Kräfteverfall, Kreislaufschwäche
• Cantharis-Injeel	nervös, reizbar, berührungsempfindlich insbesondere am Bauch, Zittern und Unruhe, exsudative Diathese, Pleuritis
• Grippe-Nosode-Injeel	Folgen von Grippeerkrankungen, chronische Sinusitis, asthmatoide Beschwerden, anhaltende Heiserkeit, Erschöpfung, Müdigkeit

• Mucosa compositum	Schleimhauterkrankungen und -katarrhe verschiedener Art und Lokalisation, z.B. im Bereich der oberen und unteren Luftwege, regenerationsfördernd für Schleimhäute
• Abrotanum (D3–D30)	Abmagerung besonders an den Beinen trotz guten Appetits, Entwicklungsstörungen und verzögerte Rekonvaleszenz, Pleuritis
• Kalium jodatum (D1, D3)	Knochenschmerzen, Sinusitis, Periostitis, schleichend verlaufende Infektionen mit Verhärtungen im Gewebe, zur Resorption, nach Fieberphase

➔ Entzündungen

PNEUMONIE

Basismittel

• Echinacea compositum	bakterielle Infektionen verschiedener Organsysteme, Entzündungen, Fieber, auch prophylaktisch

kombiniert mit:

1. Stadium (Prodromalstadium):

• Aconitum-Homaccord	grippale und katarrhalische Infekte, besonders im Prodromalstadium, Beschwerden nach Schreck und kaltem Wind, Fieber mit heißer Haut und Unruhe
• Gripp-Heel	Grippe und grippale Infekte, Fieber, Gliederschmerzen, Entzündungen seröser Häute, Bronchitis, virale Erkrankungen

2. Stadium (Organmanifestation, präexsudativ):

• Belladonna-Homaccord	lokalisierte, akute und heftige Entzündungen, auch mit hohem Fieber, arterielle Pulsationen

3. Stadium (beginnende Exsudation):

• Gripp-Heel	Grippe und grippale Infekte, Fieber, Gliederschmerzen, Entzündungen seröser Häute, Bronchitis, virale Erkrankungen
• Bryaconeel	Neuralgien, akuter und chronischer Rheumatismus, Entzündungen seröser Häute, Parästhesien, fieberhafte Infektionen, Atemwegserkrankungen

4. Stadium (hepatisierendes Parenchym):

• Phosphor-Homaccord	petechiale Blutungen und Blutungsneigung, Laryngitis, Pharyngitis, Degeneration parenchymatöser Organe ➔ Konstitutionsmittel

Ergänzungsmittel

• Drosera-Homaccord	Husten auch mit Brechwürgen, Bronchiolitis, asthmatoide Bronchitis
• Tartephedreel	absteigende Entzündungen der Atemwege, Schleimrasseln, Krampfhusten, Bronchitis mit zähem Sekret, Asthma
• Bronchalis-Heel	Bronchitis, Bellhusten, nächtlicher Kitzelhusten, Husten mit Brechwürgen, Asthma, Husten beim Eintritt in warme Räume
• Engystol	aktiviert die unspezifische Abwehr, virale Erkrankungen, reduziert Stressfolgen, „Umstimmung" bei Allergien und Dermatosen

- Echinacea compositum — bakterielle Infektionen verschiedener Organsysteme, Entzündungen, Fieber, auch prophylaktisch
- Lachesis compositum — septische Tendenz bei Entzündungen und Eiterungen, Phlegmone, Endometritis, Nachgeburtsverhaltung, trockenes Fieber
- Aurumheel — vegetativ-funktionelle Herz- und Kreislaufstörungen, Hypotonie, Herzrhythmusstörungen
- Aletris comp.-Heel — Erschöpfungs- und Schwächezustände, Kollaps
- Veratrum-Homaccord — Dysenterie, Gastroenteritis mit und ohne Kolik, Kollapszustände mit zyanotischer oder blasser, kühler Haut
- Carbo compositum — Kreislaufversagen, arterielle Blutfülle im Gehirn, Kollapszustände, kalte Haut, Dyspnoe
- Mucosa compositum — Schleimhauterkrankungen und -katarrhe verschiedener Art und Lokalisation, z.B. im Bereich der oberen und unteren Luftwege, regenerationsfördernd für Schleimhäute
- Coenzyme compositum — regt blockierte enzymatische Abläufe insbesondere der Energiegewinnung an (Zitronensäurezyklus), degenerative oder chronische Erkrankungen
- Silicea-Injeel — chronische Eiterungen und Fistelbildungen, wirkt auf Bindegewebe, Bänder, Sehnen, Haut, Hautanhangsgebilde, schlechte Wundheilung, Regeneration der elastischen Fasern
  → Konstitutionsmittel
- Pulmo suis-Injeel — spezifischer Regulationseffekt auf Funktion und Struktur des entsprechenden Organs, Asthma, Emphysem
- Funiculus umbilicalis suis-Injeel — chronische Erkrankungen, Autoaggressionserkrankungen, Bindegewebsmittel, fördert die Gewebeausreifung und -regeneration, fördert die Resorption von Infiltraten
- Jodum (D3–D30) — Hyperthyreose, Struma, Abmagerung bei reichlicher Futteraufnahme, Drüsenschwellungen, Induration drüsiger Gewebe, chronische Entzündungen, Dyspnoe bei Pneumonie
- Ammonium jodatum D4 — hartnäckige Katarrhe der oberen Luftwege, kruppöse Bronchitis, eitriges Sekret, quälender, erstickender Husten

→ Atemwegserkrankungen; → Bronchopneumonie

PODODERMATITIS

Eitrige, adjuvant:

- Traumeel — Entzündungen verschiedener Genese und Lokalisation, Verletzungen, Wundbehandlung, auch postoperativ
- Echinacea compositum — bakterielle Infektionen verschiedener Organsysteme, Entzündungen, Fieber, auch prophylaktisch
- Lachesis compositum — septische Tendenz bei Entzündungen und Eiterungen, Phlegmone, Endometritis, Nachgeburtsverhaltung, trockenes Fieber
- Hepar sulfuris-Injeel — eiternde Prozesse unterschiedlicher Lokalisation, schmerzhaft, Abszesse vor Ausreifung, Resorption oder Einschmelzung, Überempfindlichkeit gegen Kälte und Luftzug

• Myristica sebifera-Injeel	Gewebsentzündung, Lymphadenitis, Phlegmone, Panaritium, Abszesse nach Ausreifung, „homöopathisches Messer"
• Silicea-Injeel	chronische Eiterungen und Fistelbildungen, wirkt auf Bindegewebe, Bänder, Sehnen, Haut, Hautanhangsgebilde, schlechte Wundheilung, Verbesserung der Hornqualität ➔ Konstitutionsmittel
• Cruroheel	Fisteleiterungen, Knochenfisteln, Ulcus cruris, Bindegewebsschwäche, chronische Eiterungen, scharfe Sekrete, Entzündungen der distalen Extremitäten
• Abropernol	Ekzeme, Erythem, Hyperhidrosis, Hyperkeratosen, Haut spröde und rissig, Rhagaden, Warzen, Polypen
• Coenzyme compositum	regt blockierte enzymatische Abläufe insbesondere der Energiegewinnung an (Zitronensäurezyklus), degenerative oder chronische Erkrankungen
• Galium-Heel / Galium comp.-Heel	Immunmodulation bei chronischen Erkrankungen verschiedener Genese, Präkanzerosen, „Zellreinigung"
• Lymphomyosot	„Mesenchymentschlackung", Lymphatismus, Lymphödeme, Drüsenschwellungen, Tonsillarhypertrophie, Nachbehandlung bei eitrigen Entzündungen

Nicht eitrige ➔ Hufrehe

PODOTROCHLOSE

Basismittel

Frühstadium (noch keine Röntgenbefunde):

• Traumeel	Entzündungen verschiedener Genese und Lokalisation, Verletzungen, Wundbehandlung, auch postoperativ
+ Zeel	degenerative und rheumatische Gelenkerkrankungen, Arthrose, Polyarthrose, Spondylarthrose

Verabreichung: zusammen 2-mal wöchentlich

oral:

• Traumeel	Entzündungen verschiedener Genese und Lokalisation, Verletzungen, Wundbehandlung, auch postoperativ

Verabreichung: 1- bis 2-mal täglich über Wochen, kurmäßige Wiederholung

Spätstadium (Röntgenbefunde positiv):

• Zeel	degenerative und rheumatische Gelenkerkrankungen, Arthrose, Polyarthrose, Spondylarthrose
+ Osteoheel	Ostitis, Periostitis, Exostosen, nächtliche Knochenschmerzen, neuralgische Schmerzen, Gelenkknacken, Osteochondrose

Verabreichung: im täglichen Wechsel über längere Zeit, kurmäßige Wiederholung

• Traumeel	Entzündungen verschiedener Genese und Lokalisation, Verletzungen, Wundbehandlung, auch postoperativ, bei starker Lahmheit zusätzlich

Ergänzungsmittel

• Symphytum-Injeel	„Arnika der Knochen", beschleunigt die Kallusbildung, fördert den Knochenstoffwechsel, Periostitis
• Hekla Lava-Injeel	nutritive und infektiöse Störungen von Knochen und Knochenhaut, Exostosen an den Bandansätzen
• Asa foetida-Injeel	nächtliche Knochenschmerzen, auch bei Fisteln, Überempfindlichkeit
• Calcium carbonicum-Injeel	Jungtiermittel, Drüsenschwellungen, Schleimhautkatarrhe, Polypenbildung und Ulzerationen, Milchschorf, Kalkstoffwechselstörungen, verzögerte Entwicklung → Konstitutionsmittel
• Calcium fluoratum-Injeel	Bindegewebsschwäche, „Knochenkaries", Knochenfisteln, Exostosen, steinharte Drüsenschwellungen, wirkt auf Sehnen und Bänder
• Silicea-Injeel	chronische Eiterungen und Fistelbildungen, wirkt auf Bindegewebe, Bänder, Sehnen, Haut, Hautanhangsgebilde, schlechte Wundheilung → Konstitutionsmittel
• Os suis-Injeel	spezifischer Regulationseffekt auf Funktion und Struktur des entsprechenden Organs, Osteomalazie, Rachitis, Osteoporose, Exostosen, Periostitis
• Ginkgo biloba D4, D6	periphere Durchblutungsstörungen, schlimmer bei nervöser Erregung, eiskalte Extremitäten
• Harpagophytum D4, D6	Hüftgelenksdysplasie, chronische Prozesse mit Knochenwucherungen, Exostosen, Podotrochlose

POLYARTHRITIS adjuvant

Akut:

Basismittel	
• Belladonna-Homaccord	lokalisierte, akute und heftige Entzündungen, auch mit hohem Fieber, arterielle Pulsationen, Gelenke geschwollen, heiß, schmerzhaft
+ Echinacea compositum	bakterielle Infektionen verschiedener Organsysteme, Entzündungen, Fieber, auch prophylaktisch, schmerzhafte Gelenkbeschwerden

Verabreichung: zusammen 1- bis 2-mal täglich

Ergänzungsmittel

• Traumeel	Entzündungen verschiedener Genese und Lokalisation, Verletzungen, Wundbehandlung, auch postoperativ
• Apis-Homaccord	ödematöse, schmerzhafte Schwellungen, pustulöse und bullöse Ekzeme, Entzündungen mit Flüssigkeitsansammlung in Geweben und Körperhöhlen, Lahmheit mit entzündlich-heißem Ödem
• Lachesis compositum	septische Tendenz bei Entzündungen und Eiterungen, Phlegmone, Endometritis, Nachgeburtsverhaltung, trockenes Fieber
• Bryonia-Injeel	Entzündungen, beginnende Abszedierung, Bewegung verschlimmert, besser durch festen Druck auf die erkrankte Stelle

• Rhododendroneel	rheumatische Beschwerden, Polyarthritis insbesondere der kleinen Gelenke, Nervenschmerzen, Gicht, Verschlechterung bei und vor Nasswetter
• Colocynthis-Homaccord	Neuralgien verschiedener Genese und Lokalisation, Osteochondrose, Ischialgie, plötzlich einschießende Schmerzen, Parästhesien
• Phytolacca-Injeel	Mastitis, Milchstau, Hypo- und Hypergalaktie, Schwellung oder Verhärtung von Drüsen oder drüsigen Organen, Entzündung kleiner Gelenke
• Streptococcus haemolyticus-Injeel	Angina, Neigung zu Tonsillarabszessen, Otitis media, Empyeme, Osteomyelitis, Autoaggressionserkrankungen mit Verdacht auf Streptokokkenbeteiligung
• Abrotanum (D3–D30)	Abmagerung besonders an den Beinen trotz guten Appetits, Polyarthritis mit starken Schmerzen vor der Schwellung
• Acidum benzoicum D3–D6	Tendovaginitis, Polyarthritis

Chronisch:

• Zeel	degenerative und rheumatische Gelenkerkrankungen, Arthrose, Polyarthrose, Spondylarthrose, Prophylaxe degenerativer Gelenkprozesse
• Discus compositum	Osteochondrose, Arthritis und Arthrose besonders des Hüftgelenks, neuralgisch-rheumatische Erkrankungen im Bereich der Wirbelsäule, Exostosen, nächtliche Knochenschmerzen
• Discus compositum N mit Kalmia	Gelenk- und Bindegewebserkrankungen, z.B. Arthritis, Arthrose, Periarthritis, Erkrankungen der Sehnen, Bänder und der Knochenhaut, besonders Kniegelenk
• Cruroheel	Fisteleiterungen, Knochenfisteln, Ulcus cruris, Bindegewebsschwäche, chronische Eiterungen, scharfe Sekrete
• Kalium bichromicum-Injeel	zähe, strähnige Absonderungen aller Schleimhäute, chronische Katarrhe der Nase und des Ohrs, tief fressende Ulzera der Schleimhäute, subakute Polyarthritis, Gelenke bleiben gefüllt
• Galium-Heel / Galium comp.-Heel	Immunmodulation bei chronischen Erkrankungen verschiedener Genese, Präkanzerosen, „Zellreinigung"
• Lithiumeel comp.	Gicht, harnsaure Diathese, rheumatische Erkrankungen, Schulter-Arm-Syndrom, Bänderschwäche, Krepitation, besonders am Hüftgelenk
• Streptococcus haemolyticus-Injeel	Angina, Neigung zu Tonsillarabszessen, Otitis media, Empyeme, Osteomyelitis, Autoaggressionserkrankungen mit Verdacht auf Streptokokkenbeteiligung
• Os suis-Injeel	spezifischer Regulationseffekt auf Funktion und Struktur des entsprechenden Organs, Osteomalazie, Rachitis, Osteoporose, Exostosen, Periostitis
• Cartilago suis-Injeel	spezifischer Regulationseffekt auf Funktion und Struktur des entsprechenden Organs, Arthrosis deformans
• Mercurius salicylicus	Polyarthritis, Nachbehandlung gefüllter Gelenke
• Harpagophytum (D2–D6)	Hüftgelenksdysplasie, chronische Prozesse mit Knochenwucherungen, Exostosen, Schale

POLYPEN

• Calcium carbonicum-Injeel	Jungtiermittel, Drüsenschwellungen, Schleimhautkatarrhe, Polypenbildung und Ulzerationen, Milchschorf, Kalkstoffwechselstörungen, verzögerte Entwicklung ➔ Konstitutionsmittel
• Psorinum-Injeel	chronische Ekzeme und sonstige Hautausschläge, starker Juckreiz, auch wechselnd mit Asthma, Wärme verschlechtert, übler Geruch, chronische Entzündungen
• Barijodeel	Lymphatismus, Globusgefühl, Drüsenschwellung, Lymphknotenhypertrophie, Nasenpolypen
• Thuja-Injeel	Neigung zu proliferativen Prozessen an Haut und Schleimhäuten, Impffolgen ➔ Konstitutionsmittel
• Silicea-Injeel	chronische Eiterungen und Fistelbildungen, wirkt auf Bindegewebe, Bänder, Sehnen, Haut, Hautanhangsgebilde, schlechte Wundheilung, Polypen der Nase ➔ Konstitutionsmittel
• Sanguinaria-Injeel	sehr heiße Haut, Aknepusteln, umschriebene rote Flecken, Polypen
• Hydrastis-Injeel	dicke, zähe, strähnige, gelb-weißliche Absonderungen aller Schleimhäute, Metrorrhagien, Stomatitis aphthosa, Schwäche, Kachexie, Polypen
• Euphorbium compositum	akute und chronische Rhinitis und Sinusitis, Ohrtubenkatarrh, Polypen
• Naso-Heel	akute und chronische Rhinitis, Sinusitis, Pharyngitis, Laryngitis, Tonsillitis, atrophische Rhinitis, trockene Schleimhäute mit Borken und Krusten, Nasenpolypen
• Graphites-Homaccord	chronische Ekzeme, trocken oder seborrhoisch, honigartiges Sekret, Fissuren, Borken, Schwielen, Neigung zu Adipositas, Trägheit, Verstopfung, Polypen ➔ Konstitutionsmittel
• Phosphor-Homaccord	petechiale Blutungen und Blutungsneigung, Laryngitis, Pharyngitis, Degeneration parenchymatöser Organe, Stimmbandpolypen ➔ Konstitutionsmittel
• Galium-Heel / Galium comp.-Heel	Immunmodulation bei chronischen Erkrankungen verschiedener Genese, Präkanzerosen, „Zellreinigung"
• Lymphomyosot	„Mesenchymentschlackung", Lymphatismus, Lymphödeme, Drüsenschwellungen, Tonsillarhypertrophie, „adenoide Vegetationen"
• Mucosa compositum	Schleimhauterkrankungen und -katarrhe verschiedener Art und Lokalisation, z.B. im Bereich der oberen und unteren Luftwege, sowie an Auge und Ohr, regenerationsfördernd für Schleimhäute
• Polypus nasalis-Injeel	Polypen der Nase und Nasennebenhöhlen, Lymphatismus, „adenoide Vegetationen"

PROLAPS ANI

• Mercurius sublimatus corrosivus-Injeel	Suppurationen, Abszesse, Gingivitis, Stomatitis, Iritis, Blepharokonjunktivitis, Keratitis profunda, Vorfall mit Entzündung des Enddarms, Pressreiz
+ Podophyllum compositum	Katarrhe des Dickdarms, Pankreopathien, Darmkoliken, wässriger, gelblicher oder grünlicher, unverdauter Kot, Colitis mucosa et ulcerosa, auch chronisch, Hydrantenstuhl
• Ruta-Injeel	Folgen stumpfer Verletzungen, Ganglion, Periostitis, venöse Stauungen, Folgen von körperlicher Überanstrengung, Schlaffheit des Mastdarms
• Veratrum-Homaccord	Dysenterie, Gastroenteritis mit und ohne Kolik, Kollapszustände mit zyanotischer oder blasser, kühler Haut
• Nux vomica-Homaccord	Funktionsstörungen von Magen, Darm und Leber, Spasmen, Meteorismus, Beschwerden nach Überreizung
• Ignatia-Injeel	Hysterie, nervöse Erschöpfungszustände, vegetative Dystonie, Überempfindlichkeit gegen Schmerzen und Gerüche, absurde Symptome, unduldsam und streitsüchtig, Vorfall mit zusammenziehenden, heftigen Schmerzen ➔ Konstitutionsmittel
• Sepia-Injeel	Brunstschwäche, nervöse Erschöpfung, Reizbarkeit, meist älter, hager, Fertilitätsstörungen, Bindegewebe schlaff, lassen auch in der Brunst kein Belegen zu, Mastdarmvorfall ➔ Konstitutionsmittel
• Hydrastis-Injeel	dicke, zähe, strähnige, gelb-weißliche Absonderungen aller Schleimhäute, Metrorrhagien, Stomatitis aphthosa, Schwäche, Kachexie, Rektumprolaps
• Mucosa compositum	Schleimhauterkrankungen und -katarrhe verschiedener Art und Lokalisation, z.B. im Verdauungstrakt mit und ohne Ulkus, regenerationsfördernd für Schleimhäute
• Silicea-Injeel	chronische Eiterungen und Fistelbildungen, wirkt auf Bindegewebe, Bänder, Sehnen, Haut, Hautanhangsgebilde, schlechte Wundheilung ➔ Konstitutionsmittel

PROLAPS UTERI Nachbehandlung

• Lilium compositum Heel	entzündliche Prozesse der weiblichen Geschlechtsorgane, Adnexitis, Para-, Myo- und Endometritis, Kolpitis, Ovariitis, Ovarialzysten, Fluor albus, Myombildung, Uterusprolaps
• Hormeel	funktionelle Störungen im weiblichen Zyklus, Sterilität, Brunstlosigkeit, Fluor albus, endokrine Dysfunktionen
• Lachesis compositum	septische Tendenz bei Entzündungen und Eiterungen, Phlegmone, Endometritis, Nachgeburtsverhaltung, trockenes Fieber
• Metro-Adnex-Injeel	Adnexitis, Para-, Myo- und Endometritis, Vaginitis, Dysmenorrhö, Ovariitis, Uterussenkung, Fluor albus, Uteruskrämpfe
• Aletris comp.-Heel	Erschöpfungs- und Schwächezustände, Bindegewebszustände, Utersuprolaps

• Sepia-Injeel	Brunstschwäche, nervöse Erschöpfung, Reizbarkeit, meist älter, hager, Fertilitätsstörungen, Bindegewebe schlaff, lassen auch in der Brunst kein Belegen zu, atonisch ➔ Konstitutionsmittel
• Silicea-Injeel	chronische Eiterungen und Fistelbildungen, wirkt auf Bindegewebe, Bänder, Sehnen, Haut, Hautanhangsgebilde, schlechte Wundheilung ➔ Konstitutionsmittel
• Mucosa compositum	Schleimhauterkrankungen und -katarrhe verschiedener Art und Lokalisation, z.B. in den Geschlechtsorganen, regenerationsfördernd für Schleimhäute
• Uterus suis-Injeel	spezifischer Regulationseffekt auf Funktion und Struktur des entsprechenden Organs, weibliche Sterilität, degenerative Erkrankungen des Uterus
• Helonias dioica D2	Uterussenkung, Fluor dunkel und übel riechend, Vaginitis, Uterusprolaps, Subinvolution nach Geburt
• Lilium tigrinum D4	Fluor albus, übermäßiger Geschlechtstrieb (weibliche Tiere), hochgradige Reizbarkeit, ständiger Kot- und Harndrang, Ruhelosigkeit
• Aristolochia D15	primäre und sekundäre Brunstlosigkeit, Sterilität, Lochialstau, Fluor, Zyklusstörungen, Nachgeburtsverhaltung

PROLAPS VAGINAE

• Lilium compositum Heel	entzündliche Prozesse der weiblichen Geschlechtsorgane, Adnexitis, Para-, Myo- und Endometritis, Kolpitis, Ovariitis, Ovarialzysten, Fluor albus, Myombildung, Uterusprolaps
• Hormeel	funktionelle Störungen im weiblichen Zyklus, Sterilität, Brunstlosigkeit, Fluor albus, endokrine Dysfunktionen
• Sepia-Injeel	Brunstschwäche, nervöse Erschöpfung, Reizbarkeit, meist älter, hager, Fertilitätsstörungen, Bindegewebe schlaff, lassen auch in der Brunst kein Belegen zu, atonisch ➔ Konstitutionsmittel
• Metro-Adnex-Injeel	Adnexitis, Para-, Myo- und Endometritis, Vaginitis, Dysmenorrhö, Ovariitis, Uterussenkung, Fluor albus, Uteruskrämpfe
• Silicea-Injeel	chronische Eiterungen und Fistelbildungen, wirkt auf Bindegewebe, Bänder, Sehnen, Haut, Hautanhangsgebilde, schlechte Wundheilung ➔ Konstitutionsmittel
• Helonias dioica D2	Uterussenkung, Fluor dunkel und übel riechend, Vaginitis, Uterusprolaps, Subinvolution nach Geburt
• Lilium tigrinum D4	Fluor albus, übermäßiger Geschlechtstrieb (weibliche Tiere), hochgradige Reizbarkeit, ständiger Kot- und Harndrang, Ruhelosigkeit
• Aristolochia D15	primäre und sekundäre Brunstlosigkeit, Sterilität, Lochialstau, Fluor, Zyklusstörungen, Nachgeburtsverhaltung

PROPHYLAXE VERSCHIEDENER ERKANKUNGEN

Rind:
Puerperalkomplikationen → Endometritis; → Retentio secundinarum; → Geburtsstörungen; → Geburtsverletzungen; Stoffwechselprobleme peripartal: → Stoffwechselstörungen

Pferd:
Transportstress → Fahrkrankheit; **Sarkoid, Rezidivprophylaxe →** Sarkoid

Kleintier:
Prophylaxe bei Impfunverträglichkeiten → Impfreaktionen; **Transportstress →** Fahrkrankheit; **Megakolon Katze →** Obstipation; **Tumorprophylaxe nach Operation →** Tumore; **Tumorrezidive →** Tumore

Heimtier:
Blähsucht → Tympanie

Vogel:
Gichtprophylaxe → Gicht; **→** Legenot

PROSTATAHYPERTROPHIE

• Sabal-Homaccord	Prostataadenom, Zystitis, Miktionsbeschwerden, Harnträufeln, Reizblase (Sabal serrulatum = „homöopathischer Katheter")
+ Solidago comp. Cosmoplex (Cosmochema)	Reizungen und Entzündungen der Harnwege, regt die Harnbildung an
• Berberis-Homaccord	Reiz- und Entzündungszustände im Urogenitaltrakt und in den Gallenwegen, mit und ohne Konkremente, Gallen- und Nierenkoliken
• Conium-Injeel	Altersmittel, Gedächtnisschwäche, Ataxie, steinharte Knoten und Neoplasien, Verhärtung drüsiger Organe, Prostatahypertrophie
• Agnus castus-Injeel	Sexualschwäche, Impotenz, Kälte der Genitalien, nach zu häufigem oder seltenem Deckeinsatz, Prostatabeschwerden bei älteren Tieren
• Prostata suis-Injeel	spezifischer Regulationseffekt auf Funktion und Struktur des entsprechenden Organs, Prostataadenom, Störungen der Miktion und der Potenz, Zwischenmittel
• Solidago virgaurea-Injeel	chronische Nephritis, Nephrolithiasis, Niereninsuffizienz, Harnwegsinfekte mit Dysurie, Druckempfindlichkeit der Nierengegend, Hautausschläge als Folge von Nierenerkrankungen
• Cantharis compositum	Blasenentzündung, Nierenbeckenentzündung, Nierenentzündung, Blasentenesmen, Harnzwang, Brennen in der Urethra nach der Miktion, Hämaturie
• Solidago compositum	akute und chronische Erkrankungen der Nieren und Harnwege, Zystitis, Nephrolithiasis, Hydronephrose, funktionelle Unterstützung der Nieren
• Asthma-Nosode-Injeel	empirisch bewährt bei Harnträufeln
• Glyoxal compositum	regt blockierte Fermentsysteme an, degenerative Erkrankungen, gestörte Drüsenfunktionen, Tumorerkrankungen, steinharte Knoten in der Prostata
• Ovarium compositum	Störungen der Ovarfunktion, unterstützend bei Endometritis, HVL-Insuffizienz bei weiblichen Tieren, Ovarialzysten, ältere Tiere, maligne Prostataentartung

• Acidum nitricum-Injeel	Urin spärlich, dunkelbraun, trüb, riecht nach Pferdeharn, häufiger Harndrang, Niereninsuffizienz
• Staphisagria-Injeel	brennende, juckende Hautausschläge, ärgerlich, reizbar, Angstaggression, nach Misshandlungen oder Demütigungen, sexuelle Erregung, Folgen von Schnittverletzungen (Operation), Prostatabeschwerden, Restharn
• Selenium-Homaccord	Konzentrationsschwäche, Erschöpfungszustände, zerebrale Leistungsschwäche, Durchblutungsstörungen, Prostatahypertrophie, Harnträufeln
• Ferrum picrinicum D4, D6	erstes Stadium des Prostataadenoms, nervöse Erschöpfungszustände
• Origanum D6, D30	übermäßiger Geschlechtstrieb, Onanie, beim Rüden mit großer Erregung, Aufreiten
• Magnesium chloratum (D3–C200)	Prostatahypertrophie, Harnverhalten oder Blasenschwäche, knolliger Stuhl (Schafskot)
• Pareira brava D4	ständiger Harndrang, heftige Schmerzen beim Urinieren, schleimiger, dicker, dunkler Urin, Harnretention bei Prostatahypertrophie
• Lilium tigrinum D4	Fluor albus, übermäßiger Geschlechtstrieb (weibliche Tiere), hochgradige Reizbarkeit, ständiger Kot- und Harndrang, milchiger Urin, Prostatitis nach unterdrückter Sexualität

PROSTATITIS

Basismittel

parenteral: • Belladonna-Homaccord	lokalisierte, akute und heftige Entzündungen, auch mit hohem Fieber, arterielle Pulsationen
+ Sabal-Homaccord	Prostataadenom, Zystitis, Miktionsbeschwerden, Harnträufeln, Reizblase (Sabal serrulatum = „homöopathischer Katheter")
oral: • Traumeel	Entzündungen verschiedener Genese und Lokalisation, Verletzungen, Wundbehandlung, auch postoperativ

Verabreichung: Tropfen oder Tabletten stündlich

Ergänzungsmittel

• Thuja-Injeel	Neigung zu proliferativen Prozessen an Haut und Schleimhäuten, Impffolgen, Prostatitis mit Zystitis und Urethritis, blutiger Urin → Konstitutionsmittel
• Pulsatilla-Injeel	alle Funktionen des Geschlechtsapparates sind verzögert und verlangsamt, ältere Tiere, grün-gelbliches Sekret, dick und rahmig, mild, Prostata schmerzhaft → Konstitutionsmittel
• Bryonia-Injeel	Entzündungen, beginnende Abszedierung, Bewegung verschlimmert, besser durch festen Druck auf die erkrankte Stelle, späteres Akutstadium
• Lachesis compositum	septische Tendenz bei Entzündungen und Eiterungen, Phlegmone, Endometritis, Nachgeburtsverhaltung, trockenes Fieber
• Psorinum-Injeel	chronische Urethritis, Restharnbildung bei Prostataerkrankungen

• Staphisagria-Injeel	brennende, juckende Hautausschläge, ärgerlich, reizbar, Angstaggression, nach Misshandlungen oder Demütigungen, sexuelle Erregung, Folgen von Schnittverletzungen (Operation), Prostataabszess, Restharn
• Pareira brava D4	ständiger Harndrang, heftige Schmerzen beim Urinieren, schleimiger, dicker, dunkler Urin, Harnretention bei Prostatahypertrophie
• Aristolochia (D12, C30, C200)	primäre und sekundäre Brunstlosigkeit, Sterilität, Lochialstau, Fluor, Zyklusstörungen, Prostatitis, Epididymitis
• Lilium tigrinum D4	Fluor albus, übermäßiger Geschlechtstrieb (weibliche Tiere), hochgradige Reizbarkeit, ständiger Kot- und Harndrang, milchiger Urin, Prostatitis nach unterdrückter Sexualität

➔ Entzündungen

PRURITUS

Basismittel

parenteral:

• Cutis compositum	Basismittel bei Dermatosen verschiedener Genese, Ekzeme, Allergien, Dermatomykosen, Haarausfall
+ Coenzyme compositum	regt blockierte enzymatische Abläufe insbesondere der Energiegewinnung an (Zitronensäurezyklus), degenerative oder chronische Erkrankungen

Verabreichung: zusammen 2-mal wöchentlich

oral:

• Sulfur comp.-Heel	Dermatosen, Dermatitis, juckende und nässende Ekzeme, Pruritus, Urtikaria, „Reaktionsmittel" bei allen chronischen Krankheiten

Verabreichung: 1- bis 2-mal täglich eingeben

Bei starkem Juckreiz, allergischer Ursache:

parenteral:

• Histamin-Injeel	allergische Erkrankungen, Asthma, Ekzeme und Dermatosen, nach Trauma, isopathisch
+ Urtica-Injeel	urtikarielle, juckende Dermatosen, Nesselausschläge, Berührungsempfindlichkeit, harnsaure Diathese
+ Acidum formicicum-Injeel	allgemeines „Umstimmungsmittel" bei Asthma, Allergien und Ekzemen, bei allen zellulären Phasen

Verabreichung: zusammen 2-mal wöchentlich (bei allergischer Ursache mit Eigenblut)

oral:

• Sulfur comp.-Heel	Dermatosen, Dermatitis, juckende und nässende Ekzeme, Pruritus, Urtikaria, „Reaktionsmittel" bei allen chronischen Krankheiten

Verabreichung: täglich

• ggf. Auto-Sanguis-Stufentherapie

Zur Nachbehandlung ➔ „Ausleitung"

Ergänzungsmittel

• Engystol	aktiviert die unspezifische Abwehr, virale Erkrankungen, reduziert Stressfolgen, „Umstimmung" bei Allergien und Dermatosen
• Hautfunktionstropfen / Hautfunktionstabletten (Cosmochema)	Erkrankungen der Haut, Alopezie, chronische Ekzeme
• Psorinum-Injeel	chronische Ekzeme und sonstige Hautausschläge, starker Juckreiz, auch wechselnd mit Asthma, Wärme verschlechtert, übler Geruch, chronische Entzündungen
• Carduus compositum	akute und chronische Leber- und Gallenerkrankungen, alle Folgeerkrankungen davon, Stoffwechselstörungen, Verdauungsprobleme, hepatogener Juckreiz
• Hepeel	akute und chronische Leber- und Gallenerkrankungen, alle Folgeerkrankungen davon, Stoffwechselstörungen, Verdauungsprobleme, hepatogener Juckreiz
• Schwef-Heel	Dermatosen, juckende Ekzeme, Pyodermie, Reaktions- und Resorptionsmittel ➔ Konstitutionsmittel (Sulfur)
• Mezereum-Homaccord	vesikulöse Ekzeme, Dermatosen, Herpes zoster, Neuralgien, Pruritus, ätzende Sekretionen, nächtliche Verschlimmerung
• Abropernol	Ekzeme, Erythem, Hyperhidrosis, Hyperkeratosen, Haut spröde und rissig, Rhagaden, Warzen, Pruritus
• Anacardium-Homaccord	Duodenalsyndrom, Ulcus duodeni, Vomitus, Hunger- und Nüchternschmerz, Heißhunger, Abmagern trotz Futteraufnahme, heftiges Hautjucken
• Dulcamara-Homaccord	„Nasswettermittel", rheumatische Erkrankungen, alle Beschwerden sind Folgen von oder schlechter bei Kälte und Nässe, juckende Ekzeme, juckende Warzen
• Graphites-Homaccord	chronische Ekzeme, trocken oder seborrhoisch, honigartiges Sekret, Fissuren, Borken, Schwielen, Neigung zu Adipositas, Trägheit, Verstopfung, Juckreiz in der Wärme ➔ Konstitutionsmittel
• Agnus castus-Injeel	Sexualschwäche, Impotenz, Kälte der Genitalien, nach zu häufigem oder seltenem Deckeinsatz, Pruritus genitalis
• Kreosotum-Injeel	Schleimhautkatarrhe mit ätzenden, übel riechenden Absonderungen, tief greifende Entzündungen der Schleimhäute, Ulzera, Fluor, Pruritus vulvae, Pruritus senilis
• Paeonia comp.-Heel	Ekzema, Pruritus und Fissura ani, Hämorrhoiden, trockene, rissige Haut, Ekzeme mit honiggelben Krusten, juckende und nässende Hautausschläge
• Ignatia-Injeel	Hysterie, nervöse Erschöpfungszustände, melancholisch, weinerlich, vegetative Dystonie, Überempfindlichkeit gegen Schmerzen und Gerüche, widersprüchliche Symptome ➔ Konstitutionsmittel

• Sepia-Injeel	Brunstschwäche, nervöse Erschöpfung, Reizbarkeit, meist älter, hager, Fertilitätsstörungen, Bindegewebe schlaff, lassen auch in der Brunst kein Belegen zu, starker Juckreiz und Ausschläge, besonders in den Gelenkbeugen, Wärme verschlimmert ➔ Konstitutionsmittel
• Ledum-Injeel	akuter und chronischer Gelenkrheumatismus, Muskelrheumatismus, Gicht, Besserung durch Kälte und Wasser, Stichverletzungen mit und ohne Eröffnung des Gelenks, hochgradige Schwellung, generalisierter Juckreiz
• Phytolacca-Injeel	Schwellung oder Verhärtung von Drüsen oder drüsigen Organen, Flechten, Pruritus
• FideSan Salbe (Cosmochema)	Entzündungen der Haut, Juckreiz, allergische Dermatosen
• Hormeel	funktionelle Störungen im weiblichen Zyklus, Sterilität, Brunstlosigkeit, Fluor albus, endokrine Dysfunktionen
• Ovarium compositum	Störungen der Ovarfunktion, unterstützend bei Endometritis, HVL-Insuffizienz bei weiblichen Tieren, Ovarialzysten, ältere Tiere, hormonelle Ursache bei weiblichen Tieren
• Testis compositum	regt die männlichen Organfunktionen an, Impotenz, Erschöpfungszustände aller Art, Regulation vegetativer Steuerungsfunktionen, Geriatrie
• Fagopyrum (D2, D6, D12)	hartnäckiger Juckreiz, vor allem an behaarten Stellen, Ekzeme, Urtikaria, Erythem
+ Dolichos pruriens (D3–D12, C30, C200)	unerträglicher Juckreiz ohne Hautveränderungen, Pruritus senilis, ikterischer Juckreiz, Pruritus in der Trächtigkeit
• Agaricus (D4–C1000)	ekstatische Zustände, Ataxie, Pruritus, auch sine materia
• Hedera helix (D4–C30)	Hyperthyreose, Struma, Abmagerung bei reichlicher Futteraufnahme oder völlige Appetitlosigkeit, Übelkeit und Erbrechen, Ruhelosigkeit, ständiger Durst, Juckreiz
• Kalium arsenicosum (D3–D30)	chronische Ekzeme, trockene, schlaffe Haut, Papeln mit weißen Schuppen, Risse in Gelenkbeugen, Pruritus in der Wärme

➔ Allergien; ➔ Urtikaria

PSYCHOGENE ALOPEZIE

Therapieversuch

• Cerebrum compositum	Entwicklungs- und Verhaltensstörungen, Hirnfunktionsstörungen, vegetative Dystonie, Geriatrie, zur Geweberegeneration

Verabreichung: 2-mal wöchentlich

• Ignatia-Homaccord	Hysterie, vegetative Dystonie, trockener, spastischer, anfallsweiser Husten, wenig Schleim, abends schlechter, Folgen von Kummer ➔ Konstitutionsmittel

Verabreichung: täglich bis jeden 2. Tag

• Phosphor-Homaccord	Laryngitis, Pharyngitis, sehr lebhaft, leicht ärgerlich, furchtsam, besonders beim Alleinsein, Überempfindlichkeit gegen äußere Einflüsse ➔ Konstitutionsmittel

➔ Leckgranulom

PUSTELN

• Cutis compositum	Basismittel bei Dermatosen verschiedener Genese, Ekzeme, Allergien, Dermatomykosen, Haarausfall
• Mercurius-Heel	entzündliche und eitrige Erkrankungen der Haut und anderer Organe
• Traumeel	Entzündungen verschiedener Genese und Lokalisation, Verletzungen, Wundbehandlung, auch postoperativ
• Mezereum-Homaccord	vesikulöse Ekzeme, Dermatosen, Herpes zoster, Neuralgien, Pruritus, ätzende Sekretionen, nächtliche Verschlimmerung
• Ranunculus-Homaccord	rheumatische Muskel- und Gelenkbeschwerden, besonders im Brustbereich, Interkostalneuralgien, Herpes zoster, Bläschenausschläge der Haut
• Sulfur comp.-Heel	Dermatosen, Dermatitis, juckende und nässende Ekzeme, Pruritus, Urtikaria, „Reaktionsmittel" bei allen chronischen Krankheiten
• Kalium bichromicum-Injeel	zähe, strähnige Absonderungen aller Schleimhäute, chronische Katarrhe der Nase und des Ohrs, Pusteln auf heißer Haut

➔ Dermatitis; ➔ Ekzeme

PYELONEPHRITIS

Basismittel

Großtier:

parenteral:

• Cantharis compositum	Blasenentzündung, Nierenbeckenentzündung, Nierenentzündung, Blasentenesmen, Harnzwang, Brennen in der Urethra nach der Miktion, Hämaturie
+ Berberis-Homaccord	Reiz- und Entzündungszustände im Urogenitaltrakt und in den Gallenwegen, mit und ohne Konkremente, Gallen- und Nierenkoliken
+ Echinacea compositum	bakterielle Infektionen verschiedener Organsysteme, Entzündungen, Fieber, auch prophylaktisch

Verabreichung: zusammen täglich

oral:

• Berberis-Homaccord	Reiz- und Entzündungszustände im Urogenitaltrakt und in den Gallenwegen, mit und ohne Konkremente, Gallen- und Nierenkoliken

Kleintier:

parenteral:

• Solidago compositum	akute und chronische Erkrankungen der Nieren und Harnwege, Zystitis, Nephrolithiasis, Hydronephrose, funktionelle Unterstützung der Nieren
+ Echinacea compositum	bakterielle Infektionen verschiedener Organsysteme, Entzündungen, Fieber, auch prophylaktisch

Verabreichung: zusammen täglich

oral:	
• Reneel	akute und chronische Nieren- und Blasenleiden, Nephrolithiasis, Urethritis, Albuminurie, Blutungsneigung
+ Belladonna-Homaccord	lokalisierte, akute und heftige Entzündungen, auch mit hohem Fieber, arterielle Pulsationen

Verabreichung: zusammen 3- bis 4-mal täglich

Ergänzungsmittel

• Lachesis compositum	septische Tendenz bei Entzündungen und Eiterungen, Phlegmone, Endometritis, Nachgeburtsverhaltung, trockenes Fieber
• Hepar sulfuris-Injeel	eiternde Prozesse unterschiedlicher Lokalisation, schmerzhaft, Abszesse vor Ausreifung, Überempfindlichkeit gegen Kälte und Luftzug, Entzündungen und Eiterungen in den Harnwegen, Blut oder Eiterflocken im Harn
• Mercurius solubilis Hahnemanni-Injeel	beginnende Suppuration, Abszesse in Anbildung, akute, schmerzhafte Entzündungen im Bindegewebe und in verschiedenen Organen
• Belladonna-Homaccord	lokalisierte, akute und heftige Entzündungen, auch mit hohem Fieber, arterielle Pulsationen
• Lycopodium-Injeel	Leber- und Gallenstörungen, satt nach wenigen Bissen, hager, Ausschwemmung von Nieren- und Harnleitersand, verhindert Neubildung ➔ Konstitutionsmittel
• Silicea-Injeel	chronische Eiterungen und Fistelbildungen, wirkt auf Bindegewebe, Bänder, Sehnen, Haut, Hautanhangsgebilde, schlechte Wundheilung ➔ Konstitutionsmittel
• Arsenicum album-Injeel	akute und chronische Entzündungen an Augen, Atemwegen, Verdauungs- und Harnapparat, Organdegeneration, Abmagerung, mitternächtliche Unruhe ➔ Konstitutionsmittel
• Bacterium coli-Injeel	chronische und chronisch-rezidivierende Erkrankungen, Zystitis mit trübem, übel riechendem Urin, Adnexitis
• Ren suis-Injeel	spezifischer Regulationseffekt auf Funktion und Struktur des entsprechenden Organs, Hydronephrose, Zystitis, Pyelitis, chronische Glomerulonephritis, Ödeme
• Pyelon suis-Injeel	spezifischer Regulationseffekt auf Funktion und Struktur des entsprechenden Organs, Hydronephrose, chronische Pyelitis, Nephrolithiasis, Nephrose, Urämie
• Acidum benzoicum D3–D6	Tendovaginitis, Polyarthritis, Nierenkolik, Blasenkatarrhe mit eitrig-schleimigem Sekret, Urin dunkel, rot oder braun, heiß, riecht bei allen Tieren nach Pferdeharn
• Flor de piedra D6	Hypo- und Hyperthyreose, Hepatitis, Hepatose, venöse Durchblutungsstörungen, alle Funktionen verlangsamt, Leber- und Nierenmittel bei der Katze

PYODERMIE ggf. adjuvant

Basismittel

• Echinacea compositum	bakterielle Infektionen verschiedener Organsysteme, Entzündungen, Fieber, auch prophylaktisch

Verabreichung: 1-mal täglich über 5 Tage, dann 5 Tage Pause, dann erneut 1-mal täglich über 5 Tage

Ergänzungsmittel

• Traumeel	Entzündungen verschiedener Genese und Lokalisation, Verletzungen, Wundbehandlung, auch postoperativ
• Staphylococcus-Injeel	chronisch und chronisch-rezidivierende Erkrankungen, Pyodermie, Panaritium, Phlegmone, Erkrankungen mit Verdacht auf Staphylokokkenbeteiligung
• Psorinum-Injeel	chronische Ekzeme und sonstige Hautausschläge, starker Juckreiz, auch wechselnd mit Asthma, Wärme verschlechtert, übler Geruch, chronische Entzündungen
• Mercurius solubilis Hahnemanni-Injeel	beginnende Suppuration, Abszesse in Anbildung, akute, schmerzhafte Entzündungen im Bindegewebe und in verschiedenen Organen, nässende Dermatosen
• Hepar sulfuris-Injeel	eiternde Prozesse unterschiedlicher Lokalisation, schmerzhaft, Abszesse vor Ausreifung, Überempfindlichkeit gegen Kälte und Luftzug
• Hepar comp. Heel	akute und chronische Leber-Galle-Affektionen, regt die Leberfunktion an, unterstützende Behandlung von Dermatosen verschiedener Genese
• Coenzyme compositum	regt blockierte enzymatische Abläufe insbesondere der Energiegewinnung an (Zitronensäurezyklus), degenerative oder chronische Erkrankungen
• Hautfunktionstropfen / Hautfunktionstabletten (Cosmochema)	Erkrankungen der Haut, Alopezie, chronische Ekzeme
• Cutis compositum	Basismittel bei Dermatosen verschiedener Genese, Ekzeme, Allergien, Dermatomykosen, Haarausfall
• Cutis suis-Injeel	spezifischer Regulationseffekt auf Funktion und Struktur des entsprechenden Organs, Sklerodermie, Dermatosen, Rhagaden, chronische Erkrankungen der Haut
• Mezereum-Homaccord	vesikulöse Ekzeme, Dermatosen, Herpes zoster, Neuralgien, Pruritus, ätzende Sekretionen, nächtliche Verschlimmerung
• Silicea-Injeel	chronische Eiterungen und Fistelbildungen, wirkt auf Bindegewebe, Bänder, Sehnen, Haut, Hautanhangsgebilde, schlechte Wundheilung ➔ Konstitutionsmittel
• Sulfur comp.-Heel	Dermatosen, Dermatitis, juckende und nässende Ekzeme, Pruritus, Urtikaria, „Reaktionsmittel" bei allen chronischen Krankheiten
• Streptococcus haemolyticus-Injeel	Angina, Neigung zu Tonsillarabszessen, Erkrankungen mit Verdacht auf Streptokokkenbeteiligung
• Kalium arsenicosum (D3–D30)	chronische Ekzeme, trockene, schlaffe Haut, Papeln mit weißen Schuppen, Risse in Gelenkbeugen, Pruritus in der Wärme

➔ Dermatitis; ➔ Hot Spot

Bei therapieresistenten Fällen ➔ Auto-Sanguis-Stufentherapie

PYOMETRA

Therapieversuch, falls keine chirurgische Behandlung möglich, antibiotisch abgesichert und Allgemeinbefinden o.b.B.

• Lachesis compositum	septische Tendenz bei Entzündungen und Eiterungen, Phlegmone, Endometritis, Nachgeburtsverhaltung, trockenes Fieber
• Pulsatilla-Injeel	alle Funktionen des Geschlechtsapparates sind verzögert und verlangsamt, Stillbrünstigkeit, ältere Tiere, grün-gelbliches Sekret, dick und rahmig, mild, Eröffnung der Zervix ➔ Konstitutionsmittel
• Lilium compositum Heel	entzündliche Prozesse der weiblichen Geschlechtsorgane, Adnexitis, Para-, Myo- und Endometritis, Kolpitis, Ovariitis, Ovarialzysten, Fluor albus, Myombildung, Uterusprolaps
• Echinacea compositum	bakterielle Infektionen verschiedener Organsysteme, Entzündungen, Fieber, auch prophylaktisch
• Hormeel	funktionelle Störungen im weiblichen Zyklus, Sterilität, Brunstlosigkeit, Fluor albus, endokrine Dysfunktionen, postoperativ zur hormonellen Regulation
• Sabina (D3–D30)	Metrorrhagien p.p., Aborte in der Frühträchtigkeit, drohender Abort, Fluor albus, scharfer, eitriger Ausfluss, fördert die Uterusinvolution und -kontraktion

Ergänzungsmittel

• Sepia-Injeel	Brunstschwäche, nervöse Erschöpfung, Reizbarkeit, meist älter, hager, Fertilitätsstörungen, Bindegewebe schlaff, lassen auch in der Brunst kein Belegen zu, zur Nachbehandlung ➔ Konstitutionsmittel
• Hydrastis-Injeel	dicke, zähe, strähnige, gelb-weißliche Absonderungen aller Schleimhäute, Metrorrhagien, Stomatitis aphthosa, Schwäche, Kachexie
• Acidum nitricum-Injeel	Veränderungen an Haut und Schleimhäuten, besonders mukokutane Übergänge, wund machender Ausfluss, Entzündung sehr schmerzhaft
• Aletris comp.-Heel	Erschöpfungs- und Schwächezustände, Bindegewebszustände, Pyometra nach wiederholten Aborten, Sekretion weiß und fadenziehend
• Calcium carbonicum-Injeel	Jungtiermittel, Drüsenschwellungen, Schleimhautkatarrhe, Polypenbildung und Ulzerationen, Milchschorf, Kalkstoffwechselstörungen, verzögerte Entwicklung, Pyometra bei Jungtieren ➔ Konstitutionsmittel
• Kalium bichromicum-Injeel	zähe, strähnige Absonderungen aller Schleimhäute, chronische Katarrhe, tief fressende Ulzera der Schleimhäute, Vaginitis, Pyometra
• Metro-Adnex-Injeel	Adnexitis, Para-, Myo- und Endometritis, Vaginitis, Dysmenorrhö, Ovariitis, Uterussenkung, Fluor albus, Uteruskrämpfe
• Uterus suis-Injeel	spezifischer Regulationseffekt auf Funktion und Struktur des entsprechenden Organs, weibliche Sterilität, degenerative Erkrankungen des Uterus
• Aristolochia (D12, C30, C200)	primäre und sekundäre Brunstlosigkeit, Sterilität, Lochialstau, Fluor, Zyklusstörungen

• Secale cornutum (D1–D30)	zerebrale Erregungszustände, Parästhesien, drohender Abort, dunkle Lochien, fördert die Uteruskontraktion, Blutungen p.p.
• Alumina (D4–D30, C30–C1000)	verzögerte Reizleitung, Trockenheit aller Schleimhäute, Schwäche, Sekretion klar und fadenziehend

➔ Endometritis

QUETSCHUNGEN

• Traumeel	Entzündungen verschiedener Genese und Lokalisation, Verletzungen, Wundbehandlung, auch postoperativ
• Arnica-Injeel	regt die Wundheilung an, Herzmuskelschwäche, Neuralgien, Myalgien, Zerschlagenheitsgefühl
• Hamamelis-Homaccord	venöse Stase, thrombophlebitische Zustände, dunkle Hämorrhagien, Zerschlagenheitsgefühl
• Hypericum-Injeel	Nerven- und Gehirnverletzungen, Nervenschmerzen bei und nach Verletzungen, Tierbisse, Commotio cerebri, Zerebralsklerose
• Calendula-Salbe-Heel	fördert die Wundheilung, Pyodermien, Hauterkrankungen durch chemische und physikalische Einflüsse
• Bellis perennis (D0–D3)	fördert die Wundheilung, insbesondere stumpfe Verletzungen, Traumen oder Überanstrengung der Muskeln, allgemeine Blutungsneigung, rheumatische Beschwerden nach Überanstrengung

➔ Verletzungen; ➔ Wundbehandlung

RANULA (Speichelzysten)

Therapieversuch	
• Thuja-Injeel	Neigung zu proliferativen Prozessen an Haut und Schleimhäuten, Impffolgen, bewährt bei Ranula ➔ Konstitutionsmittel
• Psorinum-Injeel	chronische Ekzeme und sonstige Hautausschläge, starker Juckreiz, auch wechselnd mit Asthma, Wärme verschlechtert, übler Geruch, chronische Entzündungen, klebriger Speichel
• Lymphomyosot	„Mesenchymentschlackung", Lymphatismus, Lymphödeme, Drüsenschwellungen, Tonsillarhypertrophie
• Apis-Homaccord	ödematöse, schmerzhafte Schwellungen, pustulöse und bullöse Ekzeme, Entzündungen mit Flüssigkeitsansammlung in Geweben und Körperhöhlen

Ergänzungsmittel

• Phytolacca-Injeel	Mastitis, Milchstau, Hypo- und Hypergalaktie, Schwellung oder Verhärtung von Drüsen oder drüsigen Organen, Schluckbeschwerden
• Kalium bichromicum-Injeel	zähe, strähnige Absonderungen aller Schleimhäute, chronische Katarrhe der Nase und des Ohrs, tief fressende Ulzera der Schleimhäute, subakut
• Natrium muriaticum-Injeel	Rhagaden an allen Körperöffnungen, nervöse Reizbarkeit, Trockenheit aller Schleimhäute, Speichelfluss, Reizung und Ulzera der Schleimhäute

• Acidum nitricum-Injeel	Veränderungen an Haut und Schleimhäuten, besonders mukokutane Übergänge, Blutungen, Schleimhautreizungen
• Mezereum-Homaccord	vesikulöse Ekzeme, Dermatosen, Herpes zoster, Neuralgien, Pruritus, ätzende Sekretionen, nächtliche Verschlimmerung, vermehrter Speichelfluss
• Abrotanum (D3–D30)	Abmagerung trotz guten Appetits, besonders an den Beinen, Entwicklungsstörungen und verzögerte Rekonvaleszenz
• Ambra (D3–D30)	nervöse Symptomatiken, Demenz, Altersschwäche, Schwindel, Trockenheit der Schleimhäute
• Barium jodatum D4, D6	Verhärtungen und Schwellungen drüsiger Gewebe, Lymphatismus, Tonsillarhypertrophie
• Mercurius bijodatus D4, D6	geschwürige Halsentzündung, Verhärtungen von Drüsen, chronische Tonsillitis

RÄUDE adjuvant

Therapieversuch	
• Psorinum-Injeel	chronische Ekzeme und sonstige Hautausschläge, starker Juckreiz, auch wechselnd mit Asthma, Wärme verschlechtert, übler Geruch, chronische Entzündungen
+ Cutis compositum	Basismittel bei Dermatosen verschiedener Genese, Ekzeme, Allergien, Dermatomykosen, Haarausfall
+ Coenzyme compositum	regt blockierte enzymatische Abläufe insbesondere der Energiegewinnung an (Zitronensäurezyklus), degenerative oder chronische Erkrankungen

Ergänzungsmittel

• Engystol	aktiviert die unspezifische Abwehr, virale Erkrankungen, reduziert Stressfolgen, „Umstimmung“ bei Allergien und Dermatosen
• Sulfur-Injeel	„Reaktionsmittel“ bei allen chronischen Erkrankungen, z.B. bei juckenden, nässenden Hautausschlägen ➔ Konstitutionsmittel
• Mercurius solubilis Hahnemanni-Injeel	beginnende Suppuration, Abszesse in Anbildung, akute, schmerzhafte Entzündungen im Bindegewebe und in verschiedenen Organen, nässende Ekzeme, Juckreiz und Rötung, Hochpotenzen bei Räude
• Sulfur comp.-Heel	Dermatosen, Dermatitis, juckende und nässende Ekzeme, Pruritus, Urtikaria, „Reaktionsmittel“ bei allen chronischen Krankheiten
• Silicea-Injeel	chronische Eiterungen und Fistelbildungen, wirkt auf Bindegewebe, Bänder, Sehnen, Haut, Hautanhangsgebilde, schlechte Wundheilung ➔ Konstitutionsmittel
• Cutis suis-Injeel	spezifischer Regulationseffekt auf Funktion und Struktur des entsprechenden Organs, Sklerodermie, Dermatosen, chronische Erkrankungen der Haut
• Galium-Heel / Galium comp.-Heel	Immunmodulation bei chronischen Erkrankungen verschiedener Genese, Präkanzerosen, „Zellreinigung“, adjuvant bei Dermatosen
• Lymphomyosot	„Mesenchymentschlackung“, Lymphatismus, Lymphödeme, Drüsenschwellungen, Tonsillarhypertrophie, adjuvant bei Dermatosen

• Dermatofides (Fides)	Entzündungen der Haut, juckende Ekzeme, Hauteiterungen
• Kalium arsenicosum (D3–D30)	chronische Ekzeme, trockene, schlaffe Haut, Papeln mit weißen Schuppen, Risse in Gelenkbeugen, Pruritus in der Wärme

REIZHUSTEN

Basismittel	
• Drosera-Homaccord	Husten auch mit Brechwürgen, Bronchiolitis, asthmatoide Bronchitis
+ Husteel	Husten verschiedener Genese, spastische Bronchitis, Pleuritis
+ Tartephedreel	absteigende Entzündungen der Atemwege, Schleimrasseln, Krampfhusten, Bronchitis mit zähem Sekret, Asthma

Verabreichung: zu gleichen Teilen gemischt 3-mal täglich

Ergänzungsmittel

• Spongia-Injeel	Drüsenschwellungen, Hüsteln, schon durch leichten Kehlkopfdruck, besonders bei kleinen Hunderassen (Leinenzwang), legt sich hin nach Futter- und Wasseraufnahme
• Droperteel	Bronchitis, Entzündungen der Atemwege, Heiserkeit, Krampfhusten mit zähem, Faden ziehendem Sekret
• Arsenum jodatum-Injeel	extreme Ruhelosigkeit und Angst, Hyperaktivität bei Jungtieren, chronische Rhinitis mit scharfem Sekret, Sinusitis, Pollinosis, nachts schlechter, chronische Bronchitis
• Sticta-Injeel	trockene Schleimhäute, Laryngopharyngitis, Bronchitis, ältere Tiere
• Bronchalis-Heel	Bronchitis, Bellhusten, nächtlicher Kitzelhusten, Husten mit Brechwürgen, Asthma, Husten beim Eintritt in warme Räume
• Hyoscyamus (D6, D12, C30, C200)	Erregungszustände mit großer Unruhe, Eifersucht, Raserei, Wutanfälle wechselnd mit Melancholie und Gleichgültigkeit, Reizhusten nach Hinlegen ➔ Konstitutionsmittel

Kombination nach Wolff:

• Tartarus stibiatus-Injeel	Bronchitis, Pneumonie, Lungenemphysem, Husten mit Schleimrasseln, große Erschöpfung mit schnellem Kräfteverfall, Kreislaufschwäche
+ Sulfur jodatum (D4, D6, D12)	foetide Bronchitis, Tonsillitis, Pleuritis, Resorptionsmittel
+ Stannum (D3–D30)	schwache Atmung, hohl klingender Husten, Rasseln aus der Brust, Dyspnoe, reichlich gelb-grüner Auswurf

Herzhusten:

• Apis-Homaccord	ödematöse, schmerzhafte Schwellungen, pustulöse und bullöse Ekzeme, Entzündungen mit Flüssigkeitsansammlung in Geweben und Körperhöhlen
• Cactus compositum	Myokardschwäche, auch infektiöser Genese, Peri- und Endokarditis, Herzrhythmusstörungen, Koronarinsuffizienz

➔ Bronchopneumonie; ➔ Husten

REKONVALESZENZ verzögerte

• Echinacea compositum	bakterielle Infektionen verschiedener Organsysteme, Entzündungen, Fieber, auch prophylaktisch
• Coenzyme compositum	regt blockierte enzymatische Abläufe insbesondere der Energiegewinnung an (Zitronensäurezyklus), degenerative oder chronische Erkrankungen
• Hepar comp. Heel	akute und chronische Leber-Galle-Affektionen, regt die Leberfunktion an, Verdauungsstörungen, Leberentgiftung
• China-Homaccord	Erschöpfungs- und Schwächezustände, Leberfunktionsstörungen, nach Flüssigkeitsverlusten, Roborans
• Phosphor-Homaccord	petechiale Blutungen und Blutungsneigung, Laryngitis, Pharyngitis, Degeneration parenchymatöser Organe, Roborans ➔ Konstitutionsmittel
• Arsenicum album-Injeel	akute und chronische Entzündungen an Augen, Atemwegen, Verdauungs- und Harnapparat, Organdegeneration, Abmagerung, mitternächtliche Unruhe ➔ Konstitutionsmittel
• Acidum phosphoricum-Injeel	anfangs geistige, später auch körperliche Schwäche, nervliche Erschöpfung, Gedächtnisschwäche, Zustand nach akuten Erkrankungen, Kummer, Flüssigkeitsverlusten, schnell wachsende, überforderte Jungtiere
• Ferrum phosphoricum-Injeel	Fieber- und Entzündungszustände, wellenhafter Verlauf, Schwäche nach Erkrankung mit Anämie
• Lycopodium-Injeel	Leber- und Gallenstörungen, satt nach wenigen Bissen, hager ➔ Konstitutionsmittel
• Cralonin	Altersherz, Koronarinsuffizienz, Herzrhythmusstörungen, Myokardschwäche, anhaltende Erschöpfung nach Infekten
• Vertigoheel	Schwindel verschiedener Genese, Kinetosen, Verbesserung der zentralen und peripheren Mikrozirkulation
• Calcium carbonicum-Injeel	Jungtiermittel, Drüsenschwellungen, Schleimhautkatarrhe, Polypenbildung und Ulzerationen, Milchschorf, Kalkstoffwechselstörungen, verzögerte Entwicklung, verzögerte Rekonvaleszenz ➔ Konstitutionsmittel
• Abrotanum (D3–D30)	Abmagerung trotz guten Appetits, besonders an den Beinen, Entwicklungsstörungen und verzögerte Rekonvaleszenz, Sanierung des Darmmilieus

REKTUMDIVERTIKEL

• Mucosa compositum	Schleimhauterkrankungen und -katarrhe verschiedener Art und Lokalisation, z.B. im Verdauungstrakt mit und ohne Ulkus
• Nux vomica-Homaccord	Funktionsstörungen von Magen, Darm und Leber, Spasmen, Meteorismus, Beschwerden nach Überreizung, Tonisierung des Darms, bei Obstipation
• Diverticulose-Nosode	Wechsel von Obstipation und Diarrhö, Kolikschmerzen, Divertikel im Bereich des Verdauungstrakts

RETENTIO SECUNDINARUM

Basismittel insbesondere Rind

• Lachesis compositum	septische Tendenz bei Entzündungen und Eiterungen, Phlegmone, Endometritis, Nachgeburtsverhaltung, trockenes Fieber
• Carduus compositum	akute und chronische Leber- und Gallenerkrankungen, alle Folgeerkrankungen davon, Stoffwechselstörungen, Verdauungsprobleme, Leberschutz
+ Coenzyme compositum	regt blockierte enzymatische Abläufe insbesondere der Energiegewinnung an (Zitronensäurezyklus), degenerative oder chronische Erkrankungen

Verabreichung: Tag 1 und 2 p.p., Wiederholung an Tag 10

• ggf. zusätzlich Antibiotika intrauterin / parenteral

Ergänzungsmittel

• Mucosa compositum	Schleimhauterkrankungen und -katarrhe verschiedener Art und Lokalisation, z.B. in den Geschlechtsorganen, regenerationsfördernd für Schleimhäute, als Nachbehandlung
• Echinacea compositum	bakterielle Infektionen verschiedener Organsysteme, Entzündungen, Fieber, auch prophylaktisch
• Pulsatilla-Injeel	alle Funktionen des Geschlechtsapparates sind verzögert und verlangsamt, Stillbrünstigkeit, Endometritis mit grün-gelblichem Sekret, dick und rahmig, mild ➔ Konstitutionsmittel
• Lilium compositum Heel	Prozesse der weiblichen Geschlechtsorgane, Adnexitis, Para-, Myo- und Endometritis, Kolpitis, Ovariitis, Ovarialzysten, Fluor albus, Myombildung, Uterusprolaps
• Kreosotum-Injeel	Schleimhautkatarrhe mit ätzenden, übel riechenden Absonderungen, tief greifende Entzündungen der Schleimhäute, Ulzera, Fluor, Pruritus vulvae
• Cimicifuga-Injeel	blitzartige, schießende Schmerzen, rascher Wechsel der Symptome, Osteochondrose an BWS und HWS, Ischiasneuralgie, Erregung des Nervensystems, endokrine Dysregulation, Lochialabgang
• Caulophyllum D3, D4	rigide Zervix, Geburtserleichterung, Wehenschwäche, vorbeugend bei Schwergeburten
• Aristolochia (D12, C30, C200)	primäre und sekundäre Brunstlosigkeit, Sterilität, Lochialstau, Fluor, Zyklusstörungen
• Sabina (D3–D30)	Metrorrhagien p.p., Aborte in der Frühträchtigkeit, drohender Abort, Fluor albus, scharfer, eitriger Ausfluss, fördert die Uterusinvolution und -kontraktion
• Bellis perennis (D0–D3)	fördert die Wundheilung, Verletzungen, Traumen oder Überanstrengung der Muskeln, allgemeine Blutungsneigung, Uterusatonie p.p.

➔ Endometritis; ➔ Pyometra; ➔ Uteruskontraktion

RHAGADEN

• Graphites-Homaccord	chronische Ekzeme, trocken oder seborrhoisch, honigartiges Sekret, Fissuren, Borken, Schwielen, Neigung zu Adipositas, Trägheit, Verstopfung ➔ Konstitutionsmittel
• Petroleum-Injeel	nässende Ekzeme, Haut- und Schleimhauterkrankungen, empfindliche, trockene, rissige Haut, Rhagaden, blutende Fissuren, Alopezie
• Acidum nitricum-Injeel	Veränderungen an Haut und Schleimhäuten, besonders mukokutane Übergänge, Blutungen, Rhagaden
• Causticum-Injeel	Haut trocken und heiß, Ekzeme von Frösteln begleitet, mit klebrigem, zähem Sekret, Rhagaden, Liegeschwielen
• Cutis suis-Injeel	spezifischer Regulationseffekt auf Funktion und Struktur des entsprechenden Organs, Sklerodermie, Dermatosen, Rhagaden, chronische Erkrankungen der Haut
• Abropernol	Ekzeme, Erythem, Hyperhidrosis, Hyperkeratosen, Haut spröde und rissig, Rhagaden, Warzen
• Hautfunktionstropfen / Hautfunktionstabletten (Cosmochema)	Erkrankungen der Haut, Alopezie, chronische Ekzeme
• Thuja-Injeel	Neigung zu proliferativen Prozessen an Haut und Schleimhäuten, Impffolgen, Rhagaden mit Blutungsneigung ➔ Konstitutionsmittel
• Glandula suprarenalis suis-Injeel	spezifischer Regulationseffekt auf Funktion und Struktur des entsprechenden Organs, Erschöpfungszustände, Geriatrikum, Rhagaden
• Condurango	Ulzera, schmerzhafte Risse an der Haut-Schleimhaut-Grenze, Rhagaden an Maulwinkel und After
lokal:	
• Traumeel (Salbe / Gel)	Entzündungen verschiedener Genese und Lokalisation, Verletzungen, Wundbehandlung, auch postoperativ
• Ureata Pflegesalbe mit Harnstoff und Vitamin E (Fides)	trockene, raue Haut, keratolytisch

RHINITIS

Basismittel

Viral:

• Euphorbium compositum	akute und chronische Rhinitiden und Sinusitiden, Ohrtubenkatarrh, Mittelohrhydrops, Katzenschnupfen
+ Engystol	aktiviert die unspezifische Abwehr, virale Erkrankungen, reduziert Stressfolgen, „Umstimmung" bei Allergien und Dermatosen

Verabreichung: zusammen 1- bis 2-mal täglich

Bakteriell:

• Euphorbium compositum	akute und chronische Rhinitiden und Sinusitiden, Ohrtubenkatarrh, Mittelohrhydrops, Katzenschnupfen
+ Echinacea compositum	bakterielle Infektionen verschiedener Organsysteme, Entzündungen, Fieber, auch prophylaktisch

Verabreichung: zusammen 1- bis 2-mal täglich

Ergänzungsmittel

• Naso-Heel	akute und chronische Rhinitis, Sinusitis, Pharyngitis, Laryngitis, Tonsillitis, atrophische Rhinitis, trockene Schleimhäute mit Borken und Krusten
• Gripp-Heel	Grippe und grippale Infekte, Fieber, Gliederschmerzen, Entzündungen seröser Häute, Bronchitis, virale Erkrankungen
• Dulcamara-Homaccord	„Nasswettermittel", rheumatische Erkrankungen, alle Beschwerden sind Folgen von oder schlechter bei Kälte und Nässe, Entzündungen der Atemorgane
• Mercurius solubilis Hahnemanni-Injeel	beginnende Suppuration, Abszesse in Anbildung, akute, schmerzhafte Entzündungen im Bindegewebe und in verschiedenen Organen, akut bis subakut, dünnflüssiges Sekret, mit Stomatitis
• Euphrasia-Injeel	Blepharokonjunktivitis, Fließschnupfen mit Tränenfluss, Lichtscheu, Dakryozystitis
• Hydrastis-Injeel	dicke, zähe, strähnige, gelb-weißliche Absonderungen aller Schleimhäute, Metrorrhagien, Stomatitis aphthosa, Schwäche, Kachexie
• Hepar sulfuris-Injeel	eiternde Prozesse unterschiedlicher Lokalisation, schmerzhaft, Abszesse vor Ausreifung, Überempfindlichkeit gegen Kälte und Luftzug, akute Rhinitis, eitriges, festsitzendes Sekret, verstopfte Nase
• Pulsatilla-Injeel	alle Absonderungen sind dick und rahmig, grünlich-gelblich und mild ➔ Konstitutionsmittel
• Lycopodium-Injeel	Leber- und Gallenstörungen, satt nach wenigen Bissen, hager, verstopfte Nase zwingt zu Maulatmung ➔ Konstitutionsmittel
• Luffeel comp.	akute, chronische und allergische Rhinitis, Sinusitis, Asthma bronchiale, Trägheit und Müdigkeit
• Psorinum-Injeel	chronische Ekzeme und sonstige Hautausschläge, starker Juckreiz, auch wechselnd mit Asthma, Wärme verschlechtert, übler Geruch, chronische Entzündungen, allergische Rhinitis
• Thuja-Injeel	Neigung zu proliferativen Prozessen an Haut und Schleimhäuten, Impffolgen, Rhinitis mit dicken Absonderungen ➔ Konstitutionsmittel
• Luffa operculata-Injeel	akute, chronische und allergische Rhinitis, Sinusitis, Asthma bronchiale, Trägheit und Müdigkeit
• Stannum (D3–D30)	schwache Atmung, hohl klingender Husten, Rasseln aus der Brust, Dyspnoe, reichlich gelb-grüner Auswurf, Rhinitis morgens

Chronisch:

• Echinacea compositum	bakterielle Infektionen verschiedener Organsysteme, Entzündungen, Fieber, auch prophylaktisch
+ Mucosa compositum	Schleimhauterkrankungen und -katarrhe verschiedener Art und Lokalisation, z.B. im Bereich der oberen und unteren Luftwege, regenerationsfördernd für Schleimhäute
+ Coenzyme compositum	regt blockierte enzymatische Abläufe insbesondere der Energiegewinnung an (Zitronensäurezyklus), degenerative oder chronische Erkrankungen

Verabreichung: zusammen 2-mal wöchentlich

• Kalium bichromicum-Injeel	zähe, strähnige Absonderungen aller Schleimhäute, chronische Katarrhe der Nase und des Ohrs, tief fressende Ulzera der Schleimhäute
• Arsenicum album-Injeel	akute und chronische Entzündungen an Augen, Atemwegen, Verdauungs- und Harnapparat, Organdegeneration, Abmagerung, mitternächtliche Unruhe, wärmeliebend, struppiges Fell ➔ Konstitutionsmittel
• Silicea-Injeel	chronische Eiterungen und Fistelbildungen, wirkt auf Bindegewebe, Bänder, Sehnen, Haut, Hautanhangsgebilde, schlechte Wundheilung ➔ Konstitutionsmittel
• Naso-Heel	akute und chronische Rhinitis, Sinusitis, Pharyngitis, Laryngitis, Tonsillitis, atrophische Rhinitis, trockene Schleimhäute mit Borken und Krusten
• Natrium-Homaccord	chronische Schleimhautkatarrhe und -entzündungen, Beschwerden der Atemwege
• Causticum-Injeel	Lähmung von Muskeln und Nerven, Trockenheit von Haut und Schleimhäuten, Drüsenverhärtungen, Rhinitis, Nasenöffnung verkrustet, wund
• Sinusitis-Nosode-Injeel	akute, chronische und chronisch-rezidivierende Entzündungen und Eiterungen der Nasennebenhöhlen, „adenoide Vegetationen", Lymphatismus, vasomotorische Rhinitiden und Sinusitiden
• Grippe-Nosode-Injeel	Folgen von Grippeerkrankungen, chronische Sinusitis, asthmatoide Beschwerden, anhaltende Heiserkeit, Erschöpfung, Müdigkeit
• Tonsillitis-Nosode-Injeel	chronische und chronisch-rezidivierende Anginen und Sinusitiden, Folgeerkrankungen chronischer Tonsillitiden wie Polyarthritis, Nephritis und Nephrose, Kardiopathie
• Tonsilla suis-Injeel	spezifischer Regulationseffekt auf Funktion und Struktur des entsprechenden Organs, Tonsillarhypertrophie, chronische Tonsillitis, Lymphatismus

➔ Erkältungskrankheiten; ➔ Sinusitis

ROTLAUF adjuvant

• Belladonna-Homaccord	lokalisierte, akute und heftige Entzündungen, auch mit hohem Fieber, arterielle Pulsationen
• Crotalus-Injeel	dunkle Blutungen in allen Organen und aus allen Körperöffnungen, Gangrän und Sepsis, Erysipel
• Echinacea compositum	bakterielle Infektionen verschiedener Organsysteme, Entzündungen, Fieber, auch prophylaktisch

- Lachesis compositum — septische Tendenz bei Entzündungen und Eiterungen, Phlegmone, Endo- und Myokarditis, Kapillarschädigungen, trockenes Fieber
- Lachesis-Injeel — septische Prozesse, Hämolyse, blaurote Entzündungen, Drüsenerkrankungen
  ➔ Konstitutionsmittel

➔ Entzündungen

RUSTERHOLZ-GESCHWÜR Klauensohlengeschwür

Basismittel

Akutes Stadium ulzeriert (neben lokaler Versorgung):

- Traumeel — Entzündungen verschiedener Genese und Lokalisation, Verletzungen, Wundbehandlung, auch postoperativ
- \+ Echinacea compositum — bakterielle Infektionen verschiedener Organsysteme, Entzündungen, Fieber, auch prophylaktisch

Vorstadium (neben Klauenkorrektur):

- Traumeel — Entzündungen verschiedener Genese und Lokalisation, Verletzungen, Wundbehandlung, auch postoperativ

Verabreichung: mehrmals täglich

Ergänzungsmittel

- Lachesis compositum — septische Tendenz bei Entzündungen und Eiterungen, Phlegmone, Endometritis, Nachgeburtsverhaltung, trockenes Fieber, Kronsaum bläulich verfärbt
- Belladonna-Homaccord — lokalisierte, akute und heftige Entzündungen, auch mit hohem Fieber, arterielle Pulsationen
- Hepar sulfuris-Injeel — eiternde Prozesse unterschiedlicher Lokalisation, schmerzhaft, Abszesse vor Ausreifung, Überempfindlichkeit gegen Kälte und Luftzug
- Kreosotum-Injeel — Schleimhautkatarrhe mit ätzenden, übel riechenden Absonder<ungen, tief greifende Entzündungen der Schleimhäute, Ulzera, Fluor, Pruritus vulvae
- Silicea-Injeel — chronische Eiterungen und Fistelbildungen, wirkt auf Bindegewebe, Bänder, Sehnen, Haut, Hautanhangsgebilde, schlechte Wundheilung
  ➔ Konstitutionsmittel
- Apis-Homaccord — ödematöse, schmerzhafte Schwellungen, pustulöse und bullöse Ekzeme, Entzündungen mit Flüssigkeitsansammlung in Geweben und Körperhöhlen, Lederhautschwellung
- Tarantula D4, D6 — Hysterie, Hysteroepilepsie, Hyperästhesie, jähe Stimmungswechsel mit Streitlust, Aggression und plötzlichen Gewaltausbrüchen, reizbar durch Berührung, dunkelblaue Verfärbung, starker Schmerz, wenig Eiter

➔ Eiterungen

SARKOID equines

Basismittel

Postoperative Rezidivprophylaxe oder als konservative Behandlung:

• Coenzyme compositum	regt blockierte enzymatische Abläufe insbesondere der Energiegewinnung an (Zitronensäurezyklus), degenerative oder chronische Erkrankungen
+ Ubichinon compositum	verbessert die Energiebereitstellung in der Zelle, degenerative und tumoröse Erkrankungen
+ Glyoxal compositum	regt blockierte Fermentsysteme an, degenerative Erkrankungen, gestörte Drüsenfunktionen, Tumorerkrankungen

Verabreichung: Coenzyme compositum und Ubichinon compositum für 14 Tage im täglichen Wechsel, dazwischen an den Tagen 3, 8 und 13 Glyoxal compositum; anschließend 2 Wochen Pause, dann Wiederholung

zusätzlich:

• Lymphomyosot	„Mesenchymentschlackung", Lymphatismus, Lymphödeme, Drüsenschwellungen, Tonsillarhypertrophie
+ Galium-Heel / Galium comp.-Heel	Immunmodulation bei chronischen Erkrankungen verschiedener Genese, Präkanzerosen, „Zellreinigung"

Verabreichung: 1- bis 2-mal täglich 30 Tropfen oral

Alternative Behandlung bei geschlossener Hautdecke:

Auto-Sanguis-Stufentherapie

1. Stufe: Engystol	aktiviert die unspezifische Abwehr, virale Erkrankungen, reduziert Stressfolgen, „Umstimmung" bei Allergien und Dermatosen
2. Stufe: Coenzyme compositum	regt blockierte enzymatische Abläufe insbesondere der Energiegewinnung an (Zitronensäurezyklus), degenerative oder chronische Erkrankungen
3. Stufe: Antimonium crudum-Injeel	Hautverdickungen, Hautschwielen, Keratosen, Rhagaden, Warzen
4. Stufe: Cutis compositum	Basismittel bei Dermatosen verschiedener Genese, Ekzeme, Allergien, Dermatomykosen, Haarausfall

Verabreichung: Wiederholung 2- bis 3-mal im wöchentlichen Abstand

Ergänzungsmittel

• Para-Benzochinon-Injeel	Regeneration der Zellatmung, Neoplasien, Stoffwechselentgleisungen, Hormonfehlsteuerungen, virale Erkrankungen, „Reaktionsmittel"
• Anthrachinon-Injeel	Toxinmobilisation, löst Enzymblockaden bei degenerativen Erkrankungen und Tumoren, Gereiztheit bei Darmstörungen
• Cutis compositum	Basismittel bei Dermatosen verschiedener Genese, Ekzeme, Allergien, Dermatomykosen, Haarausfall
• Psorinum-Injeel	chronische Ekzeme und sonstige Hautausschläge, starker Juckreiz, auch wechselnd mit Asthma, Wärme verschlechtert, übler Geruch, chronische Entzündungen, Seborrhö

• Cutis suis-Injeel	spezifischer Regulationseffekt auf Funktion und Struktur des entsprechenden Organs, Sklerodermie, Dermatosen, chronische Erkrankungen der Haut
• Tonsilla suis-Injeel	spezifischer Regulationseffekt auf Funktion und Struktur des entsprechenden Organs, Tonsillarhypertrophie, chronische Tonsillitis, Lymphatismus, Neoplasmaphasen

SATTELDRUCK

• Traumeel	Entzündungen verschiedener Genese und Lokalisation, Verletzungen, Wundbehandlung, auch postoperativ

Verabreichung: mehrmals täglich

• Silicea-Injeel	chronische Eiterungen und Fistelbildungen, wirkt auf Bindegewebe, Bänder, Sehnen, Haut, Hautanhangsgebilde, schlechte Wundheilung ➔ Konstitutionsmittel
• Cutis compositum	Basismittel bei Dermatosen verschiedener Genese, Ekzeme, Allergien, Dermatomykosen, Haarausfall

lokal:

• Traumeel (Salbe / Gel)	Entzündungen verschiedener Genese und Lokalisation, Verletzungen, Wundbehandlung, auch postoperativ

➔ Wundbehandlung

SAUERSTOFFUTILISATION Verbesserung

• Coenzyme compositum	regt blockierte enzymatische Abläufe insbesondere der Energiegewinnung an (Zitronensäurezyklus), degenerative oder chronische Erkrankungen
• Ubichinon compositum	verbessert die Energiebereitstellung in der Zelle, degenerative und tumoröse Erkrankungen
• Cralonin	Altersherz, Koronarinsuffizienz, Herzrhythmusstörungen, Myokardschwäche, Verbesserung der Sauerstoffutilisation der Herzmuskelzellen

➔ Aufbaumittel; ➔ COB

SCHALE

Basismittel	
• Zeel	degenerative und rheumatische Gelenkerkrankungen, Arthrose, Polyarthrose, Spondylarthrose
• Osteoheel	Ostitis, Periostitis, Exostosen, nächtliche Knochenschmerzen, neuralgische Schmerzen, Gelenkknacken, Osteochondrose

Verabreichung: im täglichen Wechsel über 2–3 Monate, kurmäßige Wiederholung

Ergänzungsmittel

• Traumeel	Entzündungen verschiedener Genese und Lokalisation, Verletzungen, Wundbehandlung, auch postoperativ

• Hekla Lava-Injeel	nutritive und infektiöse Störungen von Knochen und Knochenhaut, Exostosen an den Bandansätzen
• Silicea-Injeel	chronische Eiterungen und Fistelbildungen, wirkt auf Bindegewebe, Bänder, Sehnen, Haut, Hautanhangsgebilde, schlechte Wundheilung → Konstitutionsmittel
• Calcium fluoratum-Injeel	Bindegewebsschwäche, „Knochenkaries", Knochenfisteln, Exostosen, steinharte Drüsenschwellungen, wirkt auf Sehnen und Bänder
• Ruta-Injeel	Folgen stumpfer Verletzungen, Ganglion, Periostitis, venöse Stauungen, Folgen von körperlicher Überanstrengung
• Circulo-Injeel	periphere Durchblutungsstörungen, Akroparästhesien, Gefäßspasmen, kalte Gliedmaßenenden
• Asa foetida-Injeel	nächtliche Knochenschmerzen, auch bei Fisteln, Überempfindlichkeit, Periostitis
• Os suis-Injeel	spezifischer Regulationseffekt auf Funktion und Struktur des entsprechenden Organs, Osteomalazie, Rachitis, Osteoporose, Exostosen, Periostitis
• Harpagophytum (D2–D6)	Hüftgelenksdysplasie, chronische Prozesse mit Knochenwucherungen, Exostosen, Schale

→ Exostosen; → Periostitis

SCHEINTRÄCHTIGKEIT

Basismittel

Therapeutisch:

• Hormeel	funktionelle Störungen im weiblichen Zyklus, Sterilität, Brunstlosigkeit, Fluor albus, endokrine Dysfunktionen

Verabreichung: 1- bis 2-malige Injektion im Abstand von 3–4 Tagen oder tägliche orale Gabe

• Lilium compositum Heel	entzündliche Prozesse der weiblichen Geschlechtsorgane, Adnexitis, Para-, Myo- und Endometritis, Kolpitis, Ovariitis, Ovarialzysten, Fluor albus, Myombildung, Uterusprolaps

Verabreichung: 3-mal täglich oral für 10–14 Tage parallel

• Ypsiloheel	vegetative Dystonie, hysterische Beschwerden, ausgeprägte psychische Symptome

Verabreichung: 2- bis 3-mal täglich

Präventiv:

• Hormeel	funktionelle Störungen im weiblichen Zyklus, Sterilität, Brunstlosigkeit, Fluor albus, endokrine Dysfunktionen

Verabreichung: 1- bis 2-malige Injektion im Abstand von 3–4 Tagen oder tägliche orale Gabe, 3 Wochen nach Beendigung der Läufigkeit beginnend

• Lilium compositum Heel	entzündliche Prozesse der weiblichen Geschlechtsorgane, Adnexitis, Para-, Myo- und Endometritis, Kolpitis, Ovariitis, Ovarialzysten, Fluor albus, Myombildung, Uterusprolaps

Verabreichung: 3-mal täglich oral, 3 Wochen nach Beendigung der Läufigkeit beginnend

Ergänzungsmittel

• Apis-Homaccord	ödematöse, schmerzhafte Schwellungen, pustulöse und bullöse Ekzeme, Entzündungen mit Flüssigkeitsansammlung in Geweben und Körperhöhlen, ödematöse Gesäugeschwellung
• Phytolacca-Injeel	Mastitis, Milchstau, Hypo- und Hypergalaktie, Schwellung oder Verhärtung von Drüsen oder drüsigen Organen, bei gespanntem Gesäuge, Mastitisprophylaxe
• Ignatia-Injeel	Hysterie, nervöse Erschöpfungszustände, vegetative Dystonie, Überempfindlichkeit gegen Schmerzen und Gerüche, absurde Symptome, unduldsam und streitsüchtig, Gesäuge kaum angebildet, Aggressivität möglich → Konstitutionsmittel
• Pulsatilla-Injeel	alle Funktionen des Geschlechtsapparates sind verzögert und verlangsamt, Stillbrünstigkeit, Zyklusstörungen, konstitutionell → Konstitutionsmittel
• Urtica-Injeel	urtikarielle, juckende Dermatosen, Nesselausschläge, Berührungsempfindlichkeit, harnsaure Diathese, starker Milchfluss
• Asa foetida-Injeel	Scheinträchtigkeit, Hündinnen sind auch gegenüber Besitzer aggressiv, ausgeprägte psychische Symptome, viel Milch
• Histamin-Injeel	Ekzeme und Dermatosen, gesteigerte Drüsensekretion, empirisch
• Lachesis-Injeel	septische Prozesse, Hämolyse, blaurote Entzündungen, Eifersucht, Verhaltensstörungen → Konstitutionsmittel
• Sepia-Injeel	meist ältere weibliche Tiere, nervöse Erschöpfung, depressive Verstimmungen, gleichgültig bis reizbar und aggressiv, Tiere wollen gern allein sein → Konstitutionsmittel
• Causticum-Injeel	Lähmung von Muskeln und Nerven, Trockenheit von Haut und Schleimhäuten, Drüsenverhärtungen, schmieriges, dickes Sekret von Drüsen, Hündin gereizt, unleidlich
• Ovarium compositum	Störungen der Ovarfunktion, unterstützend bei Endometritis, HVL-Insuffizienz bei weiblichen Tieren, Ovarialzysten
• Lilium tigrinum (D2–D12)	Fluor albus, übermäßiger Geschlechtstrieb (weibliche Tiere), hochgradige Reizbarkeit
• Phytolacca D1	Gesäuge hart und empfindlich, Schwellung der Milchdrüse, schmerzhaft, kaum Sekret ermelkbar, Mastitisgefahr, zum Trockenstellen (D4 nach Steingassner)
• Lac caninum (D6, D12, C30, C200, C1000)	Mastopathie, Galaktorrhö, isopathisch

lokal:

• Traumeel Gel	Entzündungen verschiedener Genese und Lokalisation, Verletzungen, Wundbehandlung, auch postoperativ

Verabreichung: dünn auftragen ohne Einmassieren

SCHIENBEINERKRANKUNG Rennpferd

Basismittel	
• Traumeel	Entzündungen verschiedener Genese und Lokalisation, Verletzungen, Wundbehandlung, auch postoperativ

Verabreichung: 3-mal täglich 30 Tropfen

+ Osteoheel	Ostitis, Periostitis, Exostosen, nächtliche Knochenschmerzen, neuralgische Schmerzen, Gelenkknacken, Osteochondrose

Verabreichung: 1-mal täglich 10 Tabletten

Ergänzungsmittel

• Zeel	degenerative und rheumatische Gelenkerkrankungen, Arthrose, Polyarthrose, Spondylarthrose, Anlaufschmerzen
• Hekla Lava-Injeel	nutritive und infektiöse Störungen von Knochen und Knochenhaut, Exostosen an den Bandansätzen
• Ruta-Injeel	Folgen stumpfer Verletzungen, Ganglion, Periostitis, venöse Stauungen, Folgen von körperlicher Überanstrengung
• Rheuma-Heel	(Peri-)arthritische Beschwerden, Neuralgien, Myalgien, Sehnen- und Bänderbeschwerden
• Bryonia-Injeel	Entzündungen, beginnende Abszedierung, Bewegung verschlimmert, besser durch festen Druck auf die erkrankte Stelle
• Cruroheel	Fisteleiterungen, Knochenfisteln, Ulcus cruris, Bindegewebsschwäche, chronische Eiterungen, Knochenschmerzen
• Coenzyme compositum	regt blockierte enzymatische Abläufe insbesondere der Energiegewinnung an (Zitronensäurezyklus), degenerative oder chronische Erkrankungen
• Os suis-Injeel	spezifischer Regulationseffekt auf Funktion und Struktur des entsprechenden Organs, Osteomalazie, Rachitis, Osteoporose, Exostosen, Periostitis
• Funiculus umbilicalis suis-Injeel	chronische Erkrankungen, Autoaggressionserkrankungen, Bindegewebsmittel, fördert die Gewebeausreifung und -regeneration

➔ Knochenschmerzen; ➔ Periostitis

SCHLUCKAUF

• Spascupreel	Spasmen glattmuskulärer Hohlorgane, Spastizität der quergestreiften Muskulatur wie muskulärer Hartspann, Koliken, spastische und asthmatoide Bronchitis
• Nux vomica-Homaccord	Funktionsstörungen von Magen, Darm und Leber, Spasmen, Meteorismus, Beschwerden nach Überreizung
• Ginseng compositum	Erschöpfungszustände aller Art, geistige und körperliche Schwäche, mangelnder Muskeltonus, Schluckauf
• Acidum sulfuricum-Injeel	chronischer Magenkatarrh, Schluckauf, Muskelkrämpfe, übersteigerte Hast und Eile

• Magnesium phosphoricum-Injeel	Krampf- und Neuralgiemittel, kolikartige Schmerzen in allen Hohlorganen, Schluckauf der Jungtiere
• Belladonna-Homaccord	lokalisierte, akute und heftige Entzündungen, auch mit hohem Fieber, arterielle Pulsationen, spastischer Schluckauf
• Gelsemium-Homaccord	Neuralgie insbesondere des Kopf-Hals-Bereichs, Schwindel, zittrige Schwäche, Erschöpfung, Gliederschmerzen, Nervenlähmungen, Schluckbeschwerden

SCHMERZZUSTÄNDE

• Traumeel	Entzündungen verschiedener Genese und Lokalisation, Verletzungen, Wundbehandlung, auch postoperativ
• Zeel	degenerative und rheumatische Gelenkerkrankungen, Arthrose, Polyarthrose, Spondylarthrose, Anlaufschmerzen, Zerrungen
• Atropinum compositum	Krämpfe der glatten und quergestreiften Muskulatur, Gallen-, Nieren-, Darmkoliken, stechende, brennende Schmerzen, Diarrhö, Unruhe
• Spascupreel	Spasmen glattmuskulärer Hohlorgane, Spastizität der quergestreiften Muskulatur wie muskulärer Hartspann, Koliken, spastische und asthmatoide Bronchitis
• Colocynthis-Injeel	stechende Schmerzen, Krämpfe des Magen-Darm-Trakts, Gallenkoliken, periodisch auftretende Symptome, alle Symptome bessern sich auf Druck und Wärme
• Osteoheel	Ostitis, Periostitis, Exostosen, nächtliche Knochenschmerzen, neuralgische Schmerzen, Gelenkknacken, Osteochondrose, Kalkmangelzustände, Knochenschmerzen
• Neralgo-Rhem-Injeel	Neuralgien, Lumbago, Weichteilrheumatismus, arthritische und vertebragene Beschwerden, Muskel- und Gelenkbeschwerden
• Hepar sulfuris-Injeel	eiternde Prozesse unterschiedlicher Lokalisation, schmerzhaft, Abszesse vor Ausreifung, Überempfindlichkeit gegen Kälte und Luftzug
• Hypericum-Injeel	Nerven- und Gehirnverletzungen, Nervenschmerzen bei und nach Verletzungen, Tierbisse, Commotio cerebri, Zerebralsklerose
• Discus compositum N mit Kalmia	Gelenk- und Bindegewebserkrankungen, z.B. Arthritis, Arthrose, Periarthritis, Erkrankungen der Sehnen, Bänder und der Knochenhaut, besonders Kniegelenk
• Bryonia-Injeel	Entzündungen, beginnende Abszedierung, Bewegung verschlimmert, besser durch festen Druck auf die erkrankte Stelle, akute Distorsion, hohe Schmerzhaftigkeit
• Rhus Tox-Injeel	Rheuma und Neuralgien, Sehnen- und Bänderaffektionen, schlechter bei nasskaltem Wetter, Anlaufschmerzen, Folgen von Überanstrengung
• Ruta-Injeel	Folgen stumpfer Verletzungen, Ganglion, Periostitis, venöse Stauungen, Folgen von körperlicher Überanstrengung

➔ Diskopathien; ➔ Entzündungen; ➔ Knochenschmerzen; ➔ Lumbago; ➔ Neuralgien; ➔ Verletzungen

SCHNABELHORNSCHÄDEN

Basismittel	
• Traumeel	Entzündungen verschiedener Genese und Lokalisation, Verletzungen, Wundbehandlung, auch postoperativ
• Natrium-Homaccord	chronische Schleimhautkatarrhe und -entzündungen, Obstipation, Beschwerden des Verdauungstrakts, chronische Veränderungen des Schnabelhorns
+ Graphites-Homaccord	chronische Ekzeme, trocken oder seborrhoisch, honigartiges Sekret, Fissuren, Borken, Schwielen, Neigung zu Adipositas, Trägheit, Verstopfung ➔ Konstitutionsmittel
+ Psorinum-Injeel	chronische Ekzeme und sonstige Hautausschläge, starker Juckreiz, auch wechselnd mit Asthma, Wärme verschlechtert, übler Geruch, chronische Entzündungen, bei sprödem Schnabelhorn
oder:	
• Traumeel	Entzündungen verschiedener Genese und Lokalisation, Verletzungen, Wundbehandlung, auch postoperativ
+ Cutis compositum	Basismittel bei Dermatosen verschiedener Genese, Ekzeme, Allergien, Dermatomykosen, Haarausfall
+ Carduus compositum	akute und chronische Leber- und Gallenerkrankungen, alle Folgeerkrankungen davon, Stoffwechselstörungen, Verdauungsprobleme, bei Hornzubildungen

Ergänzungsmittel

• Antimonium crudum-Injeel	Hyperkeratose, Rhagaden und Warzen, Ausschläge mit honiggelben Krusten, Gastritis
• Silicea-Injeel	chronische Eiterungen und Fistelbildungen, wirkt auf Bindegewebe, Bänder, Sehnen, Haut, Hautanhangsgebilde, schlechte Wundheilung, Verhornungsstörungen ➔ Konstitutionsmittel
• Hautfunktionstropfen / Hautfunktionstabletten (Cosmochema)	Erkrankungen der Haut, Alopezie, chronische Ekzeme, Störungen der Keratinbildung
• Thuja-Injeel	Neigung zu proliferativen Prozessen an Haut und Schleimhäuten, Impffolgen ➔ Konstitutionsmittel

SCHOCKERSCHEINUNGEN nach Unfall

• Traumeel	Entzündungen verschiedener Genese und Lokalisation, Verletzungen, Wundbehandlung, auch postoperativ, Schockerscheinungen (enthält Aconitum)
• Veratrum-Homaccord	Dysenterie, Gastroenteritis mit und ohne Kolik, Kollapszustände mit zyanotischer oder blasser, kühler Haut
• Cralonin	Altersherz, Koronarinsuffizienz, Herzrhythmusstörungen, Myokardschwäche

• Carbo compositum	Kreislaufversagen, arterielle Blutfülle im Gehirn, Kollapszustände, kalte Haut Dyspnoe
• Aconitum-Injeel	Unruhe, Angst und Folgen von Schreck, hochakute grippale und katarrhalische Infekte
• Arnica-Injeel	regt die Wundheilung an, Herzmuskelschwäche, Neuralgien, Myalgien, Zerschlagenheitsgefühl
• Camphora D0, D2, D3	Spasmen der peripheren Muskeln, Spasmen der Bronchialmuskulatur, bei Fruchtwasseraspiration oder Asphyxie der Neugeborenen auf die Zunge oder in die Nase tropfen, Kollapszustände
• Opium D30	große Benommenheit, Bewusstseinstrübung, Somnolenz, Stupor, Teilnahmslosigkeit, Folgen von Schreck

➔ Kollapszustände; ➔ Kreislaufstörungen

SCHUPPENBILDUNG

• Cutis compositum	Basismittel bei Dermatosen verschiedener Genese, Ekzeme, Allergien, Dermatomykosen, Haarausfall
• Hautfunktionstropfen / Hautfunktionstabletten (Cosmochema)	Erkrankungen der Haut, Alopezie, chronische Ekzeme
• Psorinum-Injeel	chronische Ekzeme und sonstige Hautausschläge, starker Juckreiz, auch wechselnd mit Asthma, Wärme verschlechtert, übler Geruch, chronische Entzündungen
• Sulfur comp.-Heel	Dermatosen, Dermatitis, juckende und nässende Ekzeme, Pruritus, Urtikaria, „Reaktionsmittel" bei allen chronischen Krankheiten
• Arsenicum album-Injeel	akute und chronische Entzündungen an Augen, Atemwegen, Verdauungs- und Harnapparat, Organdegeneration, Abmagerung, mitternächtliche Unruhe, Haarausfall und Schuppen ➔ Konstitutionsmittel
• Natrium-Homaccord	chronische Schleimhautkatarrhe und -entzündungen, Obstipation, Beschwerden des Verdauungstrakts, hartnäckige Ekzeme an Innenschenkel und Achsel, Juckreiz, Schuppen
• Formica rufa-Injeel	diuretische Wirkung, Ekzeme, Urtikaria, Schuppenbildung
• Oleander (D2–D12, C30)	nässende Ekzeme, schuppende Ausschläge der Kopfhaut, Milchschorf
• Kalium arsenicosum (D3–D30)	chronische Ekzeme, trockene, schlaffe Haut, Papeln mit weißen Schuppen, kleieartig

➔ Seborrhö

SCHWÄCHE

• China-Homaccord	Erschöpfungs- und Schwächezustände, Leberfunktionsstörungen, nach Flüssigkeitsverlusten
• Phosphor-Homaccord	petechiale Blutungen und Blutungsneigung, Laryngitis, Pharyngitis, Degeneration parenchymatöser Organe, Schwäche nach Anstrengung oder hoher Leistung ➔ Konstitutionsmittel
• Kalium carbonicum-Injeel	Verschlechterung nachts, große Schwäche, katarrhalische Affektionen, Abortneigung, Metrorrhagien, Herzschwäche, Altersherz
• Gelsemium-Homaccord	Neuralgie insbesondere des Kopf-Hals-Bereichs, Schwindel, zittrige Schwäche, Erschöpfung, Gliederschmerzen, Muskelzittern
• Argentum nitricum-Injeel	Melancholie, Platzangst, nervöse Symptome, Unruhe, Angst vor allem Neuen, Schwäche der Hinterbeine, Koordinationsstörungen, Zittern
• Causticum-Injeel	Lähmung von Muskeln und Nerven, Paresen, Zittern und Schwäche
• Cerebrum compositum	Entwicklungs- und Verhaltensstörungen, Hirnfunktionsstörungen, vegetative Dystonie, Geriatrie, zur Geweberegeneration
• Crataegus-Injeel	Koronardurchblutungsstörungen, altersbedingte und infektiös-toxische Myokardschwäche
• Cralonin	Altersherz, Koronarinsuffizienz, Herzrhythmusstörungen, Myokardschwäche
• Zincum metallicum-Injeel	Nervenaffektionen mit Schwäche und Erschöpfung, nervöse Beschwerden, Unruhe in den Beinen, Zittern, Zuckungen, Schlafstörungen
• Cimicifuga-Injeel	blitzartige, schießende Schmerzen, rascher Wechsel der Symptome, Osteochondrose an BWS und HWS, Ischiasneuralgie, Erregung des Nervensystems, Zuckungen
• Baryum carbonicum-Injeel	Jungtiere mit Tonsillarhypertrophie, geistige und körperliche Entwicklungsstörungen, geistige und körperliche Schwäche im Alter, Demenz
• Acidum hydrofluoricum (D6, D12)	Abmagerung trotz guten Appetits, Kachexie, Schwäche, Muskelzuckungen, Zittern
• Agaricus (D4–C1000)	ekstatische Zustände, Ataxie, unkontrollierte Bewegungen bei schwacher Muskelkraft
• Caulophyllum D3, D4	Zittern vor innerer Schwäche

➔ Aufbaumittel; ➔ Myoklonie

Vögel, auf dem Boden sitzend:

• Traumeel	Entzündungen verschiedener Genese und Lokalisation, Verletzungen, Wundbehandlung, auch postoperativ
• Cralonin	Altersherz, Koronarinsuffizienz, Herzrhythmusstörungen, Myokardschwäche
• Cerebrum compositum	Entwicklungs- und Verhaltensstörungen, Hirnfunktionsstörungen, vegetative Dystonie, Geriatrie, zur Geweberegeneration
• Phosphorus-Injeel	große Erregbarkeit und Nervenschwäche, Furchtsamkeit, Roborans bei Sittichen und Papageien ➔ Konstitutionsmittel

SCHWERHÖRIGKEIT Innenohr

Therapieversuch	
• Circulo-Injeel	periphere Durchblutungsstörungen, Akroparästhesien, Gefäßspasmen, kalte Gliedmaßenenden
• Arteria-Heel	periphere Zirkulationsstörungen, Arteriosklerose, Hypertonie, Angina pectoris, Claudicatio intermittens
• Lymphomyosot	„Mesenchymentschlackung", Lymphatismus, Lymphödeme, Drüsenschwellungen, Tonsillarhypertrophie, Abbau von Stauungen im Innenohr
• Vertigoheel	Schwindel verschiedener Genese, Kinetosen, Verbesserung der zentralen und peripheren Mikrozirkulation
• Barijodeel	Lymphatismus, Globusgefühl, Drüsenschwellung, Lymphknotenhypertrophie
• Placenta suis-Injeel	periphere Durchblutungsstörungen, fördert die Gewebeausreifung, Dekubitus, Ulcus cruris, Rhagaden, Ekzeme
• Funiculus umbilicalis suis-Injeel	chronische Erkrankungen, Autoaggressionserkrankungen, Bindegewebsmittel, fördert die Gewebeausreifung und -regeneration, Durchblutungsstörungen
• Zitronensäurezyklus-Heel	Sammelpackung der Säuren bzw. Salze des Zitronensäurezyklus in physiologischer Abfolge, als Zwischenmittel bei Erkrankungen in den zellulären Phasen

SCHWINDEL

• Vertigoheel	Schwindel verschiedener Genese, Kinetosen, Verbesserung der zentralen und peripheren Mikrozirkulation
• Cerebrum compositum	Entwicklungs- und Verhaltensstörungen, Hirnfunktionsstörungen, vegetative Dystonie, Geriatrie, zur Geweberegeneration
• Cocculus-Homaccord	Reisekrankheit, Übelkeit und Schwindel, Erschöpfung, Schwäche
• Conium-Injeel	Altersmittel, Gedächtnisschwäche, Ataxie, steinharte Knoten und Neoplasien, aufsteigende Lähmung der Hinterhand, Gleichgewichtsstörungen beim Kopfschütteln
• Gelsemium-Homaccord	Neuralgie insbesondere des Kopf-Hals-Bereichs, Schwindel, zittrige Schwäche, Erschöpfung, Gliederschmerzen, Taumeln
• Argentum nitricum-Injeel	Melancholie, Platzangst, nervöse Symptome, Unruhe, Angst vor allem Neuen, Schwindel bei Nervosität
• Lachesis-Injeel	Schwindel nach Hitzschlag, morgens und in der Sonne schlechter ➔ Konstitutionsmittel
• Glonoin-Homaccord	Tachykardie, pektanginöse Beschwerden, Koronarinsuffizienz, Altersherz, Schwindel nach Hitzschlag
• Phosphor-Homaccord	petechiale Blutungen und Blutungsneigung, Laryngitis, Pharyngitis, Degeneration parenchymatöser Organe, Schwindel bei älteren Tieren, besonders nach Ruhe ➔ Konstitutionsmittel

• Phosphorus-Injeel	große Erregbarkeit und Nervenschwäche, Gleichgewichtsstörungen bei älteren Tieren, insbesondere nach Ruhe ➔ Konstitutionsmittel
• Zincum metallicum-Injeel	Nervenaffektionen mit Schwäche und Erschöpfung, nervöse Beschwerden, Unruhe in den Beinen, Zittern, Zuckungen, Schlafstörungen, epileptiforme Zustände
• Causticum-Injeel	Haut trocken und heiß, Ekzeme von Frösteln begleitet, mit klebrigem, zähem Sekret, Kopf fällt nach rechts, Gleichgewichtsstörungen
• Kalium carbonicum-Injeel	Verschlechterung nachts, große Schwäche, katarrhalische Affektionen, Abortneigung, Metrorrhagien
• Blutgefäßtropfen (Cosmochema)	periphere arterielle und venöse Durchblutungsstörungen, Varizen, Hämorrhoiden
• Aesculus-Heel	venöse Stase, periphere und zentrale Durchblutungsstörungen, Varizen, variköses Ekzem
• Arteria-Heel	zentrale und periphere Zirkulationsstörungen, Arteriosklerose, Hypertonie, Angina pectoris, Claudicatio intermittens
• Circulo-Injeel	zentrale und periphere Durchblutungsstörungen, Akroparästhesien, Gefäßspasmen, kalte Gliedmaßenenden
• Lymphomyosot	„Mesenchymentschlackung", Lymphatismus, Lymphödeme, Drüsenschwellungen, Tonsillarhypertrophie, Abbau von Stauungen im Innenohr
• Placenta suis-Injeel	periphere Durchblutungsstörungen, fördert die Gewebeausreifung, Dekubitus, Ulcus cruris, Rhagaden, Ekzeme
• Arteria suis-Injeel	spezifischer Regulationseffekt auf Funktion und Struktur des entsprechenden Organs, fördert die Gewebeausreifung, Durchblutungsstörungen
• Vena suis-Injeel	spezifischer Regulationseffekt auf Funktion und Struktur des entsprechenden Organs, fördert die Gewebeausreifung, Durchblutungsstörungen
• Helleborus D4	Gehirn- und Nervenerkrankungen, Entzündungen und psychische Erscheinungen, Abstumpfung der geistigen Fähigkeiten, Demenz, Commotio cerebri

SEBORRHÖ

Basismittel	
• Schwef-Heel	Dermatosen, juckende Ekzeme, Pyodermie, Reaktions- und Resorptionsmittel ➔ Konstitutionsmittel (Sulfur)
+ Abropernol	Ekzeme, Erythem, Hyperhidrosis, Hyperkeratosen, Haut spröde und rissig, Rhagaden, Warzen

Verabreichung: zusammen täglich

Ergänzungsmittel

• Causticum-Injeel	Haut trocken und heiß, Ekzeme an den Körperöffnungen, Achsel und Innenschenkel, mit klebrigem, zähem Sekret, auch im Gehörgang, Seborrhö
• Graphites-Homaccord	chronische Ekzeme, trocken oder seborrhoisch, honigartiges Sekret, Fissuren, Borken, Schwielen, Neigung zu Adipositas, Trägheit, Verstopfung ➔ Konstitutionsmittel

• Selenium-Homaccord	Hautausschläge, seborrhoisches Ekzem, Alopezie, Verdauungsschwäche
• Thuja-Injeel	Neigung zu proliferativen Prozessen an Haut und Schleimhäuten, Impffolgen, leichte Formen der Seborrhö → Konstitutionsmittel
• Psorinum-Injeel	chronische Ekzeme und sonstige Hautausschläge, starker Juckreiz, auch wechselnd mit Asthma, Wärme verschlechtert, übler Geruch, chronische Entzündungen, Seborrhö
• Engystol	aktiviert die unspezifische Abwehr, virale Erkrankungen, reduziert Stressfolgen, „Umstimmung" bei Allergien und Dermatosen
• Cutis compositum	Basismittel bei Dermatosen verschiedener Genese, Ekzeme, Allergien, Dermatomykosen, Haarausfall
• Hautfunktionstropfen / Hautfunktionstabletten (Cosmochema)	Erkrankungen der Haut, Alopezie, chronische Ekzeme
• Dermatofides (Fides)	Entzündungen der Haut, juckende Ekzeme, Hauteiterungen
• Cholesterinum-Injeel	chronische Erkrankungen der Haut in Zusammenhang mit Lebererkrankungen
• Cutis suis-Injeel	spezifischer Regulationseffekt auf Funktion und Struktur des entsprechenden Organs, Sklerodermie, Dermatosen, chronische Erkrankungen der Haut
• Traumeel Salbe	Entzündungen verschiedener Genese und Lokalisation, Verletzungen, Wundbehandlung, Ekzeme

→ Ekzeme

SEHNERVATROPHIE

Basismittel	
• Nervus opticus suis-Injeel	spezifischer Regulationseffekt auf Funktion und Struktur des entsprechenden Organs, Atrophia nervi optici, Sehstörungen
+ Coenzyme compositum	regt blockierte enzymatische Abläufe insbesondere der Energiegewinnung an (Zitronensäurezyklus), degenerative oder chronische Erkrankungen

Verabreichung: zusammen 2-mal wöchentlich

Ergänzungsmittel

• Oculus totalis suis-Injeel	spezifischer Regulationseffekt auf Funktion und Struktur des entsprechenden Organs, degenerative Augenerkrankungen
• Hypericum-Injeel	Nerven- und Gehirnverletzungen, Nervenschmerzen bei und nach Verletzungen, Tierbisse, Commotio cerebri, Zerebralsklerose
• Cerebrum compositum	Entwicklungs- und Verhaltensstörungen, Hirnfunktionsstörungen, vegetative Dystonie, Geriatrie, zur Geweberegeneration
• Argentum nitricum-Injeel	Melancholie, Platzangst, nervöse Symptome, Unruhe, Angst vor allem Neuen, chronische Augenerkrankungen

• Aurum-Injeel	Hypertonie, Arteriosklerose, präapoplektisch, Arrhythmien mit Angst, leicht reizbar und sehr aggressiv, dominant, nach Gefäßeinsprossung, rote Äderung, Sehnervatrophie ➔ Konstitutionsmittel
• Strychninum nitricum (D6, D12, C30–C1000)	Schlaflosigkeit, Reizbarkeit, Zuckungen, explosive Nervosität, Neuritiden

SEPTISCHE ERKRANKUNGEN adjuvant

• Lachesis compositum	septische Tendenz bei Entzündungen und Eiterungen, Phlegmone, Endometritis, Nachgeburtsverhaltung, trockenes Fieber, puerperale Störungen
• Echinacea compositum	bakterielle Infektionen verschiedener Organsysteme, Entzündungen, Fieber, auch prophylaktisch
• Cactus compositum	Myokardschwäche auch infektiöser Genese, Peri- und Endokarditis, Herzrhythmusstörungen, Koronarinsuffizienz
• Traumeel	Entzündungen verschiedener Genese und Lokalisation, Verletzungen, Wundbehandlung, auch postoperativ
• Crotalus-Injeel	dunkle Blutungen in allen Organen und aus allen Körperöffnungen, Gangrän und Sepsis
• Vipera berus-Injeel	Phlebitis, Gangrän, Blutungsneigung, Blutungen aus allen Körperöffnungen, Kälte und Lähmung der Gliedmaßen
• Entzündungstropfen (Cosmochema)	Entzündungen verschiedener Art und Lokalisation, zu Entzündungen neigende Bagatellverletzungen
• Galium-Heel / Galium comp.-Heel	Immunmodulation bei chronischen Erkrankungen verschiedener Genese, Präkanzerosen, „Zellreinigung"
• Silicea-Injeel	chronische Eiterungen und Fistelbildungen, wirkt auf Bindegewebe, Bänder, Sehnen, Haut, Hautanhangsgebilde, schlechte Wundheilung ➔ Konstitutionsmittel
• Streptococcus haemolyticus-Injeel	Angina, Neigung zu Tonsillarabszessen, Erkrankungen mit Verdacht auf Streptokokkenbeteiligung
• Staphylococcus-Injeel	chronische und chronisch-rezidivierende Erkrankungen, Pyodermie, Panaritium, Phlegmone, Erkrankungen mit Verdacht auf Staphylokokkenbeteiligung
• Bacterium coli-Injeel	Durchfall durch Darmdysbiose, z.B. nach Antibiotikagabe, Furcht führt zu Meteorismus
• Pyrogenium (D6–D30)	heftige, überschießende Reaktionen, Eiterungen, Lymphadenitis, gangränöse Zustände, Sepsis, übel riechende Absonderungen

SINUSITIS

Basismittel

Viral:

• Euphorbium compositum	akute und chronische Rhinitiden und Sinusitiden, Ohrtubenkatarrh, Mittelohrhydrops, Katzenschnupfen
+ Engystol	aktiviert die unspezifische Abwehr, virale Erkrankungen, reduziert Stressfolgen, „Umstimmung" bei Allergien und Dermatosen

Verabreichung: zusammen täglich

Bakteriell:

• Euphorbium compositum	akute und chronische Rhinitiden und Sinusitiden, Ohrtubenkatarrh, Mittelohrhydrops, Katzenschnupfen
+ Echinacea compositum	bakterielle Infektionen verschiedener Organsysteme, Entzündungen, Fieber, auch prophylaktisch

Verabreichung: zusammen täglich

Ergänzungsmittel

• Naso-Heel	akute und chronische Rhinitis, Sinusitis, Pharyngitis, Laryngitis, Tonsillitis, atrophische Rhinitis, trockene Schleimhäute mit Borken und Krusten
• Mucosa compositum	Schleimhauterkrankungen und -katarrhe verschiedener Art und Lokalisation, z.B. im Bereich der oberen und unteren Luftwege, regenerationsfördernd für Schleimhäute
• Kalium bichromicum-Injeel	zähe, strähnige Absonderungen aller Schleimhäute, chronische Katarrhe der Nase und des Ohrs, tief fressende Ulzera der Schleimhäute
• Luffeel comp.	akute, chronische und allergische Rhinitis, Sinusitis, Asthma bronchiale, Trägheit und Müdigkeit
• Hydrastis-Injeel	dicke, zähe, strähnige, gelb-weißliche Absonderungen aller Schleimhäute, Metrorrhagien, Stomatitis aphthosa, Schwäche, Kachexie
• Arsenicum album-Injeel	akute und chronische Entzündungen an Augen, Atemwegen, Verdauungs- und Harnapparat, Organdegeneration, Abmagerung, mitternächtliche Unruhe, chronische Rhinitis / Sinusitis bei älteren Tieren, wund machendes Sekret → Konstitutionsmittel
• Hepar sulfuris-Injeel	eiternde Prozesse unterschiedlicher Lokalisation, schmerzhaft, Abszesse vor Ausreifung, Überempfindlichkeit gegen Kälte und Luftzug
• Lycopodium-Injeel	Leber- und Gallenstörungen, satt nach wenigen Bissen, hager, gelbes, gestautes Sekret, Stirnkopfschmerz → Konstitutionsmittel
• Silicea-Injeel	chronische Eiterungen und Fistelbildungen, wirkt auf Bindegewebe, Bänder, Sehnen, Haut, Hautanhangsgebilde, schlechte Wundheilung, weißliches Sekret → Konstitutionsmittel
• Sinusitis-Nosode-Injeel	akute, chronische und chronisch-rezidivierende Entzündungen und Eiterungen der Nasennebenhöhlen, „adenoide Vegetationen", Lymphatismus, vasomotorische Rhinitiden und Sinusitiden

• Cruroheel	Fisteleiterungen, Knochenfisteln, Ulcus cruris, Bindegewebsschwäche, chronische Eiterungen
• Gastricumeel	akute und chronische Gastritis, Dyspepsie, Meteorismus, gastrokardialer Symptomenkomplex, Ulcus ventriculi, Sinusitis wechselnd mit Gastritis
• Cinnabaris D4, D6, D12	Sinusitis mit übel riechenden Sekreten, Tonsillitis, Laryngitis, rezidivierend

➔ Erkältungskrankheiten; ➔ Rhinitis

SOMMEREKZEM

Basismittel

Prophylaxe:

• Sulfur comp.-Heel	Dermatosen, Dermatitis, juckende und nässende Ekzeme, Pruritus, Urtikaria, „Reaktionsmittel" bei allen chronischen Krankheiten

Verabreichung: per os etwa ab März / April für 3–4 Wochen, 1-mal täglich 10 Tabletten

• Engystol	aktiviert die unspezifische Abwehr, virale Erkrankungen, reduziert Stressfolgen, „Umstimmung" bei Allergien und Dermatosen

Verabreichung: 1-mal wöchentlich mit Eigenblut

Metaphylaxe / Therapie:
Umstimmungsbehandlung ab April:

• Traumeel	Entzündungen verschiedener Genese und Lokalisation, Verletzungen, Wundbehandlung, auch postoperativ

Verabreichung: 5 ml Traumeel + 5 ml Eigenblut

Metaphylaxe:

ggf. Wiederholung nach einigen Wochen erforderlich

Therapie:

Wiederholung wöchentlich

Alternativ therapeutisch:

• Cutis compositum	Basismittel bei Dermatosen verschiedener Genese, Ekzeme, Allergien, Dermatomykosen, Haarausfall
+ Coenzyme compositum	regt blockierte enzymatische Abläufe insbesondere der Energiegewinnung an (Zitronensäurezyklus), degenerative oder chronische Erkrankungen

Verabreichung: 2-mal wöchentlich zusammen mit 5 ml Eigenblut

Bei ausgeprägter Symptomatik:

per os:

• Graphites-Homaccord	chronische Ekzeme, trocken oder seborrhoisch, honigartiges Sekret, Fissuren, Borken, Schwielen, Neigung zu Adipositas, Trägheit, Verstopfung ➔ Konstitutionsmittel

+ Psorinum-Injeel	chronische Ekzeme und Hautausschläge, starker Juckreiz, auch wechselnd mit Asthma, Wärme verschlechtert, übler Geruch, chronische Entzündungen
+ Lymphomyosot	„Mesenchymentschlackung", Lymphatismus, Lymphödeme, Drüsenschwellungen, Tonsillarhypertrophie

Verabreichung: Mischung ana partes, 1- bis 2-mal täglich 30 Tropfen

lokal:	
• Traumeel (Salbe / Gel)	Entzündungen verschiedener Genese und Lokalisation, Verletzungen, Wundbehandlung, auch postoperativ

Begleitend zur Stoffwechselregulation:

• Carduus compositum	akute und chronische Leber- und Gallenerkrankungen, alle Folgeerkrankungen davon, Stoffwechselstörungen, Verdauungsprobleme
+ Coenzyme compositum	regt blockierte enzymatische Abläufe insbesondere der Energiegewinnung an (Zitronensäurezyklus), degenerative oder chronische Erkrankungen

Verabreichung: 2-mal wöchentlich für 3 Wochen

Ergänzungsmittel

• Causticum-Injeel	Haut trocken und heiß, Ekzeme von Frösteln begleitet, mit klebrigem, zähem Sekret, verhornende Warzen, entzündet, nässend oder vereitert, Drüsenverhärtungen
• Natrium muriaticum-Injeel	nervöse Reizbarkeit, Trockenheit aller Schleimhäute, Beschwerden schlechter im Sommer → Konstitutionsmittel
• Histamin-Injeel	allergische Erkrankungen, Asthma, Ekzeme und Dermatosen, nach Trauma
• Urtica-Injeel	urtikarielle, juckende Dermatosen, Nesselausschläge, Berührungsempfindlichkeit, harnsaure Diathese
• Acidum formicicum-Injeel	allgemeines „Umstimmungsmittel" bei Asthma, Allergien und Ekzemen, bei allen zellulären Phasen
• Rhus Tox-Injeel	Rheuma und Neuralgien, Sehnen- und Bänderaffektionen, schlechter bei nasskaltem Wetter, Anlaufschmerzen, Folgen von Überanstrengung, stark juckende Bläschen, unruhig
• Silicea-Injeel	chronische Eiterungen und Fistelbildungen, wirkt auf Bindegewebe, Bänder, Sehnen, Haut, Hautanhangsgebilde, schlechte Wundheilung, Gewebewucherungen → Konstitutionsmittel
• Thuja-Injeel	Neigung zu proliferativen Prozessen an Haut und Schleimhäuten, Impffolgen, Hyperkeratosen, Warzen oder großknotige Tumore, rissig, leicht blutend, besonders in der Haut → Konstitutionsmittel
• Ledum-Injeel	akuter und chronischer Gelenkrheumatismus, Muskelrheumatismus, Stich- und Bissverletzungen

- Staphisagria-Injeel — brennende, juckende Hautausschläge, ärgerlich, reizbar, Angstaggression, nach Misshandlungen oder Demütigungen, Ekzeme mit starkem Juckreiz, Krusten
- Calcium carbonicum-Injeel — Jungtiermittel, Drüsenschwellungen, Schleimhautkatarrhe, Polypenbildung und Ulzerationen, Milchschorf, Hautallergien, Zwischenmittel ➔ Konstitutionsmittel
- FideSan Salbe (Cosmochema) — Entzündungen der Haut, Juckreiz, allergische Dermatosen
- Galphimia (D4–D12) — Allergien, Asthma, Heufieber

➔ Allergien; ➔ Auto-Sanguis-Stufentherapie; ➔ Pruritus

SONNENBRAND

- Traumeel — Entzündungen verschiedener Genese und Lokalisation, Verletzungen, Wundbehandlung, auch postoperativ, Stomatitis mit Rötung und Aphthen, Speichelfluss

Verabreichung: Anwendung innerlich und lokal

- Causticum-Injeel — Haut trocken und heiß, Ekzeme von Frösteln begleitet mit klebrigem, zähem Sekret, Verbrennungen
- Cutis compositum — Basismittel bei Dermatosen verschiedener Genese, Ekzeme, Allergien, Dermatomykosen, Haarausfall, Dermatitis
- Cutis suis-Injeel — spezifischer Regulationseffekt auf Funktion und Struktur des entsprechenden Organs, Sklerodermie, Dermatosen, Dermatomykosen, chronische Erkrankungen der Haut

➔ Hitzschlag; ➔ Sonnenstich

SONNENSTICH

- Belladonna-Homaccord — lokalisierte, akute und heftige Entzündungen, auch mit hohem Fieber, arterielle Pulsationen, Apathie, Blutandrang zum Kopf, Dyspnoe, schwacher Puls
- Apis-Homaccord — ödematöse, schmerzhafte Schwellungen, pustulöse und bullöse Ekzeme, Entzündungen mit Flüssigkeitsansammlung in Geweben und Körperhöhlen, zerebrale Reizzustände mit Hirnhautödem, Kühle bessert

Verabreichung: Gabe über 1–2 Tage

- Cactus compositum — Myokardschwäche auch infektiöser Genese, Peri- und Endokarditis, Herzrhythmusstörungen, Koronarinsuffizienz
- Glonoin-Homaccord — Tachykardie, pektanginöse Beschwerden, Koronarinsuffizienz, Altersherz, klopfendes Herz und Karotiden
- Carbo compositum — Kreislaufversagen, arterielle Blutfülle im Gehirn, Kollapszustände, kalte Haut, Dyspnoe
- Aconitum-Injeel — Unruhe, Angst und Folgen von Schreck, hochakute grippale und katarrhalische Infekte, Übelkeit nach Überhitzung, Nasenbluten möglich
- Gelsemium-Homaccord — Neuralgie insbesondere des Kopf-Hals-Bereichs, Schwindel, zittrige Schwäche, Erschöpfung, Gliederschmerzen, Hitzschlag

• Selenium-Homaccord	Konzentrationsschwäche, Erschöpfungszustände, zerebrale Leistungsschwäche, empfindlich gegen Hitze und Überhitzung
• Veratrum-Homaccord	Dysenterie, Gastroenteritis mit und ohne Kolik, Kollapszustände mit zyanotischer oder blasser, kühler Haut
• ggf. Aderlass	

SPASMEN

• Atropinum compositum	Krämpfe der glatten und quergestreiften Muskulatur, Gallen-, Nieren-, Darmkoliken, stechende, brennende Schmerzen, Diarrhö, Unruhe
• Spascupreel	Spasmen glattmuskulärer Hohlorgane, Spastizität der quergestreiften Muskulatur wie muskulärer Hartspann, Koliken, spastische und asthmatoide Bronchitis
• Valerianaheel	Unruhe- und Erregungszustände, Insomnie, nervöse Erschöpfung, gesteigerte Reflexe, begleitend bei Krämpfen
• Viburcol Supp.	Unruhe- und Erregungszustände, Koliken bei Jungtieren
• Zincum metallicum-Injeel	Nervenaffektionen mit Schwäche und Erschöpfung, nervöse Beschwerden, Unruhe in den Beinen, Zittern, Zuckungen, Schlafstörungen

Atemwege:

• Cuprum-Injeel	Krämpfe der glatten und quergestreiften Muskulatur, spastischer Husten
• Drosera-Homaccord	Husten auch mit Brechwürgen, Bronchiolitis, asthmatoide Bronchitis
• Tartephedreel	absteigende Entzündungen der Atemwege, Schleimrasseln, Krampfhusten, Bronchitis mit zähem Sekret, Asthma, Bronchiolitis (besonders feuchte Form)
• Bronchalis-Heel	Bronchitis, Bellhusten, nächtlicher Kitzelhusten, Husten mit Brechwürgen, Asthma, Husten beim Eintritt in warme Räume
• Droperteel	Bronchitis, Entzündungen der Atemwege, Heiserkeit, Krampfhusten mit zähem, Faden ziehendem Sekret

➔ Asthma; ➔ Atemwegserkrankungen

Harn- und Geschlechtsorgane:

• Hormeel	funktionelle Störungen im weiblichen Zyklus, Sterilität, Brunstlosigkeit, Fluor albus, endokrine Dysfunktionen
• Cantharis compositum	Blasenentzündung, Nierenbeckenentzündung, Nierenentzündung, Blasentenesmen, Harnzwang, Brennen in der Urethra nach der Miktion, Hämaturie
• Reneel	akute und chronische Nieren- und Blasenleiden, Nephrolithiasis, Urethritis, Albuminurie, Blutungsneigung
• Berberis-Homaccord	Reiz- und Entzündungszustände im Urogenitaltrakt und in den Gallenwegen, mit und ohne Konkremente, Gallen- und Nierenkoliken
• Cuprum-Injeel	Krämpfe der glatten und quergestreiften Muskulatur

➔ Prolaps uteri; ➔ Prolaps vaginae; ➔ Tenesmus vesicae

Magen-Darm-Trakt:

• Nux vomica-Homaccord	Funktionsstörungen von Magen, Darm und Leber, Spasmen, Meteorismus, Beschwerden nach Überreizung
• Chelidonium-Homaccord	Leberstörungen mit Schwerpunkt Gallensystem, Cholangitis, Cholezystitis, Gallenkolik, akute und chronische Hepatitis, Stauungsikterus
• Atropinum compositum	Krämpfe der glatten und quergestreiften Muskulatur, Gallen-, Nieren-, Darmkoliken, stechende, brennende Schmerzen, Diarrhö, Unruhe
• Gastricumeel	akute und chronische Gastritis, Dyspepsie, Meteorismus, gastrokardialer Symptomenkomplex, Ulcus ventriculi, Magenkrämpfe
• Berberis-Homaccord	Reiz- und Entzündungszustände im Urogenitaltrakt und in den Gallenwegen, mit und ohne Konkremente, Gallen- und Nierenkoliken
• Colocynthis-Injeel	stechende Schmerzen, Krämpfe des Magen-Darm-Trakts, Gallenkoliken, periodisch auftretende Symptome, alle Symptome bessern sich auf Druck und Wärme
• Cuprum-Injeel	Krämpfe der glatten und quergestreiften Muskulatur

➔ Enteritis; ➔ Kolik

SPASTISCHE PARESE

• Causticum-Injeel	Lähmung von Muskeln und Nerven, Paresen, Sehnenverkürzung
• Spascupreel	Spasmen glattmuskulärer Hohlorgane, Spastizität der quergestreiften Muskulatur wie muskulärer Hartspann, Koliken, spastische und asthmatoide Bronchitis
• Coenzyme compositum	regt blockierte enzymatische Abläufe insbesondere der Energiegewinnung an (Zitronensäurezyklus), degenerative oder chronische Erkrankungen
• Ubichinon compositum	verbessert die Energiebereitstellung in der Zelle, degenerative und tumoröse Erkrankungen
• Cuprum-Injeel	Krämpfe der glatten und quergestreiften Muskulatur
• Medulla spinalis suis-Injeel	spezifischer Regulationseffekt auf Funktion und Struktur des entsprechenden Organs, Myelitis, Lateralsklerose, Parese, Paraplegie
• Musculus suis-Injeel	spezifischer Regulationseffekt auf Funktion und Struktur des entsprechenden Organs, Myotonie
• Guajacum (D0–C30)	Neuralgien, Gelenkrheumatismus, rheumatoide Schmerzen, Inaktivitätsatrophie

SPAT

Basismittel	
• Zeel	degenerative und rheumatische Gelenkerkrankungen, Arthrose, Polyarthrose, Spondylarthrose
+ Osteoheel	Ostitis, Periostitis, Exostosen, nächtliche Knochenschmerzen, neuralgische Schmerzen, Gelenkknacken, Osteochondrose

Verabreichung: je 1-mal 10 Tabletten im täglichen Wechsel über mehrere Wochen, initial zusätzlich 3 Zeel-Injektionen *bei starker Schmerzhaftigkeit zusätzlich:*

- Traumeel — Entzündungen verschiedener Genese und Lokalisation, Verletzungen, Wundbehandlung, auch postoperativ

Verabreichung: in 2-tägigem Abstand

lokal:

- Traumeel Gel — Entzündungen verschiedener Genese und Lokalisation, Verletzungen, Wundbehandlung, auch postoperativ

Ergänzungsmittel

- Ruta-Injeel — Folgen stumpfer Verletzungen, Ganglion, Periostitis, venöse Stauungen, Folgen von körperlicher Überanstrengung
- Rhus Tox-Injeel — Rheuma und Neuralgien, Sehnen- und Bänderaffektionen, schlechter bei nasskaltem Wetter, Anlaufschmerzen, Folgen von Überanstrengung
- Calcium fluoratum-Injeel — Bindegewebsschwäche, „Knochenkaries", Knochenfisteln, Exostosen, steinharte Drüsenschwellungen, wirkt auf Sehnen und Bänder
- Hekla Lava-Injeel — nutritive und infektiöse Störungen von Knochen und Knochenhaut, Exostosen an den Bandansätzen
- Symphytum-Injeel — „Arnika der Knochen", beschleunigt die Kallusbildung, fördert den Knochenstoffwechsel, Periostitis
- Silicea-Injeel — chronische Eiterungen und Fistelbildungen, wirkt auf Bindegewebe, Bänder, Sehnen, Haut, Hautanhangsgebilde
  → Konstitutionsmittel
- Bryonia-Injeel — Entzündungen, beginnende Abszedierung, Bewegung verschlimmert, besser durch festen Druck auf die erkrankte Stelle, akute Distorsion, hohe Schmerzhaftigkeit
- Harpagophytum (D2–D6) — Hüftgelenksdysplasie, chronische Prozesse mit Knochenwucherungen, Exostosen, Spat

SPONDYLOSE

Basismittel

- Discus compositum — Osteochondrose, Arthritis und Arthrose besonders des Hüftgelenks, neuralgisch-rheumatische Erkrankungen im Bereich der Wirbelsäule, Exostosen, nächtliche Knochenschmerzen

\+ Neralgo-Rhem-Injeel — Neuralgien, Lumbago, Weichteilrheumatismus, arthritische und vertebragene Beschwerden, Muskel- und Gelenkbeschwerden

Verabreichung: 2-mal wöchentlich

- Zeel — degenerative und rheumatische Gelenkerkrankungen, Arthrose, Polyarthrose, Spondylarthrose

\+ Osteoheel — Ostitis, Periostitis, Exostosen, nächtliche Knochenschmerzen, neuralgische Schmerzen, Gelenkknacken, Osteochondrose

Verabreichung: im täglichen Wechsel

Ergänzungsmittel

• Hekla Lava-Injeel	nutritive und infektiöse Störungen von Knochen und Knochenhaut, Exostosen an den Bandansätzen
• Gelsemium-Homaccord	Neuralgie insbesondere des Kopf-Hals-Bereichs, Schwindel, zittrige Schwäche, Erschöpfung, Gliederschmerzen
• Ranunculus-Homaccord	rheumatische Muskel- und Gelenkbeschwerden, besonders im Brustbereich, Interkostalneuralgien, Herpes zoster
• Colocynthis-Homaccord	Neuralgien verschiedener Genese und Lokalisation, Osteochondrose, Ischialgie, plötzlich einschießende Schmerzen, Parästhesien
• Hypericum-Injeel	Nerven- und Gehirnverletzungen, Nervenschmerzen bei und nach Verletzungen, Tierbisse, Commotio cerebri, Zerebralsklerose
• Cimicifuga-Injeel	blitzartige, schießende Schmerzen, rascher Wechsel der Symptome, Osteochondrose an BWS und HWS, Ischiasneuralgie, Erregung des Nervensystems
• Mezereum-Homaccord	vesikulöse Ekzeme, Dermatosen, Herpes zoster, Neuralgien verschiedener Lokalisationen, Pruritus, ätzende Sekretionen, nächtliche Verschlimmerung
• Dulcamara-Homaccord	„Nasswettermittel", rheumatische Erkrankungen, alle Beschwerden sind Folgen von oder schlechter bei Kälte und Nässe, Neuralgien
• Psorinum-Injeel	chronische Entzündungen, hartnäckige Neuralgien
• Chamomilla-Injeel	Überempfindlichkeit gegen Schmerzen, Krämpfe, Bauch aufgetrieben, Blähungskolik, Neuralgien aller Art
• Aurum-Injeel	Hypertonie, Arteriosklerose, präapoplektisch, Arrhythmien mit Angst, leicht reizbar und sehr aggressiv, dominant, Osteoporose, Arthrose, Spondylarthrose ➔ Konstitutionsmittel
• Nux vomica-Injeel	übersteigerter Ehrgeiz, Überempfindlichkeit gegen alle Reize, Neigung zu Übersprungshandlungen, starke, plötzlich einsetzende Schmerzen, aufgekrümmter Rücken ➔ Konstitutionsmittel
• Plumbum metallicum-Injeel	schleichende Krankheitsprozesse, Schwäche und Kraftlosigkeit, Tympanie, schlaffe Lähmung der Hinterbeine, wenig schmerzhaft
• Medulla spinalis suis-Injeel	spezifischer Regulationseffekt auf Funktion und Struktur des entsprechenden Organs, Myelitis, Lateralsklerose, Parese, Paraplegie
• Musculus suis-Injeel	spezifischer Regulationseffekt auf Funktion und Struktur des entsprechenden Organs, Myotonie
• Harpagophytum D2, D3	Hüftgelenksdysplasie, chronische Prozesse mit Knochenwucherungen, Exostosen, Spondylarthrosen
• Ginkgo biloba D2, D3, D6	periphere Durchblutungsstörungen, schlimmer bei nervöser Erregung, eiskalte Extremitäten
• Petroselinum (D2–D12)	plötzlicher heftiger Harndrang, Harninkontinenz, Reizblase, Urethritis, Zystitis, Spondylose mit Blasenwandlähmung

➔ Diskopathien

STAUPE

Initialstadium / seröse Phase:

• Gripp-Heel	Grippe und grippale Infekte, Fieber, Gliederschmerzen, Entzündungen seröser Häute, Bronchitis, virale Erkrankungen
+ Engystol	aktiviert die unspezifische Abwehr, virale Erkrankungen, reduziert Stressfolgen, „Umstimmung" bei Allergien und Dermatosen

Verabreichung: anfangs zusammen 2- bis 3-mal täglich

Katarrhalische Phase (Fieber, Konjunktivitis, Rhinitis, Laryngitis):

• Belladonna-Homaccord	lokalisierte, akute und heftige Entzündungen, auch mit hohem Fieber, arterielle Pulsationen
• Euphorbium compositum	akute und chronische Rhinitiden und Sinusitiden, Ohrtubenkatarrh, Mittelohrhydrops, Katzenschnupfen, Tränenfluss bei Erkrankungen der oberen Atemwege
• Mercurius solubilis Hahnemanni-Injeel	beginnende Suppuration, Abszesse in Anbildung, akute, schmerzhafte Entzündungen im Bindegewebe und in verschiedenen Organen, brennendes Sekret aus Auge und Nase
• Oculoheel Augentropfen	katarrhalische und eitrige Konjunktivitis und Keratitis, Lichtscheu, Tränenfluss
• Echinacea compositum	bakterielle Infektionen verschiedener Organsysteme, Entzündungen, Fieber, auch prophylaktisch

Pektorale Form (Bronchitis, Pneumonie):

• Bryonia-Injeel	Entzündungen, beginnende Abszedierung, Bewegung verschlimmert, besser durch festen Druck auf die erkrankte Stelle, akute Distorsion, hohe Schmerzhaftigkeit, Bronchitis, Pneumonie
• Ipecacuanha-Injeel	hellrote, gussweise Blutungen, feuchte Bronchitis, Brechdurchfall
• Tartarus stibiatus-Injeel	Bronchitis, Pneumonie, Lungenemphysem, Husten mit Schleimrasseln, große Erschöpfung mit schnellem Kräfteverfall, Kreislaufschwäche
• Phosphor-Homaccord	petechiale Blutungen und Blutungsneigung, Laryngitis, Pharyngitis, Degeneration parenchymatöser Organe ➔ Konstitutionsmittel
• Echinacea compositum	bakterielle Infektionen verschiedener Organsysteme, Entzündungen, Fieber, auch prophylaktisch

Intestinale Form (Erbrechen, Durchfall):

• Nux vomica-Homaccord	Funktionsstörungen von Magen, Darm und Leber, Spasmen, Meteorismus, Beschwerden nach Überreizung, ruhig
• Arsenicum album-Injeel	akute und chronische Entzündungen an Augen, Atemwegen, Verdauungs- und Harnapparat, Organdegeneration, Abmagerung, mitternächtliche Unruhe ➔ Konstitutionsmittel
• Veratrum-Homaccord	Dysenterie, Gastroenteritis mit und ohne Kolik, Kollapszustände mit zyanotischer oder blasser, kühler Haut

• Okoubaka D2, D3	Gastroenteritis, Lebensmittelunverträglichkeiten, Durchfälle als Folge von Intoxikation (Insektizide und Pestizide) und verdorbenem Futter, schwere Diarrhö, Schwäche

Nervöse Form:

• Belladonna-Homaccord	lokalisierte, akute und heftige Entzündungen, auch mit hohem Fieber, arterielle Pulsationen
• Gelsemium-Homaccord	Neuralgie insbesondere des Kopf-Hals-Bereichs, Schwindel, zittrige Schwäche, Erschöpfung, Gliederschmerzen
• Stramonium-Injeel	manische Zustände, Psychosen, Unruhe, Raserei, Streitsucht, Neigung zu Gewalttätigkeit, epileptiforme Krämpfe, Angst vor Dunkelheit, Zuckungen einzelner Muskeln
• Coenzyme compositum	regt blockierte enzymatische Abläufe insbesondere der Energiegewinnung an (Zitronensäurezyklus), degenerative oder chronische Erkrankungen
• Ubichinon compositum	verbessert die Energiebereitstellung in der Zelle, degenerative und tumoröse Erkrankungen

Hartballen:

• Graphites-Homaccord	chronische Ekzeme, trocken oder seborrhoisch, honigartiges Sekret, Fissuren, Borken, Schwielen, Neigung zu Adipositas, Trägheit, Verstopfung ➔ Konstitutionsmittel
• Antimonium crudum-Injeel	Hyperkeratose besonders der Ballen, Rhagaden und Warzen, Ausschläge mit honiggelben Krusten, Gastritis

Ergänzungsmittel

• Apis-Homaccord	ödematöse, schmerzhafte Schwellungen, pustulöse und bullöse Ekzeme, Entzündungen mit Flüssigkeitsansammlung in Geweben und Körperhöhlen
• Cuprum-Injeel	Krämpfe der glatten und quergestreiften Muskulatur
• Gelsemium-Homaccord	Neuralgie insbesondere des Kopf-Hals-Bereichs, Schwindel, zittrige Schwäche, Erschöpfung, Gliederschmerzen
• Hyoscyamus (D6, D12, C30, C200)	Erregungszustände mit großer Unruhe, Eifersucht, Raserei mit Lautgeben, laufen bei mutigen Gegnern davon, Verlustangst (Personen, Umgebung) auch mit Harn- und Kotabsatz ➔ Konstitutionsmittel
• Bufo D6	Konvulsionen, epileptiforme Anfälle, übel riechende Ausdünstungen und Absonderungen, Herzklopfen
• Cicuta virosa D6, D12	krampfartige Zuckungen, epileptische Krämpfe, Opisthotonus
• Strychninum nitricum D6, D30, D200	Schlaflosigkeit, Reizbarkeit, Zuckungen, explosive Nervosität

STOFFWECHSELSTÖRUNGEN

Basismittel

Kleintier:

• Hepar comp. Heel	akute und chronische Leber-Galle-Affektionen, regt die Leberfunktion an, Verdauungsstörungen
+ Coenzyme compositum	regt blockierte enzymatische Abläufe insbesondere der Energiegewinnung an (Zitronensäurezyklus), degenerative oder chronische Erkrankungen

Verabreichung: zusammen 2-mal wöchentlich

Großtier:

• Carduus compositum	akute und chronische Leber- und Gallenerkrankungen, alle Folgeerkrankungen davon, Stoffwechselstörungen, Verdauungsprobleme
+ Coenzyme compositum	regt blockierte enzymatische Abläufe insbesondere der Energiegewinnung an (Zitronensäurezyklus), degenerative oder chronische Erkrankungen

Verabreichung: zusammen 2-mal wöchentlich

Ergänzungsmittel

• Nux vomica-Homaccord	Funktionsstörungen von Magen, Darm und Leber, Spasmen, Meteorismus, Beschwerden nach Überreizung, Entgiftung nach Vorbehandlung
• Lycopodium-Injeel	Leber- und Gallenstörungen, satt nach wenigen Bissen, hager, Meteorismus ➔ Konstitutionsmittel
• Ginseng compositum	Erschöpfungszustände aller Art, geistige und körperliche Schwäche, zelluläre Phasen, präkanzeröse Stadien, zur Revitalisierung
• Arsenicum album-Injeel	akute und chronische Entzündungen an Augen, Atemwegen, Verdauungs- und Harnapparat, Organdegeneration, Abmagerung, mitternächtliche Unruhe ➔ Konstitutionsmittel
• Phosphor-Homaccord	petechiale Blutungen und Blutungsneigung, Laryngitis, Pharyngitis, Degeneration parenchymatöser Organe, z.B. Leber ➔ Konstitutionsmittel
• Sulfur comp.-Heel	Dermatosen, Dermatitis, juckende und nässende Ekzeme, Pruritus, Urtikaria, „Reaktionsmittel" bei allen chronischen Krankheiten
• Ovarium compositum	Störungen der Ovarfunktion, unterstützend bei Endometritis, HVL-Insuffizienz bei weiblichen Tieren, Ovarialzysten, Geriatrie
• Testis compositum	regt die Organfunktionen bei männlichen Tieren an, Impotenz, Erschöpfungszustände aller Art, Regulation vegetativer Steuerungsfunktionen, Geriatrie
• Tonico-Injeel	physische Erschöpfung, nervöse Erschöpfung und Überreizung, Entwicklungsstörungen bei Jungtieren
• Flor de piedra D4, D6	Hypo- und Hyperthyreose, Hepatitis, Hepatose, venöse Durchblutungsstörungen, alle Funktionen verlangsamt

Unterstützend bei längerem Verlauf:

• Coenzyme compositum	regt blockierte enzymatische Abläufe insbesondere der Energiegewinnung an (Zitronensäurezyklus), degenerative oder chronische Erkrankungen

Nährstoffwechsel: ➔ Azetonämie

Mineralstoffwechsel: ➔ Festliegen; ➔ Osteomalazie

STOMATITIS

Basismittel

Akut:

• Traumeel	Entzündungen verschiedener Genese und Lokalisation, Verletzungen, Wundbehandlung, auch postoperativ, Stomatitis mit Rötung und Aphthen, Speichelfluss

Verabreichung: innerlich und lokal

+ Echinacea compositum	bakterielle Infektionen verschiedener Organsysteme, Entzündungen, Fieber, auch prophylaktisch
+ Engystol	aktiviert die unspezifische Abwehr, virale Erkrankungen, reduziert Stressfolgen, „Umstimmung" bei Allergien und Dermatosen

Subakut:

• Lachesis compositum	septische Tendenz bei Entzündungen und Eiterungen, Phlegmone, Endometritis, Nachgeburtsverhaltung, trockenes Fieber
+ Mucosa compositum	Schleimhauterkrankungen und -katarrhe verschiedener Art und Lokalisation, z.B. im Verdauungstrakt mit und ohne Ulkus, regenerationsfördernd für Schleimhäute

Ergänzungsmittel

• Mercurius-Heel	entzündliche und eitrige Erkrankungen der Haut und anderer Organe, Stomatitis mit Rötung, Aphthen, Speichelfluss, Schmerz, Geruch
• Mercurius sublimatus corrosivus-Injeel	Suppurationen, Abszesse, Gingivitis, Stomatitis, Iritis, Blepharokonjunktivitis, Keratitis profunda
• Kreosotum-Injeel	Schleimhautkatarrhe mit ätzenden, übel riechenden Absonderungen, tief greifende Entzündungen der Schleimhäute, Ulzera, Fluor, Pruritus vulvae
• Acidum nitricum-Injeel	Veränderungen an Haut und Schleimhäuten, besonders mukokutane Übergänge, Blutungen, Rhagaden, Geschwüre wie verätzt, schlechte Heiltendenz
• Mezereum-Homaccord	vesikulöse Ekzeme, Dermatosen, Herpes zoster, Neuralgien, ätzende Sekretionen, nächtliche Verschlimmerung
• Borax (D1–D3)	Stomatitis aphthosa, allgemeines Aphthenmittel

Chronisch: ➔ Chronische Gingivitis / Stomatitis

STRAHLFÄULE adjuvant

Therapieversuch	
• Kreosotum-Injeel	Schleimhautkatarrhe mit ätzenden, übel riechenden Absonderungen, tief greifende Entzündungen, auch Gangränneigung, Ulzera
zusätzlich:	
• Carduus compositum	akute und chronische Leber- und Gallenerkrankungen, alle Folgeerkrankungen davon, Stoffwechselstörungen, Verdauungsprobleme
• Coenzyme compositum	regt blockierte enzymatische Abläufe insbesondere der Energiegewinnung an (Zitronensäurezyklus), degenerative oder chronische Erkrankungen

Verabreichung: zusammen 2-mal wöchentlich

• Galium-Heel / Galium comp.-Heel	Immunmodulation bei chronischen Erkrankungen verschiedener Genese, Präkanzerosen, „Zellreinigung"

Verabreichung: 1- bis 2-mal täglich

Ergänzungsmittel

• Silicea-Injeel	chronische Eiterungen und Fistelbildungen, wirkt auf Bindegewebe, Bänder, Sehnen, Haut, Hautanhangsgebilde, schlechte Wundheilung, fördert die Ausheilung von Abszesshöhlen, Verhornungsstörungen ➔ Konstitutionsmittel
• Hepar sulfuris-Injeel	eiternde Prozesse unterschiedlicher Lokalisation, schmerzhaft, Abszesse vor Ausreifung, Überempfindlichkeit gegen Kälte und Luftzug
• Acidum nitricum-Injeel	Veränderungen an Haut und Schleimhäuten, besonders mukokutane Übergänge, Blutungen, Rhagaden, Geschwüre unscharf begrenzt, wie verätzt
• Traumeel	Entzündungen verschiedener Genese und Lokalisation, Verletzungen, Wundbehandlung, auch postoperativ
• Calcium fluoratum-Injeel	Bindegewebsschwäche, „Knochenkaries", Knochenfisteln, Exostosen, steinharte Drüsenschwellungen, wirkt auf Sehnen und Bänder
• Calcium carbonicum-Injeel	Jungtiermittel, Drüsenschwellungen, Schleimhautkatarrhe, Polypenbildung und Ulzerationen, Milchschorf, Kalkstoffwechselstörungen, verzögerte Entwicklung, Strahlfäule ➔ Konstitutionsmittel

STRANGULATION

• Traumeel	Entzündungen verschiedener Genese und Lokalisation, Verletzungen, Wundbehandlung, auch postoperativ
• Apis-Homaccord	ödematöse, schmerzhafte Schwellungen, pustulöse und bullöse Ekzeme, Entzündungen mit Flüssigkeitsansammlung in Geweben und Körperhöhlen
• Lachesis compositum	septische Tendenz bei Entzündungen und Eiterungen, Phlegmone, Endometritis, Nachgeburtsverhaltung, trockenes Fieber, puerperale Störungen
• Calendula-Salbe-Heel	fördert die Wundheilung, Pyodermien, Hauterkrankungen durch chemische und physikalische Einflüsse

- Kreosotum-Injeel — Schleimhautkatarrhe mit ätzenden, übel riechenden Absonderungen, tief greifende Entzündungen der Schleimhäute, Ulzera, Fluor, Pruritus vulvae
- Tarantula (D4–D12, C30, C200) — Hysterie, Hysteroepilepsie, Hyperästhesie, jähe Stimmungswechsel mit Streitlust, Aggression und plötzlichen Gewaltausbrüchen, reizbar durch Berührung, hochgradige Entzündung mit Nekroseneigung, schmerzhaft, Demarkation ➔ Konstitutionsmittel

➔ Wundbehandlung

STRESS

Basismittel

- Engystol — aktiviert die unspezifische Abwehr, virale Erkrankungen, reduziert Stressfolgen, „Umstimmung" bei Allergien und Dermatosen, vor Belastungssituationen

Ergänzungsmittel

- Neurexan — nervöse Unruhezustände mit und ohne Schlafstörungen, geistige Überforderung
- Zincum metallicum-Injeel — Nervenaffektionen mit Schwäche und Erschöpfung, nervöse Beschwerden, Unruhe in den Beinen, Zittern, Zuckungen, Schlafstörungen
- Valerianaheel — Unruhe- und Erregungszustände, Insomnie, nervöse Erschöpfung, gesteigerte Reflexe
- Nervoheel — psychosomatische Beschwerden, körperliche und geistige Erschöpfung, wechselnde Stimmungen, Schlafstörungen
- Vertigoheel — Schwindel verschiedener Genese, Kinetosen, Verbesserung der zentralen und peripheren Mikrozirkulation
- Tonico-Injeel — physische Erschöpfung, nervöse Erschöpfung und Überreizung, Entwicklungsstörungen bei Jungtieren
- Neuro-Injeel — psychosomatische Beschwerden, Hysterie, Unruhezustände
- Carbo compositum — Kreislaufversagen, arterielle Blutfülle im Gehirn, Kollapszustände, kalte Haut, Dyspnoe
- Ambra (D3–D30) — nervöse Symptomatiken, Demenz, Altersschwäche, Schwindel, Trockenheit der Schleimhäute
- Strychninum nitricum (D6, D12, C30–C1000) — Schlaflosigkeit, Reizbarkeit, Zuckungen, explosive Nervosität

Versuchsweise bei Kollaps nach Stress:

- Nux vomica-Homaccord — Funktionsstörungen von Magen, Darm und Leber, Spasmen, Meteorismus, Beschwerden nach Überreizung

\+ Belladonna-Homaccord — lokalisierte, akute und heftige Entzündungen, auch mit hohem Fieber, arterielle Pulsationen, Unruhe mit Angst und Furcht

\+ Glonoin-Homaccord — Tachykardie, pektanginöse Beschwerden, Koronarinsuffizienz, Altersherz

➔ Überanstrengung

STRUMA

• Glandula thyreoidea suis-Injeel	spezifischer Regulationseffekt auf Funktion und Struktur des entsprechenden Organs, Myxödem, Struma parenchymatosa, Neoplasmaphasen, Adipositas, Über- und Unterfunktion
• Strumeel	Struma parenchymatosa, regt die Schilddrüsenfunktion an, Übergewicht
• Spongia-Injeel	Drüsenschwellungen, Entzündungen und Krampfzustände der Atemorgane, legt sich hin nach Futter- und Wasseraufnahme
• Fucus vesiculosus-Injeel	Adipositas, Drüsenschwellungen, Struma, Hypothyreose
• Jodum (D3–D30)	Hyperthyreose, Struma, Abmagerung bei reichlicher Futteraufnahme, Drüsenschwellungen, chronische Entzündungen, verdrießlich, reizbar, ruhelos
• Kalium jodatum (D1, D3)	Knochenschmerzen, Sinusitis, Periostitis, schleichend verlaufende Infektionen mit Verhärtungen im Gewebe, Struma

SÜSSKLEEVERGIFTUNG adjuvant

• Crotalus-Injeel	dunkle Blutungen in allen Organen und aus allen Körperöffnungen, Gangrän und Sepsis
• Vipera berus-Injeel	Phlebitis, Gangrän, Blutungsneigung, helle Blutungen aus allen Körperöffnungen, Kälte und Lähmung der Gliedmaßen
• Cinnamomum-Homaccord	kapilläre und präkapilläre Sickerblutungen, Hämorrhoiden, Blutungsneigung
• Nux vomica-Homaccord	Funktionsstörungen von Magen, Darm und Leber, Spasmen, Meteorismus, Beschwerden nach Überreizung
• Ferrum phosphoricum-Injeel	Fieber- und Entzündungszustände, wellenhafter Verlauf, symptomatisch bei Anämie
• Millefolium (D2–D12)	hellrote, arterielle Blutungen jeglicher Genese, Verletzungen, Nasenbluten
• Sabina (D3–D30)	Metrorrhagien p.p., Aborte in der Frühträchtigkeit, drohender Abort, Fluor albus, scharfer, eitriger Ausfluss, fördert die Uterusinvolution und -kontraktion

TALGDRÜSENZYSTEN

• Baryum carbonicum-Injeel	Jungtiere mit Tonsillarhypertrophie, geistige und körperliche Entwicklungsstörungen, geistige und körperliche Schwäche im Alter, Arteriosklerose, Demenz, Atherome, rundlicher Habitus
• Graphites-Homaccord	chronische Ekzeme, trocken oder seborrhoisch, honigartiges Sekret, Fissuren, Borken, Schwielen, Neigung zu Adipositas, Trägheit, Verstopfung, Atherombildung ➔ Konstitutionsmittel
• Silicea-Injeel	chronische Eiterungen und Fistelbildungen, wirkt auf Bindegewebe, Bänder, Sehnen, Haut, Hautanhangsgebilde, schlechte Wundheilung, verbessert die Hautfunktion, schlanker Habitus ➔ Konstitutionsmittel
• Echinacea compositum	bakterielle Infektionen verschiedener Organsysteme, Fieber, auch prophylaktisch, bei Entzündung

• Causticum-Injeel	Haut trocken und heiß, Ekzeme von Frösteln begleitet, mit klebrigem, zähem Sekret, verhornende Warzen, entzündet, nässend oder vereitert, Drüsenverhärtungen
• Thuja-Injeel	Neigung zu proliferativen Prozessen an Haut und Schleimhäuten, Impffolgen, warzenartige oder großknotige Tumore ➔ Konstitutionsmittel
• Schwef-Heel	Dermatosen, juckende Ekzeme, Pyodermie, Reaktions- und Resorptionsmittel ➔ Konstitutionsmittel (Sulfur)
• Calcium carbonicum-Injeel	Jungtiermittel, Drüsenschwellungen, Schleimhautkatarrhe, Polypenbildung und Ulzerationen, Milchschorf, Kalkstoffwechselstörungen, verzögerte Entwicklung ➔ Konstitutionsmittel

TENDINITIS, TENDOVAGINITIS

Basismittel

Akut:

• Traumeel	Entzündungen verschiedener Genese und Lokalisation, Verletzungen, Wundbehandlung, auch postoperativ

Verabreichung: mehrmals täglich innerlich und lokal

+ Bryonia-Injeel	Entzündungen, beginnende Abszedierung, Bewegung verschlimmert, besser durch festen Druck auf die erkrankte Stelle, akute Distorsion, hohe Schmerzhaftigkeit

Verabreichung: täglich

+ Rheuma-Heel	(Peri-)arthritische Beschwerden, Neuralgien, Myalgien, Sehnen- und Bänderbeschwerden

Verabreichung: mehrmals täglich

Chronisch:

• Traumeel	Entzündungen verschiedener Genese und Lokalisation, Verletzungen, Wundbehandlung, auch postoperativ
• Calcium fluoratum-Injeel	Bindegewebsschwäche, „Knochenkaries“, Knochenfisteln, Exostosen, steinharte Drüsenschwellungen, wirkt auf Sehnen und Bänder
• Silicea-Injeel	chronische Eiterungen und Fistelbildungen, wirkt auf Bindegewebe, Bänder, Sehnen, Haut, Hautanhangsgebilde, schlechte Wundheilung ➔ Konstitutionsmittel

Verabreichung: Calcium fluoratum-Injeel oder Silicea-Injeel im täglichen Wechsel mit Traumeel

Ergänzungsmittel

• Zeel	degenerative und rheumatische Gelenkerkrankungen, Arthrose, Polyarthrose, Spondylarthrose, läuft sich ein, Zerrung
• Rhus Tox-Injeel	Rheuma und Neuralgien, Sehnen- und Bänderaffektionen, schlechter bei nasskaltem Wetter, Anlaufschmerzen, Folgen von Überanstrengung
• Apis-Homaccord	ödematöse, schmerzhafte Schwellungen, pustulöse und bullöse Ekzeme, Entzündungen mit Flüssigkeitsansammlung in Geweben und Körperhöhlen
• Bryaconeel	Neuralgien, akuter und chronischer Rheumatismus, Entzündungen seröser Häute, Parästhesien
• Kalium bichromicum-Injeel	zähe, strähnige Absonderungen aller Schleimhäute, chronische Katarrhe der Nase und des Ohrs, tief fressende Ulzera der Schleimhäute, chronische Schwellung, Sehne und Sehnenscheide verklebt
• Symphytum-Injeel	„Arnika der Knochen", beschleunigt die Kallusbildung, fördert den Knochenstoffwechsel, Periostitis, Bänder- und Sehnenläsionen
• Rhododendroneel	rheumatische Beschwerden, Polyarthritis insbesondere der kleinen Gelenke, Nervenschmerzen, Gicht, Verschlechterung bei und vor Nasswetter
• Ruta-Injeel	Folgen stumpfer Verletzungen, Ganglion, Periostitis, venöse Stauungen, Folgen von körperlicher Überanstrengung, Insertionstendinose
• Discus compositum N mit Kalmia	Gelenk- und Bindegewebserkrankungen, z.B. Arthritis, Arthrose, Periarthritis, Erkrankungen der Sehnen, Bänder und der Knochenhaut, besonders Kniegelenk
• Cimicifuga-Injeel	blitzartige, schießende Schmerzen, rascher Wechsel der Symptome, Osteochondrose an BWS und HWS, Ischiasneuralgie, Unfallfolgen
• Gelsemium-Homaccord	Neuralgie insbesondere des Kopf-Hals-Bereichs, Schwindel, zittrige Schwäche, Erschöpfung, Gliederschmerzen, Lähmigkeit, Lähmungen der Muskeln, Koordinationsstörungen, Tendovaginitis
• Ferrum-Homaccord	sekundäre Anämie, Verlangen nach Wärme, Eisenmangelkrankheiten, Epikondylitis, Schulter-Arm-Syndrom, Rheumatismus
• Lymphomyosot	„Mesenchymentschlackung", Lymphatismus, Lymphödeme, Drüsenschwellungen, Tonsillarhypertrophie, seröse Phase

→ Entzündungen

TENESMUS ANI ET RECTI

• Spascupreel	Spasmen glattmuskulärer Hohlorgane, Spastizität der quergestreiften Muskulatur wie muskulärer Hartspann, Koliken, spastische und asthmatoide Bronchitis
• Atropinum compositum	Krämpfe der glatten und quergestreiften Muskulatur, Gallen-, Nieren-, Darmkoliken, stechende, brennende Schmerzen, Diarrhö, Unruhe
• Nux vomica-Homaccord	Funktionsstörungen von Magen, Darm und Leber, Spasmen, Meteorismus, Beschwerden nach Überreizung, vergeblicher Kotdrang
• Colocynthis-Injeel	stechende Schmerzen, Krämpfe des Magen-Darm-Trakts, Gallenkoliken, periodisch auftretende Symptome, alle Symptome bessern sich auf Druck und Wärme

• Podophyllum compositum	Katarrhe des Dickdarms, Pankreopathien, Darmkoliken, wässriger, gelblicher oder grünlicher, unverdauter Kot, Colitis mucosa et ulcerosa, auch chronisch, Hydrantenstuhl
• Lycopodium-Injeel	Leber- und Gallenstörungen, satt nach wenigen Bissen, Kot hart und klumpig, Kotdrang z.T. vergeblich
• Mercurius solubilis Hahnemanni-Injeel	beginnende Suppuration, Abszesse in Anbildung, akute, schmerzhafte Entzündungen im Bindegewebe und in verschiedenen Organen, wund machender, wässriger, schleimiger, blutiger oder grün-gelblicher Durchfall mit heftigem Drängen
• Mercurius sublimatus corrosivus-Injeel	Suppurationen, Abszesse, Gingivitis, Stomatitis, Iritis, Blepharokonjunktivitis, Keratitis profunda, Entzündungen des Enddarms mit Pressreiz
• Veratrum-Homaccord	Dysenterie, Gastroenteritis mit und ohne Kolik, Kollapszustände mit zyanotischer oder blasser, kühler Haut
• Mucosa compositum	Schleimhauterkrankungen und -katarrhe verschiedener Art und Lokalisation, z.B. im Verdauungstrakt mit und ohne Ulkus, regenerationsfördernd für Schleimhäute
• Colon suis-Injeel	spezifischer Regulationseffekt auf Funktion und Struktur des entsprechenden Organs, Störungen der Darmexkretion, chronische Obstipation, Darmatonie, Darmspasmen
• Lilium tigrinum (D2–D12)	Fluor albus, übermäßiger Geschlechtstrieb (weibliche Tiere), hochgradige Reizbarkeit, ständiger Kot- und Harndrang

➔ Enteritis

TENESMUS VESICAE

• Cantharis compositum	Blasenentzündung, Nierenbeckenentzündung, Nierenentzündung, Blasentenesmen, Harnzwang, Brennen in der Urethra nach der Miktion, Hämaturie
• Berberis-Homaccord	Reiz- und Entzündungszustände im Urogenitaltrakt und in den Gallenwegen, mit und ohne Konkremente, Gallen- und Nierenkoliken
• Plantago-Homaccord	Reizblase, Zystitis, Incontinentia urinae, Inkontinenz als Folge von Aufregung, Enuresis nocturna
• Nierentropfen (Cosmochema)	Nieren- und Blasenleiden, Dysurie, Albuminurie, Nephrolithiasis, Harndrang mit Schmerzen
• Reneel	akute und chronische Nieren- und Blasenleiden, Nephrolithiasis, Urethritis, Albuminurie, Blutungsneigung
• Sabal-Homaccord	Prostataadenom, Zystitis, Miktionsbeschwerden, Harnträufeln, Reizblase (Sabal serrulatum = „homöopathischer Katheter")
• Spascupreel	Spasmen glattmuskulärer Hohlorgane, Spastizität der quergestreiften Muskulatur wie muskulärer Hartspann, Koliken, spastische und asthmatoide Bronchitis
• Atropinum compositum	Krämpfe der glatten und quergestreiften Muskulatur, Gallen-, Nieren-, Darmkoliken, stechende, brennende Schmerzen, Diarrhö, Unruhe
• Conium-Injeel	Altersmittel, Gedächtnisschwäche, Ataxie, steinharte Knoten und Neoplasien, Strangurie

• Acidum phosphoricum-Injeel	anfangs geistige, später auch körperliche Schwäche, Zustand nach akuten Erkrankungen, Kummer, Flüssigkeitsverlusten, nächtlicher Harndrang
• Calcium carbonicum-Injeel	Jungtiermittel, Drüsenschwellungen, Schleimhautkatarrhe, Polypenbildung und Ulzerationen, Milchschorf, Kalkstoffwechselstörungen, verzögerte Entwicklung, sehr häufiger Harndrang, unwillkürlicher Harnabsatz im Schlaf ➔ Konstitutionsmittel
• Ruta-Injeel	Folgen stumpfer Verletzungen, Harndrang nach Entleerung, Inkontinenz
• Mucosa compositum	Schleimhauterkrankungen und -katarrhe verschiedener Art und Lokalisation, z.B. im Bereich der ableitenden Harnwege, regenerationsfördernd für Schleimhäute
• Vesica urinaria suis-Injeel	spezifischer Regulationseffekt auf Funktion und Struktur des entsprechenden Organs, Nephrolithiasis, Hydronephrose, Blasentenesmen
• Petroselinum (D2–D12)	plötzlicher, heftiger Harndrang, Harninkontinenz, Reizblase, Urethritis, Zystitis

THERAPIEBLOCKADEN

Bei älteren / langwierig vorbehandelten Tieren:

Therapieversuch	
• Coenzyme compositum	regt blockierte enzymatische Abläufe insbesondere der Energiegewinnung an (Zitronensäurezyklus), degenerative oder chronische Erkrankungen
• Engystol	aktiviert die unspezifische Abwehr, virale Erkrankungen, reduziert Stressfolgen, „Umstimmung" bei Allergien und Dermatosen
+ Lymphomyosot	„Mesenchymentschlackung", Lymphatismus, Lymphödeme, Drüsenschwellungen, Tonsillarhypertrophie
+ Galium-Heel / Galium comp.-Heel	Immunmodulation bei chronischen Erkrankungen verschiedener Genese, Präkanzerosen, „Zellreinigung"

zusätzlich:

• Zitronensäurezyklus Katalysatoren	Energiemangel der Zellen, mangelnde Reaktionsfähigkeit
• Suis-Organpräparate	Regulationsstarre des Grundsystems, Organdegeneration
• Nosoden	entsprechend der Erkrankungen laut Vorbericht
• Homöopathisierte Allopathika	vorhergehende, wiederholte Gabe von Allopathika

Auto-Sanguis-Stufentherapie (bei immunologischem Hintergrund)

THROMBOPHLEBITIS

• Traumeel	Entzündungen verschiedener Genese und Lokalisation, Verletzungen, Wundbehandlung, auch postoperativ
• Lachesis compositum	septische Tendenz bei Entzündungen und Eiterungen, Phlegmone, Endometritis, Nachgeburtsverhaltung, trockenes Fieber, puerperale Störungen
• Belladonna-Homaccord	lokalisierte, akute und heftige Entzündungen, auch mit hohem Fieber, arterielle Pulsationen
• Hamamelis-Homaccord	venöse Stase, thrombophlebitische Zustände, dunkle Hämorrhagien, Zerschlagenheitsgefühl
• Apis-Homaccord	ödematöse, schmerzhafte Schwellungen, pustulöse und bullöse Ekzeme, Entzündungen mit Flüssigkeitsansammlung in Geweben und Körperhöhlen
• Vipera berus-Injeel	Phlebitis, Gangrän, Blutungsneigung, Blutungen aus allen Körperöffnungen, Kälte und Lähmung der Gliedmaßen
• Aesculus-Heel	venöse Stase, periphere Durchblutungsstörungen, Varizen, variköses Ekzem, reguliert die periphere Durchblutung
• Arnica-Injeel	regt die Wundheilung an, Herzmuskelschwäche, Neuralgien, Myalgien, Zerschlagenheitsgefühl
• Lymphomyosot	„Mesenchymentschlackung", Lymphatismus, Lymphödeme, Drüsenschwellungen, Tonsillarhypertrophie
• Galium-Heel / Galium comp.-Heel	Immunmodulation bei chronischen Erkrankungen verschiedener Genese, Präkanzerosen, „Zellreinigung"
• Arteria suis-Injeel	spezifischer Regulationseffekt auf Funktion und Struktur des entsprechenden Organs, fördert die Gewebeausreifung, Durchblutungsstörungen
• Vena suis-Injeel	spezifischer Regulationseffekt auf Funktion und Struktur des entsprechenden Organs, fördert die Gewebeausreifung, Durchblutungsstörungen
• Traumeel (Salbe / Gel)	Entzündungen verschiedener Genese und Lokalisation, Verletzungen, Wundbehandlung, auch postoperativ

Verabreichung: mehrmals täglich

• Hamamelis-Salbe-Heel	venöse Stase, thrombophlebitische Zustände
• Secale cornutum D4	zerebrale Erregungszustände, Parästhesien, Durchblutungsstörungen
• Pyrogenium D15	heftige, überschießende Reaktionen, Eiterungen, Lymphadenitis, gangränöse Zustände, Sepsis, Thrombophlebitis

➔ Entzündungen

THROMBOSE adjuvant

• Lachesis-Injeel	septische Prozesse, Hämolyse, blaurote Entzündungen, Drüsenerkrankungen ➔ Konstitutionsmittel
• Circulo-Injeel	periphere Durchblutungsstörungen, Akroparästhesien, Gefäßspasmen, kalte Gliedmaßenenden
• Arteria-Heel	periphere Zirkulationsstörungen, Arteriosklerose, Hypertonie, Angina pectoris, Claudicatio intermittens

• Aesculus-Heel	venöse Stase, periphere Durchblutungsstörungen, Varizen, variköses Ekzem, Hämorrhoiden
• Blutgefäßtropfen (Cosmochema)	periphere arterielle und venöse Durchblutungsstörungen, Varizen, Hämorrhoiden
• Hamamelis-Homaccord	venöse Stase, thrombophlebitische Zustände, dunkle Hämorrhagien, Zerschlagenheitsgefühl
• Strophanthus compositum	Durchblutungsstörungen des Herzens, Prophylaxe und Therapie des Myokardinfarkts
• Carbo compositum	Kreislaufversagen, arterielle Blutfülle im Gehirn, Kollapszustände, kalte Haut, Dyspnoe
• Lymphomyosot	„Mesenchymentschlackung", Lymphatismus, Lymphödeme, Drüsenschwellungen, Tonsillarhypertrophie
• Placenta suis-Injeel	periphere Durchblutungsstörungen, fördert die Gewebeausreifung, Dekubitus, Ulcus cruris, Rhagaden, Ekzeme
+ Funiculus umbilicalis suis-Injeel	chronische Erkrankungen, Autoaggressionserkrankungen, Bindegewebsmittel, fördert die Gewebeausreifung und -regeneration, Durchblutungsstörungen
• Arteria suis-Injeel	spezifischer Regulationseffekt auf Funktion und Struktur des entsprechenden Organs, fördert die Gewebeausreifung, Durchblutungsstörungen
• Vena suis-Injeel	spezifischer Regulationseffekt auf Funktion und Struktur des entsprechenden Organs, fördert die Gewebeausreifung, Durchblutungsstörungen
• Secale cornutum D4	zerebrale Erregungszustände, Parästhesien, drohender Abort, dunkle Lochien, Durchblutungsstörungen
• Acidum hydrofluoricum (D6, D12)	Abmagerung trotz guten Appetits, Kachexie, Unruhe, Hast und Eile, Varizen-Tumore, Venenknoten

TONSILLARHYPERTROPHIE

• Lymphomyosot	„Mesenchymentschlackung", Lymphatismus, Lymphödeme, Drüsenschwellungen, Tonsillarhypertrophie
• Dulcamara-Homaccord	„Nasswettermittel", rheumatische Erkrankungen, alle Beschwerden sind Folgen von oder schlechter bei Kälte und Nässe
• Barijodeel	Lymphatismus, Globusgefühl, Drüsenschwellung, Lymphknotenhypertrophie
• Baryum carbonicum-Injeel	Jungtiere mit Tonsillarhypertrophie, geistige und körperliche Entwicklungsstörungen, geistige und körperliche Schwäche im Alter, Demenz
• Psorinum-Injeel	chronische Ekzeme und sonstige Hautausschläge, starker Juckreiz, auch wechselnd mit Asthma, Wärme verschlechtert, übler Geruch, chronische Entzündungen, anfällig für Tonsillitis
• Galium-Heel / Galium comp.-Heel	Immunmodulation bei chronischen Erkrankungen verschiedener Genese, Präkanzerosen, „Zellreinigung"
• Thuja-Injeel	Neigung zu proliferativen Prozessen an Haut und Schleimhäuten, Impffolgen, Warzen, glatt oder blumenkohlartig, meist dunkel pigmentiert ➔ Konstitutionsmittel

• Calcium carbonicum-Injeel	Jungtiermittel, Drüsenschwellungen, Schleimhautkatarrhe, Polypenbildung und Ulzerationen, Milchschorf, Kalkstoffwechselstörungen, verzögerte Entwicklung, Hautallergien ➔ Konstitutionsmittel

TONSILLITIS

Basismittel

Akut:

Viral:

• Engystol	aktiviert die unspezifische Abwehr, virale Erkrankungen, reduziert Stressfolgen, „Umstimmung" bei Allergien und Dermatosen
+ Gripp-Heel	Grippe und grippale Infekte, Fieber, Gliederschmerzen, Entzündungen seröser Häute, Bronchitis, virale Erkrankungen

Bakteriell:

• Belladonna-Homaccord	lokalisierte, akute und heftige Entzündungen, auch mit hohem Fieber, arterielle Pulsationen

Verabreichung: täglich

+ Angin-Heel	akute und chronische Angina tonsillaris, Tonsillarpfröpfe, Rachenring entzündlich, feurig rot

Verabreichung: 3- bis 4-mal täglich

Chronisch:

• Lymphomyosot	„Mesenchymentschlackung", Lymphatismus, Lymphödeme, Drüsenschwellungen, Tonsillarhypertrophie

Verabreichung: täglich

+ Echinacea compositum	bakterielle Infektionen verschiedener Organsysteme, Entzündungen, Fieber, auch prophylaktisch

Verabreichung: 2-mal wöchentlich

+ Tonsillitis-Nosode-Injeel	chronische und chronisch rezidivierende Anginen und Sinusitiden, Folgeerkrankungen chronischer Tonsillitiden wie Polyarthritis, Nephritis und Nephrose, Kardiopathie

Verabreichung: 2-mal wöchentlich

Ergänzungsmittel

• Apis-Homaccord	ödematöse, schmerzhafte Schwellungen, pustulöse und bullöse Ekzeme, Entzündungen mit Flüssigkeitsansammlung in Geweben und Körperhöhlen
• Traumeel	Entzündungen verschiedener Genese und Lokalisation, Verletzungen, Wundbehandlung, auch postoperativ, Schmerzen
• Mercurius-Heel	entzündliche und eitrige Erkrankungen der Haut und anderer Organe, auch im (peri-)tonsillären Gewebe

• Lachesis-Injeel	septische Prozesse, Hämolyse, blaurote Entzündungen, Drüsenerkrankungen ➔ Konstitutionsmittel
• Chamomilla-Injeel	Überempfindlichkeit gegen Schmerzen, Krämpfe, Bauch aufgetrieben, Blähungskolik, Tonsillitis mit stechenden Ohrenschmerzen
• Phytolacca-Injeel	Mastitis, Milchstau, Hypo- und Hypergalaktie, Schwellung oder Verhärtung von Drüsen oder drüsigen Organen
• Penicillin-Injeel	chronische Haut- und Schleimhautentzündungen
• Tonsilla suis-Injeel	spezifischer Regulationseffekt auf Funktion und Struktur des entsprechenden Organs, Tonsillarhypertrophie, chronische Tonsillitis, Lymphatismus
• Baptisia-Injeel	septische, adynamische Infektionen, Tiere sind schwer krank, teilnahmslos, Tonsillen und Gaumen dunkelrot, nicht schmerzhaft, Tonsillitis bei Kälte
• Formica rufa-Injeel	allgemeine Schwäche, Erkrankungen der Schleimhäute, Erkältungsneigung, Tonsillitis, Drüsenschwellungen
• Calcium fluoratum-Injeel	Bindegewebsschwäche, „Knochenkaries", Knochenfisteln, Exostosen, steinharte Drüsenschwellungen, wirkt auf Sehnen und Bänder
• Calcium phosphoricum-Injeel	Kalkstoffwechselstörungen, Knochenbeschwerden, Wachstums- und Entwicklungsstörungen, Tonsillarhypertrophie ➔ Konstitutionsmittel
• Hyoscyamus (D6, D12, C30, C200)	entzündliche Tonsillitis, auffälliges und heftiges Verhalten

➔ Entzündungen; ➔ Laryngitis; ➔ Pharyngitis

TORTICOLLIS

Therapieversuch	
• Cerebrum compositum	Entwicklungs- und Verhaltensstörungen, Hirnfunktionsstörungen, vegetative Dystonie, Geriatrie, zur Geweberegeneration
• Coenzyme compositum	regt blockierte enzymatische Abläufe insbesondere der Energiegewinnung an (Zitronensäurezyklus), degenerative oder chronische Erkrankungen
• Discus compositum	Osteochondrose, Arthritis und Arthrose besonders des Hüftgelenks, neuralgisch-rheumatische Erkrankungen im Bereich der Wirbelsäule, Exostosen, nächtliche Knochenschmerzen
• Cimicifuga-Injeel	blitzartige, schießende Schmerzen, rascher Wechsel der Symptome, Osteochondrose an BWS und HWS, Ischiasneuralgie, Erregung des Nervensystems
• Vitamin-B-Gaben	

Ergänzungsmittel

• Gelsemium-Homaccord	Neuralgie insbesondere des Kopf-Hals-Bereichs, Schwindel, zittrige Schwäche, Erschöpfung, Gliederschmerzen
• Spascupreel	Spasmen glattmuskulärer Hohlorgane, Spastizität der quergestreiften Muskulatur wie muskulärer Hartspann
• Atropinum compositum	Krämpfe der glatten und quergestreiften Muskulatur

• Colocynthis-Homaccord	Neuralgien verschiedener Genese und Lokalisation, Osteochondrose, Ischialgie, plötzlich einschießende Schmerzen, Parästhesien
• China-Homaccord	Erschöpfungs- und Schwächezustände, Leberfunktionsstörungen, nach Flüssigkeitsverlusten, Rekonvaleszenzmittel
• Neralgo-Rhem-Injeel	Neuralgien, Lumbago, Weichteilrheumatismus, arthritische und vertebragene Beschwerden, Muskel- und Gelenkbeschwerden
• Hypericum-Injeel	Nerven- und Gehirnverletzungen, Nervenschmerzen bei und nach Verletzungen, Tierbisse, Commotio cerebri, Zerebralsklerose

TOXOPLASMOSE adjuvant

• Echinacea compositum	bakterielle Infektionen verschiedener Organsysteme, Entzündungen, Fieber, auch prophylaktisch
• Aconitum-Injeel	Unruhe, Angst und Folgen von Schreck, hochakute grippale und katarrhalische Infekte
• Phosphor-Homaccord	petechiale Blutungen und Blutungsneigung, Laryngitis, Pharyngitis, Degeneration parenchymatöser Organe, Pneumonie ➔ Konstitutionsmittel
• Conium-Injeel	Altersmittel, Gedächtnisschwäche, Ataxie, steinharte Knoten und Neoplasien, aufsteigende Lähmungen
• Belladonna-Homaccord	lokalisierte, akute und heftige Entzündungen, auch mit hohem Fieber, arterielle Pulsationen, Krämpfe mit Übererregbarkeit, Meningitis
• Engystol	aktiviert die unspezifische Abwehr, virale Erkrankungen, reduziert Stressfolgen, „Umstimmung" bei Allergien und Dermatosen, respiratorische Symptome
• Traumeel	Entzündungen verschiedener Genese und Lokalisation, Verletzungen, Wundbehandlung, auch postoperativ, Blutungen, Schmerzen
• Stramonium-Injeel	manische Zustände, Psychosen, Unruhe, Raserei, Streitsucht, Neigung zu Gewalttätigkeit, epileptiforme Krämpfe, Angst vor Dunkelheit, Zuckungen einzelner Muskeln
• Galium-Heel / Galium comp.-Heel	Immunmodulation bei chronischen Erkrankungen verschiedener Genese, Präkanzerosen, „Zellreinigung"
• Gelsemium-Homaccord	Neuralgie insbesondere des Kopf-Hals-Bereichs, Schwindel, zittrige Schwäche, Erschöpfung, Gliederschmerzen
• Rhododendroneel	rheumatische Beschwerden, Polyarthritis insbesondere der kleinen Gelenke, Nervenschmerzen, Gicht, Verschlechterung bei und vor Nasswetter
• Strychninum nitricum (D6, D12, C30–C1000)	Schlaflosigkeit, Reizbarkeit, Zuckungen, explosive Nervosität

TRACHEALKOLLAPS

Therapieversuch	
• Phosphor-Homaccord	petechiale Blutungen und Blutungsneigung, Laryngitis, Pharyngitis, Degeneration parenchymatöser Organe ➔ Konstitutionsmittel
+ Spongia-Injeel	Drüsenschwellungen, Kloßgefühl im Hals, Räuspern, legt sich hin nach Futter- und Wasseraufnahme

Verabreichung: täglich

+ Engystol	aktiviert die unspezifische Abwehr, virale Erkrankungen, reduziert Stressfolgen, „Umstimmung" bei Allergien und Dermatosen

Verabreichung: 2-mal wöchentlich

Ergänzungsmittel

• Causticum-Injeel	Trockenheit von Haut und Schleimhäuten, Katarrhe der oberen Luftwege, Stimmbandlähmung, Lähmung von Muskeln und Nerven
• Conium-Injeel	Altersmittel, Gedächtnisschwäche, Ataxie, steinharte Knoten und Neoplasien, Lähmung

TRACHEITIS

Therapieversuch	
• Phosphor-Homaccord	petechiale Blutungen und Blutungsneigung, Laryngitis, Pharyngitis, Degeneration parenchymatöser Organe ➔ Konstitutionsmittel
• Belladonna-Homaccord	lokalisierte, akute und heftige Entzündungen, auch mit hohem Fieber, arterielle Pulsationen
• Tartephedreel	absteigende Entzündungen der Atemwege, Schleimrasseln, Krampfhusten, Bronchitis mit zähem Sekret, Asthma

Ergänzungsmittel

• Engystol	aktiviert die unspezifische Abwehr, virale Erkrankungen, reduziert Stressfolgen, „Umstimmung" bei Allergien und Dermatosen
• Echinacea compositum	bakterielle Infektionen verschiedener Organsysteme, Entzündungen, Fieber, auch prophylaktisch
• Gripp-Heel	Grippe und grippale Infekte, Fieber, Gliederschmerzen, Entzündungen seröser Häute, Bronchitis, virale Erkrankungen
• Aconitum-Injeel	Unruhe, Angst und Folgen von Schreck, hochakute grippale und katarrhalische Infekte
• Lachesis-Injeel	septische Prozesse, Hämolyse, blaurote Entzündungen, „Leinenzwang" ➔ Konstitutionsmittel
• Causticum-Injeel	Trockenheit von Haut und Schleimhäuten, Katarrhe der oberen Luftwege, Stimmbandlähmung, Trachea schmerzhaft

• Drosera-Homaccord	Husten auch mit Brechwürgen, Bronchiolitis, asthmatoide Bronchitis, Tracheitis
• Spongia-Injeel	akute Atemwegsinfekte, trockener, bellender Husten, Bronchitis mit Giemen, Atemholen erschwert, Räuspern, Hüsteln, legt sich hin nach Futter- und Wasseraufnahme
• Tartarus stibiatus-Injeel	Bronchitis, Pneumonie, Lungenemphysem, Husten mit Schleimrasseln, große Erschöpfung mit schnellem Kräfteverfall, Kreislaufschwäche
• Mucosa compositum	Schleimhauterkrankungen und -katarrhe verschiedener Art und Lokalisation, z.B. im Bereich der oberen und unteren Luftwege, regenerationsfördernd für Schleimhäute
• Rumex D3, D4	Rhinopharyngitis, Laryngotracheitis, trockener, quälender Reizhusten
• Kalium jodatum D3, D4	Knochenschmerzen, Sinusitis, Periostitis, schleichend verlaufende Infektionen mit Verhärtungen im Gewebe, als Folgemittel von Lachesis, trockener Husten, der sich nicht löst

➔ Entzündungen

TRÄNENFLUSS vermehrter

Basismittel

• Oculoheel	Konjunktivitis, Ödeme der Augenlider, scharfer Tränenfluss, Neigung zu Eiterungen am Auge, Gerstenkorn, Keratitis
• Oculoheel Augentropfen	katarrhalische und eitrige Konjunktivitis und Keratitis, Lichtscheu, Tränenfluss

Ergänzungsmittel

• Engystol	aktiviert die unspezifische Abwehr, virale Erkrankungen, reduziert Stressfolgen, „Umstimmung" bei Allergien und Dermatosen, von Tränenfluss begleitete Atemwegserkrankungen
• Euphorbium compositum	akute und chronische Rhinitiden und Sinusitiden, Ohrtubenkatarrh, Mittelohrhydrops, Katzenschnupfen, Tränenfluss bei Erkrankungen der oberen Atemwege
• Silicea-Injeel	chronische Eiterungen und Fistelbildungen, wirkt auf Bindegewebe, Bänder, Sehnen, Haut, Hautanhangsgebilde, schlechte Wundheilung, Entzündung und Verklebung des Tränenkanals, mit Tränenfluss ➔ Konstitutionsmittel
• Acidum nitricum-Injeel	Veränderungen an Haut und Schleimhäuten, besonders mukokutane Übergänge, Tränenfluss, Konjunktivitis
• Natrium-Homaccord	chronische Schleimhautkatarrhe und -entzündungen, Obstipation, Beschwerden des Verdauungstrakts, Tränenfluss trotz unverändertem Auge
• Euphrasia-Injeel	Blepharokonjunktivitis, Fließschnupfen mit Tränenfluss, Lichtscheu, Dakryozystitis
• Arsenicum album-Injeel	akute und chronische Entzündungen an Augen, Atemwegen, Verdauungs- und Harnapparat, Organdegeneration, Abmagerung, mitternächtliche Unruhe, wund machender Tränenfluss ➔ Konstitutionsmittel

• Ferrum metallicum-Injeel	große Blässe der Schleimhäute, kalte Extremitäten, Konjunktivitis mit vermehrtem Tränenfluss
• Ignatia-Injeel	Hysterie, nervöse Erschöpfungszustände, vegetative Dystonie, Überempfindlichkeit gegen Schmerzen und Gerüche, widersprüchliche Symptome, wund machender Tränenfluss → Konstitutionsmittel
• Mucosa compositum	Schleimhauterkrankungen und -katarrhe verschiedener Art und Lokalisation, z.B. am Auge, regenerationsfördernd für Schleimhäute

Verabreichung: innerlich und lokal

• Allium cepa D3, D4	milder, starker Tränenfluss, Photophobie, häufig mit Nasenausfluss
• Ustilago maydis (D0–D3)	Alopezie, kleine Furunkel, trockene Haut, Tränenfluss
• Jodum (D3–D30)	Hyperthyreose, Struma, Abmagerung bei reichlicher Futteraufnahme, Exophthalmus mit Tränenfluss

TRÄNENFLUSS verringerter

Basismittel	
• Oculoheel	Konjunktivitis, Ödeme der Augenlider, scharfer Tränenfluss, Neigung zu Eiterungen am Auge, Gerstenkorn, Keratitis
• Oculoheel Augentropfen	katarrhalische und eitrige Konjunktivitis und Keratitis, Lichtscheu, Tränenfluss

Ergänzungsmittel

• Mucosa compositum	Schleimhauterkrankungen und -katarrhe verschiedener Art und Lokalisation, z.B. am Auge, regenerationsfördernd für Schleimhäute, Versuch bei Keratitis sicca

Verabreichung: innerlich und lokal

• Oculus totalis suis-Injeel	spezifischer Regulationseffekt auf Funktion und Struktur des entsprechenden Organs, degenerative Augenerkrankungen, Glaukom, Katarakt, chronische Konjunktivitis
• Kalium bichromicum-Injeel	zähe, strähnige Absonderungen aller Schleimhäute, chronische Katarrhe der Nase und des Ohrs, tief fressende Ulzera der Schleimhäute
• Lycopodium-Injeel	Leber- und Gallenstörungen, satt nach wenigen Bissen, hager, verminderter Tränenfluss → Konstitutionsmittel
• Zincum metallicum-Injeel	Nervenaffektionen mit Schwäche und Erschöpfung, nervöse Beschwerden, verminderte Tränenbildung
• Veratrum-Injeel	Schwäche, kalte Extremitäten, Kollaps, extreme Trockenheit aller Schleimhäute, Keratitis sicca
• Belladonna-Injeel	lokalisierte, hochakute Entzündungen, zerebrale Reizzustände mit Krämpfen, Überempfindlichkeit gegen alle Sinneseindrücke, trockenes Auge

TRÄNEN-NASEN-KANAL verstopfter

• Euphorbium compositum	akute und chronische Rhinitiden und Sinusitiden, Ohrtubenkatarrh, Mittelohrhydrops, Katzenschnupfen
• Natrium muriaticum-Injeel	nervöse Reizbarkeit, Trockenheit aller Schleimhäute, Abmagerung trotz guten Appetits, Heißhunger, Beschwerden schlechter im Sommer, Tränen-Nasen-Kanal verstopft ➔ Konstitutionsmittel
• Lymphomyosot	„Mesenchymentschlackung", Lymphatismus, Lymphödeme, Drüsenschwellungen, Tonsillarhypertrophie
• Silicea-Injeel	chronische Eiterungen und Fistelbildungen, wirkt auf Bindegewebe, Bänder, Sehnen, Haut, Hautanhangsgebilde, schlechte Wundheilung, Knochenerkrankungen der Orbita, Entzündungen des Tränen-Nasen-Kanals ➔ Konstitutionsmittel
• Symphytum-Injeel	„Arnika der Knochen", beschleunigt die Kallusbildung, fördert den Knochenstoffwechsel, Periostitis, Hämatom des Augapfels, mechanische Obturation
• Argentum nitricum-Injeel	Melancholie, Platzangst, nervöse Symptome, Unruhe, Angst vor allem Neuen, blutige Gingivitis, dunkle Rötung der Schleimhaut, klebriger Schleim
• Pulsatilla-Injeel	Schleimhautkatarrh, alle Absonderungen sind dick, rahmig, gelblich-grün, mild, wechselnde Kotkonsistenz ➔ Konstitutionsmittel
• Acidum hydrofluoricum (D6, D12)	Abmagerung trotz guten Appetits, Kachexie, Unruhe, Hast und Eile, Erkrankungen der Haut und Schleimhaut, Striktur des Tränen-Nasen-Kanals
• Cinnabaris D4, D6, D12	Sinusitis mit übel riechenden Sekreten, Tonsillitis, Laryngitis, Ausgangsöffnung des Tränen-Nasen-Kanals verstopft

TRANSITKUH-MANAGEMENT

Trockensteh- und Puerperalphase (Stoffwechselunterstützung):

• Carduus compositum	akute und chronische Leber- und Gallenerkrankungen, alle Folgeerkrankungen davon, Stoffwechselstörungen, Verdauungsprobleme
+ Coenzyme compositum	regt blockierte enzymatische Abläufe insbesondere der Energiegewinnung an (Zitronensäurezyklus), degenerative oder chronische Erkrankungen

Verabreichung: 1- bis 2-mal wöchentlich, 4 Wochen a.p. bis 4 Wochen p.p.

Postpartalbehandlung / Geburtsnachsorge:

• Traumeel	Entzündungen verschiedener Genese und Lokalisation, Verletzungen, Wundbehandlung, auch postoperativ, Folgen von Überanstrengung

Verabreichung: am Abkalbetag

• Lachesis compositum	septische Tendenz bei Entzündungen und Eiterungen, Phlegmone, Endometritis, Nachgeburtsverhaltung, trockenes Fieber, Retentio, mangelnde Uterusinvolution

Verabreichung: am 8. Tag p.p.

• Carduus compositum	akute und chronische Leber- und Gallenerkrankungen, alle Folgeerkrankungen davon, Stoffwechselstörungen, Verdauungsprobleme
+ Coenzyme compositum	regt blockierte enzymatische Abläufe insbesondere der Energiegewinnung an (Zitronensäurezyklus), degenerative oder chronische Erkrankungen

Verabreichung: zusammen am 15. Tag p.p.

TRANSPORTTETANIE adjuvant

Infusionsbehandlung!

• Magnesium phosphoricum-Injeel	Krampf- und Neuralgiemittel, kolikartige Schmerzen in allen Hohlorganen, Blähkoliken, schaumige (unverdaute) Durchfälle, meist Jungtiere, Stabilisierung des Mineralhaushalts
• Cuprum-Injeel	Krämpfe der glatten und quergestreiften Muskulatur
• Engystol	aktiviert die unspezifische Abwehr, virale Erkrankungen, reduziert Stressfolgen
• Phosphor-Homaccord	Laryngitis, Pharyngitis, sehr lebhaft, leicht ärgerlich, furchtsam, besonders beim Alleinsein, Überempfindlichkeit gegen äußere Einflüsse, Angstaggression, symptomatische Erregbarkeit ➔ Konstitutionsmittel
• Nux vomica-Homaccord	nervös und reizbar, intolerant, vertragen keinen Zwang, Überempfindlichkeit gegen alle Reize, Neigung zu Übersprungshandlungen
• Calcium phosphoricum-Injeel	Kalkstoffwechselstörungen, Knochenbeschwerden, Wachstums- und Entwicklungsstörungen, rasche geistige und körperliche Erschöpfung ➔ Konstitutionsmittel
• Belladonna-Homaccord	lokalisierte, akute und heftige Entzündungen, auch mit hohem Fieber, arterielle Pulsationen, voller Puls, Pupillen weit
• Veratrum-Homaccord	Dysenterie, Gastroenteritis mit und ohne Kolik, Kollapszustände mit zyanotischer oder blasser, kühler Haut
• Agaricus (D4–C1000)	ekstatische Zustände, Ataxie
• Opium (D6, D30, D200)	große Benommenheit, Bewusstseinstrübung, Somnolenz, Stupor, Teilnahmslosigkeit

TRICHOPHYTIE

Therapieversuch

• Engystol	aktiviert die unspezifische Abwehr, virale Erkrankungen, reduziert Stressfolgen, „Umstimmung" bei Allergien und Dermatosen, zur Besserung des Hautmilieus
+ Bacillinum humanum-Injeel	Ekzeme, Furunkel, Skrofulose, Alopezie, Dermatomykosen, Trichophytie

Verabreichung: 1-mal wöchentlich

Ergänzungsmittel

• Cutis compositum	Basismittel bei Dermatosen verschiedener Genese, Ekzeme, Allergien, Dermatomykosen, Haarausfall

+ Coenzyme compositum	regt blockierte enzymatische Abläufe insbesondere der Energiegewinnung an (Zitronensäurezyklus), degenerative oder chronische Erkrankungen

Verabreichung: 2-mal wöchentlich

• Thallium sulfuricum-Injeel	Osteoporose, Dysästhesien der Fußsohle, Neuritiden mit Paresen, Alopecia areata und totalis
• Trichinoyl-Injeel	Regeneration blockierter Fermentsysteme, Dermatomykosen besonders der Katze
• Psorinum-Injeel	chronische Ekzeme und sonstige Hautausschläge, Wärme verschlechtert, übler Geruch, „Umstimmung" bei chronischen Entzündungen
• Cutis suis-Injeel	spezifischer Regulationseffekt auf Funktion und Struktur des entsprechenden Organs, Sklerodermie, Dermatosen, Dermatomykosen, chronische Erkrankungen der Haut
• Kalium arsenicosum (D3–D30)	chronische Ekzeme, trockene, schlaffe Haut, Papeln mit weißen Schuppen, Risse in Gelenkbeugen, Pruritus in der Wärme, Nachbehandlung
• Tellurium D6	kreisförmige, vesikulöse Hautausschläge, Förderung des Haarwachstums

➔ Dermatomykosen

TUMORE ggf. adjuvant

Basismittel

Basisschema:

• Coenzyme compositum	regt blockierte enzymatische Abläufe insbesondere der Energiegewinnung an (Zitronensäurezyklus), degenerative oder chronische Erkrankungen
+ Ubichinon compositum	verbessert die Energiebereitstellung in der Zelle, degenerative und tumoröse Erkrankungen

Verabreichung: zusammen 2-mal wöchentlich

+ Para-Benzochinon-Injeel	Regeneration der Zellatmung, Neoplasien, Stoffwechselentgleisungen, Hormonfehlsteuerungen, virale Erkrankungen, „Reaktionsmittel"

Verabreichung: 1-mal wöchentlich zusätzlich zu Ubichinon compositum und Coenzyme compositum

+ Lymphomyosot	„Mesenchymentschlackung", Lymphatismus, Lymphödeme, Drüsenschwellungen, Tonsillarhypertrophie

Verabreichung: 1-mal täglich per os

Behandlung ca. 4–6 Wochen, nach 4 Wochen Pause Wiederholung, danach alle 6 Monate.

Erweitertes Schema:

• Coenzyme compositum	regt blockierte enzymatische Abläufe insbesondere der Energiegewinnung an (Zitronensäurezyklus), degenerative oder chronische Erkrankungen
+ Ubichinon compositum	verbessert die Energiebereitstellung in der Zelle, degenerative und tumoröse Erkrankungen

Verabreichung: zusammen 2-mal wöchentlich

• Para-Benzochinon-Injeel	Regeneration der Zellatmung, Neoplasien, Stoffwechselentgleisungen, Hormonfehlsteuerungen, virale Erkrankungen, „Reaktionsmittel"
• Glyoxal compositum	regt blockierte Fermentsysteme an, degenerative Erkrankungen, gestörte Drüsenfunktionen, Tumorerkrankungen

Verabreichung: 1-mal wöchentlich im Wechsel zusätzlich zu Ubichinon compositum und Coenzyme compositum

• Lymphomyosot	„Mesenchymentschlackung", Lymphatismus, Lymphödeme, Drüsenschwellungen, Tonsillarhypertrophie
+ Galium-Heel / Galium comp.-Heel	Immunmodulation bei chronischen Erkrankungen verschiedener Genese, Präkanzerosen, „Zellreinigung"

Verabreichung: zusammen 1-mal täglich per os

Behandlung ca. 4–6 Wochen, nach 4 Wochen Pause Wiederholung, danach alle 6 Monate.

Ergänzungsmittel

• Ginseng compositum	Erschöpfungszustände aller Art, geistige und körperliche Schwäche, mangelnder Muskeltonus, Revitalisierung
• Thalamus compositum	Stimulierung zentraler Steuerungsfunktionen bei degenerativen Erkrankungen und Neubildungen
• Pulsatilla compositum	regt die Bindegewebsfunktion an, insbesondere in zellulären Phasen, regulierende Wirkung auf Bindegewebe und dessen Abwehrfunktionen
• Conium-Injeel	Altersmittel, Gedächtnisschwäche, Ataxie, steinharte Knoten und Neoplasien
• Thuja-Injeel	Neigung zu proliferativen Prozessen an Haut und Schleimhäuten, Impffolgen, warzenartige oder großknotige Tumore, besonders Haut, Gesäuge, Ohren ➔ Konstitutionsmittel
• Phytolacca-Injeel	Mastitis, Milchstau, Hypo- und Hypergalaktie, Schwellung oder Verhärtung von Drüsen oder drüsigen Organen
• Acidum nitricum-Injeel	Veränderungen an Haut und Schleimhäuten, besonders mukokutane Übergänge, Blutungen, Rhagaden, warzenartige Wucherungen (Analbereich, Penis, Gehörgang)
• Aurum-Injeel	Hypertonie, Arteriosklerose, präapoplektisch, Arrhythmien mit Angst, leicht reizbar und sehr aggressiv, dominant, Hodentumor ➔ Konstitutionsmittel
• Arsenum jodatum-Injeel	extreme Ruhelosigkeit und Angst, Hyperaktivität bei Jungtieren, chronische Rhinitis mit scharfem Sekret, Sinusitis, Pollinosis, nachts schlechter, bei Hämorhoidalvenen mit tumoröser Entartung
• Arsenicum album-Injeel	akute und chronische Entzündungen an Augen, Atemwegen, Verdauungs- und Harnapparat, Organdegeneration, Abmagerung, mitternächtliche Unruhe ➔ Konstitutionsmittel
• Kreosotum-Injeel	Schleimhautkatarrhe mit ätzenden, übel riechenden Absonderungen, tief greifende Entzündungen der Schleimhäute, Tumore bei älteren Tieren
• Calcium fluoratum-Injeel	Bindegewebsschwäche, „Knochenkaries", Knochenfisteln, Exostosen, steinharte Drüsenschwellungen, Knochentumore, Fibrom
• Hekla Lava-Injeel	nutritive und infektiöse Störungen von Knochen und Knochenhaut, Exostosen oder Osteolyse als Folge von Entzündungen, Osteosarkom

• Carcinoma mammae-Injeel	isopathische Behandlung bei Mammatumoren
• Magnesium phosphoricum-Injeel	Krampf- und Neuralgiemittel, kolikartige Schmerzen in allen Hohlorganen, Verhärtungen in der Prostata oder im Gesäuge
• Silicea-Injeel	chronische Eiterungen und Fistelbildungen, wirkt auf Bindegewebe, Bänder, Sehnen, Haut, Hautanhangsgebilde, schlechte Wundheilung, Hauttumore, Fibrom ➔ Konstitutionsmittel
• Staphisagria-Injeel	stark juckende, rezidivierende Neubildungen, Folgen von (Schnitt-)Verletzungen
• Cystein-Injeel	zentrale Funktion im Schwefelstoffwechsel, bei Redoxreaktionen, interponieren bei zellulären Phasen
• cAMP D8, D12, D30	stimulative Steuerung von Enzymen, insbesondere bei zellulären Phasen
• Tarantula (D4–D12, C30, C200)	Hysterie, Hysteroepilepsie, Hyperästhesie, jähe Stimmungswechsel mit Streitlust, Aggression und plötzlichen Gewaltausbrüchen, reizbar durch Berührung, schmerzhafte Tumore
• Acidum hydrofluoricum (D6, D12)	Abmagerung trotz guten Appetits, Kachexie, Unruhe, Hast und Eile, Neoplasien

• Entsprechende Suis-Organpräparate je nach Lokalisation

➔ Epulis; ➔ Fibrom; ➔ Perianaltumor; ➔ Sarkoid

TUPFERPROBE positiv

Basismittel	
• Echinacea compositum	bakterielle Infektionen verschiedener Organsysteme, Entzündungen, Fieber, auch prophylaktisch
+ Mucosa compositum	Schleimhauterkrankungen und -katarrhe verschiedener Art und Lokalisation, z.B. in den Geschlechtsorganen, regenerationsfördernd für Schleimhäute

Verabreichung: zusammen jeden 2. Tag über 10 Tage; ggf. Antibiotikum

➔ Endometritis; ➔ Vaginitis

TYLOMA

Therapieversuch	
• Cutis compositum	Basismittel bei Dermatosen verschiedener Genese, Ekzeme, Allergien, Dermatomykosen, Haarausfall
+ Traumeel	Entzündungen verschiedener Genese und Lokalisation, Verletzungen, Wundbehandlung, auch postoperativ
+ Antimonium crudum-Injeel	Hyperkeratose besonders der Ballen, Rhagaden und Warzen, Ausschläge mit honiggelben Krusten, Gastritis

Verabreichung mit Eigenblut

Ergänzungsmittel

- Graphites-Homaccord — chronische Ekzeme, trocken oder seborrhoisch, honigartiges Sekret, Fissuren, Borken, Schwielen, Neigung zu Adipositas, Trägheit, Verstopfung
  ➔ Konstitutionsmittel
- Thuja-Injeel — Neigung zu proliferativen Prozessen an Haut und Schleimhäuten, Impffolgen, Hyperkeratosen, Warzen oder großknotige Tumore, rissig, leicht blutend, besonders in Haut, Gesäuge, Ohren
  ➔ Konstitutionsmittel
- Hautfunktionstropfen / Hautfunktionstabletten (Cosmochema) — Erkrankungen der Haut, Alopezie, chronische Ekzeme

TYMPANIE

- Nux vomica-Homaccord — Funktionsstörungen von Magen, Darm und Leber, Spasmen, Meteorismus, Beschwerden nach Überreizung, rezidivierende Tympanie beim Kalb
- Plumbum metallicum-Injeel — schleichende Krankheitsprozesse, Schwäche und Kraftlosigkeit, Tympanie, aufgetriebener Leib, schaumige Gärung
- Calcium carbonicum-Injeel — Jungtiermittel, Drüsenschwellungen, Schleimhautkatarrhe, Polypenbildung und Ulzerationen, Milchschorf, Kalkstoffwechselstörungen, verzögerte Entwicklung, Magen-Darm-Blähungen bei Milchunverträglichkeit
  ➔ Konstitutionsmittel
- Baryum carbonicum-Injeel — Altersbeschwerden, Drüsenschwellungen, Kälteempfindlichkeit, Arteriosklerose, Schwerhörigkeit, Demenz, Blähung von Labmagen und Dünndarm, Kälber mit Milchunverträglichkeit
- Atropinum compositum — Krämpfe der glatten und quergestreiften Muskulatur, Gallen-, Nieren-, Darmkoliken, stechende, brennende Schmerzen, Diarrhö, Unruhe
- Carbo vegetabilis-Injeel — Magen aufgebläht, Meteorismus, Abneigung gegen Fett und Milch, Kollaps und Kreislaufversagen, mit kalter Haut und kalten Akren
- Colchicum-Injeel — kolikartige Blähungen, Gastroenteritis, Auftreibungen des Bauches
- Lycopodium-Injeel — Leber- und Gallenstörungen, satt nach wenigen Bissen, hager, Verdauungsstörungen, Meteorismus, chronische Fälle
  ➔ Konstitutionsmittel
- Chamomilla-Injeel — Überempfindlichkeit gegen Schmerzen, Krämpfe, Bauch aufgetrieben, Blähungskolik
- Colocynthis-Injeel — stechende Schmerzen, Krämpfe des Magen-Darm-Trakts, Gallenkoliken, periodisch auftretende Symptome, alle Symptome bessern sich auf Druck und Wärme
- Antimonium crudum-Injeel — Hyperkeratose besonders der Ballen, Rhagaden und Warzen, Ausschläge mit honiggelben Krusten, Gastritis, Aufblähung nach dem Fressen
- Thuja-Injeel — Neigung zu proliferativen Prozessen an Haut und Schleimhäuten, Impffolgen, Auftreibungen des Abdomens, Meteorismus
  ➔ Konstitutionsmittel

Trommelsucht (Blinddarmverstopfung, Kaninchen):

• Carbo compositum	Kreislaufversagen, arterielle Blutfülle im Gehirn, Kollapszustände, kalte Haut, Dyspnoe
• Nux vomica-Homaccord	Funktionsstörungen von Magen, Darm und Leber, Spasmen, Meteorismus, Beschwerden nach Überreizung
• Veratrum-Homaccord	Dysenterie, Gastroenteritis mit und ohne Kolik, Kollapszustände mit zyanotischer oder blasser, kühler Haut
• Atropinum compositum	Krämpfe der glatten und quergestreiften Muskulatur, Gallen-, Nieren-, Darmkoliken, stechende, brennende Schmerzen, Diarrhö, Unruhe
• Spascupreel	Spasmen glattmuskulärer Hohlorgane, Spastizität der quergestreiften Muskulatur wie muskulärer Hartspann, Koliken, spastische und asthmatoide Bronchitis
• Cralonin	Altersherz, Koronarinsuffizienz, Herzrhythmusstörungen, unterstützend

➔ Blähungen

ÜBERANSTRENGUNG

Augen:

• Ruta-Injeel	Folgen stumpfer Verletzungen, Ganglion, Periostitis, venöse Stauungen, Überanstrengung der Augen, rot und heiß

Bewegungsapparat:

• Traumeel	Entzündungen verschiedener Genese und Lokalisation, Verletzungen, Wundbehandlung, auch postoperativ, Folgen von Überanstrengung (Muskulatur)
• Zeel	degenerative und rheumatische Gelenkerkrankungen, Arthrose, Polyarthrose, Spondylarthrose, Folgen von Überanstrengung
• Rhus Tox-Injeel	Rheuma und Neuralgien, Sehnen- und Bänderaffektionen, schlechter bei nasskaltem Wetter, Anlaufschmerzen, Folgen von Überanstrengung
• Ruta-Injeel	Folgen stumpfer Verletzungen, Ganglion, Periostitis, venöse Stauungen, Folgen von körperlicher Überanstrengung
• Bellis perennis (D0–D3)	fördert die Wundheilung, Verletzungen, Traumen oder Überanstrengung der Muskeln, allgemeine Blutungsneigung, rheumatische Beschwerden nach Überanstrengung

Geist und Gemüt:

• Neurexan	nervöse Unruhezustände mit und ohne Schlafstörungen, geistige Überforderung
• Neuro-Injeel	psychosomatische Beschwerden, Hysterie, Unruhezustände
• Coffea-Injeel	Herz-Kreislauf-Störungen, große nervöse Erregung und Ruhelosigkeit, extreme Kälte- und Windempfindlichkeit, Folgen geistiger Überanstrengung
• Acidum phosphoricum-Injeel	anfangs geistige, später auch körperliche Schwäche, nervliche Erschöpfung, Gedächtnisschwäche, Zustand nach akuten Erkrankungen, Kummer, Flüssigkeitsverlusten, schnell wachsende, überforderte Jungtiere
• Argentum nitricum-Injeel	Melancholie, Platzangst, nervöse Symptome, Unruhe, Angst vor allem Neuen, feingliedrige Tiere, geistige Überanstrengung

• Calcium phosphoricum-Injeel	Kalkstoffwechselstörungen, Wachstums- und Entwicklungsstörungen, rasche geistige und körperliche Erschöpfung ➔ Konstitutionsmittel
• Baryum carbonicum-Injeel	Jungtiere mit Tonsillarhypertrophie, geistige und körperliche Entwicklungsstörungen, geistige und körperliche Schwäche im Alter, Demenz
• Kalium phosphoricum D6	Berührungsängste, ängstlich, nervöse Furcht, geistige Erschöpfung und Überanstrengung
• Alumina (D4–D30, C30–C1000)	verzögerte Reizleitung, Trockenheit aller Schleimhäute, geistige Abstumpfung

Kreislauf, auch nach Transport:

• Cactus compositum	Myokardschwäche, auch infektiöser Genese, Peri- und Endokarditis, Herzrhythmusstörungen, Koronarinsuffizienz
• Cralonin	Altersherz, Koronarinsuffizienz, Herzrhythmusstörungen, Myokardschwäche
• Carbo compositum	Kreislaufversagen, arterielle Blutfülle im Gehirn, Kollapszustände, kalte Haut, Dyspnoe
• Aurumheel	vegetativ-funktionelle Herz- und Kreislaufstörungen, Hypotonie, Herzrhythmusstörungen
• Ammonium carbonicum D6	Herz-Kreislauf-Schwäche, Atemnot und Herzklopfen bei jeder Anstrengung

Porciner Stress – Kollapsmischung:

• Belladonna-Homaccord	lokalisierte, akute und heftige Entzündungen auch mit hohem Fieber, arterielle Pulsationen, Blutandrang zum Kopf
+ Nux vomica-Homaccord	Funktionsstörungen von Magen, Darm und Leber, Spasmen, Meteorismus, Beschwerden nach Überreizung
+ Glonoin-Homaccord	Tachykardie, pektanginöse Beschwerden, Koronarinsuffizienz, Altersherz

➔ Aufbaumittel; ➔ Erschöpfungszustände

ULCUS CORNEAE

Basismittel

parenteral:

• Oculus totalis suis-Injeel	spezifischer Regulationseffekt auf Funktion und Struktur des entsprechenden Organs, degenerative Augenerkrankungen, Glaukom, Katarakt, chronische Konjunktivitis
+ Mucosa compositum	Schleimhauterkrankungen und -katarrhe verschiedener Art und Lokalisation, z.B. am Auge, regenerationsfördernd für Schleimhäute
+ Traumeel	Entzündungen verschiedener Genese und Lokalisation, Verletzungen, Wundbehandlung, auch postoperativ

Verabreichung: zusammen jeden 2. Tag

Verabreichung: oral und lokal:

• Oculoheel	Konjunktivitis, Ödeme der Augenlider, scharfer Tränenfluss, Neigung zu Eiterungen am Auge, Gerstenkorn, Keratitis
• Oculoheel Augentropfen	katarrhalische und eitrige Konjunktivitis und Keratitis, Lichtscheu, Tränenfluss

Verabreichung: 2- bis 3-mal täglich

Ergänzungsmittel

• Argentum nitricum-Injeel	nervöse Symptome, Unruhe, Angst vor allem Neuen, Bindehaut- und Hornhautentzündung
• Mercurius sublimatus corrosivus-Injeel	Suppurationen, Abszesse, Gingivitis, Stomatitis, Iritis, Blepharokonjunktivitis, Keratitis profunda, milchige Verfärbung der Hornhaut, Geschwüre unscharf begrenzt
• Aurum-Injeel	Hypertonie, Arteriosklerose, präapoplektisch, Arrhythmien mit Angst, leicht reizbar und sehr aggressiv, dominant, nach Gefäßeinsprossung, rote Äderung ➔ Konstitutionsmittel
• Euphrasia-Injeel	Blepharokonjunktivitis, Fließschnupfen mit Tränenfluss, Lichtscheu, Dakryozystitis, Ulcus corneae
• Kalium bichromicum-Injeel	zähe, strähnige Absonderungen aller Schleimhäute, chronische Katarrhe der Nase und des Ohrs, tief fressende Ulzera der Schleimhäute, Hornhautgeschwüre wie ausgestanzt
• Conium-Injeel	Altersmittel, Gedächtnisschwäche, Ataxie, steinharte Knoten und Neoplasien, Keratitis, Hornhautgeschwüre und -flecken

➔ Cornealäsionen

ULCUS VENTRICULI ET DUODENI

• Gastricumeel	akute und chronische Gastritis, Dyspepsie, Meteorismus, gastrokardialer Symptomenkomplex, Ulcus ventriculi
• Duodenoheel	Duodenitis, Ulcus duodeni et ventriculi, Hyperazidität, Hunger- und Nüchternschmerz, Pylorussyndrom, Übelkeit, Erbrechen
• Erigotheel	Ulcus ventriculi et duodeni, Magen-Darm-Katarrhe, Hyperazidität, Spasmen des Magens
• Anacardium-Homaccord	Duodenalsyndrom, Ulcus duodeni, Vomitus, Hunger- und Nüchternschmerz, Heißhunger, Abmagern trotz Futteraufnahme, Brechwürgen
• Mucosa compositum	Schleimhauterkrankungen und -katarrhe verschiedener Art und Lokalisation, z.B. im Verdauungstrakt mit und ohne Ulkus, regenerationsfördernd für Schleimhäute
• Bryaconeel	Neuralgien, akuter und chronischer Rheumatismus, Entzündungen seröser Häute, rezidivierendes Ulkus, Oberbauchbeschwerden
• Ignatia-Injeel	Hysterie, nervöse Erschöpfungszustände, vegetative Dystonie, Überempfindlichkeit gegen Schmerzen und Gerüche, absurde Symptome, unduldsam und streitsüchtig ➔ Konstitutionsmittel

• Spascupreel	Spasmen glattmuskulärer Hohlorgane, Spastizität der quergestreiften Muskulatur wie muskulärer Hartspann, Koliken, spastische und asthmatoide Bronchitis
• Bacterium coli-Injeel	Durchfall durch Darmdysbiose, z.B. nach Antibiotikagabe, Meteorismus
• Kalium bichromicum-Injeel	zähe, strähnige Absonderungen aller Schleimhäute, chronische Katarrhe der Nase und des Ohrs, tief fressende Ulzera der Schleimhäute, wie ausgestanzt
• Cinnamomum-Homaccord	kapilläre und präkapilläre Sickerblutungen, Hämorrhoiden, Blutungsneigung
• Magen-Darmtropfen (Cosmochema)	Reizmagen, Gastritis, Appetitlosigkeit, Magen-Darm-Katarrh
• Momordica compositum	Regulation bei Pankreatitis, Störungen der Pankreasfunktion, kolikartige Schmerzen im Oberbauch, gastrokardialer Symptomenkomplex, Abmagerung bei gutem Appetit
• Lymphomyosot	„Mesenchymentschlackung", Lymphatismus, Lymphödeme, Drüsenschwellungen, Tonsillarhypertrophie
+ Galium-Heel / Galium comp.-Heel	Immunmodulation bei chronischen Erkrankungen verschiedener Genese, Präkanzerosen, „Zellreinigung"
• Ventriculus suis-Injeel	spezifischer Regulationseffekt auf Funktion und Struktur des entsprechenden Organs, chronische Ulzera, Sodbrennen

➔ Gastritis

„UMSTIMMUNGSBEHANDLUNG"

Basismittel

Bei bakterieller Krankheitskomponente:

• Echinacea compositum	bakterielle Infektionen verschiedener Organsysteme, Entzündungen, Fieber, auch prophylaktisch

Verabreichung: 1-mal täglich für 5 Tage, 5 Tage Pause, Wiederholung 1-mal täglich für 5 Tage

Bei viraler Krankheitskomponente:

• Engystol	aktiviert die unspezifische Abwehr, virale Erkrankungen, reduziert Stressfolgen

Verabreichung: 1-mal täglich für 5 Tage, 5 Tage Pause, Wiederholung 1-mal täglich für 5 Tage

Bei allergischem Hintergrund:

• Engystol	aktiviert die unspezifische Abwehr, reduziert Stressfolgen, „Umstimmung" bei Allergien und Dermatosen

Verabreichung: 1- bis 2-mal wöchentlich für 4–6 Wochen, auch mit Eigenblut

oder:

+ Acidum formicicum-Injeel	allgemeines „Umstimmungsmittel" bei Asthma, Allergien und Ekzemen, bei allen zellulären Phasen

Verabreichung: in wöchentlichem Abstand

➔ Allergien; ➔ Pruritus

UNFALLFOLGEN

• Traumeel	Entzündungen verschiedener Genese und Lokalisation, Verletzungen, Wundbehandlung, auch postoperativ, Blutungen, Schmerzen
• Vertigoheel	Schwindel verschiedener Genese, Kinetosen, Verbesserung der zentralen und peripheren Mikrozirkulation
• Arnica-Injeel	regt die Wundheilung an, Herzmuskelschwäche, Neuralgien, Myalgien, Zerschlagenheitsgefühl
• Hypericum-Injeel	Nerven- und Gehirnverletzungen, Nervenschmerzen bei und nach Verletzungen, Tierbisse, Commotio cerebri, Zerebralsklerose
• Aconitum-Homaccord	grippale und katarrhalische Infekte, besonders im Prodromalstadium, Beschwerden nach Schreck und kaltem Wind
• Opium D30, D200	große Benommenheit, Bewusstseinstrübung, Somnolenz, Stupor, Teilnahmslosigkeit, Folgen von Unfall oder Schreck, Zyanose

➔ Kollapszustände; ➔ Schockerscheinungen; ➔ Verletzungen

URÄMIE adjuvant

Basismittel	
• Solidago compositum	akute und chronische Erkrankungen der Nieren und Harnwege, Zystitis, Nephrolithiasis, Hydronephrose, funktionelle Unterstützung der Nieren
• Coenzyme compositum	regt blockierte enzymatische Abläufe insbesondere der Energiegewinnung an (Zitronensäurezyklus), degenerative oder chronische Erkrankungen
+ Ubichinon compositum	verbessert die Energiebereitstellung in der Zelle, degenerative und tumoröse Erkrankungen

Ergänzungsmittel

• Ren suis-Injeel	spezifischer Regulationseffekt auf Funktion und Struktur des entsprechenden Organs, Hydronephrose, Zystitis, Pyelitis, chronische Glomerulonephritis, Ödeme
• Galium-Heel / Galium comp.-Heel	Immunmodulation bei chronischen Erkrankungen verschiedener Genese, Präkanzerosen, „Zellreinigung"
• Berberis-Homaccord	Reiz- und Entzündungszustände im Urogenitaltrakt und in den Gallenwegen, mit und ohne Konkremente, Gallen- und Nierenkoliken
• Reneel	akute und chronische Nieren- und Blasenleiden, Nephrolithiasis, Urethritis, Albuminurie, Blutungsneigung
• Nierentropfen (Cosmochema)	Nieren- und Blasenleiden, Dysurie, Albuminurie, Nephrolithiasis, Harndrang mit Schmerzen
• Arsenicum album-Injeel	akute und chronische Entzündungen an Augen, Atemwegen, Verdauungs- und Harnapparat, Organdegeneration, Abmagerung, mitternächtliche Unruhe ➔ Konstitutionsmittel
• Gastricumeel	akute und chronische Gastritis, Dyspepsie, Meteorismus, gastrokardialer Symptomenkomplex, Ulcus ventriculi

• Traumeel	Entzündungen verschiedener Genese und Lokalisation, Verletzungen, Wundbehandlung, auch postoperativ
• Lespedeza Sieboldii D2, D3	regt die Diurese bei Nierenschwäche und chronischer Nephritis an

➔ Chronische Niereninsuffizienz; ➔ Nephrose

URTIKARIA

Basismittel	
• Apis-Homaccord	ödematöse, schmerzhafte Schwellungen, pustulöse und bullöse Ekzeme, Entzündungen mit Flüssigkeitsansammlung in Geweben und Körperhöhlen
+ Lymphomyosot	„Mesenchymentschlackung", Lymphatismus, Lymphödeme, Drüsenschwellungen, Tonsillarhypertrophie

Ergänzungsmittel

• Traumeel	Entzündungen verschiedener Genese und Lokalisation, Verletzungen, Wundbehandlung, auch postoperativ
• Acidum formicicum-Injeel	allgemeines „Umstimmungsmittel" bei Asthma, Allergien und Ekzemen, bei allen zellulären Phasen
• Urtica-Injeel	urtikarielle, juckende Dermatosen, Nesselausschläge, Berührungsempfindlichkeit, harnsaure Diathese
• Histamin-Injeel	allergische Erkrankungen, Asthma, Ekzeme und Dermatosen, nach Trauma
• Cantharis-Injeel	nervös, reizbar, berührungsempfindlich insbesondere am Bauch, Zittern und Unruhe, Juckreiz, Rötung, Erytheme, Pusteln, Papeln, Bläschen
• Rhus Tox-Injeel	Rheuma und Neuralgien, Sehnen- und Bänderaffektionen, schlechter bei nasskaltem Wetter, Anlaufschmerzen, Folgen von Überanstrengung, stark juckende Bläschen, Kontaktallergie
• Cutis compositum	Basismittel bei Dermatosen verschiedener Genese, Ekzeme, Allergien, Dermatomykosen, Haarausfall, Wiederherstellung der Hautfunktion
• FideSan Salbe (Cosmochema)	Entzündungen der Haut, Juckreiz, allergische Dermatosen
• Galphimia (D4–D12)	Allergien, Asthma, Heufieber

Zur „Ausleitung":

• Carduus compositum	akute und chronische Leber- und Gallenerkrankungen, alle Folgeerkrankungen davon, Stoffwechselstörungen, Verdauungsprobleme
+ Berberis-Homaccord	Reiz- und Entzündungszustände im Urogenitaltrakt und in den Gallenwegen, mit und ohne Konkremente, Gallen- und Nierenkoliken
+ Lymphomyosot	„Mesenchymentschlackung", Lymphatismus, Lymphödeme, Drüsenschwellungen, Tonsillarhypertrophie, ausleitend

➔ Allergien; ➔ Pruritus

UTERUSKONTRAKTION fehlende

• Lachesis compositum	septische Tendenz bei Entzündungen und Eiterungen, Phlegmone, Endometritis, Nachgeburtsverhaltung, trockenes Fieber, Retentio, mangelnde Uterusinvolution
• Lilium compositum Heel	entzündliche Prozesse der weiblichen Geschlechtsorgane, Adnexitis, Para-, Myo- und Endometritis, Kolpitis, Ovariitis, Ovarialzysten, Fluor albus, Myombildung, Uterusprolaps
• Pulsatilla-Injeel	alle Funktionen des Geschlechtsapparates sind verzögert und verlangsamt, Stillbrünstigkeit, Zyklusstörungen, Hyperämie der Beckenorgane, Uterusinvolution ➔ Konstitutionsmittel
• Sabina (D3–D30)	Metrorrhagien p.p., Aborte in der Frühträchtigkeit, drohender Abort, Fluor albus, scharfer, eitriger Ausfluss, fördert die Uterusinvolution und -kontraktion
• Secale cornutum D4	zerebrale Erregungszustände, Parästhesien, drohender Abort, Blutungsneigung, fördert die Uteruskontraktion, dunkle Lochien, Blutungen p.p.
• Caulophyllum D3, D4 (D30 p.p.)	rigide Zervix, Geburtserleichterung, Wehenschwäche
• Helonias dioica (D6–C1000)	Uterussenkung, Fluor dunkel und übel riechend, Vaginitis, Uterusprolaps, Subinvolution nach Geburt

➔ Endometritis; ➔ Pyometra; ➔ Retentio secundinarum

VAGINITIS

Akut:

• Lilium compositum Heel	entzündliche Prozesse der weiblichen Geschlechtsorgane, Adnexitis, Para-, Myo- und Endometritis, Kolpitis, Ovariitis, Ovarialzysten, Fluor albus, Myombildung, Uterusprolaps
• Hormeel	funktionelle Störungen im weiblichen Zyklus, Sterilität, Brunstlosigkeit, Fluor albus, endokrine Dysfunktionen, Vaginitis bei Jungtieren
• Echinacea compositum	bakterielle Infektionen verschiedener Organsysteme, Entzündungen, Fieber, auch prophylaktisch
• Lachesis compositum	septische Tendenz bei Entzündungen und Eiterungen, Phlegmone, Endometritis, Nachgeburtsverhaltung, trockenes Fieber
• Traumeel	Entzündungen verschiedener Genese und Lokalisation, Verletzungen, Wundbehandlung, auch postoperativ
• Pulsatilla-Injeel	alle Funktionen des Geschlechtsapparates sind verzögert und verlangsamt, grün-gelbliches Sekret, dick und rahmig, mildes Sekret, Vaginitis nach der Brunst ➔ Konstitutionsmittel
• Causticum-Injeel	Lähmung von Muskeln und Nerven, Paresen der Blasenwand und des Blasenhalses, Inkontinenz beim Husten und im Schlaf, Harnträufeln bei älteren, weiblichen Tieren, Vaginitis
• Mercurius solubilis Hahnemanni-Injeel	beginnende Suppuration, Abszesse in Anbildung, akute, schmerzhafte Entzündungen im Bindegewebe und in verschiedenen Organen, Vaginitis

• Cantharis compositum	Blasenentzündung, Nierenbeckenentzündung, Nierenentzündung, Blasentenesmen, Harnzwang, Brennen in der Urethra nach der Miktion, Zystitis gleichzeitig mit Vaginitis
• Acidum nitricum-Injeel	Veränderungen an Haut und Schleimhäuten, besonders mukokutane Übergänge, Blutungen, Rhagaden, Ulzera, wund machendes Sekret
• Sabina (D3–D30)	Metrorrhagien p.p., Aborte in der Frühträchtigkeit, drohender Abort, Fluor albus, scharfer, eitriger Ausfluss, fördert die Uterusinvolution und -kontraktion

Chronisch:

• Mucosa compositum	Schleimhauterkrankungen und -katarrhe verschiedener Art und Lokalisation, z.B. in den Geschlechtsorganen, regenerationsfördernd für Schleimhäute
• Thuja-Injeel	Neigung zu proliferativen Prozessen an Haut und Schleimhäuten, Impffolgen, rezidivierende Vaginitis, gelbgrüner Ausfluss ➔ Konstitutionsmittel
• Hepar sulfuris-Injeel	eiternde Prozesse unterschiedlicher Lokalisation, schmerzhaft, Abszesse vor Ausreifung, Überempfindlichkeit gegen Kälte und Luftzug
• Sepia-Injeel	ältere Tiere mit schon länger bestehender Vaginitis, Sekret übel riechend, wund machend, Bindegewebe schlaff, beginnende Urovagina ➔ Konstitutionsmittel
• Calcium carbonicum-Injeel	Jungtiermittel, Drüsenschwellungen, Schleimhautkatarrhe, Polypenbildung und Ulzerationen, Milchschorf, Kalkstoffwechselstörungen, verzögerte Entwicklung ➔ Konstitutionsmittel
• Kalium bichromicum-Injeel	zähe, strähnige Absonderungen aller Schleimhäute, chronische Katarrhe, tief fressende Ulzera der Schleimhäute, Vaginitis
• Graphites-Homaccord	chronische Ekzeme, trocken oder seborrhoisch, honigartiges Sekret, Fissuren, Borken, Schwielen, Neigung zu Adipositas, Trägheit, Verstopfung, Vaginitis mit reichlichem, weißem, wund machendem Sekret ➔ Konstitutionsmittel
• Hydrastis-Injeel	dicke, zähe, strähnige, gelb-weißliche Absonderungen aller Schleimhäute, Stomatitis aphthosa, Schwäche, Kachexie, kein Appetit, kein Durst
• Aletris comp.-Heel	Erschöpfungs- und Schwächezustände, Bindegewebszustände, Vaginitis mit zähem, weißem Sekret
• Crocus (D0–D30)	Metrorrhagien, Abort, rezidivierende Zystitis mit stinkendem Ausfluss, Sterilität

➔ Endometritis; ➔ IPV, Infektiöse pustulöse Vulvovaginitis

VERBRENNUNGEN

• Causticum-Injeel	Haut trocken und heiß, Ekzeme von Frösteln begleitet, mit klebrigem, zähem Sekret, Verbrennungen
• Traumeel	Entzündungen verschiedener Genese und Lokalisation, Verletzungen, Wundbehandlung, auch postoperativ
• Cantharis compositum	Blasenentzündung, Nierenbeckenentzündung, Nierenentzündung, Blasentenesmen, Harnzwang, Brennen in der Urethra nach der Miktion, Hämaturie, Haut brennend mit Blasenbildung
• Calendula-Salbe-Heel	fördert die Wundheilung, Pyodermien, Hauterkrankungen durch chemische und physikalische Einflüsse
• Echinacea compositum	bakterielle Infektionen verschiedener Organsysteme, Entzündungen, Fieber, auch prophylaktisch
• Hypericum-Injeel	Nerven- und Gehirnverletzungen, Nervenschmerzen bei und nach Verletzungen, Tierbisse, Commotio cerebri, Zerebralsklerose
• Apis-Homaccord	ödematöse, schmerzhafte Schwellungen, pustulöse und bullöse Ekzeme, Entzündungen mit Flüssigkeitsansammlung in Geweben und Körperhöhlen
• Urtica-Injeel	urtikarielle, juckende Dermatosen, Nesselausschläge, Berührungsempfindlichkeit, harnsaure Diathese, rheumatische Beschwerden, juckende Verbrennungen
• Cantharis-Injeel	nervös, reizbar, berührungsempfindlich insbesondere am Bauch, Zittern und Unruhe, Juckreiz, Erytheme, Pusteln, Papeln, Bläschen, frische Verbrennungen
• Hamamelis-Homaccord	offene, schmerzhafte Wunden, dunkle Hämorrhagien, Sickerblutungen, Zerschlagenheitsgefühl, schmerzhafte Verbrennungen

→ Wundbehandlung

VERGIFTUNGEN

Nach oder mit spezifischer Therapie:

• Nux vomica-Homaccord	Funktionsstörungen von Magen, Darm und Leber, Spasmen, Meteorismus, Beschwerden nach Überreizung, Entgiftung, Magen-Darm-Symptome
• Hepar comp. Heel	akute und chronische Leber-Galle-Affektionen, regt die Leberfunktion an, Verdauungsstörungen, unterstützt die Leberentgiftung
• Mucosa compositum	Schleimhauterkrankungen und -katarrhe verschiedener Art und Lokalisation, z.B. im Verdauungstrakt mit und ohne Ulkus, regenerationsfördernd für Schleimhäute
• Carbo vegetabilis-Injeel	Magen aufgebläht, Meteorismus, Abneigung gegen Fett und Milch, Kollaps und Kreislaufversagen, mit kalter Haut und kalten Akren
• Veratrum-Homaccord	Dysenterie, Gastroenteritis mit und ohne Kolik, Kollapszustände mit zyanotischer oder blasser, kühler Haut
• Ipecacuanha-Injeel	hellrote, gussweise Blutungen, feuchte Bronchitis, Brechdurchfall

• Arsenicum album-Injeel	akute und chronische Entzündungen an Augen, Atemwegen, Verdauungs- und Harnapparat, Organdegeneration, Abmagerung, mitternächtliche Unruhe, Diarrhö nach verdorbenem Futter ➔ Konstitutionsmittel
• Sulfur-Injeel	„Reaktionsmittel" bei allen chronischen Erkrankungen, nach Arzneimittelvergiftung
• Lachesis-Injeel	septische Prozesse, Hämolyse, blaurote Entzündungen, nach Kumarinpräparaten! ➔ Konstitutionsmittel
• Phosphor-Homaccord	petechiale Blutungen und Blutungsneigung, Laryngitis, Pharyngitis, Degeneration parenchymatöser Organe, auch toxisch bedingt ➔ Konstitutionsmittel
• Solidago compositum	akute und chronische Erkrankungen der Nieren und Harnwege, Zystitis, Nephrolithiasis, Hydronephrose, funktionelle Unterstützung der Nieren
• Cantharis compositum	Blasenentzündung, Nierenbeckenentzündung, Nierenentzündung, Blasentenesmen, Harnzwang, Brennen in der Urethra nach der Miktion, Hämaturie
• Cactus compositum	Myokardschwäche, auch infektiöser Genese, Peri- und Endokarditis, Herzrhythmusstörungen, Koronarinsuffizienz
• Crotalus-Injeel	dunkle Blutungen in allen Organen und aus allen Körperöffnungen, Gangrän und Sepsis, heftiges, dauerhaftes Erbrechen nach Futterintoxikationen
• Flor de piedra D3, D6	Hypo- und Hyperthyreose, Hepatitis, Hepatose, venöse Durchblutungsstörungen, alle Funktionen verlangsamt
• Okoubaka D2, D3	Gastroenteritis, Lebensmittelunverträglichkeiten, Durchfälle als Folge von Intoxikation (Insektizide und Pestizide) und verdorbenem Futter
• Opium (D6, D30, D200)	große Benommenheit, Bewusstseinstrübung, Somnolenz, Stupor, Darmlähmung, nach Bleivergiftung

➔ Futterintoxikation

VERLETZUNGEN

Basismittel	
• Traumeel	Entzündungen verschiedener Genese und Lokalisation, Verletzungen, Wundbehandlung, auch postoperativ

Verabreichung: anfangs in kurzen Abständen, auch lokal zur Wundspülung

Ergänzungsmittel

• Echinacea compositum	bakterielle Infektionen verschiedener Organsysteme, Entzündungen, Fieber, auch prophylaktisch
• Chamomilla-Injeel	Überempfindlichkeit gegen Schmerzen, Krämpfe, Bauch aufgetrieben, Blähungskolik
• Ruta-Injeel	Folgen stumpfer Verletzungen, Ganglion, Periostitis, venöse Stauungen, Folgen von körperlicher Überanstrengung
• Bryonia-Injeel	Entzündungen, beginnende Abszedierung, Bewegung verschlimmert, besser durch festen Druck auf die erkrankte Stelle, Sehnen- und Bänderläsionen

• Rhus Tox-Injeel	Rheuma und Neuralgien, Sehnen- und Bänderaffektionen, schlechter bei nasskaltem Wetter, Anlaufschmerzen, Folgen von Überanstrengung
• Cimicifuga-Injeel	blitzartige, schießende Schmerzen, rascher Wechsel der Symptome, Verletzungsfolgen
• Histamin-Injeel	allergische Erkrankungen, Asthma, Ekzeme und Dermatosen, nach Trauma mit Gewebezertrümmerung
• Calendula-Salbe-Heel	fördert die Wundheilung, Pyodermien, Hauterkrankungen durch chemische und physikalische Einflüsse
• Petroleum-Injeel	nässende Ekzeme, Haut- und Schleimhauterkrankungen, empfindliche, trockene, rissige Haut, Rhagaden, eiternde Verletzungen

Abschürfung:

• Traumeel	Entzündungen verschiedener Genese und Lokalisation, Verletzungen, Wundbehandlung, auch postoperativ
• Calendula-Salbe-Heel	fördert die Wundheilung, Pyodermien, Hauterkrankungen durch chemische und physikalische Einflüsse, unsaubere Wunden
• Hypericum-Injeel	Nerven- und Gehirnverletzungen, Nervenschmerzen bei und nach Verletzungen, Tierbisse, Schürfwunden

Auge:

➔ Augenverletzung

Bänder-, Sehnenverletzungen:

• Ruta-Injeel	Folgen stumpfer Verletzungen insbesondere an Knochen und Periost, Periostitis, Ganglion, venöse Stauungen, Folgen von körperlicher Überanstrengung, Insertionstendinose, Steifheit der Gelenke
• Silicea-Injeel	chronische Eiterungen und Fistelbildungen, wirkt auf Bindegewebe, Bänder, Sehnen, Haut, Hautanhangsgebilde, schlechte Wundheilung, fördert die Ausheilung von Abszesshöhlen ➔ Konstitutionsmittel
• Kieselsäuretabletten (Cosmochema)	Bindegewebsschwäche, chronische Entzündungen der Lymphknoten, Knochen und Gelenke, chronische Eiterungen, Fistelbildung
• Calcium fluoratum-Injeel	Bindegewebsschwäche, „Knochenkaries", Knochenfisteln, Exostosen, steinharte Drüsenschwellungen, wirkt auf Sehnen und Bänder
• Petroleum-Injeel	nässende Ekzeme, Haut- und Schleimhauterkrankungen, empfindliche, trockene, rissige Haut, Rhagaden, Verrenkungen

Ballenverletzung:

• Traumeel	Entzündungen verschiedener Genese und Lokalisation, Verletzungen, Wundbehandlung, auch postoperativ
• Echinacea compositum	bakterielle Infektionen verschiedener Organsysteme, Entzündungen, Fieber, auch prophylaktisch
• Cutis compositum	Basismittel bei Dermatosen verschiedener Genese, Ekzeme, Allergien, Dermatomykosen, Haarausfall

Euterverletzung:

• Traumeel	Entzündungen verschiedener Genese und Lokalisation, Verletzungen, Wundbehandlung, auch postoperativ
• Lachesis compositum	septische Tendenz bei Entzündungen und Eiterungen, Phlegmone, Endometritis, Nachgeburtsverhaltung, trockenes Fieber
• Conium-Injeel	Altersmittel, Gedächtnisschwäche, Ataxie, steinharte Knoten und Neoplasien, Verhärtungen drüsiger Gewebe als Folge von Schlag, Stoß oder Quetschung
lokal:	
• Traumeel (Salbe / Gel)	Entzündungen verschiedener Genese und Lokalisation, Verletzungen, Wundbehandlung, auch postoperativ

Knochenverletzung:

• Traumeel	Entzündungen verschiedener Genese und Lokalisation, Verletzungen, Wundbehandlung, auch postoperativ
• Symphytum-Injeel	„Arnika der Knochen", beschleunigt die Kallusbildung, fördert den Knochenstoffwechsel, Periostitis, Bänder- und Sehnenläsionen
• Ruta-Injeel	Folgen stumpfer Verletzungen, Ganglion, Periostitis, venöse Stauungen, Folgen von körperlicher Überanstrengung
• Osteoheel	Ostitis, Periostitis, Exostosen, nächtliche Knochenschmerzen, neuralgische Schmerzen, Gelenkknacken, Osteochondrose, Kalkmangelzustände
• Discus compositum N mit Kalmia	Gelenk- und Bindegewebserkrankungen, z.B. Arthritis, Arthrose, Periarthritis, Erkrankungen der Sehnen, Bänder und der Knochenhaut, Knochenschmerzen, rheumatische Schmerzen
• Eupatorium perfoliatum-Injeel	Fieber mit starkem Zerschlagenheitsgefühl, Gliederschmerzen, klopfende Knochenschmerzen, Knochenverletzungen

Muskelverletzung:

• Traumeel	Entzündungen verschiedener Genese und Lokalisation, Verletzungen, Wundbehandlung, auch postoperativ
• Arnica-Injeel	regt die Wundheilung an, Herzmuskelschwäche, Neuralgien, Myalgien, Zerschlagenheitsgefühl
• Rhus Tox-Injeel	Rheuma und Neuralgien, Sehnen- und Bänderaffektionen, schlechter bei nasskaltem Wetter, Anlaufschmerzen, Folgen von Überanstrengung
• Veratrum-Homaccord	Kollapszustände mit zyanotischer oder blasser, kühler Haut, Muskelfaserrisse, Schock

Nerven-, Rückenmarksverletzung:

• Traumeel	Entzündungen verschiedener Genese und Lokalisation, Verletzungen, Wundbehandlung, auch postoperativ
• Hypericum-Injeel	Nerven- und Gehirnverletzungen, Nervenschmerzen bei und nach Verletzungen, Tierbisse, Commotio cerebri, Zerebralsklerose, auch bei Festliegen nach Geburtsverletzungen
• Arnica-Injeel	regt die Wundheilung an, Herzmuskelschwäche, Neuralgien, Myalgien, Zerschlagenheitsgefühl
• Causticum-Injeel	Lähmung von Muskeln und Nerven, Trockenheit von Haut und Schleimhäuten, Drüsenverhärtungen

• Cerebrum compositum	Entwicklungs- und Verhaltensstörungen, Hirnfunktionsstörungen, vegetative Dystonie, Geriatrie, zur Geweberegeneration
• Conium-Injeel	Altersmittel, Gedächtnisschwäche, Ataxie, steinharte Knoten und Neoplasien, bei Flecken und Narben, aufsteigende Lähmung
• Plumbum metallicum-Injeel	schleichende Krankheitsprozesse, Schwäche und Kraftlosigkeit, schlaffe Lähmung

Prellungen / Quetschungen:

• Traumeel	Entzündungen verschiedener Genese und Lokalisation, Verletzungen, Wundbehandlung, auch postoperativ

Verabreichung: lokal und innerlich

• Arnica-Injeel	regt die Wundheilung an, Herzmuskelschwäche, Neuralgien, Myalgien, Zerschlagenheitsgefühl
• Ruta-Injeel	Folgen stumpfer Verletzungen, Ganglion, Periostitis, venöse Stauungen, Folgen von körperlicher Überanstrengung, Steifheit der Gelenke, Tiere sind ruhelos
• Symphytum-Injeel	„Arnika der Knochen", beschleunigt die Kallusbildung, fördert den Knochenstoffwechsel, Periostitis, Bänder- und Sehnenläsionen
• Bellis perennis (D0–D3)	fördert die Wundheilung, Verletzungen, Traumen oder Überanstrengung der Muskeln, allgemeine Blutungsneigung, rheumatische Beschwerden nach Überanstrengung

Strichkanalverletzung:

• Traumeel (Salbe / Gel)	Entzündungen verschiedener Genese und Lokalisation, Verletzungen, Wundbehandlung, auch postoperativ

→ Wundbehandlung

VESTIBULARSYNDROM

Basismittel	
• Cerebrum compositum	Entwicklungs- und Verhaltensstörungen, Hirnfunktionsstörungen, vegetative Dystonie, Geriatrie, zur Geweberegeneration
+ Vertigoheel	Schwindel verschiedener Genese, Kinetosen, Verbesserung der zentralen und peripheren Mikrozirkulation
+ Lymphomyosot	„Mesenchymentschlackung", Lymphatismus, Lymphödeme, Drüsenschwellungen, Mittelohrhydrops

Verabreichung: zusammen täglich

Ergänzungsmittel

• Gelsemium-Homaccord	Neuralgie insbesondere des Kopf-Hals-Bereichs, Schwindel, zittrige Schwäche, Erschöpfung, Gliederschmerzen, Koordinationsstörungen

→ Schwindel

VIRUSERKRANKUNGEN

Basismittel

Akut:

• Engystol	aktiviert die unspezifische Abwehr, virale Erkrankungen, reduziert Stressfolgen, „Umstimmung" bei Allergien und Dermatosen

Verabreichung: 1-mal täglich über 5 Tage, dann 5 Tage Pause, dann erneut 1-mal täglich über 5 Tage

Chronische Symptomatik:

• Lachesis compositum	septische Tendenz bei Entzündungen und Eiterungen, Phlegmone, trockenes Fieber

Persistierende Infektion:

• Engystol	aktiviert die unspezifische Abwehr, virale Erkrankungen, reduziert Stressfolgen, „Umstimmung" bei Allergien und Dermatosen

Verabreichung: 2-mal wöchentlich

Ergänzungsmittel

• Echinacea compositum	bakterielle Infektionen verschiedener Organsysteme, Entzündungen, Fieber, auch prophylaktisch, Superinfektionen
• Traumeel	Entzündungen verschiedener Genese und Lokalisation, Verletzungen, Wundbehandlung, auch postoperativ
• Aconitum-Injeel	grippale und katarrhalische Infekte im Anfangsstadium
• Coffea-Injeel	Herz-Kreislauf-Störungen, große nervöse Erregung und Ruhelosigkeit, extreme Kälte- und Windempfindlichkeit, virale Phase
• Herpes simplex-Nosode-Injeel	chronisch rezidivierende Herpesinfektionen verschiedener Lokalisation und Genese, als Zwischenmittel, Nachbehandlung akuter Infektionen, chronische Belastungen
• Herpes zoster-Nosode-Injeel	chronisch rezidivierende Herpesinfektionen verschiedener Lokalisation und Genese, als Zwischenmittel, Nachbehandlung akuter Infektionen und postherpetischer Neuralgien
• Grippe-Nosode-Injeel	Folgen von Grippeerkrankungen, chronische Sinusitis, asthmatoide Beschwerden, anhaltende Heiserkeit, Erschöpfung, Müdigkeit
• Coxsackie-Virus-A9-Injeel	chronische Affektionen der ableitenden Harnwege, Zystopyelitis, Urethritis, Reizblase, Prostatitis
• Coxsackie-Virus-B4-Injeel	chronische Affektionen des ZNS, Folgen von Meningitis, Enzephalitis, Schlafstörungen, Verstimmungszustände

→ Abwehrsteigerung; → Infektionen

VORHAUTKATARRH

Basismittel	
• Traumeel	Entzündungen verschiedener Genese und Lokalisation, Verletzungen, Wundbehandlung, auch postoperativ
+ Mucosa compositum	Schleimhauterkrankungen und -katarrhe verschiedener Art und Lokalisation, z.B. in den Geschlechtsorganen und den ableitenden Harnwegen, regenerationsfördernd für Schleimhäute

Ergänzungsmittel

• Pulsatilla-Injeel	Schleimhautkatarrh, alle Absonderungen sind dick, rahmig, gelblich-grün, mild ➔ Konstitutionsmittel
• Mercurius solubilis Hahnemanni-Injeel	beginnende Suppuration, Abszesse in Anbildung, akute, schmerzhafte Entzündungen im Bindegewebe und in verschiedenen Organen, wund machendes Sekret
• Causticum-Injeel	Lähmung von Muskeln und Nerven, Trockenheit von Haut und Schleimhäuten, Drüsenverhärtungen, schmieriges, dickes Sekret von Drüsen, rezidivierender Präputialkatarrh
• Calendula-Salbe-Heel	fördert die Wundheilung, Pyodermien, Hauterkrankungen durch chemische und physikalische Einflüsse
• Echinacea compositum	bakterielle Infektionen verschiedener Organsysteme, Entzündungen, Fieber, auch prophylaktisch
• Hepar sulfuris-Injeel	eiternde Prozesse unterschiedlicher Lokalisation, schmerzhaft, Abszesse vor Ausreifung, Überempfindlichkeit gegen Kälte und Luftzug, gelbgrünes Sekret, Schmerzhaftigkeit, Geruch nach altem Käse
• Silicea-Injeel	chronische Eiterungen und Fistelbildungen, wirkt auf Bindegewebe, Bänder, Sehnen, Haut, Hautanhangsgebilde, schlechte Wundheilung, weißliches Sekret ➔ Konstitutionsmittel
• Acidum nitricum-Injeel	Veränderungen an Haut und Schleimhäuten, besonders mukokutane Übergänge, Blutungen, Rhagaden
• Medorrhinum-Injeel	wund machender Ausfluss, übler Geruch
• Sepia-Injeel	nervöse Erschöpfung, depressive Verstimmungen, Reizbarkeit, meist ältere Tiere, schmerzlose, gelbliche Sekretion

WARZEN auch Euterwarzen

Basismittel	
parenteral:	
• Engystol	aktiviert die unspezifische Abwehr, virale Erkrankungen, reduziert Stressfolgen, „Umstimmung" bei Allergien und Dermatosen

Verabreichung: einmalig, dann ggf. Wiederholung nach 10–12 Tagen

Falls nach weiteren 2 Wochen noch vorhanden:

• Engystol	aktiviert die unspezifische Abwehr, virale Erkrankungen, reduziert Stressfolgen, „Umstimmung" bei Allergien und Dermatosen
+ Ubichinon compositum	verbessert die Energiebereitstellung in der Zelle, degenerative und tumoröse Erkrankungen

Ergänzungsmittel

• Galium-Heel / Galium comp.-Heel	Immunmodulation bei chronischen Erkrankungen verschiedener Genese, Präkanzerosen, „Zellreinigung"
• Thuja-Injeel	Neigung zu proliferativen Prozessen an Haut und Schleimhäuten, Impffolgen, Warzen, glatt oder blumenkohlartig, meist dunkel pigmentiert ➔ Konstitutionsmittel
• Acidum nitricum-Injeel	Veränderungen an Haut und Schleimhäuten, besonders mukokutane Übergänge, Blutungen, Rhagaden, gestielte Warzen, auch an Penis und Augenlidern, leicht blutend
• Abropernol	Ekzeme, Erythem, Hyperhidrosis, Hyperkeratosen, Haut spröde und rissig, Rhagaden, kleine Warzen, Polypen
• Causticum-Injeel	Haut trocken und heiß, Ekzeme von Frösteln begleitet, mit klebrigem, zähem Sekret, verhornende Warzen, entzündet, nässend oder vereitert, Wulstbildung im Gehörgang
• Calcium carbonicum-Injeel	Jungtiermittel, Drüsenschwellungen, Schleimhautkatarrhe, Polypenbildung und Ulzerationen, Milchschorf, Kalkstoffwechselstörungen, verzögerte Entwicklung, Hautallergien, Warzen bei Welpen ➔ Konstitutionsmittel
• Dulcamara-Homaccord	„Nasswettermittel", rheumatische Erkrankungen, alle Beschwerden sind Folgen von oder schlechter bei Kälte und Nässe, glatte, breit aufsitzende Warzen
• Antimonium crudum-Injeel	Hyperkeratose besonders der Ballen, Rhagaden und Warzen, Ausschläge mit honiggelben Krusten, Gastritis
• Staphisagria-Injeel	brennende, juckende Hautausschläge, ärgerlich, reizbar, Angstaggression, nach Misshandlungen oder Demütigungen, sexuelle Erregung, Folgen von Schnittverletzungen (Operation), kleine juckende Warzen an den Körperöffnungen

➔ Kuhpocken; ➔ Papillome

WASSERRUTE Water Tail / Dead Tail bei Hunden nach dem Schwimmen

• Rhus Tox-Injeel	Rheuma und Neuralgien, Sehnen- und Bänderaffektionen, schlechter bei nasskaltem Wetter, Anlaufschmerzen, Folgen von Überanstrengung, Schmerzen bei Bewegung, Nässe und Kälte als Auslöser
• Dulcamara-Homaccord	„Nasswettermittel", rheumatische Erkrankungen, alle Beschwerden sind Folgen von oder schlechter bei Kälte und Nässe
• Hypericum-Injeel	Nerven- und Gehirnverletzungen, Nervenschmerzen bei und nach Verletzungen, Tierbisse, Commotio cerebri, Zerebralsklerose, Nervenläsionen
• Cantharis compositum	Blasenentzündung, Nierenbeckenentzündung, Nierenentzündung, Blasentenesmen, Harnzwang, Brennen in der Urethra nach der Miktion, Hämaturie, ständiger Harndrang

WEHENSCHWÄCHE

• Pulsatilla-Injeel	alle Funktionen des Geschlechtsapparates sind verzögert und verlangsamt, Stillbrünstigkeit, Lageanomalien des Fetus in der Hochgravidität, Wehenschwäche ➔ Konstitutionsmittel
• Cimicifuga-Injeel	blitzartige, schießende Schmerzen, rascher Wechsel der Symptome, Muttermund geschlossen, endokrine Dysregulation
• Chamomilla-Injeel	Überempfindlichkeit gegen Schmerzen, Krämpfe, Bauch aufgetrieben, Entzündungen und Krämpfe der weiblichen Geschlechtsorgane, arrhythmische Wehen, rigider Muttermund
• Gelsemium-Homaccord	Neuralgie insbesondere des Kopf-Hals-Bereichs, Schwindel, zittrige Schwäche, Erschöpfung, Gliederschmerzen, Wehenschwäche, Zervixkrampf
• Caulophyllum D3, D4	rigide Zervix, Geburtserleichterung, Wehenschwäche
• Secale cornutum (D1–D30)	zerebrale Erregungszustände, Parästhesien, drohender Abort, dunkle Lochien, Blutungen p.p., fördert die Uteruskontraktion, Durchblutungsstörungen, Blutungsneigung

WEIDETETANIE adjuvant

• Magnesium phosphoricum-Injeel	Krampf- und Neuralgiemittel, kolikartige Schmerzen in allen Hohlorganen, Blähkoliken, schaumige (unverdaute) Durchfälle, meist Jungtiere, regulativ auf Mineralhaushalt
• Calcium phosphoricum-Injeel	Kalkstoffwechselstörungen, Knochenbeschwerden, Wachstums- und Entwicklungsstörungen, rasche geistige und körperliche Erschöpfung, regulativ auf Mineralstoffwechsel ➔ Konstitutionsmittel
• Cuprum-Injeel	Krämpfe der glatten und quergestreiften Muskulatur
• Belladonna-Homaccord	lokalisierte, akute und heftige Entzündungen, auch mit hohem Fieber, arterielle Pulsationen, Raserei
• Stramonium-Injeel	manische Zustände, Psychosen, Unruhe, Raserei, Streitsucht, Neigung zu Gewalttätigkeit, epileptiforme Krämpfe, Angst vor Dunkelheit, weite Pupillen
• Gelsemium-Homaccord	Neuralgie insbesondere des Kopf-Hals-Bereichs, Schwindel, zittrige Schwäche, Erschöpfung, Gliederschmerzen, Koordinationsstörungen
• Hyoscyamus (D6, D12, C30, C200)	Hirnreizungen mit Konvulsionen, Muskelzucken, Katalepsie, epileptiforme Krämpfe, auffälliges, heftiges Verhalten ➔ Konstitutionsmittel
• Cicuta virosa (D6–D200)	krampfartige Zuckungen, epileptische Krämpfe, Opisthotonus
• Agaricus (D4–C1000)	ekstatische Zustände, Zittern von Körper und Beinen, nicht im Schlaf
• Strychninum nitricum (D6, D12, C30–C1000)	Schlaflosigkeit, Reizbarkeit, Zuckungen, explosive Nervosität

➔ Krämpfigkeit

WUNDBEHANDLUNG

Basismittel

• Traumeel	Entzündungen verschiedener Genese und Lokalisation, Verletzungen, Wundbehandlung, auch postoperativ

Verabreichung: innerlich, anfangs in kurzen Abständen, auch postoperativ
Verabreichung: lokal als Wundspülung (Ampullen oder Tropfen 1:10 verdünnt)
Verabreichung: lokal als Salbe / Gel zur Unterstützung der Wundheilung

Ergänzungsmittel

• Echinacea compositum	bakterielle Infektionen verschiedener Organsysteme, Entzündungen, Fieber, auch prophylaktisch, Wundschutz
• Lachesis compositum	septische Tendenz bei Entzündungen und Eiterungen, Phlegmone, Endometritis, Nachgeburtsverhaltung, trockenes Fieber
• Calendula-Salbe-Heel	fördert die Wundheilung, Pyodermien, Hauterkrankungen durch chemische und physikalische Einflüsse, bes. Risswunden
• Arnica-Injeel	regt die Wundheilung an, Herzmuskelschwäche, Neuralgien, Myalgien, Zerschlagenheitsgefühl
• Staphisagria-Injeel	brennende, juckende Hautausschläge, ärgerlich, reizbar, Angstaggression, nach Misshandlungen oder Demütigungen, sexuelle Erregung, Folgen von Schnittverletzungen (Operation)
• Ledum-Injeel	akuter und chronischer Gelenkrheumatismus, Muskelrheumatismus, Gicht, Besserung durch Kälte und Wasser, Stichverletzungen mit und ohne Eröffnung des Gelenks, hochgradige Schwellung
• Hypericum-Injeel	Nerven- und Gehirnverletzungen, Nervenschmerzen bei und nach Verletzungen, Tierbisse, Commotio cerebri, Zerebralsklerose
• Silicea-Injeel	chronische Eiterungen und Fistelbildungen, wirkt auf Bindegewebe, Bänder, Sehnen, Haut, Hautanhangsgebilde, schlechte Wundheilung, fördert die Ausheilung von Abszesshöhlen ➔ Konstitutionsmittel
• Hepar sulfuris-Injeel	eiternde Prozesse unterschiedlicher Lokalisation, schmerzhaft, Abszesse vor Ausreifung, Überempfindlichkeit gegen Kälte und Luftzug
• Cinnamomum-Homaccord	kapilläre und präkapilläre Sickerblutungen, Hämorrhoiden, Blutungsneigung
• Histamin-Injeel	allergische Erkrankungen, Asthma, Ekzeme und Dermatosen, nach Trauma mit Gewebezertrümmerung
• Millefolium (D2–D12)	hellrote, arterielle Blutungen jeglicher Genese, Verletzungen, Nasenbluten
• Bellis perennis (D0–D3)	fördert die Wundheilung, Verletzungen, Traumen oder Überanstrengung der Muskeln, allgemeine Blutungsneigung, rheumatische Beschwerden nach Überanstrengung
• Pyrogenium (D6–D30)	heftige, überschießende Reaktionen, Eiterungen, Lymphadenitis, gangränöse Zustände, Sepsis, übel riechende Absonderungen

Abschürfungen:

• Traumeel	Entzündungen verschiedener Genese und Lokalisation, Verletzungen, Wundbehandlung, auch postoperativ

Verabreichung: lokal und innerlich

• Hypericum-Injeel	Nerven- und Gehirnverletzungen, Nervenschmerzen bei und nach Verletzungen, Tierbisse, Commotio cerebri, Zerebralsklerose
• Calendula-Salbe-Heel	fördert die Wundheilung, Pyodermien, Hauterkrankungen durch chemische und physikalische Einflüsse

Bissverletzung:

• Traumeel	Entzündungen verschiedener Genese und Lokalisation, Verletzungen, Wundbehandlung, auch postoperativ
• Echinacea compositum	bakterielle Infektionen verschiedener Organsysteme, Entzündungen, Fieber, auch prophylaktisch
• Lachesis compositum	septische Tendenz bei Entzündungen und Eiterungen, Phlegmone, Endometritis, Nachgeburtsverhaltung, trockenes Fieber
• Hypericum-Injeel	Nerven- und Gehirnverletzungen, Nervenschmerzen bei und nach Verletzungen, Tierbisse, Commotio cerebri, Zerebralsklerose

Kratzwunden:

• Traumeel	Entzündungen verschiedener Genese und Lokalisation, Verletzungen, Wundbehandlung, auch postoperativ
• Echinacea compositum	bakterielle Infektionen verschiedener Organsysteme, Entzündungen, Fieber, auch prophylaktisch
• Lachesis compositum	septische Tendenz bei Entzündungen und Eiterungen, Phlegmone, Endometritis, Nachgeburtsverhaltung, trockenes Fieber
• Myristica sebifera-Injeel	Gewebsentzündung, Lymphadenitis, Phlegmone, Panaritium, Abszesse nach Ausreifung, „homöopathisches Messer"

lokal:

• Traumeel (Salbe / Gel)	Entzündungen verschiedener Genese und Lokalisation, Verletzungen, Wundbehandlung, auch postoperativ

Quetschwunden:

➔ Verletzungen

Risswunden:

• Traumeel	Entzündungen verschiedener Genese und Lokalisation, Verletzungen, Wundbehandlung, auch postoperativ

lokal:

• Traumeel (Salbe / Gel)	Entzündungen verschiedener Genese und Lokalisation, Verletzungen, Wundbehandlung, auch postoperativ
• Calendula-Salbe-Heel	fördert die Wundheilung, Pyodermien, Hauterkrankungen durch chemische und physikalische Einflüsse, Risswunden

Schnittwunden / OP-Wunden:

• Traumeel	Entzündungen verschiedener Genese und Lokalisation, Verletzungen, Wundbehandlung, auch postoperativ
• Arnica-Injeel	regt die Wundheilung an, Herzmuskelschwäche, Neuralgien, Myalgien, Zerschlagenheitsgefühl
• Staphisagria-Injeel	brennende, juckende Hautausschläge, ärgerlich, reizbar, Angstaggression, nach Misshandlungen oder Demütigungen, sexuelle Erregung, Folgen von Schnittverletzungen (Operation)

➔ Blutungen

Stichwunden:

• Traumeel	Entzündungen verschiedener Genese und Lokalisation, Verletzungen, Wundbehandlung, auch postoperativ
• Ledum-Injeel	akuter und chronischer Gelenkrheumatismus, Muskelrheumatismus, Gicht, Besserung durch Kälte und Wasser, Stichverletzungen mit und ohne Eröffnung des Gelenks, hochgradige Schwellung, Spezifikum bei Stichwunden
• Lachesis compositum	septische Tendenz bei Entzündungen und Eiterungen, Phlegmone, Endometritis, Nachgeburtsverhaltung, trockenes Fieber
• Staphisagria-Injeel	brennende, juckende Hautausschläge, ärgerlich, reizbar, Angstaggression, nach Misshandlungen oder Demütigungen, Folgen von Schnittverletzungen (Operation), Stichverletzungen

➔ Dekubitus; ➔ Verletzungen

WURMBEFALL

Milieusanierung:

• Mucosa compositum	Schleimhauterkrankungen und -katarrhe verschiedener Art und Lokalisation, z.B. im Verdauungstrakt, mit und ohne Ulkus, regenerationsfördernd für Schleimhäute, Milieuverbesserung
• Nux vomica-Homaccord	Funktionsstörungen von Magen, Darm und Leber, Spasmen, Meteorismus, Beschwerden nach Überreizung, unterstützend zur spezifischen Behandlung bei Kokzidien, vor allem bei Heimtieren
• Calcium carbonicum-Injeel	Jungtiermittel, Drüsenschwellungen, Schleimhautkatarrhe, Polypenbildung und Ulzerationen, Milchschorf, Kalkstoffwechselstörungen, verzögerte Entwicklung, einmalig nach jeder Wurmbehandlung zur Milieuverbesserung ➔ Konstitutionsmittel
• Acidum phosphoricum-Injeel	anfangs geistige, später auch körperliche Schwäche, nervliche Erschöpfung, Gedächtnisschwäche, Zustand nach akuten Erkrankungen, Kummer, Flüssigkeitsverlusten, schnell wachsende, überforderte Jungtiere, versuchsweise adjuvant bei Kokzidien
• Abrotanum (D3–D30)	Abmagerung besonders an den Beinen trotz guten Appetits, Entwicklungsstörungen und verzögerte Rekonvaleszenz, Sanierung des Darmmilieus
• Cina D4, D6	Verdauungsstörungen durch Wurmbefall, Juckreiz in der Analgegend

Folgen des Wurmbefalls:

• China-Homaccord	Erschöpfungs- und Schwächezustände, Leberfunktionsstörungen, nach Flüssigkeitsverlusten, Blutarmut, allgemeine Entkräftung, Nachbehandlung von Wurmbefall
• Mucosa compositum	Schleimhauterkrankungen und -katarrhe verschiedener Art und Lokalisation, z.B. im Verdauungstrakt mit und ohne Ulkus, regenerationsfördernd für Schleimhäute, Milieuverbesserung
• Colon suis-Injeel	spezifischer Regulationseffekt auf Funktion und Struktur des entsprechenden Organs, Störungen der Darmexkretion, chronische Obstipation, Darmatonie, Darmspasmen
• Abrotanum D1	Abmagerung besonders an den Beinen trotz guten Appetits, Entwicklungsstörungen und verzögerte Rekonvaleszenz, Sanierung des Darmmilieus
• Cina D4, D6	Verdauungsstörungen durch Wurmbefall, Juckreiz in der Analgegend

Rezidivierender Wurmbefall → Konstitutionsmittel

ZÄHNE

Brüchig:

• Acidum hydrofluoricum (D6, D12)	Abmagerung trotz guten Appetits, Kachexie, Unruhe, Hast und Eile, schlechte Zahnqualität, bröckelnde Zähne

Kariös:

• Calcium phosphoricum-Injeel	Kalkstoffwechselstörungen, Knochenbeschwerden, Wachstums- und Entwicklungsstörungen, langwieriges Zahnen, Zähne werden früh kariös, Rachitis → Konstitutionsmittel
• Calcium fluoratum-Injeel	Bindegewebsschwäche, „Knochenkaries", Knochenfisteln, Exostosen, steinharte Drüsenschwellungen, wirkt auf Sehnen und Bänder
• Thuja-Injeel	Neigung zu proliferativen Prozessen an Haut und Schleimhäuten, Impffolgen, Bakteriengifte, Zahnhalsverfall, empfindliche Zähne → Konstitutionsmittel
• Kreosotum-Injeel	Schleimhautkatarrhe mit ätzenden, übel riechenden Absonderungen, tief greifende Entzündungen der Schleimhäute, Ulzera
• Pulpa dentis suis-Injeel	spezifischer Regulationseffekt auf Funktion und Struktur des entsprechenden Organs, apikales Fokusgeschehen, Karies
• Acidum hydrofluoricum (D6, D12)	Abmagerung trotz guten Appetits, Kachexie, Unruhe, Hast und Eile, Zähne kommen spät und verfallen früh, Zahnhalskaries

Locker:

• Symphytum-Injeel	„Arnika der Knochen", beschleunigt die Kallusbildung, fördert den Knochenstoffwechsel, Periostitis, Festigung des Zahnhalteapparats

Verabreichung: langfristige Gabe

• Argentum nitricum-Injeel	Melancholie, Platzangst, nervöse Symptome, Unruhe, Angst vor allem Neuen, Festigung lockerer Zähne (nach Wolff)

• Silicea-Injeel	chronische Eiterungen und Fistelbildungen, wirkt auf Bindegewebe, Bänder, Sehnen, Haut, Hautanhangsgebilde, schlechte Wundheilung, Zähne locker, Zahnhälse empfindlich ➔ Konstitutionsmittel
• Acidum nitricum-Injeel	Veränderungen an Haut und Schleimhäuten, besonders mukokutane Übergänge, Blutungen, Rhagaden, Ulzera, lockere Zähne
• Calcium fluoratum-Injeel	Bindegewebsschwäche, „Knochenkaries", Knochenfisteln, Exostosen, steinharte Drüsenschwellungen, wirkt auf Sehnen und Bänder, lockere Zähne

Verfärbung:

• Silicea-Injeel	chronische Eiterungen und Fistelbildungen, wirkt auf Bindegewebe, Bänder, Sehnen, Haut, Hautanhangsgebilde, schlechte Wundheilung, Gelbfärbung nach Staupe, bei Schmelzdefekten (nach Wolff) ➔ Konstitutionsmittel
• Pulpa dentis suis-Injeel	spezifischer Regulationseffekt auf Funktion und Struktur des entsprechenden Organs, apikales Fokusgeschehen

Zur Kräftigung:

• Calcoheel	Kalkstoffwechselstörungen, Milchschorf, erschwertes Zahnen, Lymphatismus, bei exsudativer Diathese
• Osteoheel	Ostitis, Periostitis, Exostosen, nächtliche Knochenschmerzen, neuralgische Schmerzen, Gelenkknacken, Osteochondrose, Kalkmangelzustände
• Calcium carbonicum-Injeel	Jungtiermittel, Drüsenschwellungen, Schleimhautkatarrhe, Polypenbildung und Ulzerationen, Milchschorf, Kalkstoffwechselstörungen, verzögerte Entwicklung ➔ Konstitutionsmittel
• Calcium fluoratum-Injeel	Bindegewebsschwäche, „Knochenkaries", Knochenfisteln, Exostosen, steinharte Drüsenschwellungen, wirkt auf Sehnen und Bänder, Zahnkaries
• Calcium phosphoricum-Injeel	Kalkstoffwechselstörungen, Knochenbeschwerden, Wachstums- und Entwicklungsstörungen, langwieriges Zahnen, Zähne werden früh kariös, Rachitis ➔ Konstitutionsmittel

ZAHNFLEISCHBLUTEN

• Cinnamomum-Homaccord	kapilläre und präkapilläre Sickerblutungen, Hämorrhoiden, Blutungsneigung
• Calcium carbonicum-Injeel	Jungtiermittel, Drüsenschwellungen, Schleimhautkatarrhe, Polypenbildung und Ulzerationen, Milchschorf, Kalkstoffwechselstörungen, verzögerte Entwicklung, Zahnfleischbluten ➔ Konstitutionsmittel
• Kalium bichromicum-Injeel	zähe, strähnige Absonderungen aller Schleimhäute, chronische Katarrhe, tief fressende Ulzera der Schleimhäute, schwammiges, leicht blutendes Zahnfleisch
• Zincum metallicum-Injeel	Nervenaffektionen mit Schwäche und Erschöpfung, nervöse Beschwerden, Zahnfleischbluten
• Kalium arsenicosum (D3–D30)	chronische Ekzeme, trockene, schlaffe Haut, Papeln mit weißen Schuppen, empfindliches Zahnfleisch

➔ FORL; ➔ Chronische Gingivitis / Stomatitis; ➔ Gingivitis

ZAHNWECHSEL

Persistierende Milchcanini:

• Calcium phosphoricum-Injeel	Kalkstoffwechselstörungen, Knochenbeschwerden, Wachstums- und Entwicklungsstörungen, rasche geistige und körperliche Erschöpfung, unterstützt den Zahnwechsel ➔ Konstitutionsmittel

Verabreichung: 2-mal wöchentlich 1 Ampulle

• Calcium fluoratum-Injeel	Bindegewebsschwäche, „Knochenkaries", Knochenfisteln, Exostosen, steinharte Drüsenschwellungen, wirkt auf Sehnen und Bänder, unterstützt den Zahnwechsel

Verabreichung: 3-mal wöchentlich 1 Ampulle über 4 Wochen

Schmerzhaft:

• Chamomilla-Injeel	Überempfindlichkeit gegen Schmerzen, Krämpfe, Bauch aufgetrieben, Blähungskolik, Zahnungsbeschwerden
• Zincum metallicum-Injeel	Nervenaffektionen mit Schwäche und Erschöpfung, nervöse Beschwerden, Zahnen schmerzhaft

Ergänzungsmittel

• Calcium carbonicum-Injeel	Jungtiermittel, Drüsenschwellungen, Schleimhautkatarrhe, Polypenbildung und Ulzerationen, Milchschorf, Kalkstoffwechselstörungen, verzögerte Entwicklung ➔ Konstitutionsmittel
• Calcoheel	Kalkstoffwechselstörungen, Milchschorf, erschwertes Zahnen, Lymphatismus
• Plantago-Homaccord	starke Zahnschmerzen, Speichelfluss, Zahnungsbeschwerden mit starken Schmerzen, die bis zum Ohr ausstrahlen

ZAHNWURZELVEREITERUNG

• Calcium carbonicum-Injeel	Jungtiermittel, Drüsenschwellungen, Schleimhautkatarrhe, Polypenbildung und Ulzerationen, Milchschorf, Kalkstoffwechselstörungen, verzögerte Entwicklung, Zähne und Knochen schlecht ausgebildet, brüchig, minimal reaktive Zahnwurzelabszesse mit vergrößerten Unterkieferdrüsen ➔ Konstitutionsmittel
• Myristica sebifera-Injeel	Gewebsentzündung, Lymphadenitis, Phlegmone, Panaritium, Abszesse nach Ausreifung, „homöopathisches Messer"
• Hekla Lava-Injeel	nutritive und infektiöse Störungen von Knochen und Knochenhaut, Exostosen oder Osteolyse als Folge von Entzündungen, Drüsenschwellung
• Hepar sulfuris-Injeel	eiternde Prozesse unterschiedlicher Lokalisation, schmerzhaft, Abszesse vor Ausreifung, Überempfindlichkeit gegen Kälte und Luftzug
• Mercurius solubilis Hahnemanni-Injeel	beginnende Suppuration, Abszesse in Anbildung, akute, schmerzhafte Entzündungen im Bindegewebe und in verschiedenen Organen, Eiter ist ätzend

• Phosphor-Homaccord	petechiale Blutungen und Blutungsneigung, Laryngitis, Pharyngitis, Degeneration parenchymatöser Organe, Zahnabszesse im Unterkiefer → Konstitutionsmittel
• Lachesis-Injeel	septische Prozesse, Hämolyse, blaurote Entzündungen, rezidivierende Abszesse, sehr schmerzhaft → Konstitutionsmittel
• Silicea-Injeel	chronische Eiterungen und Fistelbildungen, wirkt auf Bindegewebe, Bänder, Sehnen, Haut, Hautanhangsgebilde, schlechte Wundheilung, fördert die Ausheilung von Abszesshöhlen → Konstitutionsmittel
• Acidum hydrofluoricum (D6, D12)	Abmagerung trotz guten Appetits, Kachexie, Zahnwurzelgranulom

ZELLZAHL erhöht, Milch

• Traumeel	Entzündungen verschiedener Genese und Lokalisation, Verletzungen, Wundbehandlung, auch postoperativ
+ Lachesis compositum	septische Tendenz bei Entzündungen und Eiterungen, Phlegmone, Endome-tritis, Nachgeburtsverhaltung, trockenes Fieber, Erkrankungen mit Milchrückgang

Verabreichung: an den Tagen 1, 3, 5, 7

ggf. zusätzlich Stoffwechselstabilisierung mit:

• Carduus compositum	akute und chronische Leber- und Gallenerkrankungen, alle Folgeerkrankungen davon, Stoffwechselstörungen, Verdauungsprobleme
+ Coenzyme compositum	regt blockierte enzymatische Abläufe insbesondere der Energiegewinnung an (Zitronensäurezyklus), degenerative oder chronische Erkrankungen

Verabreichung: zusammen 2-mal wöchentlich

→ Mastitis

ZEREBRALE DURCHBLUTUNGSSTÖRUNGEN

• Cerebrum compositum	Entwicklungs- und Verhaltensstörungen, Hirnfunktionsstörungen, vegetative Dystonie, Geriatrie, zur Geweberegeneration
• Vertigoheel	Schwindel verschiedener Genese, Kinetosen, Verbesserung der zentralen und peripheren Mikrozirkulation
• Circulo-Injeel	periphere Durchblutungsstörungen, Akroparästhesien, Gefäßspasmen, kalte Gliedmaßenenden
• Blutgefäßtropfen (Cosmochema)	periphere arterielle und venöse Durchblutungsstörungen, Varizen, Hämorrhoiden
• Arteria-Heel	periphere Zirkulationsstörungen, Arteriosklerose, Hypertonie, Angina pectoris, Claudicatio intermittens
• Cerebrum totalis suis-Injeel	spezifischer Regulationseffekt auf Funktion und Struktur des entsprechenden Organs, geistige Erschöpfungszustände und Entwicklungsstörungen, Funktionsschwäche und Durchblutungsstörungen des Gehirns, Paraplegie

• Cerebellum suis-Injeel	spezifischer Regulationseffekt auf Funktion und Struktur des entsprechenden Organs, Kinetosen, Schwindel, Schlafstörungen

ZEREBRALE DYSFUNKTIONEN

• Cerebrum compositum	Entwicklungs- und Verhaltensstörungen, Hirnfunktionsstörungen, vegetative Dystonie, Geriatrie, zur Geweberegeneration
• Thalamus compositum	Stimulierung zentraler Steuerungsfunktionen bei degenerativen Erkrankungen und Neubildungen
• Blutgefäßtropfen (Cosmochema)	periphere arterielle und venöse Durchblutungsstörungen, Varizen, Hämorrhoiden
• Arteria-Heel	periphere Zirkulationsstörungen, Arteriosklerose, Hypertonie, Angina pectoris, Claudicatio intermittens
• Circulo-Injeel	periphere Durchblutungsstörungen, Akroparästhesien, Gefäßspasmen, kalte Gliedmaßenenden
• Vertigoheel	Schwindel verschiedener Genese, Kinetosen, Verbesserung der zentralen und peripheren Mikrozirkulation
• Selenium-Homaccord	Konzentrationsschwäche, Erschöpfungszustände, zerebrale Leistungsschwäche
• Barijodeel	Lymphatismus, Globusgefühl, Drüsenschwellung, Lymphknotenhypertrophie, Zerebralsklerose
• Gelsemium-Homaccord	Neuralgie insbesondere des Kopf-Hals-Bereichs, Schwindel, zittrige Schwäche, Erschöpfung, Gliederschmerzen
• Carbo compositum	Kreislaufversagen, arterielle Blutfülle im Gehirn, Kollapszustände, kalte Haut, Dyspnoe
• Tonico-Injeel	physische Erschöpfung, nervöse Erschöpfung und Überreizung, Entwicklungsstörungen bei Jungtieren
• Zincum metallicum-Injeel	Nervenaffektionen mit Schwäche und Erschöpfung, nervöse Beschwerden
• Spigelon	Neuralgien, akuter und chronischer Rheumatismus, insbesondere der Schultern und Vordergliedmaßen, Kopfschmerz, Kopf berührungsempfindlich
• Cerebrum totalis suis-Injeel	spezifischer Regulationseffekt auf Funktion und Struktur des entsprechenden Organs, geistige Erschöpfungszustände und Entwicklungsstörungen, Funktionsschwäche und Durchblutungsstörungen des Gehirns, Paraplegie
• Cerebellum suis-Injeel	spezifischer Regulationseffekt auf Funktion und Struktur des entsprechenden Organs, Kinetosen, Schwindel, Schlafstörungen
• Ginkgo biloba D2, D3, D6	periphere Durchblutungsstörungen, schlimmer bei nervöser Erregung, eiskalte Extremitäten
• Kalium bromatum (D4–C1000)	manisch-depressive Verstimmungen, nächtliche Angstzustände, nervöse Unruhe mit unruhigen Extremitäten, Gädächtnisschwund

→ Ataxie

ZEREBRALE REIZZUSTÄNDE

• Apis-Homaccord	ödematöse, schmerzhafte Schwellungen, pustulöse und bullöse Ekzeme, Entzündungen mit Flüssigkeitsansammlung in Geweben und Körperhöhlen, Sonnenstich mit Verdacht auf Meningealödem
• Belladonna-Homaccord	lokalisierte, akute und heftige Entzündungen, auch mit hohem Fieber, arterielle Pulsationen, Sonnenstich mit Somnolenz, Herz pochend, Schleimhäute trocken
• Veratrum-Homaccord	Dysenterie, Gastroenteritis mit und ohne Kolik, Kollapszustände mit zyanotischer oder blasser, kühler Haut
• Stramonium-Injeel	manische Zustände, Psychosen, Unruhe, Raserei, Streitsucht, Neigung zu Gewalttätigkeit, Trennungs- und Verlustangst, dabei auch gezielter Absatz von Harn und Kot
• Hyoscyamus (D6, D12, C30, C200)	Erregungszustände mit großer Unruhe, Eifersucht, Raserei mit Lautgeben, laufen bei mutigen Gegnern davon, Verlustangst (Personen, Umgebung) auch mit Harn- und Kotabsatz ➔ Konstitutionsmittel
• Cicuta virosa (D6–D200)	krampfartige Zuckungen, epileptische Krämpfe, Opisthotonus

➔ Sonnenstich

ZITTERKRANKHEIT

• Spascupreel	Spasmen glattmuskulärer Hohlorgane, Spastizität der quergestreiften Muskulatur wie muskulärer Hartspann, Koliken, spastische und asthmatoide Bronchitis
• Gelsemium-Homaccord	Neuralgie insbesondere des Kopf-Hals-Bereichs, Schwindel, zittrige Schwäche, Erschöpfung, Gliederschmerzen
• Zincum metallicum-Injeel	Nervenaffektionen mit Schwäche und Erschöpfung, nervöse Beschwerden, Unruhe in den Beinen, Zittern, Zuckungen, Schlafstörungen
• Agaricus (D4–C1000)	ekstatische Zustände, Zittern von Körper und Beinen, nicht im Schlaf

ZWINGERHUSTEN

Basismittel	
• Engystol	aktiviert die unspezifische Abwehr, virale Erkrankungen, reduziert Stressfolgen, „Umstimmung" bei Allergien und Dermatosen
+ Phosphor-Homaccord	petechiale Blutungen und Blutungsneigung, Laryngitis, Pharyngitis, Degeneration parenchymatöser Organe, trockener Husten mit Blutfäden, Bronchopneumonie

Verabreichung: zusammen 1-mal täglich

• Drosera-Homaccord	Husten auch mit Brechwürgen, Bronchiolitis, asthmatoide Bronchitis

Verabreichung: 3- bis 4-mal täglich

Ergänzungsmittel

• Belladonna-Homaccord	lokalisierte, akute und heftige Entzündungen, auch mit hohem Fieber, arterielle Pulsationen
• Droperteel	Bronchitis, Entzündungen der Atemwege, Heiserkeit, Krampfhusten mit zähem, Faden ziehendem Sekret
• Husteel	Husten verschiedener Genese, spastische Bronchitis, Pleuritis
• Cuprum-Injeel	Krämpfe der glatten und quergestreiften Muskulatur, Anämie, metallischer Mundgeruch
• Euphorbium compositum	akute und chronische Rhinitiden und Sinusitiden, Ohrtubenkatarrh, Mittelohrhydrops, Katzenschnupfen
• Echinacea compositum	bakterielle Infektionen verschiedener Organsysteme, Entzündungen, Fieber, auch prophylaktisch
• Spongia-Injeel	akute Atemwegsinfekte, trockener, bellender Husten, legt sich nach Futter- und Wasseraufnahme hin, Atemholen erschwert, Bronchitis mit Giemen
• Ignatia-Homaccord	Hysterie, vegetative Dystonie, trockener, spastischer, anfallsweiser Husten, wenig Schleim, abends schlechter ➔ Konstitutionsmittel
• Drosera comp. Cosmoplex (Cosmochema)	Husten bei Erkältungskrankheiten; Reiz- und Raucherhusten, Bronchitis, krampfartige Hustenattacken
• Kalium jodatum (D1, D3)	Knochenschmerzen, Sinusitis, Periostitis, schleichend verlaufende Infektionen mit Verhärtungen im Gewebe, trockener Husten, nach Virusgrippe, fördert die Ausheilung, bewährt bei Zwingerhusten
• Antimonium arsenicosum (D3)	Bronchiolitis, Asthma bronchiale mit Kreislaufschwäche und Ödemen, Lungenemphysem, Dyspnoe

➔ Husten; ➔ Paramunitätsinducer

ZWISCHENKLAUENWULST

• Traumeel	Entzündungen verschiedener Genese und Lokalisation, Verletzungen, Wundbehandlung, auch postoperativ
• Hepar sulfuris-Injeel	eiternde Prozesse unterschiedlicher Lokalisation, schmerzhaft, Abszesse vor Ausreifung, Überempfindlichkeit gegen Kälte und Luftzug
• Lachesis compositum	septische Tendenz bei Entzündungen und Eiterungen, Phlegmone, Endometritis, Nachgeburtsverhaltung, trockenes Fieber
• Silicea-Injeel	chronische Eiterungen und Fistelbildungen, wirkt auf Bindegewebe, Bänder, Sehnen, Haut, Hautanhangsgebilde, schlechte Wundheilung ➔ Konstitutionsmittel
• Calcium fluoratum-Injeel	Bindegewebsschwäche, „Knochenkaries", Knochenfisteln, Exostosen, steinharte Drüsenschwellungen, wirkt auf Sehnen und Bänder
• Thuja-Injeel	Neigung zu proliferativen Prozessen an Haut und Schleimhäuten, Impffolgen ➔ Konstitutionsmittel
• Tarantula (D4–D12, C30, C200)	Hysterie, Hysteroepilepsie, Hyperästhesie, jähe Stimmungswechsel mit Streitlust, Aggression und plötzlichen Gewaltausbrüchen, reizbar durch Berührung, dunkelblaue Verfärbung, sehr schmerzhaft, wenig Eiter ➔ Konstitutionsmittel

ZWISCHENZEHENEKZEM

• Traumeel	Entzündungen verschiedener Genese und Lokalisation, Verletzungen, Wundbehandlung, auch postoperativ
• Abropernol	Ekzeme, Erythem, Hyperhidrosis, Hyperkeratosen, Haut spröde und rissig, Rhagaden, Warzen, Intertrigo
• Mercurius-Heel	entzündliche und eitrige Erkrankungen der Haut und anderer Organe
• Hepar sulfuris-Injeel	eiternde Prozesse unterschiedlicher Lokalisation, schmerzhaft, Abszesse vor Ausreifung, Überempfindlichkeit gegen Kälte und Luftzug
• Lachesis compositum	septische Tendenz bei Entzündungen und Eiterungen, Phlegmone, Endometritis, Nachgeburtsverhaltung, trockenes Fieber
• Graphites-Homaccord	chronische Ekzeme, trocken oder seborrhoisch, honigartiges Sekret, Fissuren, Borken, Schwielen, Neigung zu Adipositas, Trägheit, Verstopfung ➔ Konstitutionsmittel
• Natrium-Homaccord	chronische Schleimhautkatarrhe und -entzündungen, Obstipation, Beschwerden des Verdauungstrakts, trockene Ekzeme, Juckreiz, Haarausfall, Intertrigo
• Petroleum-Injeel	nässende Ekzeme, Haut- und Schleimhauterkrankungen, empfindliche, trockene, rissige Haut, Rhagaden, blutende Fissuren, Alopezie
• Silicea-Injeel	chronische Eiterungen und Fistelbildungen, wirkt auf Bindegewebe, Bänder, Sehnen, Haut, Hautanhangsgebilde, schlechte Wundheilung, fördert die Ausheilung von Abszesshöhlen ➔ Konstitutionsmittel
• Selenium-Homaccord	Hautausschläge, seborrhoisches Ekzem, Alopezie, Zwischenzehenekzeme
• Acidum hydrofluoricum (D6, D12)	Abmagerung trotz guten Appetits, Kachexie, Unruhe, Hast und Eile, Erkrankungen der Haut und Hautanhangsgebilde

Allergisch:

• Engystol	aktiviert die unspezifische Abwehr, virale Erkrankungen, reduziert Stressfolgen, „Umstimmung" bei Allergien und Dermatosen
• Psorinum-Injeel	chronische Ekzeme und sonstige Hautausschläge, starker Juckreiz, Furunkel, chronische Entzündungen
• Sulfur-Injeel	„Reaktionsmittel" bei allen chronischen Erkrankungen, z.B. bei juckenden, nässenden Hautausschlägen ➔ Konstitutionsmittel
• Sulfur comp.-Heel	Dermatosen, Dermatitis, juckende und nässende Ekzeme, Pruritus, Urtikaria, „Reaktionsmittel" bei allen chronischen Krankheiten

➔ Allergie; ➔ Futtermittelallergie

Chronische bzw. rezidivierende Ekzeme:

• Cutis compositum	Basismittel bei Dermatosen verschiedener Genese, Ekzeme, Allergien, Dermatomykosen, Haarausfall
+ Echinacea compositum	bakterielle Infektionen verschiedener Organsysteme, Entzündungen, Fieber, auch prophylaktisch
+ Ubichinon compositum	verbessert die Energiebereitstellung in der Zelle, degenerative und tumoröse Erkrankungen

➔ Ekzeme; ➔ Stoffwechselstörungen

ZYSTEN

Eierstöcke → Ovarialzysten; **Speichelzysten** → Ranula; **Talgdrüsen** → Talgdrüsenzysten

ZYSTITIS

Basismittel

Akut:

• Cantharis compositum	Blasenentzündung, Nierenbeckenentzündung, Nierenentzündung, Blasentenesmen, Harnzwang, Brennen in der Urethra nach der Miktion, Hämaturie

Verabreichung: 1-mal täglich

• Reneel	akute und chronische Nieren- und Blasenleiden, Nephrolithiasis, Urethritis, Albuminurie, Blutungsneigung

Verabreichung: 3- bis 4-mal täglich

Akute Zystitis mit Harngrieß:

• Traumeel	Entzündungen verschiedener Genese und Lokalisation, Verletzungen, Wundbehandlung, auch postoperativ
+ Berberis-Homaccord	Reiz- und Entzündungszustände im Urogenitaltrakt und in den Gallenwegen, mit und ohne Konkremente, Beteiligung der Niere
+ Reneel	akute und chronische Nieren- und Blasenleiden, Nephrolithiasis, Urethritis, Albuminurie, Blutungsneigung

Verabreichung: zusammen 2-mal täglich für 3–4 Tage

Chronisch (auch chronische idiopathische Zystitis der Katze):

• Cantharis compositum	Blasenentzündung, Nierenbeckenentzündung, Nierenentzündung, Blasentenesmen, Harnzwang, Brennen in der Urethra nach der Miktion, Hämaturie

Verabreichung: 1-mal täglich

+ Coenzyme compositum	regt blockierte enzymatische Abläufe insbesondere der Energiegewinnung an (Zitronensäurezyklus), degenerative oder chronische Erkrankungen
+ Mucosa compositum	Schleimhauterkrankungen und -katarrhe verschiedener Art und Lokalisation, z.B. in den Geschlechtsorganen, regenerationsfördernd für Schleimhäute

Verabreichung: Tag 1–4 täglich, Tag 5–19 jeden 2. Tag, danach 2-mal wöchentlich

ggf. zusätzlich:	
+ Solidago compositum	akute und chronische Erkrankungen der Nieren und Harnwege, Zystitis, Nephrolithiasis, Hydronephrose, funktionelle Unterstützung der Nieren
• Reneel	akute und chronische Nieren- und Blasenleiden, Nephrolithiasis, Urethritis, Albuminurie, Blutungsneigung

Verabreichung: 1-mal täglich

Ergänzungsmittel

• Berberis-Homaccord	Reiz- und Entzündungszustände im Urogenitaltrakt und in den Gallenwegen, mit und ohne Konkremente, Beteiligung der Niere
• Nierentropfen (Cosmochema)	Nieren- und Blasenleiden, Dysurie, Albuminurie, Nephrolithiasis, Harndrang mit Schmerzen
• Sabal-Homaccord	Prostataadenom, Zystitis, Miktionsbeschwerden, Harnträufeln, Reizblase (Sabal serrulatum = „homöopathischer Katheter")
• Solidago compositum	akute und chronische Erkrankungen der Nieren und Harnwege, Zystitis, Nephrolithiasis, Hydronephrose, funktionelle Unterstützung der Nieren, Harnwegserkrankungen bei Nagern
• Dulcamara-Homaccord	„Nasswettermittel", rheumatische Erkrankungen, alle Beschwerden sind Folgen von oder schlechter bei Kälte und Nässe
• Traumeel	Entzündungen verschiedener Genese und Lokalisation, Verletzungen, Wundbehandlung, auch postoperativ
• Echinacea compositum	bakterielle Infektionen verschiedener Organsysteme, Entzündungen, Fieber, auch prophylaktisch
• Apis-Homaccord	ödematöse, schmerzhafte Schwellungen, pustulöse und bullöse Ekzeme, Entzündungen mit Flüssigkeitsansammlung in Geweben und Körperhöhlen, Brennen am Ende des Harnabsatzes
• Lycopodium-Injeel	Leber- und Gallenstörungen, satt nach wenigen Bissen, hager, Harngrieß, chronische Zystitis des Katers ➔ Konstitutionsmittel
• Pulsatilla-Injeel	alle Funktionen sind verzögert und verlangsamt, vermehrter Harndrang im Liegen, Harninkontinenz bei Aufregung ➔ Konstitutionsmittel
• Urtica-Injeel	urtikarielle, juckende Dermatosen, Nesselausschläge, Berührungsempfindlichkeit, harnsaure Diathese, häufiger Harndrang mit wenig Urin, Urinkristalle
• Coxsackie-Virus-A9-Injeel	chronische Affektionen der ableitenden Harnwege, Zystopyelitis, Urethritis, Reizblase, Prostatitis
• Arsenicum album-Injeel	akute und chronische Entzündungen an Augen, Atemwegen, Verdauungs- und Harnapparat, Organdegeneration, Abmagerung, mitternächtliche Unruhe, chronische Entzündungen verschiedener Organe ➔ Konstitutionsmittel
• Equisetum arvense D4	Zystitis, Zystopyelitis, Schleimabsonderung im Urin, Erkrankungen der ableitenden Harnwege
• Petroselinum (D2–D12)	plötzlicher, heftiger Harndrang, Harninkontinenz, Reizblase, Urethritis, Zystitis

➔ Harnwegserkrankungen; ➔ Nephritis; ➔ Nephrose; ➔ Pyelonephritis

REGISTER

A

Abmagerung . . . 15
Abort, drohender . . . 16
Abschürfung → Verletzungen . . . 369
Abszesse . . . 16
Analdrüse → Analbeutelabszess
Klauen → Klauenabszess
Zahnwurzel → Zahnwurzelvereiterung
Zwischenzehen → Zwischenzehenekzem
Abwehrsteigerung . . . 17
→ Paramunitätsinducer
→ Viruserkrankungen
Acanthosis nigricans . . . 18
→ Ekzeme
Adenitis equorum → Druse . . . 89
Adipositas . . . 18
Adlerfarnvergiftung . . . 19
Afterekzem → Ekzeme . . . 94
Afterfissuren → Fissura ani . . . 131
→ Ekzeme
Afterprolaps → Prolaps ani . . . 294
Aftervorfall → Prolaps ani . . . 294
Agalaktie → Milchmangel . . . 239
Aggressivität . . . 19
→ Angstbeißen
→ Angstzustände
→ Eifersucht
→ Scheinträchtigkeit
Aggressivität durch Widerstand . . . 20
Akanthose → Acanthosis nigricans . . . 18
Akne und Eiterpusteln
→ Pyodermie . . . 303
→ Dermatitis . . . 77
→ Hot Spot . . . 168
Aktinobazillose . . . 21
Aktinomykose . . . 21
Albuminurie . . . 21
Allergien . . . 22
→ Futtermittelallergie
→ Pruritus
→ Sommerekzem
→ „Umstimmungsbehandlung"
→ Urtikaria
→ Zwischenzehenekzem
Alopezie → Haarausfall . . . 150
Alterserscheinungen . . . 24
Linsentrübung → Katarakt
→ Herzinsuffizienz
→ Koronarinsuffizienz
Altersherz → Alterserscheinungen . . . 24
Anämie . . . 27
→ Lupus erythematodes
Analbeutel Sekretkonsistenz . . . 28
Analbeutelabszess . . . 28
Analbeutelentzündung → Analbeutelabszess . . . 28
Analbeutelfisteln . . . 29
→ Fisteleiterungen
Analprolaps → Prolaps ani . . . 294
Anaplasmose . . . 30
→ Blutparasiten
Angina tonsillaris → Tonsillitis . . . 348
Angstbeißen . . . 30
→ Aggressivität
Angstzustände . . . 31
Silvester → Angstzustände bei Gewitter / Silvester . . . 34
Angstzustände bei Gewitter / Silvester . . . 34
Anöstrie → Fertilitätsstörungen . . . 125
Anregung körpereigener Abwehr
→ Abwehrsteigerung . . . 17
Antidote → Vergiftungen . . . 368
Apathie . . . 35
Aphthen . . . 35
Apoplexia cerebri . . . 36
→ Vestibularsyndrom
Appetit, perverser . . . 37
Appetitlosigkeit
→ Inappetenz . . . 179
Arrhythmien
→ Herzarrhythmien . . . 162
Arthritis . . . 38
→ Borreliose
→ Kreuzbandläsion
Arthrosen . . . 39
Wirbelsäule
→ Diskopathien
→ Spondylose
→ Hüftgelenksdysplasie
→ Kreuzbandläsion
→ Lahmheit

Asphyxia neonatorum 41
→ Lebensschwäche

Asthma 41
→ Spasmen

Ataxie 43
→ Schwindel
→ Zerebrale Dysfunktionen

Atemwegserkrankungen 43
→ Bronchitis
→ Bronchopneumonie
→ Erkältungskrankheiten
→ Expektoration
→ Husten
→ Katzenschnupfen
→ Pneumonie
→ Rhinitis
→ Sinusitis
→ Spasmen

Atherom → Talgdrüsenzysten 341

Atopie → Allergien 22

Aufbaumittel 45
bei alten Tieren → Alterserscheinungen
→ Erschöpfungszustände
→ Sauerstoffutilisation
→ Schwäche
→ Überanstrengung

Augenentzündungen → Periodische Augenentzündungen 280

Augenerkrankungen 46
Cornea → Cornealäsionen
Glaukom
grauer Star → Katarakt
grüner Star → Glaukom
Hornhaut → Cornealäsionen
Katarakt
Keratitis
Konjunktiven → Konjunktivitis
Pferd → Periodische Augenentzündung

Augenliderkrankungen 46

Augenverletzung 47

Ausfluss
Augen → Tränenfluss 352
Fisteln → Fisteleiterungen 131
Gebärmutter
→ Endometritis 104
→ Pyometra 304
Nase → Erkältungskrankheiten 120
Ohren → Otitis externa 264
Scheide → Vaginitis 366
Wunden
→ Wundbehandlung 377
→ Eiterungen 92

„Ausleitung“ 48
→ Bindegewebserkrankungen

Auto-Immun-Erkrankungen
→ Ausleitung 48
→ Eosinophiles Granulom 115
→ Keratitis superficialis chronica 192

Auto-Sanguis-Stufentherapie 48

Azetonämie 49
→ Stoffwechselstörungen

Azyklie
→ Fertilitätsstörungen 125
→ Ovarialzysten 266
→ Ovarien 267

B

Balanoposthitis → Vorhautkatarrh 374

Ballenekzem
→ Ekzeme 94
→ Zwischenzehenekzem 387

Ballenverletzung → Verletzungen 369

Bänderaffektionen 50

Bänderschwäche 50
→ Konstitutionsmittel

Bandscheibenerkrankungen → Diskopathien 84

Bandscheibenvorfall → Diskusprolaps 86

Beckenbruch → Frakturen 134

Beckenfraktur → Frakturen 134

Berührungsangst → Angstzustände 31

Bindegewebserkrankungen 51
→ „Ausleitung“

Bindegewebsschwäche 51
→ Konstitutionsmittel

Bindehautentzündung → Konjunktivitis 198

Bissverletzung → Verletzungen 369

Blähungen 51
→ Tympanie

Blasenblutung
→ Blutungen 55
→ Hämaturie 155

Blasenentzündung
→ Entzündungen 111
→ Zystitis 388

Blasenlähmung 52

Blasenschwäche → Incontinentia urinae 180

Blasensteine → Harnsteine 158

Blauzungenkrankheit 53

Bluterguss 54
→ Verletzungen

Blutharnen
→ Hämaturie 155

Blutigkratzen
→ Ekzeme 94
→ Pruritus 298

Blutmelken 54

Blutohr → Othämatom 263

Blutparasiten 55
→ Anaplasmose
→ Leishmaniose

Blutungen 55
→ Hämaturie
→ Hämolytische Prozesse
→ Lungenbluten
→ Lupus erythematodes
→ Nasenbluten
→ Wundbehandlung

Borreliose 57
→ Arthritis

Botulismus 58

Bradykardie → Herzarrhythmien 162

Brechdurchfall 58
Hund → Parvo-Virus-Enteritis
→ Diarrhö
→ Erbrechen

Brechreiz
→ Erbrechen 118
→ Fahrkrankheit 123

Brechwürgen der Hunde 58

Bronchitis 59
→ Atemwegserkrankungen
→ Bronchopneumonie
→ Husten
→ Pferd → COB

Bronchopneumonie 61
→ Atemwegserkrankungen
→ Bronchitis
→ Reizhusten

Brunst, stille → Fertilitätsstörungen 125

Brustfellentzündung → Pleuritis 287

Bursitis 62
→ Entzündungen

C

Caro luxurians 62
→ Wundbehandlung

Cauda-equina-Syndrom → Diskopathien 84

Cataracta juvenilis
→ Katarakt 185

Cerebrale Erkrankungen
→ Zerebrale Durchblutungsstörungen 383
→ Zerebrale Dysfunktionen 384
→ Zerebrale Reizzustände 385

Cholangitis, Cholezystitis 63

Chronische Erkrankungen 63
→ Therapieblockaden

Chronische Gastritis 64

Chronische Gingivitis / Stomatitis 65
→ Zähne

Chronische Niereninsuffizienz 67
→ Nephrose
→ Urämie

Chronischer Katzenschnupfen 68
→ Katzenschnupfen

COB 68
→ Bronchitis
→ Expektoration
→ Husten
→ Sauerstoffutilisation

Colitis → Enteritis 107

Colpitis → Vaginitis 366

Commotio cerebri 70

Conjunctivitis → Konjunktivitis 198

Cornealäsionen 71
→ Ulcus corneae

Cumarinvergiftung → Süßkleevergiftung 341

Cushing-Syndrom
canines 72
equines 74

Cystitis → Zystitis 388

D

Dackellähme → Diskopathien 84

Dämpfigkeit
→ Bronchitis 59
→ COB 68
→ Emphysem 101

Darmatonie 74
→ Obstipation

Darmkatarrh → Enteritis 107

Darmkolik → Kolik 195

Dauerleger 75

Dauermauser 75
→ Mauserstörungen

Deckunlust 75

Degeneration, fettige 76

Dekubitus 76
→ Wundbehandlung
→ Zwischenzehenekzem

Demodikose 77

Dermatitis 77
→ Ekzeme
→ Hot Spot
→ Pusteln
→ Pyodermie

Dermatomykosen 78
→ Mykosen
→ Trichophytie

Dermatosen 79
→ Ekzeme
→ Pruritus

Diabetes insipidus 80

Diabetes mellitus 81

Diarrhö 82
→ Brechdurchfall
→ Enteritis
→ IBD
→ Kotwasser

Diathesen 84

Diskopathien 84
→ Diskusprolaps
→ Hinterhandschwäche
→ Lahmheit
→ Osteochondrose / Osteodystrophie
→ Schmerzzustände
→ Spondylose

Diskusprolaps 86
→ Diskopathien

Distorsion 87

Diureseanregung 88

Drüsenschwellungen 88
→ Lymphknotenschwellung
→ Lymphom
→ Tonsillitis

Druse 89

Durchblutungsstörungen 89
→ Herzinsuffizienz

Durchnässung 90

Dyspepsien 90
→ Enteritis
→ Gastritis

Dysurie → Harnabsatzstörungen 157

E

E.-cuniculi-Erkrankung 91

Ehrlichiose → Anaplasmose 30

Eierlegen, ständiges → Dauerleger 75

Eierstöcke
→ Fertilitätsstörungen 125
→ Läufigkeitsstörungen 212
→ Ovarien 267

Eifersucht 92
→ Aggressivität

Eisenmangel → Anämie 27

Eiterungen 92
Fisteln → Fisteleiterungen
→ Rusterholz-Geschwür

Eklamspie 93

Ektropium → Augenliderkrankungen 46

Ekzeme . . . 94
am Ohrrand → Ohrrandgeschwür
an den Lefzen → Lefzenekzem
durch Lecken → Leckgranulom
Sommerräude → Sommerekzem
zwischen den Zehen → Zwischenzehenekzem
→ Acanthosis nigricans
→ Dermatitis
→ Dermatosen
→ Fissura ani
→ Hauteffloreszenzen
→ Pusteln
→ Seborrhö

EMND, Equine motorische Nervenzelldegeneration . 100

Emphysem . . . 101

EMS, Equines metabolisches Syndrom . . . 102
Rehe → Hufrehe

Enddarmvorfall → Prolaps ani . . . 294

Endokarditis . . . 104
→ Myokarditis
→ Perikarditis

Endokrine Dysfunktionen → Endokrine Störungen . 104

Endokrine Störungen . . . 104
Bauchspeicheldrüse → Diabetes mellitus
Brunst → Fertilitätsstörungen
Fortpflanzung
→ Fertilitätsstörungen
→ Hypersexualität
→ Läufigkeitsstörungen
→ Nymphomanie
→ Scheinträchtigkeit
Hypophyse → Diabetes insipidus
Nebenniere
→ Cushing-Syndrom, equines
→ Cushing-Syndrom, canines
Ovarien
→ Ovarien, Dysfunktion
→ Ovarien, Hypoplasie
Pankreas → Diabetes mellitus
Schilddrüse
→ Hyperthyreose
→ Hypothyreose
→ Struma

Endometritis . . . 104
→ Fluor albus
→ Pyometra
→ Retentio secundinarum
→ Tupferprobe positiv
→ Uteruskontraktion
→ Vaginitis

Energiestoffwechsel, Unterstützung → Ausleitung . . 48

Enteritis . . . 107
→ Diarrhö
→ Dyspepsien
→ Gastroenteritis
→ IBD
→ Infektionen
→ Kotwasser
→ Spasmen
→ Tenesmus ani et recti

Entropium → Augenliderkrankungen . . . 46

Entwicklungsstörungen . . . 111
Kryptorchismus → Hodenabstieg

Entzündungen . . . 111
Analbeutel → Analbeutelabszess . . . 28
Atemwege → Atemwegserkrankungen . . . 43
Augen
→ Keratitis . . . 190
→ Konjunktivitis . . . 198
Bindehaut → Konjunktivitis . . . 198
Bronchien
→ Atemwegserkrankungen . . . 43
→ Bronchitis . . . 59
→ Bronchopneumonie . . . 61
Bronchien Pferd → COB . . . 68
Brustfell → Pleuritis . . . 287
Bursa → Bursitis . . . 62
Darm → Enteritis . . . 107
Eiterungsprozesse → Eiterungen . . . 92
Fieber . . . 129
Gallenblase → Cholangitis, Cholezystitis . . . 63
Gallengang → Cholangitis, Cholezystitis . . . 63
Gallenwege → Cholangitis, Cholezystitis . . . 63
Gebärmutter
→ Endometritis . . . 104
→ Pyometra . . . 304
Gefäße → Thrombophlebitis . . . 346
Gehirn → Enzephalitis . . . 113
Gehirnhäute → Meningitis-Enzephalitis . . . 237
Gehörgang → Otitis externa . . . 264
Gelenke
→ Arthritis . . . 38
→ Arthrosen . . . 39
→ Polyarthritis . . . 291
Gesäuge → Mastitis . . . 231
Gewebe → Phlegmonen . . . 285
Gingiva → Gingivitis . . . 147
Harnblase → Zystitis . . . 388
Harnwege → Harnwegserkrankungen . . . 159
Haut
→ Dermatitis . . . 77
→ Hot Spot . . . 168
→ Pyodermie . . . 303

Herzbeutel ➔ Perikarditis 279
Herzmuskel ➔ Myokarditis 246
Hirnhäute ➔ Meningitis-Enzephalitis. 237
Hoden ➔ Hodenentzündung. 167
Hornhaut ➔ Keratitis 190
Infektionen 182
Kehlkopf ➔ Laryngitis. 215
Knochen
➔ Osteomyelitis 262
➔ Panostitis 272
➔ Panostitis eosinophilica. 272
Knochenhaut ➔ Periostitis 281
Kropf ➔ Kropfentzündung 209
Larynx ➔ Laryngitis 215
Lunge
➔ Pneumonie. 288
➔ Bronchopneumonie. 61
Lymphknotenschwellung 229
Magen
➔ Chronische Gastritis 64
➔ Enteritis 107
➔ Gastritis 139
➔ Gastroenteritis 140
Mandeln ➔ Tonsillitis 348
Maulhöhle
➔ Chronische Gingivitis / Stomatitis 65
➔ Stomatitis 338
Meningen ➔ Meningitis-Enzephalitis 237
Milchdrüse ➔ Mastitis 231
Mittelohr ➔ Otitis media 265
Muskeln ➔ Eosinophile Myositis. 114
Myositis eosinophilica ➔ Eosinophile Myositis. 114
Nabel ➔ Nabelentzündung. 248
Nagelbett ➔ Panaritium 268
Nase ➔ Rhinitis 310
Nasennebenhöhlen ➔ Sinusitis. 327
Nebenhöhlen ➔ Sinusitis 327
Niere
➔ Glomerulonephritis 149
➔ Nephritis. 251
➔ Pyelonephritis. 301
Ohr
➔ Otitis media 265
➔ Otitis externa 264
Ohrspeicheldrüse ➔ Parotitis 277
Omphalophlebitis ➔ Nabelentzündung. 248
Orchitis ➔ Hodenentzündung. 167
Osteomyelitis. 262
Panaritium 268
Parotis ➔ Parotitis 277
Pharynx ➔ Pharyngitis 283
Pleura ➔ Pleuritis. 287
Prostata ➔ Prostatitis. 297
Rachen ➔ Pharyngitis. 283
Scheide
➔ Vaginitis 366
➔ IPV, Infektiöse Pustulöse Vulvovaginitis 183
Schleimbeutel ➔ Bursitis. 62
Sehnen ➔ Tendinitis, Tendovaginitis 342
Sehnenscheiden ➔ Tendinitis, Tendovaginitis. 342
Speicheldrüse ➔ Parotitis 277
Tonsillen ➔ Tonsillitis 348
Trachea
➔ Tracheitis 351
Urogenitaltrakt
➔ Glomerulonephritis. 149
➔ Harnwegserkrankungen 159
➔ Nephritis. 251
➔ Nephrose 252
➔ Pyelonephritis. 301
➔ Zystitis 388
Vagina
➔ Vaginitis 366
➔ Infektiöse Pustulöse Vulvovaginitis. 183
Vaginalschleimhaut ➔ Vaginitis. 366
Vorhaut ➔ Vorhautkatarrh 374
Zahnfleisch
➔ chronische Gingivitis / Stomatitis 65

Enzephalitis **113**
➔ Meningitis-Enzephalitis

Enzephalitozoonose ➔ E.-cuniculi-Erkrankung **91**

Enzootische Pneumonie ➔ Bronchopneumonie. **61**

Eosinophile Myositis. **114**
➔ Entzündungen

Eosinophiles Granulom. **115**

Epileptische Zustände **116**

Epistaxis
➔ Lungenbluten. 227
➔ Nasenbluten. 249

Epulis **118**
➔ Tumore

Equine motorische Nervenzelldegeneration ➔ EMND . **100**

Equines Cushing-Syndrom ➔ Cushing-Syndrom, equines. **74**

Equines metabolisches Syndrom ➔ EMS **102**

Equines Sarkoid ➔ Sarkoid **314**

Erbrechen. **118**
➔ Brechdurchfall
➔ Fahrkrankheit
➔ IBD
➔ Inappetenz

Erkältungskrankheiten . . . 120
→ Atemwegserkrankungen
→ Grippale Infekte
→ Infektionen
→ Katzenschnupfen
→ Rhinitis
→ Sinusitis

Erregungszustände → Nervosität . . . 253

Erschöpfungszustände . . . 121
→ Alterserscheinungen
→ Aufbaumittel
→ Überanstrengung

Erysipel → Entzündungen . . . 111

Euterentzündung → Mastitis . . . 231

Euterpocken → Kuhpocken . . . 210
→ Warzen

Euterschenkelekzem → Zwischenzehenekzem . . . 387

Euterverletzung → Verletzungen . . . 369

Exanthem
→ Dermatitis . . . 77
→ Ekzeme . . . 94

Exostosen . . . 122
→ Gelenkgallen
→ Schale

Expektoration, mangelnde . . . 122
→ Atemwegserkrankungen
→ COB

Exsudative Diathesen → Diathesen . . . 84

F

Fahrkrankheit . . . 123
→ Erbrechen
→ Stress

Federrupfen . . . 123

Feline Infektiöse Peritonitis → FIP . . . 129

Felines Immun-Defizienz-Virus → FeLV . . . 124

Felines Leukose-Virus → FeLV . . . 124

Feline odontoklastisch-resorptive Läsionen
→ FORL . . . 134
→ Zähne . . . 380

Fellwechsel → Haarwechselstörungen . . . 155

FeLV-positive Katzen . . . 124

Femurkopfnekrose
→ Perthes-Krankheit . . . 282

Ferkelgrippe . . . 125
→ Grippale Infekte

Fertilitätsstörungen . . . 125
→ Läufigkeitsstörungen
→ Ovarialzysten
→ Ovarien

Festliegen a.p. . . . 127

Festliegen p.p. . . . 127

Fettige Degeneration → Degeneration . . . 76

Fettsucht → Adipositas . . . 18

Fibrom . . . 128
→ Tumore

Fieber . . . 129
→ Entzündungen

FIP, Feline infektiöse Periostitis . . . 129

Fissura ani . . . 131
→ Ekzeme

Fisteleiterungen . . . 131
→ Analbeutelfisteln
→ Eiterungen

FIV → FeLV . . . 124

Fluor albus . . . 132
→ Endometritis
→ Vaginitis

FLUTD → Zystitis . . . 388

Foetor ex ore . . . 133
→ Gingivitis

Fohlenlähme → Polyarthritis . . . 291

Follikelsprung verzögert . . . 134
→ Fertilitätsstörungen
→ Konzeptionsstörungen

Follikelzysten → Ovarialzysten . . . 266

FORL . . . 134
→ Zähne

Frakturen . . . 134
→ Kallusbildung
→ Verletzungen

Fremdkörper . . . 135

Fresslust, mangelhafte . . . 136
→ Inappetenz

Fruchtbarkeitsstörungen → Fertilitätsstörungen . . . 125

Furunkel . . . 137

Futterintoxikation 138
→ Vergiftungen

Futtermittelallergie /Futtermittelintoleranz 138
→ Otitis externa
→ Zwischenzehenekzem

G

Gabelstich → Wundbehandlung 377

Gallen → Gelenkgallen 145

Gallenblasenentzündung → Cholangitis, Cholezystitis 63

Gallengangsentzündung → Cholangitis, Cholezystitis 63

Gallenkolik → Kolik 195

Gallenstörungen → Cholangitis, Cholezystitis 63

Gallestauungen 139

Gaskolik → Blähungen 51

Gastritis, akut 139
→ Dyspepsien
→ Ulcus ventriculi et duodeni

Gastritis, chronisch → chronische Gastritis 64

Gastroenteritis 140
→ Enteritis

Gebärmutterblutung → Blutungen 55

Gebärmutterentzündung
→ Endometritis 104
→ Pyometra 304

Gebärmutterprolaps → Prolaps uteri 294

Gebärmuttervereiterung → Pyometra 304

Gebärmuttervorfall → Prolaps uteri 294

Gebärparese → Festliegen 127

Gebiss → Zähne 380

Geburtserleichterung 142
→ Wehenschwäche

Geburtsstörungen 142
→ Geburtsverletzung
→ Retentio secundinarum
→ Wehenschwäche

Geburtstetanie → Eklampsie 93

Geburtsverletzung 142
→ Geburtsstörungen
→ Verletzungen

Gehirnentzündung → Enzephalitis 113

Gehirnerschütterung → Commotio cerebri 70

Gehirnfunktionsstörungen → Zerebrale Dysfunktionen 384

Gehörgangsentzündung → Otitis externa 264

Gelbsucht 144
→ Hämolytische Prozesse
→ Gallestauungen
→ Leberzirrhose

Gelenkaffektionen
→ Arthritis 38
→ Arthrosen 39

Gelenkentzündung
→ Arthritis 38
→ Arthrosen 39

Gelenkgallen 145
→ Exostosen

Gelenkrheumatismus → Arthritis 38

Geriatrie
→ Alterserscheinungen 24
→ Katarakt 185

Gerstenkorn 146

Geruch aus dem Maul → Foetor ex ore 133

Gesäugeentzündung → Mastitis 231

Geschwulst → Tumore 356

Gicht Vogel 146

Gingivitis akut 147
→ Chronische Gingivitis / Stomatitis
→ Foetor ex ore
→ FORL
→ Parodontose
→ Stomatitis
→ Zähne

Glaukom 148
→ Augenerkrankungen

Gleichgewichtsstörungen
→ Ataxie 43
→ Schwindel 323

Gliederzittern → Myoklonie 246

Glomerulonephritis 149
→ Harnwegsentzündungen
→ Nephritis

Gonitis → Arthritis 38

Grauer Star → Katarakt 185

Grippale Infekte 150
→ Erkältungskrankheiten
→ Ferkelgrippe
→ Rhinitis
→ Sinusitis

Grüner Star → Glaukom 148

H

Haarausfall 150
→ Haarwechselstörungen
→ Leckgranulom

Haarbruch 154

Haarfarbe, Abweichungen 154

Haarverfilzung 155

Haarwechselstörungen 155
→ Fellwechsel
→ Haarausfall

Hämatom
→ Bluterguss 54
→ Verletzungen 369

Hämaturie 155
→ Blutungen
→ Zystitis

Hämolytische Prozesse 156
→ Blutungen

Harnabsatzstörungen 157
→ Harnverhaltung
→ Incontinentia urinae
→ Nephritis
→ Tenesmus vesicae
→ Zystitis

Harndrang → Tenesmus vesicae 344

Harnsaure Diathese → Diathesen 84

Harnsteine 158

Harnträufeln → Incontinentia urinae 180

Harnverhaltung 158
→ Harnabsatzstörungen

Harnwegserkrankungen 159
→ Glomerulonephritis
→ Incontinentia urinae
→ Nephritis
→ Nephrose
→ Pyelonephritis
→ Zystitis

Hautabschürfungen → Wundbehandlung 377

Hauteffloreszenzen 160
→ Ekzeme

Hautentzündung
→ Dermatitis 77
→ Hot Spot 168
→ Pyodermie 303

Hauterkrankungen
→ Allergien 22
→ Dermatitis 77
→ Dermatosen 79
→ Ekzeme 94
→ Hot Spot 168
→ Pruritus 298
→ Pyodermie 303
→ Schuppenbildung 321
→ Seborrhö 324

Headshaker 160

Heimweh 162

Hepatopathie → Leberfunktionsstörungen 216

Herpesinfektion 162

Herzarrhythmien 162

Herzbeutelentzündung
→ Entzündungen 111
→ Perikarditis 279

Herzinsuffizienz 163
→ Alterserscheinungen
→ Durchblutungsstörungen
→ Koronarinsuffizienz

Herz-Kreislauf-Unterstützung 164
→ Kollapszustände

Herzmuskelentzündung
→ Entzündungen 111
→ Myokarditis 246

Hinterhandschwäche 164
→ Diskopathien
→ Muskelschwäche
→ Verletzungen

Hirnblutung
→ Apoplexia cerebri 36
→ Blutungen 55

Hirnhautentzündung → Meningitis-Enzephalitis . . . 237

Hirnleistungsstörungen → Alterserscheinungen 24

Hitzschlag 165
→ Sonnenbrand

Hodenabstieg, verzögert 166
→ Entwicklungsstörungen

Hodenekzem
→ Dermatitis 77
→ Ekzeme 94

Hodenentzündung 167

Holzzunge → Aktinobazillose 21

Hordeolum → Gerstenkorn 146

Hormonelle Störungen
Bauchspeicheldrüse → Diabetes mellitus . . . 81
Brunst → Fertilitätsstörungen . . . 125
→ Endokrine Störungen . . . 104
Hypophyse → Diabetes insipidus . . . 80
Nebenniere
→ Cushing-Syndrom, canines . . . 72
→ Cushing-Syndrom, equines . . . 74
Ovarien
→ Ovarien, Dysfunktion . . . 268
→ Ovarien, Hypoplasie . . . 268
Pankreas → Diabetes mellitus . . . 81
Schilddrüse
→ Hyperthyreose . . . 175
→ Hypothyreose . . . 176
→ Struma . . . 341
→ Hypersexualität . . . 174
→ Läufigkeitsstörungen . . . 212
→ Nymphomanie . . . 255
→ Scheinträchtigkeit . . . 316

Hornhautentzündung → Keratitis . . . 190

Hornhauttrübung → Cornealäsionen . . . 71

Hornhautveränderungen → Cornealäsionen . . . 71

Hot Spot . . . 168
→ Dermatitis
→ Leckgranulom
→ Pyodermie

Hüftgelenksdysplasie . . . 169
→ Arthrosen

Hufe / Klauen . . . 169

Hufrehe . . . 170
→ EMS

Hufrolle → Podotrochlose . . . 290

Husten . . . 172
→ Atemwegserkrankungen
→ Bronchitis
→ COB
→ Reizhusten
→ Zwingerhusten

Hypergalaktie → Milchüberschuss . . . 240

Hyperkeratose . . . 173
→ Tyloma

Hypernervosität → Nervosität . . . 253

Hypersexualität . . . 174
→ Nymphomanie

Hyperthyreose . . . 175

Hypokalzämie → Festliegen p.p. . . . 127

Hypoplasie der Ovarien → Ovarien . . . 268

Hypöstrie → Fertilitätsstörungen . . . 125

Hypothyreose . . . 176

I

IBD, Inflammatory Bowel Disease . . . 177
→ Diarrhö
→ Enteritis
→ Erbrechen

Ikterus → Gelbsucht . . . 144

Immunsystem, Stimulierung → Abwehrsteigerung . . 17

Impfreaktionen . . . 178

Inappetenz . . . 179
→ Erbrechen
→ Fresslust

Incontinentia alvi . . . 180

Incontinentia urinae . . . 180
→ Blasenlähmung
→ Harnabsatzstörungen
→ Harnwegserkrankungen

Indigestion
→ Erbrechen . . . 118
→ Fresslust . . . 136
→ Inappetenz . . . 179

Induration des Euters → Mastitis . . . 231

Infektionen . . . 182
→ Enteritis
→ Entzündungen
→ Erkältungskrankheiten
→ Viruserkrankungen

Insektenstiche . . . 182

Insuffizienz
Herz → Herzinsuffizienz . . . 163
Niere → Chronische Niereninsuffizienz . . . 67

Interdigitalabszess
→ Abszesse . . . 16
→ Mortellaro-Krankheit . . . 241
→ Zwischenklauenwulst . . . 386
→ Zwischenzehenekzem . . . 387

Intertrigo → Zwischenzehenekzem . . . 387

Intoxikationen → Vergiftungen . . . 368

IPV, Infektiöse Pustulöse Vulvovaginitis . . . 183
→ Vaginitis

J

Juckreiz → Pruritus 298

K

Kälberlähme → Polyarthritis 291

Kalkstoffwechselstörungen 183
→ Osteomalazie

Kallusbildung, mangelnde 183
→ Frakturen
→ Verletzungen

Kallusbildung, überschießende 184
→ Frakturen
→ Verletzungen

Kapillarschädigungen → Blutungen 55

Karies 184

Katarakt 185

Katarrhe
→ Atemwegserkrankungen 43
→ Enteritis 107
→ Erkältungskrankheiten 120
→ Gastritis 139
→ Grippale Infekte 150

Katzenschnupfen 187
→ Atemwegserkrankungen
→ Chronischer Katzenschnupfen
→ Rhinitis

Katzenseuche → Parvo-Virus-Enteritis 277

Kehlkopfentzündung
→ Entzündungen 111
→ Laryngitis 215
→ Pharyngitis 283
→ Tonsillitis 348

Kehlkopfpfeifen 189

Keloid 189
→ Wundbehandlung

Keratitis 190
Cornealäsionen

Keratitis sicca 191

Keratitis superficialis chronica 192

Ketose → Azetonämie 49

Kinetose
→ Erbrechen 118
→ Fahrkrankheit 123

Kissing spines 192

Klauenabszess 193
→ Abszesse

Klauenrehe → Hufrehe 170

Klauensohlengeschwür → Rusterholz-Geschwür . . . 313

Knochenauftreibungen
→ Exostosen 122
→ Gelenkgallen 145

Knochenbruch → Frakturen 134

Knochenentzündung
→ Osteomyelitis 262
→ Panostitis 272

Knochenfisteln 194

Knochenhautentzündung
→ Panostitis 272
→ Periostitis 281

Knochenschmerzen 194
→ Periostitis
→ Schienbeinerkrankung
→ Schmerzzustände

Knochenveränderungen im Alter → Alterserscheinungen 24

Knochenverletzung
→ Frakturen 134
→ Periostitis 281
→ Verletzungen 369

Kokzidiose 195

Kolibazillose
→ Diarrhö 82
→ Infektionen 182

Kolienterotoxämie → Ödemkrankheit 258

Kolik
Kleintiere 195
Pferd und Wiederkäuer 196
→ Spasmen

Kollapszustände 198
→ Herz-Kreislauf-Unterstützung
→ Kreislaufstörungen
→ Schockerscheinungen
→ Unfallfolgen
Trachea → Trachealkollaps

Konjunktivitis 198

Konstitutionsmittel 200

Konzeptionsstörungen 206
→ Follikelsprung

Koprostase → Obstipation 256

Koronarinsuffizienz 207
➔ Alterserscheinungen
➔ Herzinsuffizienz

Kotdrang ➔ Tenesmus ani et recti 343

Kotfressen ➔ Appetit, perverser 37

Kotinkontinenz ➔ Incontinentia alvi 180

Kotwasser 207
➔ Diarrhö

Krämpfigkeit 208
➔ Weidetetanie

Krallen, brüchige ➔ Hufe / Klauen 169

Krallenbettentzündung
➔ Entzündung 111
➔ Panaritium 268

Krampfhusten
➔ Asthma 41
➔ Husten 172

Krampfkolik ➔ Kolik 195

Krampfzustände ➔ Spasmen 331

Kraniomandibuläre Osteopathie 208
➔ Arthrosen

Kratzwunden ➔ Wundbehandlung 377

Kreislaufkollaps
➔ Kollapszustände 198
➔ Schockerscheinungen 320

Kreislaufstörungen 208
➔ Kollapszustände
➔ Schockerscheinungen

Kreuzbandläsion 209
➔ Arthritis
➔ Arthrosen

Kreuzverschlag ➔ Lumbago 226

Kropfbildung ➔ Struma 341

Kropfentzündung 209

Kryptorchismus ➔ Hodenabstieg 166

Kuhpocken 210
➔ Papillome
➔ Warzen

Kupfermangel 210

L

Labmagenverlagerung 210
Prophylaxe ➔ Transitkuh-Management

Lactatio falsa ➔ Scheinträchtigkeit 316
mit Gesäugeentzündung ➔ Mastitis

Lähmungen 211
Blasenschließmuskel ➔ Incontinentia urinae
Hinterhand ➔ Hinterhandschwäche

Läufigkeitsstörungen 212
➔ Fertilitätsstörungen
➔ Ovarien

Lahmheit 213
➔ Arthrose
➔ Diskopathie
➔ Podotrochlose
➔ Schale
➔ Spat
➔ Verletzungen

Laryngitis 214
➔ Entzündungen
➔ Pharyngitis
➔ Tonsillitis

Lebensschwäche 216
➔ Asphyxia neonatorum

Leberfunktionsstörungen 216

Leber-Galle-Störungen 217

Leberzirrhose 218
➔ Gelbsucht

Leckgranulom 219
➔ Ekzeme
➔ Haarausfall
➔ Hot Spot
➔ Psychogene Alopezie

Lefzenekzem 220
➔ Ekzeme

Legenot 221

Leishmaniose 222
➔ Blutparasiten

Leistungsabfall
➔ Aufbaumittel 45
➔ Cushing-Syndrom, equines 74
➔ Herzinsuffizienz 163

Leptospirose 222

Leukose ➔ FeLV-positive Katzen 124

Libido, fehlende ➔ Deckunlust 75

Linsentrübung ➔ Katarakt 185

Liegeschwiele → Tyloma 358

Limax → Zwischenklauenwulst 386

Lipom 224

Lippengranulom → Eosinophiles Granulom 115

Lippengrind 224

Luftröhrenentzündung → Tracheitis 351
→ Entzündungen

Luftsackerkrankungen 224

Lumbago 226
→ Schmerzzustände

Lungenbluten 227
→ Blutungen
→ Nasenbluten

Lungenemphysem → Emphysem 101

Lungenentzündung
→ Bronchopneumonie 61
→ Pneumonie 288

Lungenödem 228
→ Ödem

Lupus erythematodes 228
→ Anämie
→ Blutungen
→ Muskelrheumatismus
→ Nephritis

Luxationen 229

Lymphangitis / Lymphadenitis
→ Entzündungen 111
→ Lymphknotenschwellung 229

Lymphgefäßentzündung
→ Entzündungen 111
→ Lymphknotenschwellung 229

Lymphknotenschwellung 229
Kopfbereich→ Tonsillitis
→ Drüsenschwellung
→ Entzündungen

Lymphom 230
→ Drüsenschwellung
→ Tumore

M

Magen-Darm-Störungen
→ Blähungen 51
→ Darmatonie 74
→ Diarrhö 82
→ Enteritis 107
→ Futterintoxikation 138
→ Gastritis 139
→ Gastroenteritis 140
→ Kolik 195
→ Obstipation 256
→ Tympanie 359

Magenschleimhautentzündung
→ Gastritis 139
→ Gastroenteritis 140

Mammatumor → Tumore 356

Mandelentzündung
→ Entzündungen 111
→ Tonsillitis 348

Mangelhafte Fresslust
→ Fresslust 136
→ Inappetenz 179

Mastdarmvorfall → Prolaps ani 294

Mastitis 231
→ Milchdrüse
→ Zellzahl erhöht, Milch

Mauke 234

Mauserstörungen 235
→ Dauermauser

Megakolon → Darmatonie 74

Megaösophagus 236

Meningitis-Enzephalitis 237
→ Enzephalitis

Metabolisches Syndrom Pferd → EMS 102

Meteorismus → Blähungen 51

Metritis
→ Endometritis 104
→ Pyometra 304

Milchdrüse 237
→ Blutmelken
→ Mastitis
→ Zellzahl erhöht, Milch

Milchfieber → Festliegen p.p. 127

Milchmangel 239

Milchtetanie → Eklampsie 93

Milchüberschuss 240

Mittelohrenzündung
→ Entzündungen ... **111**
→ Otitis media ... **265**

MMA-Komplex ... **240**

Mondblindheit
→ Augenerkrankungen ... **46**
→ Periodische Augenentzündung ... **280**

Morbus Cushing → Cushing-Syndrom ... **72**

Mortellaro-Krankheit ... **241**

Mundgeruch → Foetor ex ore ... **133**

Mundschleimhautentzündung → Stomatitis ... **338**

Mundwinkelrhagaden → Rhagaden ... **310**

Muskelatrophie ... **242**
nach Trauma → Verletzungen
→ Konstitutionsmittel

Muskelkater ... **242**

Muskelrheumatismus ... **242**
→ Lupus erythematodes

Muskelschmerzen
→ Muskelkater ... **242**
→ Muskelrheumatismus ... **242**

Muskelschwäche ... **244**
→ Hinterhandschwäche

Muskelverletzung → Verletzungen ... **369**

Muskelzucken → Myoklonie ... **246**

Muskuloskelettale Veränderungen → Alterserscheinungen ... **24**

Mykosen, innerlich ... **244**
→ Dermatomykosen

Myokarditis ... **246**
→ Endokarditis
→ Entzündungen
→ Perikarditis

Myoklonie ... **246**
→ Schwäche

Myxomatose ... **248**

N

Nabelentzündung ... **248**
→ Entzündungen

Nachgeburtsverhaltung → Retentio secundinarum **309**

Nagelbettentzündung
→ Entzündung ... **111**
→ Panaritium ... **268**

Narbengewebe → Keloid ... **189**

Nasenausfluss → Rhinitis ... **310**

Nasenbluten ... **249**
→ Blutungen
→ Lungenbluten

Nasennebenhöhlenentzündung → Sinusitis ... **327**

Nasenspiegel ... **249**

Nausea
→ Erbrechen ... **118**
→ Fahrkrankheit ... **123**

Nebenhöhlenentzündung → Sinusitis ... **327**

Neck lesions → FORL ... **134**

Nekrosen ... **250**

Nephritis ... **251**
→ Glomerulonephritis
→ Harnabsatzstörungen
→ Harnwegserkrankungen
→ Lupus erythematodes
→ Pyelonephritis
→ Zystitis

Nephrose ... **252**
→ Chronische Niereninsuffizienz
→ Harnwegserkrankungen
→ Pyelonephritis
→ Urämie
→ Zystitis

Nervenlähmungen → Lähmungen ... **211**

Nervenverletzung → Verletzungen ... **369**

Nervosität ... **253**

Neubildungen → Tumore ... **356**

Neuralgien ... **254**
→ Schmerzzustände

Nickhautverletzung → Augenverletzung ... **47**

Nieren
→ Chronische Niereninsuffizienz ... **67**
→ Glomerulonephritis ... **149**
→ Harnwegserkrankungen ... **159**
→ Nephritis ... **251**
→ Nephrose ... **252**
→ Pyelonephritis ... **301**

Nierenabszess → Abszess ... **16**

Nierenbeckenentzündung → Pyelonephritis ... **301**

Nieren-Blasen-Blutung → Hämaturie ... **155**

Nierenentzündung
→ Glomerulonephritis ... **149**
→ Nephritis ... **251**
→ Pyelonephritis ... **301**

Niereninsuffizienz
→ Alterserscheinungen . . . 24
→ Chronische Niereninsuffizienz . . . 67
→ Nephrose . . . 252

Nierenkolik . . . 255

Nierensteine → Harnsteine . . . 158

Nymphomanie . . . 255
→ Hypersexualität

O

Obstipation . . . 256
→ Darmatonie

Ödem . . . 257
→ Lungenödem

Ödemkrankheit . . . 258

Ohrerkrankungen
→ Othämatom . . . 263
→ Otitis externa . . . 264
→ Otitis media . . . 265

Ohrrandgeschwür . . . 259
→ Ekzeme

Ohrspeicheldrüsenentzündung → Parotitis . . . 277

Omphalophlebitis → Nabelentzündung . . . 248

Onanie
→ Hypersexualität . . . 174
→ Nymphomanie . . . 255

Operation, Nachbehandlung . . . 259
→ Wundbehandlung

Orchitis → Hodenentzündung . . . 167

Osteochondrose / Osteodystrophie . . . 260
→ Diskopathien

Osteochondrosis dissecans . . . 260

Osteodystrophie
→ Osteochondrose . . . 260

Osteomalazie . . . 261
→ Kalkstoffwechselstörungen
→ Stoffwechselstörung

Osteomyelitis . . . 262
→ Entzündungen

Osteopathia craniomandibularis hyperthrophicans → Kraniomandibuläre Osteopathie . . . 208

Othämatom . . . 263

Otitis externa . . . 264
→ Entzündungen
→ Futtermittelallergien

Otitis media . . . 265
→ Entzündungen

Ovarialzysten . . . 266
→ Fertilitätsstörungen

Ovarien Dysfunktion . . . 267
→ Fertilitätsstörungen
→ Läufigkeitsstörungen

Ovarien Hypoplasie . . . 268
→ Brunst
→ Fertilitätsstörungen
→ Läufigkeitsregulierung

P

Panaritium . . . 268
→ Entzündungen

Pankreasinsuffizienz . . . 269
→ Pankreatitis

Pankreatitis . . . 271
Chronische → Pankreasinsuffizienz

Panleukopenie
→ Parvo-Virus-Enteritis . . . 277

Panostitis . . . 272
→ Entzündungen

Panostitis eosinophilica . . . 272

Pansenstörungen . . . 273

Pansentympanie . . . 274
→ Tympanie

Papillome . . . 274
→ Kuhpocken
→ Warzen

Paramunitätsinducer . . . 275
→ Abwehrsteigerung
→ Viruserkrankungen

Parasitosen . . . 275

Parenchymschäden der Organe . . . 276

Paresen
→ Blasenlähmung . . . 52
→ Hinterhandschwäche . . . 164
→ Lähmungen . . . 211
→ Spastische Parese . . . 332

Parodontose . . . 276
→ Gingivitis
→ Stomatitis

Parotitis . . . 277
→ Entzündungen

Parvo-Virus-Enteritis . . . 277

Patellaluxation . . . 279

Pendelwarzen → Papillome . . . 274

Perianalfisteln
→ Analbeutelfisteln . . . 29
→ Fisteleiterungen . . . 131

Perianaltumor . . . 279
→ Tumore

Perikarditis . . . 279
→ Endokarditis
→ Entzündungen
→ Myokarditis

Periodische Augenentzündung . . . 280
→ Augenerkrankungen

Periostitis . . . 281
→ Entzündungen
→ Knochenschmerzen
→ Schale
→ Schienbeinerkrankungen

Perthes-Krankheit . . . 282

Perverser Appetit → Appetit . . . 37

Pharyngitis . . . 283
→ Entzündungen
→ Laryngitis
→ Tonsillitis

Phlebitis
→ Entzündungen . . . 111
→ Thrombophlebitis . . . 346

Phlegmone . . . 285

Photosensibilität . . . 286

Platzangst → Angstzustände . . . 31

Pleuritis . . . 287
→ Entzündungen

Pneumonie . . . 288
→ Atemwegserkrankungen
→ Bronchopneumonie

Pododermatitis, eitrige . . . 289
Nicht eitrige → Hufrehe

Podotrochlose . . . 290
→ Lahmheit

Polyarthritis . . . 291

Polypen . . . 293
→ Konstitutionsmittel

Polyurie
→ Chronische Niereninsuffizienz . . . 67
→ Harnabsatzstörungen . . . 157
→ Nephritis . . . 251

Pociner Stress → Kollapszustände . . . 198

PRA, progressive Retinaatrophie → Sehnervatrophie . 325

Prellungen
→ Verletzungen . . . 369

Prolaps
Bandscheibe
→ Diskusprolaps . . . 86
Diskus
→ Diskusprolaps . . . 86
Gebärmutter
→ Prolaps uteri . . . 294
Mastdarm
→ Prolaps ani . . . 294
Scheide
→ Prolaps vaginae . . . 295

Prolaps ani . . . 294

Prolaps uteri . . . 294

Prolaps vaginae . . . 295

Prophylaxe
Heimtier:
Blähsucht → Tympanie . . . 359
Kleintier:
Impfunverträglichkeit → Impfreaktionen . . . 178
Megakolon Katze → Obstipation . . . 256
Tumor nach Operation → Tumore . . . 356
Tumorrezidive → Tumore . . . 356
Pferd:
Sarkoid . . . 314
Transportstress → Fahrkrankheit . . . 123
Rind:
Puerperalkomplikationen → Endometritis . . . 104
→ Geburtsstörungen . . . 142
→ Retentio secundinarum . . . 309
Vogel:
Gicht → Gichtprophylaxe . . . 146
→ Legenot . . . 221

Prostatahyperthrophie . . . 296

Prostatitis . . . 297
→ Entzündungen

Pruritus 298
→ Allergien
→ Dermatosen
→ Sommerekzem
→ „Umstimmungsbehandlung"
→ Urtikaria

Pseudogravidität → Scheinträchtigkeit 316

Psychogene Alopezie 300
→ Leckgranulom

Puerperalstörungen
→ Endometritis 104
→ Geburtsstörungen 142
→ Retentio secundinarum 309

Pusteln 301
→ Dermatitis
→ Ekzeme

Pyelonephritis 301
→ Harnwegserkrankungen
→ Nephritis

Pyodermie 303
→ Dermatitis
→ Hot Spot

Pyometra 304
→ Endometritis
→ Retentio secundinarum
→ Uteruskontraktion

Q

Quetschungen 305
→ Verletzungen
→ Wundbehandlung

R

Rachenentzündung
→ Entzündungen 111
→ Laryngitis 215
→ Pharyngitis 283
→ Tonsillitis 348

Rachitis → Osteomalazie 261

Ranula 305

Räude 306

Rehe → Hufrehe 170

Reisekrankheiten
→ Blutparasiten 55
→ Fahrkrankheit 123

Reizblase → Incontinentia urinae 180

Reizhusten 307
→ Bronchopneumonie
→ Husten

Rekonvaleszenz, verzögerte 308

Rektumdivertikel 308

Retentio secundinarum 309
→ Endometritis
→ Geburtsstörungen
→ Pyometra
→ Uteruskontraktion

Rhagaden 310

Rheuma
→ Arthritis 38
→ Arthrosen 39
→ Muskelrheumatismus 242
→ Polyarthritis 291

Rhinitis 310
→ Erkältungskrankheiten
→ Grippale Infekte
→ Katzenschnupfen
→ Sinusitis

Rindergrippe → Bronchopneumonie 61

Risswunden → Wundbehandlung 377

Rotlauf 312
→ Entzündungen

Rupfen → Federupfen 123

Rusterholz-Geschwür 313
→ Eiterungen

S

Sarkoid, equines 314

Satteldruck 315
→ Wundbehandlung

Sauerstoffmangel der Neugeborenen → Asphyxia neonatorum 41

Sauerstoffutilisation, Verbesserung 315
→ Aufbaumittel
→ COB

Schale 315
→ Exostosen
→ Lahmheit
→ Periostitis

Scharfeinreibungen, Ersatzbehandlung
→ Schale . . . 315
→ Spat . . . 332
→ Tendinitis, Tendovaginitis . . . 342

Scheidenausfluss
→ Endometritis . . . 104
→ Fluor albus . . . 132
→ Vaginitis . . . 366

Scheidenvorfall → Prolaps vaginae . . . 295

Scheinträchtigkeit . . . 316

Schiefhals → Torticollis . . . 349

Schienbeinerkrankung . . . 318
→ Knochenschmerzen
→ Periostitis

Schilddrüsenfunktionsstörungen
→ Hyperthyreose . . . 175
→ Hypothyreose . . . 176
→ Struma . . . 341

Schilddrüsenüberfunktion → Hyperthyreose . . . 175

Schilddrüsenunterfunktion → Hypothyreose . . . 176

Schlaganfall → Apoplexia cerebri . . . 36

Schleimbeutelentzündung → Bursitis . . . 62

Schleimhautaffektionen
→ Entzündungen . . . 111

Schluckauf . . . 318

Schluckbeschwerden
→ Laryngitis . . . 215
→ Pharyngitis . . . 283
→ Tonsillitis . . . 348

Schmerzzustände . . . 319
→ Diskopathien
→ Entzündungen
→ Knochenschmerzen
→ Lumbago
→ Neuralgien
→ Verletzungen

Schnabelhornschäden . . . 320

Schnittwunden → Wundbehandlung . . . 377

Schnupfen
→ Katzenschnupfen . . . 187
→ Rhinitis . . . 310
→ Sinusitis . . . 327

Schockerscheinungen . . . 320
→ Kollapszustände
→ Kreislaufstörungen
→ Unfallfolgen

Schulterlahmheit → Lahmheit . . . 213

Schuppenbildung . . . 321
→ Seborrhö

Schwäche . . . 322
→ Alterserscheinungen
→ Aufbaumittel
→ Myoklonie

Schwerhörigkeit . . . 323

Schwiele → Tyloma . . . 358

Schwindel . . . 323
→ Ataxie
→ Vestibularsyndrom

Seborrhö . . . 324
→ Ekzeme
→ Schuppenbildung

Sedierung → Nervosität . . . 253
→ Fahrkrankheit

Sehnen- und Sehnenscheidenerkrankungen
→ Entzündungen . . . 111
→ Tendinitis, Tendovaginitis . . . 342

Sehnervatrophie . . . 325

Sekretstauung
→ Analbeutel . . . 28
→ Atemwegserkrankungen . . . 43
→ Bronchitis . . . 59
→ Ranula . . . 305
→ Rhinitis . . . 310
→ Sinusitis . . . 327

Septische Erkrankungen . . . 326

Singultus → Schluckauf . . . 318

Sinusitis . . . 327
→ Erkältungskrankheiten
→ Grippale Infekte
→ Rhinitis

Sommerekzem . . . 328
→ Allergien
→ Auto-Sanguis-Stufentherapie
→ Ekzem
→ Pruritus

Sonnenbrand . . . 330
→ Hitzschlag
→ Sonnenstich

Sonnenstich . . . 330
→ Sonnenbrand
→ Zerebrale Reizzustände

Spasmen 331
→ Asthma
→ Atemwegserkrankungen
→ Enteritis
→ Kolik
→ Prolaps uteri
→ Prolaps vaginae
→ Tenesmus vesicae

Spastische Bronchitis
→ Atemwegserkrankungen 43
→ Bronchitis 59
→ Bronchopneumonie 61
→ Spasmen 331

Spastische Parese 332

Spat 332
→ Lahmheit

Speicheldrüsenentzündung → Parotitis 277
→ Entzündungen

Speichelzysten → Ranula 305

Spondylarthrose
→ Diskopathie 84
→ Spondylose 333

Spondylose 333
→ Diskopathien

Sprunggelenkgallen → Gelenkgallen 145

Star, grauer → Katarakt 185

Star, grüner → Glaukom 148

Staupe 335
gastrointestinale Form → Enteritis
Hartballenkrankheit → Hyperkeratose
nervöse Form
→ Ataxie
→ Myoklonie

Stauungsbronchitis → Atemwegserkrankungen 43

Steigerung der körpereigenen Abwehr
→ Abwehrsteigerung 17
→ Paramunitätsinducer 275

Stichwunden → Wundbehandlung 377

Stille Brunst → Fertilitätsstörungen 125

Stoffwechselstörungen 337
→ Azetonämie
→ Festliegen
→ Osteomalazie

Stomatitis 338
→ Chronische Gingivitis / Stomatitis
→ Gingivitis
→ Parodontose

Strahlfäule 339

Strangulation 339
→ Wundbehandlung

Stress 340
→ Fahrkrankheit
→ Überanstrengung

Strichkanalverletzung → Verletzungen 369

Struma 341

Suppurationen → Eiterungen 92

Süßkleevergiftung 341

T

Talgdrüsenzysten 341

Teckellähme → Diskopathien 84

Teilnahmslosigkeit → Apathie 35

Tendinitis, Tendovaginitis 342
→ Entzündungen

Tenesmus ani et recti 343
→ Enteritis

Tenesmus vesicae 344
→ Harnabsatzstörungen
→ Spasmen

Therapieblockaden 345
→ Chronische Erkrankungen

Thrombophlebitis 346
→ Entzündungen

Thrombose 346

Tic → Myoklonie 246

Tonsillarhyperthrophie 347

Tonsillitis 348
→ Drüsenschwellung
→ Entzündungen
→ Laryngitis
→ Lymphknotenschwellung
→ Pharyngitis

Torticollis 349

Toxoplasmose 350

Trachealkollaps 351
→ Kollapszustände

Tracheitis **351**
→ Entzündungen

Tränenfluss
vermehrter **352**
verringerter **353**

Tränen-Nasen-Kanal, verstopfter **354**

Transitkuh-Management **354**

Transporttetanie **355**

Traumen
→ Verletzungen **369**
→ Wundbehandlung **377**

Trichophytie **355**
→ Dermatomykosen

Trockenes Auge → Tränenfluss, verringerter **353**
→ Keratitis sicca

Trockenstellen → Milchüberschuss **240**

Trommelsucht
→ Blähungen **51**
→ Tympanie **359**

Tumore **356**
→ Epulis
→ Fibrom
→ Lymphom
→ Perianaltumor
→ Sarkoid

Tupferprobe positiv **358**
→ Endometritis
→ Vaginitis

Tyloma **358**
→ Hyperkeratose

Tympanie **359**
→ Blähungen
→ Pansentympanie

U

Überanstrengung **360**
→ Aufbaumittel
→ Erschöpfungszustände
→ Stress

Ulcus corneae **361**
→ Cornealäsionen

Ulcus ventriculi et duodeni **362**
→ Gastritis

„Umstimmungsbehandlung" **363**
→ Allergien
→ Pruritus

Unfallfolgen **364**
→ Kollapszustände
→ Schockerscheinungen
→ Verletzungen

Unruhe → Nervosität **253**

Urämie **364**
→ Chronische Niereninsuffizienz
→ Nephrose

Urogenitalerkrankungen
→ Chronische Niereninsuffizienz **67**
→ Glomerulonephritis **149**
→ Harnwegserkrankungen **159**
→ Nephritis **251**
→ Nephrose **252**
→ Pyelonephritis **301**
→ Zystitis **388**

Urtikaria **365**
→ Allergien
→ Pruritus

Uterusblutung → Blutungen **55**

Uteruskontraktion, fehlende **366**
→ Endometritis
→ Pyometra
→ Retentio secundinarum

Uterusvorfall → Prolaps uteri **294**

V

Vaginalprolaps → Prolaps vaginae **295**

Vaginitis **366**
→ Endometritis
→ Fluor albus
→ IPV, Infektiöse Pustulöse Vulvovaginitis
→ Tupferprobe positiv

Verbrennungen **368**
→ Wundbehandlung

Verdauungsstörungen
→ Blähungen **51**
→ Darmatonie **74**
→ Diarrhö **82**
→ Enteritis **107**
→ Futterintoxikation **138**
→ Gastritis **139**
→ Gastroenteritis **64**
→ Kolik **195**
→ Obstipation **256**
→ Tympanie **359**

Vergiftungen ... **368**
→ Futterintoxikation
Verhaltensstörungen
→ Aggressivität ... **19**
→ Angstbeißen ... **30**
→ Angstzustände ... **31**
→ Eifersucht ... **92**
→ Hypersexualität ... **174**
→ Nymphomanie ... **255**
→ Scheinträchtigkeit ... **316**
Verletzungen ... **369**
→ Frakturen
→ Geburtsverletzungen
→ Hinterhandschwäche
→ Kallusbildung
→ Lahmheit
→ Quetschungen
→ Schmerzzustände
→ Unfallfolgen
→ Wundbehandlung
Verstauchung → Distorsion ... **87**
Verstopfung
→ Darmatonie ... **74**
→ Obstipation ... **256**
Vestibularsyndrom ... **372**
→ Schwindel
Viruserkrankungen ... **373**
→ Abwehrsteigerung
→ Grippale Infekte
→ Infektionen
Vomitus
→ Brechdurchfall ... **58**
→ Erbrechen ... **118**
Vorhautkatarrh ... **374**

W

Warzen ... **374**
→ Kuhpocken
→ Papillome
Wasserrute ... **375**
Wehenschwäche ... **376**
→ Geburtserleichterung
→ Geburtsstörungen
Weideemphysem → Emphysem ... **101**
Weidetetanie ... **376**
→ Krämpfigkeit
Weißfluss → Fluor albus ... **132**
→ Endometritis
→ Vaginitis
Wiesendermatitis → Photosensibilität ... **286**
Wirbelsäulenerkrankungen
→ Diskopathien ... **84**
→ Osteochondrose ... **260**
→ Spondylose ... **333**
Wundbehandlung ... **377**
→ Blutungen
→ Caro luxurians
→ Dekubitus
→ Keloid
→ Operation
→ Quetschungen
→ Satteldruck
→ Strangulation
→ Verbrennungen
→ Verletzungen
Wurmbefall ... **379**

Z

Zähne ... **380**
Zahnfleischbluten ... **381**
→ Chronische Gingivitis / Stomatitis
→ Gingivitis
→ FORL
Zahnfleischentzündung
→ Chronische Gingivitis ... **65**
→ Gingivitis ... **147**
Zahnfleischgeschwulst → Epulis ... **118**
Zahnwechsel ... **382**
Zahnwurzelvereiterung ... **382**
Zellzahl erhöht ... **383**
→ Mastitis
Zerebrale Durchblutungsstörungen ... **383**
Zerebrale Dysfunktionen ... **384**
→ Ataxie
Zerebrale Reizzustände ... **385**
→ Sonnenstich
Zerrung → Distorsion ... **87**
Zervizitis → Vaginitis ... **366**
Zitterkrankheit ... **385**
Zittern, Gliedmaßen → Myoklonie ... **246**

Zwingerhusten **385**
➔ Husten
➔ Paramunitätsinducer

Zwischenklauenwulst **386**

Zwischenzehenekzem **387**
➔ Allergie
➔ Dekubitus
➔ Ekzeme
➔ Futtermittelallergie
➔ Stoffwechselstörungen

Zyklusstörungen
➔ Fertilitätsstörungen **125**
➔ Läufigkeitsstörungen **212**

Zysten
Eierstöcke ➔ Ovarialzysten **266**
Glandula sublingualis ➔ Ranula **305**
Ovar ➔ Ovarialzysten **266**
Talgdrüsen ➔ Talgdrüsenzysten **341**

Zystitis **388**
➔ Hämaturie
➔ Harnwegserkrankungen
➔ Nephritis
➔ Nephrose
➔ Pyelonephritis

Literaturverzeichnis

Boericke, William: Handbuch der homöopathischen Materia medica. Haug Verlag, Heidelberg 1996

Daubenmerkl, Wolfgang: Tierkrankheiten und ihre Behandlung. Wissenschaftliche Verlagsgesellschaft mbH, Stuttgart 2004

Day, Christopher: Gesunde Rinderbestände durch Homöopathie. Sonntag in MVS, Stuttgart 2003

Day, Christopher: Homöopathie in der Kleintierpraxis. Sonntag in MVS, Stuttgart 2004

Hamilton, Don: Homöopathie für Hunde und Katzen. Sonntag in MVS, Stuttgart 2005

Homöopathisches Repetitorium. Deutsche Homöopathische Union, Karlsruhe 2004

Homöopathisches Repetitorium. Deutsche Homöopathische Union, Karlsruhe 2007

Kommentiertes Symptomenverzeichnis der Biologischen Tiermedizin. Aurelia Verlag, Baden-Baden 2006

Mezger, Julius: Gesichtete homöopathische Arzneimittellehre. Haug Verlag, Heidelberg 1999

Ordinatio antihomotoxica et Materia medica. Aurelia Verlag, Baden-Baden 2007

Ordinatio antihomotoxica et Materia medica. Biologische Heilmittel Heel GmbH, Baden-Baden 1980

Rakow, Barbara und Michael: Bewährte Indikationen der Homöopathie in der Veterinärmedizin. Sonntag in MVS, Stuttgart 2000

Reckeweg, Hans-Heinrich: Homoeopathia Antihomotoxica. Aurelia Verlag, Baden-Baden 1991

Reckeweg, Hans-Heinrich: Homoeopathia Antihomotoxica. Aurelia Verlag, Baden-Baden 1999

Stauffer, Karl: Kleine homöopathische Arzneimittellehre. Joh. Sonntag Verlagsbuchhandlung, Regensburg 1988

Steingassner, Hans Martin: Homöopathische Materia medica für Veterinärmediziner. Maudrich Verlag, Wien 2007

Tiefenthaler, Alois: Homöopathie und biologische Medizin für Haus- und Nutztiere. Sonntag in MVS, Stuttgart 2001

Veterinär Vademecum, Biologische Heilmittel Heel GmbH, Baden-Baden 2007

Westerhuis, A.H.: Homöopathie für Hunde. Droemersche Verlagsanstalt, München 1991

Zinke, Jörg: Ganzheitliche Behandlung von Kaninchen und Meerschweinchen. Sonntag in MVS, Stuttgart 2004

Weitere Hinweise zur Dosierung beim Großtier:

Ab 450 – 500 Kg Körpergewicht gilt die höhere Dosierung. Bei der Injektion mehrerer Präparate kann als Dosis pro Präparat die niedrigere Angabe gewählt werden. Bei Injeel-Präparaten (Einzelmittel-Präparate) beim Großtier reichen 2-3 Ampullen (2,2ml -3,3ml) je Injeel und Gabe aus.

Häufigkeit der Verabreichung bei akuten Erkrankungen

Bei akuten Erkrankungen wird die Medikation in der Regel 2-3 x täglich verabreicht. Häufig wird in solchen Fällen einmal täglich eine Injektion gegeben, zusätzlich werden das bzw. die Präparate ein- bis zweimal oral eingegeben.

Stoßtherapie bei hochakuten Erkrankungen

Bei hochakuten Erkrankungen wird über einen Zeitraum von 2 Stunden alle 15-30 Minuten eine Dosis des entsprechenden Arzneimittel (z.B Traumeel oder Spascupreel) gegeben.

Häufigkeit und Dauer der Verabreichung bei spezifischen Präparaten

- Injeele werden, wenn nicht anders verordnet, in der 1. Woche 3x, in der 2. Woche 2x und in der 3. Woche 1x injiziert. Bei Besserungstendenz kann man auch die Gaben 2x/Woche oder 1x/Woche über mehrere Wochen weiter applizieren.
- Salben, Gele und Augentropfen werden in der Regel mehrfach täglich angewendet.
- Präparate mit Organpräparaten oder sog. intermediären Katalysatoren als Bestandteile, wie z.B. Hepar comp. Heel, Mucosa compositum, Coenzyme compositum u.a., sind grundsätzlich 2x/Woche und in der Regel für etwa 4-5 Wochen zu verabreichen. Diese Präparate werden häufig bei chronischen Krankheiten eingesetzt.
- Nosoden in Form von –Injeel-Präparaten, z.B. Sinusitis-Nosode, Staphylococcus-Nosode etc. werden anfangs 2-mal pro Woche, später 1-mal pro Woche, in der Regel bei chronischen Krankheiten, verabreicht.
- Eine Ausleitungsbehandlung, wie sie häufig bei chronischen Krankheiten sinnvoll ist, erfolgt in der Regel über 4-5 Wochen, Wiederholungen sind in vielen Fällen nach 3-6 Monaten angezeigt.

Krankheitsverlauf bei akuten Erkrankungen unter der Behandlung

Akute Erkrankungen sollten sich unter einer passenden Behandlung nach wenigen Tagen deutlich gebessert haben. Mit der Besserung wird die Häufigkeit der Gaben verringert und schließlich eingestellt.
Sollte nach 1-2 Wochen keine Besserung eintreten, greift eventuell die Therapie nicht. Das therapeutische Vorgehen ist zu überprüfen, mögliche Therapieblockaden sind zu bedenken und ggf. zu beheben. Eventuell ist der Einsatz von intermediären Katalysatoren, potenzierten Organpräparaten, Nosoden oder homöopathisierten Allopathika als Zwischen- oder Begleitmittel angezeigt. Auch die Durchführung einer Auto-Sanguis-Stufentherapie kann bei entsprechenden Erkrankungen sinnvoll sein.

Chronische Krankheiten

Auch bei chronischen Krankheiten gelten die oben angegebenen „Gabengrößen" als Dosis. Hier sind jedoch für Therapiewahl, -dauer und Häufigkeit der Verabreichung vermehrt individuelle Gesichtspunkte wie Dauer und Entwicklung der Krankheit, bisherige Behandlung, aktueller Zustand etc. zu berücksichtigen. so dass hier allgemein gültige Aussagen über das oben Gesagte hinaus nur schwer möglich sind und eine individuelle Erstellung eines Therapieplans in der Regel sinnvoll ist.